上海市重点图书

上海市促进文化创意产业发展财政扶持资金资助

High Oleic Acid Peanuts in China

中国
高油酸花生

中国绿色食品协会花生专业委员会·组编

王传堂　于树涛　朱立贵

主编

上海科学技术出版社

图书在版编目（ＣＩＰ）数据

中国高油酸花生 / 王传堂，于树涛，朱立贵主编 ；
中国绿色食品协会花生专业委员会组编. -- 上海 ： 上海
科学技术出版社，2021.12
ISBN 978-7-5478-5556-0

Ⅰ. ①中… Ⅱ. ①王… ②于… ③朱… ④中… Ⅲ.
①花生－栽培技术 Ⅳ. ①S565.2

中国版本图书馆CIP数据核字(2021)第231180号

上海市促进文化创意产业发展财政扶持资金资助

中国高油酸花生
中国绿色食品协会花生专业委员会　组编
王传堂　于树涛　朱立贵　主编

上海世纪出版(集团)有限公司　出版、发行
上海科学技术出版社
（上海市闵行区号景路 159 弄 A 座 9F - 10F）
邮政编码 201101　　www.sstp.cn
上海中华商务联合印刷有限公司印刷
开本 787×1092　1/16　印张 27.5　插页 18
字数 600 千字
2021 年 12 月第 1 版　2021 年 12 月第 1 次印刷
ISBN 978 - 7 - 5478 - 5556 - 0/S · 232
定价：180.00 元

内 容 提 要

　　本书是首部关于中国高油酸花生的专著,系统总结了中国高油酸花生科学研究的创新成果。全书共分 10 章,首先介绍高油酸花生的社会经济价值、高油酸花生国内外质量标准;接着详细叙述花生高油酸判定与自动分选技术及设备、高油酸花生育种方法与策略,综合分析中国高油酸花生品种系谱;然后逐一介绍中国高油酸花生新品种(系),并详解各省(自治区、直辖市)高油酸花生种子生产技术;展示了中国高油酸花生鉴定评价及配套农艺措施研究的最新进展;最后展望高油酸花生产业发展前景,提出加大产业政策支持力度、聚焦关键技术攻关,以及多措并举的高油酸花生产业化对策。

　　本书内容丰富、实用性强,注重理论与实践相结合,体现了"中国特色"花生育种和生产实际,可供政府部门决策者,咨询机构从业者,科研工作者,大专院校师生,花生种植者、加工者、销售人员,以及农资经销商、农技服务人员阅读参考。

编著及审稿人员名单

主 编

王传堂　于树涛　朱立贵

副主编

王志伟	李　滨	孙东伟	张建成	王秀贞	杨　珍
迟晓元	陈　静	谷建中	李玉荣	刘立峰	董文召
雷　永	唐荣华	周曙东	袁　美	乔利仙	胡东青
张明君	李荣德	彭美祥	邹业飞	穆树旗	张　君
孟庆兰	冯素萍	张　慧	康树立	孙　伟	付　春
杨同荣	李玉发	梁　晔	许正嘉	宋宝辉	毛瑞喜
吴立新	霍　伦				

参编人员

张忠信	黄冰艳	齐飞艳	陈四龙	王　瑾	姜慧芳
廖伯寿	刘轶飞	刘红芝	代小冬	李　晓	焦　坤
曲明静	崔凤高	李双铃	宋国生	孙秀山	王　斌
钟瑞春	贺梁琼	徐　静	刘　华	秦　利	孙泓希
王　虹	淮东欣	韩宏伟	孙旭亮	吴兰荣	印南日
苏江顺	陈　宁	赵云和	王京京	何艳芳	陈　傲
叶万余	王　建	王　波	任　丽	邓　丽	殷业超
董敬超	李奕萱	魏　影	王一路	王钧宇	王艳霞
唐　华	孙玉豪	张青云	房超琦	李嘉凯	于洪涛
李贵杰	杨传得	邵俊飞	李名名	黄　粤	白冬梅

陈志德　王晓军　倪皖莉　陈剑洪　陈荣华　李　林
刘登望　夏友霖　李　强　矫岩林　荆建国　蒋相国
刘晓光　李少雄　高华援　程莉莉　田福国　李仁崑
何进尚　曾宁波　王　军　王明辉　邢福督　刘　娟
郝　西　臧秀旺　张　俊　宋亚辉　王　忠　李尚霞
陈　娜　潘丽娟　王　通　苗华荣　张胜菲　胡晓辉
任　艳　吴丽军　杜　龙　曲春娟　王菲波　陈殿绪
宫清轩　杨伟强　许婷婷　张玉凤　成　奇　梁　丹
尹　亮　石程仁　江　晨　王揖堂　姜大林　李正贤
赵　健　鲁成凯　宋晓峰　郎文培　张则翔　崔铁英
谭家壮　姜常松　杨佃卿　王玉春　黄　翠　金　亮
尉吉政　王　列　尉继强　李利民　苗昊青　王钦通
杜祖波　李　秋　王　豪　李　哲　李卫勇　孙小华
李万鑫　李平涛　姚立祥　朱晓蕾　于　强　于秀美
李金山　许　峰　孙　妍　丁长伟　商桂焱　韩　芊
陈铁石　王　嘉　张初署　于天一　金　勇　刘士伟
詹海燕　周　朋　张　伟　李　茂　李少芝　郭　展
杨　洪　徐富义　李　敏　杨中旭　李秋　　杨
颜廷涛　窦守众　杨军军　刘文强

审稿人员

王传堂　张建成　董文召　孟庆兰　于树涛　陈四龙
雷　永　袁　美　孙旭亮　周曙东　曲明静　冯素萍
梁　晔　邹业飞　胡东青　陈　静　迟晓元　张明君
付　春　王　建　王　波　李　林　孙秀山

序

高油酸花生油酸含量高、亚油酸含量低，具有降血脂、保护心脑血管和肝脏、控制血糖与体重、延缓衰老及增强脑认知能力等多重保健作用，获得消费者的青睐。高油酸花生不易变质，货架期长，深受加工企业欢迎。高油酸花生油具有橄榄油所缺乏的香气，耐煎炸烹炒，符合国人烹饪、饮食习惯。

我国新一次花生品种更新以高油酸花生取代普通油酸花生为标志。山东、河南、河北、湖北和辽宁等地科研机构是我国高油酸花生育种第一方阵；中粮、鲁花、金胜、润柏、大成和天祥等知名企业是我国高油酸花生加工第一梯队。迄今，我国已自主创制、鉴定出一批包括非 F435 型突变体在内的高油酸花生突变体，其中有的已在育种中作为骨干亲本加以利用；异源种质资源的应用，有效拓宽了花生高油酸育种狭窄的遗传基础；高油酸花生近红外和分子标记辅助选择育种体系的建立，大大加速了高油酸花生品种选育进程。从 2005 年锦引花 1 号通过辽宁省备案以来，在不足 17 年的时间内，全国共育成 188 个高油酸花生品种（截至 2021 年 7 月底）。我国台湾地区高油酸花生育种也有进展，据 2021 年 8 月 10 日报道，台南区农业改良场育成了台湾地区首个高油酸花生品种台南 20 号。我国高油酸花生产业经过前一段的快速发展，取得了不少经验，也遇到了一些问题，现已步入了一个调整、巩固、提高的关键时期。

在此背景下，中国绿色食品协会花生专业委员会联合国家花生产业技术体系遗传改良研究室邀集全国业内专家学者共同编撰《中国高油酸花生》一书，可谓是对我国高油酸花生科技成果的一次大总结、大检阅，恰逢其时。该书内容丰富、详细而新颖，通篇始终坚持了"以消费者为中心、绿色安全"的理念，明确回答了高油酸花生为什么好，以及如何生产高品质高油酸花生的问题。重点阐述了对高油酸花生产业化至关重要的高油酸质量标准、高油酸判定技术、快速分选设备以及种子生产的农艺技术措施。分享了克服高油酸花生播种出苗期低温高湿导致烂种缺苗、抗重茬、施肥改善花生品质、保叶提高花生油酸含量等最新研究成果。可以预期,这部著作的出版将对新时期我国高油酸花生产业的健康发展发挥重要的指导作用。

作为本书的首批读者,我读罢书稿,欣喜无比。该书实用性强,章节安排循序渐进,内容深入浅出,文字力求通俗,贴近生产和科研实际,无论对政府部门决策者、科研人员、高校师生,还是对花生种植者、加工者、销售者,以及农资经销商、农技推广部门技术人员,都是一本不可多得的好书。相信读者读后也会与我有同感吧!

祝贺王传堂研究员、于树涛博士和朱立贵所长在繁忙的科研工作之余牵头顺利完成了这部专著的编写,预祝他们在花生科研事业上取得更多、更大的成果!

值本书出版之际,应王传堂研究员之邀,特为作序。

山东省花生研究所研究员、原所长

2021 年 8 月

前　言

　　花生富含油脂和蛋白质,是我国和世界上主要的经济作物和油食饲兼用作物。近年来,全国花生年播种面积约 470 万 hm^2、年总产量 1 700 万 t,并呈进一步扩大的势头。但是,普通花生制品货架期短,易氧化酸败而产生致癌、致畸的小分子物质,有害人体健康,成为长期以来困扰花生加工业的难题。

　　与普通油酸花生相比,高油酸花生油酸含量高、亚油酸和棕榈酸含量低,风味减退慢,货架期长,更有益人体健康,而且有利于加工企业组织生产。我国新一次花生品种更新,受消费者和加工商需求的双重驱动,以高油酸品种代替普通油酸品种为标志。现阶段着力推动高油酸花生产业又快又好发展,对于加强花生种业创新发展、落实乡村振兴战略、深化农业供给侧结构性改革、满足新时期人民群众的美好生活需要等具有重要意义。

　　近些年来,高油酸花生科研成为一个热点,科研成果丰硕,国内外陆续有大量高油酸花生新的文献或信息发布。截至 2021 年 7 月底,全国育成的高油酸花生品种已达 188 个。与此同时,随着高油酸花生新品种在我国各产区的推广种植,各地积累了一定的生产经验。除高油酸花生油外,高油酸食品也已上市。经与中国绿色食品协会花生专业委员会业内专家、国家花生产业技术体系相关岗位专家、综合试验站站长、其他专家和有关企业家沟通,觉得有必要编写一部《中国高油酸花生》专著。

　　《中国高油酸花生》共 10 章,章节布局和内容编排均从实用角度出发设计,便于阅读。第一章高油酸花生社会经济价值,详细解答了读者心中"高油酸花生有何好处"这一疑问;展示了我国高油酸花生制品货架期的研究结果,国外高油酸花生在养殖业上应用的新进展,高油酸花生有益人体健康的新发现,以及高油酸花生有利于加工企业组织生产等优势。第二章向读者介绍何为高油酸花生,以及标准化生产需要依据什么标准,即高油酸花生质量标准和生产技术规程。第三章花生高油酸判定与自动分选,详细叙述了如何在实际生产和科研中判断花生是否为高油酸表型，有哪些设备可用、如何用。第四章、第五章是花生育种工作者必读章节，其中，第四章对包括基因组编辑技术在内的高油酸花生各种育种方法与育种策略加以论述，包括大量实际操作经验；第五章对我国高油酸花生品种系谱进行了综合分析。第六章、第七章逐一介绍中国高油酸花生新品种、新品系。第八章分省（自治区、直辖市）详解中国高油酸花生种子生产技术，读者可根据自己所在地区查阅相关内容。第九章总结近年来中国高油酸花生鉴定评价及配套农艺措施研究的主要进展，为高油酸花生生产和加工提供参考。第十章展望了高油酸花生产业的发展前景，提出加大高油酸花生产业政策支持力度，聚焦高油酸花生关键技术研究，以及多措并举、高效务实的高油酸花生产业化对策。

　　这本书能够以现在这个形式呈现在读者面前，我要由衷感谢各位作者以及虽未参加编写但热心贡献了自己经验和知识或参与多点试验并反馈信息的专家、企业家和农民。还要衷心感谢国家花生产业技术体系、泰山产业领军人才专项、国家花生良种重大科研联合攻关、新疆生产建设兵团科技攻关、山东省农业科学院科技创新工程、广东省重点领域研发计划和烟台市科技创新发展计划等项目的资助，使我们能够开展高油酸花生相关研究和产业化工作，这些工作的产出极大地丰富了本书内容。最后，要对长期以来关心和支持我国花生科技事业发展的上海科学技术出版社的同志们表示崇高的敬意。

2021 年 8 月于青岛

目　　录

第一章　高油酸花生的社会经济价值…………………………………………… 1

　第一节　有益健康 ………………………………………………………………… 1

　　一、降低低密度脂蛋白胆固醇,减少心血管疾病风险 ………………………… 1

　　二、有助于控制体重 ……………………………………………………………… 4

　　三、有助于控制血糖,预防代谢紊乱 …………………………………………… 5

　　四、有助于降血压 ………………………………………………………………… 7

　　五、有益脑血管健康,增强脑认知能力,延缓衰老 …………………………… 8

　　六、无需氢化,避免氢化过程中产生反式脂肪酸 ……………………………… 9

　　七、对肺癌进展有明显抑制作用 ………………………………………………… 9

　　八、致敏性可能降低 ……………………………………………………………… 9

　第二节　种子耐贮性好 …………………………………………………………… 10

　　一、种用 …………………………………………………………………………… 10

　　二、加工原料 ……………………………………………………………………… 11

　第三节　制品货架期长 …………………………………………………………… 13

　　一、花生油 ………………………………………………………………………… 13

　　二、花生食品 ……………………………………………………………………… 20

　第四节　利于加工企业运营管理 ………………………………………………… 28

　第五节　其他优势 ………………………………………………………………… 29

　　一、良好的畜禽饲料 ……………………………………………………………… 29

　　二、生物柴油的原料 ……………………………………………………………… 30

　　三、烘烤后烟酸和烟酰胺含量增加 …………………………………………… 32

　参考文献 …………………………………………………………………………… 32

第二章　高油酸花生质量标准 ………………………………………………… 37

　第一节　中国高油酸花生标准 …………………………………………………… 37

　　一、行业标准 ……………………………………………………………………… 37

　　二、地方标准 ……………………………………………………………………… 39

　　三、团体标准 ……………………………………………………………………… 46

　　四、企业标准 ……………………………………………………………………… 46

　第二节　国外高油酸花生相关标准 ……………………………………………… 47

　　一、遗传学研究中的标准 ………………………………………………………… 47

　　二、育种家的标准 ·· 48

　　三、花生工业界的标准 ·· 48

　参考文献 ··· 48

第三章　花生高油酸判定与自动分选 ····························· 50

　第一节　色谱技术 ··· 50

　　一、气相色谱 ·· 50

　　二、液相色谱 ·· 54

　　三、色谱质谱联用 ··· 55

　第二节　毛细管电泳 ·· 56

　第三节　密度和折射率测定技术 ·································· 58

　　一、密度 ··· 59

　　二、折射率 ·· 59

　第四节　近红外技术 ·· 63

　　一、花生油酸、亚油酸近红外定量预测模型 ·················· 63

　　二、实验室台式近红外仪花生样品测量操作程序 ············· 70

　　三、高油酸花生近红外自动分选设备 ·························· 87

　第五节　核磁共振和高光谱技术 ·································· 89

　参考文献 ··· 89

第四章　高油酸花生育种方法与策略 ····························· 93

　第一节　花生高油酸性状的分子基础 ····························· 93

　第二节　高油酸花生育种方法与育种策略 ························ 93

　　一、突变育种 ·· 94

　　二、杂交育种 ·· 98

　　三、回交育种 ··· 133

　　四、基因组编辑 ·· 138

　参考文献 ·· 141

第五章　中国高油酸花生品种系谱综合分析 ···················· 145

　第一节　品种概述 ··· 145

　第二节　系谱分析 ··· 161

　参考文献 ·· 164

第六章　中国高油酸花生品种 ·································· 165

　第一节　花育系列 ··· 165

　　一、花育 661 ·· 165

　　二、花育 662 ·· 166

　　三、花育 663 ·· 167

　　四、花育 664 ·· 167

　　五、花育 666 ·· 168

六、花育 667 ……………………………………………… 168

七、花育 961 ……………………………………………… 169

八、花育 962 ……………………………………………… 170

九、花育 963 ……………………………………………… 170

十、花育 964 ……………………………………………… 171

十一、花育 965 …………………………………………… 172

十二、花育 966 …………………………………………… 172

十三、花育 32 号 ………………………………………… 173

十四、花育 51 号 ………………………………………… 173

十五、花育 52 号 ………………………………………… 174

十六、花育 951 …………………………………………… 174

十七、花育 957 …………………………………………… 175

十八、花育 958 …………………………………………… 175

十九、花育 917 …………………………………………… 176

二十、花育 910 …………………………………………… 176

二十一、花育 9111 ……………………………………… 177

第二节　开农系列 ………………………………………… 177

一、开农 H03 - 3 ………………………………………… 177

二、开农 1715 …………………………………………… 178

三、开农 176 ……………………………………………… 178

四、开农 1760 …………………………………………… 179

五、开农 1768 …………………………………………… 179

六、开农 58 ……………………………………………… 180

七、开农 61 ……………………………………………… 180

八、开农 71 ……………………………………………… 181

九、开农 306 ……………………………………………… 182

十、开农 308 ……………………………………………… 182

十一、开农 310 …………………………………………… 183

十二、开农 601 …………………………………………… 183

十三、开农 602 …………………………………………… 184

十四、开农 603 …………………………………………… 184

十五、开农 311 …………………………………………… 185

第三节　冀花系列 ………………………………………… 185

一、冀花 13 号 …………………………………………… 185

二、冀花 16 号 …………………………………………… 186

三、冀花 18 号 …………………………………………… 187

四、冀花 11 号 …………………………………………… 188

　　五、冀花 19 号 ……………………………………………………… 189

　　六、冀花 21 号 ……………………………………………………… 190

　　七、冀花 25 号 ……………………………………………………… 191

　　八、冀花 29 号 ……………………………………………………… 191

　　九、冀花 572 ………………………………………………………… 192

　　十、冀花 915 ………………………………………………………… 192

　第四节　豫花系列 ……………………………………………………… 192

　　一、豫花 37 号 ……………………………………………………… 192

　　二、豫花 65 号 ……………………………………………………… 193

　　三、豫花 76 号 ……………………………………………………… 193

　　四、豫花 85 号 ……………………………………………………… 194

　　五、豫花 93 号 ……………………………………………………… 194

　　六、豫花 99 号 ……………………………………………………… 195

　　七、豫花 100 号 …………………………………………………… 195

　　八、豫花 138 号 …………………………………………………… 195

　第五节　中花系列 ……………………………………………………… 196

　　一、中花 26 ………………………………………………………… 196

　　二、中花 24 ………………………………………………………… 196

　　三、中花 27 ………………………………………………………… 197

　　四、中花 28 ………………………………………………………… 198

　　五、中花 215 ………………………………………………………… 198

　第六节　其他系列 ……………………………………………………… 198

　　一、锦引花 1 号 …………………………………………………… 198

　　二、冀农花 10 号 …………………………………………………… 199

　　三、冀农花 6 号 …………………………………………………… 199

　　四、冀农花 8 号 …………………………………………………… 200

　　五、阜花 22 ………………………………………………………… 200

　　六、阜花 27 ………………………………………………………… 201

　　七、桂花 37 ………………………………………………………… 201

　　八、菏花 11 号 …………………………………………………… 202

　　九、宇花 31 号 …………………………………………………… 202

　　十、宇花 32 号 …………………………………………………… 203

　　十一、宇花 33 号 ………………………………………………… 203

　　十二、宇花 91 号 ………………………………………………… 203

　　十三、冀农花 12 号 ……………………………………………… 204

　　十四、济花 603 …………………………………………………… 204

　　十五、济花 605 …………………………………………………… 205

十六、金罗汉 …………………………………………………………… 205

十七、濮花 309 ………………………………………………………… 206

十八、濮花 58 号 ……………………………………………………… 206

十九、濮花 68 …………………………………………………………… 206

二十、濮科花 10 号 …………………………………………………… 207

二十一、濮科花 11 号 ………………………………………………… 207

二十二、濮科花 12 号 ………………………………………………… 208

二十三、濮科花 13 号 ………………………………………………… 208

二十四、濮科花 22 号 ………………………………………………… 208

二十五、濮科花 24 号 ………………………………………………… 209

二十六、濮科花 25 号 ………………………………………………… 209

二十七、琼花 1 号 ……………………………………………………… 210

二十八、日花 OL1 号 …………………………………………………… 210

二十九、山花 21 号 …………………………………………………… 210

三十、山花 22 号 ……………………………………………………… 211

三十一、山花 37 号 …………………………………………………… 211

三十二、商花 26 号 …………………………………………………… 212

三十三、商花 30 号 …………………………………………………… 212

三十四、潍花 22 号 …………………………………………………… 212

三十五、潍花 23 号 …………………………………………………… 213

三十六、潍花 25 号 …………………………………………………… 213

三十七、宇花 117 号 …………………………………………………… 214

三十八、宇花 169 号 …………………………………………………… 214

三十九、宇花 171 号 …………………………………………………… 215

四十、宇花 61 号 ……………………………………………………… 215

四十一、宇花 90 号 …………………………………………………… 215

四十二、郑农花 23 号 ………………………………………………… 216

四十三、菏花 15 号 …………………………………………………… 216

四十四、菏花 16 号 …………………………………………………… 217

四十五、菏花 18 号 …………………………………………………… 217

四十六、吉农花 2 号 …………………………………………………… 218

四十七、济花 101 ……………………………………………………… 218

四十八、济花 102 ……………………………………………………… 218

四十九、濮花 168 ……………………………………………………… 219

五十、濮花 308 ………………………………………………………… 219

五十一、濮花 666 ……………………………………………………… 220

五十二、琼花 2 号 ……………………………………………………… 220

五十三、琼花 3 号 ………………………………………………………… 220

五十四、琼花 4 号 ………………………………………………………… 221

五十五、商花 43 号 ……………………………………………………… 221

五十六、宇花 18 号 ……………………………………………………… 222

五十七、汴花 8 号 ………………………………………………………… 222

五十八、济花 10 号 ……………………………………………………… 223

五十九、济花 3 号 ………………………………………………………… 223

六十、济花 8 号 …………………………………………………………… 223

六十一、济花 9 号 ………………………………………………………… 224

六十二、琼花 5 号 ………………………………………………………… 224

六十三、天府 33 …………………………………………………………… 225

六十四、天府 36 …………………………………………………………… 225

六十五、郑农花 25 号 …………………………………………………… 226

六十六、富花 1 号 ………………………………………………………… 226

六十七、即花 9 号 ………………………………………………………… 226

六十八、鲁花 19 …………………………………………………………… 227

六十九、鲁花 22 …………………………………………………………… 227

七十、齐花 5 号 …………………………………………………………… 228

七十一、润花 17 …………………………………………………………… 228

七十二、三花 6 号 ………………………………………………………… 229

七十三、三花 7 号 ………………………………………………………… 229

七十四、新花 15 号 ……………………………………………………… 230

七十五、新花 17 号 ……………………………………………………… 230

七十六、易花 1212 ……………………………………………………… 230

七十七、易花 1314 ……………………………………………………… 231

七十八、百花 3 号 ………………………………………………………… 231

七十九、邦农 2 号 ………………………………………………………… 232

八十、德利昌花 6 号 ……………………………………………………… 232

八十一、冠花 8 …………………………………………………………… 233

八十二、冠花 9 …………………………………………………………… 233

八十三、黑珍珠 2 号 ……………………………………………………… 233

八十四、红甜 ……………………………………………………………… 234

八十五、华育 6 号 ………………………………………………………… 234

八十六、华育 308 ………………………………………………………… 235

八十七、京红 ……………………………………………………………… 235

八十八、粮丰花二号 ……………………………………………………… 236

八十九、粮丰花一号 ……………………………………………………… 236

九十、龙花 10 号 ……………………………………………………… 236

九十一、龙花 11 号 ……………………………………………………… 237

九十二、龙花 12 号 ……………………………………………………… 237

九十三、龙花 13 号 ……………………………………………………… 238

九十四、龙花 1 号 ……………………………………………………… 238

九十五、农花 66 ………………………………………………………… 239

九十六、万花 019 ……………………………………………………… 239

九十七、为农花 1 号 ……………………………………………………… 239

九十八、新育 7 号 ……………………………………………………… 240

九十九、鑫花 1 号 ……………………………………………………… 240

一○○、鑫花 5 号 ……………………………………………………… 241

一○一、鑫花 6 号 ……………………………………………………… 241

一○二、鑫优 17 ………………………………………………………… 241

一○三、易花 0910 ……………………………………………………… 242

一○四、易花 10 号 ……………………………………………………… 242

一○五、易花 11 号 ……………………………………………………… 243

一○六、易花 12 号 ……………………………………………………… 243

一○七、易花 15 号 ……………………………………………………… 244

一○八、驿花 668 ……………………………………………………… 244

一○九、郑花 166 ……………………………………………………… 244

一一○、豫研花 188 ……………………………………………………… 245

一一一、海花 85 号 ……………………………………………………… 245

一一二、宏瑞花 6 号 ……………………………………………………… 246

一一三、联科花 1 号 ……………………………………………………… 246

一一四、美花 6236 ……………………………………………………… 247

一一五、润花 12 ………………………………………………………… 247

一一六、润花 19 ………………………………………………………… 247

一一七、润花 21 ………………………………………………………… 248

一一八、润花 22 ………………………………………………………… 248

一一九、深花 1 号 ……………………………………………………… 249

一二○、深花 2 号 ……………………………………………………… 249

一二一、顺花 1 号 ……………………………………………………… 250

一二二、统率花 8 号 ……………………………………………………… 250

一二三、植花 2 号 ……………………………………………………… 250

一二四、驻科花 2 号 ……………………………………………………… 251

一二五、漠阳花 1 号 ……………………………………………………… 251

一二六、商垦 1 号 ……………………………………………………… 252

一二七、商垦 2 号 ……………………………………………………………… 252

一二八、万青花 99 ………………………………………………………………… 253

一二九、DF05 ……………………………………………………………………… 253

附表 ………………………………………………………………………………… 254

第七章　中国高油酸花生新品系 …………………………………………… 281

第一节　小粒品系 ………………………………………………………………… 281

一、花育 665 ……………………………………………………………………… 281

二、花育 668 ……………………………………………………………………… 281

三、花育 669 ……………………………………………………………………… 282

四、开农 111 ……………………………………………………………………… 282

五、豫花 177 号 …………………………………………………………………… 283

六、豫花 179 号 …………………………………………………………………… 283

七、豫花 182 号 …………………………………………………………………… 284

八、豫花 183 号 …………………………………………………………………… 285

九、豫阜花 0824 …………………………………………………………………… 285

十、中花 29 ………………………………………………………………………… 286

十一、中花 30 ……………………………………………………………………… 286

十二、阜花 25 ……………………………………………………………………… 286

十三、阜花 26 ……………………………………………………………………… 287

十四、阜花 33 ……………………………………………………………………… 287

十五、阜花 35 ……………………………………………………………………… 288

十六、阜花 36 ……………………………………………………………………… 288

十七、阜花 38 ……………………………………………………………………… 288

十八、阜花 39 ……………………………………………………………………… 289

十九、桂花 63 ……………………………………………………………………… 289

第二节　大粒品系 ………………………………………………………………… 290

一、花育 967 ……………………………………………………………………… 290

二、花育 968 ……………………………………………………………………… 290

三、花育 969 ……………………………………………………………………… 291

四、花育 9115 ……………………………………………………………………… 291

五、花育 9116 ……………………………………………………………………… 291

六、花育 9117 ……………………………………………………………………… 292

七、花育 9118 ……………………………………………………………………… 292

八、花育 9119 ……………………………………………………………………… 293

九、花育 9121 ……………………………………………………………………… 293

十、花育 9124 ……………………………………………………………………… 293

十一、花育 9125 …………………………………………………………………… 294

十二、开农 313 ………………………………………………… 294

十三、豫花 157 号 …………………………………………… 295

十四、豫花 178 号 …………………………………………… 295

十五、中花 31 ………………………………………………… 296

十六、中花 32 ………………………………………………… 296

十七、中花 33 ………………………………………………… 296

十八、中花 34 ………………………………………………… 297

第八章　中国高油酸花生种子生产 ………………………… 298

　第一节　高油酸花生种子生产注意事项 ………………… 298

　第二节　主育省(区)高油酸花生种子生产技术 ………… 299

　　一、吉林 ……………………………………………… 299

　　二、辽宁 ……………………………………………… 303

　　三、河北 ……………………………………………… 306

　　四、山东 ……………………………………………… 317

　　五、河南 ……………………………………………… 321

　　六、湖北 ……………………………………………… 325

　　七、四川 ……………………………………………… 329

　　八、广西 ……………………………………………… 331

　　九、广东 ……………………………………………… 333

　　十、海南 ……………………………………………… 337

　第三节　其他省(区、市)高油酸花生种子生产技术 …… 339

　　一、黑龙江 …………………………………………… 339

　　二、内蒙古 …………………………………………… 340

　　三、新疆 ……………………………………………… 343

　　四、北京 ……………………………………………… 346

　　五、山西 ……………………………………………… 349

　　六、宁夏 ……………………………………………… 350

　　七、江苏 ……………………………………………… 352

　　八、安徽 ……………………………………………… 354

　　九、江西 ……………………………………………… 357

　　十、湖南 ……………………………………………… 360

　　十一、贵州 …………………………………………… 362

　　十二、福建 …………………………………………… 365

　参考文献 ………………………………………………… 368

第九章　中国高油酸花生鉴定评价及配套农艺措施研究 … 369

　第一节　高油酸花生配合力和遗传多样性分析 ………… 369

　　一、配合力分析 ……………………………………… 369

　　二、遗传多样性分析 ……………………………………………………………………… 371

第二节　应对播种出苗期低温高湿 ………………………………………………………… 376

　　一、高油酸花生对播种出苗期低温的反应及包衣效果鉴定 ………………………… 376

　　二、高油酸花生对播种出苗期低温高湿的反应及包衣效果鉴定 …………………… 381

第三节　高油酸花生耐盐碱、抗旱鉴定 …………………………………………………… 386

　　一、耐盐碱 ………………………………………………………………………………… 386

　　二、抗旱 …………………………………………………………………………………… 393

第四节　高油酸花生适收性评价 …………………………………………………………… 394

　　一、果柄强度、果壳强度 ………………………………………………………………… 394

　　二、脱水速率 ……………………………………………………………………………… 396

第五节　农艺措施对高油酸花生产量、品质和效益的影响 ……………………………… 396

　　一、施用抗重茬肥对高油酸花生产量、品质和效益的影响 ………………………… 396

　　二、松土促根剂增产效果 ………………………………………………………………… 399

　　三、喷施叶面肥对高油酸花生产量和品质的影响 …………………………………… 399

　　四、土壤施氮量对高油酸花生产量和品质的影响 …………………………………… 401

　　五、植保措施对高油酸花生产量、品质和效益的影响 ……………………………… 401

第六节　高油酸花生感官评价 ……………………………………………………………… 402

　　一、鲜食花生 ……………………………………………………………………………… 402

　　二、烤花生仁 ……………………………………………………………………………… 402

　　三、油炸花生仁 …………………………………………………………………………… 405

　　四、咸酥花生 ……………………………………………………………………………… 406

参考文献 ……………………………………………………………………………………… 406

第十章　展望 ………………………………………………………………………………… 409

第一节　加大高油酸花生产业政策支持力度 …………………………………………… 409

　　一、重视和加强高油酸花生基地建设 ………………………………………………… 409

　　二、扶持大型花生流通企业，强化产销对接 ………………………………………… 410

　　三、在油料产业进行政策性保险试点 ………………………………………………… 410

　　四、研发花生种用和商品生产机械，在花生主产区大力推广机械化生产技术 …… 410

　　五、建立农业创新链与产业链融合机制 ……………………………………………… 411

第二节　聚焦高油酸花生关键技术研究 ………………………………………………… 411

　　一、重视高油酸花生种子学研究 ……………………………………………………… 411

　　二、强化优异遗传资源创制、鉴定和利用 …………………………………………… 412

　　三、深化高油酸花生遗传和农艺技术研究 …………………………………………… 412

　　四、做好高油酸花生精深加工利用研究与新产品开发 ……………………………… 413

第三节　多措并举，走出一条高效务实的高油酸花生产业化之路 …………………… 413

参考文献 ……………………………………………………………………………………… 415

品种（系）名称索引 ………………………………………………………………………… 416

中国高油酸花生品种（系）

花育 661 花育 662 花育 663

花育 664 花育 665 花育 666

花育 667

花育 668

花育 669

花育 961

花育 962

花育 963

花育 964

花育 965

花育 966

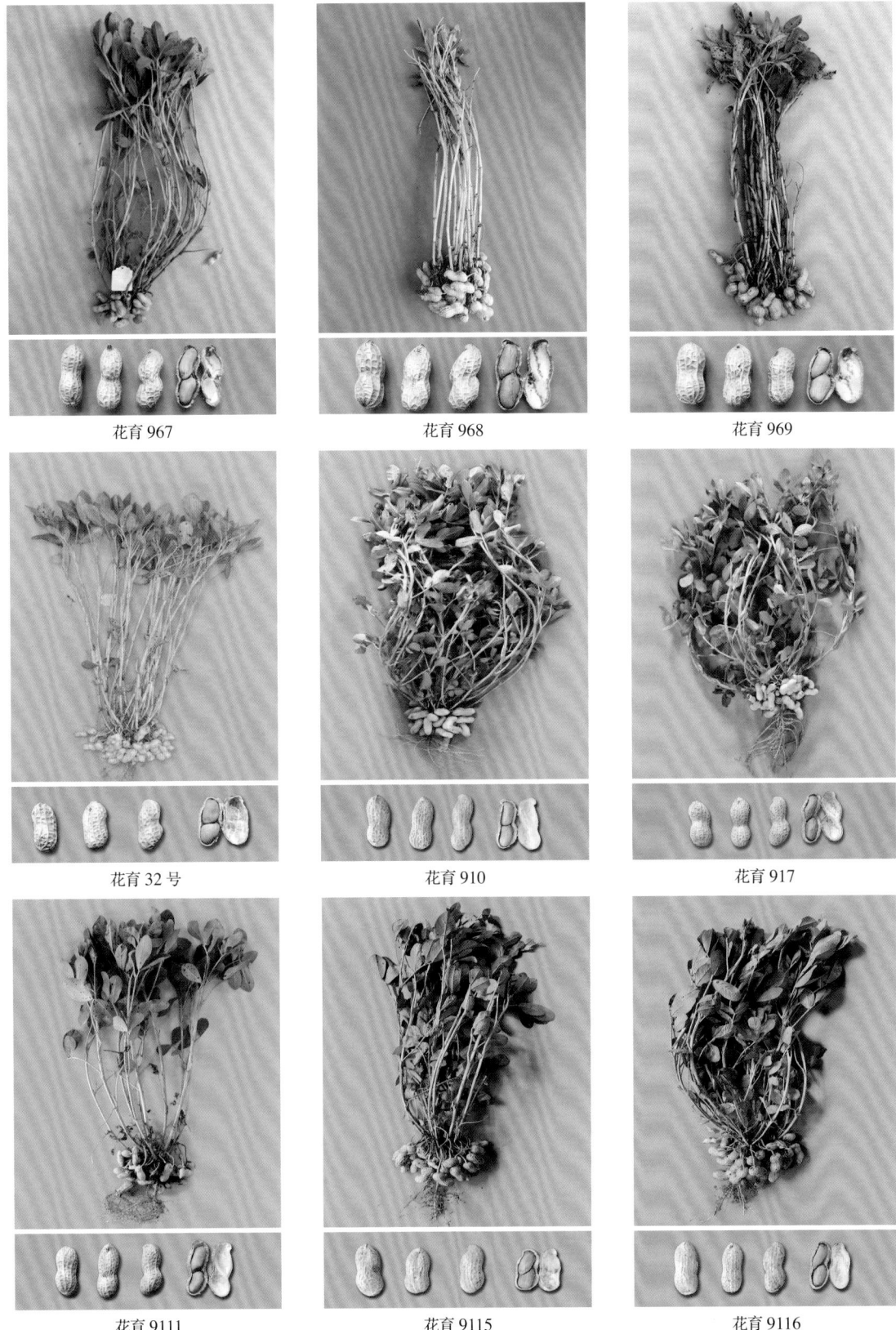

花育 967

花育 968

花育 969

花育 32 号

花育 910

花育 917

花育 9111

花育 9115

花育 9116

图 04 版

花育 9117

花育 9118

花育 9119

花育 9121

花育 9123

花育 9124

花育 9125

花育 51 号

花育 52 号

花育 951

花育 957

花育 958

开农 H03-3

开农 1715

开农 176

开农 1760

开农 1768

开农 58

开农系列

开农 61

开农 71

开农 306

开农 308

开农 310

开农 601

开农 602

开农 603

开农 311

冀花系列

冀花 11 号

冀花 13 号

冀花 16 号

冀花 18 号

冀花 19 号

冀花 29 号

豫花系列

冀花 572

冀花 915

豫花 37

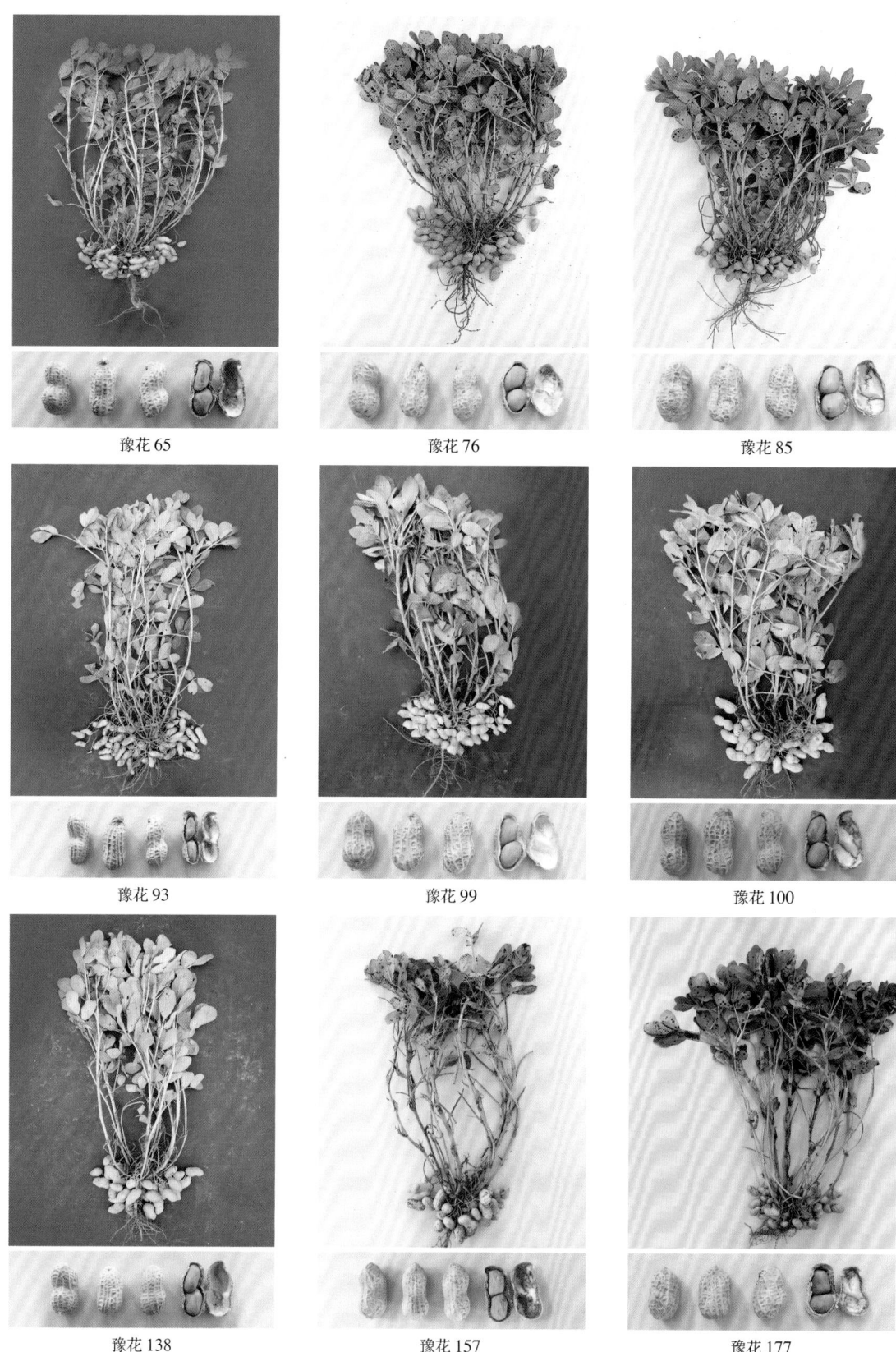

豫花 65

豫花 76

豫花 85

豫花 93

豫花 99

豫花 100

豫花 138

豫花 157

豫花 177

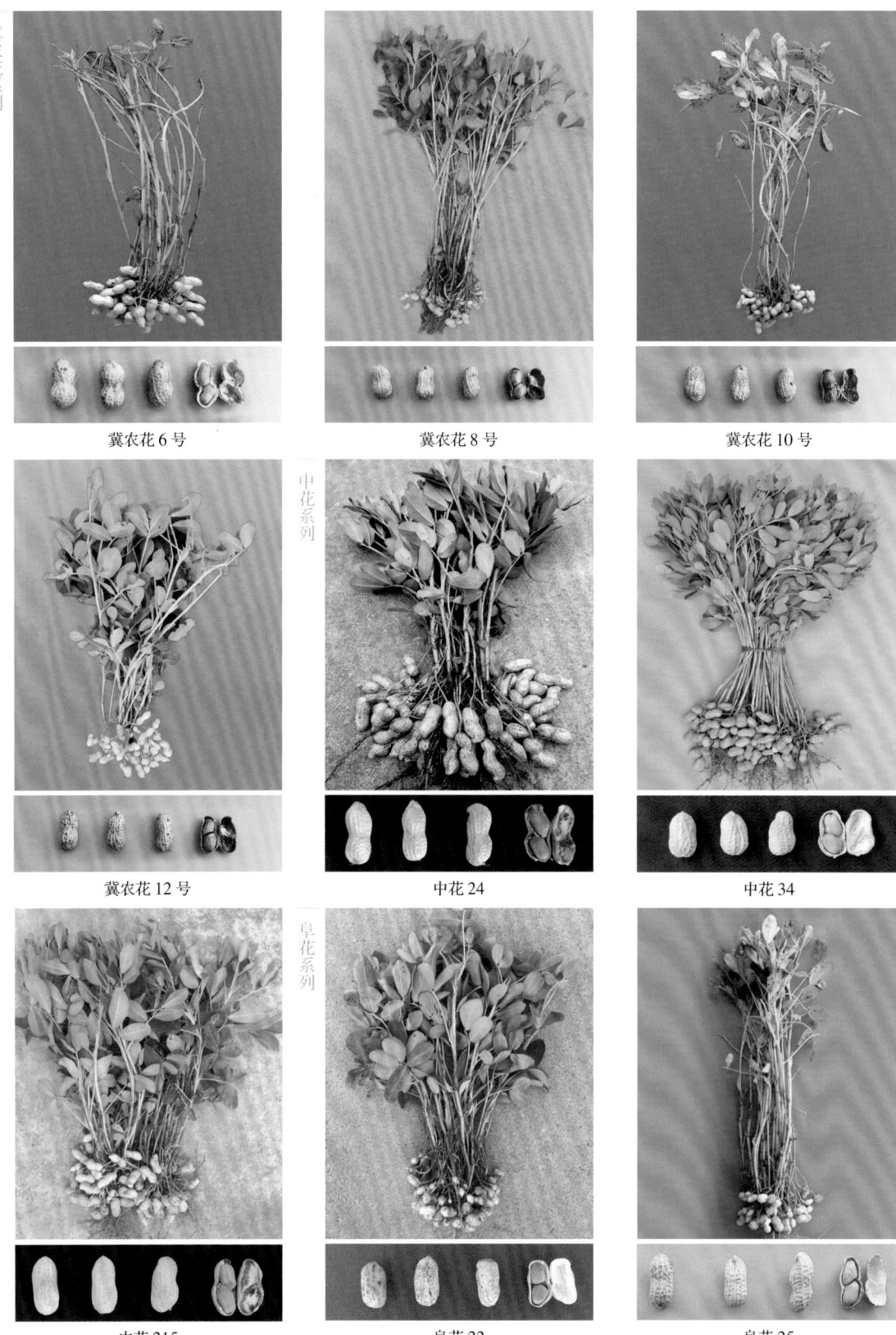

冀农花系列

冀农花 6 号

冀农花 8 号

冀农花 10 号

中花系列

冀农花 12 号

中花 24

中花 34

阜花系列

中花 215

阜花 22

阜花 25

图 10 版

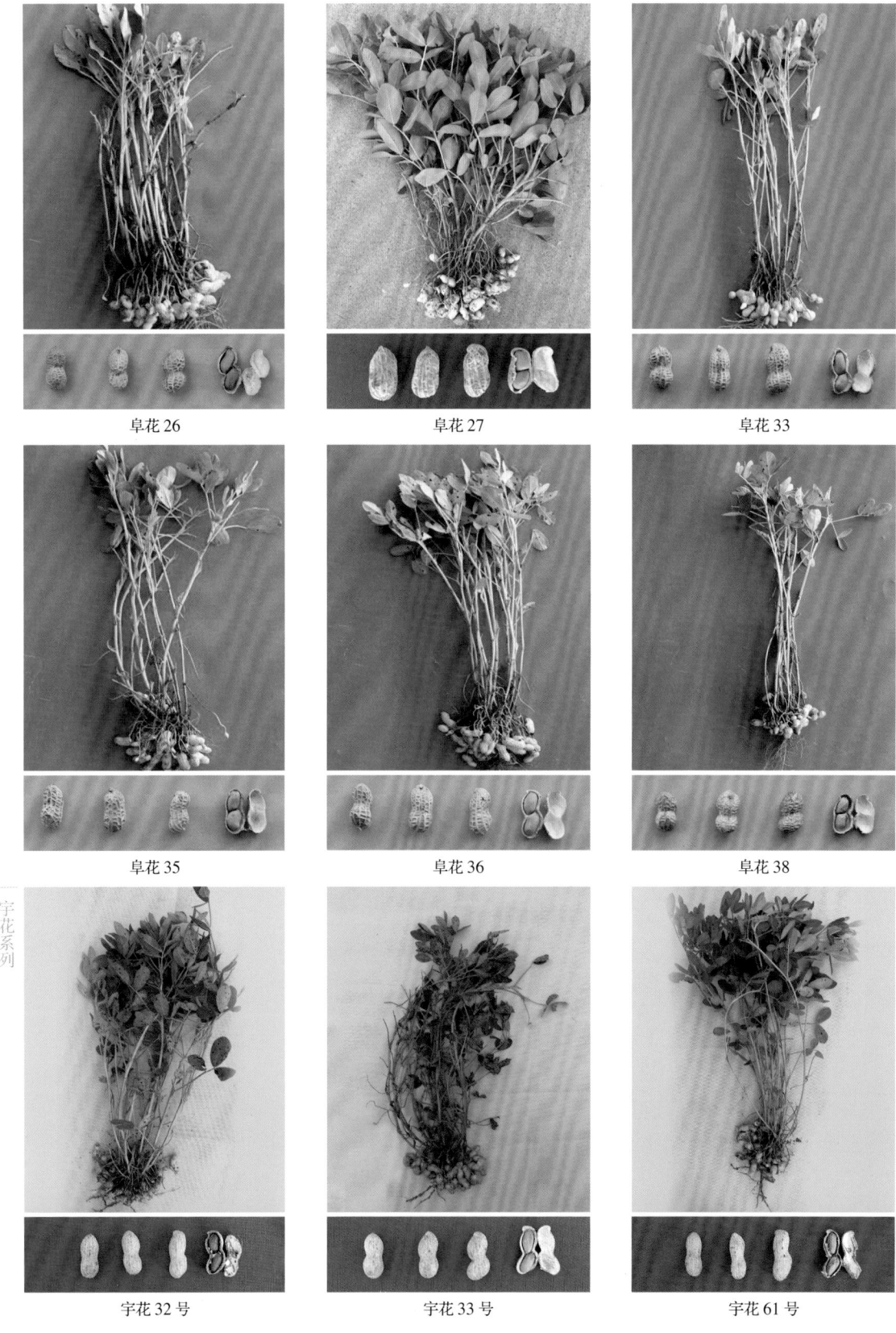

阜花 26　　阜花 27　　阜花 33

阜花 35　　阜花 36　　阜花 38

宇花系列

宇花 32 号　　宇花 33 号　　宇花 61 号

图 11 版

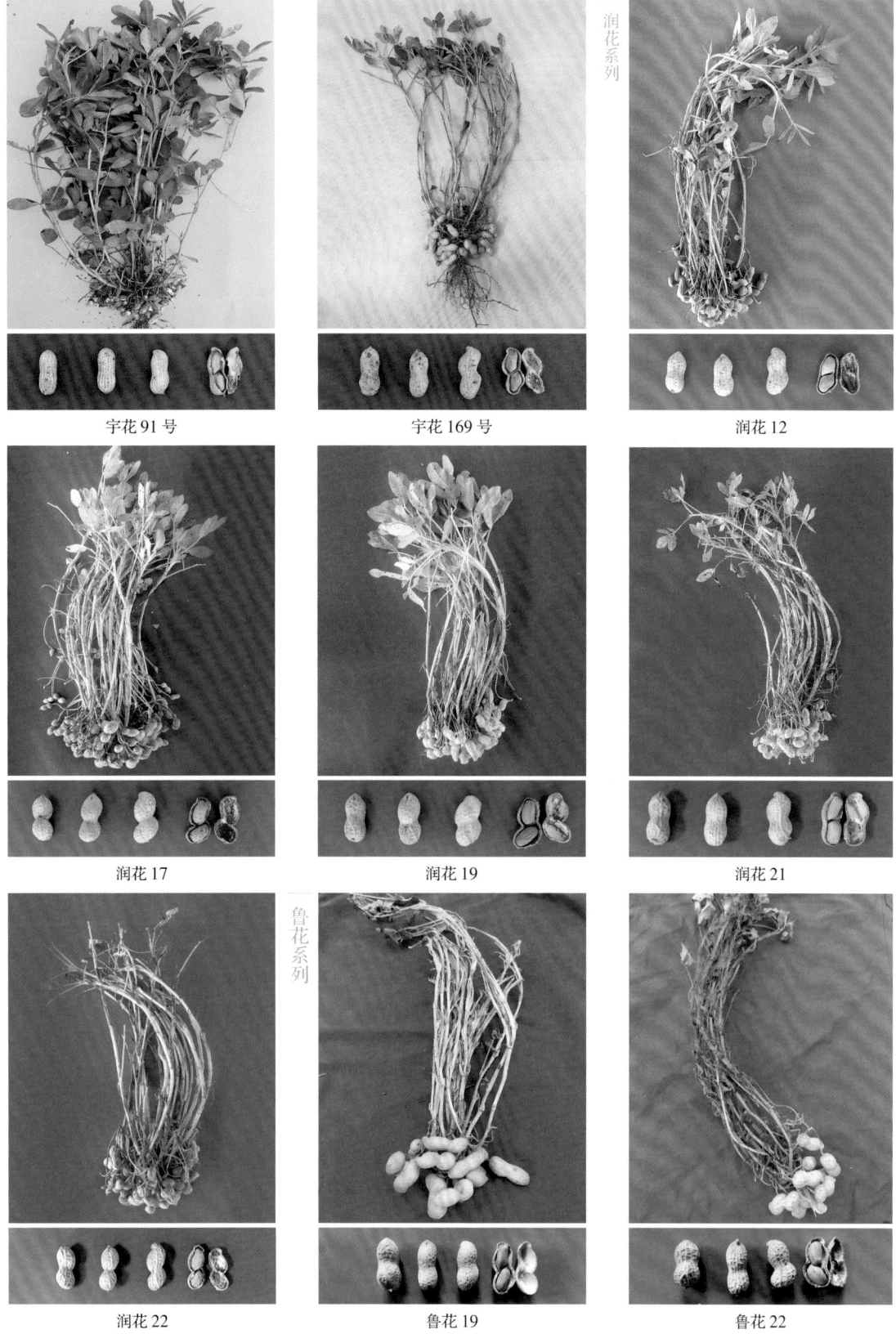

宇花 91 号　　　　宇花 169 号　　　　润花 12

润花 17　　　　润花 19　　　　润花 21

润花 22　　　　鲁花 19　　　　鲁花 22

图 12 版

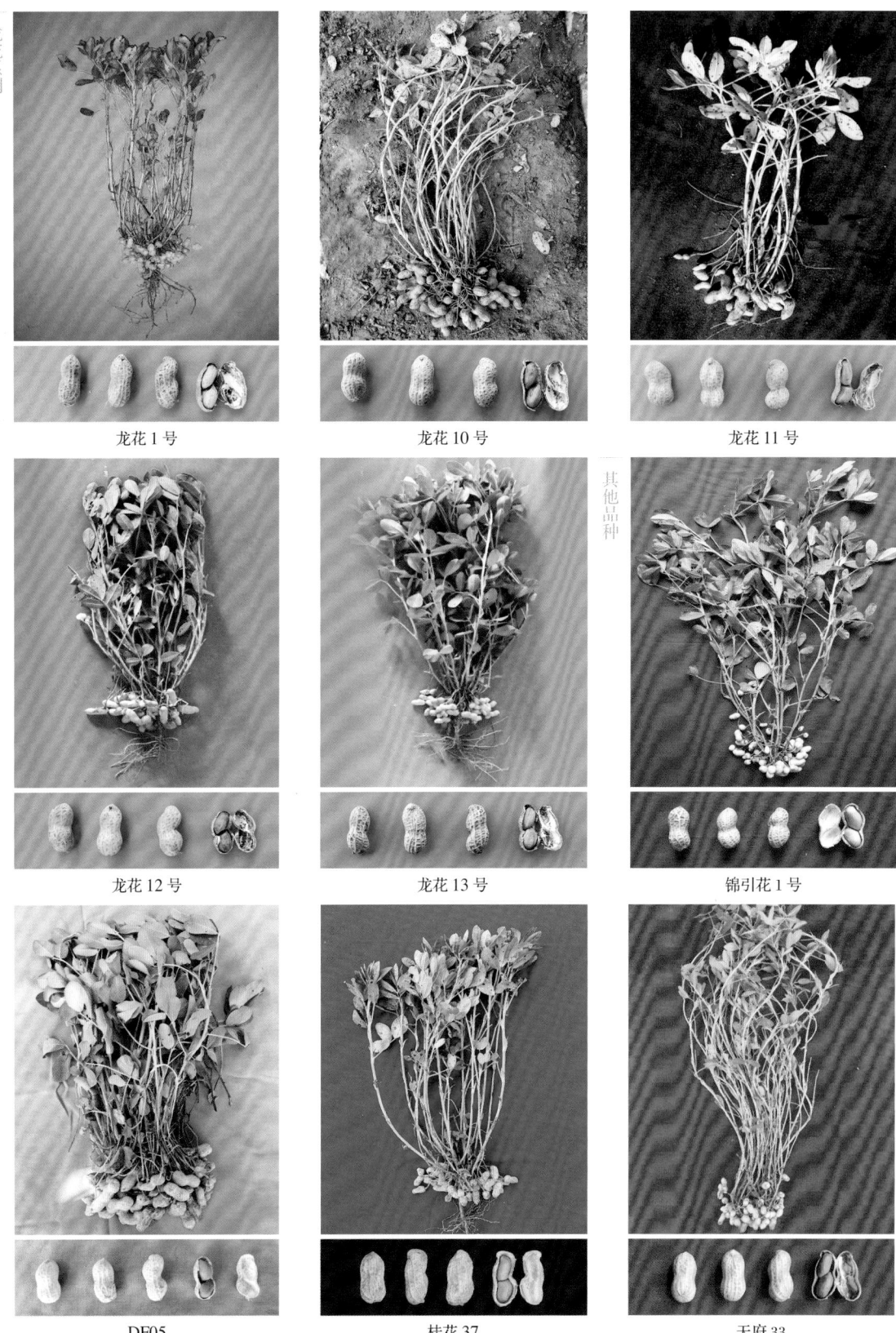

龙花系列

其他品种

龙花 1 号

龙花 10 号

龙花 11 号

龙花 12 号

龙花 13 号

锦引花 1 号

DF05

桂花 37

天府 33

图 13 版

高油酸花生突变体

CTWE 　　　　　FB4 　　　　　15L46HO

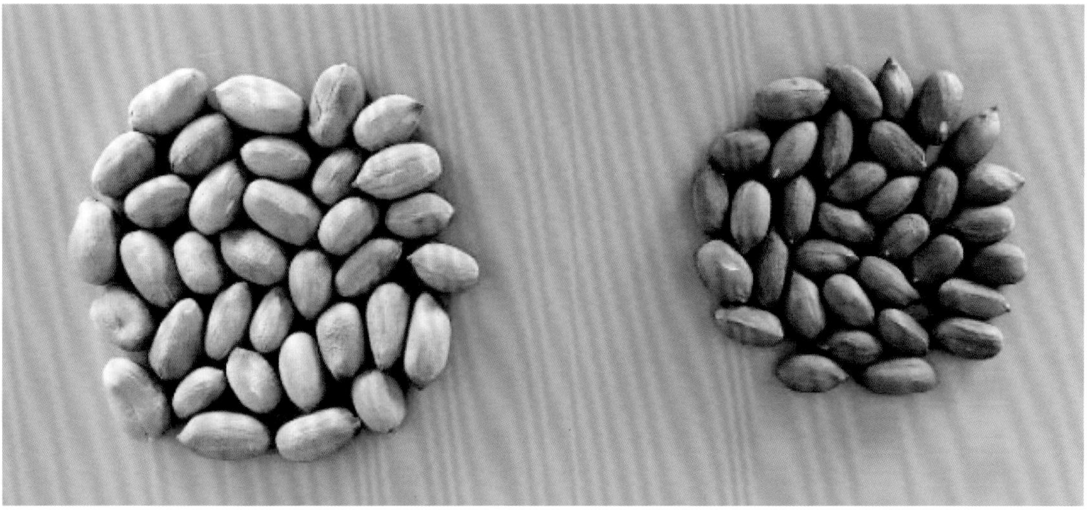

Tifrunner（右）高油酸突变体 TFHO（左）

AD（右）高油酸突变体 ADHO（左）

图 14 版

辽宁义县高油酸花生种植基地

图 15 版

图 16 版

高油酸花生产品

中粮山萃花生制品（威海）有限公司生产的高油酸花生食品

山东鲁花集团有限公司生产的高油酸花生油

山东鲁花集团有限公司生产的双料高油酸食用调和油

山东金胜花生食品有限公司生产的
高油酸麻辣花生

图 17 版

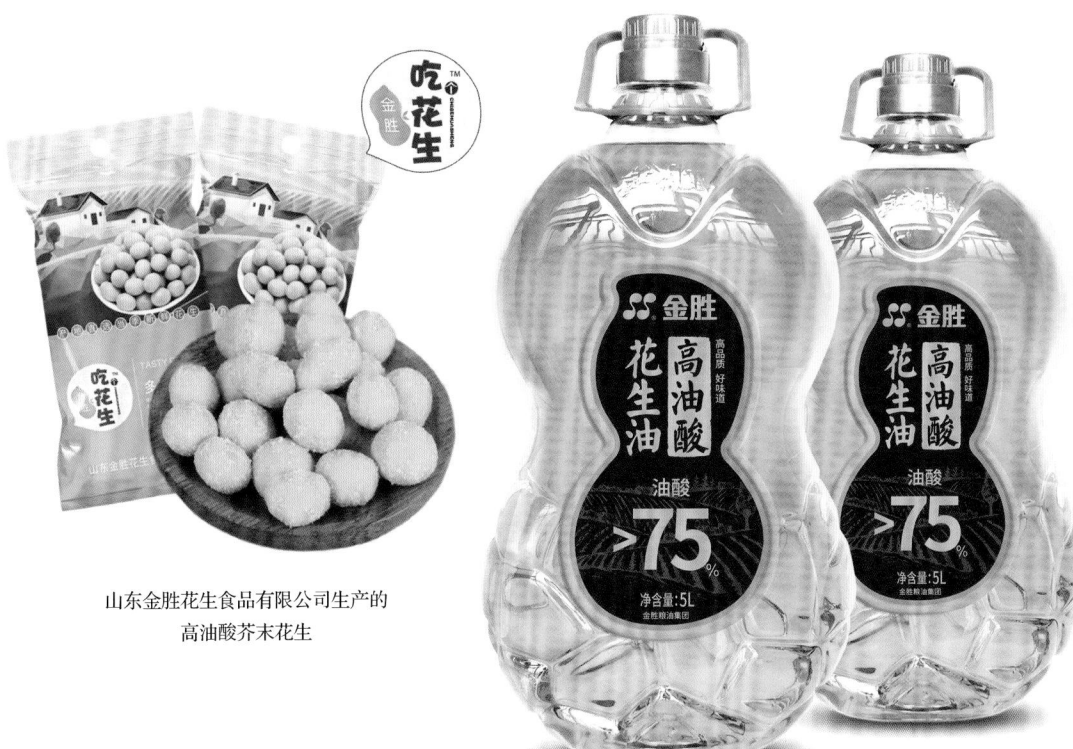

山东金胜花生食品有限公司生产的
高油酸芥末花生

山东金胜粮油食品有限公司生产的高油酸花生油

山东金胜粮油食品有限公司生产的
原生初榨高油酸花生油

图 18 版

山东金胜花生食品有限公司生产的
高油酸裹衣花生

山东金胜花生食品有限公司生产的
高油酸花生酥

山东润柏农业科技有限公司生产的
高油酸花生蛋白粉

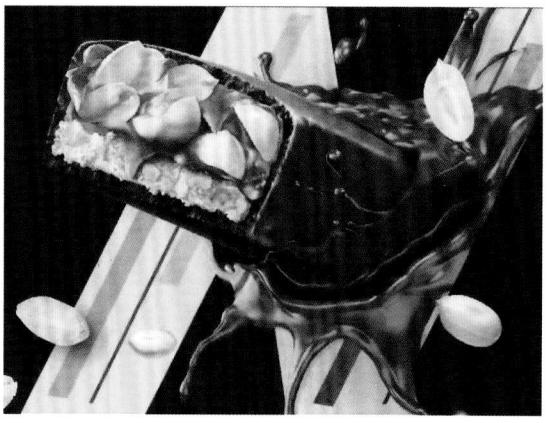

山东润柏农业科技有限公司高油酸花生原料
生产的能量棒

图 19 版

山东润柏农业科技有限公司和中粮山萃花生制品（威海）有限公司联合推出的
高油酸麻辣花生

烟台市大成食品有限责任公司生产的
高油酸花生油

昌乐好友油脂有限责任公司生产的
高油酸花生油

图 20 版

烟台市大成食品有限责任公司生产的
高油酸花生酱

烟台市大成食品有限责任公司生产的
高油酸淮盐花生

烟台市大成食品有限责任公司生产的
高油酸海苔花生

烟台市大成食品有限责任公司生产的
高油酸麻辣花生

图 21 版

河北乡土乡情农业科技有限公司生产的
高油酸炉烤花生

豆果乐园（北京）食品有限公司加工的
高油酸鱼皮花生

阜新蒙古族自治县夥兴种植合作社生产的
高油酸烤花生

图 22 版

天下食安（青岛）植物油有限公司生产的
高油酸花生油

青岛天祥食品集团有限公司生产的
高油酸花生油

图 23 版

青岛吉兴食品有限公司生产的
高油酸花生酱

青岛千松食品有限公司生产的
高油酸烤花生半粒

图 24 版

辽宁义县宝盛食品厂生产的
高油酸花生油

河北冀中粮油食品有限公司生产的
高油酸花生油

图 25 版

滦州市百信花生种植专业合作社生产的
高油酸花生油

烟台欧果花生油股份有限公司生产的
高油酸花生油

图 26 版

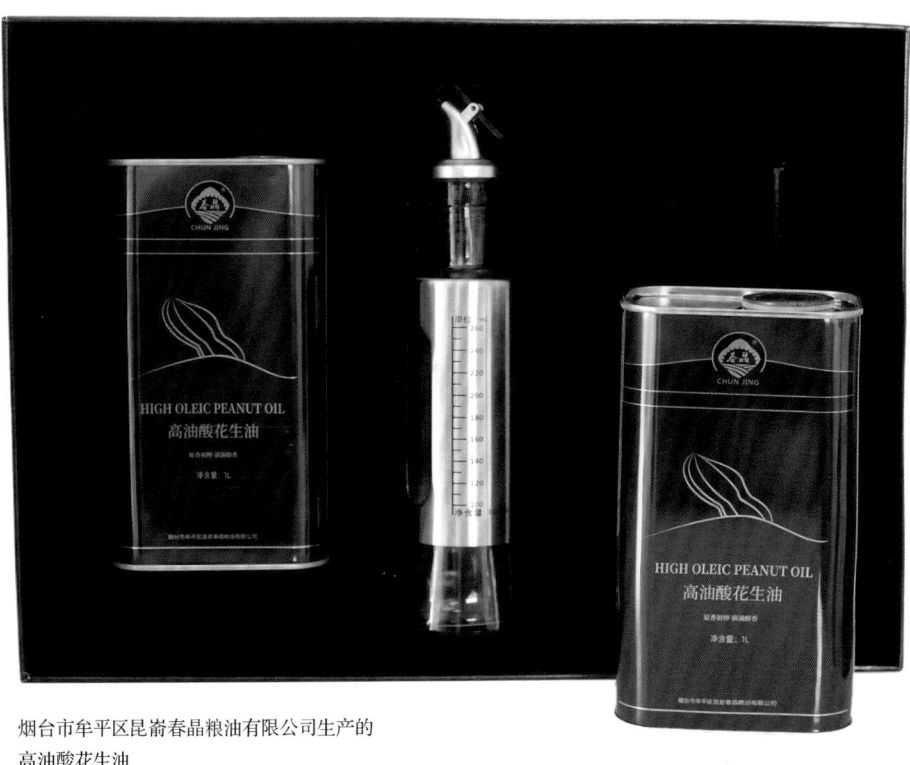

烟台市牟平区昆嵛春晶粮油有限公司生产的
高油酸花生油

周涞香植物油（青岛）有限公司用高油酸花生原料研发的
植物油系列产品

图 27 版

青岛胶平食品有限公司生产的
高油酸花生碎

河南帝鑫食品有限公司生产的　　　　　　　　河南帝鑫食品有限公司生产的
高油酸花生碎　　　　　　　　　　　　　　高油酸花生片

图 28 版

河南省淇花食用油有限公司生产的
高油酸花生油(瓶装)

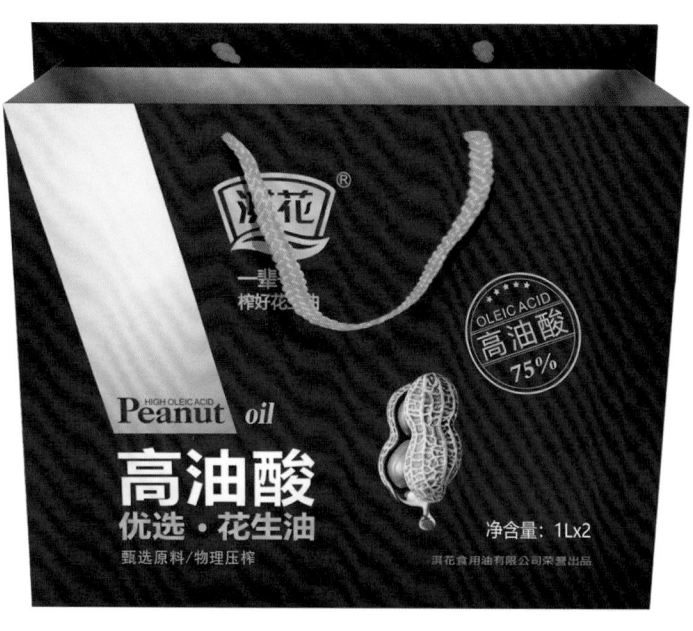

河南省淇花食用油有限公司生产的
高油酸花生油(盒装)

第一章　高油酸花生的社会经济价值

相较于普通花生(normal oleic peanut,conventional peanut),高油酸花生(high oleic peanut,high-oleic peanut, high oleate peanut, high oleic acid peanut)的油酸(oleic acid, oleate)含量显著提升,同时亚油酸(linoleic acid, linoleate)和棕榈酸(palmitic acid, palmitate)含量明显下降,由此带来的好处是多方面的。多项研究发现,高油酸花生有降血脂及保护心脑血管和肝脏、控制血糖及体重、延缓衰老及增强脑认知能力等多重保健作用。鉴于油酸的氧化速率大约只有亚油酸的1/10,因此无论是高油酸种用花生(seed peanut)、高油酸花生原料还是高油酸花生油、高油酸花生食品、高油酸花生生物柴油(biodiesel)都表现出良好的氧化稳定性(oxidative stability),从而可以减少乃至避免浪费。采用高油酸花生原料还有利于食品加工企业合理安排生产。

第一节　有　益　健　康

高油酸花生与健康关系的研究工作绝大部分是在国外进行的,有一些研究还是在实验动物上开展的。由于采用了不同的膳食模式或不同的受试人群,因而研究的具体结论不尽一致,个别情况还缺乏普通油酸花生作对照,但均支持高油酸花生有益人体健康这一论断。

一、降低低密度脂蛋白胆固醇,减少心血管疾病风险

棕榈酸与心血管病(cardio-vascular diseases, CVD)如冠心病、房颤等致命性疾病风险增加相关(Wang 等,2015)。高油酸花生棕榈酸含量较少,有益于心脏健康。

2014 年,山东金胜粮油食品有限公司与山东省农业科学院合作进行动物实验。以健康SD 大鼠为对象,每组 10 只,分为正常对照组、模型组以及 4 种植物油实验组,采用高糖高脂饮食结合小剂量腹腔注射链脲佐菌素建立糖尿病大鼠模型,其中随机分出 4 组分别喂食高油酸花生油、普通花生油、大豆油、菜籽油,系统研究高油酸花生油对大鼠血糖、血脂、肝功能、肾功能、肝脏和肾脏病理切片等指标。结果发现,高油酸花生油有降血脂预防心血管疾病、降血糖改善糖尿病、减体重改善肥胖症的作用*,但未公开发表相关研究报告。以下就国内外相关文献加以分类总结。

(一)改善血清脂蛋白谱

冠状动脉心脏病(coronary heart disease,CHD)是 40 岁以上妇女死亡的主因之一。更

---

* 金胜粮油集团有限公司 陈宁. 高油酸花生及其制品的研发. 辽宁义县,2019 - 9 - 20.

年期以前,该病发病率较低,自更年期开始发病率升至大致与男性齐平的水平。美国 45 岁以下的妇女血清总胆固醇(total serum cholesterol)均值为 200～215 mg/dL(5.12～5.56 mmol/L),45～54 岁的妇女则上升至 240～260 mg/dL(6.20～6.72 mmol/L)。目前提出的治疗高胆固醇血症(hypercholesterolemia)的步骤 I 膳食初始治疗方案[Step 1 diet(≤30%energy from fat, ≤10%energy from saturated fat, ≤300 mg cholesterol/d)],通常能够显著降低如血清胆固醇、低密度脂蛋白胆固醇(low density lipoprotein cholesterol, LDL-C)和载脂蛋白 B(apolipoprotein B, apo B)等 CHD 风险因子。然而,低脂(low-fat, LF)膳食常常降低高密度脂蛋白胆固醇(high density lipoprotein cholesterol, HDL-C)和载脂蛋白 A-I(apolipoprotein A-I, apo A-I)水平,升高血清甘油三酯(triglyceride)水平。这些血清方面的变化对于女性来说可能尤其有害,因在该群体内血清 HDL-C、甘油三酯和 apo A-I/apo B 等指标对于定义心脏病风险更为重要。与此不同,低饱和脂肪酸(SFA)高单不饱和脂肪酸(MUFA)膳食能降低血清胆固醇和 LDL-C 浓度,而不对 HDL-C、apo A-I 或甘油三酯产生不良影响。多数高 MUFA 膳食的总体脂肪含量也较高(35%～40%能量),不建议用于高胆固醇血症治疗。短至 3～4 周的研究表明,脂肪中等而 MUFA 较高的膳食能降低患高胆固醇血症男性和女性的血清胆固醇和 LDL-C,但对 HDL-C、apo A-I 的影响无一致结论。缺乏长期低脂高 MUFA(low fat rich in MUFA)膳食干预对更年期后妇女影响的报道。为此,美国佛罗里达大学的 O'Byrne 等(1997)选取之前患高胆固醇血症、高脂膳食(34%脂肪、11%SFA)的更年期后妇女(50～65 岁)进行低脂、富含单不饱和脂肪酸膳食(low fat-monounsaturated rich diet, LFMR)为期 6 个月的试验;另外一组之前患高胆固醇血症、低脂膳食[low fat diet, LF diet(20%～30%fat, <10%SFA, <300 mg cholesterol)]的更年期后妇女继续进行低脂膳食。LF 和 LFMR 膳食能量分布为脂肪<30%、碳水化合物 50%～60%、蛋白质 15%～20%。单不饱和脂肪占 LFMR 膳食脂肪的 50%～60%,其主要来源是高油酸花生。LFMR 组妇女每天食用 35～68 g 花生。平均而言,花生取代了膳食中 28 g(1 盎司)熟瘦肉和 3～4 份油或人造黄油(相当于 15～20 g 脂肪)。LFMR 组 12 名、LF 组 13 名妇女最终完成了试验。结果表明,LFMR 组血清胆固醇降低了 10%(由 264 mg/dL 降到 238 mg/dL, $p \leqslant 0.01$),LDL-C 降低了 12%(由 182 mg/dL 降到 161 mg/dL, $p \leqslant 0.01$),但 LF 组无变化。LFMR 组血清胆固醇下降幅度高于公式预测值。LFMR 组血清甘油三酯和 apo A-I 无变化。两组试验对象 HDL-C、HDL_3-C 和 apo B 均略有降低,但只有 LFMR 组在 LDL-C/HDL-C 和 apo A-I/apo B 比值方面呈现出有益的变化趋势。总体而言,LFMR 膳食耐受性好,改善了受试者的血脂和载脂蛋白谱。

阿根廷 Ryan 等(2010)研究了用冷榨高油酸花生油(兰娜型品种 Granoleico)、葵花籽油和橄榄油代替日粮中的脂质,饲喂白化瑞士小鼠,测定其血浆胆固醇水平。发现断乳后 126 d 血浆 HDL-C 三者间差异不显著,高油酸花生油组的 LDL-C 明显低于葵花籽油组(图 1-1)。

潘丽娟等(2009)研究了高油酸花生对 Wistar 雌性大白鼠高脂血症形成过程中血脂水平的影响。选取 50 只大白鼠,随机分成 5 组(每组 10 只),高油酸花生设 5%(95%基础饲

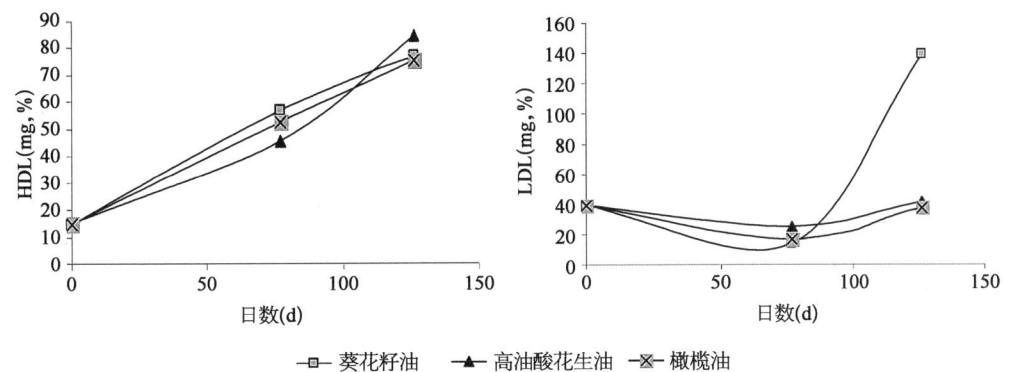

图 1-1　饲喂不同植物油对白化瑞士小鼠血浆胆固醇水平的影响(Ryan 等,2010)

料+5%E12 花生)和 10%(90%基础饲料+10%E12 花生)2 个剂量组,普通花生设 10%(90%基础饲料+10%鲁花 12 号花生)1 个剂量组,另设 1 个高脂饲料组(83.75%基础饲料、10%猪油、5%蛋黄、1%胆固醇、0.25%牛胆盐)及 1 个基础饲料组(22%玉米面、18%豆面、17%小麦面粉、15%高粱粉、20%麸皮、1%食盐、5%鱼粉、2%鱼肝油)。除基础饲料组外,其他 4 个组喂含有猪油的高脂饲料 1 个月,取眼静脉血测量血清总胆固醇、甘油三酯、HDL-C、LDL-C 等 4 项指标,发现高脂饲料组血清总胆固醇和 LDL-C 极显著高于基础饲料组,说明高脂模型建立成功。进而分别用 10%普通花生饲料、5%高油酸花生饲料、10%高油酸花生饲料喂养 1 个月后,取尾血测上述 4 项指标。结果发现,普通花生组和高油酸花生 2 个剂量组血清总胆固醇、甘油三酯、LDL-C 含量均极显著或显著低于高脂饲料组,HDL-C 则无显著性差异。从两次测量 3 项指标的变化幅度看,血清总胆固醇降低幅度依次为,10%高油酸组(82.44%)>普通花生组(76.85%)>5%高油酸组(73.77%);甘油三酯升高幅度依次为,普通花生组(16.44%)>5%高油酸组(15.00%)>10%高油酸组(4.20%);LDL-C 降低幅度依次为,10%高油酸组(86.34%)>普通花生组(86.31%)>5%高油酸组(82.88%)。

韩国 Oh 等(2020)评价了摄入高油酸花生和普通花生对肥胖诱导的 C57BL/6J 小鼠脂肪量和血脂的影响。高脂饮食 4 周后,将小鼠随机分为以下 6 组:正常对照组(NC)、高脂对照组(HFC)、高油酸花生仁组(HOPS)、普通花生仁组(NOPS)、高油酸花生油组(HOPO)、橄榄油组(OO)。4 周后,4 个试验日粮组均表现出明显低于 HFC 组的体重和附睾脂肪重量;血清甘油三酯(TG)、总胆固醇(total cholesterol,TC)和低密度脂蛋白胆固醇(LDL-C)显著低于 HFC 组,高密度脂蛋白胆固醇(HDL-C)显著高于 HFC 组。HOPS 组 TG 和 LDL-C(92.1 mg/dL±1.2 mg/dL、66.1 mg/dL±2.8 mg/dL)均明显低于 NOPS 组(101.7 mg/dL±5.3 mg/dL,$p<0.05$;76.9 mg/dL±1.5 mg/dL,$p<0.05$);而 HOPS 组 HDL-C(50.5 mg/dL±2.1 mg/dL)则显著高于 NOPS 组(45.2 mg/dL±1.6 mg/dL,$p<0.05$)。这一结果提示,饲喂高油酸花生对小鼠血脂谱产生了有利影响。

(二)降低低密度脂蛋白过氧化易感性

低密度脂蛋白(LDL)的氧化修饰在主动脉粥样硬化过程中发挥重要作用。LDL 对氧化的易感性及过氧化产物的数量受脂蛋白 18：1n－9、18：2n－6 含量和 18：2n－6/18：1n－9 比值的影响,而后者部分决定于膳食脂肪酸。O'Byrne 等(1998)在前述血清脂蛋白谱的研究基础上,将患高胆固醇血症更年期后女性(50～65 岁)的高脂膳食(34％脂肪,11％SFA)更换为 6 个月的 LF(低脂膳食)(20％～30％脂肪,<10％SFA,<300 mg 胆固醇)或LFMR 膳食(26％脂肪,6％饱和脂肪,14％单不饱和脂肪)后,探讨 LDL 脂肪酸组成和氧化谱(oxidative profile)方面是否产生了有益的变化。随机选取 6 名 LF 组、5 名 LFMR 组受试者对 LDL 进行分析。结果表明,LFMR 膳食能使 18：1n－9 浓度和占比提高,18：2n－6/18：1n－9 比值降低,18：2n－6 占比下降;而 LF 组 LDL 脂肪酸无显著变化。铜诱导的体外氧化试验中,两个试验组共轭二烯迟滞时间(conjugated diene lag time)均延长,但只有LFMR 组脂质过氧化物(lipid peroxide)迟滞时间延长、脂质过氧化物形成减少。因此,LFMR 膳食耐受性好,在高胆固醇血症方面具有一定的治疗价值。

（三）降低心血管疾病风险因子及动脉粥样硬化发展

美国 Stephens 等(2010)利用雄性叙利亚金黄地鼠(Syrian golden hamster)研究了脱脂花生粉、花生和花生油对心血管疾病风险因子及动脉粥样硬化发生的影响。采用的花生系来自 Gold Peanuts 公司的赠品(油酸、亚油酸含量分别约为 80％、4％)。对照组饲喂为啮齿类动物设计的一种高心血管疾病风险、诱导动脉粥样硬化的日粮。脱脂花生粉、花生和花生油 3 个试验组日粮与对照组等能量(isocaloric),以等代谢能(metabolizable energy)的花生产品取代相应的成分(脂肪＝37.8 kJ/g,碳水化合物和蛋白质＝16.8 kJ/g)。所有日粮中均添加维生素混合物。结果发现,饲喂脱脂花生粉、花生和花生油与对照相比,大约自第 12 周开始直至第 24 周显著降低了血浆总胆固醇,而 HDL－C 则无显著差异。含花生和花生成分的日粮阻止了主动脉总胆固醇(TC)和胆固醇酯(CE)的升高。脱脂花生粉、花生油 TC 自第 12 周开始显著低于对照组,完整的花生直至第 18 周才显著低于对照。3 个试验组第 12 周 CE 与对照尚无极显著差异,到第 18 周才与对照组的差异达极显著水平。鉴于 CE 为动脉粥样硬化发展的标志物,这一研究证实了花生、花生油和脱脂花生粉能阻止动物摄食诱发导致的动脉粥样硬化的进展。

二、有助于控制体重

（一）进食高油酸花生的健康超重受试者体重增加远低于预期

据澳大利亚 Barbour 等(2015)研究,进食高油酸花生(品种：Middleton)12 周后,健康超重受试者[(65±7)岁,体重指数(body mass index, BMI)为(31±4) kg/m²]体重仅略有增加,远低于预期,而体成分则无显著差异。该试验未检测受试者心血管代谢风险因子的改善情况,推测原因在于受试者是健康人群。

（二）食用高油酸花生和普通油酸花生的能量摄入低于薯片

Barbour 等(2014)比较了食用烤高油酸花生(品种：Middleton)、烤普通油酸花生(品种：Streeton)和等能量的马铃薯薯片能量摄入情况。发现食用花生 3 h 后的冷餐总能量摄入,高油酸花生和普通油酸花生分别比薯片降低 21％、17％;4 d 内平均日能量摄入,高油酸花生和普通油酸花生分别比薯片降低 11％、9％;但饱足感(satiety)差异不明显。认为花生特别是高油酸花生对于保持健康的体重是一种理想的休闲食品(snack food,又译作快餐食品)。

(三) 急性摄入高油酸花生增强超重或肥胖男性膳食诱发的生热作用

巴西 Moreira Alves 等(2014a)以饼干(control biscuits, CT)为对照,评估了超重或肥胖男性过夜禁食(overnight fasting)后急性摄入高油酸花生(high-oleic peanuts, HOP)(品种:IAC505)或普通花生(conventional peanuts, CVP)(品种:IAC886)后 200 min 内的能量代谢情况,对这期间膳食诱发的生热作用(diet-induced thermogenesis, DIT)和底物氧化也做了分析,并记录 3 h 的食欲感(appetite sensation)。结果表明,HOP 组餐后能量消耗和 DIT 显著高于 CVP 组,但底物氧化组间无显著差异。仅 HOP 组打分低于100,表明不完全补偿。CT 组和 CVP 组打分高于100,显示完全的热量补偿。就食欲感而言,CVP 组饱腹感(fullness)低于 HOP 和 CT 组。3 h 后,饱足感打分,CVP 组回到基线水平,而 CT 组和 HOP 组依然较高。CVP 组和 CT 组饥饿感打分回到基线,HOP 组仍保持在较低水平。由此认为,与普通油酸花生相比,摄食高油酸花生的 DIT 和饱腹感较高、能量摄入不完全补偿,在通过膳食干预实现瘦身方面是有益处的。

(四) 改善节食超重或肥胖男性脂肪氧化和体成分

为评估低热量膳食(hypocaloric-diet)对能量代谢和体成分(body composition)的影响,Moreira Alves 等(2014b)利用 BMI 为(29.7±2.4) kg/m^2 的 18~50 岁男性进行 4 周的随机临床试验。受试者分成低热量膳食对照(control, CT)组、日含 56 g 花生低热量膳食的普通花生(CVP)组和高油酸花生(HOP)组。CVP 和 HOP 组内总体脂显著下降,但 3 个试验组中只有 HOP 组体脂下降百分率达显著水平。CT 组总瘦体重显著下降,HOP 组总瘦体重百分率显著上升。CT 组躯干肌肉显著下降。基线时,HOP 组餐后脂肪氧化显著强于 CVP 组。4 周后,CVP 组和 HOP 组空腹脂肪氧化增强。与空腹状态相比,食用试验餐 200 min 后,CT 组和 HOP 组脂肪氧化均增强。认为低热量膳食的超重或肥胖男士经常食用花生尤其是高油酸花生能增强脂肪氧化,降低身体肥胖程度。

三、有助于控制血糖,预防代谢紊乱

(一) 高油酸花生油能逆转炎性细胞因子 TNF-α 对胰岛素产生的抑制作用

慢性炎症是疾病发生中的重要参与因素之一。炎性细胞因子肿瘤坏死因子 α(tumor necrosis factor-alpha, TNF-α)是一种已知的炎性蛋白,是类风湿性关节炎、克罗氏病等疾病的治疗靶点。众所周知,肥胖是一种增加非胰岛素依赖性糖尿病风险的因素。已证明脂肪组织可产生 TNF-α,后者能诱导胰岛素抵抗。基于上述观察,美国 Vassiliou 等(2009)研究了 TNF-α 存在下油酸对胰岛素产生的影响、其分子机制以及富含油酸的日粮在 Ⅱ 型糖尿病小鼠模型活体内的效应。研究发现,油酸和高油酸花生油能促进胰岛 β 细胞系 INS-1 产生胰岛素。TNF-α 抑制胰岛素产生,但能被油酸预处理所逆转。以 TNF-α 和油酸处理的 INS-1 细胞,其活力状态不受影响。用油酸处理过的细胞,其过氧化物酶体增殖物激活受体转录因子核易位提升。饲喂花生油来源于高油酸日粮的 Ⅱ 型糖尿病小鼠,与饲喂高脂无油酸日粮相比,葡萄糖水平降低。因此认为,油酸能有效逆转炎症性细胞因子 TNF-α 对胰岛素产生的抑制作用。这一发现与先前有关其他单不饱和与多不饱和脂肪酸治疗特点的报道相一致。而且,高油酸膳食通过食用花生和橄榄油易于实现,对Ⅱ型糖尿病有有益作用,能最终扭转肥胖症和非胰岛素依赖型糖尿病患者炎症性细胞因子的负面影响。

(二)急性摄入高油酸花生使餐后血糖、胰岛素和 TNF-α 受到更强的节制

在为期4周的临床试验研究中,Moreira Alves(2014c)评估了急性和日常进食高油酸花生对超重或肥胖男性受试者炎症反应和葡萄糖稳态的影响。65例年龄18～50岁,BMI(29.8±2.3)kg/m² 的男性受试者被随机分成对照(CT)组、普通油酸花生(CVP)(品种:IAC886)组和高油酸花生(HOP)(品种:IAC505)组3个组进行试验。检测急性摄入花生的餐后胰岛素、血糖、TNF-α 和 IL-10反应。研究发现,在基线时,与进食 CVP 和 CT 饮食的受试者相比,进食 HOP 受试者餐后血糖、胰岛素和 TNF-α 反应显著降低。但干预4周后,组间空腹血液生物标志物变化无显著差异。CT 组内总胆固醇下降,全部3个组HDL-C 均下降。HOP 和 CVP 组甘油三酯降低,所有组 IL-10均升高,只有 CT 和 CVP组干预后 TNF-α 升高。该研究提示,与 CVP 组和 CT 组相比,急性摄入 HOP 可使餐后血糖、胰岛素和 TNF-α 浓度受到更强的节制,进而提示摄入高油酸花生可能增强胰岛素敏感性。

(三)食用花生特别是高油酸花生有助于降低代谢紊乱风险

血浆脂多糖(lipopolysaccharide, LPS)浓度提高能促进胰岛素抵抗等代谢紊乱疾病的发生。LPS 浓度受膳食成分的影响。巴西 Moreira 等(2016)开展了一项研究,旨在探明超重或肥胖男性受试者急性摄食含高油酸花生或普通花生的高脂食品(49%的能量来自脂肪)对餐后 LPS 浓度的影响及其与脂血症和胰岛素血症的关系。试验餐为含高油酸花生(HOP)(品种:IAC 505,油酸、亚油酸含量分别为81.47%、3.83%)或普通花生(CVP)(品种:IAC 886,油酸、亚油酸含量分别为50.96%、31.93%)的奶昔,同时设饼干对照(CT)。采集空腹和餐后1h、2h、3h血样,分析 LPS、胰岛素、脂质及葡萄糖浓度等各项指标。用餐后3h均值(标准误)表示 LPS 浓度,CT 组[1.6(1.2)EU/ml]显著异于 CVP 组[0.7(0.5)EU/ml]和 HOP 组[1.0(0.9)EU/ml]。与空腹相比,各组餐后甘油三酯浓度均升高。其中,CT 组餐后1h显著升高(19.3%),并维持到餐后2h(37.1%)和3h(36.1%);在两个花生试验组,甘油三酯浓度升高延迟,只在食用试验餐2h后才开始升高。餐后2h,CVP 组和HOP 组甘油三酯浓度增幅分别为15.5%、18.5%,餐后3h分别为24.7%、31.5%。LPS与甘油三酯呈正相关关系。餐后3h,仅 CVP 组和 HOP 组胰岛素回到基准浓度。总之,本研究证明急性摄食花生能延缓血清甘油三酯升高,利于胰岛素快速回复到基准浓度,即食用普通花生或高油酸花生有助于降低代谢紊乱风险。

(四)食用高油酸花生油预防代谢综合征的总体效果优于特级初榨橄榄油

代谢综合征(metabolic syndrome, MS)是多种代谢紊乱症候群在个体聚集为特征的代谢系统慢性疾病,全球患病率约为25%,已成为人类健康的严重威胁。

为此,中国农业科学院农产品加工研究所油料加工与品质调控创新团队开展了系统研究(Zhao 等,2019;赵志浩等,2020)。建立了高糖高脂膳食诱导的大鼠代谢综合征模型,证明高油酸花生油膳食干预可有效预防大鼠代谢综合征。高油酸花生油和特级初榨橄榄油

(阳性对照)膳食干预均可显著抑制高糖高脂膳食诱导的体重增加和肝脏脂质堆积,体重增加量分别比模型组大鼠低 59.83 g 和 81.08 g;可显著降低胰岛素抵抗,胰岛素抵抗指数分别较模型组降低 2.21 和 2.45。此外,高油酸花生油还显著降低 MS 大鼠总胆固醇(total cholesterol,TC)、总甘油三酯(total triglyceride,TG)和 LDL 水平,分别较模型组降低 0.56 mmol/L、1.76 mmol/L 和 0.18 mmol/L,HDL/LDL 较模型组提高 0.55。用高油酸花生油预防 MS 效果总体优于特级初榨橄榄油。通过 16S rRNA 高通量测序分析了 MS 大鼠肠道菌群变化。高糖高脂膳食可诱导菌群紊乱,高油酸花生油和特级初榨橄榄油膳食干预可明显抑制菌群紊乱,显著促进益生菌增殖。其中,高油酸花生油组双歧杆菌属丰度提高 5.58 倍,特级初榨橄榄油组双歧杆菌属丰度提高 1.91 倍;高油酸花生油显著抑制了毛螺菌科、布劳特氏菌属等的增殖,这两种与代谢紊乱疾病相关菌的相对丰度分别降低了 29.83% 和 43.28%。采用高效液相色谱-质谱联用技术分析了 MS 大鼠粪便和血清代谢组学变化。支链氨基酸的生物合成通路在高糖高脂膳食诱导 MS 过程中起到关键作用。高油酸花生油和特级初榨橄榄油预防 MS 主要影响支链氨基酸的生物合成通路。亮氨酸是高油酸花生油组和特级初榨橄榄油组共有的血清生物标志物,相对丰度分别为 0.90% 和 0.43%,均显著高于模型组(0.39%)。总结归纳高油酸花生油预防 MS 的总体机制为:抑制脂质堆积产生的肥胖,降低血液风险因子;促进双歧杆菌等益生菌增殖,抑制毛螺菌科、布劳特氏菌属等的增殖;抑制肠道菌群紊乱,调控肠道内氨基酸代谢;通过调控血液中支链氨基酸生物合成通路抑制支链氨基酸代谢紊乱(赵志浩等,2020)。

(五) 食用高油酸花生有延缓原发性脂肪肝症状的潜力

前文提到,赵志浩等(2020)发现,高油酸花生油膳食干预可显著抑制高糖高脂膳食诱导的大鼠肝脏脂质堆积。以色列 Bimro 等(2020)开展了类似研究,以普通花生品种 HN(Hanoch)为对照,研究了饲喂弗吉尼亚型高油酸花生品种 D7 对小鼠脂肪肝发展的影响。将两个花生品种添加到正常(normal diet,ND)和高脂(high fat,HF)小鼠日粮中,雄性 C57BL/6 小鼠以 4% D7、4% HN 或对照日粮喂养 8 周和 10 周。实验结束时,收集血液和组织,检查甘油三酯、脂质水平、组织学和蛋白质表达,还评估了日粮对肠道微生物群的影响。结果表明,D7 和 HF D7 均导致血浆甘油三酯降低;饲喂含 D7 的日粮,肝脏中脂质、甘油三酯和游离脂肪酸较低;D7 组的 CD36 表达降低(CD36 负责将游离脂肪酸运送到肝脏);饲喂 D7 导致更高的普氏菌(Prevotella)水平(据报道,普氏菌与刺激肝脏中的糖原积累有关,故可防止葡萄糖耐受不良;健康人的普氏菌水平高于代谢综合征患者和肥胖者),而包含 HN 或 D7 的正常日粮导致更低的厚壁菌/拟杆菌(Firmicutes/Bacteroidetes)比率(厚壁菌/拟杆菌比率与 BMI 呈正相关,常用作肥胖病的潜在表型)。

四、有助于降血压

血液在血管内流动时,对血管壁的侧压力称为血压。血压通常指动脉血压或体循环血压,是重要的生命体征。多种因素可以引起血压升高。血压的调控与以下机制有关:其一是心脏泵血能力增强(如心脏收缩力增加等),使每秒钟泵出心脏的血液增加;其二是动脉失去了正常弹性,变得僵硬,处于收缩狭窄状态,当心脏泵出血液时,动脉不能有效地扩张,因此导致压力升高,这就是高血压多发生在动脉粥样硬化而导致的动脉管壁增厚和变得僵硬的个体的原因;其三是循环中血容量的增加,由于神经和血液中激素的刺激,全身小动脉可暂时性收缩,同样也引起血压的增高。高油酸花生能降低胆固醇,有助于控制体重和血糖,进而有助于降低动脉粥样硬化的风险,从而有益于心血管健康和调控血压。

许多研究表明,大量摄入橄榄油可降低血压。橄榄油的这些积极作用过去通常归因于α-生育酚、多酚和其他油中不存在的其他酚类化合物等微量成分。但 Teres 等(2008)研究证明,橄榄油的降压作用是由其高油酸含量引起的,认为摄入橄榄油会增加膜中的油酸水平,从而以控制 G 蛋白介导的信号传导的方式调节膜脂结构,导致血压降低。这提示食用高油酸花生油也可能具有降血压功效。

五、有益脑血管健康,增强脑认知能力,延缓衰老

花生含有有益于血管功能的生物活性物质。澳大利亚 Barbour 等(2016)利用 61 名志愿者[29 名男性、32 名女性,(65±7)岁,BMI 为(31±4)kg/m²]进行了一项研究,旨在弄清日食用 56～84 g 带种皮的非盐制高油酸花生(品种：Middleton)12 周能否增强脑血管灌注和认知能力。食用花生后,生物活性营养素摄入量增加;左侧大脑中动脉(middle cerebral artery, MCA)脑血管反应性(cerebrovascular reactivity, CVR)高 5%,右侧大脑中动脉 CVR 高 7%;小动脉弹性大 10%,大动脉弹性和血压则无显著差异;短期记忆、言语流畅性和处理速度也较高。左侧大脑中动脉 CVR 差异与延迟记忆和识别相关。以上研究认为,经常食用花生能改善脑血管和认知功能,可能的机制是生物活性营养素摄入量增加介导了这些改善。

为弄清食用花生对衰老和认知障碍是否具有预防作用,日本 Igarashi 和 Kurata (2020)利用蛋白质组学等技术研究了高油酸花生对衰老加速小鼠(senescence-accelerated mouse prone/8,SAMP8)衰老及相关海马标志物的影响。测定了饲喂油酸含量 70%以上的兰娜型高油酸烤花生后,SAMP8 毛发外观、海马有效标志物表达以及海马硫代巴比妥酸反应物质(thiobarbituric acid reactive substances, TBARS)和氨基酸含量的变化。饲喂样品后,海马溶质载体家族 1(胶质高活性谷氨酸转运蛋白)、钙/钙调蛋白依赖性蛋白激酶 Ⅱ 型以及钠和氯依赖性 GABA 转运蛋白(gamma-aminobutyric acid transporters,γ-氨基丁酸转运体,γ-氨基丁酸转运蛋白)等与谷氨酸浓度密切相关的指标均降低,而海马中 GABA/谷氨酸比率升高。饲喂高油酸花生及其富含胚芽的部分(germ-rich fraction)减少了胶质纤维酸性蛋白和突触素 2 形成[其在 SAMP8 中的水平高于衰老加速抗性小鼠(senescence-accelerated resistance mice, SAMR1)],与肾上腺素神经元递质形成有关的酪氨酸 3-单加氧酶/色氨酸 5-单加氧酶激活蛋白和二氢蝶啶还原酶蛋白表达也降低。阿魏酸(ferulic acid)作为花生中以酯的形式存在的一种微量成分,可能部分地与花生的作用相关。上述 SAMP8 海马蛋白组学分析以及海马 GABA/谷氨酸比值测定结果提示,高油酸花生及其富含胚芽的部分可通过调节蛋白表达来防止衰老和认知障碍。

六、无需氢化,避免氢化过程中产生反式脂肪酸

氢化植物油是常用的食品添加剂,因为能为各类产品提供充足的功能,风味好、价格低,而且容易获得,食品工业上过去经常使用部分氢化植物油(partially hydrogenated vegetable oil)(Nawade 等,2018)。氢化植物油含有大量的反式脂肪酸,对人体有一定危害,食用过多的氢化植物油会增加心血管疾病的风险。由于高油酸花生油氧化稳定性增强,无需氢化(hydrogenation),可避免氢化过程中产生对心脏健康有害的反式脂肪酸。

七、对肺癌进展有明显抑制作用

日本 Yamaki 等(2005)研究证实,高油酸花生油对进展期小鼠肺癌具有明显的抑制作用。以含 10％高油酸花生油(SunOleic 花生中提取)或高亚油酸红花籽油饲喂 A/J 品系雌鼠 2 周,之后按 100 mg/kg 体重的剂量腹腔注射一次肿瘤诱导剂甲基亚硝基脲(methyl nitrosourea, MNU)盐水或载体。注射 30 d 后,测定各项指标,与高亚油酸红花籽油处理组相比,摄入高油酸花生油明显抑制了小鼠肺部鸟氨酸脱羧酶(ornithine decarboxylase, ODC)活性,诱发 Mek 失活,降低了增殖细胞核抗原 PCNA 水平。肺中的前列腺素 E_2(prostaglandin E_2, PGE_2)水平观察到相似变化趋势。在肺的肿瘤发生过程中,诱导环氧合酶促进 PGE_2 的高表达、激活 Ras - Mek 级联反应,导致细胞异常增殖以及肺肿瘤进展,所以高油酸花生油抑制小鼠肺肿瘤进展的作用与其控制 PGE_2 的产生密切相关。

八、致敏性可能降低

美国 Chung 等(2002)研究了高油酸花生品种 SunOleic 97R 及普通油酸花生品种 Florunner、Georgia Green、NC9 和 NC2 在终产品加合物(end-product adduct)和过敏特性上的差异。利用多克隆抗体通过酶联免疫吸附法对美拉德反应产生的加合物晚期糖基化终产物(advanced glycation end-product, AGE)和羧甲基赖氨酸(carboxymethyl lysine, CML)及脂质氧化产生的丙二醛(malondialdehyde, MDA)和 4 -羟基壬烯醛(4 - hydroxynonenal, HNE)进行了测定。过敏原性(allergenicity,又译作变应原性)则通过 IgE 结合和 T 细胞增殖加以确定。结果表明,普通油酸生花生与高油酸生花生在上述加合物水平上并无不同。烤制后,所有参试花生 CML 和 HNE 水平均未见提高,而 AGE 加合物则增加至相仿的量;MDA 含量除高油酸花生外也升高(NC 9 烤花生 MDA 水平约为生花生的两倍),表明加热过程中高油酸花生比普通油酸花生在脂质氧化方面具有更强的稳定性,即高油酸特性可能与热稳定性有关。油酸为单不饱和脂肪酸而非多不饱和脂肪酸,不易氧化。这种热稳定性可以解释为何高油酸花生与普通油酸花生相比酸败问题较轻且货架期更长。研究发现,高油酸花生与普通油酸花生在 IgE 结合和 T 细胞增殖上没有差异(同一品种烤花生 IgE 结合高于生花生)。总之,在体外实验条件下,高油酸花生过敏原性无异于普通油酸花生,表明油酸含量对体外试验的花生过敏原性无影响,但并不意味着体内实验会得到相似的结果。有研究表明,高亚麻酸/亚油酸日粮能抑制小鼠过敏反应(allergic response)和过敏性休克

(anaphylactic shock);亚油酸消费上的不同能够解释亚洲-东欧国家和美洲-澳大利亚-北欧过敏症状频率20%～60%的变异。过敏性疾病发生率较低的国家(如亚洲国家),膳食中亚油酸的量也较低。这说明减少亚油酸的摄入量是有益的,尤其对于潜在过敏的人群更是如此,其机制很可能在于亚油酸是人体前列腺素 E_2 的前体,后者能促进过敏原的致敏性。鉴于高油酸花生亚油酸含量显著低于普通油酸花生,Chung 等(2002)认为,在小鼠或人体上进行体内实验或许可以证明,与食用普通油酸花生相比,食用高油酸花生不易过敏。

Chung 等(2002)的推测得到了后来研究的支持。Nguyen 等(2003)报道,一名轻度花生过敏患者(mild peanut allergic patient),只食用1粒普通油酸烤花生(170℃烤5 min)即出现喉咙瘙痒的过敏症状,食用5粒高油酸烤花生(SunOleic)后却未出现临床反应,敏感阈值至少提高了4倍,说明高油酸花生致敏性降低。该结论尚需更多实验证据支持。

Chung 等(2015)采用油酸钠(sodium oleate)开展的一项工作对上述研究是一个重要的补充,很有意义。研究发现,体外条件下,油酸通过与过敏原结合能降低花生提取物和腰果过敏原的致敏特性。致敏性降低意味着抗原性降低,提示发生过敏原性反应的概率会减低。在体内条件下的实验研究,有待于进一步探索。

第二节　种子耐贮性好

一、种　用

脱壳后的花生仁失去了果壳的保护,较脆弱,故生产上一般建议临近播种才脱壳。花生种子(seed peanut)多以荚果形式运输、贮藏,占用空间大,再加上花生含油量高,普通花生种子难贮藏,过夏易泛油,故花生种业利润普遍偏薄。国内外缺乏规模较大的花生种子企业。普通花生陈种子出苗率低,会导致严重减产,所以未销售出去的普通花生种子只能当成加工原料贱卖(俗称"转商"),进一步侵袭了利润空间。

在中国南方产区,春花生收获后高温高湿的环境条件对种子贮藏极为不利,普通花生种子活力(seed vigor)下降迅速。据试验,秋花生留种比春花生留种出苗率高、增产。因此,普遍以秋花生作为来年春花生生产用种。但秋花生本身单产低、单价高,而且种子大小不均匀,不利于机械化播种。为此,近年有人提出"南种北繁"(余明慧等,2016),但需要异地腾挪。高油酸花生品种的问世,为振兴花生种业和解决以上问题带来了希望。南方产区采用高油酸花生品种或可实现春作就地繁育,而不需额外增加成本。

山东省花生研究所分子育种团队与山东鲁花集团有限公司合作,针对青岛自然条件下贮藏的高油酸花生陈种子隔年能否作种开展了系统研究。高油酸花生品种花育961和花育662均以种子形式贮藏,花育661以荚果或种子形式贮藏。涉及的指标包括种子发芽势(germination potential)、发芽率(germination percentage)、发芽指数、活力指数、简化活力指数、浸出液电导率、相对电导率和春播田间出苗率。发芽试验于2015年春进行,结果表明,自然条件下贮藏的2013年春播收获的花育662种子发芽势和发芽率显著低于2014年春播收获的种子,2013年春播收获的花育661种子浸出液电导率显著高于春播收获的花育

661 荚果和 2014 年春播收获的花育 661 种子。此外,花育 661、花育 662 这两个品种的其他指标和花育 961 上述所有指标,以及新、陈种子间均无显著差异。3 个高油酸花生品种全部处理的发芽率均在 80% 以上、出苗率均在 90% 以上,而且田间长势均较好(张青云等,2016a)。进一步研究发现,高油酸小花生品种花育 662 和花育 661 新、陈种子间单株农艺性状中仅结果枝数、主茎高、侧枝长等个别性状达显著或极显著差异;同一品种新、陈种子间百果重、百仁重、500 g 果数、500 g 仁数和出米率均无显著性差异,荚果和子仁产量差异也均不显著(王传堂等,2016)。花育 662 和花育 661 新、陈花生所结种子的发芽势、发芽率、发芽指数、活力指数和简化活力指数 5 个种用品质参数指标,以及油酸含量、含油量、蔗糖含量无显著差异(张青云等,2016b)。

辽宁省花生研究所花生育种团队对油酸含量为 74.95%～80.6%、油酸/亚油酸比值(简称油亚比,O/L)为 10.89～20.30 的 8 个高油酸品系与油酸含量分别为 38.20% 和 42.90%、油亚比分别为 0.91 和 1.30 的 2 个普通花生品种花生仁,在 40℃、相对湿度 100% 条件下人工加速老化 4 d、6 d 或 8 d,发现参试高油酸花生品系各老化处理发芽势、发芽率均高于普通品种(Wang 等,2019),说明高油酸花生具有较强的抗老化能力。

上述研究证实,高油酸花生作种耐贮性优于普通花生,高油酸花生利好花生种业。陈花生作种在中国北方花生产区具有较高经济价值,可调剂年际间花生种子余缺,丰年剩余花生可留待来年作种,有利于保证种用花生稳定供应、避免价格剧烈波动、稳定花生生产。在中国南方产区高油酸花生具有潜在的、更高的利用价值,或可用于解决当地春花生种子难以用于来年花生生产的问题,对于保证花生高产稳产、节约种子费用具有重要意义(王传堂等,2016)。

二、加 工 原 料

氧化酸败是花生品质劣变的主要原因之一。花生果食品加工业最为关心的是如何保证其原料和产品的高品质。为此,阿根廷 Martín 等(2018)研究了带壳高油酸生花生和普通生花生(两个组别各 6 份和 7 份材料)在长期贮藏过程中化学品质以及烤制后感官品质的稳定性。带壳普通花生(油酸含量 57.89%±6.18%,亚油酸含量 25.16%±5.51%,油亚比 2.44±0.77)和高油酸花生(油酸含量 76.33%±1.94%,亚油酸含量 7.65%±1.90%,油亚比 10.65±3.28)样品在室温(23℃)下储存 675 d。其间,每 45 d 抽取花生样品,对水分含量、游离脂肪酸(free fatty acid, FFA)、过氧化值(peroxide value, PV, POV)、共轭二烯(conjugated diene, CD)和 p-茴香胺值(p-anisidine value, p-AV,又称对-氨基苯甲醚值、甲氧基苯胺值)以及感官属性等指标测定一次。随贮藏时间延长,所有贮藏样品游离脂肪酸、过氧化值、共轭二烯、p-茴香胺值以及氧化味(oxidized flavor)和纸板味等指标均有所增加,普通花生尤重;所有样品烤花生味(roasted peanutty flavor)都有所下降,但高油酸花生样品降幅较低(图 1-2)。最初两组花生过氧化值、共轭二烯和 p-茴香胺值差异均不显著,贮藏 180 d p-茴香胺值差异已达显著,贮藏 270 d 过氧化值、共轭二烯差异达显著水平,贮藏 90 d 氧化味、225 d 纸板味、540 d 烤花生味品种间呈现显著差异。贮藏 675 d,高油酸花生烤花生味强度浓于普通花生,而氧化味和纸板味则较淡。带壳的普通花生或高油酸

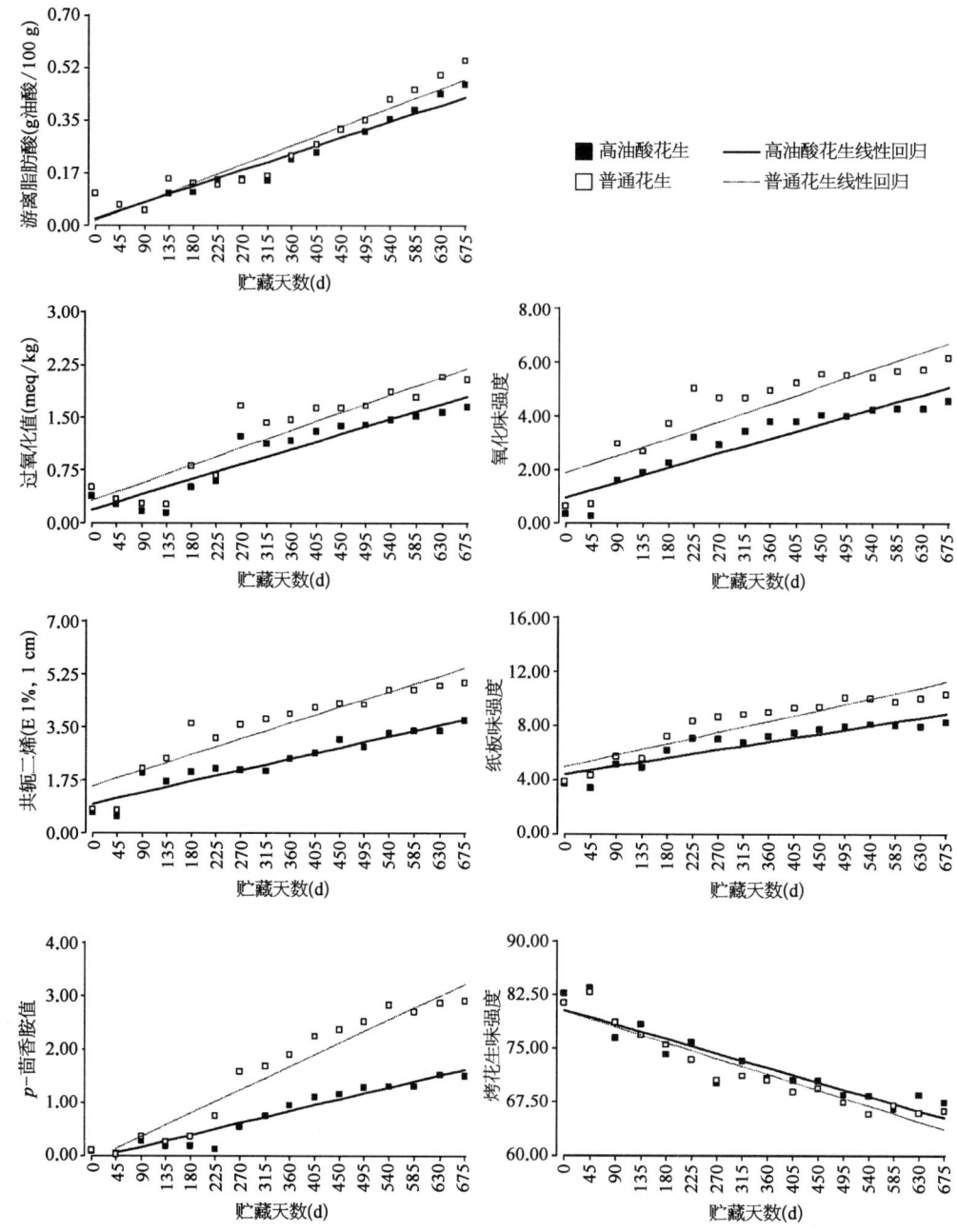

图 1 - 2　在温度 23℃±3℃、相对湿度 64%±10% 下贮藏不同时间花生果各项品质指标变化情况(Martin 等,2018)

花生样品发生的感官和化学变化并不十分剧烈,提示果壳对保护花生仁免于变质起到一定作用。总之,在本研究的贮藏条件下,带壳高油酸花生样品显示出比普通油酸花生更高的稳定性和更长的货架期。

　　辽宁省花生研究所花生育种团队测定了自然条件下贮藏 8 个月的荚果和子仁,以及40℃、高湿条件下老化 4 d、6 d 或 8 d 子仁的酸价(acid value,又称酸值)和过氧化值,发现参试的 2 个普通品种均高于 8 个高油酸品系的相应指标(Wang 等,2019),表明高油酸花生原料比普通花生原料耐贮藏。

第三节 制品货架期长

货架期(shelf life)又称保质期,是食品在加工和包装后保持可消费的最低品质水平的一段时期(Nicoli,2012)。

花生虽属豆科作物,但与许多坚果类食品一样,含有有益心脏健康的植物化学成分,而且单价比坚果便宜。可是普通花生容易氧化酸败,产生令人不快的"哈喇味",很难与货架期更长的坚果类食品放在一起售卖。脂质氧化酸败不仅造成食物风味劣变、营养物质丧失,而且还会产生与人体衰老、肿瘤形成有关的有毒有害物质。

花生酱类食品可采取阻隔包装、脱气和真空包装,以及填充氮气、添加抗氧化剂等多种措施以延长货架期,但开封以后时间稍长口感势必会变差。在糖果类食品上,真空包装难以实现产业化应用。抗氧化剂有效,却无法在整粒、半粒和花生碎类产品上应用,更何况消费者对人工合成的抗氧化剂从心理上是抗拒的(Swergart 等,2015)。

国内外研究表明,各种高油酸花生制品货架期比普通花生制品显著延长,花生良好的风味经久不衰。在花生加工者看来,高油酸花生的问世,为保证产品新鲜度、稳定性以及实现对食品添加剂的明晰标识提供了一个绝佳选择(Swergart 等,2015)。

一、花 生 油

(一)花生油的氧化稳定性与油亚比密切相关

考虑到以往研究采用的高油酸花生油亚比范围不够广,美国农业部农研局(USDA ARS)Davis 等(2016)通过高油酸花生油和普通花生油勾兑,加上原有样品,得到了油酸含量为 44.2%~83.3%、亚油酸含量为 2.5%~35.1%、油亚比为 1.3~33.8 的 16 份花生油试样,用于研究不同油亚比花生油的货架期。研究发现,氧化稳定性指数(oxidative stability index, OSI)(110℃)与油亚比的关系可以下式表示:$OSI = 7.1 + 2.63 \, O/L - 0.030 \, 6(O/L)^2$,其 $R^2 = 0.99$(图 1-3)。进一步测定了 25℃、相对湿度

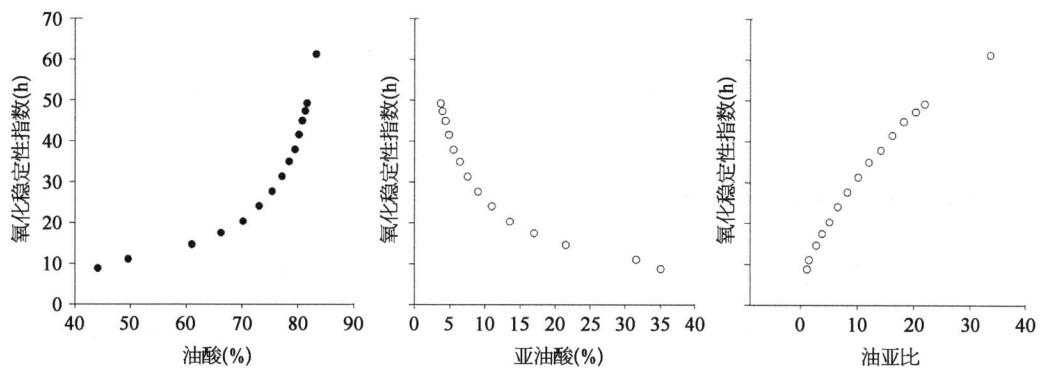

图 1-3 110℃下的氧化稳定性指数与花生油油酸、亚油酸含量和油亚比的关系(Davis 等,2016)

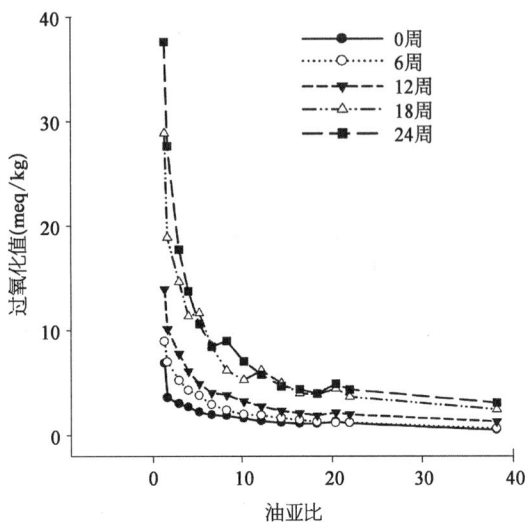

图 1-4　在温度 25℃、相对湿度 50％下敞口贮藏不同时间花生油过氧化值随油亚比变化情况（Davis 等,2016）

50％敞口贮藏 24 周内的过氧化值变化，发现过氧化值随时间增加而增加，18 周和 24 周在油亚比约为 9 处有一个明显拐点，此处油亚比微小的增加能使过氧化值显著降低（图 1-4）。对不同贮藏时间的花生油进行感官测试，结果见表 1-1。就感官测试结果看，花生油"不可接受""尚可""可接受"三类之间过氧化值无阈值可循。花生油油亚比在 12.2 以上，经 25℃、相对湿度 50％敞口贮藏 24 周内，感官评价结果为"可接受"或"尚可"；花生油油亚比在 21.9 以上，贮藏 24 周内感官评价结果为"可接受"。

表 1-1　在温度 25℃、相对湿度 50％下敞口贮藏 24 周内花生油过氧化值和感官鉴定结果

样品号	油亚比	不同贮藏时间的过氧化值(meq/kg)				
		2 周	6 周	12 周	18 周	24 周
1	1.3	6.87	8.95	13.98	28.87	37.61
2	1.6	3.58	6.98	10.13	18.89	27.65
3	2.8	3.02	5.22	7.77	14.67	17.75
4	3.9	2.69	4.28	6.10	11.39	13.77
5	5.2	2.21	3.78	4.91	11.7	10.62
6	6.6	1.94	2.91	4.04	8.51	8.45
7	8.3	1.85	2.38	3.84	6.19	9.00
8	10.2	1.61	1.98	3.24	5.27	7.05
9	12.2	1.35	1.89	2.76	6.18	5.79
10	14.3	1.20	1.63	2.32	4.95	4.68
11	16.4	1.10	1.45	2.11	4.01	4.37
12	18.3	1.10	1.26	1.88	3.88	3.96
13	20.4	1.31	1.18	2.16	4.44	4.88
14	21.9	1.15	1.20	1.98	3.66	4.35
15	38.1	0.50	0.63	1.30	2.46	3.09

　　数据来源：Davis 等(2016)。浅色底纹、中黑底纹、深黑底纹区域分别对应根据油品感官特性(纸板味、油漆味等异味强度低、中、高)划分的"可接受""尚可"(介于两者之间)、"不可接受"三个类别。

（二）高油酸花生油氧化稳定性优于普通花生油和特级初榨橄榄油等油脂

　　美国佛罗里达大学 O'Keefe 等(1993)利用高油酸花生品系(油酸、亚油酸含量分别为 75.6％、4.7％)为试验材料，并以其普通油酸近等基因姊妹系(油酸、亚油酸含量分别为 56.1％、24.2％)为对照，首次研究了溶剂浸提法制得的高油酸花生油的氧化稳定性(图 1-5)。Schall 烘箱法(Schall oven test)(80℃)测得的诱导时间(induction time)，高油酸品

系为 682 h,普通油酸品系为 47 h($p<0.01$);活性氧法(active oxygen method,AOM)
(112℃)测得的诱导时间,高油酸品系为 69 h,普通油酸品系 7.3 h($p<0.01$);薄层色谱-火
焰离子检测器法 (thin-layer chromatography-flame ionization detector, TLC - FID)
(100℃)测得的甘油三酯面积减少 50% 所用时间,高油酸品系为 847 min,普通油酸品系为
247 min($p<0.01$)。以上 3 种方法测定的稳定性值,高油酸花生油分别为普通花生油的
14.5 倍、9.5 倍和 3.4 倍。

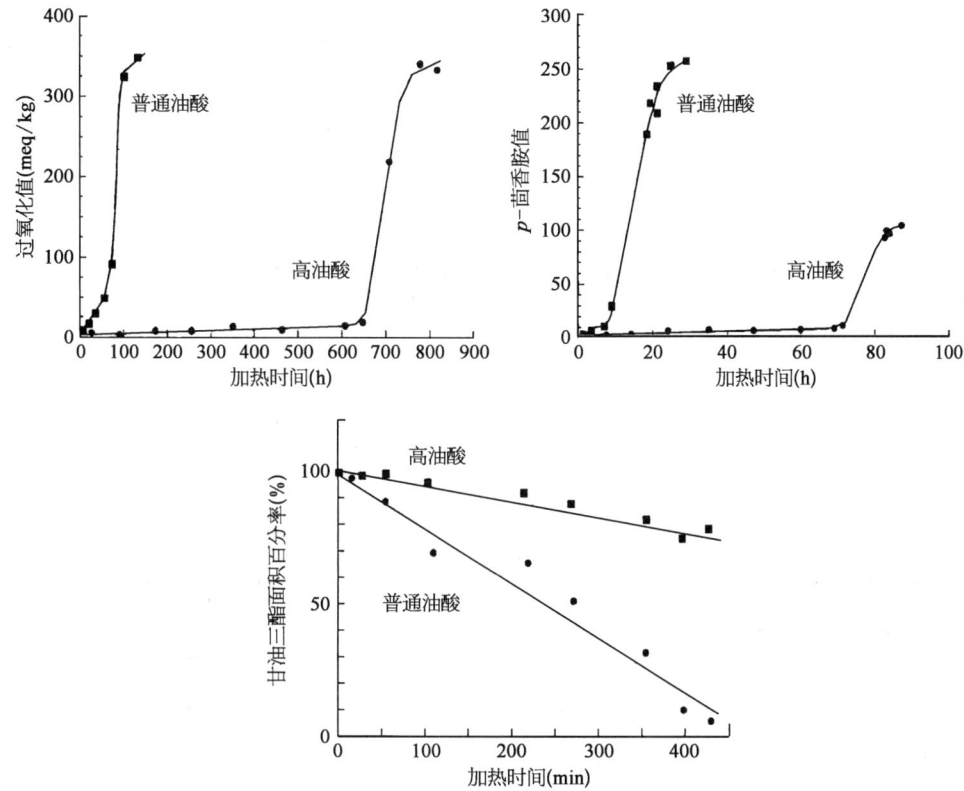

图 1 - 5　高油酸花生油和普通花生油烘箱法(上左)、活性氧法(上右)和薄层色谱-
火焰离子检测器法(下)稳定性测定结果(O'Keefe 等,1993)

巴西 dos Santos 等(2019)对液压压榨法(hydraulic pressing extraction)制取的高油酸
品种 IAC - 505 花生油样通过 Rancimat 法测得 120℃ 下的氧化诱导期为 15.74 h±0.01 h,
但未提供对照大豆油的数据。

中国农业科学院油料作物研究所郑畅等(2014)用 743 型 Rancimat 氧化稳定性测定仪
参照 Morelló 等(2004)步骤测定了由该所花生育种课题组提供的高油酸花生和普通花生样
品压榨制取的两种花生油(油酸含量分别为 81.84%、53.81%,亚油酸含量分别为 4.10%、
25.01%)的氧化诱导期。取 3.0 g 油样于测定仪中,设置加热温度至 110℃、空气流速
20 L／h,加速油脂氧化,生成挥发性有机酸。空气将挥发性有机酸带入电导室,电导室内的
去离子水将具有挥发性的有机酸溶解,电离出离子从而导致去离子水电导率发生变化,与此
同时计算机记录下油脂加速氧化的诱导时间。同法测得 100℃、120℃ 和 130℃ 下的油样氧

化诱导期,并用仪器自带软件推导出油样货架期。结果表明,110℃下普通花生油的氧化诱导期为11.70 h,而高油酸花生油的氧化诱导期为38.97 h,比前者延长27.27 h;推导出的货架期,高油酸花生油为4.98年,是普通花生油(0.89年)的5.49倍,比前者延长4.09年。

采用相同型号的设备,中国农业科学院农产品加工研究所赵志浩等(2020)参照GB/T 21121—2007方法测定了某国产品牌高油酸花生油和某进口品牌特级初榨橄榄油(油酸含量分别为74.71%、77.65%,亚油酸含量分别为6.50%、6.84%)在120℃条件下的氧化诱导期。结果,高油酸花生油的氧化诱导期(13.27 h±0.20 h)显著长于特级初榨橄榄油(12.23 h±0.81 h)。

韩国国立科技大学Lim等(2017)用892型Rancimat测定了高油酸花生品种K-Ol浸出油120℃下的诱导时间和多项油脂氧化稳定性指标,其诱导时间长达40.51 h±2.90 h,显著高于两个普通花生品种(12.84 h±0.93 h、6.41 h±0.15 h),而K-Ol过氧化值、p-茴香胺值和总极性物质(total polar materials,TPM)显著低于两个普通花生品种(表1-2),说明K-Ol高油酸花生油的氧化稳定性高于两个普通品种。

表1-2　韩国高油酸花生油与普通花生油氧化稳定性对比

品种名称	油酸(%)	亚油酸(%)	油亚比	诱导时间(h)	酸价	过氧化值	p-茴香胺值	总极性物质(%)
Daekwang	58.87±0.51b	21.90±0.15b	2.69	12.84±0.93b	0.37±0.02a	5.73±0.24b	13.14±0.66a	3.5±0.1b
Jopyung	54.89±0.24c	25.40±0.32a	2.16	6.41±0.15c	0.32±0.03b	6.84±0.03a	13.45±0.38a	5.5±0.1a
K-Ol	80.63±0.48a	1.87±0.09c	43.12	40.51±2.90a	0.30±0.02b	3.86±0.02c	11.74±0.83b	2.0±0.1c

数据来源:Lim等(2017)。数据以均值±标准差呈现,同列中带有不同字母的数字示Tukey's多重比较在0.05水平上有显著性差异。总极性物质是衡量油脂氧化降解和煎炸用油质量的重要指标。酸价、过氧化值、p-茴香胺值分别按AOCS Official Method Cd的3d-63 1999、8b-90 1997、18-90 1990方法测定。原文无单位。

捷克Pokorný等(2003)通过浸出法制油,采用Schaal烘箱法模拟贮藏条件,AOM、Rancimat、Oxipres法模拟油炸条件,均发现日本种植的高油酸品种SunOleic 97R制备的花生油比中国种植的弗吉尼亚型品种制备的花生油氧化稳定性更强(表1-3)。

表1-3　高油酸花生油与普通花生油氧化稳定性对比

测 定 方 法	弗吉尼亚型品种	SunOleic 97R
Schaal烘箱法(40℃)	120	>850
Schaal烘箱法(60℃)	30	220
Oxipres(h)	11.9	79.8
Rancimat(min)	465	618
AOM(h)	3.74	>48
乳状液(emulsion)(h)	229	337
癸二烯醛(decadienal)含量(mg/kg)	38	2

数据来源:Pokorný等(2003)。

阿根廷Olmedo等(2018)冷榨制备高油酸(兰娜型)花生油和普通花生油,60℃热处理28 d,其间定期测定有关指标。高油酸花生油过氧化值、p-茴香胺值、共轭二烯和全氧化值

[total oxidation(totox)value,又称总氧化值]4项化学氧化指标均低于普通花生油,挥发性物质己醛和2-庚烯醛(2-heptenal)含量亦然。

美国北卡罗来纳州立大学Bolton和Sanders(2002)研究了高油酸脱皮半粒(blanched split)花生(油亚比为30)采用不同花生油(高油酸花生油油亚比为23.2,普通花生油油亚比为1.5)油炸(oil-roasted)效果。于177℃炸至Hunter L值达49±1。跟踪了炸花生仁于30℃贮藏20周内过氧化值和氧化稳定性指数的变化情况(图1-6)。可见普通花生油油炸花生仁过氧化值较高油酸花生油油炸增加得更快,在整个20周的贮藏期内,普通花生油油炸花生仁过氧化值约为高油酸花生油油炸花生仁的2倍,而高油酸花生油油炸花生仁氧化稳定性指数比普通花生油油炸花生仁至少高出21 h,贮藏20周后高油酸花生油油炸花生仁氧化稳定性指数与油炸刚结束时普通花生油油炸的花生仁相当。认为高油酸花生炸制食品加工中宜采用高油酸花生油,以充分发挥其货架期优势。

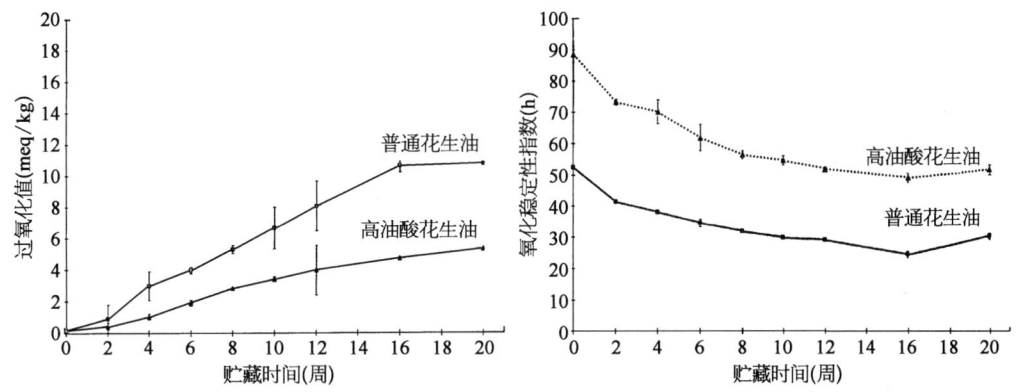

图1-6 用高油酸和普通花生油油炸的脱皮半粒高油酸花生仁30℃贮藏不同时间过氧化值和氧化稳定性指数变化情况(Bolton和Sanders,2002)

捷克Dostálová等(2005)比较了猪油、葵花籽油、菜籽油、普通油酸弗吉尼亚型花生油和SunOleic高油酸花生油等几种油脂经不同时间(0~40 min,10个时间段)微波加热(微波炉输入功率1 000 W,加热过程中温度变幅为25~200℃)的氧化稳定性。从过氧化值、共轭二烯和多聚体产物等多项油脂降解指标看,高油酸花生油均最低(表1-4)。

表1-4 不同微波加热时间各种脂肪降解指标变化情况

加热时间(min)	过氧化值(meq/kg)					共轭二烯(%,w/w)					多聚体产物(总峰面积%)				
	猪油	葵花籽油	菜籽油	普通花生油	SunOleic花生油	猪油	葵花籽油	菜籽油	普通花生油	SunOleic花生油	猪油	葵花籽油	菜籽油	普通花生油	SunOleic花生油
系列1															
0	0.41	0.30	0.25	2.70	3.40	0.18	0.31	0.25	0.51	0.03	痕量	1.25	0.35	0.18	0.18
3	0.41	0.35	0.29	2.80	3.40	0.18	0.31	0.25	0.52	0.03	痕量	1.25	0.40	0.18	0.19
6	0.48	1.14	0.36	3.40	3.40	0.20	0.32	0.26	0.55	0.04	痕量	1.33	0.40	0.24	0.24
9	1.52	7.39	2.53	3.00	2.50	0.20	0.38	0.27	0.53	0.04	痕量	1.53	0.45	0.25	0.23
12	2.45	9.54	5.48	2.70	2.60	0.21	0.41	0.32	0.57	0.05	痕量	1.69	0.47	0.30	0.24
15	4.09	10.59	6.61	1.30	1.40	0.21	0.35	0.34	0.58	0.06	痕量	1.72	0.61	0.41	0.28

（续表）

加热时间（min）	过氧化值（meq/kg）					共轭二烯（%，w/w）					多聚体产物（总峰面积%）				
	猪油	葵花籽油	菜籽油	普通花生油	SunOleic花生油	猪油	葵花籽油	菜籽油	普通花生油	SunOleic花生油	猪油	葵花籽油	菜籽油	普通花生油	SunOleic花生油
20	4.85	10.64	6.77	1.30	1.00	0.21	0.38	0.37	0.56	0.06	痕量	2.14	0.95	0.68	0.34
25	6.13	9.69	6.38	1.30	1.00	0.23	0.42	0.39	0.58	0.09	0.35	2.60	1.28	0.83	0.37
30	6.73	10.00	6.04	1.50	0.90	0.27	0.49	0.43	0.59	0.08	1.07	2.99	1.89	0.98	0.35
40	7.13	6.00	4.61	2.00	1.00	0.29	0.68	0.52	0.66	0.07	1.29	5.00	2.75	1.41	0.38
系列2															
0	0.41	0.30	0.25	2.70	3.40	0.18	0.31	0.25	0.51	0.03	痕量	1.25	0.35	0.18	0.16
3	0.41	0.49	0.29	2.90	3.80	0.18	0.31	0.31	0.51	0.03	痕量	1.25	0.35	0.22	0.20
6	0.49	5.65	0.34	3.60	3.60	0.18	0.39	0.31	0.53	0.04	痕量	1.44	0.39	0.27	0.27
9	1.75	6.69	2.65	2.60	2.20	0.19	0.38	0.32	0.53	0.06	痕量	1.60	0.38	0.26	0.26
12	3.81	9.49	5.84	2.50	2.60	0.20	0.34	0.36	0.51	0.06	痕量	1.71	0.50	0.33	0.26
15	4.49	8.97	6.32	1.30	1.30	0.19	0.38	0.37	0.56	0.07	痕量	1.87	0.60	0.42	0.32
20	5.04	7.36	7.04	1.10	0.80	0.20	0.42	0.40	0.56	0.07	痕量	2.71	0.94	0.72	0.37
25	5.68	6.30	6.82	1.50	1.00	0.24	0.55	0.41	0.56	0.1	0.35	3.10	1.28	0.87	0.38
30	6.88	6.45	6.18	1.70	1.10	0.30	0.55	0.47	0.57	0.12	1.09	3.71	1.59	1.03	0.40
40	7.66	7.58	5.06	2.40	0.80	0.31	0.57	0.56	0.70	0.09	1.87	3.85	2.55	1.43	0.42

数据来源：Dostálová 等（2005）。

山东金胜粮油食品有限公司研究表明，在12 h的加热试验和7周贮藏区间内，与普通花生油、菜籽油和大豆油相比，高油酸花生油加热稳定性和贮藏稳定性更高（图1-7、图1-8）*。

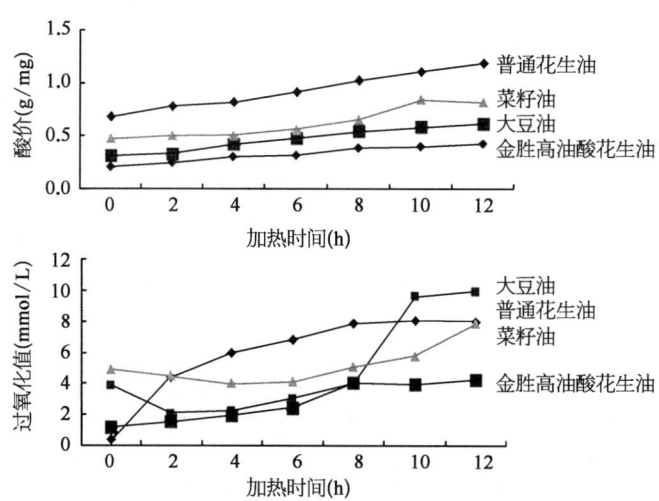

图1-7　高油酸花生油与其他几种常见植物油加热稳定性（180℃）比较

（数据来源：山东金胜粮油食品有限公司 陈宁）

山东金胜粮油食品有限公司采用压榨工艺用普通花生原料和高油酸花生原料生产花生油，并取刚下生产线的新样品和保存一定时间之后的花生油样品进行化验分析。2021年4

---

* 金胜粮油集团有限公司 陈宁.高油酸花生及其制品的研发.辽宁义县,2019-9-20.

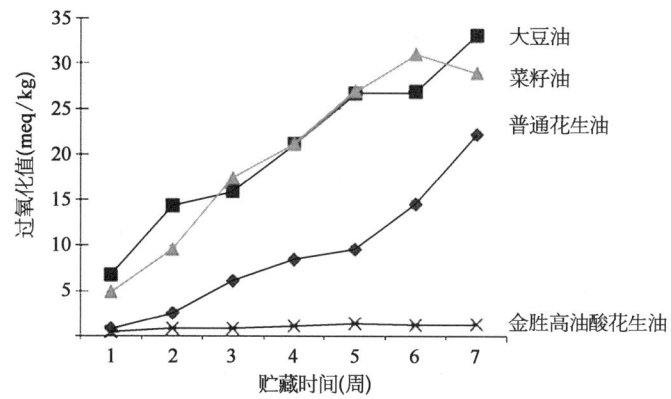

图 1 - 8　高油酸花生油与其他几种常见植物油贮藏稳定性(40℃)比较

(数据来源:山东金胜粮油食品有限公司 陈宁)

月18日测定的3份高油酸花生油样品过氧化值均低于1.7 mmol/kg,而3份普通花生油样品过氧化值均高于2.6 mmol/kg;普通花生油和高油酸花生油2021年4月18日过氧化值测定值分别为生产时测定值的3.4倍以上、2.8倍以下(表1-5)。据试验,高油酸花生油货架期可达24个月,比普通花生油延长半年。

表 1 - 5　普通花生油和高油酸花生油酸价和过氧化值比较

品　　名	生产日期	酸价(mg/g)			过氧化值(mmol/kg)			至 2021 - 04 - 18 保存时间(d)
		生产时	2021 - 04 - 18	国标要求	生产时	2021 - 04 - 18	国标要求	
原生初榨花生油 1.5 L	2019 - 09 - 10	0.57	0.69	≤1.5	0.46	3.50	≤6.0	586
原生初榨花生油 1.8 L	2019 - 08 - 31	0.59	0.77	≤1.5	0.76	2.63	≤6.0	596
原生初榨高油酸生油 1.5 L	2019 - 10 - 07	0.62	0.89	≤1.5	0.60	1.65	≤6.0	559
原生初榨高油酸生油 1.8 L	2019 - 08 - 14	0.66	0.85	≤1.5	0.62	1.53	≤6.0	613
原生初榨花生油 5 L	2020 - 10 - 22	0.59	0.81	≤1.5	0.76	2.91	≤6.0	178
原生初榨高油酸生油 1.8 L	2020 - 11 - 15	0.52	0.62	≤1.5	0.35	0.66	≤6.0	154

数据来源:山东金胜粮油食品有限公司。依据标准:GB/T 1534,Q/JJS 0001S—2020 高油酸花生油,Q/JJS 0002S—2020 原生初榨花生油。保存条件:常温、阴凉处保存。

青岛嘉里花生油有限公司对使用高油酸花生和普通花生为原料,采用烘烤、压榨制取的浓香花生油,分别参照 AOCS 官方方法 Cd 12c-16 采用氧化稳定性分析仪 OXITEST(意大利 VELP 公司产品)进行了氧化诱导时间测定。从结果可以看出,高油酸花生油氧化诱导时间可达普通花生油的6.04倍(表1-6)。

表 1 - 6　高油酸花生油氧化诱导时间与普通花生油对比

样 品 名 称	油酸含量(%)	亚油酸含量(%)	油 亚 比	氧化诱导时间(h)
普通花生油	37.45	41.18	0.91	29.98
高油酸花生油	79.38	5.00	15.88	181.15

数据来源:青岛嘉里花生油有限公司。

二、花生食品

(一)油炸花生

长粒传统大花生一直是中国出口日本花生中的拳头产品。从当前国际食用花生消费结构看,油炸花生占比第一(38%),高出位居第二的花生酱占比 11 个百分点。长粒大花生仁产地基本局限于美国弗吉尼亚-卡罗来纳产区和中国北方产区,其中山东省胶东地区出产的该类型品种口感尤佳。山东省花生研究所分子育种团队与烟台市大成食品有限责任公司合作开展了高油酸高产长粒大花生新品种花育 963 代替普通花生品种花育 22 号的研究。所用原料花育 22 号和花育 963 均为 2019 年收获的春花生,当年秋后按标准生产流程加工油炸花生仁,常温脱氧避光阴凉处保存。其间,每间隔 7 d 取样 1 次,分别按 GB 5009.229—2016 第一法(冷溶剂指示剂滴定法)和 GB 5009.227—2016 第一法(滴定法)测定酸价和过氧化值。按GB/T 19300—2014 要求,油炸花生仁酸价不得高于 3 mg/g,过氧化值不得超过 0.5 g/100 g,据此确定货架期。在 55 d 贮藏期内,花育 963 过氧化值始终低于花育 22 号。经成对数据 t 测验,其差异达极显著水平(t=6.893 6,df=8,p=0.000 1)。可见,与普通花生相比,采用高油酸花生原料加工的油炸花生仁不易氧化酸败(穆树旗等,2021)。从散点图上可以看出(图1-9),随贮藏时间增加,两个品种油炸花生仁过氧化值均逐渐增加,但其增长方式有所不同。普通花生品种花育 22 号过氧化值从一开始就呈直线升高的趋势,而高油酸花生品种花育 963 过氧化值则先有一个缓慢变化的延滞期(lag phase),而后才进入一个增速较高的时期,此期花育 22 号过氧化值增速为花育 963 的 3.57 倍。据此估计,花育 963 油炸花生仁的货架期为 1.92 年,是花育 22 号的 3.69 倍,比花育 22 号延长了 1.4 年(穆树旗等,2021)。

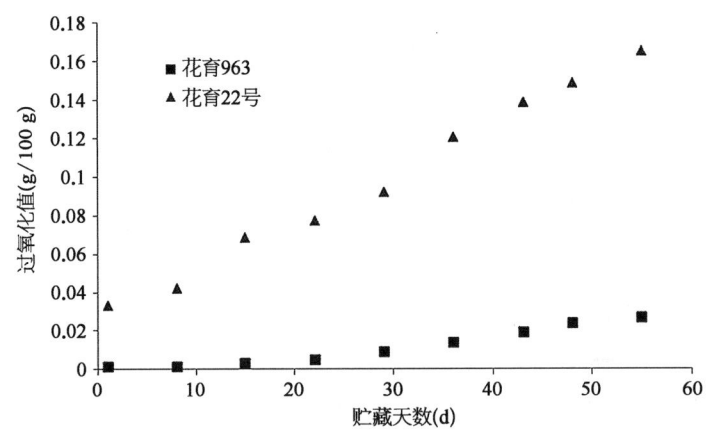

图 1-9　花育 963 和花育 22 号过氧化值随贮藏天数变化对比(穆树旗等,2021)

阿根廷 Nepote 等(2006b)研究了用高油酸品种 Granoleico 和普通花生品种 Tegua 为原料加工的咸炸花生(fried-salted peanuts)[先在葵花籽油(油酸、亚油酸含量分别为 25.4%、62.5%)中于 170℃油炸至中等程度,再加 NaCl]于 23℃、相对湿度 60%±10% 条件下贮藏的氧化稳定性(图1-10),测定了有关化学指标和感官指标。咸炸花生总体消费者接受度,Granoleico 和 Tegua 分别为 6.66±1.43 和 6.77±1.38,显示两者脂肪酸成分差异未影响消费者接受度。根据此前研究得知,烤花生和脆饼裹衣花生(roasted and cracker-coated peanut)的消费者接受度为 6.0~6.4,表明咸炸花生较烤花生更受消费者欢迎。过氧化值、p-茴香胺值、共轭二烯等化学指标随贮藏时间延长而增加,相同贮藏时间 Tegua 的过氧化值显著高于Granoleico。本研究与此前采用其他类型产品得出的结论一致,即随着贮藏时间的增加,烤花生味变弱而氧化味和纸板味等与氧化有关的感官特性变强,但两个品种咸炸花生贮藏相同时间烤花生味无显著差异。因加工过程中采用了油酸含量低而亚油酸含量高的葵花籽油(使两个品种的氧化易感性相似),咸炸花生相同贮藏时间两个品种间氧化味和纸板味强度均无显著差异。为使咸炸花生产品的风味更稳定,建议油炸时最好使用高油酸油。建立了过氧化值、p-茴香胺值、共轭二烯、氧化味和纸板味、烤花生味、酸味、苦味与贮藏时间的回归方程,R^2 为 74.78%~99.64%。根据过氧化值对时间的回归方程计算可知,高油酸花生品种 Granoleico 咸炸花生于 23℃、相对湿度 60%±10% 条件下贮藏 125 d 后过氧化值才达 20 meq/kg,而普通品种 Tegua 咸炸花生在相同条件下贮藏 19 d 后过氧化值就达此值,说明 Granoleico 咸炸花生货架期为 Tegua 的 6.58 倍。

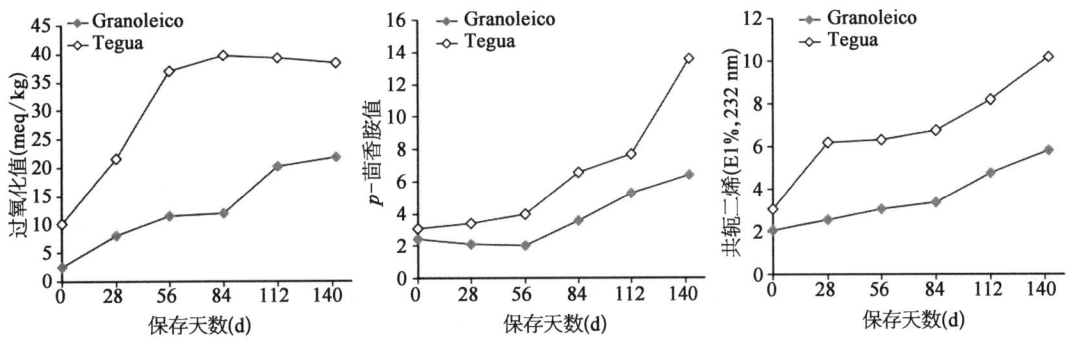

图 1-10　两个品种咸炸花生共轭二烯、p-茴香胺值和过氧化值随保存天数变化情况(Nepote 等,2006b)

山东金胜粮油食品有限公司采用普通花生原料和高油酸花生原料生产麻辣花生食品,分别于生产时以及在常温、阴凉处保存 4 个月 28 d 和 5 个月 5 d 后测定酸价和过氧化值,均符合国标。2021 年 3 月 30 日测定的高油酸花生原料生产的麻辣花生过氧化值明显低于普通花生原料生产的麻辣花生,只有后者的 5.6%;普通花生原料和高油酸花生原料生产的麻辣花生,酸价 2021 年 3 月 30 日测定值分别为生产时测定值的 1.29 倍、1.17 倍,过氧化值分别为生产时测定值的 65.92 倍、3.20 倍(表 1-7)。可见,高油酸麻辣花生氧化稳定性高于普通油酸麻辣花生。

表 1-7　普通麻辣花生和高油酸麻辣花生酸价和过氧化值对比

品　名	生产日期	酸价(mg/g)			过氧化值(g/100 g)			感官	至 2021-03-30 保存时间
		生产时	2021-03-30	国标要求	生产时	2021-03-30	国标要求		
麻辣花生(普通花生原料)	2020-11-02	0.34	0.44	≤3.0	0.013	0.857	≤0.50	口感酥脆,麻辣味较弱	4 个月 28 d
麻辣花生(高油酸原料)	2020-10-25	0.60	0.70	≤3.0	0.015	0.048	≤0.50	口感酥脆,麻辣味强烈	5 个月 5 d

数据来源:山东金胜粮油食品有限公司。依据标准:GB 19300—2014 食品安全国家标准 坚果与籽类食品。保存条件:常温、阴凉处保存。加工麻辣花生所用植物油:非同一批次,故初始酸价、过氧化值均有差别。

(二) 花生酱

河南省南阳理工学院李霞等(2020)以普通花生酱作对照,通过研究花生酱的过氧化值、羰基值和酸价变化情况来判断高油酸花生酱的氧化稳定性(图1-11)。花生酱中的油脂最初氧化形成过氧化物使过氧化值逐渐升高,进一步氧化形成醛、酮等羰基化合物并导致羰基值开始逐渐增大,最后氧化形成酸,此时酸价增大而过氧化值和羰基值反而下降。当过氧化值开始降低时,羰基值逐渐增大;当羰基值逐渐下降时,酸价开始增大。高油酸花生酱过氧化值在第4个月时最高,约为0.046%,比普通花生酱的过氧化值最高点(约为0.068%)晚1个月出现,过氧化值峰值也比后者低32.4%;高油酸花生酱羰基值最高点在第5个月出现,约为0.13 meq/kg,比普通花生酱羰基值最高点(约为0.15 meq/kg)晚1个月到达,其峰值也比后者低15.1%;5个月的贮存期间,高油酸花生酱酸价始终比普通花生酱低,第5个月时的酸价约为1.90 mg KOH/g,比普通花生酱同期酸价(3.26 mg KOH/g)低41.7%。据上可知,在5个月的保存时间内,高油酸花生酱氧化酸败的速度低于普通花生酱,所以其氧化稳定性高于普通花生酱,贮藏稳定性更好。

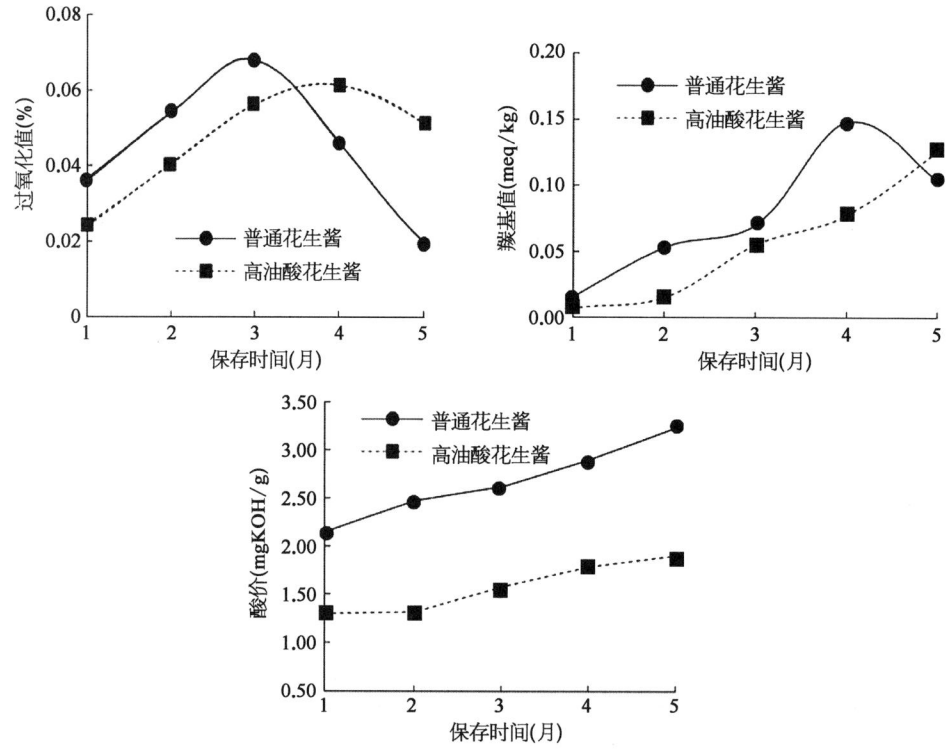

图 1-11 高油酸花生酱和普通花生酱过氧化值(上左)、羰基值(上右)和
酸价(下)随保存时间变化动态(李霞等,2020)

阿根廷 Riveros 等(2010)采用与 Nepote 等(2006a)类似的研究手段,比较了贮藏对高油酸花生(Granoleico)和普通花生(Tegua)制造的花生酱化学和感官指标的影响。花生酱于4℃、23℃、40℃下贮藏,定期(0 d、35 d、70 d、105 d、175 d)测定过氧化值、p-茴香胺值、共轭二烯等化学指标及烤花生味、氧化味、纸板味等感官指标。结果发现:除 Granoleico 4℃

样品外,过氧化值随时间显著增加;同一处理,p-茴香胺值贮藏期间未见显著增加,但 Granoleico 4℃ 和 23℃ 样品 p-茴香胺值显著低于其他处理;贮藏过程中 Granoleico 各项化学指标、氧化味及纸板味增加慢于 Tegua;Tegua 的过氧化值高于 Granoleico,23℃ 和 40℃ 贮藏与 Granoleico 的差异在 0 d 后达显著,4℃ 贮藏的差异在 35 d 后达显著;Tegua 的 p-茴香胺值略高于 Granoleico;两个品种花生酱烤花生味强度在贮藏过程中逐渐下降,从第 35 d 起,烤花生味强度 Granoleico 始终高于 Tegua。建立了 3 个温度下 6 项指标对贮藏时间的回归方程,R^2 为 70.04%~99.69%。将过氧化值达 10 meq/kg 作为花生酱品质尚佳的终点,根据过氧化值对贮藏时间的回归方程算得花生酱于 4℃ 贮藏,Granoleico 货架期为 786 d,Tegua 为 187 d;于 23℃ 贮藏,Granoleico 货架期为 300 d,Tegua 为 128 d;于 40℃ 贮藏,Granoleico 货架期 266 d,Tegua 为 87 d[花生酱于 23℃ 或 40℃ 贮藏,货架期长于此前报道的相同品种烤花生仁(Nepote 等,2006a)]。换言之,花生酱于 4℃、23℃ 和 40℃ 贮藏,根据过氧化值估算出的高油酸品种 Granoleico 货架期分别为普通品种 Tegua 的 4.20 倍、2.34 倍和 3.06 倍。

叙利亚 Sumainah 在美国佛罗里达大学研究了含普通花生 Florunner 和高油酸花生 SunOleic 97R 不同配方的涂布酱(spread)的风味和氧化稳定性(Sumainah 等,2000)。涂布酱包括烤高油酸花生和芝麻酱(HOPS)配方、普通花生和芝麻酱(NOPS)配方、高油酸花生加芝麻酱和大豆(HOPSS)配方、普通花生加芝麻酱和大豆(NOPSS)配方以及普通花生(NOP)配方。40℃ 贮藏 8 周,NOP 配方的纸板味和油漆味得分显著高于其他配方,而其他配方的涂布酱整个贮藏期间纸板味和油漆味得分变化不大;贮藏 12 周,不同配方的过氧化值从小到大的顺序依次为,HOPS(1.75 meq/kg)<NOPS(2.10 meq/kg)<HOPSS(2.33 meq/kg)<NOPSS(2.94 meq/kg)<NOP(5.60 meq/kg)。可见,采用高油酸花生原料的涂布酱耐贮性优于采用普通花生原料而其他原料均相同的配方。因芝麻中含有芝麻酚(sesamol)和芝麻明酚(sesaminol)等抗氧化剂和生育酚,添加芝麻酱抗氧化效果明显。

青岛嘉里花生油有限公司对使用高油酸花生和普通花生为原料,采用烘烤、脱皮、研磨制取的花生原酱,分别使用 OXITEST 氧化稳定性分析仪进行检测,其氧化诱导时间如表 1-8 所示。从结果可以看出,高油酸花生酱的氧化诱导时间为普通花生油的 7.77 倍,氧化稳定性差异明显(表 1-8)。

表 1-8　高油酸花生酱与普通花生酱氧化诱导时间对比

样 品 名 称	油酸含量(%)	亚油酸含量(%)	油 亚 比	氧化诱导时间(h)
普通花生酱	42.81	34.13	1.25	23.17
高油酸花生酱	79.36	3.58	22.17	180.01

数据来源:青岛嘉里花生油有限公司。

(三) 烤花生仁和花生碎

美国佛罗里达大学 Braddock 等(1995)报道了烤制的高油酸花生仁(品系:501/1250 Sunrunner)和普通花生仁(品系:612/612 Florunner)贮藏不同时间风味和氧化稳定性的研究结果。烤花生仁贮藏于 25℃(相对湿度 40%)或 40℃(相对湿度 25%)条件下,测定不同贮藏时间的过氧化值(图1-12)。结果发现,25℃贮藏3周后,普通花生仁即出现氧化味,此时过氧化值为8～10 meq/kg,故将过氧化值达到10 meq/kg作为货架期已满的指标。过氧化值与贮藏日数做线性回归分析,确定高油酸烤花生仁贮藏货架期25℃为360 d、40℃为94 d,普通烤花生仁贮藏货架期25℃为32 d、40℃为13 d,据此确定的25℃和40℃下的货架期,高油酸烤花生仁分别为普通烤花生仁的11.25倍和7.23倍。高油酸花生仁过氧化值低于普通花生仁。己醛与花生异味有关,其含量普通花生高于高油酸花生。吡嗪类和醛类物质在烤花生香气中十分重要,似为香味稳定性的关键成分,但高油酸花生中吡嗪类物质更稳定。新烤制的花生仁样品花生风味得分两个品系无显著差异,25℃贮藏45 d后两品系花生

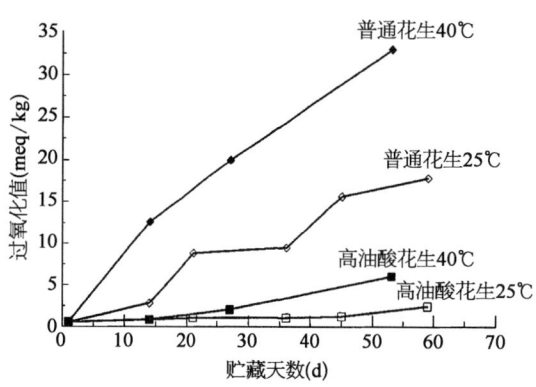

图1-12　高油酸花生和普通花生烤花生仁过氧化值随贮藏时间变化动态(Braddock等,1995)

风味强度才呈现极显著差异(图1-13)。25℃贮藏45 d后,高油酸花生平均花生风味强度值为6.0,普通花生为4.1。因花生风味强度值与感官品质相关,可据此估计货架期。通过线性回归分析算得达到风味强度值6.0的时间,高油酸花生仁为89 d、普通花生仁为47 d,说明高油酸花生烤花生仁货架期接近普通花生烤花生仁的2倍。该估值低于根据过氧化值估算的数值。因为过氧化物没有什么味道,根据其水平恐难以对货架期做出准确的估量。

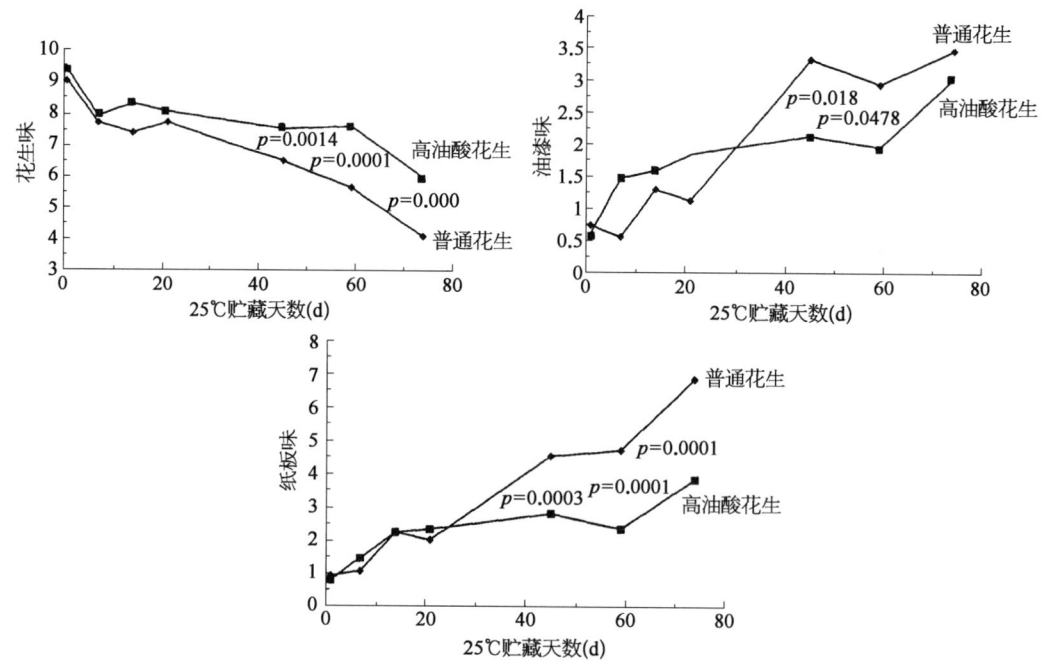

图1-13　高油酸花生和普通花生烤花生仁花生味、油漆味和纸板味随贮藏时间变化动态(Braddock等,1995)

　　美国佛罗里达大学 Mugendi 等(1998)将高油酸花生 F1250(即 SunOleic95R,油酸含量 80％、亚油酸含量 3％)和 BC93Q10(油酸含量 81％、亚油酸含量 3％)及普通品种 Florunner (油酸含量 53％、亚油酸含量 27％)分级后的花生仁烤至中等程度(Hunter lab L＝50),于 40℃、低相对湿度[平衡相对湿度(equilibrium relative humidity)约为 18％,相当于水活度系数(wateractivity,a_w)为 0.18]条件下贮藏,测定其过氧化值和风味稳定性。贮藏 10 周, Florunner 过氧化值为 47 meq/kg,而两份高油酸花生材料过氧化值均不足 3 meq/kg。过氧化值对时间直线的斜率,Florunner、BC93Q10 和 F1250 分别为 4.20、0.25 和 0.38,表明过氧化值增加的速率 Florunner 为 BC93Q10 的 16.8 倍、F1250 的 11.1 倍。所有参试材料烤花生感官得分(roast peanutty sensory score)均随贮藏时间延长而下降,两份高油酸材料间烤花生感官得分无显著差异,但均显著高于普通油酸材料。贮藏期间烤花生风味损失 (loss of roast peanutty flavor)被称为风味消退或风味减退(flavor fade)。最初高油酸材料烤花生风味强度(roast peanutty flavor intensity)与普通油酸材料相仿,随贮藏时间推移一直高于普通花生[高油酸材料烤花生味(roast peanutty)对时间作图,其直线斜率较低]。与普通油酸材料相比,高油酸材料烤花生风味损失发生于氧化水平测量值(过氧化值)较低时。过去有人提出风味消退系脂质氧化产生的异味化合物遮盖了花生风味(peanutty flavor)(主要是吡嗪类物质)的结果,而 Mugendi 等(1998)认为是吡嗪类物质损失所致。油漆味随贮藏时间延长而增加,油漆味对时间作直线,Florunner、BC93Q10 和 F1250 斜率分别为 0.41、 0.084 和 0.126,可见普通花生油漆味得分增长速率为高油酸花生的 3.3～4.9 倍。高油酸花生烤花生风味得分一定的减少量对应的油漆味增加量低于普通花生,高油酸花生油漆味得分始终处于 2.5 以下的水平。据此推测,普通花生油漆味得分较高是因为其亚油酸含量较高而产生了较多己醛之故。

　　阿根廷 Nepote 等(2006a)利用油酸含量不同的两个阿根廷兰娜型品种(Granoleico,简写为 GO-RP,油酸、亚油酸含量为 79.0％、4.6％;Tegua,简写为 T-RP,油酸、亚油酸含量为 45.8％、33.3％)38/42(粒数/盎司)规格的花生仁为材料,研究了烤花生仁于 23℃ 和 40℃贮藏的化学与感官稳定性。定期测定过氧化值、p-茴香胺值、共轭二烯和共轭三烯 (conjugated trienes, CT)等各项化学指标,并进行感官评价。结果表明:两个品种消费者接受度并无不同;各项化学指标、氧化味和纸板味增加速率 GO-RP 低于 T-RP;除烤花生味 GO-RP(64.29±10.94)显著高于 T-RP(57.35±8.29)外,两个品种其他描述性分析指标均无显著差异。建立了 2 个贮藏温度下两个品种过氧化值、p-茴香胺值、共轭二烯、共轭三烯、氧化味、纸板味、烤花生味等 7 项指标对时间的回归方程,R^2 为 60.11％～99.88％。将过氧化值达 10 meq/kg 作为烤花生仁品质尚佳的终点,根据过氧化值对贮藏时间的回归方程算得 GO-RP 和 T-RP 烤花生仁于 23℃贮藏的货架期分别为 202 d、8 d;于 40℃贮藏的货架期分别为 99 d、10 d。根据过氧化值估算所得烤花生仁货架期,23℃和 40℃贮藏,高油酸品种分别为普通油酸品种的 25.25 倍和 9.90 倍。

　　美国佛罗里达大学 Reed 等(2002)研究了贮藏期不同水活度对高油酸花生 (SunOleic97R,油酸、亚油酸含量为 82.8％、2.5％,油亚比 33.1)和普通油酸花生 (Florunner,油酸、亚油酸含量为 49.8％、29.7％,油亚比 1.68)烤花生仁风味消退的影响。

烤花生仁于 a_w 为 0.19 或 0.60 的条件下贮藏,取贮藏 0 周、3 周、5 周、7 周样品做感官鉴定和过氧化值测定,取 0 和 7 周样品进行挥发物分析(volatile analysis)。贮藏 7 周后,过氧化值最高的是 a_w 为 0.19 条件下贮藏的普通花生(过氧化值 55.3 meq/kg),为 a_w 为 0.60 条件下贮藏的普通花生(过氧化值为 23.1 meq/kg)的 2 倍多。在贮藏过程中,高油酸花生在 a_w 为 0.19 时过氧化值虽均高于 a_w 为 0.60 时,但差异未达显著;而普通花生在贮藏 3 周后,a_w 为 0.19 的处理过氧化值显著高于 a_w 为 0.60 的处理。贮藏 3 周后,所有普通油酸处理过氧化值均高于所有高油酸处理。7 周贮藏期间,水活度对高油酸花生 SunOleic 97R 氧化的影响有限。尽管 a_w 较低时过氧化值较高,但因高油酸花生氧化水平低,实际差异还是较小的。a_w 为 0.19 贮藏 7 周,高油酸花生过氧化值(4.5 meq/kg)不足相同条件下普通花生的 1/10。a_w 为 0.60 的处理,高油酸花生过氧化值贮藏期间始终未超过 3 meq/kg,不足相同条件下普通花生的 1/7。感官评价表明,高油酸花生与普通花生相比,贮藏期间能更好地保持烤花生特性、抵抗异味产生。贮藏后,高油酸花生吡嗪类物质维持较高水平,并形成较低水平的醛类物质。

美国佛罗里达大学 Talcott 等(2005)研究了高油酸(ANorden,油酸＞80％、亚油酸＜4％)、中油酸(Florida MDR 98,油酸、亚油酸含量分别为 59％～64％、15％～20％)、普通油酸(Georgia Green,油酸、亚油酸含量分别为 50％～53％、27％～29％)花生品种烤花生仁贮藏 4 个月期间过氧化值、多酚化合物和抗氧化能力的变化。从 35℃贮藏 1 个月开始直至试验结束,相同时间点过氧化值高低顺序为:高油酸品种＜中油酸品种＜普通油酸品种。35℃贮藏 2 个月、3 个月、4 个月,普通油酸品种过氧化值约为中油酸品种的 2 倍、高油酸品种的 3 倍。35℃贮藏 2～3 个月,普通油酸品种过氧化值近 20 meq/kg,中油酸品种过氧化值近 10 meq/kg。贮藏 0～4 个月,高油酸品种过氧化值稳定在 2.5 meq/kg 左右。尽管 3 个品种多酚化合物浓度不同,但贮藏过程中各多酚化合物相对变化在 3 个品种中是类似的,其变化不依赖于贮藏温度。多酚化合物总浓度仅有微小的变化,提示其未对阻止脂质氧化产生可观影响,一般而言与不同时间抗氧化能力的相关性较低。

美国佐治亚大学 Wang 等(2017)研究了高油酸品种 Georgia 13M 和普通品种 Georgia 06G 烤花生仁 21℃贮藏 8 周的感官品质和挥发物的变化。结果发现,贮藏 0 周、4 周、8 周消费者总体喜欢度,Georgia 13M 均显著高于同期 Georgia 06G,说明 Georgia 13M 具有更好的保留吡嗪和抗脂质氧化的能力。

英国 Wilkin 等(2014)研究了温度和充氮气措施对高油酸和普通油酸烤花生仁和花生碎(peanuts roasted nibbed)贮藏稳定性(storage stability)的影响,发现花生碎脂质氧化速率比完整子仁高;高油酸花生氧化稳定性最强,在发生明显氧化之前有一个 12～15 周的延滞期,而普通花生则无;高油酸花生表现出较高的内在抗氧化物水平,贮藏试验开始时,水溶性维生素 E 等价的抗氧化能力(trolox equivalent antioxidant capacity, TEAC)为 70 mmol、自由基清除率(radical scavenging percentage, RSP)为 99.8％,而普通油酸 TEAC 和 RSP 分别为 40 mmol、81.2％。贮藏试验开始时的内在抗氧化性影响过氧化值,贮藏过程中过氧化值升高而 TEAC 和 RSP 下降。脂质氧化影响因素由大到小依次为,加工形式(processing format)或加工品表面积(surface area)＞温度＞充氮气包装。

(四) 烤果和咸果

烤果(roasted inshell)和咸果(salted inshell)是大粒弗吉尼亚型花生主要的消费形式。因货架期短,加工商常常遭到消费者的抱怨,而充氮气阻隔氧气在经济上又不划算。高油酸品种的应用,为解决这一问题提供了可能。为此,美国 Mozingo 等(2004)采用 Fancy 级别的花生果进行试验,研究了 2 个油酸分别约为 50% 和 80% 的弗吉尼亚型花生品种烤果和咸果(封存)于环境温度(ambient temperature)下贮藏不同时间的过氧化值变化。参考 Braddock 等(1995)的报道,该研究中将过氧化值达 20 meq/kg 人为确定为花生变质(不可食用)的关键点。烤后立即测定过氧化值,普通油酸花生品种 VA98R 即达到 10.4 meq/kg,而高油酸花生品种 Agra Tech VC-2 只有 1.0 meq/kg,说明此时普通油酸花生在烤后即发生了一定程度的氧化。VA98R 烤果贮藏 4 周后过氧化值达到 20 meq/kg,而 Agra Tech VC-2 贮藏约 32 周过氧化值才达此值。盐制当天测过氧化值,VA98R 咸果为 8.5 meq/kg,而 Agra Tech VC-2 只有 0.5 meq/kg。VA98R 咸果贮藏 2 周过氧化值就超过了 20 meq/kg(为 84.1 meq/kg),而 Agra Tech VC-2 贮藏 40 周过氧化值仍未达此值(只有 10 meq/kg)。

Mozingo 等(2004)注意到,VA98R 咸果贮藏 8 周过氧化值达到 150 meq/kg 的峰值,而后下降,指出这是正常现象。过氧化值为脂质氧化初级产物的量度,氧化过程中产生的氢过氧化物(hydroperoxide)经破坏性反应后分解,在较长时期的研究中,常见分解作用影响氢过氧化物浓度超过生成因素的情形。长时间氧化过氧化值降低,可由过氧化物分解形成己醛和其他羰基类化合物等次生氧化产物而得到解释。

(五) 花生巧克力

受普通花生或其他坚果所限,由其加工成的糖果和休闲食品货架期只有 3~4 个月。对糖果类食品进行真空包装在试验条件下是可行的,但在产业应用上却难以实现,原因在于真空包装膜价格不菲,且真空包装线的速度难以适应规模化生产的要求(Swergart 等,2015)。

美国佛罗里达大学 Reed 等(2000)研究了几种不同品牌巧克力裹衣对高油酸花生(SunOleic 95R)和普通油酸花生(Florunner)氧化稳定性的影响。在 25℃、a_w 为 0.19(未裹衣花生)或 0.60(未裹衣花生及裹衣花生)的条件下贮藏,0 周、2 周、4 周、6 周、8 周、10 周、18 周、29 周后测定过氧化值。结果发现,在 25℃、a_w 为 0.60 的条件下贮藏,普通油酸花生巧克力裹衣后氧化速率高于未裹衣花生,但巧克力裹衣未影响 SunOleic95R 和 Florunner 相对氧化速率。巧克力裹衣普通油酸花生贮藏 6 周,过氧化值为 10~15 meq/kg;贮藏 10 周,过氧化值超过 10 meq/kg,有的已达 20 meq/kg 以上。而巧克力裹衣高油酸花生贮藏 29 周,过氧化值不足 5 meq/kg。

(六) 花生蛋白粉

花生经低温压榨(图 1-14)加工过程中蛋白变性较少,从而可以将压榨形成的花生饼用来生产花生蛋白粉,或在食用工业中作为替代花生的原料使用,如应用到花生奶、火腿肠、糖果、馅料等产品当中。一次压榨生产出的花生饼含油量一般为 15%~20%,经二次压榨后生产出的花生饼和蛋白粉的含油量一般小于 6.8%(何东平,2006)。

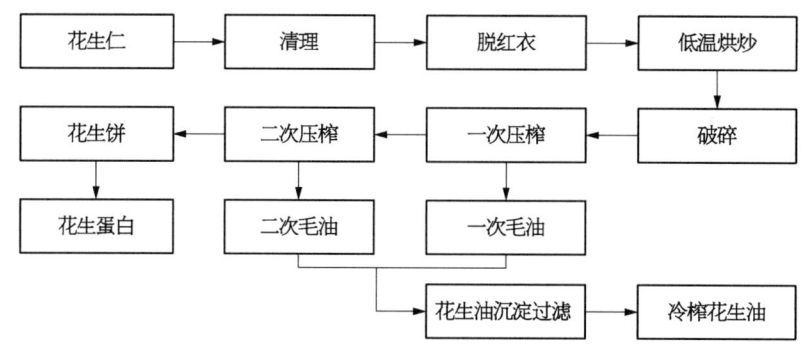

图 1 - 14　冷榨花生油生产工艺

花生蛋白质可消化率高,消化系数可达 90% 以上,极易被人体吸收利用。花生蛋白质含量高于牛奶和猪肉;花生蛋白粉抗营养物质含量低于大豆蛋白粉(董贝森,1998)。

高油酸花生蛋白产品同普通花生蛋白产品一样,多种多样,但以粉状花生蛋白为主要产品。花生蛋白包括全脂、半脱脂和脱脂等类型。普通花生蛋白粉货架期短,易氧化而出现哈变、色泽加深等问题。使用高油酸花生原料生产冷榨花生油、花生饼和花生蛋白粉,不但花生油氧化稳定性提高,而且冷榨花生饼和花生蛋白粉的氧化稳定性也增强,货架期延长,可采用常规包装,无需使用真空包装或添加抗氧化剂,产品天然、健康。

第四节　利于加工企业运营管理

食品加工企业采用高油酸花生原料,利于合理安排生产,不必停工,可免去复工重新招募工人、检修设备等诸多不便。

以年销量 6 000 t 的原味烤花生果工厂为例,如果使用普通花生作为原料,月平均产能为 500 t。但是,烤果的销售有很强的季节性,大部分集中在每年中秋节到春节这段时间内,实际每年有效生产时间为 4~6 个月,其间月平均产能要达到 1 000~1 500 t。最主要的原因是普通花生的保质期较短。

这种情况对工厂而言存在诸多不利影响。首先,工厂在场地、设备等方面投资较大,折旧成本偏高。其次,工厂有半年以上时间处于半停产或停产状态,设备、设施在闲置状态下锈蚀、发霉、虫害的风险会大大增加,会导致工厂维护成本增加,同时也会带来食品安全方面的隐患。第三,员工队伍不稳定,每到旺季需要重新招募和培训,组织生产的难度增加。第四,原料需要集中采购,受市场价格波动的影响很大,资金需求方面的压力也会很大。第五,在生产旺季,瞬时产能的释放对仓储和物流也会造成较大的影响。

使用高油酸花生作为原料,则可以较好地解决上述问题。高油酸花生在保质期方面的良好表现,使得工厂可以通过合理的原料和成品库存来平衡原料采购、生产加工和销售之间的关系。工厂可以更加合理地利用资源,有计划地开展生产经营,提高生产效率和食品安全管理水平,有效规避市场风险;同时,降低企业综合成本,促进高油酸花生在食品加工业的应用形成良性循环。

第五节 其他优势

一、良好的畜禽饲料

（一）猪饲料

美国佛罗里达大学动物科学与农学系的 Myer 等（1993）研究了不同饲料对猪胴体脂肪酸成分、胴体品质和肉质特性的影响。结果表明，从平均体重 33 kg 开始至 102 kg，喂食含有高油酸花生（油酸含量 75%）、普通花生（油酸含量 53%）或菜籽油（油酸含量 60%）（以上各处理相当于添加 10% 油脂）的玉米-豆粕型日粮，与不添加油脂的对照相比，均极显著提升了背部脂肪中的单不饱和脂肪酸含量。高油酸花生处理提升率最高，比对照高 32%。普通花生和菜籽油处理极显著提高了多不饱和脂肪酸含量（提高近 2 倍），高油酸花生处理略有下降。3 个处理总不饱和脂肪酸含量极显著高于对照，其中高油酸花生和普通花生处理均提高了 24%，菜籽油提高了 27%。菜籽油和普通花生处理胴体脂肪松软油腻度显著高于高油酸花生处理和对照。日粮油脂来源对其他胴体成分性状和各种肉质特性无显著影响。日粮油脂来源对烤里脊（broiled loin chops）和炸培根（fried bacon）口味评价结果影响未达显著水平，但注意到菜籽油处理炸培根异味（off-flavor）发生率高，普通花生处理较轻，高油酸花生处理和对照则无。高油酸花生处理提高了猪肉脂肪中的不饱和脂肪酸含量，对胴体和肉质特性无不良影响。

（二）鸡饲料

1. 蛋鸡　美国 Toomer 等（2019a）发现与常规豆粕＋玉米饲料对照相比，用添加高油酸花生的饲料（高油酸花生＋玉米）饲喂蛋鸡，USDA 等级质量（USDA grade quality）、鸡蛋蛋白高度［egg albumen height，或称"哈夫单位"（Haugh unit）］等蛋鸡性能和鸡蛋质量指标无显著差异，但蛋重减轻。饲喂高油酸饲料所产鸡蛋为 60% 中等大小、35% 大、3% 超大、2% 小，饲喂常规饲料所产鸡蛋为 24% 中等大小、66% 大、10% 超大、0.3% 小，可见饲喂高油酸饲料减少了过大鸡蛋的比例，对鸡蛋产业有潜在价值。另外，饲喂高油酸饲料的蛋黄颜色打分更高，β胡萝卜素和油酸含量更高，而对照组则棕榈酸、硬脂酸等饱和脂肪酸和反式脂肪（trans fat）高。研究期间未发现鸡蛋蛋白提取物与兔抗花生凝集素抗体有反应。以上研究认为，高油酸花生可改善鸡蛋营养，从而为消费者提供潜在的健康益处。

Redhead 等（2021）采用对照日粮（添加 7.8% 家禽脂肪的玉米-豆粕型常规日粮）、高油酸花生日粮（约含 20% 粗磨全高油酸花生的日粮）、油酸日粮（补充有 2.6% 油酸脂肪酸油的对照日粮）3 种等氮和等热量日粮配方，以确定用高油酸花生日粮饲喂产蛋鸡对蛋品质、消化率和饲料转化率的影响。与喂食高油酸花生和对照日粮的蛋鸡相比，喂食油酸日粮的蛋鸡产蛋数量更多（$p < 0.05$）；喂食高油酸花生日粮的母鸡所产鸡蛋的罗氏蛋黄色值（Roche yolk color value）更高（$p < 0.001$）；各处理组的蛋鸡生产性能、蛋壳颜色、蛋壳强度、蛋壳弹性和蛋清高度、回肠脂肪消化率或绒毛表面没有差异。然而，相对于对照日粮，饲喂高油酸花生日粮的蛋鸡表观代谢能（$p < 0.01$）和回肠蛋白质消化率（$p = 0.02$）更高。这项研究提

示,未脱除种皮的高油酸花生仁或许是蛋鸡可接受的替代饲料成分。

2. 肉鸡　Toomer 等(2019b)研究了肉鸡饲喂等热量、等氮高油酸花生日粮(10%～12%高油酸花生+玉米)、油酸日粮(对照日粮+约6%的油酸油)和普通对照日粮(豆粕+玉米)的效果。结果表明,饲喂高油酸花生和对照日粮的肉鸡体重相似;饲喂高油酸花生日粮的肉鸡饲料转化率在第2周、第4周和第6周显著高于其他处理;喂食高油酸花生日粮的肉鸡胴体和胸大肌重量则小于其他处理;喂食高油酸花生日粮的肉鸡鸡胸肉饱和脂肪酸和反式脂肪酸含量极显著低于对照组。以上研究结果表明,给肉鸡喂食完整的不脱皮高油酸花生仁可作为一种丰富鸡肉不饱和脂肪酸的有效途径。

Toomer 等(2019c)研究了雄性肉鸡饲喂 3 种等热量、等氮日粮(普通豆粕+玉米对照日粮、10%～12%高油酸花生+玉米日粮、约添加 6.0%油酸脂肪酸油的对照玉米日粮)对肉质和鸡肉感官属性的影响。与其他组相比,喂食高油酸花生的肉鸡胴体重和鸡胸肉产量降低,而喂食高油酸花生的肉鸡腿胴体(leg carcass)产量更高。与其他处理相比,喂食高油酸花生的肉鸡鸡胸肉 pH 下降、L^* 色值降低、煮熟损失增加。尽管如此,熟鸡肉感官属性打分在 3 个处理组间是相似的,说明饲喂高油酸花生对鸡肉感官品质指标无不良影响。

Toomer 等(2020)研究了饲喂高油酸花生日粮对肉鸡生产性能、养分消化率和肠道形态的影响。3 种等热量、等氮日粮配方:① 日粮中包含约 10%粗磨全高油酸花生仁;② 添加 5.5%家禽脂肪的玉米-豆粕对照日粮;③ 补充有 5.5%油酸脂肪酸油的对照日粮。将300 只 Ross 708 肉鸡随机放置在每个处理 10 个重复的围栏中,每围栏 10 只小鸡,饲养至42 d。每周测定体重和采食量,并计算饲料转化率。在第 42 d 收集空肠样本用于组织形态学分析。在第 14 d 和第 42 d,饲喂高油酸花生组的肉鸡比其他处理组具有更低的体重($p<0.05$)和更高的饲料转化率。处理组之间的空肠绒毛表面积没有显著差异。然而,与其他处理组相比,喂食高油酸花生日粮的肉鸡具有更高的表观代谢能($p=0.019$),表明高油酸花生处理组改善了日粮脂肪和/或碳水化合物的营养吸收,但仍需进一步的研究来确定高油酸花生作为替代家禽饲料成分的营养价值。

二、生物柴油的原料

在化石燃料日益紧缺、环境问题压力加剧的今天,生物柴油作为可再生清洁能源的来源日益受到重视(吴谋成等,2009)。

花生单位面积产油量高于作为生物柴油原料的大豆。从价格上看,用花生生产生物柴油目前暂时还不具备竞争优势。在美国农业部和佐治亚大学的研究者看来,花生种植者利用自产花生榨取非精炼油(unrefined oil)制造生物柴油,可满足其自身需要(Davis 等,2009)。花生生物柴油与化石柴油按 20%∶80%的比例混用,可有效降低单独使用花生生物柴油时较高的黏度,并利于改进化石柴油的润滑性(Davis 等,2009)。

从生物质能源的角度看,高油酸花生油比普通花生油更适合生产生物柴油。与普通花生生物柴油相比,以高油酸花生油为原料生产的生物柴油具有更好的贮藏稳定性。Moser等(2012)报道,高油酸花生油甲酯(high oleic peanut methyl ester)氧化稳定性(诱导期为

21.1 h)优于榛子油甲酯(诱导期为 7.6 h)和胡桃油甲酯(诱导期为 2.9 h);但因超长链脂肪酸酯含量高,其低温流动性能差,云点*(cloud point, CP)为 17.8℃。

　　生物柴油在低于环境温度下结晶倾向的重要性高于燃料液体黏度。在低温结晶过程中,以前处于液态的分子开始堆积在一起,形成有序的晶体。这些晶体会堵塞燃料系统,在低温下导致机械故障,势必限制低温下纯的和高度混合的生物柴油燃料的使用(Davis 等,2009)。Davis 等(2009)发现,以 10℃/min 冷却花生生物柴油样品时典型的 DSC 热特征曲线(DSC thermograms,又称 DSC 热谱图)显示,在所用全部花生生物柴油样品中可检测到两个放热峰(exothermic peak),第 1 个为结晶峰(crystallization peak) 1 (CP1),起始温度为 12.6~14.7℃。第 2 个是一个较大的峰,在 -55.6~-43.1℃ 附近起始,称为结晶峰 2 (CP2)。CP1 被认为是样品中微晶开始形成的点,该峰的出现应与云点数据相关。从生物柴油的角度看,了解影响 CP1 的因素至关重要,因为运行中的发动机中存在此类微晶会导致发动机损坏。花生生物柴油经 -10℃ 低温处理(winterization,冬化)1 周,随后收集该温度下的可溶部分并分析 FAME(fatty acid methyl esters,脂肪酸甲酯) 成分变化,发现其中花生酸(C20：0)、山嵛酸(C22：0)、木蜡酸(C24：0)含量均明显下降,且平均下降量 C24：0＞C22：0＞C20：0。回归分析表明,C24：0 与 CP1 起始密切相关($R^2=0.88$)。这表明低温处理可能具有改善低温下花生生物柴油产品的实际应用价值。Pérez 等(2010)研究表明,使用甲醇的结晶过滤技术(crystallization filtration using methanol)效果较好。Davis 等(2009)认为,生物柴油专用型花生品种需减少长链饱和脂肪酸(long chain fatty acid, LCFA)含量,高含油量也是极其重要的。美国佐治亚大学试图研发专门用于生产生物柴油的非食用高油花生(Azad, 2019)。

　　Wang 等(2011)采用 152 份花生材料研究表明,花生中的油酸含量与亚油酸、花生酸和山嵛酸含量呈显著负相关。Zhang 等(2015)采用 9 份花生材料研究发现,花生油酸、亚油酸、棕榈酸含量与花生酸、花生一烯酸、山嵛酸含量相关不显著。Wilson 等(2013)研究了两个杂交组合 F_2 及其与双亲回交 BC_1 世代脂肪酸含量的遗传规律,发现花生酸、山嵛酸、木蜡酸含量与油亚比分别呈非显著负相关或不相关、显著或不显著负相关、不显著负相关关系。从脂肪酸生物合成途径也可以看出(图 1-15),通过诱变或基因工程技术切断 18 碳脂肪酸(硬脂酸)碳链延长途径,可望降低长链脂肪酸(long-chain fatty acid, LCFA)含量。因此认为,可以在提高花生油酸含量的同时,降低长链脂肪酸含量,提高其抗凝性,从而生产出质量更好的生物柴油。

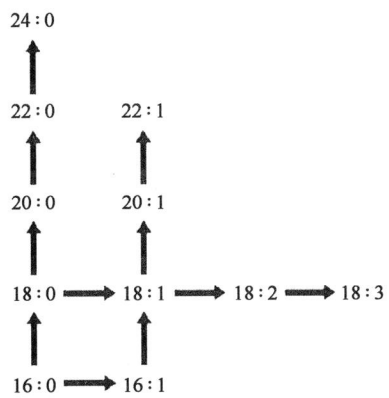

图 1-15　植物种子中常见脂肪酸链延长和去饱和,示脂肪酸间的关系**

三、烘烤后烟酸和烟酰胺含量增加

烟酸(也称维生素 B_3 ,尼克酸)和烟酰胺(nicotinamide)总称为维生素 PP 或抗癞皮病维生素,是人体必需的 13 种维生素之一(韩奕奕等,2020)。

有报道发现,高油酸花生烘烤前后烟酸与烟酰胺含量变化与普通花生不同。2 个高油酸花生品种(K‑Ol、Milyang♯14)烘烤后烟酸与烟酰胺含量之和均显著高于生花生,而 2 个普通花生品种(Daekwang、Poongan)烘烤后烟酸与烟酰胺含量之和则显著下降或无显著差异(Kim 等,2018)。

参 考 文 献

[1] 董贝森.花生蛋白粉的制取及其在食品工业上的应用.中国油料作物学报,1998,20(3):85～89.
[2] 韩奕奕,王霞,马颖清,等.乳粉中烟酸和烟酰胺含量测定能力验证结果与分析.食品安全质量检测学报,2020,11(17):5879～5885.
[3] 何东平.水相酶法同步提取冷榨花生饼中蛋白质和花生油的研究.华中农业大学,学位论文.2006,28～30.
[4] 李霞,刘尚军,高畅.高油酸花生酱的制备及其氧化稳定性研究.中国调味品,2020,45(9):43～47.
[5] 穆树旗,王传堂,李万鑫,等.高油酸花生花育 963 和普通油酸花生花育 22 号油炸花生仁货架期预测.农业科技通讯,2021,(3):156～159.
[6] 潘丽娟,杨庆利,闵平,等.高油酸花生对大白鼠血脂水平影响的研究.花生学报,2009,38(3):6～9.
[7] 食品安全国家标准食品中酸价的测定:GB 5009.229—2016.北京:中国标准出版社,2017.
[8] 食品安全国家标准食品中过氧化值的测定:GB 5009.227—2016.北京:中国标准出版社,2017.
[9] 食品安全国家标准坚果与籽类食品:GB 19300—2014.北京:中国标准出版社,2015.
[10] 王传堂,张青云,唐月异,等.自然老化对高油酸花生产量性状的影响.山东农业科学,2016,48(1):44～46.
[11] 吴谋成.生物柴油.北京:化学工业出版社,2009.
[12] 余明慧,张顺,石守设,等.南种北繁桂花 1026 在信阳适应性研究.天津农业科学,2016,22(6):128～130.
[13] 张青云,王传堂,唐月异,等.自然老化对高油酸花生种用品质的影响.花生学报,2016a,45(2):21～26.
[14] 张青云,王传堂,唐月异,等.高油酸新、陈花生所结种子的种用品质与营养品质研究.山东农业科学,2016b,45(3):47～48,51.
[15] 赵志浩.高油酸花生油预防代谢综合征及其机制研究.中国农业科学院,博士学位论文,2020.
[16] 郑畅,杨湄,周琦,等.高油酸花生油与普通油酸花生油的脂肪酸、微量成分含量和氧化稳定性.中国油脂,2014,(11):40～43.
[17] Azad K. (ed.) Advances in Eco-Fuels for a Sustainable Environment. Woodhead Publishing. 2019. https://doi.org/10.1016/C2017-0-04211-8
[18] Barbour JA, Howe PR, Buckley JD, et al. Lower energy intake following consumption of Hi-oleic and regular peanuts compared with iso-energetic consumption of potato crisps. Appetite. 2014, 82:124～130.
[19] Barbour JA, Howe PRC, Buckley JD, et al. Effect of 12 weeks high oleic peanut consumption on cardio-metabolic risk factors and body composition. Nutrients, 2015, 7(9):7381～7398.
[20] Barbour JA, Howea PRC, Buckleya JD, et al. Cerebrovascular and cognitive benefits of high-oleic peanut consumption in healthy overweight middle-aged adults. Nutritional Neuroscience: An International Journal on Nutrition, Diet and Nervous System, 2016. DOI:10.1080/1028415X.2016.1204744.
[21] Bimro ET, Hovav R, Nyska A, et al. High oleic peanuts improve parameters leading to fatty liver

development and change the microbiota in mice intestine. Food & Nutrition Research, 2020, 64. doi: 10. 29219/fnr. v64. 4278

[22] Bolton GE, Sanders TH. Effect of roasting oil composition on the stability of roasted high-oleic peanuts. Journal of the American Oil Chemists' Society, 2002, 79(2): 129~132. https://doi. org/10. 1007/s11746 - 002 - 0446 - 1

[23] Braddock JC, Sims CA, O'Keefe SF. Flavor and oxidative stability of roasted high oleic acid peanuts. Journal of Food Science, 1995, 60(3): 489~493.

[24] Chung SY, Maleki S, Champagne ET, et al. High-oleic peanuts are not different from normal peanuts in allergenic properties. Journal of Agricultural and Food Chemistry, 2002, 50 (4): 878~882.

[25] Chung SY, Mattison CP, Reed S, et al. Treatment with oleic acid reduces IgE binding to peanut and cashew allergens. Food Chemistry, 2015, 180: 295 ~ 300. doi: 10. 1016/j. foodchem. 2015. 02. 056

[26] Davis JD, Geller D, Faircloth WH, et al. Comparison of biodiesel produced from unrefined oils of different peanut cultivars. Journal of American Oil Chemistry Society, 2009, 86: 353~361.

[27] Davis JP, Price K, Dean LL, et al. Peanut oil stability and physical properties across a range of industrially relevant oleic acid/linoleic acid ratios. Peanut Science, 2016, 43: 1~11. https://doi. org/10. 3146/0095 - 3679 - 43. 1. 1

[28] dos Santos OV, Agibert SAC, Pavan R, et al. Physicochemical, chromatographic, oxidative, and thermogravimetric parameters of high-oleic peanut oil (Arachis hypogaea L. IAC - 505). Journal of Thermal Analysis and Calorimetry, 2019, 138: 1793~1800. https://doi. org/10. 1007/s10973 - 019 - 08182 - z

[29] Dostálová J, Hanzlík P, Réblová Z, et al. Oxidative changes of vegetable oils during microwave heating. Czech Journal of Food Sciences, 2005, 23(6): 230~239.

[30] Igarashi K, Kurata D. Effect of high-oleic peanut intake on aging and its hippocampal markers in Senescence-Accelerated Mice (SAMP8). Nutrient, 2020, 12(11): 3461. doi: 10. 3390/nu12113461

[31] Lim HJ, Kim DS, Pan JH, et al. Characterization of physicochemical and sensory attributes of a novel high-oleic peanut oil cultivar (Arachis hypogaea ssp. fastigiata L.). Applied Biological Chemistry, 2017, 60, 653~657. https://doi. org/10. 1007/s13765 - 017 - 0324 - 6

[32] Kim DS, Kim HS, Hong SJ, et al. Comparison of the retention rates of thiamin, riboflavin, and niacin between normal and high-oleic peanuts after roasting. Applied Biological Chemistry, 2018, 61, 449 - 458. https://doi. org/10. 1007/s13765 - 018 - 0381 - 5

[33] Martín MP, Grosso AL, Nepote V, et al. Sensory and chemical stabilities of high-oleic and normal-oleic peanuts in shell during long-term storage. Journal of Food Science, 2018, 83(9): 2362~2368. doi: 10. 1111/1750 - 3841. 14295

[34] Miller JF, Zimmerman DC, Vick BA. Genetic control of high oleic acid content in sunflower oil. Crop Science, 1987, 27(5), 923~926.

[35] Moreira Alves RD, Boroni Moreira AP, Silva Macedo V, et al. High-oleic peanuts increase diet-induced thermogenesis in overweight and obese men. Nutrición Hospitalaria, 2014, 29(5): 1024 - 1032 2014a, 29(5): 1024~1032. doi: 10. 3305/nh. 2014. 29. 5. 7235

[36] Moreira Alves RD, Moreira AP, Macedo VS, et al. Regular intake of high-oleic peanuts improves fat oxidation and body composition in overweight/obese men pursuing an energy-restricted diet. Obesity, 2014b, 22(6): 1422~1429.

[37] Moreira Alves RD, Boroni Moreira AP, Macedo VS, et al. High-oleic peanuts: new perspective to attenuate glucose homeostasis disruption and inflammation related obesity. Obesity, 2014c, 22(9): 1981~1988.

[38] Moreira AP, Teixeira TF, Alves RD, et al. Effect of a high-fat meal containing conventional or high-oleic peanuts on post-prandial lipopolysaccharide concentrations in overweight/obese men. Journal of Human Nutrition and Dietetics, 2016, 29(1): 95~104.

[39] Morelló JR, Motilva MJ, Tovar MJ, et al. Changes in commercial virgin olive oil (cv Arbequina)

during storage, with special emphasis on the phenolic fraction. Food chemistry, 2004, 85(3): 357~364. https://doi.org/10.1016/j.foodchem.2003.07.012

[40] Moser BR. Preparation of fatty acid methyl esters from hazelnut, high-oleic peanut and walnut oils and evaluation as biodiesel. Fuel, 2012, 92: 231~238.

[41] Mozingo RW, O'Keefe SP, Sanders TH, et al. Improving shelf life of roasted and salted inshell peanuts using high oleic fatty acid chemistry. Peanut Science, 2004, 31: 40~45.

[42] Mugendi JB, Sims CA, Gorbet DW, et al. Flavor stability of high-oleic peanuts stored at low humidity. Journal of the American Oil Chemists' Society, 1998, 75(1), 21~25.

[43] Myer RO, Johnson DD, Knauft DA, et al. Effect of feeding high-oleic-acid peanuts to growing-finishing swine on resulting carcass fatty acid profile and on carcass and meat quality characteristics. Journal of Animal Science, 1992, 70(12): 3734~3741.

[44] Nawade B, Mishra GP, Radhakrishnan T, et al. High oleic peanut breeding: achievements perspectives and prospects. Trends in Food Science & Technology, 2018, 78: 107~119. doi: 10.1016/j.tifs.2018.05.022

[45] Nepote V, Mestrallet MG, Accietto RH, et al. Chemical and sensory stability of roasted high-oleic peanuts from Argentina. Journal of the Science of Food and Agriculture, 2006a, 86: 944~952.

[46] Nepote V, Mestrallet MG, Grosso NR. Oxidative stability in fried-salted peanuts elaborated with high-oleic and regular peanuts from Argentina. International Journal of Food Science and Technology, 2006b, 41, 900~909.

[47] Nguyen TTH, Sakurai1 H, Miyahara M, et al. Comparative study on allergenic properties of high-oleic and conventional peanuts. Polish Journal of Food and Nutrition Sciences, 2003, Vol. 12/53, SI 2, p.88~p.95.

[48] Nicoli MC. An introduction to food shelf life: definitions, basic concepts, and regulatory. In: Nicoli MC (Ed.) The Shelf Life Assessment Process. Shelf Life Assessment of Food. CRC Press, Boca Raton, FL, 2012, pp.17~36. https://doi.org/10.1016/B978-0-12-802230-6.00028-X

[49] O'Byrne DJ, Knauft DA, Shireman RB. Low fat-monounsaturated rich diets containing high-oleic peanuts improve serum lipoprotein profiles. Lipids. 1997, 32(7): 687~695.

[50] O'Bryne DJ, O'Keefe SF, Shireman RB. Low-fat, monounsaturate-rich diets reduce susceptibility of low density lipoproteins to peroxidation ex vivo. Lipids, 1998, 33(2): 149~157.

[51] Oh E, Pae S-B, Kim S et al. 고지방 식이 유도 비만 마우스에서 고올레산 땅콩 섭취의 혈장 지질 개선 효과 (Effect of monounsaturated fatty acid-enriched peanut consumption on serum lipid in high fat diet-induced mice). The Korean Journal of Food and Nutrition. 2020, 33(6): 747~754. http://www.koreascience.or.kr/article/JAKO202008540580760.pdf

[52] O'Keefe, SF, Wiley VA, Knauft DA. Comparison of oxidative stability of high- and normal- oleic peanut oils. Journal of the American Oil Chemists' Society, 1993, 70(5): 489~492. https://doi.org/10.1007/BF02542581

[53] Olmedo R, Ribotta P, Grosso NR. Oxidative stability, affective and discriminative sensory test of high oleic and regular peanut oil with addition of oregano essential oil. Journal of Food Science and Technology. 2018, 55(12): 5133~5141. DOI: 10.1007/s13197-018-3459-5

[54] Pérez A, Casas A, Fernández CM, Ramos MJ, Rodríguez L. Winterization of peanut biodiesel to improve the cold flow properties. Bioresour Technol. 2010, 101(19): 7375~7381. doi: 10.1016/j.biortech.2010.04.063

[55] Pokorný J, Parkányiová L, Réblová Z, et al. Changes on storage of peanut oils containing high levels of tocopherols and β-carotene. Czech Journal of Food Sciences, 2003, 21(1): 19~27.

[56] Redhead AK, Sanders E, Vu TC, et al. The effects of high-oleic peanuts as an alternate feed ingredient on performance, ileal digestibility, apparent metabolizable energy, and histology of the small intestine in laying hens. Transl Anim Sci. 2021, 5(1): txab015. doi: 10.1093/tas/txab015

[57] Reed KA, Gorbet DW, O'Keefe SF. Effect of chocolate coating on oxidative stability of normal and high oleic peanuts. Journal Food Lipids, 2000, 7: 31~38.

[58] Reed KA, Sims CA, Gorbet DW, O'Keefe SF. Storage water activity affects flavor fade in high and

normal oleic peanuts. Food Research International, 2002, 35, 769~774.

[59] Riveros CG, Mestrallet MG, Gayol MF, et al. Effect of storage on chemical and sensory profiles of peanut pastes prepared with high-oleic and normal peanuts. Journal of the Science of Food and Agriculture, 2010, 90(15): 2694~2699.

[60] Ryan L, Olmedo RH, Stutz G, et al. Effect of high oleic peanut oil consumption on plasma cholesterol, LDL, HDL and triglyceride levels analyzed in Albino Swiss mice. National Peanut Day. 16 September 2010. General Cabrera, Córdoba. AR. XXV National Peanut Day. INTA - CIA. General Cabrera, Córdoba. AR. 2010. pp. 93~94. Available from: http://www.ciacabrera.com. ar/docs/JORNADA%2025/32 -%20Ryan%20 -%20EFECTO%20DEL%20CONSUMO%20DE%20ACEITE%20DE%20MANI%20ALTO%20O...pdf

[61] Stephens AM, Dean LL, Davis JP, et al. Peanuts, peanut oil, and fat free peanut flour reduced cardiovascular disease risk factors and the development of atherosclerosis in Syrian golden hamsters. Journal of Food Science, 2010, 75(4): 116~122.

[62] Sumainah GM, Sims CA, Bates RP, et al. Flavor and oxidative stability of peanut-sesame-soy blends. Journal of Food Science, 2000, 65(5): 901~905.

[63] Swergart D. High oleic peanut chemistry & finished product quality. APRES Post Harvest Quality Symposium. Francis Marion Hotel, Charleston, SC. July 15, 2015. https://apresinc.com/wp-content/uploads/2015/08/Sweigart-Repaired-Slide-High-Oleic-Peanut-Quality-APRES-15Jul15.pdf

[64] Talcott ST, Duncan CE, Pozo-Insfran DD, et al. Polyphenolic and antioxidant changes during storage of normal, mid, and high oleic acid peanuts. Food Chemistry, 2005, 89(1): 77~84.

[65] Teres S, Barcelo-Coblijn G, Benet M, et al. Oleic acid content is responsible for the reduction in blood pressure induced by olive oil. Proc. Natl. Acad. Sci. USA, 2008, 105: 13811~13816.

[66] Toomer OT, Hulse-Kemp AM, Dean LL, et al. Feeding high-oleic peanuts to layer hens enhances egg yolk color and oleic fatty acid content in shell eggs. Poultry Science, 2019a, 98(4): 1732~1748. doi: 10.3382/ps/pey531

[67] Toomer OT, Livingston M, Wall B, et al. Feeding high-oleic peanuts to meat-type broiler chickens enhances the fatty acid profile of the meat produced. Poultry Science, 2019b, 99(4): 2236~2245. https://doi.org/10.1016/j.psj.2019.11.015

[68] Toomer OT, Livingston ML, Wall B, et al. Meat quality and sensory attributes of meat produced from broiler chickens fed a high oleic peanut diet. Poultry Science, 2019c, 98(10): 5188~5197. doi: 10.3382/ps/pez258

[69] Toomer OT, Sanders E, Vu TC, et al. The effects of high-oleic peanuts as an alternative feed ingredient on broiler performance, ileal digestibility, apparent metabolizable energy, and histology of the intestine. Translational Animal Sci, 2020, 4(3): txaa137. doi: 10.1093/tas/txaa137

[70] Vassiliou EK, Gonzalez A, Garcia C, Tadros JH, Chakraborty G, Toney JH. Oleic acid and peanut oil high in oleic acid reverse the inhibitory effect of insulin production of the inflammatory cytokine TNF-alpha both in vitro and in vivo systems. Lipids in Health and Diseases, 2009, 8: 25. doi: 10.1186/1476 - 511X - 8 - 25

[71] Wang CT, Tang YY, Wang XZ, et al. Evaluation of groundnut genotypes from China for quality traits. Journal of SAT Agricultural Research, 2011, vol. 9. Available at: http://ejournal.icrisat.org/Volume9/Groundnut/Evaluation.pdf

[72] Wang H, Yu ST, Wang CT, et al. Effect of different aging treatments on the vigor of high-oleic acid peanut seeds. IOP Conference Series: Earth and Environmental Science, Volume 346, 5th International Conference on Agricultural and Biological Sciences (ABS) 21 - 24 July 2019, Macau.

[73] Wang ML, Khera P, Pandey MK, et al. Genetic mapping of QTLs controlling fatty acids provided insights into the genetic control of fatty acid. synthesis pathway in peanut (Arachis hypogaea L.). PloS one, 2015, 10(4), e0119454.

[74] Wang S, Adhikari K, Hung Y-C, et al. Effects of short storage on consumer acceptability and volatile compound profile of roasted peanuts. Food Packaging and Shelf Life, 2017, 13: 27~34.

[75] Wilkin JD, Ashton IP, Fielding LM, et al. Storage stability of whole and nibbed, conventional and

high oleic peanuts (*Arachis hypogeae* L.). Food and Bioprocess Technology, 2014, 7: 105~113.

[76] Wilson JN, Baring MR, Burow MD, et al. Generation means analysis of fatty acid composition in peanut. Journal of Crop Improvement, 2013, 27(4): 430~443.

[77] Yamaki T, Nagamine I, Fukumoto K, et al. High oleic peanut oil modulates promotion stage in lung tumorigenesis of mice treated with methyl nitrosourea. Food Science and Technology Research, 2005, 11(2): 231~235.

[78] Zhang QY, Wang XZ, Tang YY, et al. Characterization of 9 newly bred peanut genotypes for seed fatty acid profiles suitable for biodiesel production. Advanced Materials Research, 2015, 1073 - 1076: 1134~1137.

[79] Zhao Z, Shi A, Wang Q, et al. High oleic acid peanut oil and extra virgin olive oil supplementation attenuate metabolic syndrome in rats by modulating the gut microbiota. Nutrients, 2019, 11(12): 3005. doi: 10. 3390/ nu11123005

第二章　高油酸花生质量标准

与普通花生相比,高油酸花生耐贮藏、花生良好的风味经久不衰、更健康,因此商品价值更高。要实现其价值,必须确保高质量。标准化生产是高油酸花生产业化的必由之路。

第一节　中国高油酸花生标准

中国高油酸花生相关标准信息可通过全国标准信息公共服务平台(http://std.samr.gov.cn/)检索。

一、行　业　标　准

迄今,中国已发布实施的高油酸花生行业标准共有两项(表 2-1)。

表 2-1　中国现行高油酸花生行业标准

序号	标准号	标准名称	批准日期	实施日期	备案号	备案日期
1	NY/T 3250—2018	高油酸花生	2018-07-27	2018-12-01	73792-2020	2020-07-08
2	NY/T 3679—2020	高油酸花生筛查技术规程 近红外法	2020-08-26	2021-01-01	81656-2021	2021-04-14

数据来源:行业标准信息服务平台(http://hbba.sacinfo.org.cn/)、食品伙伴网(http://down.foodmate.net/standard/sort/5/86565.html)。

(一) NY/T 3250—2018《高油酸花生》

中华人民共和国农业行业标准 NY/T 3250—2018《高油酸花生》于 2018 年 7 月 27 日发布,2018 年 12 月 1 日实施。

该标准规定了食用和油用高油酸花生原料的术语和定义、要求、检验规则、运输和储存,适用于食用和油用高油酸花生原料的收购、加工、运输及销售。

1. 要　求

(1) 理化指标:按 GB 5009.168 检测,油酸含量占脂肪酸总量≥75%,用于食用或油用的高油酸花生原料,油酸含量占脂肪酸总量≥73%。按 GB 5009.229 检测酸价(以脂肪计)≤2.5 mg/g。按 GB 5009.3 检测花生果水分≤10%、花生仁≤8%。

(2) 感官指标:高油酸花生果,按 GB/T 5492 检验色泽、气味正常,按 GB/T 5499 检验纯仁率≥65.0%,按 GB/T 5494 检验杂质≤1.5%;高油酸花生仁,按 GB/T 5492 检验色泽、气味正常,按 GB/T 5494 检验纯质率≥90.0%、杂质≤1.0%,整半粒限度(称取混合均匀的花生仁

200 g,精确至 0.1 g,挑取整半粒花生仁称量,计算其所占百分比)≤10%。

（3）真菌毒素、污染物和农药残留限量:应分别符合 GB 2761、GB 2762、GB 2763 要求。

（4）净含量:符合国家质量监督检验检疫总局 2005 年第 75 号或合同规定要求。净含量≤50 kg 的包装产品的检验按照 JJF 1070 的规定执行,其他依据合同规定执行。

2. 检验规则与结果判定　型式检验是对产品进行全面考核,即对该标准规定的全部要求进行检验,有下列情形之一者应进行型式检验:花生年度抽查检验;国家质量监督机构、行业主管部门及合同提出型式检验要求;前后两次抽样检验结果差异较大;人为或自然因素使生产环境发生较大变化。每批次交收前,应进行交收检验,检验内容包括感官、油酸含量、标识和包装,检验合格并附合格证后方可交收。

同一产地、同一收获期的同等级花生作为一个检验批次。抽样按 GB/T 5941 规定执行。检验(抽样)填写的项目应与实货相符。凡与实货不符,品种、规格混淆不清,包装容器损失者,应重新抽样。

每批次受检高油酸花生抽样时,对不符合感官要求的花生仁(果)做各项记录。如果一个单位的花生仁(果)同时出现多种缺陷,选择一种主要缺陷,按一个残次品计算。单项不合格百分率(%)＝单项不合格样品质量(g)/检验样品的质量(g)×100%。各单位不合格百分率之和即为总不合格百分率。限度范围应符合以下要求:每批受检样品的不合格率按其所检单位(如每袋、每箱)的平均值计算,其值不得超过所规定限度;同一批次某件样品不合格百分率不超过 0.5%,单位样品的不合格百分率上限不超过 1%。

安全指标有一项不合格,该批次产品为不合格。油酸指标不合格则该批次产品不合格,即为非高油酸产品。

该批次样品标识、包装、净含量不合格者,允许复检一次。理化指标有一项不合格者,允许加倍抽样复检一次。感官和安全指标不合格,不进行复检。

3. 储运　储存按 NY/T 2390 规定执行。运输中应轻装轻卸、防雨防晒、防止挤压,不与有毒、有害、易挥发、有异味或影响产品质量的物品混装运输。

（二）NY/T 3679—2020《高油酸花生筛查技术规程 近红外法》

中华人民共和国农业行业标准 NY/T 3679—2020《高油酸花生筛查技术规程 近红外法》于 2020 年 8 月 26 日发布,2021 年 1 月 1 日实施。

该标准规定了高油酸花生的近红外法筛查的技术规程,适用于花生收获、储藏、运输、加工及销售过程中的筛查,不适用于仲裁检验。

其原理是利用花生油酸分子中 C—H、O—H 等化学键的泛频振动或转动对近红外光的吸收特性,以漫反射或透射方式获得在近红外区的吸收光谱或透射光谱,利用化学计量学方法建立花生油酸的近红外光谱与其含量之间的相关关系模型,从而计算出待测花生样品中的油酸含量。

1. 取样　根据花生样品特点准备相应的扦样工具,包装容器应清洁、干燥、无污染,不会对样品造成污染。花生果样品,扦样后按 GB/T 5491 中的四分法分样,分取所需试样,样品量应大于 1.5 kg/样,去掉花生果壳备用。花生仁样品,扦样后按 GB/T 5491 中的四分法分样,分取所需试样,样品量应大于 1.0 kg/样,备用。测定前应除去样品中的杂质和破碎粒。样品水分应符合 NY/T 3250 的要求。

2.**仪器和工作环境**　近红外分析仪符合 GB/T 24895 的要求,样品盘应具备旋转功能。软件具备近红外光谱数据的收集、存储、定标和分析等功能。工作环境温度 15～30℃、相对湿度≤80%。扫描样品时,避免光透过样品。

3.**定标模型建立**　定标建模样品油酸含量应均匀分布,覆盖不同类型、不同品种等,样品数一般不少于 200 个。定标模型样品光谱采集与采用 GB/T 2009.168 方法测定油酸含量应同期进行。样品重复装样 3 次。测定后的样品与原待测样品混匀,再次取样测定,每次重复扫描 2 次,取 6 次扫描的平均光谱用于建立定标模型。定期采集代表性样品光谱充实定标模型样品光谱库,并测定油酸含量,校准升级模型。

4.**模型准确性**　验证样品集测定含量扣除系统偏差后的近红外测定值与其标准值之间的标准差应不大于 10%。模型精密度:重现条件下获得 2 次独立测定结果的绝对差值不超过算术平均值的 8%。

5.**近红外法测定**　首先按前述方法采集光谱,然后采用构建的模型进行油酸含量预测。当样品预测值在定标模型预测范围内时,样品预测值被采纳,否则视为疑似异常样品。对油酸含量超出定标模型预测范围的疑似异常样品,应进行第二次近红外测定确认,并用于定标模型校准升级。

6.**筛查结果处理与判定**　取两次近红外预测数据的平均值为测定结果。测定结果保留小数点后 1 位,结果判定按 NY/T 3250 规定执行。

二、地 方 标 准

已发布实施的中国高油酸花生相关地方标准共有 9 项(表 2-2)。

表 2-2　中国现行有效高油酸花生地方标准

序号	标准号	标 准 名 称	省、市	批准日期	实施日期	备案号	备案日期
1	DB37/T 3806—2019	高油酸花生种子质量	山东省	2019-12-24	2020-01-24	68814-2019	2019-12-30
2	DB41/T 1926—2019	高油酸花生四级种子质量标准	河南省	2019-11-21	2020-02-21	68102-2019	2019-12-17
3	DB41/T 1927—2019	高油酸花生四级种子生产技术规程	河南省	2019-11-21	2020-02-21	68103-2019	2019-12-17
4	DB41/T 1106—2015	高油酸花生生产技术规程	河南省	2015-08-13	2015-11-13	49093-2016	2015-12-24
5	DB21/T 2867—2017	高油酸花生生产技术规程	辽宁省	2017-07-18	2017-08-18	58535-2018	2017-12-14
6	DB13/T 5279—2020	高油酸花生轻简高效栽培技术规程	河北省	2020-11-19	2020-12-19	79178-2021	2021-02-05
7	DB4117/T 231—2018	夏播高油酸花生高产栽培技术规程	河南省驻马店市	2018-12-30	2019-01-15	67087-2019	2019-12-02
8	DB1302/T 510—2020	高油酸花生生产技术规程	河北省唐山市	2020-09-15	2020-09-25	76322-2020	2020-12-03
9	DB4114/T 139—2020	高油酸花生商花 30 号栽培技术规范	河南省商丘市	2020-09-29	2020-10-29	74957-2020	2020-10-21

数据来源:地方标准信息服务平台(http://dbba.sacinfo.org.cn/)。

（一）DB37／T 3806—2019《高油酸花生种子质量》

按 2020 年 1 月 14 日生效的山东省地方标准《高油酸花生种子质量》,高油酸花生种子的油酸含量在脂肪酸总量中占比应≥75％,且油酸／亚油酸比值(简称油亚比,O／L)≥9(表 2-3)。扦样方法和种子批的确定应执行 GB／T 3543 的规定。质量要求和检验方法见表 2-3。高油酸花生种子质量判定规则应执行 GB 5009.168、GB 20464 和 NY／T 3250 的规定,同时应符合下列规则:高油酸花生种子标签的质量标注值中,品种纯度、净度、发芽率和水分任一项不符合本部分规定值的,判为劣种子;品种纯度、净度、发芽率和水分均符合本部分规定,但油酸含量和油亚比任一项不符合本部分规定值的,判定为非高油酸花生种子。

表 2-3　山东省高油酸花生种子质量要求和检验方法

项　目	原　种	大 田 用 种	检验方法
品种纯度(％)	≥99.0	≥96.0	GB／T 3543
净度(％)	≥99.0	≥99.0	GB／T 3543
发芽率(％)	≥80	≥80	GB／T 3543
水分(％)	≤10.0	≤10.0	GB／T 3543
油酸含量(％)	≥75.0	≥75.0	GB 5009.168
油亚比(O／L)	≥9	≥9	GB 5009.168

（二）DB41／T 1926—2019《高油酸花生四级种子质量标准》

2020 年 2 月 21 日实施的河南省地方标准《高油酸花生四级种子质量标准》规定,高油酸花生种子油酸含量应不低于 75％(表 2-4)。所谓四级种子,是指在种子生产中以育种家种子为种源,运用重复繁殖技术路线,按世代顺序繁殖的育种家种子、原原种、原种和大田用种的种子。

表 2-4　河南省高油酸花生种子质量要求和检验方法

项　目	育种家种子	原原种	原　种	大田用种	检验方法
油酸含量(％)	≥75.0	≥75.0	≥75.0	≥75.0	GB 5009.168
纯度(％)	100	100	≥99.6	≥99.4	田间及分子鉴定
净度(％)	≥99.5	≥99.5	≥99.5	≥99.3	GB／T 3543.3
杂质(％)	≤0.5	≤0.5	≤0.5	≤0.7	GB／T 3543.3
其他作物种子(％)	0	0	0	0	GB／T 3543.3
杂草种子(粒／kg)	0	0	0	1	GB／T 3543.3
有毒(害)杂草种子(粒／kg)	0	0	0	0	GB／T 3543.3
发芽率(％)	80	80	80	80	GB／T 3543.4
水分(％)	10	10	10	10	GB／T 3543.6

备注:田间鉴定按 NY／T 2237 规定,对品种地上部性状的典型性和荚果性状的典型性进行鉴定。分子鉴定采用固定数目的单核苷酸多态性(single nucleotide polymorphism, SNP)引物,通过与标准样品比较或与 SNP 指纹数据比对平台比对的方式,对品种真实性进行验证或身份鉴定,检测结果用供检样品和标准样品比较的位点差异数表示,检测结果容许差距不大于 2 个位点,对于在容许差距范围内且提出有异议的样品,可按 GB／T 3543.5 的规定进行田间小区种植鉴定。

（三）DB41／T 1927—2019《高油酸花生四级种子生产技术规程》

河南省地方标准《高油酸花生四级种子生产技术规程》于 2020 年 2 月 21 日起实施。规定高油酸花生种子油酸含量不低于 75％。

1. 种子来源、地块选择、株行距及隔离　育种家种子由申请者通过保种圃繁殖。育种家保种圃应选择地势平坦、土层深厚、质地疏松、富含有机质、排灌方便、远离污染源、前一年未种过花生的地块,产地环境应符合 NY／T 855 的要求。单粒种植,行距 35～40 cm,株距 17～20 cm,行端设走道 0.8～1 m,四周设 1～2 m 保护区,保护区种植同品种、同类别种子,周围 50 m 之内不得种植其他花生品种。

原原种种子来源为育种家种子,繁种田为前一年未种过花生的地块。单粒播种,行距 35～40 cm,株距 17～20 cm,行端设走道 0.8～1 m,四周设 1～2 m 保护区,保护区种植同品种、同类别种子,繁种田周围 30 m 之内不得种植其他花生品种。

原种种子来源为原原种,繁种田为前一年未种过花生的地块。单粒播种,行距 30～35 cm,株距 13～16 cm,四周设 3～5 m 保护区,保护区种植同品种、同类别种子,繁种田周围 30 m 之内不得种植其他花生品种。

大田用种的种子来源为原种,应尽量选择上年未种过花生的地块,若只能在连作田繁种,该地块上年所种花生必须为高油酸品种。双粒穴播,要求连片种植,一场一种或一村一种,严防混杂。

2. 田间管理

(1) 播种、收获期温度要求和贮藏安全含水量:播种前进行发芽试验,种子发芽率应 ≥80％。播种期以连续 5 d 5 cm 地温稳定在 18℃ 以上为宜。收获期最低地温应不低于 12℃。晾晒种子时,气温不低于 12℃。荚果水分低于 10％,单运单贮。

(2) 推荐施肥量:每 666.67 m^2 施 N 6～10 kg,P_2O_5 5～7 kg,K_2O 6～8 kg。缺钙地块,每 666.67 m^2 增施钙肥(石膏)40～50 kg。肥料使用应符合 NY／T 496 要求。也可随播种随施肥,肥料用量为每 666.67 m^2 施三元复合肥(N：P_2O_5：K_2O＝15：15：15)40～50 kg,种肥与种子分离,防止烧种。

(3) 水分管理:开花下针期至饱果期应及时旱浇涝排。灌溉用水应符合 GB 5084 要求。

(4) 控旺:高肥水田块或有徒长趋势的田块,株高达 30～35 cm 时应及时叶面喷施符合 NY／T 1276 和 GB／T 8321 规定的植物生长延缓剂。施药后 10～15 d,如主茎仍有徒长趋势,可再喷施一次。

(5) 有害生物治理:具体参见表 2-5。

表 2-5　河南省高油酸花生主要病虫草害防控

种类	防治对象	防治时期	防治方法
病害	叶斑病和网斑病	发病率达到 5％～7％	用 80％代森锰锌可湿性粉剂 400 倍液,或 40％多菌灵胶悬剂 1 000 倍液,或 75％百菌清可湿性粉剂 600～800 倍液进行茎叶喷雾,每 666.67 m^2 用药液 75 kg,每隔 10 d 左右喷 1 次,连喷 2～3 次
	根腐病和茎腐病	播种前	每 8～10 kg 种子用 25％多菌灵可湿性粉剂 100 g 拌种,或用花生专用包衣剂包衣
		发病初期	每 666.67 m^2 用 40％的多菌灵胶悬剂或 70％的甲基托布津 100 g,兑水 80～100 kg,根部喷淋

（续表）

种类	防治对象	防治时期	防治方法
病害	病毒病	预防	及时防治蚜虫、叶蝉、蓟马等传播媒介,杜绝病毒来源
		发病初期	用 5%菌毒清水剂 200～400 倍液叶面喷雾,每 666.67 m^2 用药液 40～50 kg,7～10 d 喷 1 次,连喷 2～3 次
	青枯病	播种前	选用高抗青枯病的花生品种
		发病初期	喷施 72%农用链霉素、72%新植霉素、20%噻菌铜溶液任一种,每 666.67 m^2 用药液 50～75 kg,每 7～10 d 喷 1 次,连喷 2～3 次
虫害	蛴螬	播种前	用辛硫磷拌种,或用花生专用包衣剂包衣
		6 月下旬至 7 月中下旬	物理防治:在田间放置黑光灯诱杀成虫。化学防治:每 666.67 m^2 用 50%辛硫磷乳油或 40%毒死蜱乳油 0.2～0.25 kg,拌毒土撒施。生物防治:田间撒施白僵菌或绿僵菌或 Bt 菌剂
	蚜虫	百株有蚜 250 头左右	10%高效吡虫啉可湿性粉剂 4 000 倍液,叶面喷施
	红蜘蛛	有螨植株在 5%以上	1.8%阿维菌素乳油 2 000～4 000 倍液或 20%甲氰菊酯乳油 1 500～2 000 倍液,每 666.67 m^2 用药液 40 kg,7～10 d 喷 1 次,连喷 2～3 次
草害	芽前杂草	播种时	每 666.67 m^2 用 50%的乙草胺乳油 150 ml 或 72%的异丙甲草胺乳油 100～200 ml,兑水 50 kg 喷施

数据来源：DB41/T 1927—2019《高油酸花生四级种子生产技术规程》。

（四）DB21/T 2867—2017《高油酸花生生产技术规程》

2017 年 8 月 18 日起实施的辽宁省地方标准《高油酸花生生产技术规程》规定,应选用油酸含量稳定在 72%以上或油亚比≥7 的早熟花生品种,且产量潜力大、综合抗性好。种子质量应符合 GB4407.2 规定。

该规程强调要做好生产记录。详细记录花生品种、播种和收获时期,以及农药、化肥、除草剂等的品名、用量、施用时间等,以备查阅。

1. 选地、整地与施肥　选择质地疏松、地势平坦、排灌良好的中等以上肥力的砂壤土或轻砂壤土地块,避开重茬地、涝洼地、盐碱地及土质黏重地块,产地环境指标符合 NY/T 855 花生产地环境技术条件的要求。

秋季耕翻,早春进行顶凌耙耪;不耕翻的地块在春季除净残茬,起、合垄平整好地表,每隔 3～4 年深耕 1 次,深度 25 cm。

肥料使用应符合 NY/T 496 要求。高油酸花生施肥应重视有机肥,施足基肥,配合微肥。每 666.67 m^3 施用有机肥 3 m^3 以上,配施尿素 10～15 kg、磷酸二铵 15～20 kg、硫酸钾 8～10 kg、生石灰 15～20 kg。

2. 剥壳、选种与拌种　播种前 10～15 d 进行晒种,晒种 2～3 d,剥壳前选择整齐一致的荚果,剔除病残果和大小果,剥壳后选大小整齐一致、无损伤、色泽鲜艳、无裂痕、无油斑的种仁作种子。

根据病虫害发生情况选择符合 GB/T 4285 及 GB/T 8321 规定的药剂拌种。拌种时不应伤害花生种皮,充分拌匀后在阴凉处晾干。机械拌种过程中注意清理机具。

3. 播种、覆膜　春季 5 d 内 5 cm 地温稳定在 16℃以上时播种,一般在 5 月中旬进行,地膜覆盖栽培可提前 5 d。

单粒播种,垄距 85~90 cm,垄面宽 60~65 cm,垄高 10~12 cm,垄上播种 2 行,小行距 35~40 cm,株距 8~10 cm,播种深度 3~4 cm,每 666.67 m² 保苗 1.3 万~1.5 万株;双粒播种,株距 14~15 cm,每 666.67 m² 保苗 1.5 万~1.7 万株。

选择符合要求的地膜。采用花生覆膜播种机播种,一次完成起垄、施底肥、播种、喷施除草剂、覆膜和压土等作业。

4. 田间管理 播种后,检查地膜有无破损,及时用土盖严。及时引出顶膜困难的幼苗;发现缺苗现象,及时补种。在花生花针期和结荚期,如持续干旱,应及时灌溉;如遇大雨应及时排涝。在盛花期,应观察花生田间整齐度,剔除杂株。

高油酸花生病虫害防治原则:以种植抗性品种为基础,化学防治所用农药应符合 GB 4285 和 GB/T 8321 规定要求,倡导生物防治。

花生生育中后期,开花下针期每 666.67 m² 叶面喷施 2% 尿素水溶液+0.2% 磷酸二氢钾水溶液 50~60 kg,连喷 2~3 次,间隔 5 d。也可选用符合 NY/T 496 要求的叶面肥料喷施。

5. 收获、贮藏 9 月中旬,当 70% 以上荚果果壳硬化、网壳清晰、果壳内壁出现黑褐色斑块时便可收获,收获后 3 d 内气温不得低于 5℃。

花生收获后应及时捡收残膜,去除埋在土里的残膜和花生秧上的残膜。

荚果含水量降到 10% 以下时入库贮藏。高油酸花生在收获、摘果、晾晒和贮藏等过程中要单独操作,剔除杂果、杂仁,避免混杂。仓库要做好防虫、防鼠处理,荚果不能接触地面,与墙面保持 20~22 cm 的距离,室内保持干燥。

(五) DB13/T 5279—2020《高油酸花生轻简高效栽培技术规程》

河北省 2020 年 12 月 19 日实施的《高油酸花生轻简高效栽培技术规程》规定,高油酸花生油酸含量应≥75%、油亚比≥10。种子质量应达到良种(大田用种)纯度≥98%、原种纯度≥99%,发芽率≥80%。

1. 种植方式 春播宜采用花生-小麦-玉米"二年三作"轮作方式,即当年春播种植花生,花生收获后种植小麦,第二年小麦收割后播种夏玉米,玉米收获后耕地休耕一冬,第三年春季继续种植花生。

夏播宜采用"一年二作"轮作方式,可与小麦、大蒜、油菜等作物轮作。夏播种植产地环境等条件应满足 DB13/T 2278—2015 和 NY/T 3160—2017 要求。

2. 品种选择 春播传统大果花生产区宜选择冀花 16 号、冀花 19 号和冀花 21 号等品种,小果花生产区宜选择冀花 11 号、冀花 13 号和冀花 18 号等品种;夏播种植宜选择冀花 11 号、冀花 18 号等早熟型品种。

3. 备播

(1) 选地、整地、施底肥:选择土层深厚、耕作层肥沃、地势平坦、水源充足、排灌方便的轻壤土或砂壤土。产地环境符合 NY/T 855 的要求。

春播栽培宜冬前耕地,耕地深度一般为 25 cm,早春顶凌耙耢。每 2 年进行 1 次深耕,深度为 30~33 cm。结合整地,提倡每 666.67 m² 施用商品有机肥 100 kg 或腐熟农家肥 800~1 000 kg,忌用鸡粪。商品有机肥应符合 NY/T 525 要求。

(2) 种子处理:剥壳前晒果 2~3 d,选用种子专用剥壳机分别剥壳,剥壳后剔除破损、虫蛀、发芽、霉变子仁。按种子大小分为一、二、三级,一、二级作种子用,分级播种。播种前根据病虫害发生情况,选择适宜药剂拌种或包衣,详见表 2-6。使用方法应符合 NY/T 1276 和 GB/T 8321 要求。

表 2-6 河北省高油酸花生推荐药剂及使用方法

功 能	选用药剂	药剂用量	使用方法
蛴螬、金针虫和蝼蛄	600 g/L 吡虫啉拌种剂	每 100 kg 子仁用 200~400 ml	拌种
	50%辛硫磷乳油	每 666.67 m² 用 200~250 g	加水 10 倍喷于 25~30 kg 细土上拌匀制成毒土,顺垄条施,随即浅锄
	5%辛硫磷颗粒剂	每 666.67 m² 用 2.5~3 kg	土壤处理
	3%甲基异柳磷颗粒剂	每 666.67 m² 用 2.5~3 kg	土壤处理
防治土传病害	200 g/L 萎锈灵+200 g/L 福美双	每 100 kg 子仁用 350~500 ml	拌种
	2.5%咯菌腈悬浮种衣剂	每 100 kg 子仁用 600~800 ml	包衣
	咯菌·精甲霜 35 g/L	每 100 kg 子仁用 100~150 ml	拌种或包衣
	25%咯菌腈·精甲霜灵·噻虫嗪+10%嘧菌酯包衣剂	每 10~15 kg 子仁用 30 ml	包衣
健苗	0.01%芸苔素内酯	每 100 kg 子仁用 30 ml	拌种
	微肥	每 100 kg 子仁用 20~30 g	拌种
棉铃虫、菜青虫、斜纹夜蛾等	2.5%溴氰菊酯微乳剂	每 666.67 m² 用 40~50 ml,兑水 30 kg	叶面喷施
	2.5%高效氯氰菊酯乳油	每 666.67 m² 用 30~50 ml,兑水 30 kg	叶面喷施
	20%氯虫苯甲酰胺悬浮剂	每 666.67 m² 用 10 ml,兑水 30 kg	叶面喷施
红蜘蛛	1.8%阿维菌素乳油	4 000~6 000 倍液	1.8%阿维菌素乳油
	1%甲氨基阿维菌素苯甲酸盐乳油	每 666.67 m² 用 10~20 g,兑水 30 kg	1%甲氨基阿维菌素苯甲酸盐乳油
	15%或 20%哒螨酮可湿性粉剂	每 666.67 m² 用 10~20 g,兑水 30 kg	15%或 20%哒螨酮可湿性粉剂
蓟马	吡虫啉	每 666.67 m² 用吡虫啉有效成分 3~10 g,兑水 30 kg	叶面喷施
	25%噻虫嗪	每 666.67 m² 用 15~20 g,兑水 30 kg	早晨或傍晚叶面喷施

(3) 地膜选用:宜选用聚乙烯无色透明膜,厚度≥0.01 mm,宽度 85~90 cm,透明度≥80%,地膜规格应符合 GB 13735 的要求。推荐选用降解时间为 80~100 d 的可降解地膜,降解膜厚度一般以 0.006~0.008 mm 为宜。

(4) 造墒:春播花生墒情不足(田间持水量低于 60%)的要在播种前 3~5 d 灌水造墒。灌溉水质应符合 GB 5084 的要求。

4. 播种 连续 5 d 5 cm 地温稳定通过 18℃后开始播种,春播一般播种时间为 5 月 1 日以后,地膜覆盖可以提早 5 d;夏播不晚于 6 月 15 日。播种深度一般为 3~5 cm。膜上覆土播种,播种深度 2～3 cm,膜上压土 2～3 cm。

种肥每 666.67 m² 施肥量为：N 10～15 kg、P₂O₅ 8～12 kg、K₂O 5～7 kg、CaO 3～5 kg。宜选用花生专用缓(控)释复合肥。地膜覆盖种植将肥料一次性结合播种施于 2 行花生中间 10 cm 深土层;露地种植将三分之一的缓释复合肥作种肥,侧播入 10 cm 深土壤。采用滴灌水肥一体化栽培的,不施种肥。

播种同时喷施芽前除草剂,春播,每 666.67 m² 可用 96％精异丙甲草胺乳油 45～60 ml 或用 90％乙草胺乳油 80～100 ml(出口花生不用乙草胺),兑水 30 kg,均匀喷洒垄面和垄沟;夏播,每 666.67 m² 可用 51％扑·乙乳油 200 ml,杂草严重地块每 666.67 m² 用 50％丙炔氟草胺可湿性粉剂 8 g＋50％乙草胺 100 ml。除草剂施用应符合 NY／T 1276 和 GB／T 8321 的要求。

(1) 春播:宜选用能够一次性完成旋耕、施肥、起垄、播种、镇压、喷施除草剂、覆膜、膜上覆土等工序的多功能播种机。起垄幅宽 85～90 cm,垄面宽度 55 cm,垄高 10 cm,垄上种植 2 行花生,行距 30 cm,播种行垄边距 10～12 cm。春播,单粒播种密度为每 666.67 m² 14 000～16 000 穴,双粒播种密度为每 666.67 m² 8 000～10 000 穴。

(2) 夏播:起垄种植宜选用能够一次性完成旋耕、施肥、起垄、播种、镇压、喷施除草剂等工序的多功能播种机。起垄幅宽、垄面宽度、垄高及垄上种植花生行距、播种行垄边距等同春播。免耕直播宜选择能够一次性完成种床清理、侧深施肥、精密播种、覆土、镇压、喷除草剂和覆秸等多重工序的花生免耕覆秸精量播种机。夏播播种密度为每 666.67 m² 10 000～11 000 穴,每穴 2 粒。

5. 苗后除草　出苗后及时中耕或喷施除草剂防除杂草。起垄覆膜花生,在杂草 3～5 叶期每 666.67 m² 用 10％精喹禾灵乳油 25～35 ml 或用 240 g／L 乳氟禾草灵乳油 15～30 ml,兑水 30 kg,定向喷施到垄沟除草。露地夏播花生,每 666.67 m² 用 10％精喹禾灵 30 ml＋10％乙羧氟草醚 10 ml,兑水 30 kg 喷雾。除草剂应符合 NY／T 1276 和 GB／T 8321 的要求。花生出针后不宜再喷施除草剂,以免产生药害而造成针不入土。

6. 田间管理

(1) 浇水:始花期浇透水,结荚期遇旱浇水,饱果期遇旱宜早上或傍晚气温较低时适量浇水。灌溉水质应符合 GB／T 5084 的要求。

(2) 追肥:露地种植,将三分之二的缓释复合肥料作为追肥,于花针期开沟覆土施用。滴灌追肥,宜在播种期、始花期和结荚期滴灌施肥,每次的施肥量分别占施肥总量的 30％、30％和 40％。滴灌施肥应符合 DB13／T 2921—2018 的技术要求。

(3) 化控:适宜在始花期(播种后 30 d 左右)、结荚期(播种后 60 d 左右)和饱果期(播种后 90 d 左右)分别叶面喷施植物生长调节剂,每 666.67 m² 可用 0.01％芸苔素内酯 10 ml 与防治叶部病害的杀菌剂一同喷施。

为防花生徒长,花针后期至结荚前期,当植株高度达到 30 cm 后叶面喷施控旺剂。每 666.67 m² 可用 15％烯效唑可湿性粉剂 20～40 g,兑水 30 kg,施药后 7～10 d 植株高度达 40 cm 时可再喷施一次。

(4) 病虫害防控:根据虫害发生情况及时喷施杀虫剂防治(表 2-6)。花生开花后 30～

35 d,叶面喷施杀菌剂防治叶部病害。每 666.67 m² 可用 300 g／L 苯甲·丙环唑乳油 25～30 ml 或 325 g／L 苯甲·嘧菌酯悬浮剂 20 ml 或 60%唑醚·代森联 60 g 或 17%唑醚氟环唑 50 ml,下午 3 点后喷施。每隔 20 d 左右喷施 1 次,连喷 2～3 次。所用杀菌剂应符合 NY／T 1276 和 GB／T 8321 要求。

7. 收获及残膜回收　当 70%以上荚果果壳硬化、网纹清晰、果壳内壁出现黑褐色斑块时,即可收获。夏播种植,应确保收获时平均气温不低于 15℃。

收获前应及时将收获机械清理干净,防止机械混杂造成高油酸花生纯度降低。宜采用分段式机械收获。即选择在连续晴好天气时,先用花生挖掘机将花生挖出并均匀铺放于地面,晾晒 3～5 d 后(花生秧基本晒干)再选用自走式花生捡拾摘果机摘果。鲜食花生(鲜果)宜直接选用花生联合收获机收获,若采用分段式机械收获,可不经晾晒直接用自走式花生捡拾摘果机摘果。

收获后及时采用专门的地膜回收机械回收田间残存的地膜,田间地膜回收率应不低于 80%。

三、团　体　标　准

由山东省粮油检测中心、国家粮食和物资储备局科学研究院等单位起草的团体标准 T／SDAS 158—2020《山东高油酸花生油》于 2020 年 7 月 14 日公布、7 月 25 日发布(表 2-7)。该标准规定了山东高油酸花生油的术语和定义、质量要求、质量追溯信息、检验方法、检验规则、标签标识,以及包装、储存、运输和销售的要求。适用于以山东省区域内种植生产的高油酸花生为原料,采用压榨工艺制取的食用商品花生油。其中规定,山东高油酸花生油油酸含量≥75%。

表 2-7　现行有效高油酸花生团体标准

序　号	标 准 编 号	标 准 名 称	团 体 名 称	公 布 日 期
1	T／SDAS 158—2020	山东高油酸花生油	山东标准化协会	2020 - 07 - 14

数据来源:全国团体标准信息平台(http://www.ttbz.org.cn/Home/Standard)。

四、企　业　标　准

迄今,我国现行有效的高油酸花生制品企业标准共计有 16 项,按实施时间先后排序,列于表 2-8。这些企业标准对产品油酸含量的要求都不低于 68%,有的要求不低于 73%,最高的要求不低于 75%。

表 2-8　现行有效高油酸花生企业标准

序号	标 准 号	标准名称	企 业 名 称	实施时间
1	Q／LYH 0003S—2018	高油酸花生油	山东玉皇粮油食品有限公司	2018 - 08 - 05
2	Q／HLJ 002—2019	高油酸花生油	河北临疆油脂生物科技有限公司	2019 - 04 - 01
3	Q／LJS 0001S—2019	高油酸花生油	辽宁久盛农业科技有限公司	2019 - 07 - 16
4	Q／YCJ 0001S—2019	高油酸花生油	烟台市牟平区昆嵛春晶粮油有限公司	2019 - 10 - 08

序号	标　准　号	标准名称	企 业 名 称	实施时间
5	Q/370283 ML 001—2019	高油酸花生油	青岛美琳植物油有限公司	2019 - 11 - 18
6	Q/JJS 0001S—2020	高油酸花生油	山东金胜粮油食品有限公司	2020 - 01 - 30
7	Q/SXK0001S—2020	高油酸花生油	冀中能源邢台矿业集团有限责任公司油脂分公司	2020 - 06 - 01
8	Q/OGS 0002S—2020	高油酸花生油	烟台欧果花生油股份有限公司	2020 - 08 - 14
9	Q/JJS 0005S—2020	高油酸花生油	山东金胜粮油食品有限公司	2020 - 08 - 30
10	Q/PPH 0001S—2020	高油酸花生油	青岛品品好粮油集团有限公司	2020 - 11 - 12
11	Q/QFLY 0001S—2021	高油酸花生油	山东省青丰种子有限公司平度粮油分公司	2021 - 01 - 04
12	Q/YHJL0116S—2021	高油酸花生油	益海嘉里食品营销有限公司	2021 - 03 - 23
13	Q/SXK0001S—2021	高油酸花生油	河北冀中粮油食品有限公司	2021 - 05 - 01
14	Q/LLH 0008S—2021	高油酸花生油	山东鲁花集团有限公司	2021 - 06 - 29
15	Q/JX 0008S—2020	高油酸花生酱	青岛吉兴食品有限公司	2020 - 10 - 15
16	Q/ZLHS0012S—2021	高油酸花生制品	中粮山萃花生制品（威海）有限公司	2020 - 06 - 01

数据来源：企业标准信息公共服务平台（http://www.qybz.org.cn/）、锦州市卫生健康委员会（http://wjw.jz.gov.cn/info/1047/3717.htm）。

第二节　国外高油酸花生相关标准

2018 年 11 月 19 日，美国食品和药品管理局（U. S. Food and Drug Administration，FDA）批准了一项有关高油酸植物油的"合格健康声明"（Qualified Health Claims）（U. S. FDA，2018）。据该声明，将允许食用油标签上写有"支持但非结论性的证据显示，每日食用 20 g 油酸含量高的油有助于减少冠心病风险"。此外，标签上还需标明，想要降低冠心病风险，这些食用油"应代替饱和脂肪酸含量高的食用油，且不增加每日摄入的总热量"。这里的高油酸，是指油酸含量必须达到 70% 及以上（卢芳，2018；U. S. FDA，2018）。

一、遗传学研究中的标准

美国佛罗里达大学农学系 Moore 和 Knauft 于 1989 年发表在《遗传杂志》（*Journal of Heredity*）上的一篇关于高油酸花生遗传规律的论文中指出，种子油酸含量≥70%，则定义为高油酸表型；油酸含量低于 70%，则定义为普通油酸表型。据此，论文作者首次提出花生高油酸性状在不同杂交组合里受控于一对或两对差别基因的观点。

类似地，山东省花生研究所分子育种团队发表的一篇关于 *FAD2A/FAD2B* 对花生种子脂肪酸成分影响的论文中，根据 F_2 种子油酸含量频率分布图，将油酸含量高于 70% 的种子定义为高油酸种子，油酸含量低于 70% 的种子定义为普通油酸种子。一个杂交组合 F_2 种子油酸含量呈 15（高）∶1（普通）的分离比。根据 *FAD2A/FAD2B* 基因型分析结果，证实 *FAD2A/FAD2B* 基因是控制花生种子油酸含量的主效基因，且 *FAD2B* 作用大于 *FAD2A*（Wang 等，2013）。

如上所述,根据 F_2 种子脂肪酸含量频率分布,将油酸含量 70％作为高油酸和正常油酸(或称普通油酸)花生的分界线具有一定合理性。

二、育种家的标准

研究表明,环境条件、子仁成熟度、遗传背景等影响花生子仁脂肪酸含量。因此,从育种实际应用来看,必须将脂肪酸含量受非遗传因素影响会发生一定波动的情况考虑在内。美国 AgraTech 公司利用 GK‐7 与 F435 杂交选育高油酸兰娜型品种 GK‐7 High Oleic 时,就是选择油酸含量高于 75％的 F_2 种子与 GK‐7 回交。

美国农业部农研局植物遗传资源研究和保存部门的 Barkley 和 Wang (2013)引述佛罗里达大学高油酸花生育种家 Dan Gorbet 教授的观点:"通常高油酸花生油亚比应大于等于 10。"

三、花生工业界的标准

美国农业部农研局(USDA‐ARS)和北卡罗来纳州立大学(NCSU)食品部门的 Davis 等(2013)指出:"美国花生工业界通常将油亚比大于等于 9 作为高油酸花生的标准,普通油酸花生油亚比低于 9。美国生产的非高油酸花生油亚比一般只有 1.5～2.0。"

据 Davis 等(2021)和 Knauft 等(2000),油酸含量 74％是行业公认的区分高、低油酸花生的分界线,高于此值的花生才被认为是高油酸。

玛氏公司(MARS Inc.)对高油酸花生原料脂肪酸等相关指标的要求是,选用高油酸花生品种种植所得的当季花生,油亚比最低为 10。

参 考 文 献

［1］ 河北省市场监督管理局.DB13/T 5279—2020 高油酸花生轻简高效栽培技术规程.
［2］ 河南省市场监督管理局.DB41/T 1926—2019 高油酸花生四级种子质量标准.
［3］ 河南省市场监督管理局.DB41/T 1927—2019 高油酸花生四级种子生产技术规程.
［4］ 辽宁省质量技术监督局.DB21/T 2867—2017 高油酸花生生产技术规程.
［5］ 卢芳.FDA 有限健康声明:含油酸高的油有助于降低冠心病风险.2018.https://mp.weixin.qq.com/s/ExUOFgxRXU3O8ZiEK0iRNg
［6］ 山东省市场监督管理局.DB37/T 3806—2019 高油酸花生种子质量.
［7］ 中华人民共和国农业农村部.农业行业标准.NY/T 3250—2018.高油酸花生.北京:中国农业出版社,2018.
［8］ 中华人民共和国农业农村部.农业行业标准.NY/T 3679—2020 高油酸花生筛查技术规程 近红外法.北京:中国农业出版社,2020.
［9］ Barkley NA, Wang ML. Oleic Acid: Natural variation and potential enhancement in oilseed crops. p. 29～p. 44. In: Silva LP (ed). Oleic Acid: Dietary Sources, Functions, and Health Benefits. Nova Science Publishers. 2013.
［10］ Davis BI, Agraz CB, Kline M, et al. Measurements of high oleic purity in peanut lots using rapid, single kernel near-infrared reflectance spectroscopy. Journal of the American Oil Chemists' Society, 2021, 98: 621～632.
［11］ Davis JP, Sweigart DS, Price, KM, et al. Refractive index and density measurements of peanut oil for determining oleic and linoleic acid contents. Journal of American Oil Chemistry Society, 2013, 90: 199～206.

[12] Knauft DA, Gorbet DW, Norden AJ. Enhanced peanut products and plant lines. US Patent 6063984. 2000. https://patentimages.storage.googleapis.com/37/36/e5/7745816ad160c7/US6063984.pdf

[13] Moore KM, Knauft DA. The inheritance of high oleic acid in peanut. Journal of Heredity, 1989, 80(3): 252~253.

[14] U. S. FDA. Oleic Acid and Coronary Heart Disease (Corbion Biotech Petition) November 19, 2018. https://www.fda.gov/media/118199/download

[15] USDA/AMS. PVPO - Scanned Certificates Database. Certificate Management System. Plant Variety Protection Office - Scanned Certificates. Available at: http://apps.ams.usda.gov/CMS

[16] Wang CT, Tang YY, Wu Q, et al. Effect of *FAD2A/FAD2B* genes on fatty acid profiles in peanut seeds. Research on Crops, 2013, 14(4): 1110~1113.

第三章　花生高油酸判定与自动分选

高油酸是当前及今后相当长一段时期内花生最重要的品质育种目标之一。随着社会各界对高油酸花生营养价值和经济价值的认识逐步到位,中国高油酸花生产业化明显提速。高油酸花生产业健康发展离不开可靠的花生高油酸判定与自动分选技术。其成本、准确性和便捷性不仅与育种有关,还关系到种子繁育、原料收购和产品加工中的质量控制。气相色谱和近红外光谱技术(near infra-red spectroscopy, NIRS)常用于花生油酸、亚油酸等脂肪酸含量的测定,折射率(refractive index, RI)、核磁共振(nuclear magnetic resonance spectroscopy, NMR spectroscopy 或 NMR)和高光谱成像(hyper spectroscopy imaging)技术在花生高油酸判定方面也有应用。高油酸花生仁自动分选目前采用的是近红外技术。

第一节　色　谱　技　术

色谱是基于混合物中各组分在体系中两相的物理、化学性能差异而进行分离和分析的方法。当流动相为气体时,称为气相色谱(gas chromatography, GC);当流动相为液体时,则称为液相色谱(liquid chromatography, LC)(曹艳平等,2017)。

气相色谱、液相色谱和后文中将提到的毛细管电泳技术(capillary electrophoresis, CE)、密度(density)和折射率测定技术均可用于花生子仁脂肪酸含量测定,但都是湿化学(wet chemistry)方法,需试剂、耗材,并消耗一定量的花生样品。

一、气　相　色　谱

气相色谱法是目前花生及其制品脂肪酸测定上广泛应用的方法。近红外定量预测模型构建常采用气相色谱法进行脂肪酸含量化学值(真值)测定。农业农村部油料及制品质量监督检验测试中心测定花生脂肪酸含量也采用该法(中华人民共和国国家卫生和计划生育委员会、国家食品药品监督管理总局,2016)。气相色谱法可谓测定花生子仁脂肪酸含量的"金标准"。

花生样品分析前先进行甲酯化,然后利用气相色谱法对脂肪酸甲酯混合物组成进行定性、定量测定。

Philips 和 Singleton(1978)用气相色谱法检测花生油中游离脂肪酸,需要 250 mg 花生油且预处理过程较复杂。Zeile 等(1993)报道了一种只需要 15 mg 花生远胚端子叶组织通过气相色谱分析花生脂肪酸的方法,但需 N_2 和 80℃水浴,转甲基作用耗时 1 h 以上。Kaveri 等(2009)等报道了一种 30 min 快速制备脂肪酸甲酯的新方法,取半粒种子的量,并进行 60℃、20 min 处理,保留的半粒种子萌发会受到影响。范晖(1991)报道了快速酯化处理的方法,至少也需要 1 g 即大约 1 粒花生。高慧敏和张颖君(2010)对范晖的方法进行了改进,建立了微量(20 mg)花生样品甲酯化的方法。山东省花生研究所分子育种团队对此进一步进行了优化,样品用量更少,取 5～20 mg 花生远胚端子叶组织,样品制备耗时 35 min,气相分析 18 min,整个分析过程可于 1 h 内完成,可用于单粒花生种子脂肪酸含量的快速测定(气相色谱分离效果见图 3-1)(杨传得等,2012;杨传得,2012)。

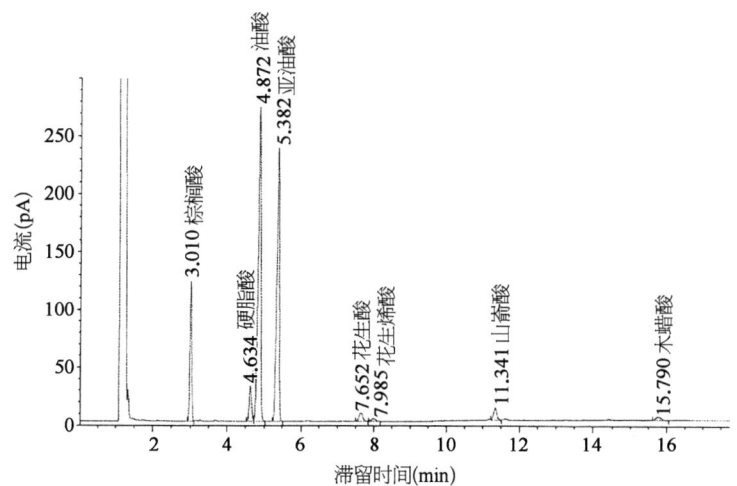

图 3-1　花生子仁 8 种脂肪酸气相色谱分离效果(杨传得,2012)

(一) 花生种子样品脂肪酸含量气相色谱检测一般过程

1. 花生中油脂脂肪酸甲酯化(中华人民共和国国家质量监督检验检疫总局,中国国家标准化管理委员会,2008a;伍新龄等,2015)　花生中油脂脂肪酸甲酯化主要有氢氧化钾-甲醇法、三氟化硼-甲醇法、三甲基氢氧化硫法、酯交换法等 4 种方法。

(1) 氢氧化钾-甲醇法:这是油脂中脂肪酸甲酯化的常用方法,即将花生中甘油酯在氢氧化钾-甲醇溶液中皂化。称取约 0.2 g 粉碎的花生样品,加入 2 ml 4 mol/L 的氢氧化钾-甲醇溶液,旋涡混合后,加入 1 ml 石油醚/乙醚(1∶1)溶液,再充分旋涡混匀,30℃反应 6 h。加入饱和氯化钠水溶液至管口,静置分层后取适量上层石油醚/乙醚层,甲酯化完成。

(2) 三氟化硼-甲醇法:该法将花生中甘油酯在氢氧化钠-甲醇溶液中皂化,生成的脂肪酸盐与三氟化硼-甲醇溶液反应生成甲酯。

① 仪器和试剂:磨口烧瓶,有效长度 200～300 mm 且具有与磨口烧瓶配合的磨口接头的回流冷凝器,脱脂沸石,自动加液器或移液管,具螺旋塞的玻璃瓶,分液漏斗,旋转蒸发仪,分度值为 0.001 g 的分析天平。0.5 mol/L 氢氧化钠-甲醇溶液,质量分数 12%～15%的三氟化硼-甲醇溶液,色谱纯异辛烷(2,2,4-三甲基戊烷),氢氧化钠饱和水溶液,无水硫酸钠,含氧量低于 5 mg/kg 的氮气,色谱纯己烷或沸程为 40～50℃、溴值低于 1 的石油醚,1 g/L 溶解于体积分数为 60%乙醇中的甲基红。

② 检测方法:将花生样品置于烧瓶中,加入适量氢氧化钠-甲醇溶液及沸石,加热回

流,再加入适量三氟化硼-甲醇溶液皂化;皂化后混合液中加入异辛烷、氯化钠溶液,静置分层后取上层异辛烷溶液,并加入无水硫酸钠去除水分,甲酯化完成。

(3) 三甲基氢氧化硫(TMSH)法:该法是将花生中的甘油酯溶解于甲基叔丁醚中,通过与三甲基氢氧化硫-甲醇溶液进行酯交换来实现甲酯化。

① 仪器和试剂:具磨口玻璃塞的试管或螺旋口自动进样瓶、移液管、容量瓶、滤纸、旋转蒸发仪。甲基叔丁醚、三甲基氢氧化硫-甲醇溶液、石油醚、无水硫酸钠。

② 检测方法:将花生样品中的甘油酯用石油醚溶解,加入无水硫酸钠干燥,再向溶液中加入三甲基氢氧化硫-甲醇溶液,猛烈振摇,甲酯化完成。

(4) 酯交换法:酯交换法是将花生中甘油酯溶解在异辛烷中,加入氢氧化钾溶液通过酯交换甲酯化,反应完全后,用硫酸氢钠中和剩余氢氧化钾,以避免甲酯皂化。

① 仪器与试剂:具磨口玻璃塞的试管,移液管或移液器,微量移液管,具螺旋塞玻璃瓶,容量瓶。2 mol/L 氢氧化钾-甲醇溶液,异辛烷,硫酸氢钠。

② 检测方法:将花生样品中的甘油酯用异辛烷溶解,加入氢氧化钾-甲醇溶液,猛烈振摇,再加入硫酸氢钠,待沉淀完成,得到上层甲酯化溶液。

2. 脂肪酸甲酯的气相色谱分析(中华人民共和国国家质量监督检验检疫总局,中国国家标准化管理委员会,2008b)　花生中脂肪酸经甲酯化后,采用气相色谱法进行分析,此方法采用填充柱或者毛细管柱气相色谱法,对脂肪酸甲酯混合物进行定性、定量测定。

(1) 仪器

① 气相色谱仪

柱箱:柱箱应能将色谱柱的温度加热至 260℃以上,并能维持所需温度,当使用熔融石英管时,后一条件是特别重要的,建议采用程序升温。

进样装置:配用填充柱或者毛细管柱。填充柱的管柱所使用的材料应不与被分析物质发生反应,并且长度为 1～3 m,内径为 2～4 mm。填充物的载体为酸洗并硅烷化的硅藻土或其他适用的惰性载体,且粒度分布范围狭窄,平均粒度与管柱内径和长度有关,固定相为聚酯型极性固定液,氰基硅酮或符合色谱分离要求的其他固定液,固定相用量为填充物质量的 5%～20%。柱的老化,如可能将柱子与检测器脱开,将惰性气体通入新制备的色谱柱,将柱箱逐渐加热至 185℃,并在此温度下至少保持 16 h 后,再于 195℃的温度下继续通气 2 h。毛细管柱的管柱所使用的材料应不与被分析物质发生反应,长度为 25 m,内径为 0.2～0.8 mm,在涂布固定相前,需对内表面进行适当处理。固定相通常使用聚二甲醇、聚酯或极性的聚硅氧烷,键合柱也适用,涂层要薄,为 0.1～0.2 μm。柱的安装和老化遵从安装毛细管柱的常用注意事项(如色谱柱在柱箱内的位置,选择并安装接头,柱子末端在进样器和检测器中的位置),柱内通入载气流,令柱箱以 3℃/min 的速度程序升温,从环境温度升温至比固定相分解温度极限低 10℃的温度,对柱子进行老化,保持此柱箱温度 1 h 至基线稳定,再降至 180℃在恒温状态下进行工作。也可购买使用已预先老化的色谱柱。

检测器:以可加热到高于柱温的检测器为宜。

② 注射器:最大容量应为 10 μl,刻度应为 0.1 μl。

③ 记录器:如果由记录曲线计算被分析混合物的组分,则需要一台高精度、能与所用

仪器相匹配的电子记录器,并具有如下性能:响应时间小于 1 s,记录纸宽至少 20 cm,记录纸速在 0.4~2.5 cm/min 之间可调。

④ 积分仪或计算机:可用电子积分仪或计算机进行快速、准确的计算,积分仪应具有满足线性响应的灵敏度,能较好地校正基线偏移。

(2) 检测方法

① 试验条件

填充柱:应考虑柱的长度和直径、固定相的性质和数量、柱温、载气流速、分离度、试样用量、分析时间。

毛细管柱:其效率和渗透性意味着各组分之间的分离和分析时间主要依赖柱内的载气流速,因此有必要按照此参数使操作条件达到最佳状态,以满足操作者对提高分离效果或缩短分析时间的不同要求。

理论塔板数和分离度的测定:合理选择柱温、载气流速和进样量,使硬脂酸甲酯峰的最大值大约在溶剂峰出现 15 min 后出现,且峰高达到满标的 3/4。

② 进样量:用注射器取 0.1~2 μl 的甲酯溶液。

③ 分析步骤:花生样品气相色谱仪检测采用程序升温,后在恒定温度下继续洗脱直至所有组分洗脱出来。

④ 标准色谱图和标准曲线绘制:用与试样相同的条件分析参比标准混合物,并测出各脂肪酸甲酯组分的保留时间又称滞留时间或保留距离,在半对数坐标纸上以任意不饱和度作图,所得曲线将显示保留时间或保留距离的对数是碳原子数的函数。在等温条件下,相同不饱和度的直链脂肪酸的曲线应是直线,且这些直线大致上是平行的。应避免存在"隐蔽峰",即在该处的分离度不足以分离两种组分。

(3) 结果计算

① 定性分析:按照标准曲线绘制的色谱图上确定样品的甲酯峰。

② 定量分析:组成的测定,除特殊情况外,通常使用内部归一化法,即假定试样的所有组分都显示在色谱图上,因此各峰面积的总和即代表 100%的组成(完全洗脱)。如果仪器配有积分仪,可使用由此获得的数据;如无积分仪,则可用峰高乘半峰宽测定各峰的面积,此时应考虑记录过程所使用的不同衰减。

③ 计算方法:脂肪酸组分含量以甲酯的质量分数表示,数值以百分比计。

甲酯质量分数(%)=组分峰面积×100%/各峰面积总和,计算结果保留至小数点后一位或根据需要确定。

④ 精密度:主要包括重复性和再现性。

重复性:在同一实验室,由同一操作者使用相同设备,按相同的测试方法,并在短时间内对同一被测对象相互独立进行测试获得的两次独立测试结果。对于质量分数大于 5%的组分,相对偏差应不大于 3%,绝对差值不大于 1%;对于质量分数小于等于 5%的组分,绝对差值应不大于 0.2%。

再现性:在不同实验室,由不同操作者使用不同设备,按相同的测试方法对同一被测对象相互独立进行测试获得的两次独立测试结果。对于质量分数大于 5%的组分,相对偏差应不大于10％,绝对差值不大于3％;对于质量分数小于等于5％的组分,绝对差值应不大于0.5％。

（二）花生单粒种子脂肪酸含量的气相色谱快速测定技术（以山东省花生研究所分子育种团队改进的方法为例）（杨传得等,2012;杨传得,2012）

1. 样品预处理　经优化,处理花生子叶样品为20 mg时,最佳稀释倍数为5～10;处理样品为10 mg时,最佳稀释倍数为3～5;处理样品为5 mg时,最佳稀释倍数为2～5。以下以处理5 mg子叶组织为例加以说明。

选取待测花生种子,用洁净的刀片在花生种子远胚端切下直径1～2 mm、重量约5 mg的子叶薄片(不要种皮),并切成碎末,置于5 ml离心管中,加入脂肪提取液(苯：石油醚＝1：1)1 ml,轻轻振荡后静置5 min,加入0.5 mol/L甲醇钠1.5 ml,振荡混匀,甲酯化10 min,加入2 ml饱和氯化钠溶液,混匀后静置分层,待上清透明后吸取100 μl上清于进样瓶,加入200 μl石油醚(30℃～60℃沸程)稀释3倍。稀释后的样品立即进行气相色谱分析。

2. 气相色谱分析　气相色谱分析所用仪器为Agilent 7890A,配有火焰离子检测器、积分仪和30 m×25 mm×0.25 μm的DBWAS硅胶毛细管柱。柱温210℃保持9 min,然后以20℃/min的速度升温至230℃,保持8 min。氮气(载气)、氢气和空气的流速分别为1.3 ml/min、40 ml/min和400 ml/min。进样体积为2 μl,分流比为5：1,进样温度为250℃。

本法样品处理耗时少,步骤简单,所需试剂均为常见试剂,成本低,对仪器设备要求不高。因取样量少,不会对花生种子萌发产生不良影响。

二、液相色谱

与气相色谱不同,高效液相色谱(high-performance liquid chromatography, HPLC)测定脂肪酸含量不需甲酯化处理,也没有气相色谱的高温气化,能避免热敏性官能团降解。

为测定包括花生在内的几种植物种子内的脂肪酸,Goyal(2000)采用简便易行、重复性好、成本低、产物稳定的溴苯酰基反应进行脂肪酸衍生化,并使用70％乙腈(acetonitrile)和95％乙腈的二元梯度洗脱,在配有50 mm×4.6 mm保护柱(guard column)的Alltech Adsorbsphere® C8反相柱(reverse phase column)(250 mm×4.6 mm×5 μm)上成功分离所得产物(于210 nm波长进行紫外吸收检测)。从普通花生种子中检测了亚麻酸(linolenic acid)、亚油酸、棕榈酸、油酸、硬脂酸(stearic acid)、花生酸(arachidic acid)和芥酸(erucic acid)等7种脂肪酸。

Hein和Isengard(1996)设计了3种反相HPLC(reversed-phase HPLC)方法用于植物油脂肪酸的定性和定量测定。植物油被水解后,无需衍生化处理,即可通过HPLC对获得的游离脂肪酸进行分析。方法Ⅰ检测了花生种子中的6种脂肪酸[亚麻酸、棕榈油酸(palmitoleic acid)、亚油酸、棕榈酸、油酸、硬脂酸];方法Ⅲ色谱分离图上的峰没有方法Ⅰ多,但亚油酸、油酸峰比较明显(图3-2)。

郑振佳等(2011)采用柱前衍生-高效液相色谱荧光检测法分析了花生油中的游离脂肪酸。用荧光衍生试剂2-(11H-苯[a]咔唑)乙基对甲苯磺酸酯(BCETS)作为柱前衍生化试

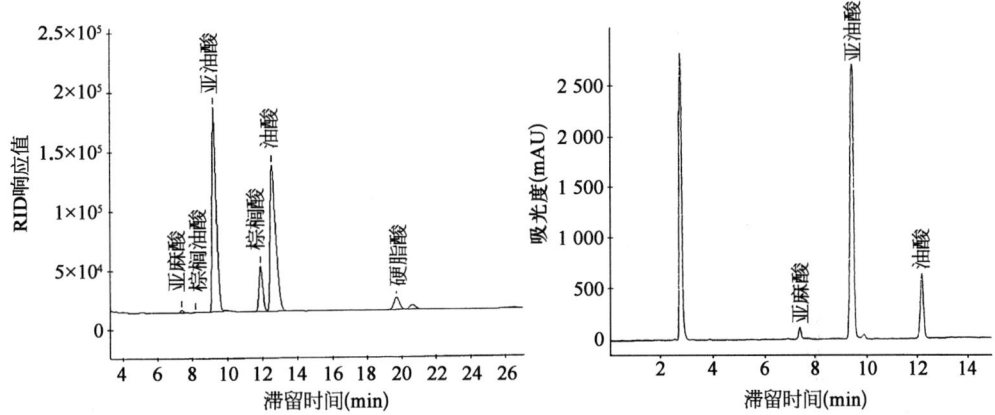

图 3-2 花生油脂肪酸方法 Ⅰ(左)和方法 Ⅲ(右)液相色谱图(Hein 和 Isengard,1996)

剂对油酸、亚油酸、花生一烯酸等 9 种不饱和脂肪酸和棕榈酸、硬脂酸进行衍生,经梯度洗脱实现了 11 种游离脂肪酸 BCETS 衍生物的完全分离,使用外标法定量,建立了同时测定 11 种脂肪酸绝对含量的方法,并证明此法重复性和再现性较好。此研究共鉴定了花生油中的 8 种游离脂肪酸。

三、色谱质谱联用

色谱的优势在于分离,主要靠与标样对比达到对未知物结构的推定,难以得到结构信息;质谱法能提供丰富的结构信息,样品用量少,但质量要求高,预处理复杂。结合两者优势将色谱和质谱联用极具发展和应用前景。用于花生或其制品脂肪酸成分分析可同时进行定性和定量分析。

Gölükcü 等(2016)利用气相色谱与质谱联用(GC-MS)技术分析了土耳其花生品种的脂肪酸组成,结果表明这些花生品种含有棕榈酸、硬脂酸、油酸、亚油酸、花生酸和山嵛酸等 6 种脂肪酸,且脂肪酸组成变化较大。

严俊安等(2017)利用 GC-MS 分析发现,红皮花生和白皮花生中均含有油酸、亚油酸、棕榈酸、硬脂酸、山嵛酸等 21 种脂肪酸。

李子祥等(2021)用超高效液相色谱-串联四级杆飞行时间质谱(UPLC/Q—TOF MS/MS)联用仪对花生油甲醇提取液分离检测,分析花生油成分,并通过二级质谱图和标准品确定物质。结果表明:正离子模式下检出 86 种化合物,鉴定 30 种物质,其中芥酸、棕榈酰胺、硬酯酰胺、油酸酰胺、11Z-二十二碳二烯酸为已知的花生油成分;在负离子模式下,共检出 27 种化合物,鉴定 15 种物质,其中包括花生油中常见的 7 种脂肪酸(花生酸、α-亚麻酸、亚油酸、棕榈酸、油酸、硬脂酸、花生烯酸)。

近年来发展起来的二维或多维色谱分离技术,结合了多种分离手段,与一维色谱相比能明显提高分辨能力,增加峰容量,可用于复杂样品分析。

Dong 等(2015)通过二维液相色谱(two-dimensional liquid chromatography, 2D LC)与大气压化学电离质谱(atmospheric pressure chemical ionization mass spectrometry,

APCI-MS)联用对高油酸花生油与普通花生油三酰甘油(TAG)脂肪酸组成进行分析、比较,发现该技术能将高油酸油与普通花生油区分开来。高油酸花生油与普通花生油 TAG 在 OOO、OPO 和 POL 含量上存在差异。

第二节　毛细管电泳

　　毛细管电泳是以高压直流电场为驱动力,以毛细管为分离通道,以样品电荷、极性、大小、亲和行为、相分配特性、等电点等多种特性为根据的液相微分离分析技术,有多种分离模式,其中毛细管区带电泳、胶束毛细管电动色谱常用于脂肪酸分离,是近年来发展最快的分析方法之一。毛细管电泳有多种检测器,脂肪酸检测中常用检测器是紫外检测器和激光诱导荧光检测器。目前,毛细管电泳技术正在向各种技术联用方向发展,其中毛细管-质谱联用技术发展最快,表面增强拉曼光谱、发光二极管诱导荧光、质谱成像等技术也有应用。这些新检测方法和技术的采用,使毛细管电泳技术在脂肪酸检测中展现出很好的应用前景(赵雷等,2014)。

　　Bannore 等(2008)试验首次证明毛细管电泳可鉴定单粒花生种子游离脂肪酸油酸和亚油酸的含量,并用于花生育种。据称该技术只需 0.1 mg 花生子叶组织就可以进行检测(Chamberlin 等,2011)。

　　Chamberlin 等(2011)利用三大类型(弗吉尼亚型、兰娜型和西班牙型)33 份花生单粒种子,分别通过气相色谱法和毛细管电泳法测定油亚比,发现两种方法测定结果高度相关(r=0.96,$p < 0.000\ 1$),其准确度(accuracy)、灵敏度(sensitivity)和耗时相当(sample processing time)(从提取至得到分析结果均需 5～6 h),两种方法在高油亚比类型花生种子判定上完全一致。Chamberlin 等(2014)用四大类型(弗吉尼亚型、兰娜型、西班牙型和瓦伦西亚型)23 份花生材料 374 粒种子以气相色谱结果为参照,分析了毛细管电泳在单粒花生种子油酸、亚油酸含量检测上的可靠性,得出通过毛细管电泳判定高油酸类型单粒花生种子的准确率为 99.5%。

　　毛细管电泳要求将样品油脂提取出来,进行预处理后上样。Chamberlin 等(2014)采用毛细管电泳定量测定花生中油酸、亚油酸的步骤如下。

　　所有游离脂肪酸标准品(standard FFA)和花生样品的毛细管电泳分析在配备有光电二极管阵列检测器和 0～30 kV 高压电源的 P/ACE MDQ(Beckman Instruments,Inc.,Fullerton,CA,USA)上进行。在配置有 P/ACE MDQ 32 Karat 软件版本 8.0 的 IBM 个人计算机上收集数据。用于分离的毛细管柱为 Polymicro Technologies(Phoenix,AZ,USA)未处理的熔融石英毛细管(50 μm I.D.,363～359 μm O.D.),总长和有效长度分别为 60.2 cm 和 50 cm。实验在 28 kV 恒定电压下进行,温度保持在 20℃。采用压力进样方式:0.5 psi(1 psi=6 895 Pa)×3 s。用腺苷 5′-单磷酸(adenosine 5′-monophosphate,AMP)作为背景紫外吸收剂,在 254 nm 波长下进行间接紫外检测。新的毛细管柱用手动注射器用以下溶液(液体)连续冲洗一定时间:1 mol/L 氢氧化钠溶液 10 min,水 3 min,0.1 mol/L 盐酸溶液 10 min,水 3 min,最后用电泳电解质冲洗 5 min。每天实验开始时都要使用 P\ACE

MDQ 仪器设置按以上步骤对毛细管进行连续洗涤,并在每个洗涤步骤对小瓶施加 65 psi 的压力。进样前,用新鲜制备的运行电解质溶液(running electrolyte solution)[含 40 m mol/L Tris、2.5 mmol/L AMP 和 7 mmol/L α-CD(α-环糊精)的 NMF-二噁烷-水(NMF-dioxane-water)(5∶3∶2, v/v)混合物]在运行电压(即 28 kV)下进行毛细管平衡 20～30 min。取适量游离脂肪酸标准品,以 NMF-二噁烷(4∶1, v/v)为溶剂配制 5 mmol/L 的脂肪酸标准储存液(stock solution)。

用运行电解液稀释储存液配制脂肪酸标准溶液。为定量花生油样品中的油酸和亚油酸,选择性质相似、在花生油中通常不存在或仅以痕量存在的十九烷酸(nonadecanoic acid)(C19∶0)作为内标(internal standard)建立标准校准曲线(standard calibration curve)。用于校准的两种游离脂肪酸油酸(C18∶1)和亚油酸(C18∶2)标准溶液浓度为 0.2 mmol/L、0.4 mmol/L、0.6 mmol/L、0.8 mmol/L、1.0 mmol/L、1.2 mmol/L 和 1.4 mmol/L,而游离脂肪酸 C19∶0 内标浓度为 0.5 mmol/L。内标首先溶解在二噁烷中,然后再加入 NMF。使用前所有储存液、标准溶液和脂肪酸提取物均保存在 −80℃。油酸和亚油酸定量是通过将样品中脂肪酸的峰高与校准曲线 0.2～1.4 mmol/L 范围内脂肪酸标准的峰高进行比较来实现的。在上述浓度范围内,求得油酸、亚油酸校准曲线分别为 $y = 2.232x + 0.1$ 和 $y = 2.286x$,R^2 分别为 0.998 5 和 0.996 1。

取纯化后的花生游离脂肪酸 1 μl 或 2 μl,在最终运行缓冲液中稀释 50 倍或 100 倍,涡旋 4～5 s,每份样品中均加入游离脂肪酸内标 C19∶0(0.5 mmol/L),然后加压进样。在连续进样之间用流动电解质以 65 psi 的压力冲洗毛细管 2 min。进水池(inlet reservoir)运行电解质每天更换数次,出水池(outlet reservoir)电解质每天更换一次,周末和夜间将毛细管储存在水中。

图 3-3 为两个花生品种油酸、亚油酸和棕榈酸毛细管电泳图谱。

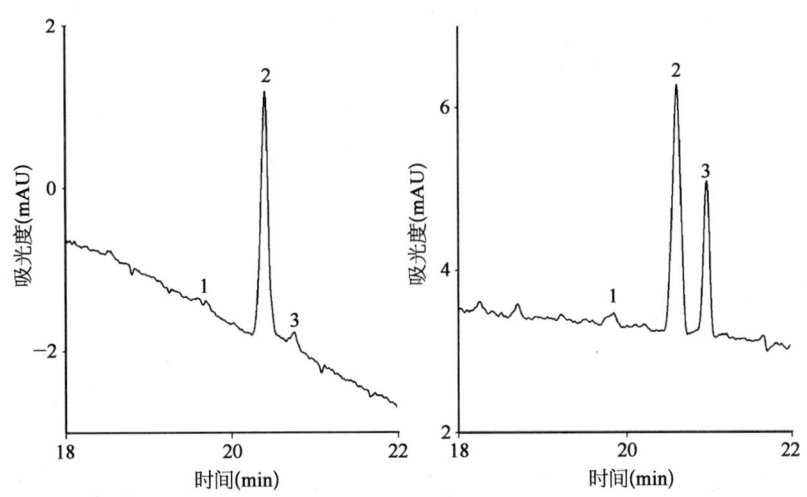

图 3-3 高油酸品种 Red River Runner(左)和普通品种 Okrun(右)
油样毛细管电泳图谱峰(Chamberlin 等,2014)

峰 1:硬脂酸(C18∶0);峰 2:油酸(C18∶1);峰 3:亚油酸(C18∶2)

第三节　密度和折射率测定技术

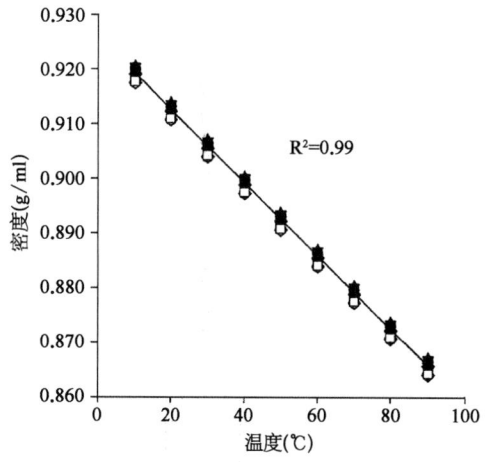

图 3 - 4　花生油密度随温度变化而变化(Davis 等,2008)

密度是单位体积物质所具有的质量。折射率又称折光指数,为光在真空中的传播速度与光在该介质中的传播速度之比。

花生油密度和折射率随温度变化而变化(图 3 - 4)。一定温度下,一定范围内,花生油油酸、亚油酸含量与密度、折射率均呈直线关系,油亚比与密度、折射率呈曲线关系(Davis 等,2013)(图 3 - 5),因此可测定花生油密度或折射率值,据此推断所测样品是否为高油酸花生。

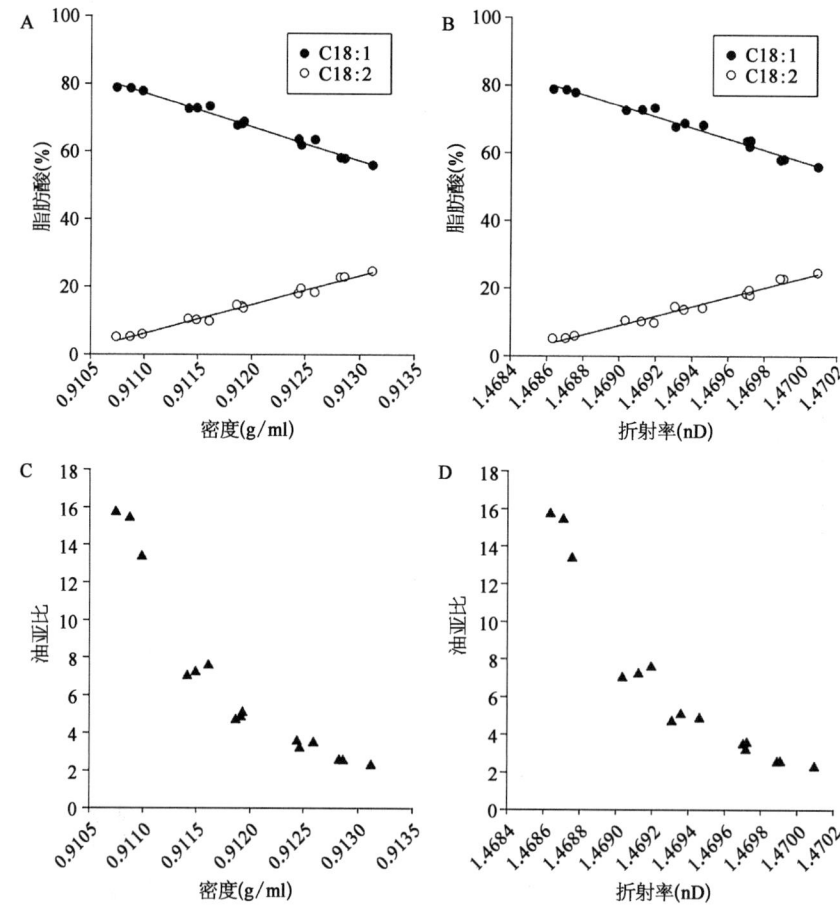

图 3 - 5　油酸(C18∶1)、亚油酸(C18∶2)含量与 20℃下花生油密度和折射率呈直线关系,油亚比与密度和折射率呈曲线关系(花生油来自混合样品)(Davis 等,2013)

一、密　度

Davis 等（2013）用 Anton-Paar（Graz, Austria）DMA5000 振荡管密度计（oscillating tube density meter）在 20℃下测定花生油的密度。由图 3 - 6 可见，在高油酸花生和普通花生分列的情况下，花生油油酸（C18∶1）、亚油酸（C18∶2）含量与 20℃下花生油密度间的直线关系也成立。但目前测定密度的设备至少约需 2 ml 花生油，按单粒花生种子重 0.6 g、出油约 40% 计，需若干粒花生，因此尚不能满足判定单粒花生种子是否为高油酸的需要。

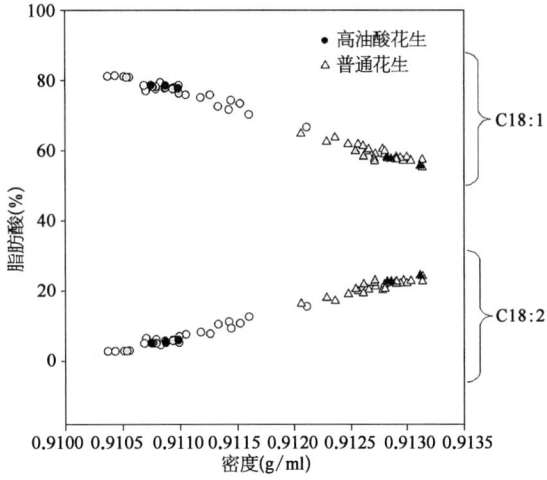

图 3 - 6　花生油油酸（C18∶1）、亚油酸（C18∶2）含量与 20℃下花生油密度呈直线关系（高油酸花生和普通花生分列）（Davis 等，2013）

二、折　射　率

折射率很早就用于液态油脂脂肪酸测定，现已广泛用于天然油脂表征。植物油中存在着不同碳链长度和饱和度的脂肪酸，其折射率可以反映油脂的饱和度。Khan 等（1974）曾用花生油折射率计算碘值并评估花生杂交分离群体的脂肪酸组成。

根据高油酸花生与普通花生折射率差异，目前国内外已有几个实验室建立了根据单粒或多粒花生油折射率判断花生是否为高油酸类型的方法。此法操作简单、成本低，但固体杂质影响折射率测定结果，故榨取的花生油在测定之前必须过滤（Davis 等，2013）。

折射率截止值或称临界值（cutoff RI）可根据油酸或亚油酸含量与折射率的关系确定（图 3 - 7），也可根据油亚比与折射率的关系确定（图 3 - 8），但似乎后者界限更为分明。

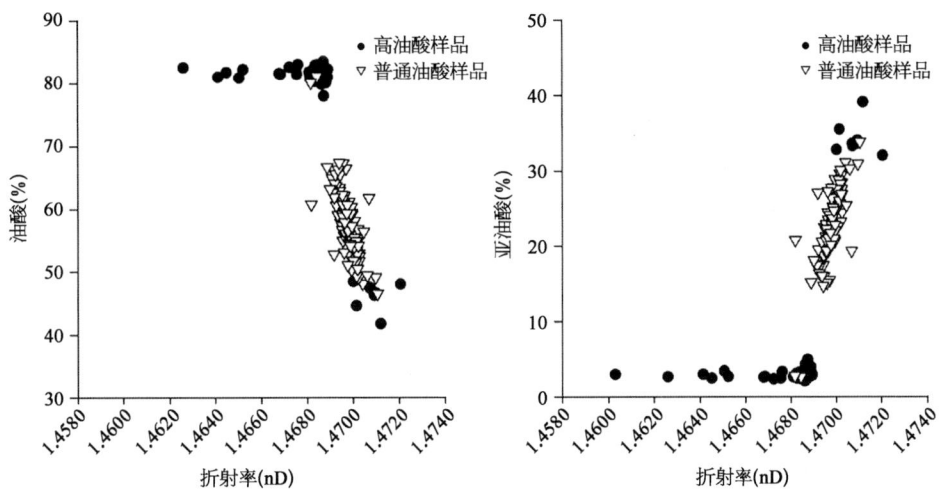

图 3 - 7　20℃下单粒花生油折射率与油酸（左）、亚油酸（右）含量的关系（Davis 等，2013）

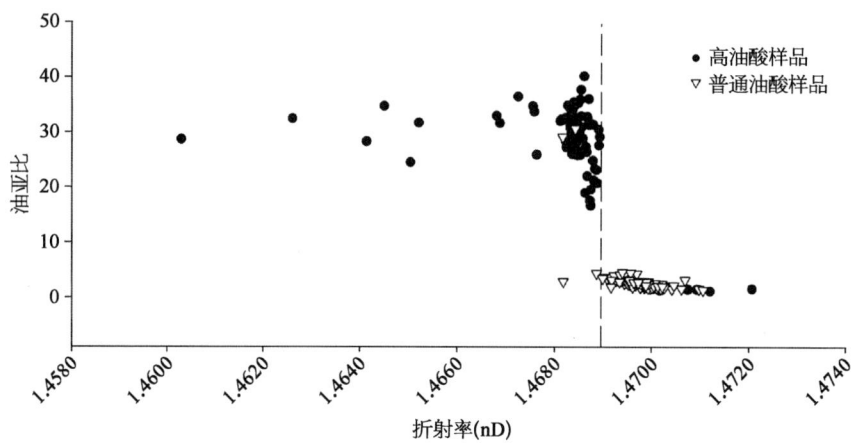

图 3 - 8 20℃下单粒花生油折射率与油亚比的关系,注意在折射率为 1.468 95 处有一间断竖线基本可将高油酸花生和普通花生区分开(Davis 等,2013)

中国农业科学院油料作物研究所花生育种团队雷永(2010)利用油酸含量差异较大的一批花生材料提取油脂分别测定油酸含量和花生油折射率,建立标准曲线方程以及环境温度下折射率校正为标准温度 25℃下折射率的换算公式。若以油酸含量≥70% 作为高油酸花生的标准,那么标准温度 25℃下的折射率≤1.466 7 即可作为高油酸花生材料的判断标准。在标准温度 25℃下测定未知花生材料折射率,若折射率≤1.466 7 则可判断未知花生材料属于高油酸材料,并可利用方程换算出油酸含量。结果可靠性达到 95% 以上。

类似地,河南省开封市农林科学研究院花生育种团队曾采用折射率法研究高油酸和普通油酸杂交组合杂种后代高油酸性状的遗传规律,以折射率≤1.468 作为高油酸花生的判断依据(谷建中等,2006)。

(一) 普通折射率仪花生高油酸判定操作程序

1. 花生油提取

(1) 机械挤压法:机械挤压法提取花生油所需器具有千斤顶、铁框、挤压棒和挤压皿。提取步骤:准备好待测样品花生脱去种皮的子仁,取 3～5 粒放入挤压皿底端,把挤压棒装入挤压皿中。将千斤顶置于铁框中,将挤压皿放在千斤顶正上方,缓缓上升千斤顶。待少量花生油浸入油槽,停止上升千斤顶,提取到待测样品花生油。

采用机械挤压取样时,每次提取完花生油后要把挤压皿和油槽擦干净。

(2) 石油醚萃取法:取待测花生脱去种皮的子仁样品 0.5 g,装入 2 ml 离心管中,用玻棒捣碎,加入 1.0 ml 沸程为 60～90℃的石油醚,剧烈振荡,室温静置 3～4 h 后,10 000 g 离心 5 min,将离心管中上清液转移到新的 1.5 ml 离心管中。盛有上清液的新离心管敞口置于通风橱中,60～70℃水浴 6～7 h,使石油醚挥发干净,得到待测样品花生油。

2. 折射率测定　　折射率测定可采用多种型号的数字式或手持式简易折光仪进行。

下面以日本 ATAGO 公司生产的 N3000 手持式折光仪为例(图 3 - 9)加以说明。

操作步骤:测定每个样品前后一定要用擦镜纸把折光棱镜擦干净,以免造成误差。掀开盖板,用移液器吸取待测材料花生油 20～30 μl,滴于折光棱镜表面,盖上棱镜盖板,轻轻按压。将折光棱镜对准光亮方向,调节目镜,通过目镜读取待测材料折射率(明暗分界处,读取刻度)。

3. 高油酸与非高油酸类型的判定　待测材料在标准温度(25℃)下的折射率≤1.466 7,则判定其属于高油酸材料;如待测材料在标准温度(25℃)下的折射率>1.466 7,则判定其不属于高油酸材料。

当环境温度不是 25℃时,需将环境温度下测定的折光指数校正为标准温度(25℃)下的折射率。换算公式为:$nD_{25} = nDX + 0.000\ 38 \times (X - 25)$。其

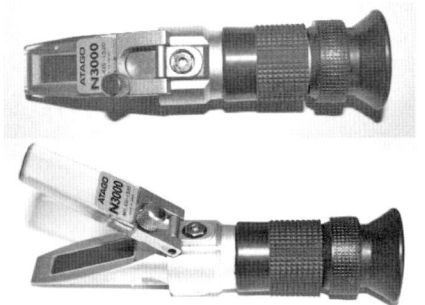

图 3 - 9　N3000 手持式折光仪

中,nD_{25} 为 25℃下的折射率,nDX 是环境温度为 X 时的折射率。

将待测材料标准温度(25℃)下的折射率代入油酸含量与折射率线性关系的标准曲线方程 $Y = -9\ 104.6 \times X + 13\ 424$ 中,可得到待测样品的油酸含量。其中,X 表示待测样品标准温度(25℃)下的折射率,Y 表示待测样品的油酸含量。上述方法可在任意温度下进行测定,然后通过经验公式计算得出结果,但只能估计油酸大致含量,而不能测定油亚比。

利用可控温的折光仪可以省去折射率换算的步骤。Sweigart 等(2011)提出了测定单粒花生油折射率的方法,用以判断其是否为高油酸类型。同一团队的 Davis 等(2013)以油亚比≥9 作为高油酸花生的标准,在 20℃下利用可控温的 Anton-Paar（Graz, Austria）Abbemat 550 折光仪(refractometer)测得折射率。折射率≤1.468 95 的花生即判定为高油酸花生。折射率仪稳健(robust)、易维护,如样品是置于室温下,20℃单纯测定 1 份样品30 s 内即可完成。因温度影响折射率,故仍需恒温测定。用该法测定了 200 粒花生种子的折射率,据此判定花生高油酸类型,有 2 粒误判,成功率为 99%(Davis 等,2013)。

（二）中国农业科学院油料作物研究所便携式高油酸花生鉴定仪操作程序

据淮东欣等(2021),20℃下测定的油酸含量不低于 75% 的高油酸花生油,折射率低于1.468 0(折射率截止值)。中国农业科学院油料作物研究所花生育种团队新研发出一套基于折射率的便携式高油酸花生鉴定仪(图 3 - 10)。

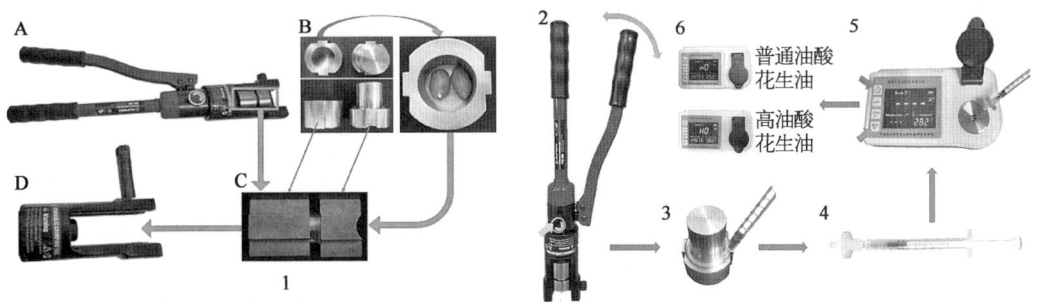

图 3 - 10　便携式高油酸花生鉴定仪花生油压榨操作步骤(淮东欣等,2021;中国农业科学院油料作物研究所)

1～2. 使用液压钳将花生油从待测种子中压榨出来;3. 使用注射器从油槽中吸取油样;
4. 使用 0.8 μm 的滤膜过滤油样;5. 将过滤后的油样滴入鉴定仪的滴液槽中,合上遮光盖,按"测量键"进行测定;
6. 根据仪器显示结果判定所测花生是否为高油酸花生
如显示屏显示"HO",则检测样品为高油酸花生油;如显示屏显示"nO",则检测样品为普通油酸花生油

操作步骤分使用液压钳压榨花生油、花生油过滤和测定三大步,详述如下。

(1) 取 2~4 粒花生仁装入压榨模具的空腔盖中(如图 3-10 1B),将具有凸柱的模具装入空腔中(如图 3-10 1C),再将装配好的压榨模具装入液压钳的钳头(图 3-10D),装入时将模具两侧的凸起部分对准钳头的凹槽顺势推入,插入插销(如图 3-10A 所示)。

(2) 把液压钳的回油阀门(图 3-10 2 左下方箭头所指)顺时针旋至 OFF,将液压钳直立起来,左手扶固定手柄,右手扶活动手柄,将活动手柄沿图 3-10 2 右上方弯箭头方向来回移动挤压花生(感觉到压力大的时候放慢速度),花生油顺着模具凸柱流至凹槽中。

(3) 待花生油压榨完毕,保持液压钳直立,把液压钳的回油阀门(图 3-10 2 左下方箭头所指)逆时针旋至 ON,拔开钳头插销,缓慢取下压榨模具并将其分开,使用注射器吸取凹槽中的花生油。

(4) 在注射器顶端安装一次性过滤膜。

(5) 按"开机键"(图 3-10 5 左上箭头所指)打开高油酸花生鉴定仪,将花生油(0.4 ml 以上,4~5 滴)通过滤膜滴入鉴定仪滴液槽中,合上遮光盖,按"测量键"(图 3-10 5 左下箭头所指)进行测定。

(6) 根据仪器显示结果判定所测花生是否为高油酸花生。如果显示屏显示"HO",则为高油酸花生油;如果显示屏显示"nO",则为普通花生油。

设备清理与保护:压榨模具使用后立即用纸巾擦拭干净,以备下一个样品或下次使用。注射器和滤膜为一次性器具,不可重复使用。滴液槽中的花生油可用纸巾清理,然后用酒精擦拭干净即可。

与气相色谱仪和近红外光谱仪相比,这款设备优势明显(表 3-1),检测可在 5 min 内完成(淮东欣等,2021)。利用该设备检验了 30 个花生品系是否为高油酸花生,其结果均与其油酸含量化学值一致(淮东欣等,2021)。

表 3-1 便携式高油酸花生鉴定仪与气相色谱仪和近红外光谱仪比较

项 目	气相色谱仪	近红外光谱仪	便携式高油酸花生鉴定仪
体积(cm)	(60~110)×(50~60)×(50~100)	(30~80)×(30~60)×(30~100)	8×10×5.5
重量(kg)	45~105	18~22	0.4
是否外接电源	是	是	否
价格(万元)	20~40	10~40+	0.8~1
样品制备时间(min)	40~60	0.1~1	2~3
样品检测时间(min)	15~20	0.1~1	0.5~1

数据来源:淮东欣等(2021)。本书第十章中提到的近红外仪相关数据未包括在此表中。

长期贮藏会导致植物油脂折射率升高,低温压榨(压榨温度 80~90℃)和高温压榨(压榨温度 120℃以上)花生油折射率均低于冷榨花生油(压榨温度 60℃以下)。使用该设备建议鉴定贮藏时间在 1 年以内的花生,并在常温下榨取花生油(淮东欣等,2021)。

第四节　近红外技术

近红外光是指波长介于可见光区与中红外光区之间的电磁波,其波长范围为 0.8～2.5 μm,波数范围为 12 500～4 000 cm^{-1}(应义斌、韩东海,2005)。

近红外光谱技术是利用有机化学物质在近红外光谱区的光学特性快速测试样品中的一种或多种化学成分含量的技术。近红外光谱属分子振动光谱,是基频分子振动的倍频和组合频,分子中 C—H、N—H、O—H 和 C═O 等基团振动频率的合频和倍频的吸收正好落于近红外区,主要反映含氢基团 XH(C、S、O、N)的特征信息,因此近红外光谱技术比较适合于分析与这些基团有直接或间接关系的成分。

传统的油酸分析方法需首先采用索氏法制备油脂,进而进行酯化反应,取样量大,操作繁琐,步骤多、耗时长(2～14 h)、费用高,难以用于大量育种材料的快速选择。同时,由于取样量大,易损害种子,影响萌发,因此一般用于较晚世代选择。即使采用改进的气相色谱技术(见本章第一节),只切取种子远胚端少量子叶组织用于分析,不影响种子发芽,从取样到分析完成仍需花费 1 h 左右。

相对传统分析方法,近红外光谱学检测技术具有多成分分析、快速(1 min 之内)、无损、绿色、廉价的优势,特别适用于育种过程中的大规模筛选(禹山林,2010)。花生单粒和多粒子仁脂肪酸含量近红外定量分析模型可提早选择,加速高油酸育种进程(王传堂,2010)。

由于花生种子颗粒较大且不均匀,通常采用消除固体颗粒不均匀性较好的光谱采集技术,即积分球漫反射方式进行光谱扫描(禹山林等,2010)。近红外模型构建与预测的大致程序如下(任东等,2016)。① 校正(calibration):准备足够数量的代表性样品,进行光谱数据采集;扫描后尽快采用标准方法或常规测试方法获得所关心的组成或性质的数据即参考数据(生化成分测定值称为"化学值");通过化学计量学方法建立两者间的数学关系(称为模型)。② 验证:得到模型后需对模型进行验证,即将取一定数量的同类样品,根据其近红外光谱,调用模型进行预测,并和标准方法或常规测试方法获得的数据加以比较,通过统计学方法对模型进行评估;模型通过验证后就可用于未知样品的测定。③ 预测过程与模型完善:获取待测样品近红外光谱,将光谱数据输入模型计算预测值;如预测值超出定标模型参考数据范围,可通过标准方法或常规方法测定相关数值,进一步充实模型。

一、花生油酸、亚油酸近红外定量预测模型

(一) 花生种子样品

1. 利用实验室台式近红外仪检测　印度 Misra 等(2000)的研究工作初步证实了近红外透射技术用于花生含油量预测的可行性。

澳大利亚 Fox 和 Cruickshank(2005)依托福斯设备(model 6500, Foss NIRSystems, Silver Spring, MD, USA),采用 WinISI V 1.04(ISI, Port Matilda, PA, USA)软件,建立

了油酸、亚油酸、棕榈酸、硬脂酸多粒(约 75 g 种子)定量分析模型(表 3-2)。校正集样本数
为 114 个,验证集样本数为 28 个。

表 3-2　Fox 和 Cruickshank(2005)多粒花生近红外模型相关参数

脂肪酸	校正集含量(%)	验证集含量(%)	Rc2	SEC	SECV	rp2	SEP	RPD
油酸	44.3～81.0	36.2～81.2	0.921	0.35	4.10	0.916	0.33	2.81
亚油酸	2.9～38.2	3.8～41.8	0.911	1.71	3.06	0.901	1.77	2.71
棕榈酸	5.1～9.7	5.1～10.7	0.992	0.16	0.61	0.994	0.17	2.51
硬脂酸	1.2～3.8	1.7～3.8	0.940	0.15	0.35	0.950	0.16	1.81

注:SECV=交互验证标准误(standard error of cross validation);SEP=预测标准误(standard errors of prediction);
RPD=标准差/预测标准误(ratio of standard deviation to standard error of prediction)。

美国 Tillman 等(2006)依托赛默飞世尔(Thermo Fisher)尼高力近红外设备[ThermoNicolet
Industrial Solutions (Fitchburg, WI) Nexus 670 FT - IR scanning monochronometer
equipped with a NearIR UpDrift Smart Accessory],利用 ThermoNicolet software TQ
Analyst version 6.1.1.356 软件,建立了单粒花生油酸、亚油酸近红外模型(表 3-3、表
3-4)。用该模型对 43 粒油酸含量提高、亚油酸含量降低的花生种子进行分类,误判率
为 5%。此处所谓油酸含量提高是指 GC 测定油酸含量≥740 g/kg,NIRS 预测油酸含
量≥700 g/kg;亚油酸含量降低指 GC 测定亚油酸含量≤80 g/kg,NIRS 预测亚油酸含
量≤120 g/kg。

表 3-3　Tillman 等(2006)单粒花生近红外建模样品和油酸、亚油酸近红外模型相关参数

脂肪酸	样品数	均值(g/kg)	R^2	RMSEC(g/kg)	RMSECV(g/kg)	RMSEP(g/kg)
油酸	132	704	0.98	15	33	20
亚油酸	132	122	0.98	13	27	19

注:R^2=决定系数(coefficient of multiple determination);RMSEC=校正集均方根误差(root-mean-square error of
calibration);RMSECV=交互验证均方根误差(root-mean-square error of cross validation);RMSEP=预测均方根误差
(root-mean-square error of prediction)。

表 3-4　Tillman 等(2006)单粒花生外部验证样品及模型相关参数

脂肪酸	样品数	均值(g/kg)	R^2	RMSEEC(g/kg)
油酸	95	670	0.84	58
亚油酸	95	153	0.85	48

注:RMSEEC=外部验证均方根误差(root-mean-square error of external calibration)。

山东省花生研究所杂交育种团队依托德国布鲁克公司(Bruker Optics)傅里叶变换近
红外光谱仪(MPA)(图 3-11)用 60～65℃烘干的 60 份种子样品建立油酸、亚油酸、棕榈酸
的多粒花生近红外定量分析模型(表 3-5)。实践中发现,尽管该模型是用烘干样构建的,
也基本能够满足自然干燥花生种子油酸、亚油酸含量预测要求。

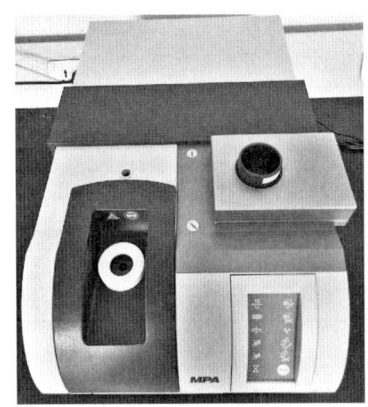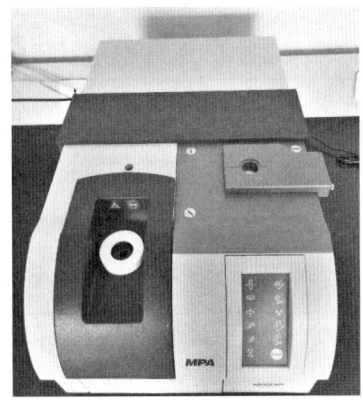

图 3 - 11　德国布鲁克公司 MPA 傅里叶变换近红外光谱仪,示两张图片
右中部位置测定多粒和单粒花生的装置(韩宏伟 摄)

表 3 - 5　山东省花生研究所杂交育种团队多粒花生近红外模型相关参数

脂肪酸	最优光谱预处理方法	R²	RMSECV	维　数	谱区范围(cm⁻¹)
油酸	一阶导数＋MSC	98.74	1.87	10	9 997～4 242
亚油酸	一阶导数＋MSC	98.97	1.50	9	9 997～4 242
棕榈酸	一阶导数＋MSC	96.02	0.52	6	9 997～4 242
硬脂酸	一阶导数＋MSC	73.91	0.37	9	9 997～4 242

数据来源:禹山林等(2010)。

　　依托德国布鲁克公司 Matrix - I 近红外仪(图 3 - 12),基于交叉验证(cross-validation)策略,山东省花生研究所分子育种团队建立了自然干燥种子的单粒和多粒花生油酸、亚油酸的近红外定量分析模型(王传堂,2010;张建成等,2011;Wang 等,2014)(表 3 - 6、表 3 - 7)。

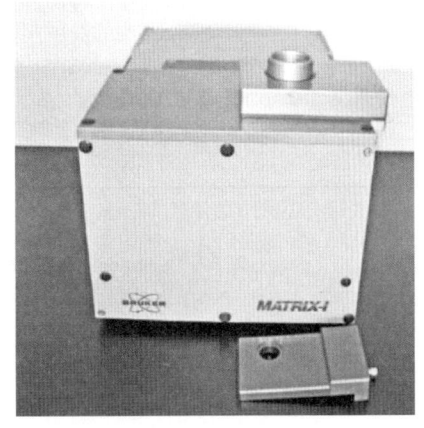

　　依托德国布鲁克公司 Matrix - I 近红外仪,利用 987 份花生种子,基于检验集检验(cross-validation)策略,山东省花生研究所分子育种团队建立了自然干燥花生种子的单粒脂肪酸近红外定量分析模型(杨传得等,2015)(表 3 - 8)。

图 3 - 12　德国布鲁克公司 Matrix - I 型傅里叶变换近红外光谱仪

　　美国 Sundaram 等 (2011) 依托福斯设备 (Model 6500, FOSS NIRSystems, Silver Springs, MD, USA) 利用多元分析软件(Unscrambler Version 9.7 CAMO ASA, USA.)构建了多粒花生种子(100～200 g)油酸、亚油酸、棕榈酸近红外反射光谱预测模型(表 3 - 9)。反射光谱模型质量优于吸收光谱。

　　韩国 Lee 等(2016)采用花生子仁磨碎样品尝试建立 7 种脂肪酸的多粒近红外定量分析模型,其中油酸、亚油酸模型质量较好(表 3 - 10)。

表3-6　山东省花生研究所分子育种团队基于交叉验证的
花生单粒种子脂肪酸组分近红外模型参数

组　　分	R^2	RMSECV	维　数	谱区范围(cm^{-1})
油酸	97.20	2.65	8	9 743.1~7 498.3,5 454~5 022
亚油酸	96.90	2.40	9	11 988~7 498.3,5 454~5 022
棕榈酸	93.39	0.53	7	9 743.1~7 498.3,5 454~4 844.6
硬脂酸	76.02	0.34	8	5 454~4 242.8
4 种有害脂肪酸	90.98	0.73	8	11 988~5 446.3

数据来源：王传堂(2010)，Wang 等(2014)。4 种有害脂肪酸含量是指棕榈酸、花生酸、山嵛酸、二十四碳烷酸含量之和。

表3-7　山东省花生研究所分子育种团队基于交叉验证的
花生多粒种子脂肪酸组分近红外模型参数

组　　分	R^2	RMSECV	维　数	谱区范围(cm^{-1})
油酸	89.16	2.62	9	8 717.1~5 446.3
亚油酸	90.85	2.00	9	9 666~5 785.7
棕榈酸	79.21	0.53	8	8 717.1~5 446.3

数据来源：张建成等(2011)。

表3-8　山东省花生研究所分子育种团队基于检验集检验的
花生单粒种子脂肪酸近红外最优模型相关参数

品质性状	最佳光谱预处理方法	谱区范围(cm^{-1})	R^2	RMSEP	维数
棕榈酸	一阶导数+多元散射校正	8 717.1~5 446.3,4 428~4 242.8	86.36	0.60	9
油酸	一阶导数+矢量归一化	8 717.1~5 446.3	94.67	2.52	9
亚油酸	一阶导数+多元散射校正	8 717.1~5 446.3	95.72	1.91	10
4 种有害脂肪酸	一阶导数+多元散射校正	7 519.1~5 446.3,4 605.4~4 242.8	83.71	0.67	9
IV	一阶导数+多元散射校正	8 717.1~5 446.3,4 428~4 242.8	94.90	1.57	10
U/S	多元散射校正	7 506~5 446.3,4 605~4 420.3	73.53	0.27	10

数据来源：杨传得等(2015)。

表3-9　Sundaram 等(2011)多粒花生近红外反射光谱模型交叉验证参数

组　　分	R^2	RMSEP	RPD
油酸	0.99	3.82	2.94
亚油酸	0.99	2.70	3.69
棕榈酸	0.99	0.66	6.80

表3-10　Lee 等(2006)子仁磨碎样品脂肪酸近红外模型相关参数

脂　肪　酸	校正集(Calibration)				验证集(Validation)		
	样本数	SEC	R^2	1-VR	SEP	R^2	偏差(Bias)
油酸	217	0.733	0.983	0.964	1.015	0.971	-0.026
亚油酸	216	0.489	0.991	0.979	0.876	0.976	0.044
棕榈酸	214	0.455	0.764	0.605	0.631	0.636	0.059
硬脂酸	214	0.329	0.826	0.706	0.645	0.475	0.032

（续表）

脂 肪 酸	校正集（Calibration）				验证集（Validation）		
	样本数	SEC	R^2	1－VR	SEP	R^2	偏差（Bias）
花生酸	216	0.108	0.828	0.665	0.182	0.546	0.018
花生一烯酸（eicosenoic acid）	220	0.149	0.671	0.531	0.217	0.312	－0.026
山嵛酸（behenic acid）	217	0.198	0.496	0.278	0.277	0.300	0.024

注：1－VR＝（1－未解释的方差）／方差（One minus the ratio of unexplained variance divided by variance）。

美国 Sundaram 等（2010）用为数不多的样品初步建立了花生荚果油酸、亚油酸近红外定量分析模型，认为可用于高油酸花生的初步筛选。

Chamberlin 等（2014）用 4 个市场型 23 份花生材料 374 粒种子以气相色谱结果为参照，分析了 Tillman 等（2006）模型（NIRS－1）和自建模型（NIRS－2）在单粒花生种子油酸、亚油酸含量检测上的可靠性，得出两者判定高油酸类型单粒花生种子的准确率分别为 89.4％和 97.4％。

河北省农林科学院粮油作物研究所花生团队依托瑞典波通（Perten）公司生产的 DA7200 型近红外品质分析仪（图 3－13），选用 239 个不同油酸含量的稳定品系成熟干燥种子作为定标样品构建了油酸含量多粒花生种子近红外模型。建模样品油酸含量为 32.6％～82.5％，均值为 51.6％，变异系数为 35.0％。采用偏最小二乘法 PLS 和主成分回归 PCR 对经过预处理的光谱进行分析，并以交互验证的 RMSEC 和所建模型的 R^2 为衡量曲线预测效果的主要参数（表 3－11），根据马氏距离、主因子分析图及光谱残差图及浓度残差图等分析结果剔除特异样品。最后，分别选择不同的波段，比较各波段的预测效果，从而确定定标类型。在两定标模型预测效果接近状态时，则需根据其对验证样品的分析结果进行最终取舍。选取 40 个与建模样品无关的样品组成验证样品集，经标准测试，该样品集的油酸含量为 32％～82％，均值为 70.7％，表明建模样品油酸百分含量信息包含验证样品集的信息。分别对中样品杯和小样品杯的测试模型进行验证（表 3－12），油酸含量的标准测试值与近红外光谱预测值存在较好的相关关系，模型预测效果较好。

表 3－11 不同光谱处理方法对花生油酸分析模型精度的影响

处 理 方 法	最佳主因子数	R^2	RMSEC
PLS	5	0.973	2.944
PCR	7	0.967	3.264

数据来源：河北省农林科学院粮油作物研究所花生团队，参见王传堂等（2017），p.138。

表 3－12 花生油酸含量近红外测试模型预测效果验证

模 型	R^2	RMSEC
中样品杯模型	0.988	2.069
小样品杯模型	0.985	2.286

数据来源：河北省农林科学院粮油作物研究所花生团队，参见王传堂等（2017），p.140。

中国农业科学院油料作物研究所花生育种团队依托 Unity-SpectrastarXL 近红外检测仪(图3-14)构建了花生油酸、亚油酸和棕榈酸单粒近红外模型(表3-13)(李建国等,2019)。

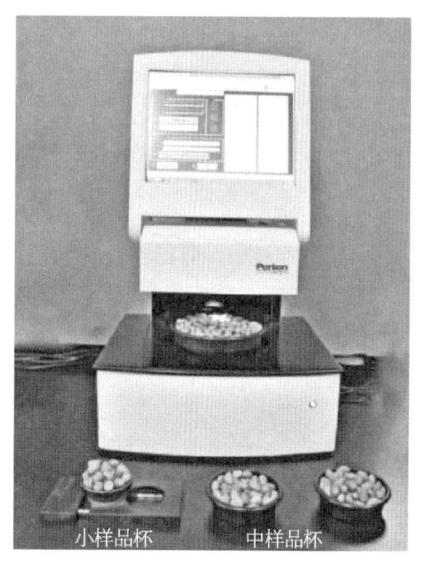

小样品杯　　中样品杯

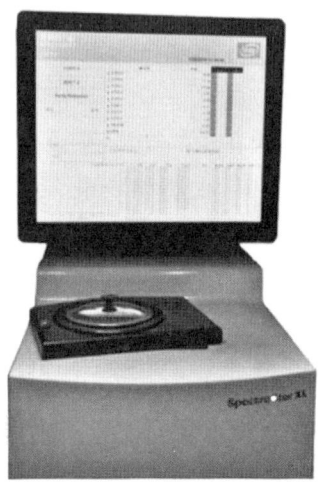

图3-13　瑞典波通公司 DA7200 型近
　　　　 红外品质分析仪(陈四龙 摄)

图3-14　Unity-SpectrastarXL 近红外
　　　　 检测仪(李建国等,2019)

表3-13　中国农业科学院油料作物研究所花生育种团队
花生脂肪酸含量近红外模型有关参数

脂 肪 酸	建 模 样 本 数	含量变幅(%)	R²	RMSECV
油酸	1 195	32.8~80.8	0.907	3.463
亚油酸	1 202	0.7~43.9	0.918	2.824
棕榈酸	1 013	5.9~16.6	0.824	0.782

数据来源:李建国等(2019)。

2. 利用便携式近红外仪检测　实验室台式近红外设备价格高,体积大,不便携带运输。利用中国农业科学院农产品加工研究所油料加工与品质调控创新团队研发的近红外模型和便携式高通量花生品质速测仪(图3-15),可直接在田间地头进行花生品质分析。设备配备有花生单粒检测附件和样品杯,可满足育种和原料收购要求。据介绍,一次扫描可同时测定油亚比、水分、油分、蛋白质等多达28个加工特性指标[*]。

Yu 等(2020)报道,依托便携式和实验室近红外仪,采用高油酸和普通花生材料各75份,用偏最小二乘-判别分析(partial least squares-discriminant analysis, PLS-DA)法构建的高油酸和非高油酸花生判别模型,区分率可高达100%。

---

　　* 便携式高通量花生品质快速检测技术与装备. 2019-10-14. http://ifst. caas. cn/cgzh/cgtj/jccpjzb/211988. htm。

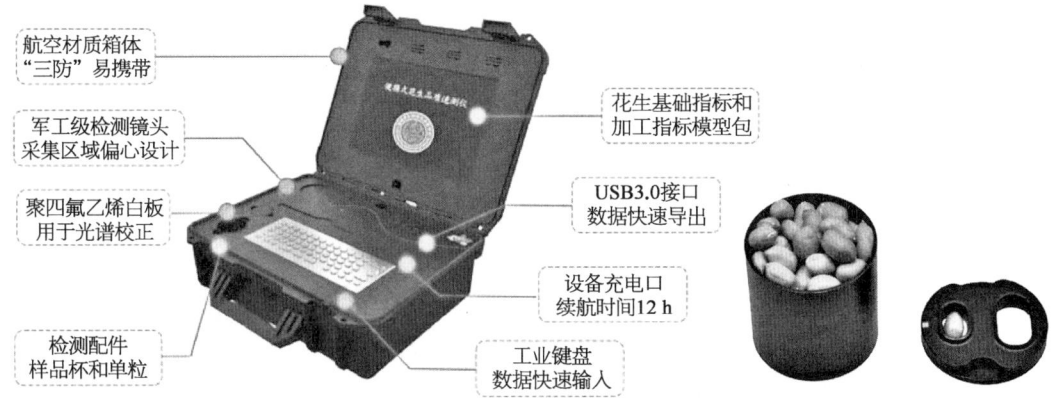

航空材质箱体
"三防"易携带

军工级检测镜头
采集区域偏心设计

聚四氟乙烯白板
用于光谱校正

检测配件
样品杯和单粒

花生基础指标和
加工指标模型包

USB3.0接口
数据快速导出

设备充电口
续航时间12 h

工业键盘
数据快速输入

图 3 - 15　便携式近红外仪(王强、刘红芝 供图)

(二) 花生油样品

山东省花生研究所分子育种团队取高油酸花生油和普通花生油适量混匀,用于花生油油酸、亚油酸含量近红外模型构建和验证(杨军军等,2021)。

建模所用光谱数据在德国布鲁克光谱仪器公司生产的 Matrix - I 型傅里叶变换近红外光谱仪上采集。使用移液枪将勾兑好的花生油样品分别转移到方形石英比色皿中,每份样品 3 ml,加样时避免产生气泡。将比色皿加盖并用胶带封固后横置于近红外光源上,使与比色皿盖下沿齐平的透光面对准光源,不使用原设备的旋转样品杯并取消旋转功能。扫描谱区范围 4 000~12 000 cm^{-1},扫描次数 64 次,分辨率为 8 cm^{-1},开机预热 30 min 后检测样品。每份样品需扫描 3 次,并且第 2 次和第 3 次扫描时要将比色皿旋转一定角度,以得到同一样品的多个光谱(杨军军等,2021)。

采用气相色谱法测定花生油样品油酸含量和亚油酸含量化学值,油酸含量最大、最小值分别为 80.48%、46.47%,均值为 65.93%,变异系数为 16.09%;亚油酸含量最大、最小值分别为 33.86%、5.57%,均值为 16.73%,变异系数为 52.24%。符合建模要求。

利用软件自动优化功能,确定花生油油酸、亚油酸含量最佳光谱预处理方法均为"一阶导数＋MSC(多元散射校正)",花生油油酸含量谱区范围为 4 600~6 100 cm^{-1},维数为 7,模型 R^2 为 96.85,RMSECV 为 1.93;花生油亚油酸含量谱区范围为 4 600~6 100 cm^{-1},维数为 6,模型 R^2 为 97.48,RMSECV 为 1.47。取前述未参与建模的 4 份花生油样品对建立的花生油油酸、亚油酸近红外模型进行外部验证(杨军军等,2021)。经配对 t 测验,油酸、亚油酸含量预测值与化学值偏差均较小,油酸偏差为 -0.87%~0.23%,t=0.727<t$_{0.05}$=3.182;亚油酸偏差为 -0.18%~0.12%,t=0.702<t$_{0.05}$=3.182。差异均不显著,说明模型预测效果较好(杨军军等,2021)。

花生油油酸、亚油酸含量近红外模型可与本团队之前建立的花生仁芥酸(张欣等,2018a)、油酸、亚油酸(Wang 等,2014)、维生素 E 含量(刘婷等,2018)、含油量、蛋白质含量(Wang 等,2014),以及花生油过氧化值、酸价模型(张欣等,2018b)一起用于花生原料和花生油产品的质量控制(杨军军等,2021)。

二、实验室台式近红外仪花生样品测量操作程序

(一)布鲁克公司 MPA 近红外仪

1. 测量前准备工作

(1)样品准备：图 3-16 左图样品测量杯适用于多粒花生种子样品检测,种子要覆盖杯底,达杯身高度 2/3 处;图 3-16 右图装置适用于单粒花生种子测量,样品置于光斑上。

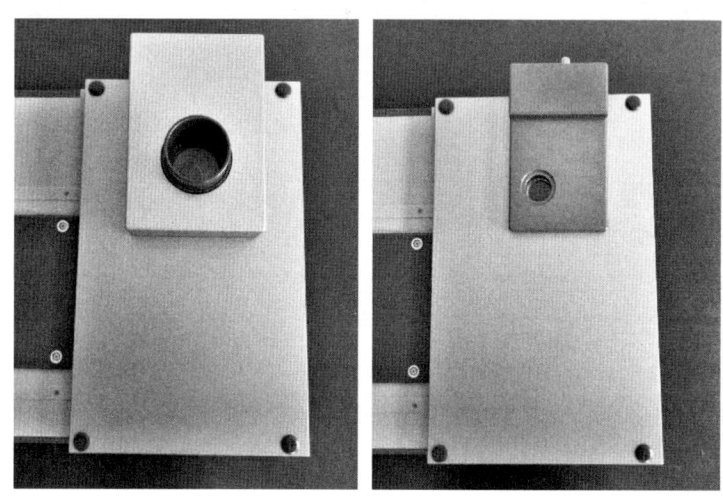

图 3-16 布鲁克公司 MPA 近红外仪载样装置

(2)仪器准备：启动电脑及近红外扫描仪,近红外扫描仪预热 30 min 后,根据需求安装杯托及盛放样品的测量杯(单粒没有单独的测量杯)。

(3)参数设置：① 双击图标 ,输入口令"OPUS",单击"登录"使软件运行(图 3-17)。

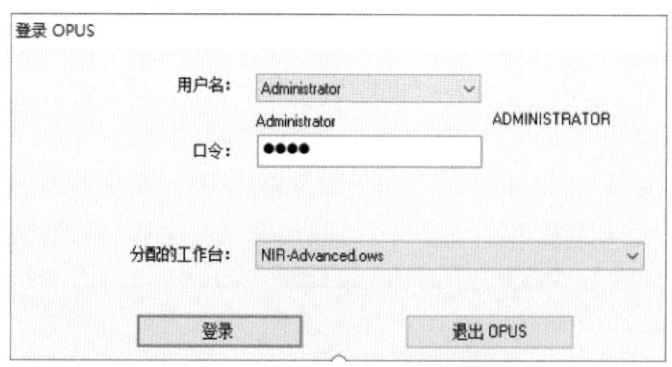

图 3-17 OPUS 软件登录页面

② 双击图标 进行参数设置,单击"光学设置",测量通道选择"Sphere Background"、背景测量通道选择"Sphere Background"(图 3-18)。

③ 单击"检查信号",听到"滋"一声后可见一个红色的"+"图,单击"保存峰位"(图 3-19)。

④ 单击"基本设置",再单击"测量背景单通道光谱"(图 3-20)。

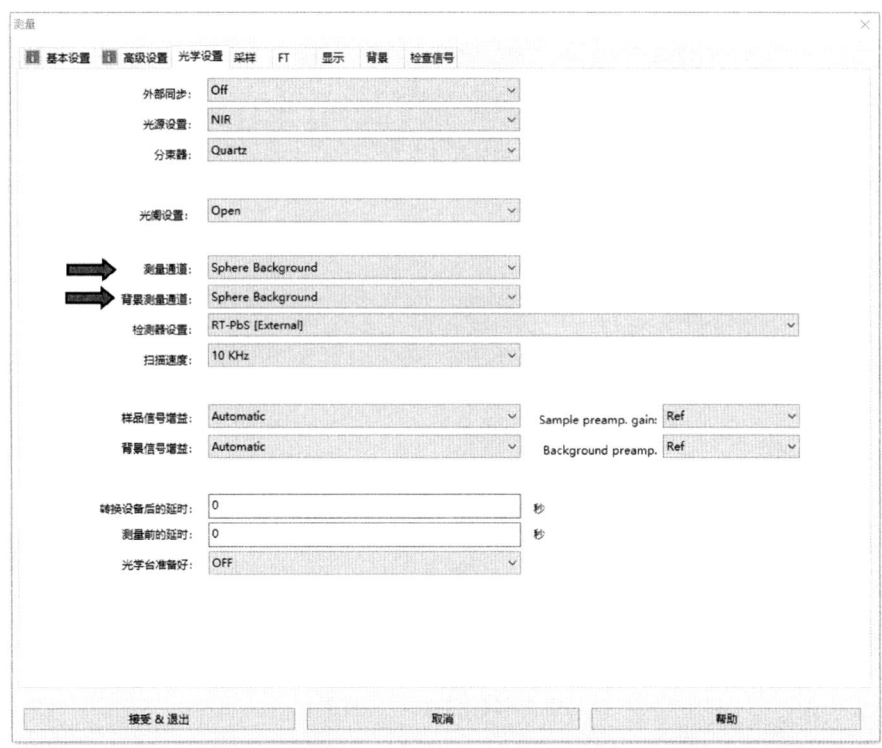

图 3 - 18 光学设置页面

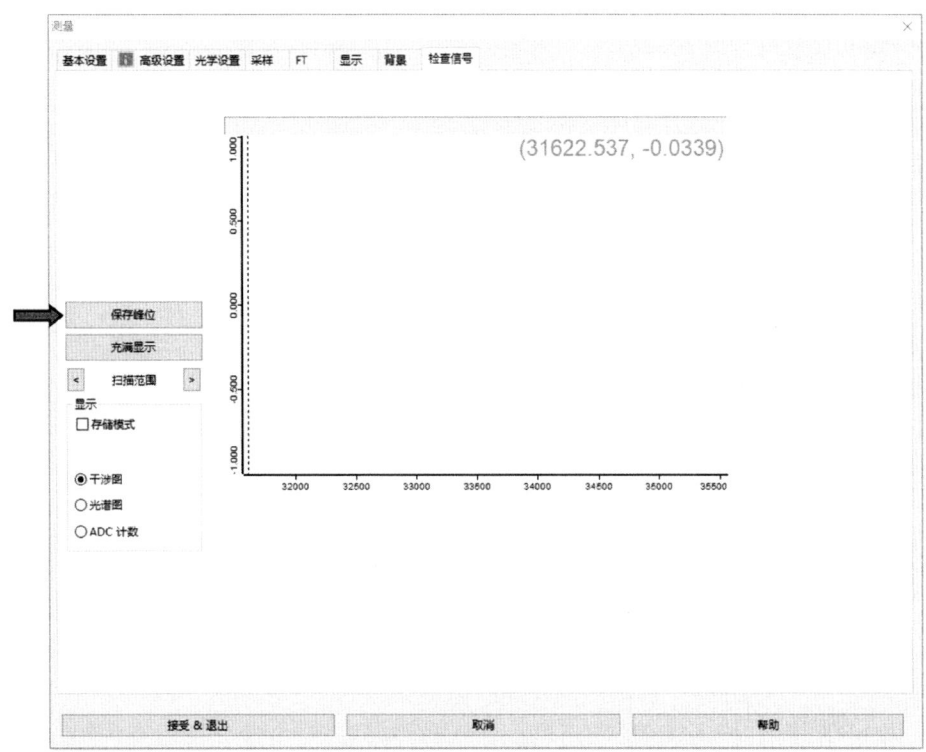

图 3 - 19 检查信号页面

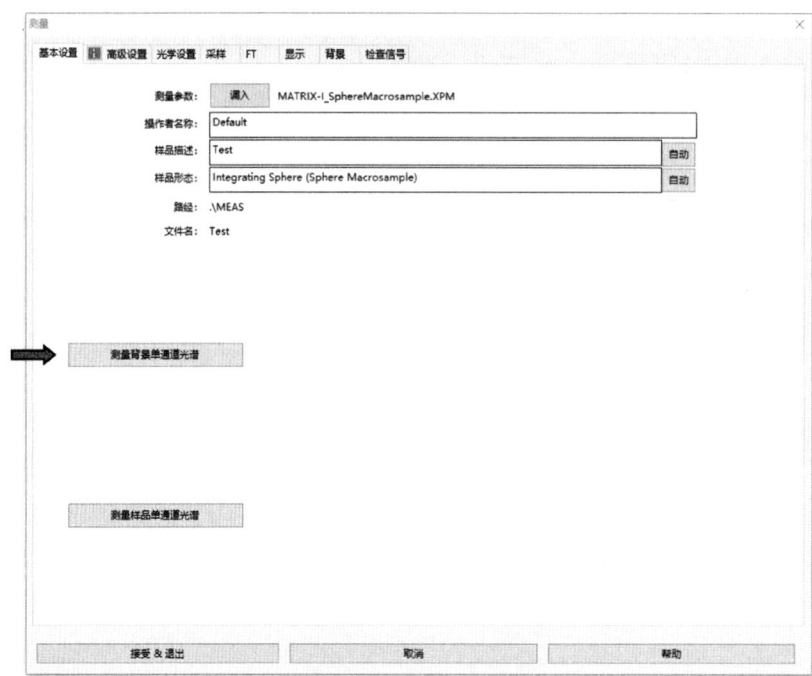

图 3 - 20　基本设置页面

2. 样品检测

(1) 单击"光学设置",测量通道选择"Sphere Macrosample Rotating"(多粒)或"Sphere Macrosample"(单粒)(图 3 - 21)。

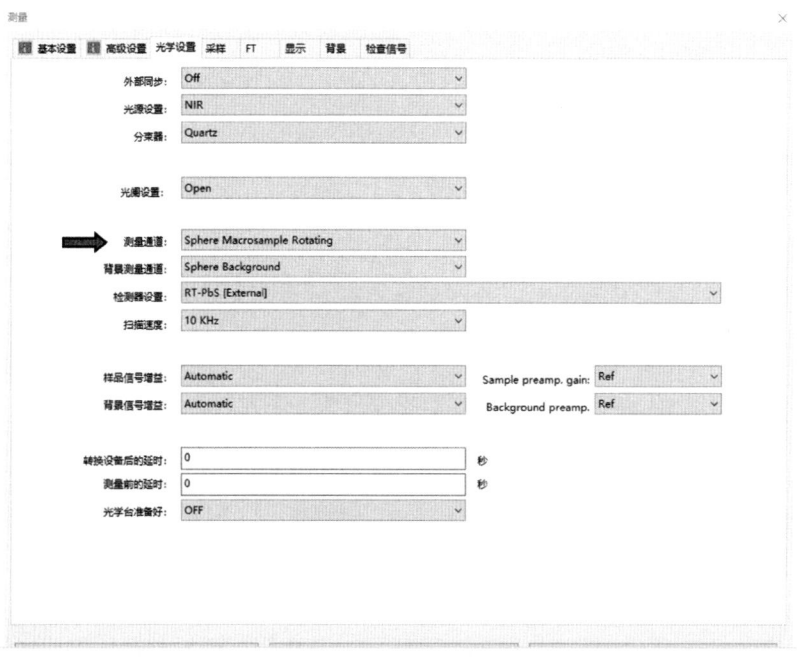

图 3 - 21　光学设置页面

（2）单击"高级设置"，更改文件名(即样品名)及保存路径(图 3 - 22)。

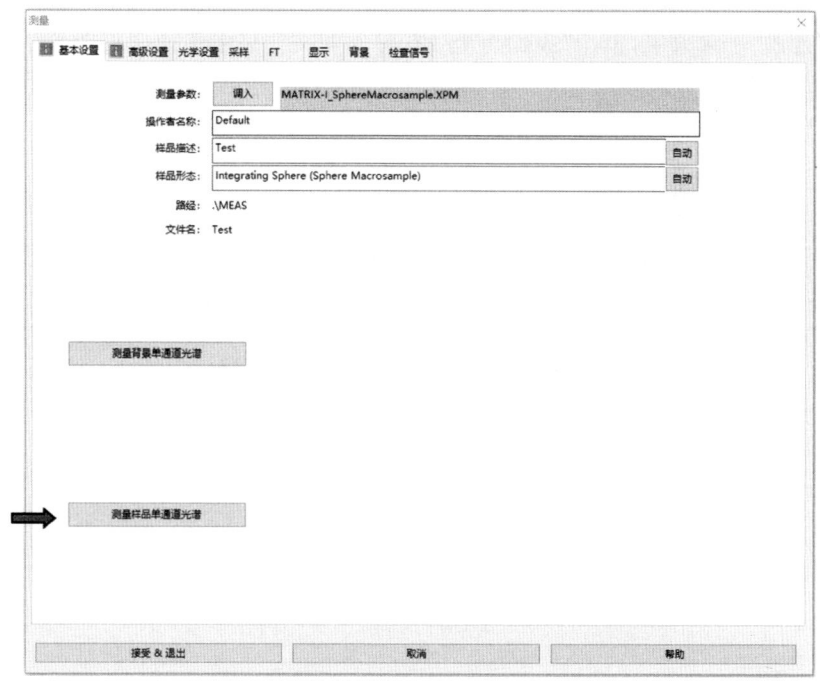

图 3 - 22　高级设置页面

（3）单击"基本设置"，再单击"测量样品单通道光谱"（图 3 - 23）。

图 3 - 23　基本设置页面

3. 数据保存及使用

(1) 扫描光谱图均为自动保存,保存在设置的路径下。

(2) 数据分析:主要步骤如下。

① 单击"评价"下拉菜单中选择"定量 2 分析/分析列表",在"方法"子菜单中,单击"调入方法列表",在弹出的文件夹中选择适合的方法列表(图 3 - 24)。

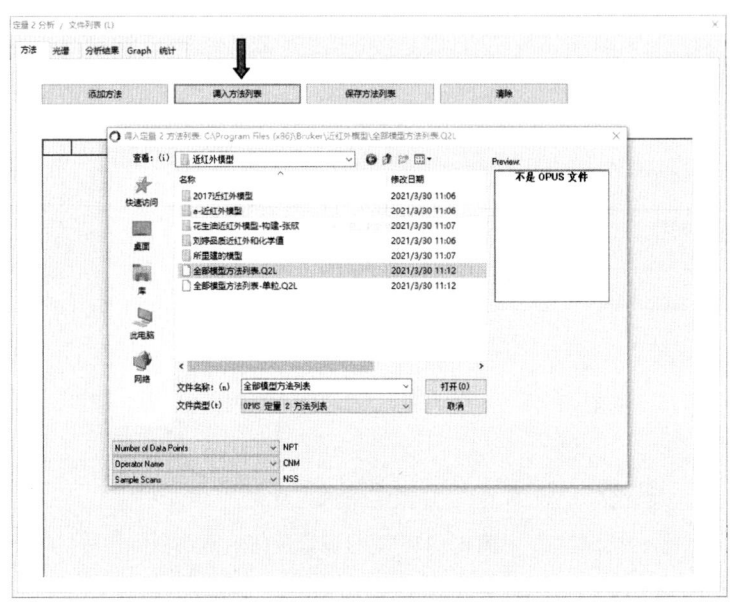

图 3 - 24　调入分析方法列表页面

② 在"光谱"子菜单中,单击"添加光谱",在弹出的文件夹中选择即将要分析的光谱,单击"打开"(图 3 - 25)。

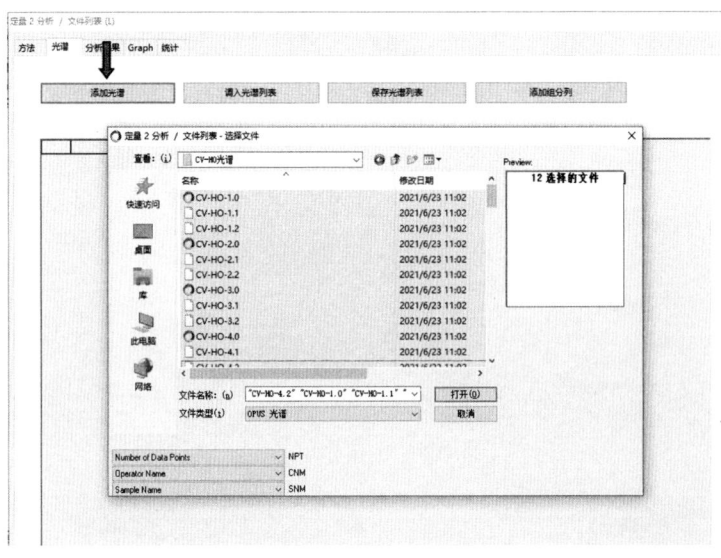

图 3 - 25　添加光谱页面

③ 在"分析结果"子菜单下,单击"分析",即可获得预测分析数据(图3-26)。

定量2分析 / 文件列表 (L)

方法　光谱　分析结果　Graph　统计

| 分析 | | 打印 | | (使用风暴模式) | | 窗口 |

打印标题 [　　　　　　　　　　　　　　　　　]　□光谱残差

	文件名	样品名	方法	组分	预测	单位	超出范围	马氏距离	范围	异常值	
1	BEJ-1-1 D4.0	Test	ALL Wuhan+Ji	Oleic	50.095	%		0.032	0.031	*	4.2
2	BEJ-1-2 D3.0	Test	ALL Wuhan+Ji	Oleic	52.362	%		0.032	0.031	*	1.8
3	BEJ-1-3 D3.0	Test	ALL Wuhan+Ji	Oleic	53.935	%		0.026	0.031		1.2
4	BEJ-1-4 D2.0	Test	ALL Wuhan+Ji	Oleic	51.854	%		0.018	0.031		2.6
5	BEJ-1-5 D2.0	Test	ALL Wuhan+Ji	Oleic	52.568	%		0.02	0.031		1.7
6	BEJ-1-6 D1.0	Test	ALL Wuhan+Ji	Oleic	50.546	%		0.029	0.031		2.9
7	BEJ-1-7 D3.0	Test	ALL Wuhan+Ji	Oleic	49.545	%		0.016	0.031		6.0
8	BEJ-1-8 D3.0	Test	ALL Wuhan+Ji	Oleic	54.380	%		0.032	0.031	*	0.9
9	BEJ-1-9 D1.0	Test	ALL Wuhan+Ji	Oleic	52.449	%		0.035	0.031	*	1.8
10	BEJ-1-10 D3.0	Test	ALL Wuhan+Ji	Oleic	57.663	%		0.019	0.031		0.3
11	BEJ-1-11 D1.0	Test	ALL Wuhan+Ji	Oleic	52.959	%		0.017	0.031		1.6
12	BEJ-1-12 D1.0	Test	ALL Wuhan+Ji	Oleic	48.636	%		0.015	0.031		3.2
13	BEJ-1-13 D1.0	Test	ALL Wuhan+Ji	Oleic	53.401	%		0.016	0.031		1.4
14	BEJ-1-14 D2.0	Test	ALL Wuhan+Ji	Oleic	52.007	%		0.041	0.031	*	2.3
15	BEJ-1-15 D1.0	Test	ALL Wuhan+Ji	Oleic	46.906	%		0.011	0.031		1.4
16	BEJ-1-16 D2.0	Test	ALL Wuhan+Ji	Oleic	49.118	%		0.018	0.031		3.3
17	BEJ-1-17 D4.0	Test	ALL Wuhan+Ji	Oleic	54.172	%		0.015	0.031		1.1
18	BEJ-1-18 D1.0	Test	ALL Wuhan+Ji	Oleic	49.381	%		0.015	0.031		5.0
19	BEJ-1-21 D2.0	Test	ALL Wuhan+Ji	Oleic	48.991	%		0.01	0.031		3.1
20	BEJ-1-22 D1.0	Test	ALL Wuhan+Ji	Oleic	51.506	%		0.048	0.031	*	4.8
21	BEJ-3-1 D2.0	Test	ALL Wuhan+Ji	Oleic	49.561	%		0.0093	0.031		6.0
22	BEJ-3-3 D1.0	Test	ALL Wuhan+Ji	Oleic	52.723	%		0.023	0.031		1.7
23	BEJ-3-4 D1.0	Test	ALL Wuhan+Ji	Oleic	51.255	%		0.018	0.031		5.1
24	BEJ-3-5 D2.0	Test	ALL Wuhan+Ji	Oleic	50.4	%		0.0062	0.031		3.3
25	BEJ-3-6 D4.0	Test	ALL Wuhan+Ji	Oleic	51.01	%		0.011	0.031		3.9
26	BEJ-3-7 D4.0	Test	ALL Wuhan+Ji	Oleic	50.453	%		0.016	0.031		3.1
27	BEJ-3-8 D3.0	Test	ALL Wuhan+Ji	Oleic	52.131	%		0.029	0.031		2.0

图3-26　分析结果页面

④ 所得数据拷贝至Excel中保存,可使用U盘将数据导出。

(二) 布鲁克公司MATRIX-I近红外仪

1. 测量前的准备

(1) 对于花生等固体样品,近红外光不能完全穿透样品,多采用漫反射方式进行光谱扫描,选择大小适宜的样品杯(图3-27),将待测颗粒状花生种子装到样品杯2/3高度处,保证上不漏光,准备测量。

(2) 启动电脑及近红外仪,安装杯托及样品杯(图3-28)。测量前,需将近红外仪预热3~4 h方可测量,预热完毕后,将样品加入样品杯中进行测量。

图3-27　样品杯

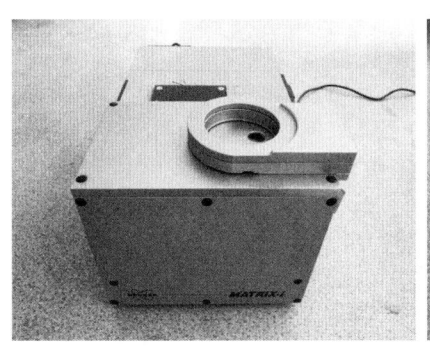

图3-28　安装杯托及样品杯

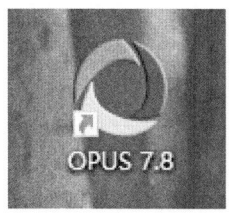

图 3-29 OPUS软件图标

2. 样品检测操作

（1）启动程序：具体操作如下。

① 在 Windows 桌面点击 OPUS 图标 进入该程序（图3-29）。

② 启动程序后弹出用户登录界面，在用户下拉菜单中选择事先定义好的用户记录，输入"口令"后，点击"登录"按钮（图3-30）。

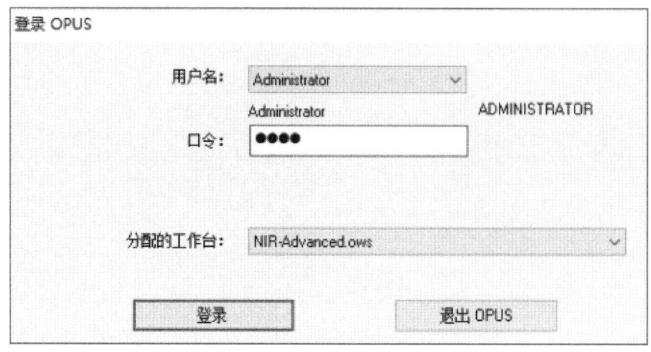

图 3-30 OPUS软件登录页面

③ 进入软件操作界面，弹出如下窗口，点击"OK"按钮（图3-31）。

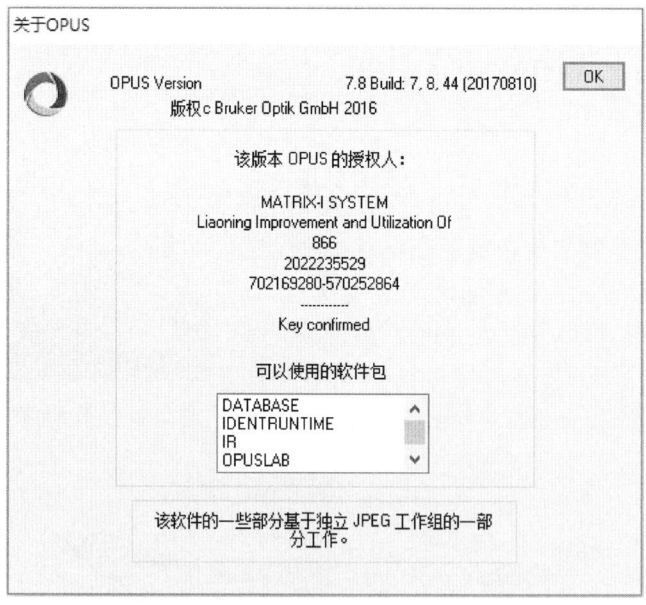

图 3-31 软件操作界面

（2）设置测量参数：具体设置步骤如下。

① 进入软件操作界面，点击"测量"下拉菜单选项（图3-32），选中"高级测量选项"键 。

② 在"基本设置"子窗口，点击"调入"按钮（图3-33）。

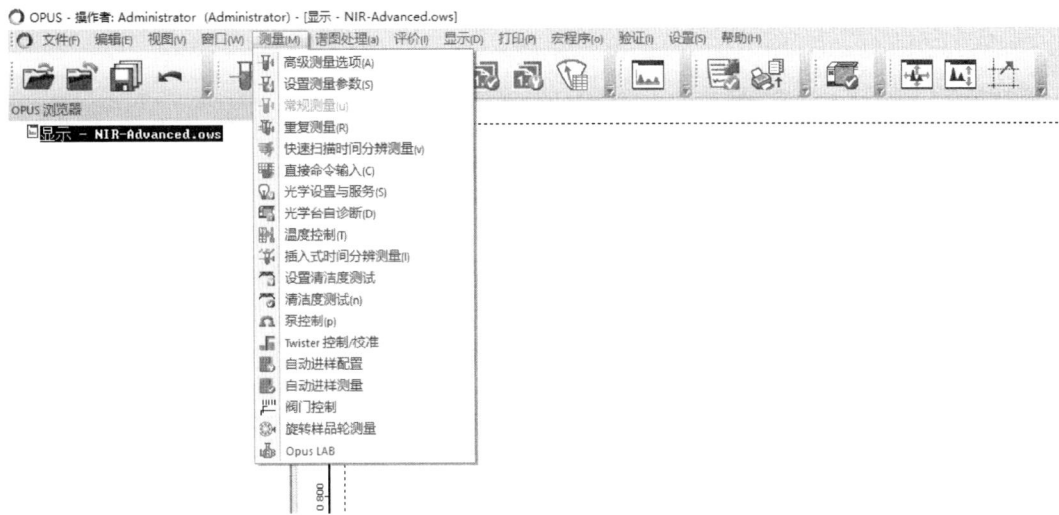

图 3-32　"测量"下拉菜单

图 3-33　基本设置子窗口

③ 点击"调入"按钮后,依据即将测量的样品选择对应的模型参数进行导入(图 3-34)。

④ 调入后可在"高级设置"中看到各项参数的具体设置,例如:分辨率、扫描时间、光谱范围等。若各参数无法满足要求,可以在该功能界面修改测量参数(图 3-35)。

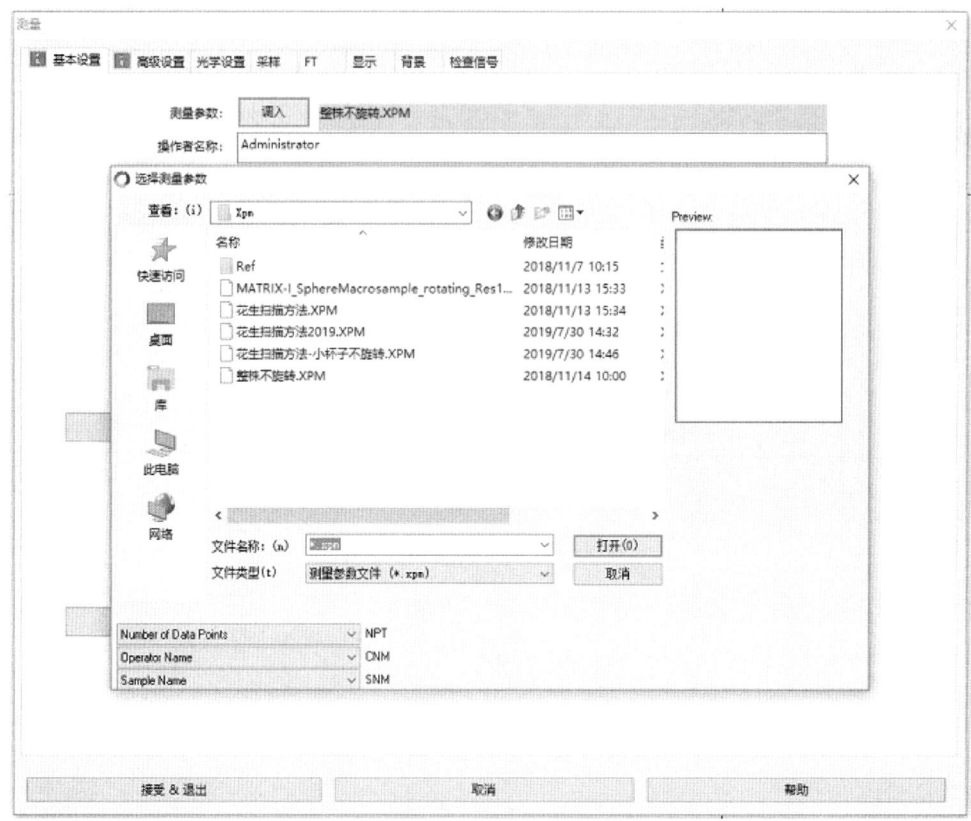

图 3 - 34　对应模型参数选择页面

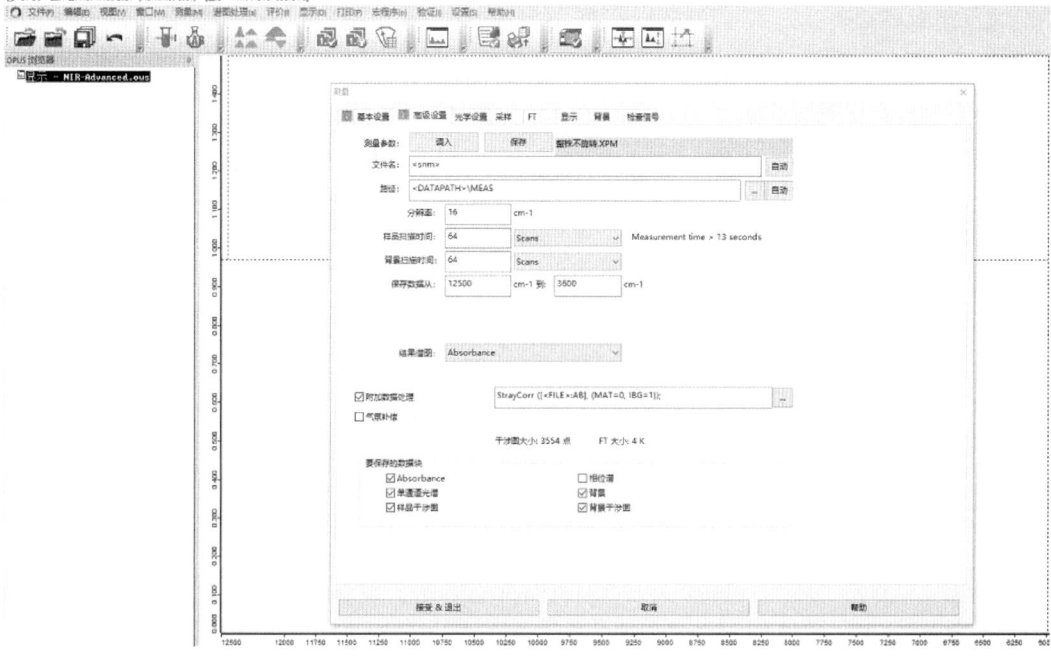

图 3 - 35　高级设置页面

（3）测量：分单株测量和单粒测量。

① 单株测量模式：步骤如下。

a. 各参数模型调入完成后,进入用户操作界面(图3－36)进行测量。

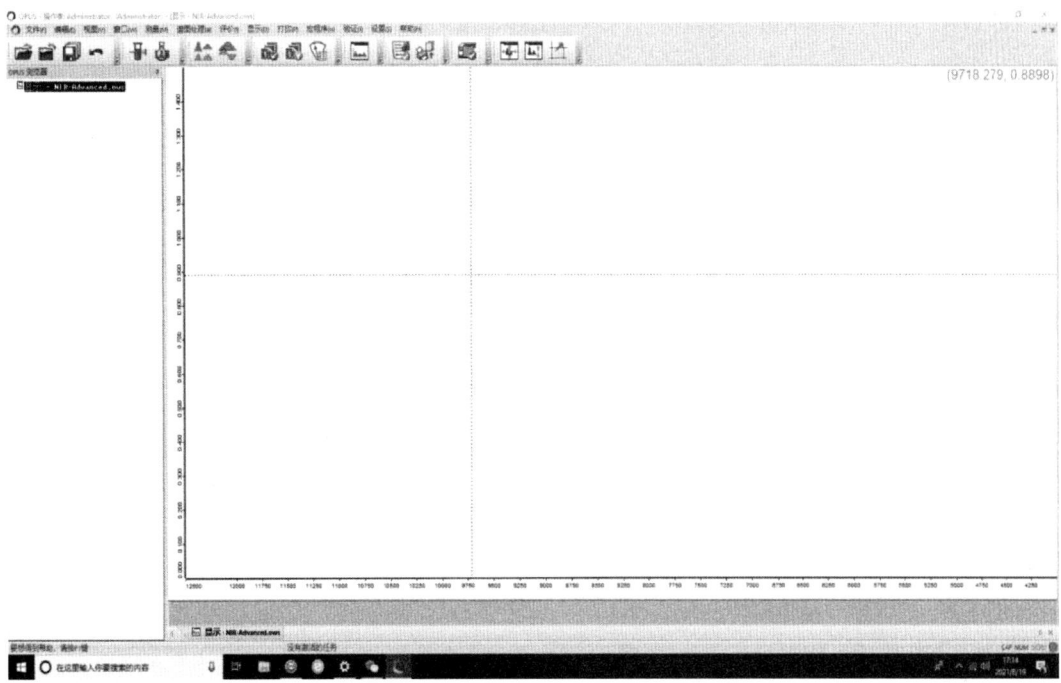

图3－36　用户操作界面

b. 点击批量化扫描样品图标,弹出如下工作界面(图3－37)。

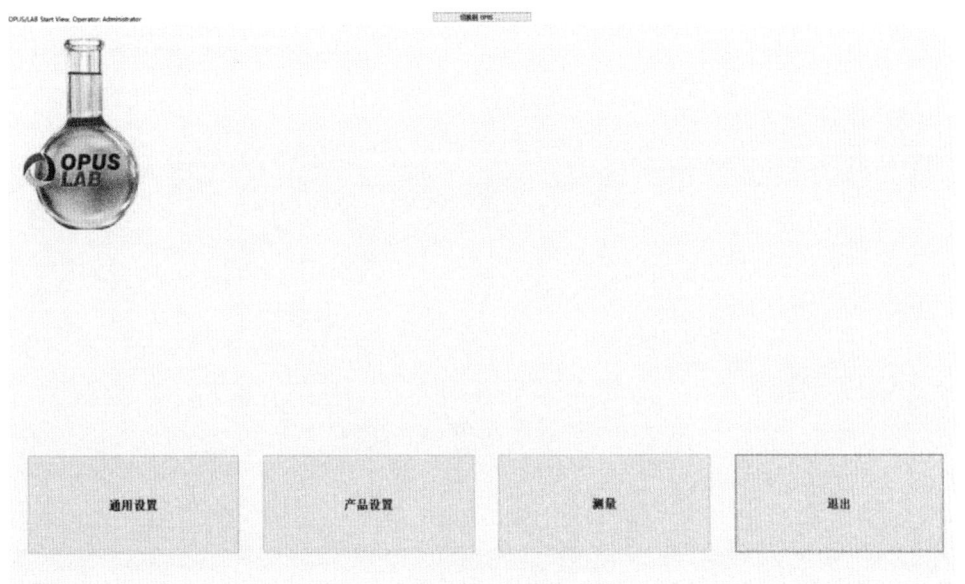

图3－37　工作界面

c. 点击测量按钮后,点击开始图标(图 3 - 38)。

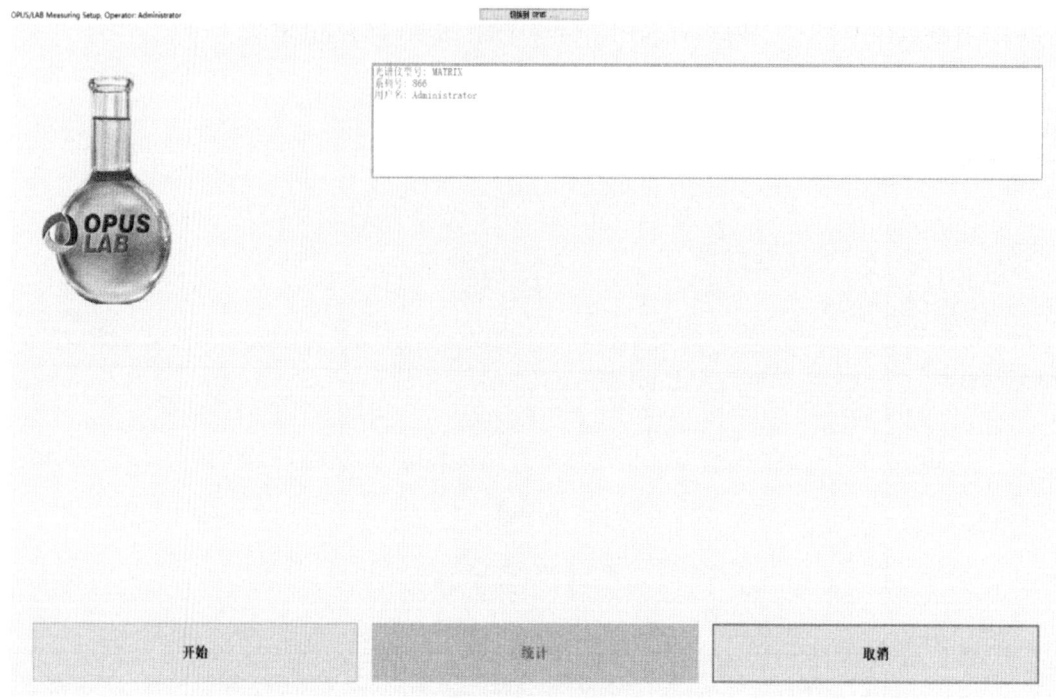

图 3 - 38　开始界面

d. 进入模式选择界面,选择单株或单粒测量模式(图 3 - 39)。

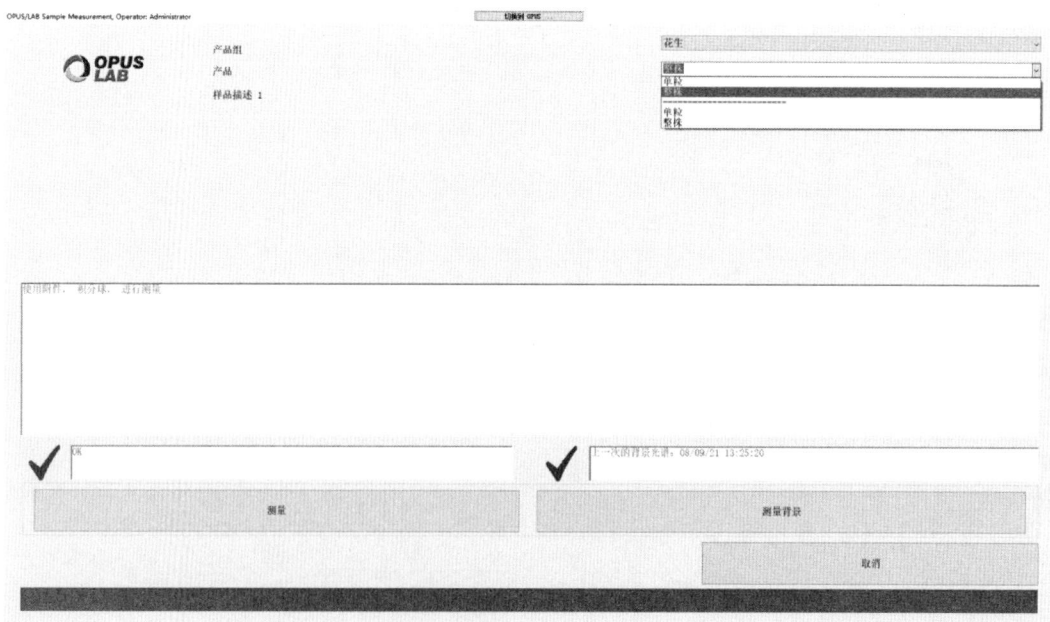

图 3 - 39　模式选择界面

e. 编辑测量株系的名称编号,点击测量按钮进行测量(图 3 - 40)。

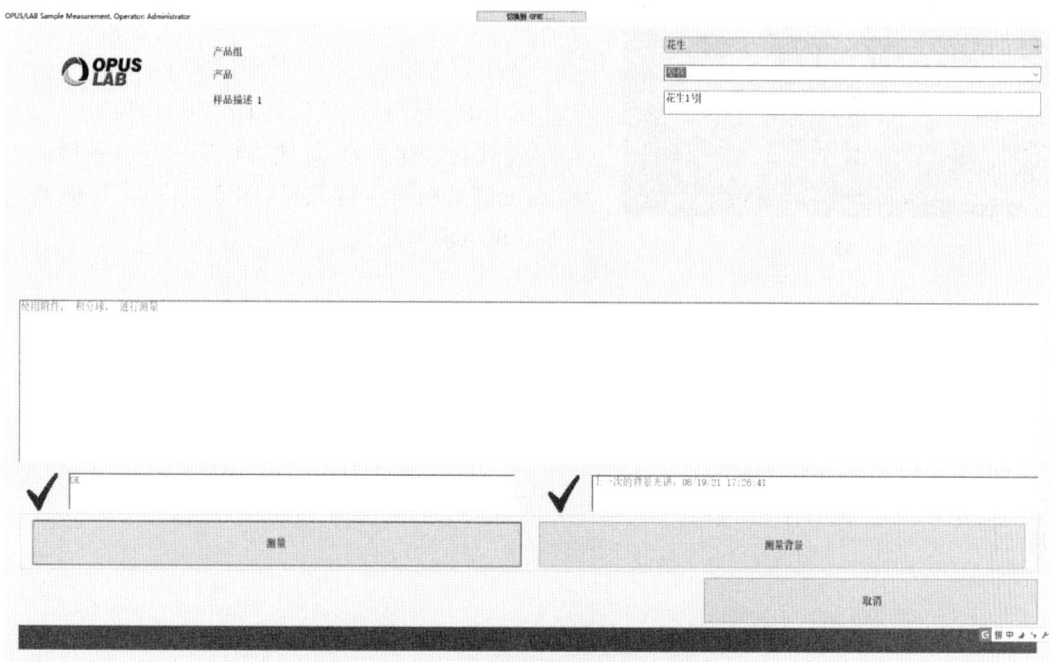

图 3 - 40　测量株系编号编辑页面

f. 样品一测量完成(图 3 - 41)。

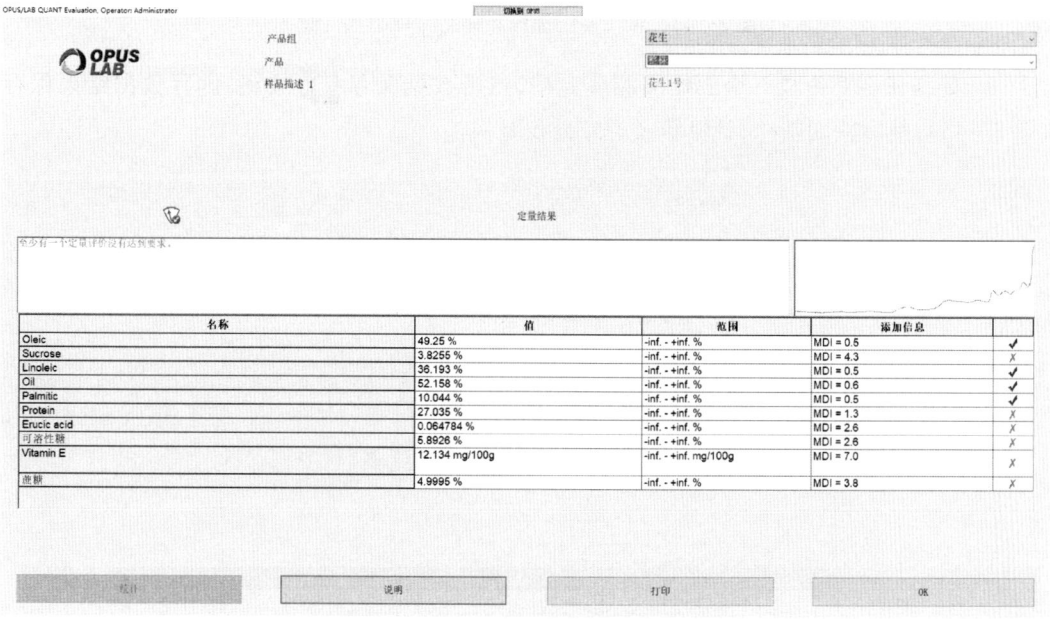

名称	值	范围	添加信息	
Oleic	49.25 %	-inf. - +inf. %	MDI = 0.5	✓
Sucrose	3.8255 %	-inf. - +inf. %	MDI = 4.3	✗
Linoleic	36.193 %	-inf. - +inf. %	MDI = 0.5	✓
Oil	52.158 %	-inf. - +inf. %	MDI = 0.6	✓
Palmitic	10.044 %	-inf. - +inf. %	MDI = 0.5	✓
Protein	27.035 %	-inf. - +inf. %	MDI = 1.3	✗
Erucic acid	0.064784 %	-inf. - +inf. %	MDI = 2.6	✗
可溶性糖	5.8926 %	-inf. - +inf. %	MDI = 2.6	✗
Vitamin E	12.134 mg/100g	-inf. - +inf. mg/100g	MDI = 7.0	✗
蔗糖	4.9995 %	-inf. - +inf. %	MDI = 3.8	✗

图 3 - 41　测量结果页面

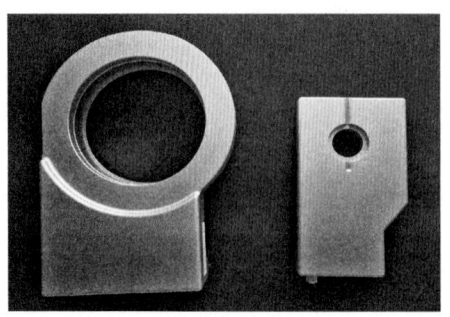

图 3-42　杯托

g. 若继续测量,则点击 OK 按钮,进行下一样品的测量。重复步骤 e,得到下一样品测量结果。

② 单粒测量模式:具体步骤如下。

a. 更换单粒样品杯托(图 3-42 右)。

b. 进入选择界面,选择单粒模式并命名样品名称,点击测量按钮进行测量(图 3-43)。其他测量步骤同单株测量模式。

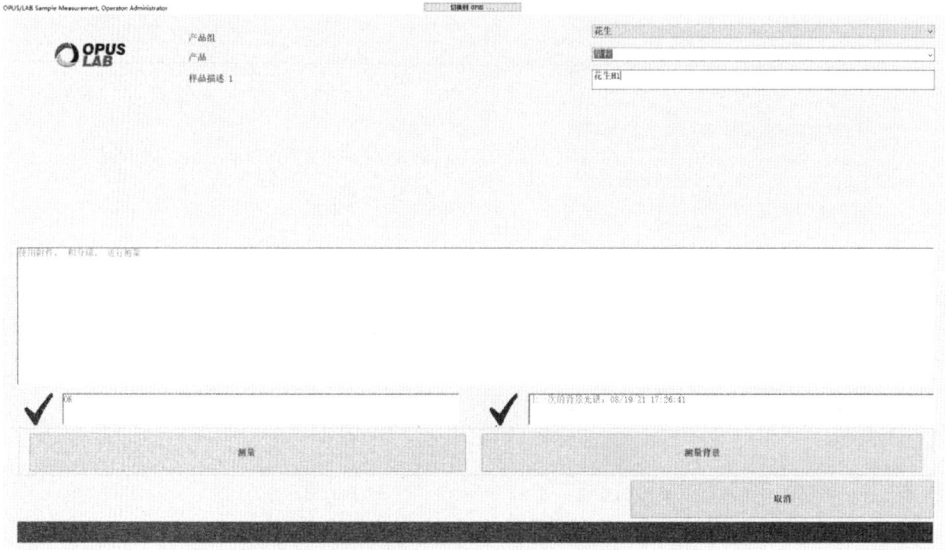

图 3-43　单粒模式选择和样品名称命名页面

3. 数据保存及关机　全部样品测量完毕,点击数据保存 按钮,进行数据结果保存(图 3-44),然后关闭软件、计算机及近红外仪开关。

图 3-44　数据保存页面

(三) 波通公司 DA7200 型近红外仪

1. 测量前的准备

(1) 使用波通近红外分析仪测量,在装样时尽量少留缝隙,花生仁与测量杯上边缘平齐,并保证上表面平整(图 3 - 45)。

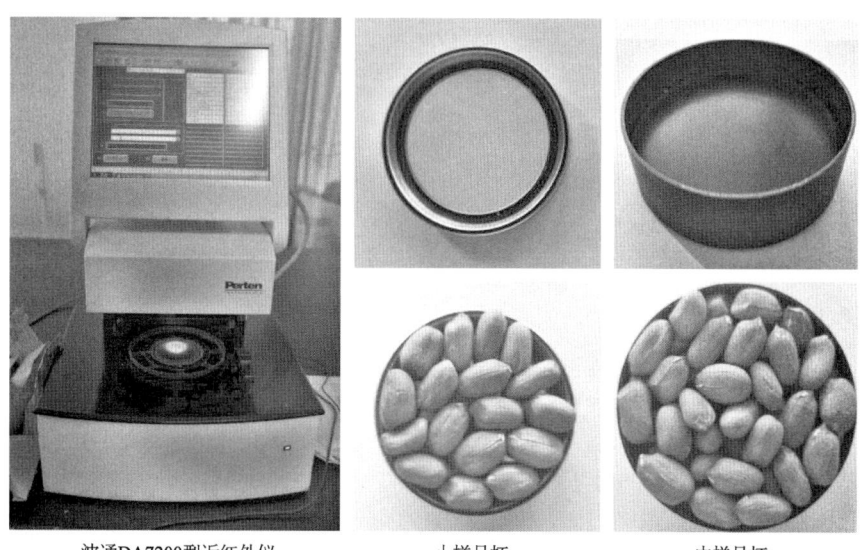

波通DA7200型近红外仪　　　　小样品杯　　　　中样品杯

图 3 - 45　波通 DA7200 型近红外仪及花生样品盛放状态

(2) 启动电脑及近红外仪,打开软件,等仪器预热 30 min 后安装杯托和盛放样品的测量杯。如图 3 - 46 为小样和中样测量杯上机,不同测量杯需替换配套杯托。

小样测量杯上机　　　　　　中样测量杯上机

小样杯托　　　　　　中样杯托

图 3 - 46　波通 DA7200 型近红外仪小样和中样测量杯上机

2. 样品检测操作

（1）等仪器启动后，在 Windows 界面里面，点击软件快捷方式 "Simplicity for DA7200"。出现如图 3-47 所示的界面，点击 "登录"。

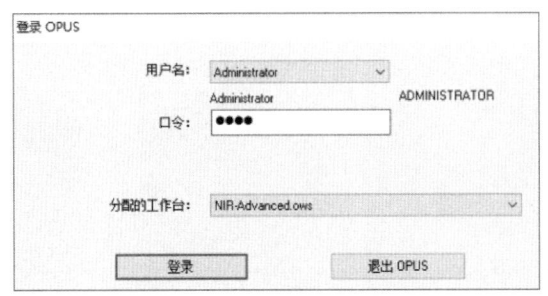

图 3-47 OPUS 登录界面

（2）进入软件操作界面，如图 3-48，点击 "OK" 按钮。

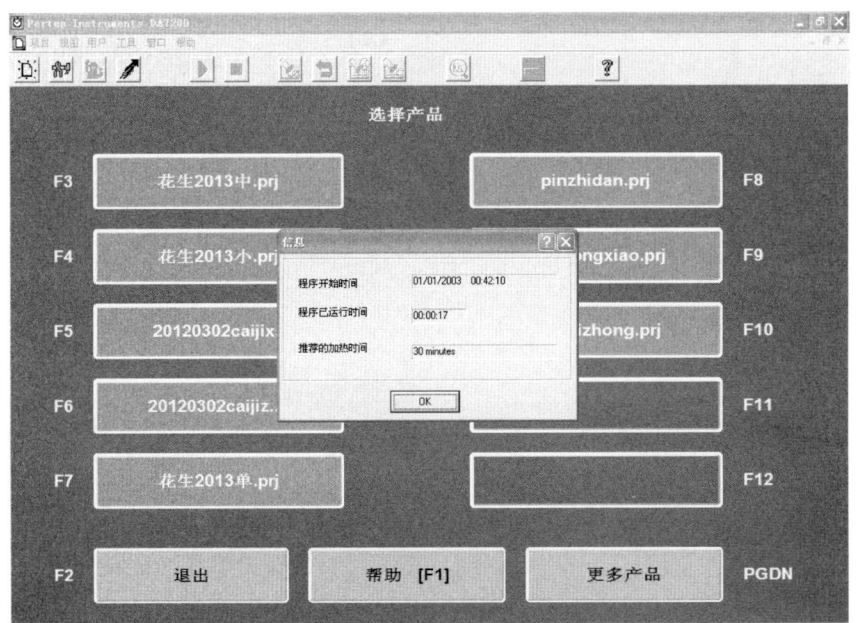

图 3-48 软件操作界面

（3）选择左上 "花生 2013 小" 红色按钮（若样品为中样，则选择 "花生 2013 中"，后续步骤一致），弹出如图 3-49 工作界面（等待测量基线完成）。

（4）在 "样品框" 空白处添加样品信息，点击 "分析" 按钮，在某些项目中，每个样品被要求进行多次分析，当测完第一次时，会弹出一个对话框，上面显示 "请为下一次重装样做准备"。此时，软件将要求对样品盘进行重新装样并将其放回到仪器上。点击 "分析" 按钮，结果如图 3-50。

（5）分析下一个样品。当完成一个样品的分析后，用户可以重新装好样品，输入样品编号，再点击 "分析" 即可。重复步骤 4，得到该样品测量结果。

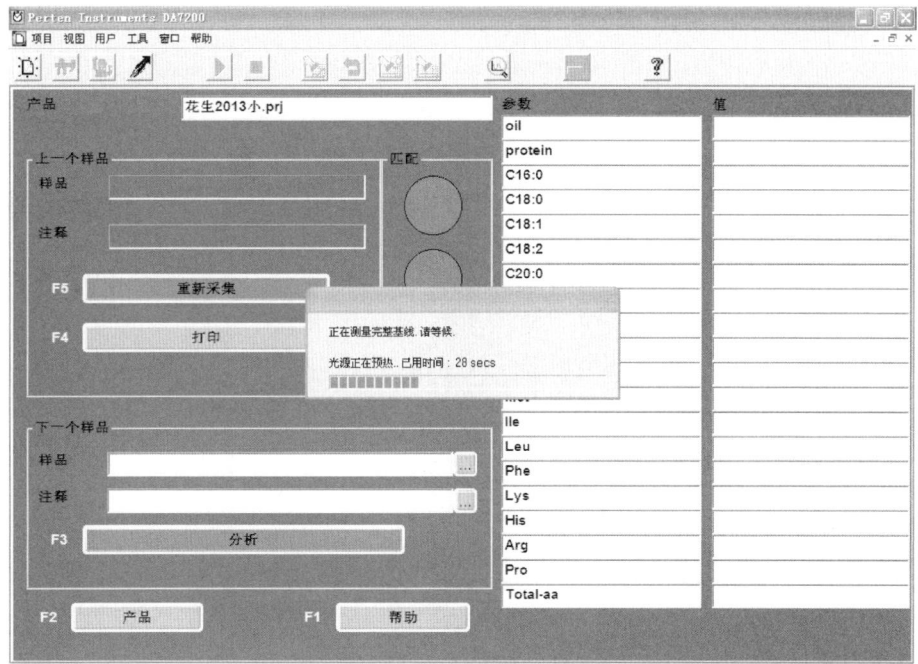

图 3 - 49 测量基线等待界面

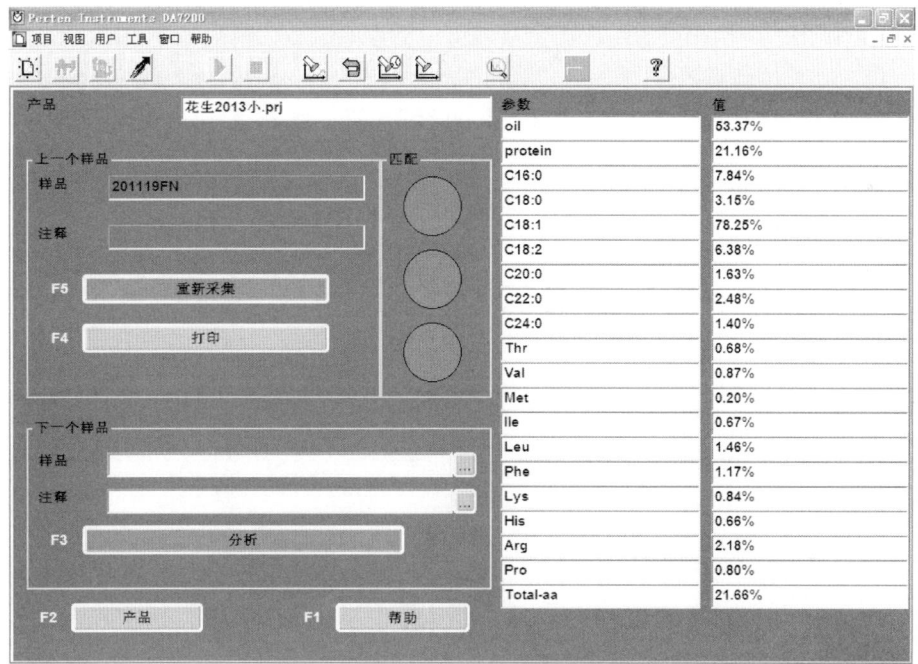

图 3 - 50 分析结果

3. 数据保存及关机

（1）测量完不需要特意保存,结果是自动保存的。分析项目中使用的数据文件存储在
PDA7200 目录下：C：\PDA7200\Data\Products。

（2）数据导出：具体操作步骤如下。

① 工具──→实用功能──→导出──→预测数据，如图 3 - 51。

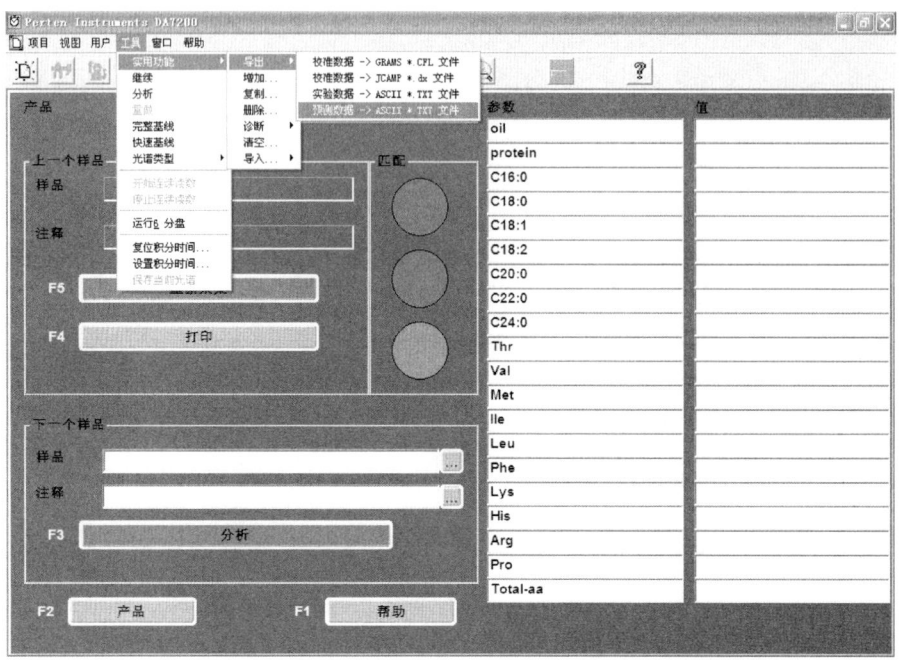

图 3 - 51 数据导出

② 点击要导出的项目名称，点击"确定"，如图 3 - 52。

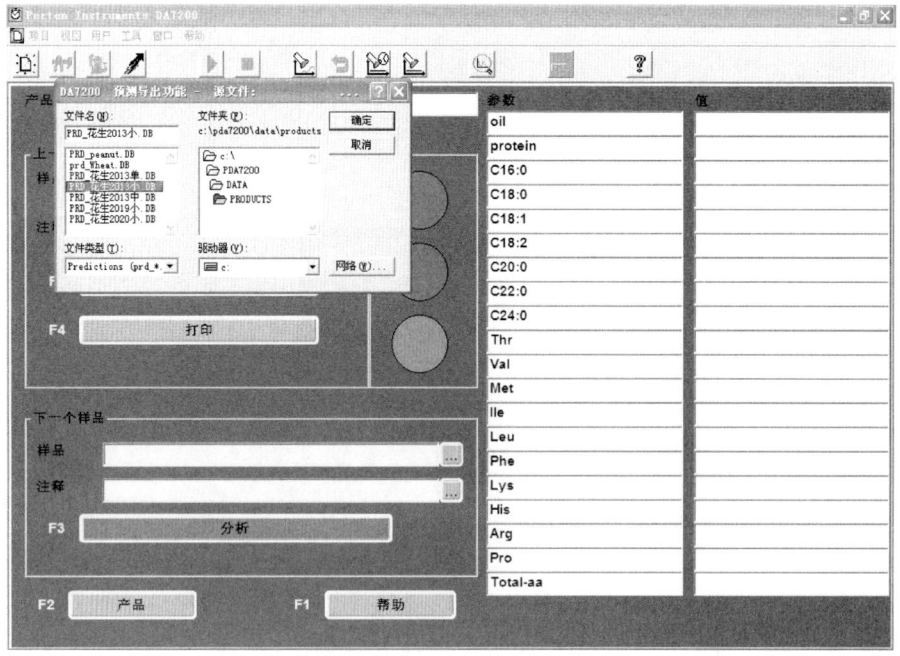

图 3 - 52 选择要导出的项目

③ 将要导出的数据在 Marker 选项中双击选中,出现"×"图标(图 3 - 53),选择完,点击"Finish",数据导出成功。

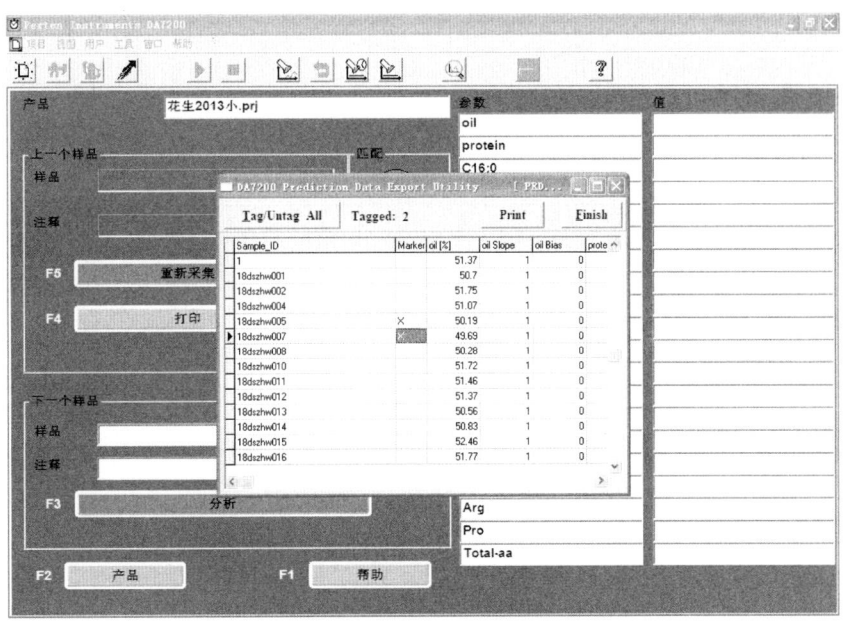

图 3 - 53　选择要导出的数据

(3) 关闭软件、计算机,近红外仪要放热 30 min 后再关闭。

三、高油酸花生近红外自动分选设备

目前,瑞士和美国已有高油酸花生近红外自动分选设备生产。

QSorter Explorer(图 3 - 54)于 2014 年上市。分选花生子仁的速度为 20~30 粒/s 或 1 200~1 800 粒/min*。可同时根据油酸含量、水分、油分、种子长宽、霉变及破损粒、黄曲霉毒素污染高危粒等多项指标进行分选。

美国 Davis 等(2021)基于该设备建立了油酸含量的近红外模型,并对模型进行了验证(表 3 - 14)。选用不同粒级的高油酸和普通花生子仁,按一定比例人为混合成待测试样,通过该机械进行分选,估算了不同油酸含量阈值下的错判率(图 3 - 55),并研究了抽样种子粒数对高油酸子仁纯度估算的影响。

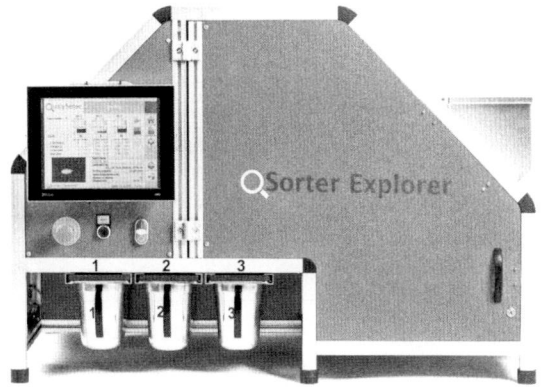

图 3 - 54　QSorter Explorer 近红外自动分选机

(图片来源:厂商网站)

＊　Peanuts Solutions. Quality Control and Breeding. https:// www.qualysense.com/ peanuts

表 3 - 14　Davis 等(2021)NIRS 油酸含量模型相关参数

统 计 参 数	结　果　(%)
SEP	6.34;95%置信区间:[5.70, 7.14]
RMSEP	6.33;95%置信区间:[5.77, 7.08]
偏差	0.11;95%置信区间:[-0.91, 1.13]
重复性误差(repeatability error)	4.75;95%置信区间:[4.38, 5.20]
R^2	0.78;95%置信区间:[0.71, 0.84]

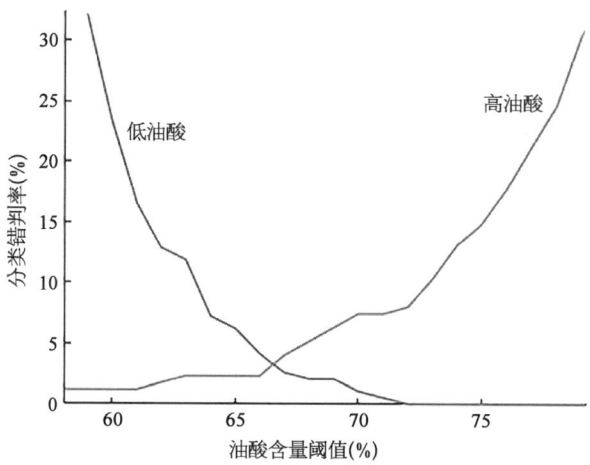

图 3 - 55　油酸含量阈值与错判率的关系(Davis 等,2021)

SEEDMEISTER Mark IIIx(图 3 - 56)每 4 min 种子处理量可达 100 粒。可根据油酸、亚油酸含量进行测试、分选[*]。

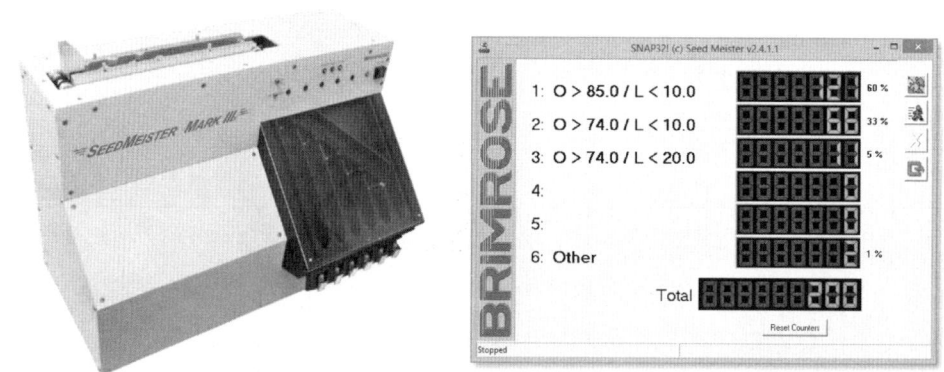

图 3 - 56　SEEDMEISTER Mark IIIx 种子测试、分选设备

(图片来源:厂商网站)

---

[*] Sort Peanut. SEEDMEISTER Mark IIIx Tests & Sorts Peanuts for Oleic & Linoleic Acid. https://static1.squarespace.com/static/58cd62b759cc688ab46997dd/t/5e8df0e35a06753ee4256b89/1586360548715/SEEDMEISTER-MARKIIIx-solution - 001 - 1.pdf

第五节　核磁共振和高光谱技术

核磁共振、高光谱技术与近红外技术一样,都可以实现对油酸、亚油酸等品质指标的无损测定。

核磁共振技术过去常用于测定作物种子含油量。目前市面上已有能无损测定作物油酸、亚油酸含量的 NMR 仪器。如 SLK－200(SPINLOCK SRL,阿根廷)这款仪器(图3－57),能测定花生含水量、含油量、油酸和亚油酸含量。样品可以是单粒或多粒种子,不需预处理(表3－15)。

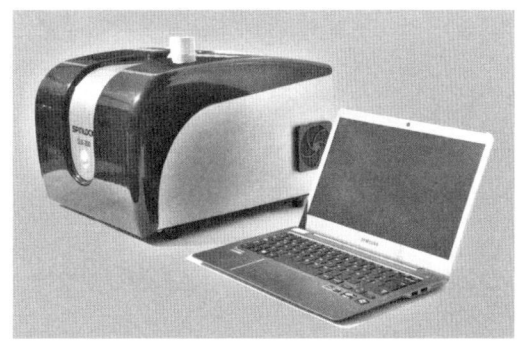

图 3－57　Spinlock SLK－200 花生品质测定仪

(https://www.spinlock.com.ar/)

表 3－15　测量花生种子品质指标的可重复性、精确度与测量耗时

品质指标	27 cm³花生种子			单粒花生种子	
	可重复性 (95％置信水平)	精确度 (95％置信水平)	测量耗时(s)	可重复性 (95％置信水平)	测量耗时(s)
油脂	±0.06％	±1％	4	—	—
水分	±0.07％	±0.6％	4	±2.0％	50
脂肪酸*	±0.50％	±2％	20	±1.0％	150
蛋白质	±0.2％	±0.7％	12	—	—

数据来源: https://www.spinlock.com.ar/wp-content/uploads/2021/04/SLK－200－PEANUT.pdf。＊指油酸、亚油酸和总饱和脂肪酸。

中国农业科学院农产品加工研究所油料加工与品质调控创新团队建立了基于高光谱成像技术检测花生中油酸含量分布的方法(王强等,2015)。高光谱成像可检测传统近红外光谱所不能提供的食品组分(如油酸和亚油酸)三维信息(Mzimbiri,2016)。

参 考 文 献

[1]　曹艳平,陈金东,李蔚,等.气相色谱 质谱在食品安全监测中的应用.青岛:海洋大学出版社,2017.
[2]　范晖.花生脂肪酸快速测定法的研究.山东农业大学学报(自然科学版),1991,(4):413～416.
[3]　高慧敏,张颖君.花生种子脂肪酸含量的微量、快速测定.中国农学通报,2010,26(13):98～103.

［4］　谷建中,任丽,金建猛,等.高油酸花生组合 F₂代分离情况速测报告.种业导刊,2006,7：44.

［5］　淮东欣,吴洁,薛晓梦,等.便携式高油酸花生鉴定仪的研制.中国油料作物学报,2021. https://doi.org/10. 19802/j. issn. 1007－9084.2021034

［6］　雷永,廖伯寿,姜慧芳,等.花生高油酸材料的快速鉴定方法.中国专利,2010.

［7］　李建国,淮东欣,张照华,等.单粒花生主要脂肪酸含量近红外预测模型的建立及其应用.作物学报,2019,45(12)：1891～1898.

［8］　李子祥,邓敏,王晨悦,等.基于 UPLC/Q－TOFMS/MS 的花生油成分分析.中国油脂,2021,46(3)：122～127.

［9］　刘婷,王传堂,唐月异,等.花生自然风干种子维生素 E 含量近红外分析模型构建.山东农业科学,2018,50(6)：163～166.

［10］　任东,瞿芳芳,陆安祥.近红外光谱分析技术与应用.北京：科学出版社,2016.

［11］　王传堂.生物技术和近红外技术在花生育种中的应用.中国海洋大学博士学位论文.2010

［12］　王传堂,朱立贵,主编.高油酸花生.上海：上海科学技术出版社,2017.

［13］　王强,石爱民,瑞哈曼米兹比瑞,等.基于高光谱成像技术检测花生中油酸含量分布的方法,中国专利：CN105203464A.2015－12－30.

［14］　伍新龄,王风玲,关文强.植物油脂肪酸甲酯化方法比较与含量测定.食品研究与开发,2015,(7)：84～87.

［15］　严俊安,谭洪兴,朱李佳,等.红皮花生和白皮花生中脂肪酸成分的定量与比较.卫生研究,2017,46(1)：62～69.

［16］　杨传得.花生脂肪酸分析技术研究及鲁丰 2 号高油酸突变体差异表达基因分离.吉林农业大学硕士论文,2012.

［17］　杨传得,关淑艳,唐月异,等.花生单粒种子脂肪酸含量的气谱快速无损测定(英文).花生学报,2012,41(3)：21～26.

［18］　杨传得,唐月异,王秀贞,等.傅里叶近红外漫反射光谱技术在花生脂肪酸分析中的应用.花生学报,2015,44(1)：11～17.

［19］　杨军军,庞洪利,韩宏伟,等.花生油油酸、亚油酸含量近红外模型构建.农业与技术,2021,41(15)：4～7.

［20］　应义斌,韩东海,主编.农产品无损检测技术.北京：化学工业出版社,2005.

［21］　禹山林,主编.中国花生遗传育种学.上海：上海科学技术出版社,2010.

［22］　张建成,王传堂,王秀贞,等.花生自然风干种子油酸、亚油酸和棕榈酸含量的近红外分析模型构建.中国农学通报,2011,27(3)：90～93.

［23］　张欣,唐月异,王秀贞,等.花生自然风干种子芥酸含量近红外分析模型构建.山东农业科学,2018a,50(10)：138～141.

［24］　张欣,唐月异,王秀贞,等.花生油过氧化值和酸值近红外分析模型构建.山东农业科学,2018b,50(6)：167～170.

［25］　赵雷,常辉,胡金山,等.毛细管电泳在食用油脂脂肪酸检测中的应用.农产品加工(学刊),2014,(9)：66～68.

［26］　郑振佳,赵先恩,迟炳海,等.花生油中游离脂肪酸的 HPLC－FLD 分析.分析试验室,2011,30(3)：23～27.

［27］　中华人民共和国国家卫生和计划生育委员会,国家食品药品监督管理总局. GB5009.168—2016 食品安全国家标准 食品中脂肪酸的测定.2016.

［28］　中国农业科学院油料作物研究所,武汉中油科技新产业有限公司.高油酸花生鉴定仪使用说明书.2021.

［29］　中华人民共和国国家质量监督检验检疫总局,中国国家标准化管理委员会. GB/T173762008.动植物油脂脂肪酸甲酯制备.2008a.

［30］　中华人民共和国国家质量监督检验检疫总局,中国国家标准化管理委员会. GB/T17377.动植物油脂脂肪酸甲酯的气相色谱分析.2008b.

［31］　Bannore YC, Chenault KD, Melouk HA et al. Capillary electrophoresis of some free fatty acids using partially aqueous electrolyte systems and indirect UV detection. Application to the analysis of oleic and linoleic acids in peanut breeding lines. Journal of Separation Science, 2008, 31, 2667～

2676.

[32] Chamberlin KD,Melouk HA,Madden R, et al. Determining the oleic/linoleic acid ratio in a single peanut seed: a comparison of two methods. Peanut Science, 2011, 38(2): 78~84.

[33] Chamberlin KD,Barkley NA,Tillman BL, et al. A comparison of methods used to determine the oleic/linoleic acid ratio in cultivated peanut (*Arachis hypogaea* L.). Agricultural Sciences, 2014, 5(5): 227~237.

[34] Davis BI, Agraz CB, Kline M, et al. Measurements of high oleic purity in peanut lots using rapid, single kernel near-infrared reflectance spectroscopy. Journal of the American Oil Chemists' Society, 2021, 98: 621~632.

[35] Davis JP, Dean LO, Faircloth WH, et al. Physical and chemical characterizations of normal and high-oleic oils from nine commercial cultivars of peanut. Journal of the American Oil Chemists' Society, 2008, 85: 235~243.

[36] Davis JP,Sweigart DS,Price KM et al. Refractive index and density measurements of peanut oil for determining oleic and linoleic acid contents. Journal of the American Oil Chemists' Society, 2013, 90(2): 199~206.

[37] Dong XY, Zhong J, Wei F, et al. Triacylglycerol Composition Profiling and Comparison of High-Oleic and Normal Peanut Oils. Journal of the American Oil Chemists' Society, 2015, 92, 233~242. https://doi.org/10.1007/s11746-014-2580-5.

[38] Fox G, Cruickshank A. Near infrared reflectance as a rapid and inexpensive surrogate measure for fatty acid composition and oil content of peanuts (*Arachis hypogaea* L.). Journal of near infrared spectroscopy, 2005, 13(5): 287~291.

[39] Gölükcü M, Toker R, Tokgöz H, et al. Oil content and fatty acid composition of some peanut (*Arachis hypogaea*) cultivars grown in Antalya conditions. GIDA- Journal of Food, 2016, 41 (1): 31~36.

[40] Goyal SS. A simple method for determination of fatty acid composition of seed oils using high performance liquid chromatography. Communications in Soil Science and Plant Analysis, 2000, 31 (11-14): 1919~1927, DOI: 10.1080/00103620009370549.

[41] Goyal SS. Use of high performance liquid chromatography for soil and plant analysis. Communications in Soil Science and Plant Analysis, 2002, 33(15-18): 2617~2641. http://dx.doi.org/10.1081/CSS-120014468

[42] Hein M,Isengard HD. Determination of underivated fatty acids by HPLC. European Food Research and Technology, 1997, 204(6): 420~424.

[43] Kaveri SB, Nadaf HL, Salimath PM. Comparison of two methods for fatty acid analysis in peanut (*Arachis hypogaea* L.). Indian Journal of Agricultural Research, 2009, 43(3): 215~218.

[44] Khan AR, Emery DA, Singleton JA. Refractive index as a basis for assessing fatty acid composition in segregating populations derived from intraspecific crosses of cultivated peanuts. Crop Science, 1974, 14(3): 464~468.

[45] Misra JB, Mathur RS, Bhatt DM. Near-infrared transmittance spectroscopy: A potential tool for non-destructive determination of oil content in groundnuts. Journal of the Science of Food and Agriculture, 2000, 80(2): 237~240.

[46] Mzimbiri R. Study on determination of oleic and linoleic fatty acids contents in peanut seeds varieties and its oil product using HSI and NIRS(基于高光谱成像技术和近红外光谱技术测定花生种子及花生油中油酸和亚油酸含量的方法研究). 中国农业科学院博士学位论文,2016.

[47] Phillips RJ, Singleton B. The determination of specific free fatty acids in peanut oil by gas chromatography. Journal of the American Oil Chemists' Society, 1978, 55(2): 225~227.

[48] Sundaram J,Kandala CV, Holser RA, et al. 2010. Determination of in-shell peanut oil and fatty acid composition using near-infrared reflectance spectroscopy. Journal of the American Oil Chemists Society, 2010, 87(10): 1103~1114.

[49] Sweigart DS, Homich CA, Stuart DA. Rapid single kernel refractive index test that differentiate regualr from high oleic peanuts. Proceedings of American Peanut Research and Education Society,

2011, 43: 27~28.

[50]　Tillman BL, Gorbet DW, Person G. Predicting oleic and linoleic acid content of single peanut seeds using near-infrared reflectance spectroscopy. Crop Science, 2006, 46(5): 2121~2126.

[51]　Wang CT, Wang XZ, Tang YY, et al. Predicting main fatty acids, oil and protein content in intact single seeds of groundnut by near infrared reflectance spectroscopy. Advanced Materials Research, 2014, 860 - 863: 490~496.

[52]　Yu H, Liu H, Wang Q, et al. Evaluation of portable and benchtop NIR for classification of high oleic acid peanuts and fatty acid quantitation. LWT - Food Science and Technology, 2020, 128: 109398.

[53]　Zeile WL, Knauft DA, Kelly CB. A Rapid non-destructive technique for fatty acid determination in individual peanut seed. Peanut Science, 1993, 20(1): 9~11.

第四章 高油酸花生育种方法与策略

高油酸花生新品种能否在生产上站得住脚,能不能受到种植者、加工者和消费者的认可,是衡量高油酸品种成功与否的重要标志。要多快好省地培育出适销对路的高油酸花生新品种,就必须了解高油酸性状的遗传机制,必须掌握先进的育种技术与方法,必须制定合适的育种策略。

第一节 花生高油酸性状的分子基础

自从美国 Norden 等(1987)筛选出油酸含量高达 80% 的高油酸花生自然突变体 F435 后,国内外围绕花生油酸、亚油酸含量的分子基础及遗传规律开展了大量研究并取得了显著进展。已知 FAD2(oleate desaturase、oleate dehydrogenase,油酸去饱和酶、油酸脱氢酶)是脂肪酸生物合成途径中催化油酸从羧基端数起第 12 位碳脱氢形成双键向亚油酸转变的酶(图 4-1)。编码该酶的基因 *FAD2* 是控制花生高油酸性状的主效基因。

花生栽培种为异源四倍体(allotetraploid)或称双二倍体(amphidiploid),系两个二倍体野生种杂交形成杂种,再经染色体加倍或染色体未减数而成。因此,花生栽培种有来自两个祖先野生种的各一对油酸去饱和酶基因,即 *FAD2A* 和 *FAD2B*(分别来自 A 和 B 亚基因组)。要形成高油酸表型,需要这两对基因同时失活。

普通油酸含量的栽培种花生,多数普通型(Virginia type,弗吉尼亚型)品种其中的一对基因(*FAD2A* 基因)

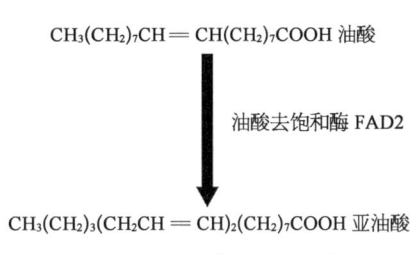

$$CH_3(CH_2)_7CH = CH(CH_2)_7COOH \text{ 油酸}$$

油酸去饱和酶 FAD2

$$CH_3(CH_2)_3(CH_2CH = CH)_2(CH_2)_7COOH \text{ 亚油酸}$$

图 4-1 FAD2 催化油酸去饱和生成亚油酸

已失活,而珍珠豆型(Spanish type,西班牙型)品种和多粒型(Valencia type)品种 *FAD2A* 和 *FAD2B* 这两对基因均属正常,因此一般而言,普通型大花生油酸含量和油亚比高于珍珠豆型品种和多粒型品种。利用高油酸亲本与普通油酸亲本杂交,如普通油酸亲本 *FAD2A* 基因已失活,杂交 F₂ 代种子油酸含量性状呈一对基因控制的 3(普通油酸):1(高油酸)分离比;如果普通油酸亲本 *FAD2A* 和 *FAD2B* 均属正常,则杂交 F₂ 代种子油酸含量性状呈两对基因控制的 15(普通油酸):1(高油酸)分离比。由此可见选择普通油酸亲本的重要性。

第二节 高油酸花生育种方法与育种策略

突变育种(mutation breeding)、杂交育种(cross breeding)和回交育种(backcross

breeding)是高油酸花生行之有效的育种方法。近年来,基因组编辑技术(genome editing)已开始应用于花生脂肪酸遗传改良。借助近红外仪、色谱仪、PCR(polymerase chain reaction,聚合酶链式反应)等仪器设备,筛选鉴定高油酸突变体,并将其作为杂交亲本用于近红外技术和分子标记(molecular marker)辅助选择的杂交或回交育种。高油酸品种用作杂交亲本的效果常常优于高油酸突变体。个别情况下,对高油酸突变群体进行选择可直接育成高油酸品种(王传堂、朱立贵,2017)。

一、突 变 育 种

国内外花生育种家利用自发突变(或称自然突变)(spontaneous mutation)、辐射诱变(radiation-induced mutation)和化学诱变(chemical mutation)等方法,获得多份花生高油酸突变体,为高油酸花生育种提供了亲本材料。如美国就鉴定、创制出 5 份高油酸花生突变体用于育种(表 4-1)。

表 4-1　美国高油酸花生突变体(王传堂、朱立贵,2017)

品　种　(系)	油酸含量	方　法	来　源
F435	＞80%	自然突变	F78-1339
M2-225(AT2-225)	约 80%	DES 诱变	AT-108
458(C458, Flavorunner 458 或 MF, Mycogen-Flavo)	约 80%	EMS 诱变	Florunner
GA-T2636M	—	γ射线诱变	Georia Runner
FR596	—		Florunner

注:FR596 源自与 458 不同的独立突变事件。

(一) 自发突变

目标性状的自发突变"可遇而不可求"。花生高油酸突变体最早的报道来自美国,Norden 等(1987)分析了佛罗里达花生育种项目 494 份花生材料完好子仁的脂肪酸含量,从中鉴定出 2 份高油酸自然突变体 435-2—1 和 435-2—2(后称为 F435、UF435 或 F435-HO),其油酸含量分别为 79.91% 和 79.71%,亚油酸含量约为 2%,油亚比分别为 37.34 和 34.81。而之前已知的花生种质资源,油亚比基本在 5 以下,但少有超过 3 的。这两份高油酸材料来自 1959 年收到的美国农业部农研局(USDA/ARS)马里兰州花生研究领头人 W. K. Bailey 提供的种子样品。原始材料系 Florispan 衍生系,但种子性状异于 Florispan,推测发生了异交。1968~1974 年间曾测定其脂肪酸成分,油酸含量为 $50.8\% \pm 1.3\%$,亚油酸含量为 $26.2\% \pm 1.2\%$。测序结果表明,高油酸自发突变体 F435 的 *FAD2B* 基因编码区 442 位发生了一个 A 插入。F435 被广泛用于花生高油酸育种。习惯上,将 *FAD2A* 448 G＞A(或称 *FAD2A* G448A)和 *FAD2B* 441_442insA(或称 *FAD2B* 442A)称为"F435 型突变"(F435 type mutations)或"F435 型 *FAD2* 突变"(F435 type *FAD2* mutations)。具有 F435 型 *FAD2* 突变的高油酸供体通常称为"F435 型高油酸供体"(F435 type high oleic donor)。

山东省花生研究所分子育种团队用近红外仪扫描普通油酸含量的花生品种冀花 4 号,

发现一高油酸单株,且其高油酸特性能稳定遗传。经农业农村部油料及制品质量监督检验测试中心(武汉)化验,其油酸含量为 80.3%、亚油酸含量为 2.1%、油亚比为 38.2,命名为FB4。测序表明,其为 F435 型高油酸突变体。利用 FB4 作杂交亲本育成了高油酸花生新品种阜花 27 和高油酸花生新品系虔油 D77。

该育种团队还从(日花 1 号×花育 9618)F$_2$ 单株中通过近红外扫描鉴定出一高油酸自然突变株 F2-420-425-29,油酸含量大于 72%。对其所结的 20 粒饱满种子进行单粒扫描,发现其中 12 粒油酸含量高于 72%,经气相色谱法分析,证实其油酸含量高于 77%,油亚比>25;其亲本无论是日花 1 号还是花育 9618,油酸含量都低于 50%,油亚比均<2。选取编号为 F2-420-425-29-3、F2-420-425-29-7 和 F2-420-425-29-13 的 3 粒种子检测其 FAD2 基因,挑选单克隆测序,发现这 3 粒高油酸种子及父本花育 9618 的 FAD2A序列在编码区 448 位都有一个 G>A 替换,而母本日花 1 号此位置是 G,推测这个位置的碱基替换来自父本。3 粒高油酸种子 FAD2B 基因编码区 442 位均检出其双亲所不具备的单碱基插入(王传堂等,2016;Wang 等,2015b)。

辽宁省沙地治理与利用研究所花生育种团队经近红外扫描从野生种后代中发现一高油酸突变株 ya-5(于树涛等,2015)。经气相色谱法检测,整株 20 粒种子油酸含量均在 80%以上。

美国 Wang 等(2015a)筛选了 4 000 多份花生资源,从中鉴定出两份交替开花亚种高油酸自然突变体 PI 342664、PI 342666(均来自巴基斯坦),油酸含量均在 75%以上。其FAD2A 基因编码区 448 位 G>A 突变同先前报道,而 FAD2B 基因 C301G 突变导致第一个组氨酸盒中的氨基酸改变(H101D),为新突变。

陈四龙等(2018)采用花生种子脂肪酸含量近红外测试技术,从 370 份花生资源中鉴定出 2 个油酸含量超过 80%的高油酸品系。对 FAD2A 和 FAD2B 基因编码区测序,揭示出其中一个为 F435 突变型,另外一个 FAD2A 突变同 F435,而 FAD2B 则存在 C814T 突变,导致 H272Y 突变(但不在 FAD2 的 3 个保守组氨酸盒内),将该突变基因命名为AhFAD2B-814,该突变体暂定名为 c814t。将 AhFAD2B-814 在酿酒酵母表达系统INVScI/pYES2.0 体内表达,转化子 pYES2/AhFAD2B-814 的亚油酸含量仅为野生型FAD2A 和 FAD2B 基因转化子的 50.5%和 46.5%,比 F435 型 FAD2A 和 FAD2B 突变基因转化子的亚油酸含量分别减少 3.82%和 24.30%。推测 FAD2B H272Y 突变能显著降低 FAD2B 活性(陈四龙等,2018)。

(二) 诱发突变

诱发突变适合对个别性状的遗传改良,因此宜选用综合性状好的花生品种或有希望的新品系作亲本诱发高油酸突变。从育种角度看,对种子进行辐照处理或化学诱变剂浸泡处理均可,但因为化学突变体多发生点突变,物理诱变剂通常导致染色体变化和较大的 DNA缺失,如考虑便于后期基因定位,建议优先考虑化学诱变剂处理。萌动期种子对诱变处理的敏感性高于干种子,种子预先用水浸泡再用花生诱变剂处理通常具有很好的效果。对 M$_2$单粒种子选择有助于减少 M$_2$ 植株种植规模,但由于受理化诱变处理的影响,M$_1$ 植株所结M$_2$ 种子的某些抗性、品质性状变异等可能是生理性的而非可遗传的,而且 FAD2A、

FAD2B 隐性基因可能尚未纯合,因此对 M_2 单粒种子选择未必可靠(Wang 等,2012)。鉴于产量性状选择也是推后较好,可考虑就 M_3 单粒种子或 M_3 植株所结整株种子进行高油酸性状的选择。

　　1. 辐射诱变　辐射诱变是指以 X 射线、γ 射线、中子、紫外线和 β 射线等多种不同的射线为诱变源来处理植物以获得突变材料。其中,最常用的是 γ 射线诱变。

　　美国用 200 Gy(20 kRad)γ 射线辐照 Georgia Runner 种子,从 M_3 代选出高油酸突变体 GA‑T2636M。用其作父本与 GC‑C330A 杂交,育成了高油酸品种 Georgia Hi‑O/L。

　　山东省花生研究所杂交育种团队从 1990 年辐射突变体衍生后代中鉴定出 4 份油亚比超过 15 的材料,其中 SPI087 油酸含量为 79.01%,油亚比为 25.48;SPI098 油酸含量为 81.59%,油亚比为 37.25;SPI184 油酸含量为 81.19%,油亚比为 25.29;SPI214 油酸含量为 80.67%,油亚比为 17.89(禹山林等,2003)。利用 SPI098 作杂交亲本育成了高油酸花生品种花育 32 号,2009 年通过山东省审定。

　　山东省花生研究所分子育种团队利用 γ 射线诱变获得了高油酸突变体 CTWE,其油酸含量为 79.9%,亚油酸含量为 2.2%,油亚比为 36.3。花育 961、花育 963、花育 662、花育 663、花育 664 等高油酸高产花生新品种都是以 CTWE 为杂交亲本选育而成的。

　　印度 Nadaf 等(2017)报道,具突变型 *FAD2A* 基因、兼抗晚斑病和锈病的花生品种 GPBD‑4 经 200 Gy 或 300 Gy 的 γ 射线处理,得到两个高油酸突变体 GM 6‑1 和 GM 4‑3。GM 6‑1 有两个 *FAD2B* 新突变 A1085G 和 G1111A,而 GM 4‑3 只有 G1111A 新突变,认为后一个突变是重要的。

　　侯蕾等(2016)用近红外技术筛选 500 Gy ^{60}Co γ 射线辐照鲁花 11 号、花育 36 号、花育 23 号等品种后代群体,获得了高油酸突变体。但未有进一步通过色谱法测定确认的报道。

　　山东省花生研究所杂交育种团队用近红外技术筛选 ^{60}Co γ 射线辐照花育 19 号、花育 20 号以及用快中子辐照四粒红的后代群体,均获得了高油酸突变体(迟晓元等,2020)。

　　2. 化学诱变　化学诱变是创制新种质、培育新品种的重要途径,后代通常稳定较快,适合创制高油酸花生新材料。

　　花育 40 号是一个高产、广适、适合机械化收获的花生新品种,2013 年通过全国农作物品种鉴定委员会鉴定,但油酸含量不高。为此,山东省花生研究所分子育种团队利用 15 mmol/L 叠氮化钠溶液浸泡该品种种子,M_3 种子经近红外扫描获得一高油酸单株 27‑31‑6,其油酸含量 78.46%、亚油酸含量 3.84%、油亚比 20.46。对该突变株单粒种子进行 GC 检测,发现 39 粒种子油酸含量为 74.22%～82.68%。该突变体 *FAD2A*、*FAD2B* 基因为典型的 F435 型突变。其后代产量与花育 40 号相当,有望育成高油酸高产花生新品种。

　　美国高油酸花生品种 C458(又称 458)和 M2‑225 是由化学诱变直接育成的。C458 是以 EMS(ethyl methane sulfonate,甲基磺酸乙酯)处理 Florunner 种子育成的。从 M_2 植株中选出一高油酸单株,经测定其种子(M_3)油亚比高达 24.1,且该性状稳定不分离。M2‑225 则是用 DES(diethyl sulfate,硫酸二乙酯)浸泡 AT108 种子育成的。将 30 ml DES 加入 2 L 水中浸泡种子 15 min(其间振荡),种子彻底冲洗后置发芽箱中萌发,将发芽的种子种植于田间。当年 9 月,约收获了 1 700 个单株,每株随机取 3 粒种子(M_2)切取远胚端一部分

(其余部分保留用于种植),利用气相色谱法进行脂肪酸成分分析。结果株号为 225 的单株
所结的 3 粒种子油酸含量为 80%。分子水平检测发现 C458 和 M2 - 225 分别是在 *FAD2B*
基因起始密码子后 665 bp 和 997 bp 处存在 MITE(miniature inverted-repeat transposable
element,微型反向重复转座元件)插入,导致基因功能丧失(Patel 等,2004)。用 C458 作杂
交亲本育成了 ACI 149、ACI 883、ACI 406、ACI 442、FARNSFIELD 等高油酸品种。

　　考虑到花生栽培种的双二倍体来源属性,辽宁省沙地治理与利用研究所花生育种团队
通过 0.4% EMS 二次诱变的方法(即用 EMS 再次处理油酸含量提高的 M₁ 种子),成功将普
通花生品种阜花 12 转变为高油酸版本(图 4 - 2)(Yu 等,2019)。

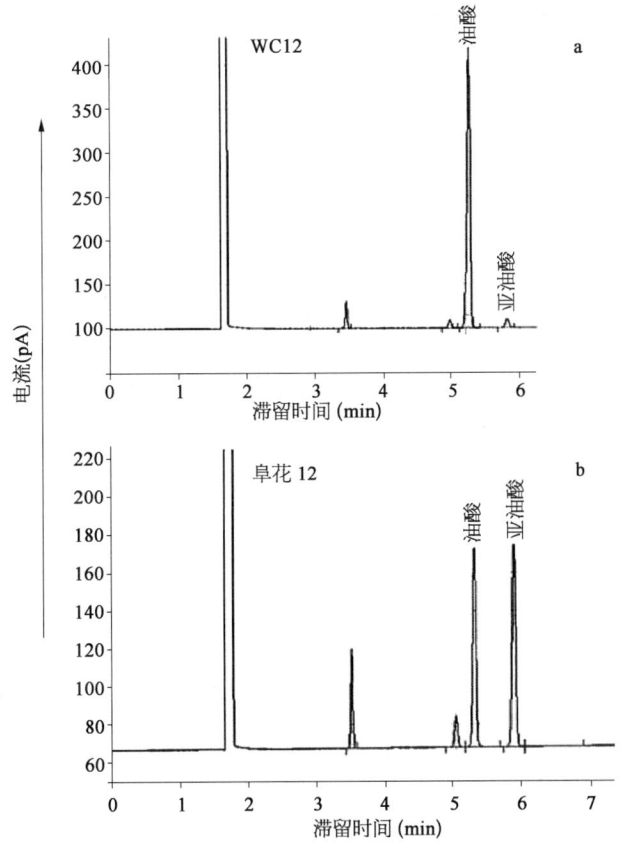

图 4 - 2　种子脂肪酸气相色谱图,与野生型阜花 12(b)相比,
　　　　　　高油酸突变体 WC12 (a) 油酸含量明显提高,而亚
　　　　　　油酸含量明显降低(Yu 等,2019)

　　山东省花生研究所杂交育种团队用近红外技术筛选花育 33 号和花育 19 号 EMS 诱变
后代群体,均得到高油酸突变体(迟晓元等,2020)。

　　山东省花生研究所分子育种团队利用 15 mmol/L 叠氮化钠浸泡处理预先用水浸泡的
高产长粒形大花生新品系 15L46,从后代群体中,经近红外筛选、气相色谱测定确认,获得了
具 *FAD2B* G558A 新突变的高油酸突变体 15L46HO(*FAD2A* G448A 突变与前人报道相
同)(图 4 - 3)(Nkuna 等,2021)。酵母表达证实,该突变导致油酸含量提高。

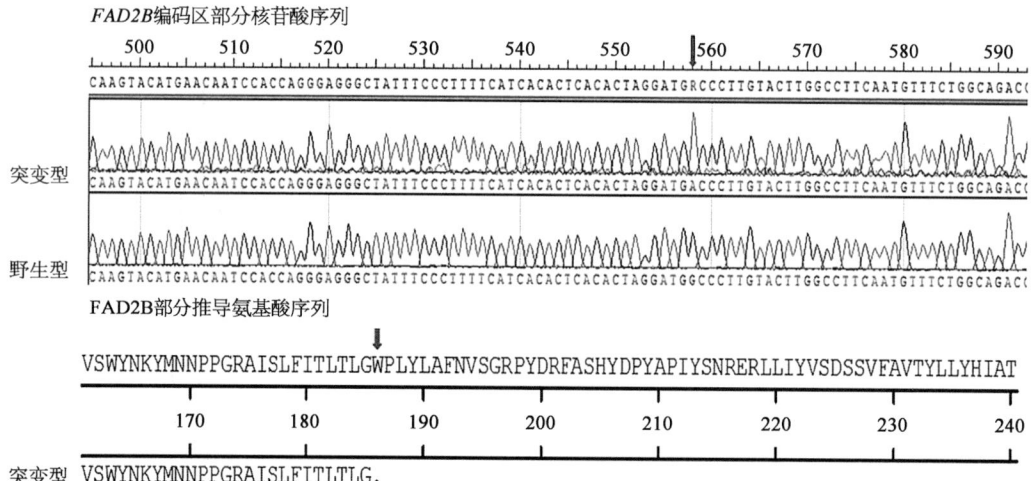

图 4-3 15L46 叠氮化钠高油酸突变体 *FAD2B* G558A 突变(箭头所示)产生了
一个终止密码子,导致蛋白质合成提前终止(Nkuna 等,2021)

二、杂 交 育 种

杂交育种是指利用不同基因型的亲本进行有性杂交,通过基因重组,使杂交后代出现不同的变异类型,继而在杂种后代进行选择以育成符合生产要求的作物新品种的育种方法。

杂交育种是花生上应用最普遍、成效最突出的育种方法。据《中国花生品种及其系谱》统计,截至 2008 年中国育成花生品种 300 个,其中杂交育成品种 255 个(禹山林,2008),占 85%;截至 2021 年 7 月底国内共育成高油酸花生品种 188,其中杂交不含回交育成 177 个、占 94.14%,杂交含回交育成 182 个、占 96.80%(参见本书第五章)。杂交育种在花生育种中的重要性由此可见一斑。

通过杂交不仅能够获得结合亲本优良性状于一体的新类型,而且由于杂种基因的超亲分离,尤其是那些和经济性状有关的微效基因的分离和累积,在杂种后代群体中还可能会出现性状超越任一亲本,或通过基因互作产生亲本所不具备的新性状的类型。但杂交仅仅是促使亲本基因组合的手段。由于杂合基因的分离和重组,育种家必须在这一过程中选择出符合育种目标而且纯合定型的重组类型,再通过一系列试验鉴定所筛选出的品系的生产能力、适应性和品质等,使之成为符合育种目标的新品种,因而杂交、选择和鉴定就成为杂交育种必不可少的重要环节。

(一) 亲本选配

亲本选配直接关系到杂交育种工作的成败。亲本选配得当,后代出现理想类型多,容易选出优良品种。相反,如亲本选配失当,即使精心选育多年,也是徒劳无功的。可见选配合适亲本的重要性。

要做好亲本选配工作,使育种工作取得预期的结果,就必须对育种原始材料进行细致的观察研究。根据当地育种目标,有计划地掌握一批亲本,并不断引进充实候选亲本库;同时,在杂交育种过程中,对各种材料主要性状的遗传规律、突出优缺点的遗传力等进行观察、分析和总结(杨光圣、员海燕,2016)。

培育高油酸花生品种,首要目标是提高花生品种的油酸含量。因此,在亲本选配上,既要遵循杂交育种亲本选配的一般原则,又要结合花生高油酸含量的遗传机制选用恰当的亲本、合理搭配组合,这样才可能在杂种后代中出现优良重组类型并选出优良品种。根据育种理论与育种经验,选配亲本须掌握以下原则。

1. 选择油酸含量稳定在75%以上的高油酸供体亲本,并尽量选用油亚比较高的非高油酸亲本　所谓"高油酸供体亲本"是指具备高油酸特性且稳定性高,即不同年份、不同区域种植油酸含量稳定在75%以上的亲本材料。对已有高油酸花生材料的遗传分析表明,高油酸特性在不同的杂交组合里是受一对或两对隐性基因控制的,因此非高油酸亲本选择油亚比较高的材料(即 *FAD2A* 基因已失活的材料),其杂交后代中分离出高油酸个体的比例就高。如白鑫等(2012)以 2 个普通油酸含量花生品种和 2 个高油酸花生亲本杂交获得 2 个衍生群体 R2001(花育 22 号×06B16)和 R8001(花育 28 号×P76),采用近红外法测定其油酸含量。结果表明:R2001 群体亲本花育 22 号油酸含量 52.28%,06B16 油酸含量 83.27%,R2001 F_6 代高油酸与低油酸个体分别为 82 个和 62 个;而 R8001 亲本花育 28 号油酸含量 45.67%,P76 油酸含量 85.21%,R8001 群体 F_7 代高油酸与低油酸个体分别为 40 个和 105 个。很明显,同样与高油酸亲本杂交,油酸含量较高的花育 22 号的后代高油酸个体比例高于油酸含量较低的花育 28 号的后代。由此说明非高油酸亲本的选配也是非常重要的。

2. 非高油酸亲本最好是能适应当地条件、综合性状较好的推广品种　品种对外界条件的适应性是影响丰产、稳产的重要因素。杂种后代能否适应当地条件与其亲本的适应性关系很大。适应性好的亲本,既可以是农家种,也可以是国内改良品种或国外品种。但是,随着生产条件的改善,农家种因丰产潜力小,反而不如用当地推广种作亲本的效果好。因为它们对当地自然条件有一定的适应性,而丰产性比原来的农家种好。例如,开农 58、开农 61、开农 176、开农 1715、花育 51 号、花育 52 号、花育 951、花育 961、冀花 11 号、冀花 13 号和冀花 16 号选用的非高油酸亲本均为育成品种或品系,而非农家种。因此,为使杂种后代具有较好的丰产性和适应性,新育成品种能在生产上大面积推广,具有好的发展前途,亲本中最好有能够适应当地条件的推广品种。

3. 双亲具备较多优点,没有突出缺点,在主要性状上优缺点尽可能互补　这是亲本选配的一条基本原则。其理论依据是基因的分离和自由组合。由于一个地区育种目标所要求的优良性状总是多方面的,如果双亲都是优点多、缺点少,则杂种后代通过基因重组,出现综合性状较好材料的概率就大,就有可能选出优良的品种。同时,作物的许多经济性状如产量构成因素、成熟期等,大多表现为数量遗传,杂种后代的表现和双亲平均值有密切的关系。花生高油酸育种国内起步较晚,目前育成的很多高油酸品种是利用高油酸突变体或引进的高油酸种质为亲本;国外花生高油酸育种起步较早,早期育成的高油酸品种也是利用高油酸突变体为亲本,而从 2006 年开始育成的高油酸品种则主要是利用高油酸突变体的衍生品系或育成品种为亲本。高油酸突变体或引进种质一般具备高油酸特性,但其他综合性状可能存在一定缺陷,如产量水平低、无法满足当地生产需求等,而由高油酸突变体衍生的品系或育成的品种,在一定程度上改良了原有材料的缺陷,因此这些新品系(种)的利用有助于提高高油酸花生品种的产量并改良其他农艺性状。

性状互补要根据育种目标抓住主要矛盾,特别要注重限制产量、品质进一步提高的主要性状,同时兼顾抗性。例如:Georgia Hi-O/L 由 GC-C330A×GA-T2636M 杂交选育而成。GC-C330A 属弗吉尼亚型,油酸含量普通但产量极高;GA-T2636M 为 Georgia Runner γ 射线突变体,油酸含量高但产量低。Georgia-05E 来自杂交组合 Georgia-01R×GA942010。Georgia-01R 系 PI 203395 与 Georgia Browne 杂交育成的大粒兰娜型品种,对多种病虫害具有抗性;GA942010 是利用两个 Georgia Hi-O/L 姊妹系杂交育成的高世代大粒兰娜型高油酸佐治亚育种品系。

4. 注意亲本间的遗传差异,选用生态类型差异较大、亲缘关系较远的亲本材料相互杂交 不同生态型、不同地理来源和不同亲缘关系的品种,由于亲本间的遗传基础差异大,杂交后代的分离比较广,易于选出性状超越亲本和适应性较强的新品种。一般情况下,利用外地不同生态类型的品种作为亲本,有利于克服用当地推广品种作亲本的某些缺陷,增加成功概率。但不能因此而理解为,生态型必须差异很大和亲缘关系很远,才能提高杂交育种的效果。相反地,若过于追求双亲的亲缘关系很远,遗传差异愈大,会造成杂交后代性状的分离愈大,分离世代延长,影响育种效率。

5. 亲本应具有较好的配合力 亲本选择上,既要注重亲本本身的性状表现,也要考虑其配合力(combining ability),特别是一般配合力(general combining ability,GCA)。一般配合力指的是某一亲本品种与其他若干个品种杂交后杂种后代某一性状的平均表现,是由亲本品种的累加基因所决定的。一般配合力高的品种,往往能把相应的性状遗传给后代,所以选用这样的材料作亲本,容易获得好的后代,并从中选出好的品种。如在几个高油酸材料当中,CTWE 一般配合力较高,由该亲本确实培育出不少高油酸品种;相反,锦引花 1 号不是一个好的亲本,尽管在山东用它搭配了不少杂交组合,却未能培育出符合育种目标的新品种。

必须指出,一般配合力高低与品种本身性状表现优劣有一定关系,但两者并非一回事。花生主要性状配合力的研究和大量的杂交育种实践表明,性状优良的品种往往有较高的一般配合力,但优良品种的一般配合力并不一定高,性状表现一般的品种有的也有较高的一般配合力。换言之,一个优良的品种常常是好的亲本,其杂交后代常能分离出优良类型,但并非所有优良品种都是好的亲本,或好的亲本必是优良品种,有时一份本身表现并不突出的材料却是好的亲本,能育出优良品种,即该亲本材料的配合力高。因此,在选配亲本时,除了要注意其本身的优缺点外,还要通过杂交育种实践积累资料,以便选出高配合力的材料作为亲本。

花生杂交亲本选配虽有一定规律可循,但由于多性状和环境因素错综复杂的影响,亲本选配的有效性尚不能完全准确地预测。换言之,即使上述事项都一一注意到了,育种结果还是存在相当大的不确定性,因此成功的育种计划必须以一定数目的杂交组合来保证(孙大容,1998)。

(二)杂交方式

高油酸花生的杂交育种有单交(single cross)、复交(multiple cross,又称复合杂交)、回交(backcross)等多种方式(图 4-4)。国内育成的很多高油酸花生品种是由单交后代系选而成,而国外高油酸花生品种则由多种交配方式选育而来。

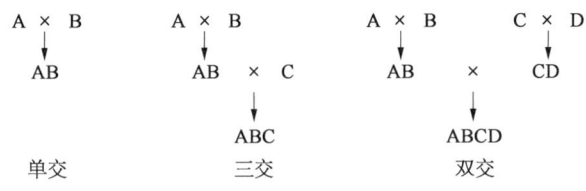

图 4 - 4　单交、三交和双交

1. 单交　单交是杂交育种最常用的一种交配方式。即用两个亲本杂交,其中一个作母本、一个作父本,如 A×B 或 B×C 等。单交是复交的基础。理论上讲,单交中的正交与反交由核基因控制的性状表现是相同的,但是由于杂种继承母本的细胞质,细胞质自身具有某些遗传基因或产生核质互作,所以正、反交组合往往存在一定差异。因此,搭配杂交组合时,一般把适应当地条件、综合性状好的亲本作为母本,对某些涉及细胞质或母性遗传的性状进行改良。在高油酸花生杂交育种中,同样地,常以具有这些优良性状的亲本作母本,以具有突出互补性状的高油酸材料作父本,如花育 961、花育 32 号、花育 51 号、冀花 13 号等。澳大利亚高油酸品种 Sutherland 是利用 D45 - p37 - 102 和 B155 - 6 L103 为亲本搭配杂交组合育成的。D45 - p37 - 102 高油酸且抗叶部病害;B155 - 6 L103 低油酸,对叶部病害具有较好的抗性,且对黑腐病也有一定抗性。

单交只进行一次杂交,简单易行,节省时间。如双亲为纯合体,杂交 F_1 代性状表现整齐一致,F_2 代就开始分离,杂交株数和后代种植规模相对较小,省工、省事、省地。采用单交必须注意的是,所用的两个亲本不能有共同的缺点,优、缺点必须能互补,而且要求性状总体符合育种目标要求,如难以找到性状能够完全互补的亲本,只能采用复交方式加以解决。

2. 复交　复交就是选用两个以上的亲本进行两次以上的杂交。这种方式的育种进程比单交有所延长。一般的做法是,先将两个亲本组成单交组合,再将两个单交组合相互配合,或者用某一个单交组合与其他亲本配合。由于所用的亲本数目和杂交顺序不同,又分为"三交""双交""四交"3 种方式。在这 3 种方式的杂交后代中,不同亲本的遗传组成所占比例是不相同的。因此,合理安排各亲本的组合方式以及在各杂交中的先后次序是很重要的。这就需要全面权衡各亲本的优、缺点互补的可能性,以及各亲本的遗传组成在杂交后代中所占的比重。一般遵循的原则是,综合性状、适应性和丰产性好的亲本应放在最后一次杂交并占有较大比重,以增大杂交后代优良性状出现的概率。

(1) 三交:三交(three-way cross)指的是两个亲本杂交得到的子代或早期世代再与第三个亲本杂交,如(A×B)×C。这种方式需 2 次杂交才能完成。在三交方式中,参与配组的 3 个亲本的核遗传组成在杂种后代中所占的比例是不一样的。单交的两个亲本在后代杂种中各占 1/4,第三个亲本占 1/2,因此要合理安排 3 个亲本在组合中的位置。三交一般是利用单交的 F_1 与另一亲本杂交,只有到三交的 F_2 才能出现 3 个亲本性状的重组变异类型,与单交相比育种进程有所延长。例如,美国的高油酸品种 Hull 系用(Southern Runner×F435 - HO)F_1×UF81206 选育而成;Red River Runner 系用 Tamrun96×(Tx901639 - 3×SunOleic95R)育成。三交也可采用单交的分离世代材料作亲本与第三个亲本杂交,如 Tamrun OL07 来自 Tamrun96×(Tx901639 - 3×SunOleic95R)F_2,Georgia - 14N 来自

Georgia－02C×(Georgia－01R×COAN)F_4。

(2) 双交：双交(double cross)指的是用两个亲本杂交的子代与另两个亲本杂交的子代进行再杂交，如(A×B)×(C×D)。双交中 4 个亲本在杂交子代中其核遗传组成各占 1/4。这种方式丰富了杂种后代的遗传基础,育成新品种的潜力较大,优、缺点容易互补,而且亲本的某些共同优点还可通过互作得到进一步加强,产生新的超亲优良性状。与三交方式相比,其不足之处：育种时间较长,杂种后代材料处理时间比较复杂,工作量较大。因双交的复交亲本本身已处于遗传异质状态,再杂交后增加了重组类型出现的概率,还比单交更有利于性状互补,更有利于非加性基因的互补和上位性效应得到固定;双交的 F_1 性状就会出现分离现象,F_1 就可进行单株选择,所以双交比单交和三交的杂交量要足够多才能保证 F_1 有较大的群体供选择,同时保证多亲本各性状充分表现。虽然双交中 4 个亲本在杂交子代中核遗传组成各占 1/4,但是第一个亲本提供了杂种的细胞质,所以在配组杂交安排亲本位置时同样应考虑亲本的优缺点和性状间的互补、育种目标的主次,方能取得理想的效果。双交多用于育种目标要求广泛、要改良多个性状、需要把多个亲本性状综合于一体才能达到育种目标的情况下。

在双交中,如果某个亲本综合性突出,也可以在两个单交组合中同时使用,即可用 3 个亲本进行杂交,如(A×B)×(A×C),A、B、C 分别为丰产、抗病和早熟品种,这种双交方式可选育出丰产、抗病又早熟的个体。在这种配组方式中,A 亲本(丰产)在杂交子代的核遗传组成中占 1/2。双交的两个单交亲本可在 F_1、F_2、F_3 等世代进行复交,双交 F_1 还可与另一些单交 F_1 杂交若干次,形成聚合杂交。

(3) 四交：四交指的是在三交的基础上再与一个亲本杂交,即用 A、B、C、D 4 个亲本组配[(A×B)×C]×D 的杂交方式。四交中 4 个亲本在子代中的核遗传组成,A、B 各占 1/8,C 占 1/4,D 占 1/2。在配组时同样应注意考虑亲本的位置次序。

3. 回交　双亲杂交后,杂种一代或早期世代再与双亲之一杂交,这种杂交方式称为回交(backcross)。回交可以进行多次。反复用作亲本的称为"轮回亲本"(recurrent parent),另一个亲本被称为"非轮回亲本"(non-recurrent parent)(杨光圣、员海燕,2016)。有关花生高油酸回交育种的详细讨论见本节第三部分。

(三) 杂交方式的书写表示

单交组合 A×B 或 A/B,表示母本 A 与父本 B 杂交。

三交组合(A×B)×C 或 A/B//C 或 A/B/2/C,表示母本 A 与父本 B 杂交后代作母本再与父本 C 杂交。

双交组合(A×B)×(C×D)或 A/B//C/D,表示两个单交组合后代杂交。

四交组合((A×B)×C)×D 或 A/B//C///D,表示在三交基础上再增加一个亲本杂交。

回交组合 A×3/B 或 A/3/A/2/A/B,表示 A 作为轮回亲本与 B 杂交并连续回交 2 次。一次回交的杂种记为 BC_1 或 BC_1F_n,2 次回交的杂种记为 BC_2 或 BC_2F_n,依此类推。

(四) 杂交技术

1. 亲本种植　母本一般采用盆栽、池栽和垄栽等方式,但以池栽为优。花生植株矮,开花部位低,花器官结构复杂,去雄和授粉都比较困难。池栽,尤其高台池栽,池高 80 cm 左右,池宽以种植 2 行亲本为宜,这样去雄和授粉都可以坐在板凳上进行,既可以减轻杂交过程的劳动强度,又可以提高杂交成功率。每一组合母本种植株数一般种 20 穴,每穴 2 粒,出苗后每穴留 1 株*;父本一般就近垄栽或平栽,种植株数应比母本株数多 1 倍以上,确保有足量花粉用于授粉。采用较好的条件和措施进行栽培和管理,尤其对母本,确保亲本生长发育良好。花生栽培种亲本,若花期差异不太大,父母本可同期播种;若一个组合用晚熟种和早熟种作亲本,则晚熟种亲本应适当早播,早熟种亲本应适当晚播,务使花期相遇。还可保存早开花的父本的花粉**,用于给晚开花的母本授粉。

为了排除降雨因素对杂交工作的干扰,可在露天杂交场地上方搭遮雨棚,也可在温室内杂交(图 4-5、图 4-6)或在生长室(growth chamber)内操作,如光、温、湿可控,只要安排得当,何时杂交不受限制,灵活性强***(Nigam 等,1990;Banks,1976)。在山东等地,在室外杂交,尽早播种以避开多雨季节也是可取的。高温和干燥不利于花生受精,人工杂交期间,杂交圃保持较高的空气湿度是高杂交成功率的必要条件(图 4-7)。

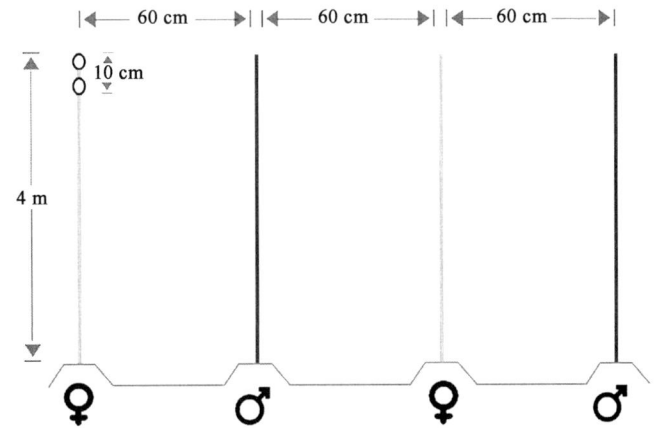

图 4-5　国际半干旱热带作物研究所(ICRISAT)温室内杂交亲本排列(Janila 等,2018)

行距 60 cm,株距 10 cm,行长 4 m,每行可种 40 株,每组合可授粉 200～250 朵花

2. **杂交前的准备工作**　因早期花成果率高,所以杂交应趁早进行。一般父母本始花后3～4 d 选母本健株将其全部花摘除以刺激大量开花,再过 1～2 d 后就可以开始杂交。如不同组合间母本开始开花的时间相差不很大,为便于集中杂交,可于每天上午 10:00 前摘除早开的花,直至多数植株开花。开始杂交前,可将母本主茎打掉。

---

　　*　用于遗传研究,父母本一定要保证纯度。单纯为了育种,母本可只种 3～5 穴用于杂交。父本可种植于邻行相对一侧,便于取花授粉。为用于杂种鉴定或对照,母本可多种一些,或把父母本种子专门保存起来。有的育种家有保留亲本和育种中间材料的习惯。为避免遭遇严重的自然灾害而导致全军覆没或造成其他不可挽回的损失,美国育种者会把育种材料保留到下一季花生收获之后。室温下两年之内普通花生种子就会失去生活力;而含水量≤6%的普通花生种子在−4～5℃条件下贮藏 9 年,发芽率无明显损失(Norden 等,1980)。

　　**　在开花当日上午 9 时前通过挤压龙骨瓣将花粉取出,置盛有硅胶并连接抽吸泵(suction pump)的干燥器内,6～8℃保存。最长可保存 2 周(Husain 等,2008)。

　　***　下午 5:00 至第二天 1:00 辅以人工光照,可诱导花生大量开花。这样处理之后,7:30～11:30 就可以去雄,去雄后接着就可以授粉(Norden 等,1980)。父本种在室外,保证花粉充足。

图 4 - 6　工作人员在温室内进行人工杂交(Nigam 等,1990)

图 4 - 7　ICRISAT 在花生授粉后通过灌溉增加空气湿度,以提高杂交成功率(Nigam 等,1990)

　　杂交前,备好眼科手术镊子、培养皿或小碟子、酒精、脱脂棉、有色塑料绳、细树枝条(或木筷子)和纸牌(或塑料吊牌)等。

　　3. 花生花器形态、结构　花生花为典型的蝶形花,由旗瓣、翼瓣、龙骨瓣、雄蕊、雌蕊、花萼、花萼管(图 4 - 8)、外苞叶、内苞叶等几部分组成。子房(ovary)位于花萼管(calyx tube,hypanthium)基部。

　　4. 去雄、去杂与摘花　去雄时间一般在每天 16:00 以后,选用花萼微显露出黄色花瓣的花蕾,即第二天早上能正常开放的花,用左手拇指和中指捏住花蕾基部,右手持镊子轻轻将花萼[*]、旗瓣、翼瓣拨开,再用左手食指和拇指压住已拨开的花瓣(ICRISAT 的做法是,用左手拇指和食指按住旗瓣,将翼瓣别在旗瓣上),以防合拢,然后用镊子轻压龙骨瓣的弯背处,使雌、雄蕊露出,用镊子一次或多次将雄蕊花药摘除干净。每朵花通常只有 8 个雄蕊发育正常,其中 4 个长花药、4 个圆花药(图 4 - 9),如操作熟练,镊子用力得当,可同时夹住全部雄蕊连同花柱一次将所有花药去除而不伤柱头(万书波等,2008)。初学者一定注意不要伤害柱头或夹破花药,同时花药也要去干净。Nigam 等(1990)建议将花药连同花丝一并拔除,以免授粉时分不清花丝、花柱。花药去除后,用手指轻推使龙骨瓣复位,使旗瓣、翼瓣恢

───────────────

　　[*]　可撕下与旗瓣相对那片的萼片作为去雄花的标记。

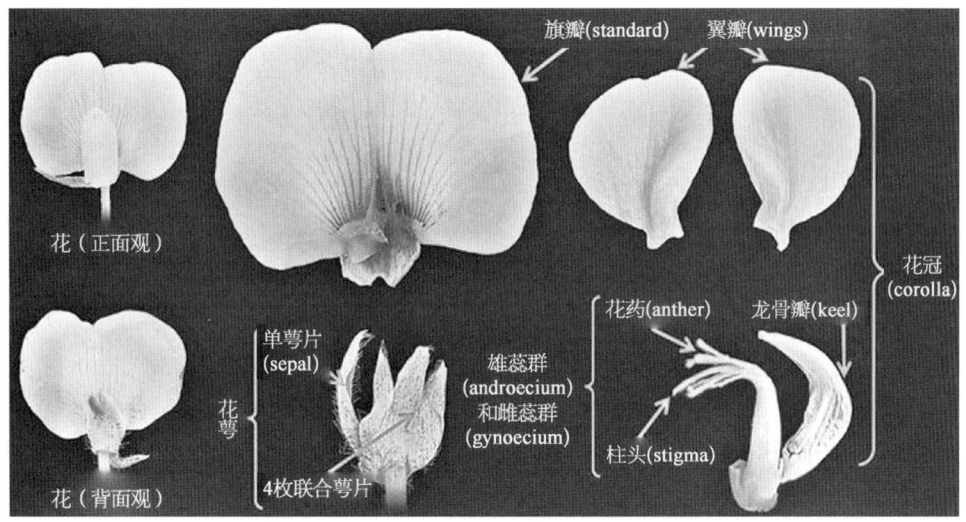

图 4 - 8　花生花器形态与构造(Gantait 等,2019)

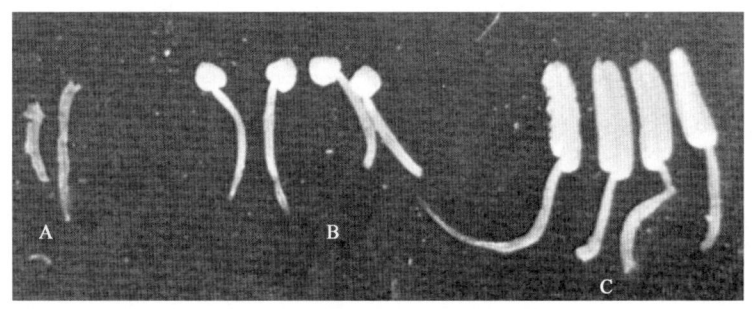

图 4 - 9　三组雄蕊(Nigam 等,1990)

A. 2 个不育退化雄蕊;B. 4 个带有球状花药的雄蕊;C. 4 个带有长形花药的雄蕊

复原状,以免花柱和柱头干燥、串粉并影响第二天花朵正常开放(洪德林,2010)。

　　去雄前或去雄后将同一花序上未去雄的花蕾全部摘除,每一节仅保留一朵花用于杂交("去杂")。这样做可延长母本花期,减少自交果与杂交果发育竞争。杂交组合数多,或仅用于选种时,多采取杂交工作开始前和杂交工作结束后两头摘花、不去杂的做法。开始杂交之前 1 周左右直至开始去雄的当天上午,每天上午 10:00 前将母本开的花全部摘除,或者前一天下午摘除花蕾,次日上午再摘除遗漏花蕾开放的花朵。杂交开始 1 周内,将长于 1 cm 的果针全部除去(此时杂交花形成的果针还没伸长),特别要扒开植株基部土,使子叶以上分枝明显露出地面,以防地下花未摘净产生假杂种。头一天下午去杂和当天上午早些时候摘去遗漏的花,如发现较晚,应将其从花萼管基部剔除干净。

　　去雄后在植株旁插上细树枝条,去几朵花插几根枝,以便第二天授粉时心中有数,也便于统计各组合每天授粉花朵数,确保按计划完成杂交任务。

　　尽管花生上有自然杂交的报道,但一般不需将去雄花保护起来,只需对昆虫加以适当防控即可(Nigam 等,1990)。

　　5. 授粉与摘花　第二天 5:00～10:00 对去雄的花进行人工授粉。授粉时,按组合先采集一定数量的父本花,用镊子将父本花的花粉挤出、放入玻璃培养皿中混合均匀;然后,用左手食指和中指拖住去雄的花朵,右手拇指或持镊子轻轻地挤压龙骨瓣,使雌蕊柱头露出,再用镊子尖端蘸取花粉涂在柱头上,并随即使龙骨瓣复原,包住柱头;也可采用父本花朵直接授粉,即取一父本花,去掉花萼、旗瓣、翼瓣,保留龙骨瓣和雌、雄蕊,直接授在去雄花的柱头上,然后推回龙骨瓣。授粉时要特别注意,每组合授粉完毕后,必须用酒精棉将镊子和培养皿彻底擦拭以杀死不需要的花粉,然后再做下一个组合。每朵花授粉后,将写清日期的纸牌或塑料牌挂在杂交花的茎节处做标记,以便下一步套果针时辨别真假杂交果针。这样做工作量大,但做遗传学研究必须采用挂牌方法。

授粉后一段时间内不应拨动母本植株,以防花粉自柱头上脱落(Nigam 等,1990)。

每天授粉结束后,按照组合分别统计授粉花数。国际半干旱热带作物研究所完整去雄、授粉程序如图 4-10 所示(Nigam 等,1990)。该研究所建议每组合杂交花 100~150 朵,获得 50 个荚果或 70~75 粒种子(Singh 和 Oswalt,1991)。山东省花生研究所分子育种团队提倡每组合少做杂交,多做杂交组合。

当授粉花数量达到目标要求、杂交工作结束后,每天 10:00 前将各组合母本植株开的花全部摘除,连续摘花 10~14 d。

花生从受精到荚果成熟一般需要 40~60 d,美国品种常需要 55~65 d (Norden,1980),因此杂交授粉结束不能太晚,以使最后一批授粉花形成的荚果能充分发育成熟(Nigam 等,1990)。

6. 套果针 授粉结束后 10 d 左右,杂交果针基本都伸长出来,此时便用有色塑料绳套在每个杂交果针上并随即培土,把果针埋入土中,让其生长发育。每组合套完果针后应随之统计杂交果针数。

7. 收获 荚果成熟后,以组合为单位,将套上塑料绳的荚果单收(在网袋上写好标牌)单晒,妥善保管,并统计获得的杂交果数。父本和未授粉的母本单独收获,以备 F₁ 杂种鉴定或育种选择过程中作为对照之用。

杂交成功率计算公式:杂交成功率(%)=(成针数或结果数)/授粉花朵数×100% (Singh 和 Oswalt,1991)。

(五)利用原位胚拯救技术克服花生远缘杂交不亲和

花生栽培种遗传基础狭窄(narrow genetic base),而花生野生种遗传多样性极其丰富、抗性强,还具有高产因子。花生区组以外的不亲和野生种(incompatible wild species)表现尤为突出,是花生栽培品种遗传改良的理想基因源。但不亲和野生种与栽培种杂交常出现受精延迟、受精率低、果针生长受阻等现象,有时即使果针能够入土,但因幼胚不能正常发育,最终也只能形成有败育种子遗迹的空果,因此长期以来不能得到利用。

为挽救早期发育失败的胚,过去常通过胚、胚珠培养(*in vitro* culture of embryos and ovules)或果针培养(*in vitro* culture of pegs)等离体胚拯救技术克服花生杂交不亲和障碍,获得传承不亲和野生种抗性的种间杂种。其中,果针离体培养操作更简便,在授粉后 10 d 之内就可进行,与胚、胚珠培养需要在授粉后数十天进行相比,便于挽救更早时期败育的幼胚,而且由于母体组织对不良环境有一定的缓冲作用,对种子发育有利。山东省花生研究所

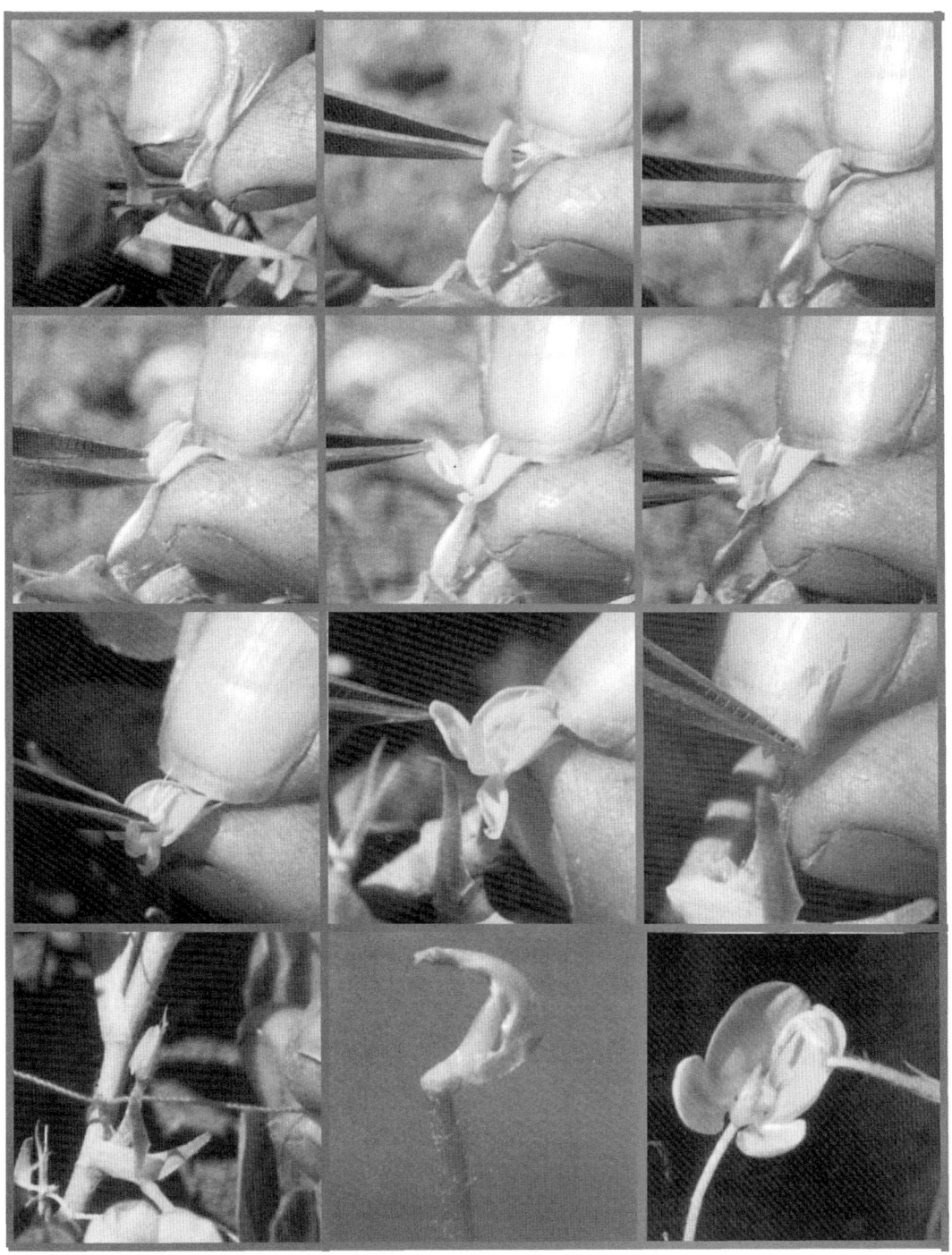

图 4 - 10 ICRISAT 花生去雄、授粉完整操作程序(Nigam 等,1990)

第一行从左至右:固定花蕾、撕掉单萼片、折回融合萼片、打开旗瓣;

第二行从左至右:用左手拇指和食指按住旗瓣,翼瓣别在旗瓣上,褪下龙骨瓣使花药暴露出来;

第三行从左至右:去掉花药,示去雄花(仅带有花柱和柱头),旗瓣、翼瓣、龙骨瓣复位;

第四行从左至右:在茎枝相应节位上系绳标记去雄花,摘除旗瓣和翼瓣、花粉已暴露的待授粉父本花,授粉

图 4 - 11 花生属区组间杂交原位胚拯救
（Wang 等,2020）

分子育种团队率先通过果针离体培养技术利用花生不亲和野生种育成花生品种。花生区组野生种作为桥梁种与不亲和野生种杂交将不亲和野生种的优良基因导入栽培种是另外一条途径,称"桥交法"(bridge cross)。但利用不亲和野生种最为简便易行的技术是山东省花生研究所分子育种团队创立的不需要离体培养的原位胚拯救技术(in situ embryo rescue):用一定配比的植物激素或植物生长调节剂处理花生不亲和杂交组合授粉花基部(图 4 - 11),直接收获母本植株所结杂交果,F₁ 杂种真实性可通过分子标记技术加以鉴定(Wang 等,2020)。如采用高油酸花生作母本,可通过近红外技术预测单粒种子的油酸含量,仅保留比母本油酸含量低的中油酸种子,从而减轻杂种分子鉴定的工作量。近期研究表明,利用不亲和野生种育成的花生新品系在不同环境种植,单产水平均极具竞争力。利用花生不亲和野生种有助于增强高油酸花生品种的抗逆性和适应性,提高其产量潜力。

(六) 杂种真实性鉴定

花生杂交过程包括开花前一天下午的去雄和当天早晨的授粉。在正常情况下,来自杂交花的果应是真杂种。但在实际操作中,去雄不彻底、摘花不及时等都会导致产生伪杂种(或称假杂种)。杂种真实性鉴定是花生杂交育种的关键技术环节之一。花生杂交 F₁ 真实性鉴定有形态鉴定法和分子鉴定法。

1. 形态鉴定法　形态鉴定法是观察株高、株型、分枝数、叶片(大小、形状及颜色)、荚果(大小、形状、网纹)等性状在双亲间的差异,依据各相对性状在 F₁ 代的显隐性特征进行杂种鉴定(表 4 - 2)。此法是花生育种家长期沿用的方法,也是目前应用较多的方法。形态鉴定法的优点是简便、快速、直观,但存在鉴定周期长、标记数量不足的缺点,且有些形态特征易受环境影响,特别是亲缘关系近、性状相似的双亲间的杂交组合,其杂种 F₁ 很难利用形态学性状进行真实性鉴定。

表 4 - 2　ICRISAT F₁ 杂种鉴定常用形态学标记(Janila 等,2018)

特 征 特 性	母 本	父 本	F₁
开花习性	连续	交替	交替
株型	匍伏 3	匍伏 2	匍伏 2
	匍伏 3	匍伏 1	匍伏 1
叶色	绿	深绿	深绿
	绿	浅绿	浅绿
叶大小	小	中	中
叶性状	正常	窄	窄
花色	橘黄	深红(garnet)	深红

（续表）

特征特性	母本	父本	F$_1$
茎花青素	无	有	有
果针花青素	无	有	有
种皮颜色	褐/淡褐	红	红
荚果网纹	有	无	无

2. 分子鉴定法　对 F$_1$ 杂种进行分子鉴定,可于花生收获干燥后进行,如此一来伪杂种就不再需要种植。从种子远胚端切取 3～5 mg 子叶组织,快速提取花生 DNA 用作 PCR 反应的模板,基本不影响种子发芽(Yu 等,2010)。Parmar 等(2021)称之为 SSC(single seed chipping)法,据其报道,取样的花生种子发芽率为 95%～99%。于明洋等(2017)报道,该法花生发芽率为 98%。

杂种真实性分子鉴定也可于 F$_1$ 杂种出苗后进行。取叶片组织提取 DNA 用作 PCR 模板进行分子标记分析。

基于亲本 *FAD2A*/*FAD2B* 基因序列差异的杂种 F$_1$ 分子鉴定方法和高油酸花生分子标记辅助选择,其实质都是对 *FAD2A*/*FAD2B* 进行基因型分析,涉及同样的技术,因此在此一并加以叙述。

(1) 基于亲本 *FAD2A*/*FAD2B* 基因序列差异的鉴定方法——F435 型 *FAD2A*/*FAD2B* 突变:具 F435 型 *FAD2* 突变型基因的高油酸花生与普通油酸花生做亲本杂交,其 F$_1$ 杂种真伪可采用直接测序法、CAPS(cleaved amplified polymorphic sequence,酶切扩增多态性序列)法、Taqman 探针法、AS-PCR(allele-specific PCR,等位基因特异性 PCR)法、KASP(Kompetitive allele specific PCR, 竞争等位基因特异性 PCR)法等多种方法进行。

① 直接测序法:普通油酸×高油酸(*FAD2A* 448 G>A 和 *FAD2B* 441_442insA)杂交 F$_1$ 真杂种应同时具有 *FAD2B* 野生型及突变型基因,因此采用 bF19/R1 引物扩增 *FAD2B* 基因,F$_1$ 真杂种 *FAD2B* 野生型及突变型基因均得到扩增,PCR 产物测序的结果必然出现一连串重叠峰,伪杂种则否(图 4-12)。因此,F$_1$ 收获后提取 DNA,PCR 扩增 *FAD2B* 基因(表 4-3),直接以 bF19 为引物进行 PCR 产物测序就可以鉴定出真假杂种。单纯依据 *FAD2B* 基因 PCR 产物测序结果是否出现一连串重叠峰就可鉴定 F$_1$ 真杂种,技术上简单

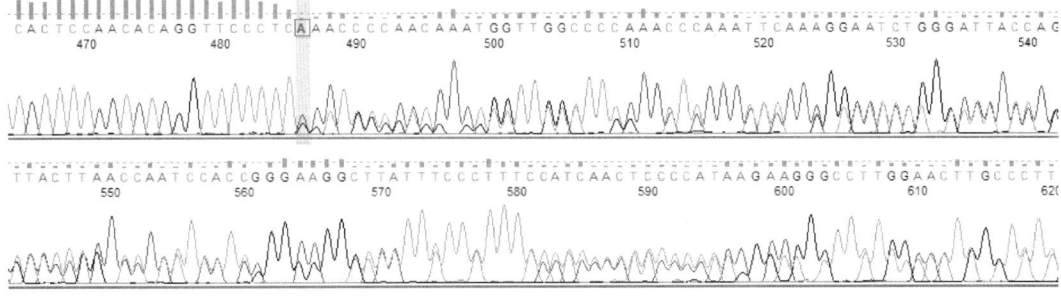

图 4-12　普通油酸与高油酸花生杂交 F$_1$ 真杂种 *FAD2B* 基因 PCR 产物直接测序鉴定,示从阴影碱基处开始往后出现一连串的重叠峰(Wang 等,2010)

易行,便于花生高油酸遗传育种研究工作的开展,也可用于评价杂交工作的质量。不难设想,对 *FAD2A* 基因的鉴定也可采取相似策略。

表 4 - 3　aF19、bF19、R1 引物序列,PCR 体系及扩增程序(Patel 等,2004;Nkuna 等,2021)

引物名称及序列	PCR 体系	扩 增 程 序
aF19: 5′ - gattactgattattgactt - 3′,bF19: 5′ - cagaaccattagctttg - 3′,R1: 5′ - ctctgactatgcatcag - 3′	5 μl DNA 模板,25 μl of Tiangen 2×*Taq* platinum Master Mix (Tiangen Biotech, Beijing),上下游引物(10 μmol/L)各 2 μl,加双蒸水至 50 μl	94℃ 6 min;94℃ 30 s,53℃ 1 min,72℃ 2 min,共 35 个循环;72℃ 4 min

注:aF19/R1、b F19/R1 分别扩增 *FAD2A* 、*FAD2B*。

在普通油酸与高油酸花生杂交组合中,针对 F435 型 *FAD2A*/*FAD2B* 突变基因,还可以采用一对引物(如 F0.7/R3)实现对 *FAD2A* 和 *FAD2B* 的同时扩增(表 4 - 4),通过查看 PCR 产物直接测序(以 R3 做测序引物)峰图上两个功能标记处有无重叠峰来判定杂种 F₁ 真伪。回交育种中也可采用此法选择 *FAD2A* 和 *FAD2B* 双杂合个体回交(图 4 - 13),不过成本较高。

表 4 - 4　可同时扩增 *FAD2A* 和 *FAD2B* 的 PCR 引物对 F0.7/R3、
**　　　　PCR 体系及扩增程序**(于明洋等,2017;赵术珍等,2017)

引物名称及序列	PCR 体系及扩增程序 I	PCR 体系及扩增程序 II
F0.7: 5′ - cactaagattgaagctc - 3′,R3: 5′ - ccctggtggattgttca - 3′	1 μl DNA 模板,10 μl ExTaq Premix (2×),上下游引物(10 mmol/L)各 0.5 μl,加双蒸水至 20 μl。扩增程序:94℃ 5 min;94℃ 40 s,56℃ 40 s,72℃ 50 s,30 个循环;72℃ 7 min	PCR 体系为 25 μl,含 DNA 模板 20 ng、10× PCR 缓冲液(含 MgCl₂)2.5 μl、dNTPs 混合物 (10 mmol/L) 2 μl、上下游引物(10 mmol/L)各 1 μl、*Taq* DNA 聚合酶 (5U/μl) 0.5 μl。PCR 扩增程序:94℃ 5 min;94℃ 30 s,61℃ 40 s,72℃ 50 s,33 个循环;72℃ 10 min

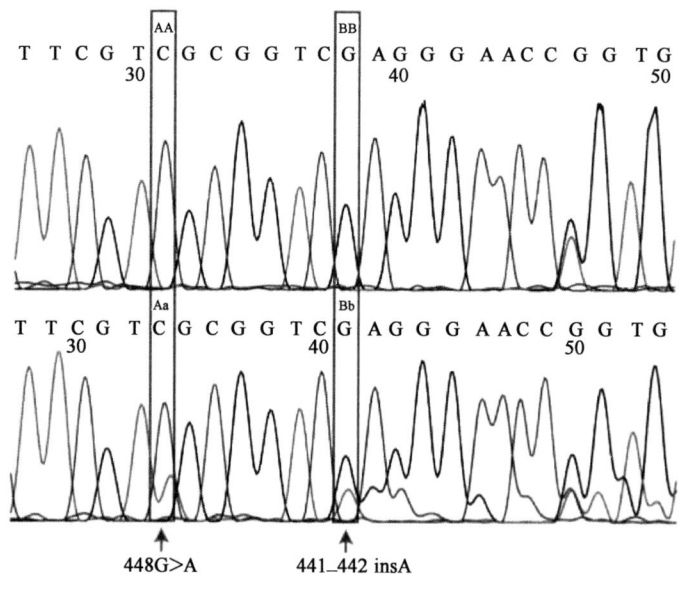

图 4 - 13　PCR 产物直接测序法检测回交后代 *FAD2A* 和 *FAD2B* 基因型(赵术珍等,2017)

(利用一对引物 F0.7/R3 同时扩增 *FAD2A* 和 *FAD2B*,PCR 产物用引物 R3 直接测序确定
FAD2A 和 *FAD2B* 基因型的方法最先由中国农业科学院油料作物研究所提出)

②　CAPS 标记法：CAPS 类似于过去常用的 RFLP（restriction fragment length polymorphism，限制片段长度多态性），只不过因为有了 PCR 技术，操作更容易。通俗地说，CAPS 就是 PCR 产物酶切片段长度多态性。

Chu 等（2007，2009）最先提出可通过 CAPS 法对花生 *FAD2A*／*FAD2B* 基因型进行分析并付诸应用。首先分别用 *FAD2A*、*FAD2B* 的特异引物 aF19：5′- gattactgattattgact -3′、1056：5′- ccaacccaaacctttcagag -3′和 bF19：5′- cagaaccattagctttg -3′、FADR1：5′- ctctgactatgcatcag -3′进行 PCR 扩增，随后分别用限制性内切酶 *Hpy*99I 和 *Hpy*188I 酶切。*FAD2A* 基因 PCR 产物经 *Hpy*99I 酶切后，普通油酸型（野生型，448G）可检测出 598 bp 和 228 bp 两个片段，而高油酸型（突变型，448A）不能被酶切，只有一个 826 bp 片段；*FAD2B* 基因 PCR 产物经 *Hpy*188I 酶切后，普通油酸型可检测到 736 bp、263 bp、171 bp 3 个片段，而高油酸型（突变型，442A 插入）可检测出 505 bp、263 bp、213 bp 和 171 bp 4 个片段（图 4 - 14）。用引物对 1344：5′- ggagctttaacaacacaa -3′、1345：5′- atatgggagcataagggt -3′进行 PCR 扩增，*FAD2B* 野生型和突变型 PCR 产物 *Hpy*188I 酶切图谱也有明显差异（图 4 - 14）。

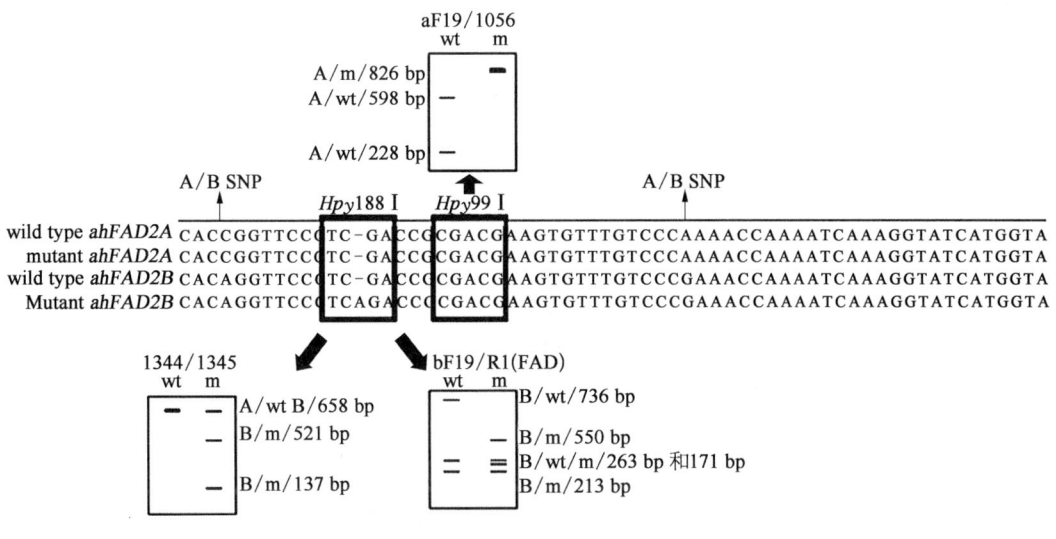

图 4 - 14　F435 型 *FAD2* 突变型和野生型 *FAD2A* 和 *FAD2B* 部分序列及其 CAPS 图谱

A：*FAD2A*；B：*FAD2B*；wt：野生型；m：突变型

陈静等（2013）利用 CAPS 标记对 5 个高油酸花生品种（系）和 2 个普通油酸花生品种的 *FAD2* 位点基因型进行了分析。基于 CAPS 标记在 7 个品种（系）中的扩增产物酶切带型推测，*FAD2A* 花育 28 号为野生型，其他 6 个品种（系）符合 G448A 突变类型；*FAD2B* 花育 28 号和花育 22 号均为野生型，开农 H03 - 3、花育 32 号、P76 和 F18 符合 441_442insA 突变类型，而 06B16 不符合 441_442insA 突变类型。

③　Taqman 探针法：Barkley 等（2010，2011）报道了用 Taqman 探针法检测 *FAD2* 基因突变的方法。用于检测 *FAD2A* 突变 G448A 的野生型和突变型等位基因，正向和反向引物的序列分别为 5′- gccgccaccactccaaca -3′和 5′- gttatacca tgatacctttgattttggttttg -3′。两个

TaqMan 探针靶向野生型等位基因(VIC)和突变等位基因(6FAM),具有 5′报告荧光团、3′小沟结合物(MGB)和 3′非荧光淬灭剂(NFQ),即 5′- VIC cct cga ccg cga cg MGBNFQ - 3′和 5′- 6FAM cct cga ccg caa cg MGBNFQ - 3′。PCR 反应在含有:0. 4 ng/ μl 基因组 DNA,1×SensiMix II 探针,0. 16 μmol/L 正向和反向引物,0. 4 μmol/L VIC 探针和 0. 3 μmol/L 6FAM 探针的 25 μl 体系中进行。PCR 条件:95℃ 10 min,然后进入 95℃ 15 s 和 65℃ 1 min 的 50 个循环,最后 60℃ 30 s。通过与 *FAD2A* 相同的正向引物和反向引物 5′- tggtttcgggacaaacacttc - 3′以及两个 TaqMan 探针 5′- VIC acaggttccctcgac MGBNFQ - 3′和 5′- 6FAM acaggttccctcagac MGBNFQ - 3′检测 *FAD2B* 突变。如上所述进行 PCR 反应,即在一个荧光定量 PCR 反应中,包含一对特异引物以及针对 SNP 位点的两种不同荧光标记的探针。普通油酸材料可检测到绿色 VIC 荧光信号,高油酸材料可检测到蓝色 6FAM 荧光信号,杂交种可检测到两种荧光信号。

Mienie 和 Pretorius(2013)采用 Barkley 的方法成功检测了南非商业化花生品种(回交亲本)和 500 个回交后代群体中 *FAD2* 等位基因的基因型,证明该技术可用于大量样品的快速检测。Barkley 等(2013)利用这一技术分析了 539 个 F₂ 后代的 *FAD2* 基因型,表明可能有其他基因也影响花生中的脂肪酸组成。

④ AS - PCR 法:为便于叙述,在此将 *FAD2A* 野生型基因表示为 A,突变的等位基因表示为 a;将 *FAD2B* 野生型基因表示为 B,突变等位基因表示为 b。在普通油酸×高油酸(*FAD2A* 448 G>A 和 *FAD2B* 441_442insA)花生杂交组合中,需要从 F₁ 和 F₂ 杂交后代中选择出同时具有 *FAD2A* 和 *FAD2B* 突变型基因的真杂种个体。具有 Aa 或 aa 以及 Bb 或 bb 基因型的个体即为要选择保留的个体。Chen 等(2010)针对 *FAD2A*、*FAD2B* 突变位点设计 AS - PCR 引物,并进行 3 个 PCR 反应。综合 3 个 PCR 反应结果可准确鉴别普通油酸型和高油酸型两种基因型,但难以区分 AaBB 和 aaBB、AABb 和 AAbb 基因型。

为此,山东省花生研究所分子育种团队针对 *FAD2A* 448 G>A 和 *FAD2B* 441_442insA 野生型和突变型 SNP 位点设计特异引物,组成一套 AS - PCR 引物(表 4 - 5)、进行 4 个 PCR 反应(图 4 - 15),每个 PCR 反应包含一对通用引物和一个位点特异引物,综合 4 个反应的结果即可准确判断 *FAD2A/FAD2B* 与油酸含量相关的 SNP 所有 9 种基因型(Yu 等,2013)。

表 4 - 5   AS - PCR 引物序列(Yu 等,2013)

引 物 名 称	引物序列(5′→3′)
FAD2A - F	gattactgattattgacttgctttg
FAD2A - G	gttttgggacaaacacttcttc
FAD2A - A	gttttgggacaaacacttcttt
FAD2B - F	cagaaccattagctttgtagtagtg
FAD2B - C	aacacttcgtcgcggttg
FAD2B - A	aacacttcgtcgcggttt
FAD2 - R	ctctgactatgcatcagaacttgt

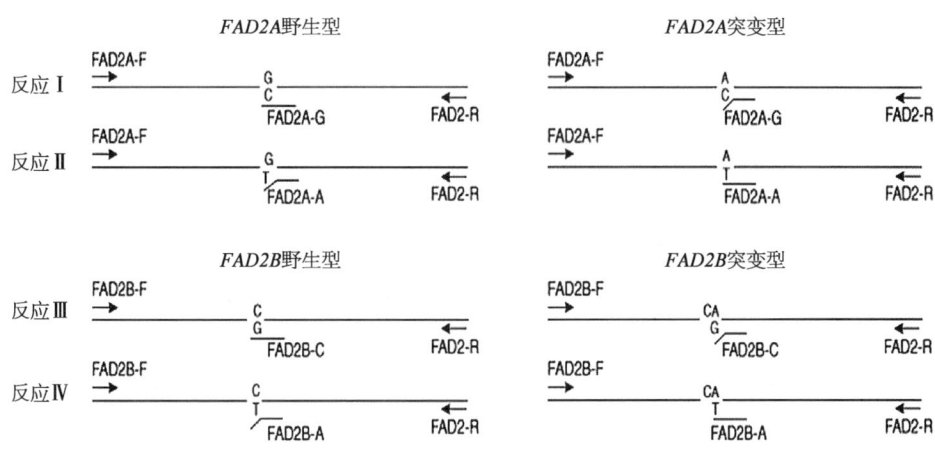

图 4-15　鉴定 *FAD2* 基因型的 4 个 AS-PCR 反应示意(Yu 等,2013)

4 组 PCR 反应体系为：2×*Taq* PCR mix(北京天根)12.5 μl、引物 FAD2-R (10 μmol/L)0.25 μl、其他两种引物(10 μmol/L)各 1 μl(反应Ⅰ：FAD2A-F、FAD2A-G;反应Ⅱ：FAD2A-F、FAD2A-A;反应Ⅲ：FAD2B-F、FAD2B-C;反应Ⅳ：FAD2B-F、FAD2B-A)、模板 DNA 1.5 μl(Yu 等,2010)、补双蒸水至 25 μl。PCR 反应程序：94℃ 1 min,(94℃ 30 s, 53℃ 30 s, 72℃ 90 s)30 个循环,72℃ 5 min。电泳检测采用 1% 琼脂糖电泳,取 6 μl PCR 产物,以 1 μl DL2000 Marker(TakaRa)作为对照。电压 130 V,电泳 20 min,紫外光下观察。所有体系中都应有 1 条 1 241 bp 的内参带,这是 PCR 反应成功的标志。反应Ⅰ和Ⅱ的目的带为 557 bp,反应Ⅲ和Ⅳ的目的带为 539 bp。在扩增得到内参带的前提下,同时扩增得到目的带,即可证明存在该等位基因;反之不存在该等位基因。如仅反应Ⅰ和Ⅲ有目的带,被测样品的基因型即为 AABB;反应Ⅱ和Ⅳ有目的带,被测样品的基因型即为 aabb;反应Ⅰ、Ⅱ和Ⅲ有目的带,被测样品的基因型即为 AaBB;反应Ⅰ、Ⅱ和Ⅳ有目的带,被测样品的基因型即为 Aabb;反应Ⅰ、Ⅲ和Ⅳ有目的带,被测样品的基因型即为 AABb;反应Ⅱ、Ⅲ和Ⅳ有目的带,被测样品的基因型即为 aaBb;反应Ⅰ、Ⅱ、Ⅲ和Ⅳ都有目的带,被测样品的基因型即为 AaBb;仅反应Ⅱ、Ⅲ有目的带,被测样品的基因型则为 aaBB;仅反应Ⅰ、Ⅳ有目的带,被测样品的基因型则为 AAbb。综合 4 个反应的结果可准确判断所有 9 种基因型(图 4-16),与 PCR 产物直接测序法完全一致。

AS-PCR 方法具有检测方法简单、成本低和结果稳定的优点,成功应用于高油酸花生的标记辅助选择(marker-assisted selection, MAS)杂交育种和标记辅助回交(marker-assisted backcrossing,MABC)育种,显著提高了高油酸性状选择的准确性,降低了育种成本,提高了育种效率。Yu 等(2013)报道的技术已为国内外多家单位利用,并取得了较好效果。河北农业大学就利用上述方法对高油酸父本 CTWE 与 4 个普通油酸母本杂交获得的 330 个杂交后代进行分子鉴定,准确鉴定出 230 个高油酸真杂种,平均真杂种率为 62.16% (孟硕等,2015)。

为对花生 *FAD2* 野生型和突变型进行分析,河南省农业科学院花生育种团队设计了 4 对引物(表 4-6),并针对不同基因型选择不同的引物进行 PCR 反应,取得了较好的效果(张新友

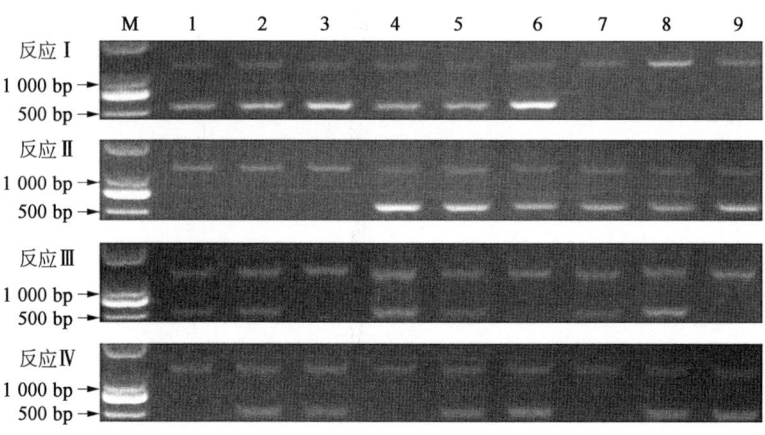

图 4 - 16　FAD2 的 9 种基因型琼脂糖凝胶电泳判定图(Yu 等,2013)

泳道 1～9 FAD2A/FAD2B 基因型分别为 AABB(1)、AABb(2)、
AAbb(3)、AaBB(4)、AaBb(5)、Aabb(6)、aaBB(7)、aaBb(8)、aabb(9)

等,2015)。10 μl PCR 反应体系内包括:1 U 的 DNA 聚合酶、1×反应缓冲液、0.4 mmol/L dNTPs、上下游引物各 3 μmol/L、20 ng 的 DNA 样本。PCR 程序:94℃预变性 5 min,94℃变性 30 s,45.9℃退火 30 s,72℃延伸 45 s,循环 30 次或 35 次;72℃延伸 10 min。

表 4 - 6　河南省农业科学院花生育种团队 FAD2 基因型分析 AS - PCR 引物

基　因　型	引物名称	引物序列(5′→3′)
FAD2A 野生型	FAD2A - F	gattactgattattgactt
	FAD2A - WT - 2R	gttttgggacaaacacttcacc
FAD2A 突变型	FAD2A - F	gattactgattattgactt
	FAD2A - Mu - 2R	gttttgggacaaacacttagat
FAD2B 野生型	FAD2B - F	cagaaccattagctttg
	FAD2B - WT - 2R	gacaaacacttcgtcgcgttag
FAD2B 突变型	FAD2B - F	cagaaccattagctttg
	FAD2B - Mu - 2R	gacaaacacttcgtcgcgttat

以下叙述该团队针对 F435 型 FAD2 的 AS - PCR 基因型分析方法的设计思路和应用效果(张新友等,2015)。

检测 FAD2A 位点无突变:在花生野生型 FAD2A 基因序列－88 bp 处设计正向引物 FAD2A - F,在花生野生型 FAD2A 基因序列 448 bp 处设计反向引物 FAD2A - WT - R。如 448 bp 处 G 碱基没有突变为 A 碱基,将扩增出 557 bp 的预期条带;如 448 bp 处 G 碱基突变为 A 碱基,将扩增不出任何条带。

检测 FAD2A 位点有突变:在花生野生型 FAD2A 基因－88 bp 设计正向引物 FAD2A - F,在花生突变型 FAD2A 基因序列 448 bp 处设计反向引物 FAD2A - Mu - R。如 448 bp 处 G 碱基突变为 A 碱基,将扩增出 557 bp 的预期条带;如 448 bp 处 G 碱基没有突变为 A 碱基,将扩增不出任何条带。

检测 *FAD2B* 位点无突变(检测野生型无 A 插入):在花生野生型 *FAD2B* 基因序列 −80 bp 处设计正向引物 FAD2B−F,在花生野生型 *FAD2B* 基因序列 442 bp 处设计反向引物 FAD2B−WT−R。如果 442 bp 处没有 A 碱基插入,将扩增出 542 bp 的预期条带;如果 442 bp 处有 A 碱基插入,将扩增不出任何条带。

检测 *FAD2B* 基因 442 bp 处有 A 碱基插入:在花生野生型 *FAD2B* 基因序列 −80 bp 处设计正向引物 FAD2B−F,在花生突变型 *FAD2B* 基因序列 442 bp 处设计反向引物 FAD2B−Ins−R。如果 442 bp 处有 A 碱基插入,将扩增出 543 bp 的预期条带;如果 442 bp 处没有 A 碱基插入,将扩增不出任何条带。

采用 AS−PCR 对不同 *FAD2A/FAD2B* 基因型分析的结果如图 4−17 和表 4−7 所示。参考表 4−7 中 PCR 检测结果和基因型的对应关系,可以根据引物对 FAD2A−F/FAD2A−WT−R 和 FAD2A−F/FAD2A−Mu−R PCR 结果区分 FAD2A 的 AA、Aa 和 aa 三种基因型,根据引物对 FAD2B−F/FAD2B−WT−R 和 FAD2B−F/FAD2B−Ins−R PCR 结果区分 *FAD2B* 基因的 BB、Bb 和 bb 三种基因型,综合以上 4 对引物分析结果可准确判定 *FAD2A* 和 *FAD2B* 的 9 种基因型(图 4−17)。

表 4−7 基因型与带型对照

FAD2A 基因型	带　型	FAD2A−F/*FAD2A*−WT−R	FAD2A−F/*FAD2A*−Mu−R
AA	I	√	×
Aa	II	√	√
aa	III	×	√
FAD2B 基因型	带　型	FAD2B−F/*FAD2B*−WT−R	*FAD2B*−F/FAD2B−Ins−R
BB	I	√	×
Bb	II	√	√
bb	III	×	√

注:√表示 PCR 检测到目的条带,×表示 PCR 未检测到目的条带。

用此法检测豫花 15×开农 61 杂交组合 27 个后代植株基因型与测序结果一致,证明所建立的检测 *FAD2* 基因型的 AS−PCR 方法准确可靠。

⑤ KASP 法:KASP 是由英国政府化学家实验室(Laboratory of the Government Chemist, LGC)有限公司推出的,可以在单个反应中检测两个等位基因。该方法使用等位基因特异性引物用 PCR 仪扩增样品 DNA。等位基因特异性引物分别在其 5′端与荧光染料 HEX 和 FAM 缀合。当 FRET 荧光共振能量转移盒引物与 DNA 杂交时,荧光染料和淬灭剂分离,导致相应的荧光发射,通过读取荧光信号容易检测基因型。KASP 反应及其组分描述于 http://www.lgcgenomics.com/genotyping/kasp-genotyping-reagents/how-does-kasp-work。KASP 技术不需针对每个 SNP 位点都去合成特异的荧光引物,它基于自己独特的 ARM PCR 原理,让所有的位点检测最终都使用通用荧光引物扩增,大大降低了 LGC KASP 的试剂成本。一般认为,其既有金标准的准确,又降低了使用成本,比 Taqman 还具有更好的位点适应性,而且利用 LGC 推出的 SNPline 平台可实现高通量检测。

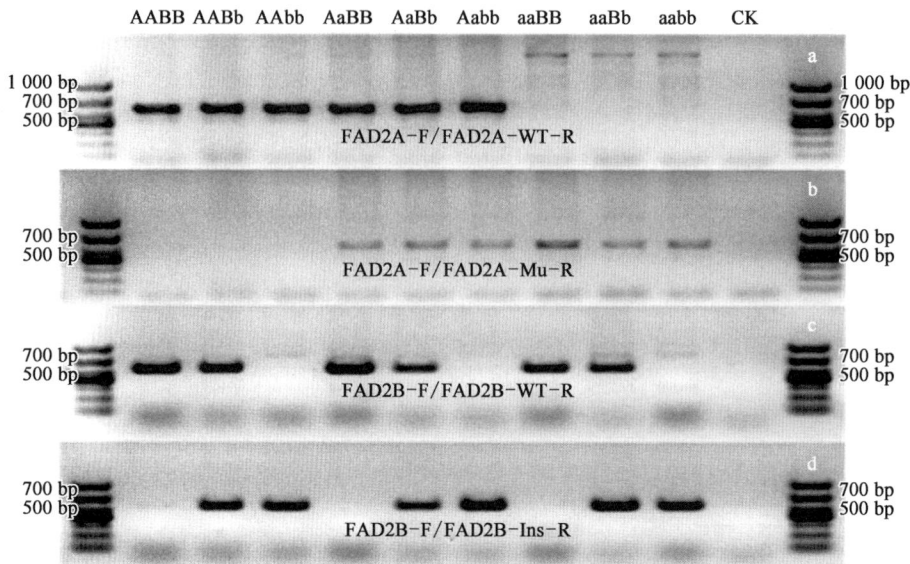

图 4 - 17　利用 4 对引物 AS - PCR 法区分 *FAD2A* 和 *FAD2B* 突变基因型的琼脂糖凝胶电泳图

a. A 基因型利用 FAD2A - F/ FAD2A - WT - R 引物都能扩增出的特异条带；
b. a 基因型利用 FAD2A - F/ FAD2A - Mu - R 引物都能扩增出的特异条带；
c. B 基因型利用 FAD2B - F/ *FAD2B* - WT - R 引物都能扩增出的特异条带；
d. b 基因型利用 *FAD2B* - F/ FAD2B - Ins - R 引物都能扩增出的特异条带

　　Zhao 等(2017)开发 KASP 方法以检测不同杂交后代中 *FAD2A* 和 *FAD2B* 基因型。基于野生型和突变型 *FAD2A* 和 *FAD2B* 基因序列设计了等位基因特异性引物(表 4 - 8)。KASP 测定混合物包含 3 种特异性非标记寡核苷酸：两种等位基因特异性正向引物和一种共同的反向引物。等位基因特异性正向引物将突变型等位基因与野生型等位基因分开。等位基因特异性引物各自具有对应于通用 FRET 盒的独特尾部序列；用 FAM™ 染料标记 *AhFAD2A*/ *AhFAD2B* - Allele - 1 引物即突变等位基因特异性引物尾部，用 HEX™ 染料标记 *AhFAD2A*/ *AhFAD2B* - Allele - 2 引物即野生型等位基因特异性引物尾部。通过这两个等位基因特异性正向引物的竞争性结合实现双等位基因鉴别。3 μl KASP 反应体系包括 1.5 μl 2×KASP PCR 混合物，35～45 ng 基因组 DNA 模板，0.16 μmol/ L 等位基因特异性正向引物和 0.41 μmol/ L 反向引物。PCR 程序为：94℃ 15 min，然后 94℃ 20 s、65℃ 60 s(每个循环降低 1℃)的 10 个循环，随后是 94℃ 20 s、55℃ 60 s 的 35 个循环。PCR 完成后立即使用 BMG Omega F 板读数器读取荧光信号。在 520 nm(绿色)和 556 nm(黄色)波长下在 25℃获得荧光信号 2 min。该方法可区分 *FAD2A*/ *FAD2B* 野生型、突变型和杂合型 3 种基因型(图 4 - 18)，且准确率高。用本法和 CAPS 法分析花育 31 号、开农 176 及其 F$_1$ 种子 *FAD2A*/ *FAD2B* 基因型，结果完全一致。

表 4 - 8　KAPS 引物序列(Zhao 等，2017)

引 物 名 称	引物序列(5′→3′)
AhFAD2A - Allele - 1	gttttgggacaaacacttcgtt
AhFAD2A - Allele - 2	gttttgggacaaacacttcgtc

（续表）

引物名称	引物序列(5′→3′)
AhFAD2A - common	cgccaccactccaacacc
AhFAD2B - Allele - 1	caaacacttcgtcgcggtct
AhFAD2B - Allele - 2	caaacacttcgtcgcggtcg
AhFAD2B - common	ccgccaccactccaacaca
Allele - 1 Tail（FAM tail）	gaaggtgaccaagttcatgct
Allele - 2 Tail（HEX tail）	gaaggtcggagtcaacggatt

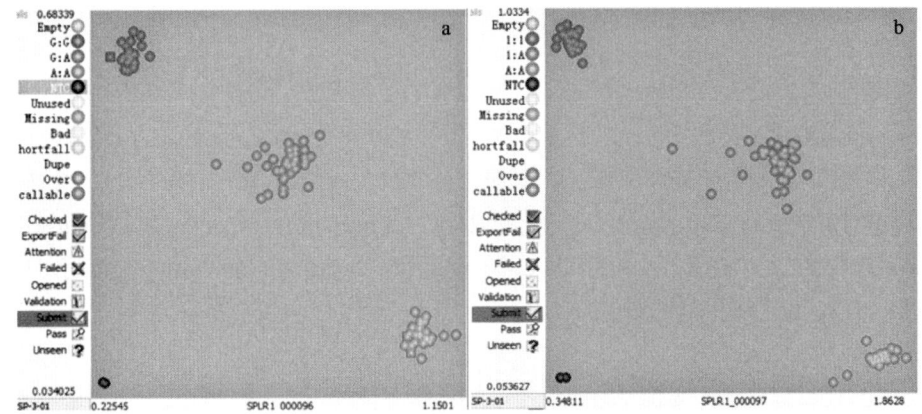

图 4 - 18　利用 KASP 技术对花生 *FAD2A*（a）、*FAD2B*（b）基因型进行分析的结果（Zhao 等，2017）

每一张图的左上角均为野生型、右下角为突变型、中间为杂合型

　　徐平丽等（2016）也利用 KASP 方法进行花生 *FAD2* 基因型鉴定。根据 *FAD2A* 448 bp 位置的 G/ A 设计的特异引物分别为 kFAD2A - F/ A、kFAD2A - F/ G，根据 *FAD2B* 442 bp 位置的 A 插入或缺失的特异引物分别为 kFAD2B - F/ IA、kFAD2B - F/ - D，这些 SNP 位点特异引物的 5′端带有 LGC 公司的等位基因 1 或 2 标签序列。每个 PCR 反应包含 1 个通用引物和 2 个 5′端带有等位基因 1 或 2 标签序列的 SNP 特异引物，以及公司提供的 Master Mix，最后通过检查荧光信号就可判断 SNP 类型。在检测 *FAD2B* 442nt A/ - InDel 上，KASP 与 TaqMan 探针法的一致率高达 96.7%；而针对 *FAD2A* 448nt G/ A 差异位点检测的一致率仅为 71.7%。

　　于明洋等（2017）报道，利用 KASP 法对花生 *FAD2A/ FAD2B* 位点进行基因分型的成功率约为 92%。

　　中玉金标记（北京）生物技术股份有限公司可提供 KASP 相应服务。

　　各种检测方法的优劣对比如表 4 - 9 所示。

表 4 - 9　**等位差异位点不同检测方法的优缺点比较**（徐平丽等，2016）

项　　目	测　序	CAPS	AS - PCR	TaqMan 探针法	KASP
模板质量要求	中	高	中	中	中
500 个样品的实验周期(d)	16	20	15	5	1~5

（续表）

项　　目	测　序	CAPS	AS－PCR	TaqMan 探针法	KASP
检测 9 种基因型的成本(元/样)	22	9	1.5	12	4～9
是否高通量	否	否	否	是	是
设备要求	普通 PCR 仪和测序仪	普通 PCR 仪和琼脂糖凝胶电泳设备	普通 PCR 仪和琼脂糖凝胶电泳设备	实时荧光PCR 仪	LGC SNPline XL 水浴 PCR 仪或实时荧光 PCR 仪

（2）基于亲本 *FAD2A* / *FAD2B* 基因序列差异的鉴定方法——非 F435 型 *FAD2A* / *FAD2B* 突变

① MITE 插入突变：美国 Patel 等（2004）在高油酸花生突变体 C458 和 M2－225 *FAD2B* 基因内发现有 205 bp MITE 插入（图 4－19），因此可进行 PCR 扩增以区分正常 *FAD2B* 和 MITE 插入突变体花生。日本加津佐 DNA 研究所 Koilkonda 等使用前人报道的引物对 bF19（5′－cagaaccattagctttg－3′）/R1（5′－ctctgactatgcatcag－3′）扩增 *FAD2B* 基因，鉴定其是否为 MITE 插入突变型（Varshney 等，2013）。Chu 等（2009）指出，用上述引物扩增 *FAD2B* 基因，C458 突变型 *FAD2B* 基因扩增产物为 1.4 kb，而野生型为 1.2 kb，差异明显。

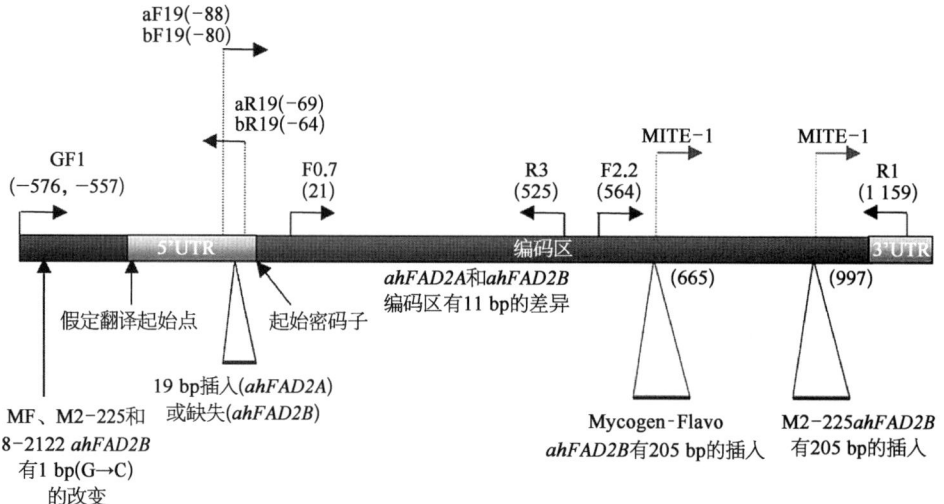

图 4-19　高油酸 MITE 插入突变体 C458（Mycogen-Flavo）和 M2－225 *FAD2B*

右下方两个大的三角形示 205 bp 插入（两个突变体分别在 *FAD2B* 665 bp 和 997 bp 处）(Patel 等，2004)

河南省农业科学院花生育种团队开发了针对 C458 型 *FAD2B* MITE 插入突变的分子标记。根据高油酸等位基因变异 MITE 插入类型设计出位点特异的引物，*FAD2B* 基因有插入变异的特异引物序列正向引物 MITE－INS－F：5′－ggatgatggattgtatgg－3′、反向引物 MITE－INS－R：5′－ctctgactatgcatcag－3′；*FAD2B* 基因无插入变异的特异引物序列正向引物 WILD－F：5′－cagaaccattagctttg－3′、反向引物 WILD－R：5′－ctgagacataaattagaagcc－

3′。借助 PCR 扩增和琼脂糖电泳技术,可准确地鉴定出高油酸与普通油酸杂交后代的 B 基因组 3 种基因型。先利用正向引物 MITE - INS - F 和反向引物 MITE - INS - R 进行 PCR,检测有无 MITE 插入;然后利用正向引物 WILD - F 和反向引物 WILD - R 进行 PCR,检测是否 MITE 插入纯合体。BB 基因型只有一条野生型带(Ⅰ型);Bb 基因型具有突变型和野生型两条带(Ⅱ型);bb 基因型只有一条突变型带(Ⅲ型)(表 4 - 10)。

表 4 - 10　*FAD2B* 基因型与带型对照

FAD2B 基因型	带　型	不同引物对的扩增结果	
		MITE - INS - F/ MITE - INS - R	WILD - F/ WILD - R
BB	Ⅰ	×	√
Bb	Ⅱ	√	√
bb	Ⅲ	√	×

提取两个杂交组合的 $F_{3:4}$ 单株后代 DNA,利用针对 *FAD2B* MITE 插入突变型和野生型设计的两对引物分别进行 PCR 扩增,其中一个组合的带型如图 4 - 20 所示。

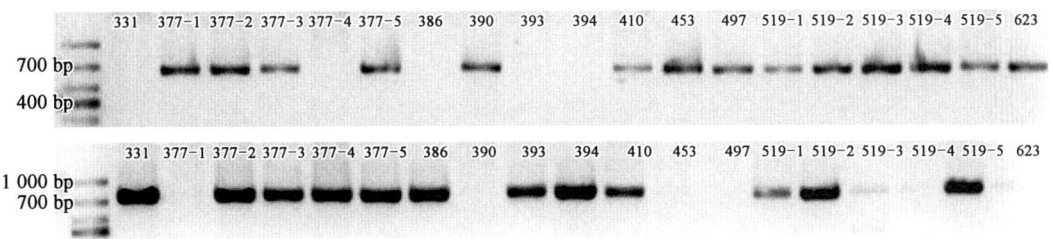

图 4 - 20　远杂 9102×wt09 - 0023 群体 MITE 插入型 *FAD2B* 基因型分析

结合 *FAD2A* 测序结果,将 *FAD2B* 带型与基因型、油酸含量进行比较。结果表明,远杂 9102×wt09 - 0023 组合,在 AA 背景下 B 基因组的基因型从 BB、Bb 到 bb,油酸含量从 31.9%、38.1%提高到 63.3%;在 aa 背景下 B 基因组的基因型从 BB、Bb 到 bb,油酸含量从 38.0%、49.3%提高到 69.4%(表 4 - 11)。阜花 12×wt09 - 0023 组合情形相仿:在 AA 背景下 B 基因组的基因型从 BB、Bb 到 bb,油酸含量从 31.9%、37.8%提高到 48.9%;在 aa 背景下 B 基因组的基因型从 Bb 到 bb,油酸含量从 47.6%提高到 71.2%(表 4 - 12)。

表 4 - 11　远杂 9102×wt09 - 0023 后代 *FAD2B* 带型与基因型、油酸含量比较

株系编号	带　型	预测 B 基因组基因型	A 基因组基因型	单株油酸含量(%)	平均油酸含量(%)
393	Ⅰ	BB	AA	28.71	
394	Ⅰ	BB	AA	29.69	31.9
868	Ⅰ	BB	AA	32.60	
386	Ⅰ	BB	AA	36.45	
331	Ⅰ	BB	aa	36.20	38.0
377 - 4	Ⅰ	BB	aa	39.75	

（续表）

株系编号	带　型	预测 B 基因组基因型	A 基因组基因型	单株油酸含量(%)	平均油酸含量(%)
410	Ⅱ	Bb	AA	38.13	38.1
519－1	Ⅱ	Bb	aa	42.96	
519－5	Ⅱ	Bb	aa	43.55	
377－2	Ⅱ	Bb	aa	47.49	49.3
377－5	Ⅱ	Bb	aa	48.69	
377－3	Ⅱ	Bb	aa	54.91	
519－2	Ⅱ	Bb	aa	57.99	
623	Ⅲ	bb	AA	63.31	63.3
377－1	Ⅲ	bb	aa	64.39	
869	Ⅲ	bb	aa	66.03	
390	Ⅲ	bb	aa	66.65	
519－3	Ⅲ	bb	aa	67.85	69.4
519－4	Ⅲ	bb	aa	70.54	
497	Ⅲ	bb	aa	73.74	
453	Ⅲ	bb	aa	76.36	

表 4-12　阜花 12×wt09-0023 后代 *FAD2B* 带型与基因型、油酸含量比较

株系编号	带　型	预测 B 基因组基因型	A 基因组基因型	单株油酸含量(%)	平均油酸含量(%)
1537	Ⅰ	BB	AA	27.25	
1656	Ⅰ	BB	AA	30.98	
1662	Ⅰ	BB	AA	32.80	31.9
1648	Ⅰ	BB	AA	33.72	
1812	Ⅰ	BB	AA	34.72	
1593－2	Ⅱ	Bb	AA	37.8	37.8
1593－4	Ⅱ	Bb	aa	40.62	
1715－2	Ⅱ	Bb	aa	43.94	
1715－5	Ⅱ	Bb	aa	49.35	47.6
1715－3	Ⅱ	Bb	aa	51.16	
1715－1	Ⅱ	Bb	aa	53.05	
1759	Ⅲ	bb	AA	41.42	
1691	Ⅲ	bb	AA	50.26	48.9
1545	Ⅲ	bb	AA	55.02	
1593－1	Ⅲ	bb	Aa	52.13	53.6
1593－5	Ⅲ	bb	Aa	55.13	
1556	Ⅲ	bb	aa	56.15	
1715－4	Ⅲ	bb	aa	65.56	
1741	Ⅲ	bb	aa	73.21	71.2
1813	Ⅲ	bb	aa	73.97	
1789	Ⅲ	bb	aa	75.6	
1631	Ⅲ	bb	aa	82.86	

　　可见,两个杂交群体,无论在 AA 背景下还是在 aa 背景下,B 基因组的基因型从 BB、Bb 到 bb,油酸含量均呈逐渐升高的趋势,表明 PCR 分型结果与基因型对应的油酸含量变化一

致,所开发的分子标记可以用于油酸性状的选择。

　　类似地,徐平丽等(2020)也开发了针对 C458 型 *FAD2B* MITE 插入突变的分子标记。利用筛选出的 MITE 分子标记引物 AhFAD2B－WM－P3/AhFAD2B－WM－R2(表 4－13)对宇花 2 号(普通油酸)×潍花 25 号(高油酸)杂种 F_1 种子 DNA 进行 PCR 扩增,样品 1~7 同时具有父母本扩增带型 522 bp 和 308 bp 为 F_1 真杂种,而假杂种(样品 8)则仅具有母本的 308 bp 扩增带型(图 4－21)。

表 4－13　C458 型高油酸花生与普通油酸花生杂种 F_1 鉴定用 PCR 引物(徐平丽等,2020)

引 物 名 称	序列(5′→3′)
AhFAD2B－WM－P3	cgccaccactccaacaca
AhFAD2B－WM－R2	acccaacccaaacctttcaa

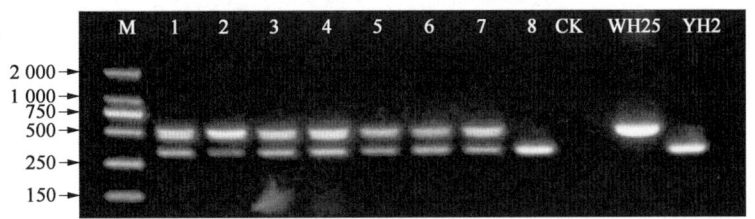

图 4－21　F_1 真杂种 PCR 鉴定(徐平丽等,2020)

M:DL2000 分子量标准;
YH2:宇花 2 号;WH25:潍花 25 号;CK:无模板对照;1~8:F_1 种子

　　② *FAD2B* G558A 突变:山东省花生研究所分子育种团队创制出非 F435 型长粒大花生高油酸突变体 15L46HO,经克隆测序和序列比对,证实 *FAD2B* 基因存在 G558A 突变。在此基础上设计两套 AS－PCR 引物检测该突变位点(表 4－14)。25 μl PCR 反应体系:2×*Taq* PCR Mix(北京天根生化科技)12.5 μl、模板 DNA 1.5 μl、特异性引物(10 μmol/L)1 μl、上游引物(10 μmol/L)1 μl、下游引物(10 μmol/L)0.25 μl、无菌双蒸水 8.75 μl。PCR 程序:94℃ 1 min,94℃ 30 s,53℃ 30 s,72℃ 30 s(30 个循环);72℃ 5 min。结果表明,PCR 产物条带清晰,其中由上游引物与特异性引物扩增出的目的条带约为 150 bp;由上游引物和下游引物扩增出的内参条带约为 350 bp,该条带是反应成功的标志。无论是第一组引物还是第二组引物,突变型 DNA 能同时扩增出目的条带和内参条带;而野生型 DNA 只能扩增出内参条带,无目的条带(图 4－22)。两组引物扩增效果稳定。该技术可用于野生型×该突变型杂种 F_1 真实性鉴定(韩宏伟等,2021)。

表 4－14　针对 *FAD2B* 突变位点 G558A 设计的 AS－PCR 引物组合(韩宏伟等,2021)

组　　别	引　　物	引物序列(5′→3′)
第一组	FAD2B－F2	accactccaacacaggttccctc
	FAD2B－A3	attgaaggccaagtacaagcgt
	FAD2B－R2	gagcaatggcaccccataaacac

（续表）

组　别	引　物	引物序列(5′→3′)
第二组	FAD2B - F2 FAD2B - A4 FAD2B - R2	accactccaacacaggttccctc attgaaggccaagtacaagagt gagcaatggcaccccataaacac

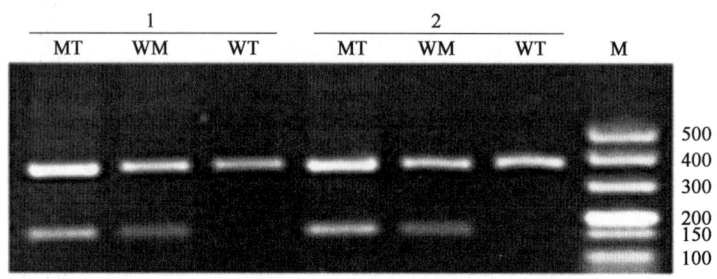

图 4 - 22　两组 AS - PCR 特异引物(1、2)鉴定
FAD2B G558A 突变(韩宏伟等,2021)

MT: 突变型 15L46HO;WM: 混合模板 15L46+15L46HO;
WT: 野生型 15L46;M: DL500 DNA Marker (TaKaRa,Beijing)

（3）不依赖亲本 *FAD2A/FAD2B* 基因序列差异的鉴定方法：如父母本均为高油酸亲本,且 *FAD2A/FAD2B* 突变相同,就不能采用基于亲本 *FAD2A/FAD2B* 基因序列差异的鉴定方法。在这种情形下,可采用 SSR(simple sequence repeat,简单序列重复,又称微卫星)、MITE 等方法。当然这些方法对于前述高油酸花生与普通油酸花生的杂交组合也是适用的。

提取双亲 DNA 后,首先进行引物筛选,得到能区分父母本的多态性引物后,再用于真假杂种鉴定。为确保结果可靠,一般采用两套引物相互验证。

① SSR 标记：SSR 标记是重复性较好、在花生中广泛应用的一种分子标记。Gomez 等(2008)率先报道了利用 SSR 分子标记结合水平聚丙烯酰胺凝胶电泳(PAGE)鉴定 8 个组合共 179 个单株的杂合性,真杂种率为 50%～100%。曹广英等(2016)利用 SSR 标记技术鉴定抗青枯病品种日花 1 号和高油酸品种花育 662 正反交组合 F_1 代真杂种,共鉴定出 16 粒真杂种,并得到形态学鉴定结果的确认。

② MITE 标记：最近几年才在花生杂种鉴定上应用的 MITE 标记技术,具有易操作、多态性高、带型简单、重复性好等优点,已用于花生高油酸育种,成为目前花生 F_1 杂种真伪分子鉴定的首选技术。与 SSR 标记一样,MITE 标记也是一种基于 PCR 的分子标记,但其扩增产物只需 2% 的普通琼脂糖电泳就可检测,比垂直板聚丙烯酰胺凝胶电泳省时省力。花生 MITE 标记引物可查询 Kazusa Marker DataBase 网站。

除 SSR 和 MITE 标记外,也可采用 SNP(single nucleotide polymorphism,单核苷酸多态性)标记进行杂种鉴定,不过需要预先了解亲本相关序列信息。如韩燕等(2016)利用 3 亲本间(Tifrunner、四粒红和鲁花 14 号)的 1 个 SNP 位点差异开发出 CAPS(cleaved amplified polymorphic sequence,酶切扩增多态性序列)标记,鉴定了来自 4 个组合的 139 个 F_1 单株,发现真杂种率为 10.5%~36.7%。采用高通量的 KASP 技术进行花生 SNP 基因型分析更为高效 (Khera 等,2013)。

3. 近红外与 MITE 标记相结合　人工杂交特别是组合多时会收获较多种子,利用分子标记技术鉴定真杂种需经过 DNA 提取、PCR 等程序,要花费较多时间。利用高油酸亲本与普通油酸亲本搭配的杂交组合,可以采用近红外与分子标记相结合的办法鉴定真杂种。对从母本植株上收获的 F_1 单粒花生种子进行近红外扫描,选取油酸含量介于双亲之间的种子再进行分子标记鉴定,不失为减少工作量的明智之举。

为选育高油酸抗逆花生新品种,祁雪等(2017)以高油酸品种花育 963 为母本、不亲和野生花生作父本杂交,采用原位胚拯救技术直接收获花生不亲和种间杂种 F_1,经 MITE 标记鉴定,有 35 粒种子为真杂种,真杂种率为 44.3%。近红外分析表明,真杂种油酸含量显著低于高油酸花生,为杂种真实性提供了旁证。

为培育耐低温的高油酸花生品种,刘婷等(2017)搭配了 2 个普通油酸(耐低温种质)×高油酸杂交组合。首先通过近红外技术初筛,选择油酸含量预测值高于 40% 的 F_1 单粒种子进一步经 MITE 标记鉴定,分别获得了 32 粒和 24 粒真杂种。两对 MITE 引物 AhTE0398 和 AhTE0167 鉴定结果完全一致(图 4-23、图 4-24),也与 *FAD2* AS-PCR 结果相同,证实了 MITE 标记鉴定技术的可靠性。

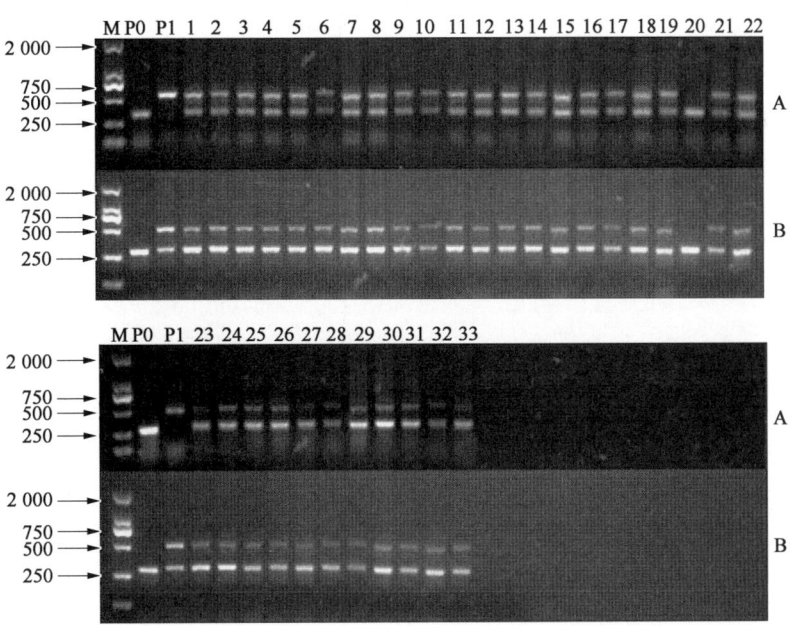

图 4-23　C1×CTWE 组合 F_1 真杂种 MITE 标记鉴定结果(刘婷等,2017)

A:引物对 AhTE0398;B:引物对 AhTE0167;P0:母本 C1;P1:父本 CTWE;1~33:
近红外初选出的 F_1 单粒花生(其中除 20 外,其他单粒均具有双亲条带);
M:D2000 DNA marker[箭头旁的数字为条带长度(bp)]

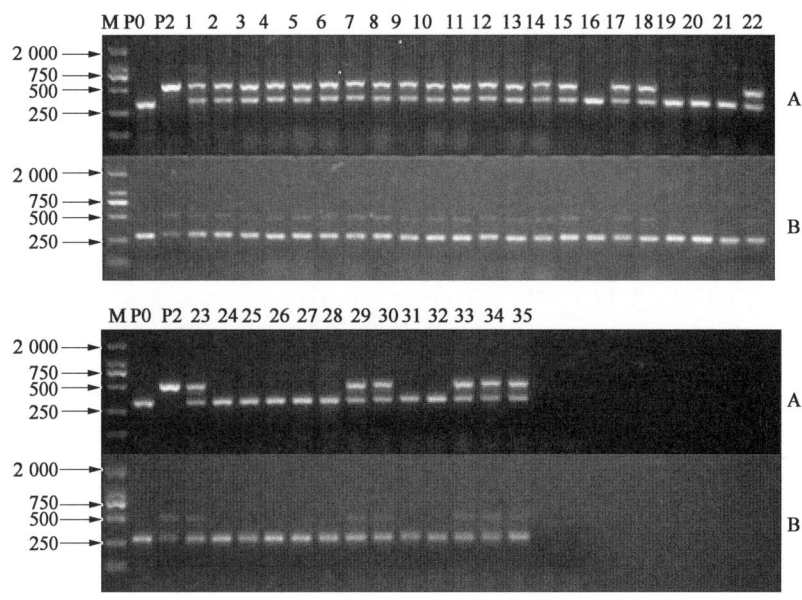

图 4 - 24　C1×FB4 组合 F$_1$ 真杂种 MITE 标记鉴定结果(刘婷等,2017)

A：引物对 AhTE0398；B：引物对 AhTE0167；P0：母本 C1；P2：父本 FB4；1～35：
近红外初选出的 F$_1$ 单粒花生(其中 1～15、17、18、22、23、29、30、33～35 等均具有双亲条带)；
M：D2000 DNA marker[箭头旁的数字为条带长度(bp)]

(七)杂种 F$_1$ 扩繁

获得真杂种后,如数量不足,可进行扩繁。可采用组织培养技术、成熟枝条四分法,也可以在 F$_1$ 种于田间后采取插枝繁殖的方式(王传堂、朱立贵等,2017)。后者已成为美国花生育种普遍采用的一项技术。需要注意的是,在我国北方产区插枝时间不宜太迟。

印度 Nawade 等(2019)报道了一种花生插条繁殖的方法,并用于花生高油酸育种。F$_1$ 植株荚果收获期,当植株还是绿色时,选取健壮枝条用小刀在基部斜切,取 10～15 cm 长、有 2～3 个节间的插条,将切口在 0.5%Bavistin 中(多菌灵 50%WP)浸泡 10～15 min,经蒸馏水冲洗后,浸入(4～5 cm)添加 1%萘乙酸(NAA)的 1×Hoagland 营养液中生根。为防藻类污染,营养液盛放在铝箔包裹的 50 ml 试管中。每 6～7 d 后将插条转移到一组装有新鲜生长基质的新管中,然后将带有不定根和 2～3 个新芽的插条移栽到装有消毒的土壤和细沙体积比为 1∶2 的盆中。炼苗(hardening)期间,每 6～7 d 浇 Hoagland 营养液,以补充营养。在控制的生长环境中,插条发育成的植株可正常开花结实(图 4 - 25)。F$_1$ 和 BC$_1$F$_1$ 代插条最终成活率为 39.43%～53.85%,成活单株平均结种子 4.67～5.29 粒(表 4 - 15)。

表 4 - 15　插条繁殖 F$_1$ 和 BC$_1$F$_1$ 代植株的效果(Nawade 等,2019)

世　代	插条数	至生根天数	生根插条数	炼苗后成活株数	收获种子粒数
F$_1$	52	12～15	40	28	148
BC$_1$F$_1$	38	18～20	25	15	70

图 4 - 25　花生 F_1 植株插条繁殖过程(Nawade 等,2019)

第一行从左至右：从植株上切取插条,插条生根,插条长出不定根；
第二行从左至右：插条生根(近观),炼苗,荚果待收

(八) 杂种后代的处理与选择

关于花生杂种后代的处理,国内外采用的方法不外乎系谱法、混合法、单粒传法及其派生出来的其他方法。

1. 系谱法与改良系谱法

(1) 系谱法：系谱法(pedigree method)也叫多次单株选择法(single plant selection, SPS),是国内外花生杂交育种最常用的一种方法,在高油酸花生育种中应用非常广泛,如国内外育成的高油酸花生品种主要是以系谱法选育而成。该法的特点是杂交后按组合种植,从杂种第一代分离世代(即单交 F_2,复交 F_1)开始选单株,并按单株种成株行,每株行成一个系统(株系),以后各分离世代都在优良系统中继续选择优良单株,继续种成株行,直至选育成整齐一致的稳定优良株系,然后将这个株系混收成为品系,进行产量比较试验,最后育成品种。在选择过程中,各世代都进行系统编号,以便查找株系历史与亲缘关系,故称为系谱法。各世代的具体处理方法如下。

第一代(F_1)：通过杂交得到的杂种种子种下去叫杂种第一代。按组合排列种植,每穴单粒播种,每组合旁边种上父母本作比较。单交 F_1 要注意稀植,加强田间管理,以收获较多

种子供下一代种植。为使高节位果针就近入土,可将枝条弯向地面,用弯曲成倒 U 形的铁丝固定,并插入土中,使枝条靠近地面。F_1 重要工作是去除假杂种,可以通过 3 种方式进行假杂种的去除。一是根据形态特征差异,如果植株性状完全像母本,又不表现任何杂种优势,那就是假杂种,收获时应以组合为单位,将假杂种及生育不好的病株、劣株淘汰掉,其余植株混收,并标明行号或组合号。二是根据品质性状差异,如果亲本形态特征差异较小,而双亲油酸含量差异大,可采用品质测定的方式,即进行单株收获,晾晒干后利用近红外技术测定单株的油酸含量,子仁油酸含量介于亲本之间的单株可判断为真杂种,以组合为单位真杂种单株混合、标号种植。三是利用分子标记技术,过去常用 SSR 标记,现提倡使用 MITE 标记。用 DNA 速提技术制备 PCR 模板(王传堂等,2012),不影响种子萌发和植株生长,收获 F_1 种子干燥后即可进行,或推迟到苗期对单株进行甄别,苗期直接去除伪杂种。收获方式也以组合为单位,将假杂种及发育不好的病株、劣株淘汰掉,其余植株混收,并标明行号或组合号。如杂交亲本本身是杂交种或杂交分离后代,如三交、回交、复交等获得的后代,第一代有可能发生一定程度的分离,可考虑进行单株选择。

第二代(F_2):按组合种植,每组合旁边种植父母本作比较,单粒播种,种植规格和田间管理要均匀一致,以便选株准确。该代是性状强烈分离的世代,同一组合内的植株间表现出多样性,在很大程度上决定以后世代的表现,所以是选育新品种的关键世代。在生育期间要进行细致的观察比较。首先进行组合间的比较选择,淘汰综合表现较差的组合,选择好的组合,然后在好的组合里面再选取优良单株。重点针对质量性状进行选择。遗传力高的性状从严掌握,遗传力低的性状适当放宽。关注株型、熟性、开花习性、荚果大小、子仁大小、分枝数、品质和抗性等性状。针对高油酸特性,利用近红外技术对该代各单株进行品质辅助选择,选择高油酸个体,如油酸含量高于 75% 的单株,下一世代重点考察产量、株型、抗性等性状;而油酸含量 60%~75% 的,下一世代仍需要进行品质辅助选择。也可利用折射率技术选择高油酸单株。在 F_2 世代将同一组合入选的单株分株收获装袋后放在一起,并标明行号和组合号,干燥后妥善贮藏。

第三代(F_3):按组合把 F_2 入选的单株分别种成株系,顺序排列,单株播种。F_3 各株系间的性状差异明显,各株系内仍有分离,但分离程度株系间有差别,一般比 F_2 要小,也有极少数株系可能表现比较一致。因此,F_3 应该首先着重选择优良株系,然后从优良株系中选择优良单株。这一世代各株系主要性状的表现趋势比较明显,所以也是对 F_2 入选单株的进一步鉴定与选择的重要世代。选择时,可根据生育期、抗性、产量因素等性状的综合表现进行,应特别关注营养体性状、果型大小及整齐度。选择单株果数较多的植株并兼顾营养体与单株果数相关性状的选择对后代产量性状至关重要。

第四代(F_4):F_4 的种植方法同 F_3,但选择的要求有所不同。来自同一 F_3 株系(即同一 F_2 单株的后代)的 F_4 株系称为株系群,株系群内的各株系互称"姊妹系"。不同株系群间的差异较大;同一株系群内的姊妹间差异较小,而且性状的总体表现常常是相似的。因此,这一世代首先应选拔优良株系群中的优良株系。根据自由组合规律,F_4 还是会有分离的,所以还要继续选株。从这一代开始,选择时所依据的性状要求更为全面,应特别注意把产量性状作为选择的依据。

第五代、第六代及以后世代：种植方法和选择要求等基本同第四代。

系谱法各世代的选择重点、选择强度可参照下述原则进行。第一，根据各主要性状的遗传力确定其适宜的选择世代。由于花生不同性状遗传力有所差别，应掌握遗传力高的早世代选择；反之，推后世代选择。第二，同一世代的同一性状依单株的表现进行选择，遗传力最低，可靠性最差；依株系选择次之；依株系群选择可靠性最高。因此，选择时应首先注重组合选择，再在优良组合中选择株系，最后从优系中选择优株，选择效果会更加突出。根据高油酸特性的遗传机制在早世代选择是有效的、可靠的。

（2）改良系谱法：改良系谱法（modified pedigree method）是在传统的系谱法步骤之外，又增加了混选的步骤，产量鉴定可提早进行。$F_2 \sim F_5$ 代单株照选不误，最早自 F_3 代起，单株选择后同一株行剩余单株可混收，随后世代鉴定混选系产量，可作为其对应株行取舍的参考。

中国高油酸花生品种大多是通过系谱法或改良系谱法选育而成的。高油酸高产大花生品种花育 961 即是一例，其选育过程如下。2008 年利用高蔗糖品系 06 - I8B4 作母本与高油酸突变体 CTWE 作父本搭配杂交组合，收获杂交果，利用分子标记技术鉴定真杂种。2009 年春将真杂种（F_1）种于山东省花生研究所试验场，秋天收获 F_2 种子，近红外法选择高油酸单粒种子。2010 年秋在莱西试验场收获 F_2 单株，进行近红外扫描，保留高油酸单株。2010 年（$F_2 \sim F_3$ 植株）至 2012 年春（F_5 植株）持续进行单株选择，保留结果集中、子仁性状佳、丰产性好的单株，为防止机械混杂、生物学混杂以及不明原因的油酸含量特性分离，对中选材料进行近红外扫描，确保高油酸特性稳定。除在莱西正常种植外，2010 年 10 月至 2011 年 3 月（F_3 植株）、2011 年 10 月至 2012 年 3 月（F_5 植株）在海南三亚南滨农场进行加代。海南第二次加代田间表现较好的品系（F_5 植株）其单株仍分别收获，单独称量荚果和子仁重，合并计算各品系的产量水平。从中选出 1 个优系，其子仁单产居参试大花生品系之首，各单株所结子仁经近红外扫描，均符合花生高油酸指标，因此淘汰个别劣株混收后在山东省花生研究所试验场（2012 年 5～9 月，F_6 植株）做进一步的产量鉴定。2013 年参加区域试验。

2. 混合法与混合系谱法

（1）混合法：经典的混合法（bulk method）是按杂交组合混合种植，先不进行选择，只淘汰劣株，到杂种性状基本稳定的世代，即纯合个体数达 80% 左右（通常为 $F_5 \sim F_8$）才开始进行一次性单株选择，下一代成为株系，然后选择优良株系进行试验鉴定。采用混合法，群体要大，每世代应尽可能地保留各类植株，选株世代所选株数要多。早代不进行人工选择，工作量少，在自然选择的影响下，随世代推进，群体性状逐步趋向适应当地自然条件和栽培条件，但有些目标性状在自然选择中往往会被逐渐弱化。

（2）混合系谱法：混合系谱法（bulk/pedigree method）是把混合法与系谱法结合起来的一种方法。单株选择与混选交替进行，程序上既可以先进行株选，也可以先进行混选。应用于高油酸花生育种，可在 $F_2 \sim F_3$ 代进行一次单株选择（选择高油酸单株），$F_4 \sim F_5$ 代进行混选系的产量鉴定，F_6 代进行一次株选，F_7 代及以后世代进行产量鉴定。

高油酸花生品种冀花 11 号是以冀花 5 号为母本、开选 016 为父本杂交，采用混合系谱法选育而成的。F_1 代田间鉴定淘汰伪杂种和病劣株后，摘饱满果混收。F_2 代和 F_3 代成熟后混收。F_4 代选择株高适中、株型直立或半直立、主茎绿叶多、单株果数多、双仁果数和饱果数多的优良单株,利用手持式折射率仪测试单株种子油脂折射率,筛选高油酸单株。以后各世代均进行优良单株选择,直至混收测产。

3. 单粒传法　单粒传法(single seed descent, SSD)是从 F_2 代开始,收获时按组合每株摘 1 个果(或几个果)混合,供下年繁殖; $F_3 \sim F_4$ 代也用同法进行;到 F_5 代或 F_6 代选择基本纯合稳定的单株,下年种成株系,再从株系选拔少数优系进入产量鉴定。

花生高油酸杂交育种中对 F_2 代种子进行选择,在所得高油酸种子数量不多的情况下,可采用变通的方法,例如可从 F_3 代才开始 1 株保留 1 个果或几个果。

美国高油酸品种 727 是通过改良单粒传法育成的。1997 年在温室内搭配杂交组合 $(90 \text{xOL}61 - \text{H}02 - 1 - 1 - \text{b}2 - \text{B}) \times (86 \text{x}43 - 23 - 2 - 1 - 1 -)$。母本是高油酸早熟品系,父本是高世代的多抗育种品系。1998 年种植了 2 个 F_1 代植株,收获后通过近红外技术预测种子脂肪酸含量,727 对应的是第二个 F_1 代植株。高油酸 F_2 代种子保留种植。1999～2001 年,按改良单粒传法选择种植 $F_2 \sim F_4$ 代。2002～2004 年,按系谱法选择种植 $F_5 \sim F_7$ 代。2005 年选得一 F_8 代单株,命名为 97x28HO $- 2 - 4 - \text{B}2 - 8 - 1 - 2$。2006 年测产,混收种子。2010 年参加跨州区试。

(九) 近红外技术和分子标记辅助的高油酸花生杂交育种策略

1. 高油酸花生杂交育种策略　山东省花生研究所分子育种团队提出了近红外技术与分子标记辅助相结合的高油酸花生杂交育种策略(图 4 - 26)。高油酸花生新品种花育 662 就是利用该策略育成的(王秀贞等,2016)。因为已建立了自然风干单粒和多粒花生种子主要品质指标的近红外模型,可实现油酸、蛋白质、脂肪含量等多项品质性状的同时选择。具体实施步骤如下。

运用分子标记技术鉴定 F_1 真杂种或利用单粒近红外模型进行初筛

↓

F_2 单粒种子进行近红外扫描,保留高油酸种子

↓

具 *FAD2A* 和 *FAD2B* 双突变的中油酸 F_2 种子也保留,
以增加获得兼具高油酸、高产和抗逆特性品系的机会

↓

混株测产前仍需对各单株所结种子进行脂肪酸成分分析,
如检出普通油酸种子,应继续进行选择

图 4 - 26　山东省花生研究所分子育种团队提出的高油酸花生杂交育种策略

(1) F_1 杂种真实性鉴定:切取亲本及杂交果种子远胚端 3～5 mg 子叶组织(不影响种子萌发),运用 DNA 速提技术制备 PCR 模板(王传堂等,2012),通过分子标记(AS - PCR、MITE、*FAD2* PCR 产物直接测序或 KASP 等)技术鉴定 F_1 真杂种。如前所述,在高油酸与普通油酸花生杂交组合中,可对杂交果单粒种子进行近红外扫描,保留油酸含量介于双亲之间的基因型,减少分子鉴定的工作量。在杂交组合较多、收获杂交果较多的情况下,也可只进行近红外扫描而不进行分子鉴定。

(2) F_2 群体及后期世代选择:对 F_2 单粒种子进行近红外扫描,保留其中的高油酸种子;对中油酸种子经 *FAD2* 基因型分析,仅保留其中同时具有 *FAD2A* 和 *FAD2B* 突变基

因的种子,因为其后代还可能分离出高油酸材料,从而增加获得兼具高油酸、高产、抗逆后代的机会。

到高世代,在混收测产前后仍要进行多粒或单粒近红外扫描,以确保高油酸特性稳定、不分离,排除机械混杂和生物学混杂的可能性。

在杂交后代处理上,推荐采用单粒传法,因为从花生单朵花开放到其荚果发育成熟,通常只需要 $40\sim60$ d。在北方地区,通过温室或大棚春季早播,播后最多 90 d(出苗到开花约 30 d)即可收获第一批荚果,不误当年大田播种。一年两代,可望大大加速育种进程。

2. 油酸含量选择指标　河南省农业科学院花生育种团队对近红外法选择 *FAD2A/FAD2B* 双基因杂合材料或双隐性纯合材料油酸含量的指标进行了研究。对 4 个高油酸组合的 F_2 植株取样,利用分子标记确定其基因型,并于收获后测定单株子仁油酸含量(表 4-16)。结果表明,近红外方法检测油酸含量 50% 可作为双基因杂合材料的最低指标,65% 可作为双隐性纯合材料的最低指标。从中选出双基因杂合后代作为高油酸育种的候选材料,经田间观察株型等农艺性状,考种考察产量性状,并采用近红外技术检测油酸含量,获得综合农艺性状优良且油酸含量高于 70% 的株系 3 个。

表 4-16　F_2 代 *FAD2* 基因型及近红外预测的油酸、亚油酸含量

组　合	单株编号	基　因　型	油酸含量(%)	亚油酸含量(%)
9620×KN61	1101-2	aaBb	52.82	30.02
	1101-3	aaBb	56.37	25.59
	1101-4	AABB	31.41	47.80
	1101-5	aaBb	51.46	30.84
	1101-7	AaBb	39.49	41.43
	1101-8	AAbb	52.80	29.33
	1101-9	AABb	41.03	39.91
	1101-10	aabb		
	1101-11	aaBB	41.24	39.35
	1101-12	AAbb		
	1101-13	AaBb	53.24	29.69
	1101-14	Aabb		
	1101-15	AABb	36.97	43.30
	1101-16	aaBB	35.44	45.71
	1101-17	AaBb		
	1101-19	Aabb	41.77	40.15
	1101-20	aaBb	60.61	23.04
9102×KN61	1102-2	AaBb	51.18	31.02
	1102-3	aaBb	38.69	41.31
	1102-4	AABb	46.60	34.79
	1102-5	AABb	35.48	42.81
	1102-6	aabb	75.27	10.46
	1102-7	AABB	23.48	56.04
	1102-8	AABB	31.70	45.68

（续表）

组　　合	单株编号	基　因　型	油酸含量(%)	亚油酸含量(%)
9102×KN61	1102 - 9	aabb	76.87	8.89
	1102 - 10	AAbb	48.32	33.20
	1102 - 11	AaBB	41.24	39.35
	1102 - 12	AAbb	56.60	26.49
	1102 - 13	aaBb	57.06	26.63
	1102 - 14	aaBB	49.10	33.12
	1102 - 15	AaBB	43.39	35.46
	1102 - 16	AABb	45.55	35.25
	1102 - 17	AABb	41.56	39.80
	1102 - 18	AABb	42.86	37.27
	1102 - 19	aaBb	59.05	23.61
	1102 - 20	AaBB	38.97	40.87
9620×KN65	1103 - 3	Aabb	72.19	13.52
	1103 - 4	AAbb	43.66	37.72
	1103 - 6	AAbb	55.48	28.20
	1103 - 7	aaBb	61.07	22.69
	1103 - 9	aaBb	66.84	17.81
	1103 - 11	Aabb	57.51	25.14
J9814×KN61	1104 - 1	AABb	39.86	40.46
	1104 - 3	aaBb	59.55	25.10
	1104 - 5	AABb	42.41	39.11
	1104 - 6	AaBb	56.09	27.09
	1104 - 7	AaBB	43.85	37.35
	1104 - 8	aabb	77.50	7.83
	1104 - 10	Aabb	54.22	27.64
	1104 - 11	aaBb	65.38	18.72
	1104 - 12	AABb	44.26	37.44
	1104 - 13	AABb	43.73	37.20
	1104 - 14	AABb	45.59	34.88
	1104 - 15	AaBB	40.50	39.66
	1104 - 16	aaBb	63.73	19.85
	1104 - 17	AABb	48.35	33.44
	1104 - 19	AAbb	43.60	37.36
	1104 - 20	aabb		

3. 应用分子标记技术减轻育种田间工作量的效果　河南省农业科学院花生育种团队对花生高油酸育种中应用分子标记技术减轻田间工作量的效果进行了测算。在系谱法中，FAD2A／FAD2B 双基因杂合子自交 F_2 后代有 9 种基因型，aabb 基因型油亚比最高，而且可以稳定遗传，是高油酸花生育种的目标基因型。AaBb、Aabb、aaBb 和 aabb 4 种基因型自交分离后代能够产生 aabb 基因型，而 AABB、AABb、AAbb、AaBB 和 aaBB 5 种基因型在 F_2 占 7／16，其自交分离后代中不会产生 aabb 基因型，如果在育种过程中剔除后 5 种基因型，将显著减少田间工作量。仅按 F_2 进行估计，分子标记辅助选择可减少 43.75％的田间

工作量。

在花生高油酸育种中,Parmar 等(2021)用 KASP 法筛选 F_1 真杂种,999 个 F_1 中有 659 个为真杂种,真杂种率为 66%,因此认为育种的效率提升了 34%。

（十）加速育种技术

加速育种技术(speed breeding)又称快速世代促进技术(rapid generation advancement, RGA)。

1. 澳大利亚花生加速育种技术　澳大利亚花生遗传改良计划组(APGIP)经试验研究, 建立了一种将冬季大棚和单粒传育种策略相结合的快速育种技术。通过冬季大棚技术,可 在一年内将花生世代从传统的一代增加到两代以上。该技术可以显著缩短新品种育成时 间,尤其是在低世代选择阶段,可大大加速选育进程(O'Connor 等,2013)。

(1) 预试验:预试验研究确定,温室条件每个花盆(12 cm×30 cm)中种植 10 株较合理。 研究对全日光照条件下不同基因型品种光周期敏感性进行了评估,认为不同品种对光周期 敏感度不同,温室大棚条件下繁育种子需要选择合理的人工光照周期,同时认为 24 h 全光 周期会增大植株生物产量,而荚果和子仁产量会比 12 h 光周期条件下有所减少(O'Connor 等,2013)。

试验选用的花盆直径为 30 cm,深 12 cm。盆栽土由两层组成,底层的部分由两份红壤 (来自当地试验点的淋溶层土壤)和一份沙混合而成;上层部分,由 9 份沙、6 份泥炭和 1 份红壤混合后杀菌。播种前分别按照 14 kg/hm² 、3 kg/hm² 和 10 kg/hm² 的比例施入氮、磷、钾肥。按照田间需水量人工浇水。温室环境中,由功率 450 W 的灯提供 24 h 连续光合有效辐射(PAR)。灯放置于离盆 1 m 高处,每个灯为 6 个盆提供所需光照(图 4-27)。为防止受光不均匀,花盆位置每周进行两次轮换。温室中配备燃气加热系统和气雾冷却系统提供人工温度调节,保证每天最高温度 28℃±3℃、最低温度 17℃±3℃,相对湿度保持在 60%±10%(O'Connor 等,2013)。

图 4-27　温室环境中的 F_2 植株(播后 15 d)
(O'Connor 等,2013)

(2) 试验过程与效果:将 F_2 代种子于 2010 年 3 月 14 日随机播种于 40 个花盆中,然后 将 10 粒亲本对照种植于另外一个盆中。土壤基质、肥料和灌溉条件如上述,每盆播种 10 粒 以上种子,以保证出苗数,20 d 后定苗为每盆 10 株。

播种时气温较高,温室由两组蒸发式冷却器进行降温,最高温度维持在大约 32℃,最低 温度约 22℃,相对湿度保持在 65% 左右。从 2010 年 4 月的第一个星期开始气温降低,改由 燃气供暖系统加温,将昼夜温度维持在 18℃±3℃,此后供热系统在 F_2 代生长期一直维持 运行。

播种 90 d 后,将其中一个盆中的植株收获,考察 F_3 代种子的成熟情况。因观察成熟度不够,决定继续推迟 3 周。在第 113 d,41 盆集中收获并考种,考察荚果数、成熟荚果数、荚果重、百仁重、有生活力荚果数、种皮颜色以及植株干物质重。收获后的种子风干,将来源于同一单株的不同成熟度种子分开,放置于 38℃ 环境中 10 d,以打破 F_3 代种子的休眠。

F_3 代于 2010 年 8 月 7 日播种。由于部分 F_2 代植株没有产生有生活力的 F_3 代种子,F_3 代只播种 270 粒,另安排 10 株亲本对照,种植于 28 个直径为 30 cm 的花盆中。依然采用每盆 10 株的种植密度,种子在盆中随机播种,但每个种子都进行了标记,以确保能够追溯到 F_2 代来源。盆栽沿用 F_2 代条件,包括相同的基质、肥料、灌溉条件和连续光照条件。由于前期温度较低,9 月底之前一直用燃气加热装置。播种后 20 d 定苗至所需密度。每周轮换花盆位置以降低遮阴影响。播后 89 d 收获。28 个花盆同时收获,考察荚果和种子品质。

由于在 F_2 和 F_3 代的试验中,温室中连续光照、最佳温度和湿度等条件,相比在田间种植大大加快了植物的生长速度。原本大田环境下本研究所用父母本分别需要 140 d 和 145 d 才能完全成熟,在温室条件下 F_2 代只用 113 d、F_3 代只用 89 d 就达到了成熟。F_2 代生育期之所以比 F_3 代延长了大约 3 周的时间,是由于供暖系统的机械故障使得温室经历了大约 14 d 的低温环境,最低温度由 15℃ 下降为 10℃,最高温度由 25℃ 下降为 20℃。

不同繁育技术所需要的时间及相关费用对比如图 4-28 和表 4-17 所示。

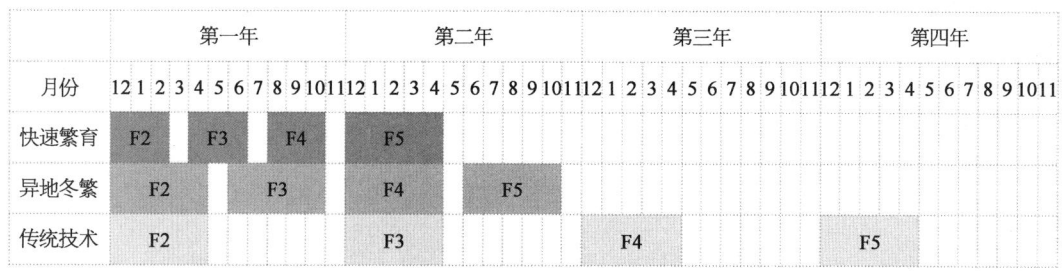

图 4-28　不同繁育技术所需时间对比(O'Connor 等,2013)

表 4-17　**不同繁育技术在两个世代投入成本的对比**(O'Connor 等,2013)　　(单位:美元)

费用明细	F_2		F_3	
	传 统 方 法	快速繁育技术	传 统 方 法	快速繁育技术
照明费	0	324	0	278
燃气费	0	232	0	232
温室费	0	185	0	185
劳务费	141	209	317	167
地租	123	—	62	—
合计	264	950	368	862

2. ICRISAT 花生快速世代促进技术　ICRISAT 专门建造了面积为 371 m^2(53 m× 7 m)的半控温室(semi-controlled green house)用于花生快速世代促进技术研究(图

4-29)。温室内有 12 个圆型的水泥池子,以便于种植。水泥池子里边按 4:4:1 的比例填装淋溶土、沙子和充分腐熟的农家肥。土壤基质于 62 kPa 82℃ 条件下蒸汽灭菌 1 h。温室采用雾灌(mist irrigation),温度比露天低 4℃(Parmar 等,2021)。据报道,用该设施一年可种花生 3.5 代。扩大规模、努力优化以提高代数是当前的工作重点(Parmar 等,2021)。

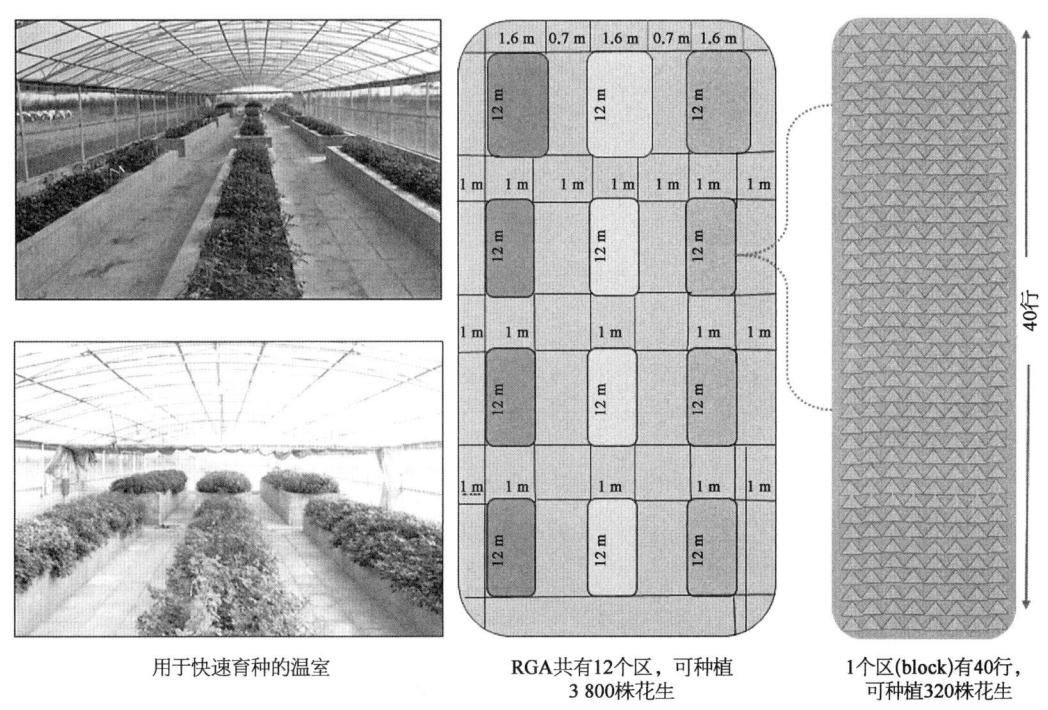

用于快速育种的温室　　　　RGA共有12个区,可种植　　　1个区(block)有40行,
　　　　　　　　　　　　　　3 800株花生　　　　　　　　可种植320株花生

图 4-29　ICRISAT 快速育种设施(Parmar 等,2021)

三、回 交 育 种

回交育种适合于寡基因控制的目标性状的遗传改良。在不同的杂交组合中,花生高油酸性状受一对或两对隐性主基因控制,因此易通过回交手段加以改良。

在回交育种中,用于多次回交的亲本(即轮回亲本)是目标性状的接受者,又称"受体亲本"(receptor)。只用于第一次杂交的亲本(即非轮回亲本)是目标性状的提供者,又称为"供体亲本"(donor)。

回交育种中轮回亲本通常选用适应性强、产量高、综合农艺性状较好,尽管存在个别缺点,但经数年改良后仍有发展前途的推广品种或有希望推广的优良新品系。非轮回亲本须具有改进轮回亲本缺点所必需的优异基因,同时其他性状不能有严重缺陷。作物回交育种实践和回交遗传效应的分析表明,在大多数情况下经过 4~6 次回交结合早代严格选择,即可达到预期效果(杨光圣、员海燕,2016)。

高油酸花生回交育种,在利用高油酸亲本与普通油酸亲本搭配的杂交组合中,高油酸亲本被用作非轮回亲本(供体亲本)。在开发高油酸相关分子标记之前,一般需选择高油酸单株回交,育种过程冗长。分子标记技术可在早期分离世代检测和确定目标基因型,用于回交育种能显著提高育种效率。

　　为培育兼具抗线虫和高油酸特性的花生新品种,美国佐治亚大学 Chu 等(2011)利用抗线虫品种 Tifguard 与高油酸品种 Georgia－02C、Florida－07 杂交,选择抗线虫标记和高油酸标记均为杂合的真杂种作父本与 Tifguard 进行第一次回交。对 BC_nF_1 进行标记分析,选择高油酸标记杂合且抗线虫标记纯合的个体作父本。238 个 BC_3F_2 个体中 54 个为双性状纯合。本研究认为,3 次回交对于培育高油酸的 Tifguard 已足够,只花 28 个月就实现了基因聚合(图 4－30)。

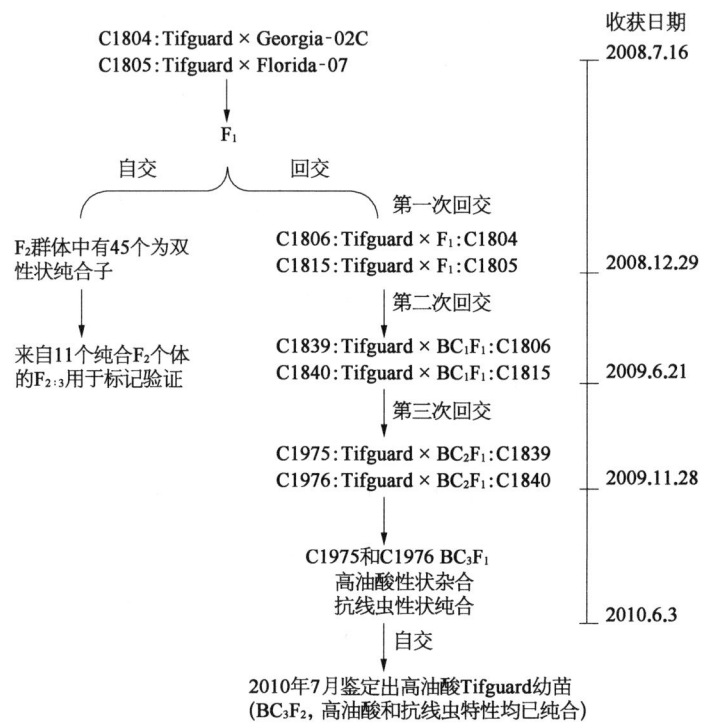

图 4－30　高油酸抗线虫花生基因聚合育种路线(Chu 等,2011)

　　印度 Jadhav 等(2021)试图通过回交将 2 个高产、高油、抗叶斑病和锈病的普通油酸品种 GPBD4 和 G2－52 改良为高油酸品种。鉴于两个普通油酸品种 *FAD2A* 已然为突变型,所以仅需从 SunOleic 95R 转入 *FAD2B* 突变型基因即可。用 AS－PCR 和 KASP 法做前景选择,进行了 3 轮回交。BC_nF_2 鉴定出大量突变型 *FAD2B* 基因纯合的植株。鉴定出 6～10 个高世代单株,其油酸含量显著高于 GPBD4 和 G2－52。ddRAD－seq(double-digest restriction site-associated DNA sequencing)鉴定,优系背景基因组恢复率为 59.2%～77.5%。

　　印度 Deshmukh 等(2020)为改良广受欢迎的普通油酸品种 Kadiri 的抗病性和油酸含量,采用复合杂交策略,让 Kadiri 分别与抗病亲本和高油酸亲本杂交获得 F_1,来自两个杂交组合的 F_1 杂交,Kadiri 再与复交的 F_1 回交,回交后代连续自交(图 4－31)。对 384 个 F_1 个体、441 个复交 F_1 个体、195 个 BC_1F_2 个体、343 个 BC_1F_3 个体进行基因型分析,以获得期望的等位基因组合。鉴定出高油酸、抗叶斑病、抗锈病等位基因纯合的 16 个 BC_1F_2 代植株,升至 BC_1F_3 代进行抗病性、产量相关性状和营养品质性状鉴定。近红外分析表明,3 个品系油酸含量在 80% 以上。鉴定出的品系高抗两种叶部病害(病级为 3.0～4.0),且荚果和子仁性状较好。目前正在参加多点试验。

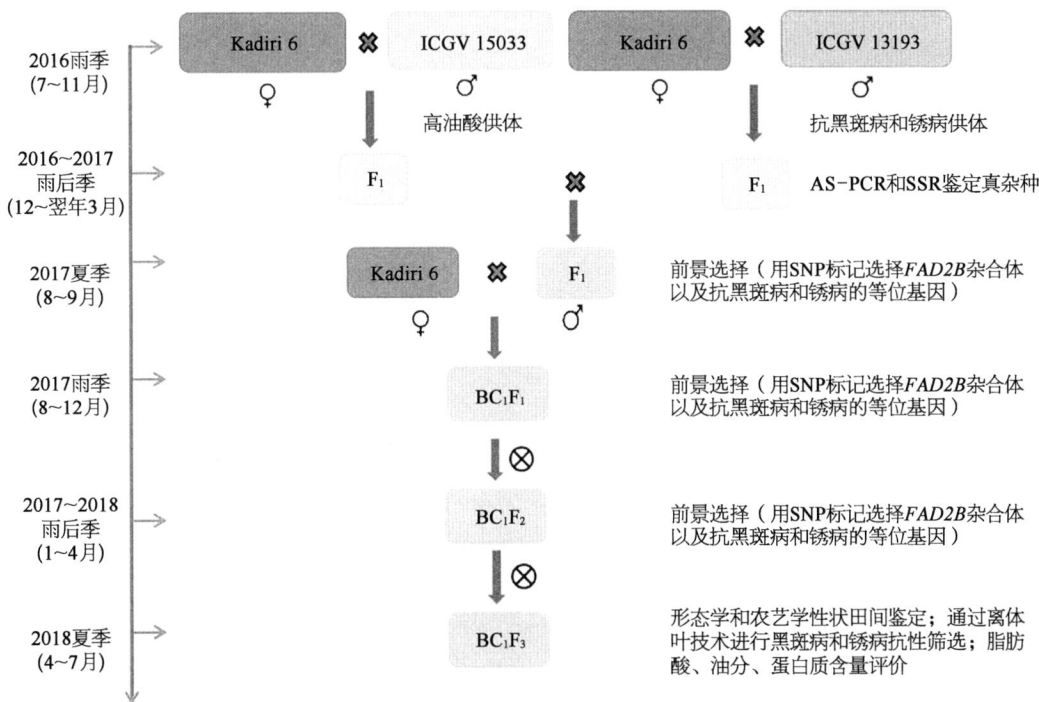

图 4 - 31　抗黑斑病、抗锈病和高油酸花生标记辅助回交育种路线(Deshmukh 等,2020)

　　为高效改良中国大面积推广花生品种的油酸含量,国内多家单位采用了标记辅助回交(MABC)育种策略。结果表明,回交 4 次足以获得高油酸同时具有轮回亲本主要特异性状的后代。

　　河南省农业科学院花生育种团队认为,按照回交选择 *FAD2A / FAD2B* 双基因杂合体占 25% 的比例计算,标记辅助选择可减少 75% 的田间工作量。该团队利用河南省大面积推广的高油花生当家品种豫花 15 号、远杂 9102、豫花 9327 和豫花 9326 作轮回亲本,分别与普通含油量高油酸供体亲本开农 176、DF12 和开农 016 搭配杂交组合,以期获得兼具高油高油酸性状的改良豫花 15 号、远杂 9102、豫花 9327 和豫花 9326。2013 年 10 月收获 F_1。2014 年 2 月在三亚以 F_1 为父本进行第一次回交,7 月以经标记检测的双杂合(AaBb)BC_1F_1 为父本进行第二次回交。2015 年 1 月在海南三亚以经过标记检测的双杂合 BC_2F_1 为父本进行第三次回交,7 月以经标记检测的双杂合 BC_3F_1 为父本进行第四次回交,11 月在三亚种植经标记检测的双杂合 BC_4F_1。2016 年 5 月在郑州种植利用标记辅助检测获得的 BC_4F_2 双纯合(aabb)单株,10 月收获后进行含油量检测,11 月对入选的高油高油酸优株进行加代扩繁(图 4 - 32)。2017 年参加产量比较试验。总之,5 年内获得了 24 个 BC_4F_4 和 BC_4F_5 代高油酸品系,其形态特征和农艺性状与轮回亲本相似。KASP 分析表明,BC_4F_4 品系遗传背景恢复率为 79.49%~92.31%(Huang 等,2019)。

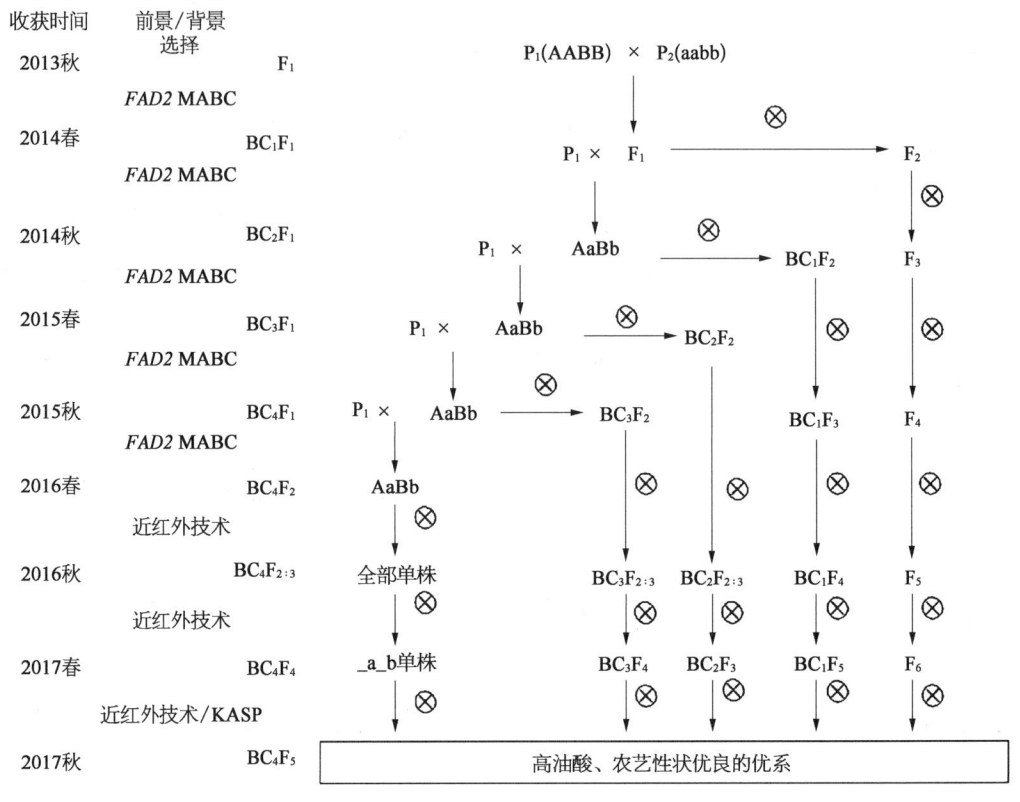

图 4 - 32　高油酸花生标记辅助回交(MABC)育种路线(Huang 等,2019)

　　中国农业科学院油料作物研究所花生育种团队提出并建立了花生高油酸回交育种后代基因型鉴定的快速、精准的 PCR 产物测序法。该团队针对高油酸回交后代仅有 4 种 FAD2 基因型(AABB、AaBB、AABb、AaBb)的特点,结合 FAD2A 和 FAD2B 基因序列具有高度相似性的特征,设计出仅用一对易于扩增的引物(F0.7/R3)(表 4 - 4)同时扩增 FAD2A 和 FAD2B 基因片段,以 R3 为测序引物,通过对扩增的 PCR 产物(FAD2A 和 FAD2B 基因片段混合物)直接测序,可精准地筛选到回交后代中的 AaBb 个体的方法(廖伯寿等,2015)。在随后的研究中,将该方法共享给高油酸回交育种国际合作组成员单位使用,提高了标记选择的可靠性和工作效率。利用该技术为核心,中国农业科学院油料作物研究所分别以高油高产品种中花16,抗青枯病高产品种中花21、泉花551,高产早熟品种徐花13 为轮回亲本(母本,基因型 AABB),以冀花 13 号(冀 0607 - 17)为高油酸供体(父本,基因型 aabb),从2013 年春开始分别在湖北武汉和广东湛江开展一年两季的回交育种,于 2015 年 12 月获得了 4 个回交组合的 BC_4F_2 种子。对获得的 BC_4F_2 种子综合运用单粒种子的油酸近红外检测技术和山东省农业科学院生物技术研究中心研发并由中玉金标记(北京)生物技术股份有限公司提供服务的 KASP 分型技术,发掘出基因型为 aabb 的高油酸自交后代材料。3 年时间内,4 个组合分别获得 10 株、5 株、6 株、8 株 BC_4F_2 高油酸纯合隐性基因型(aabb)单株,通过一代自交获得相应的 BC$_4$F$_2$ 株系,对获得的高油酸株系与轮回亲本进行植物学、农艺性状、品质和青枯病抗性的考察,最终 4 个组合均获得了与轮回亲本综合性状最接近的株系,分别为 ZJ 019、ZJ 109、ZJ 160 和 ZJ 805,其油酸含量均在 78% 以上,可作为与轮回亲本对应的高油酸新品种。遗传背景 SSR 分子检测发现,中花 16 回交组合获得的高油酸株系 ZJ 019 恢复率高达 94.8%。认为利用连续回交、南繁加代和标记辅助回交等技术可在 3 年内快速实现现有推广花生品种的高油酸化改良(张照华等,2018)。

青岛农业大学生命科学学院花生育种团队研究认为,综合利用杂种油酸含量检测以及杂种基因型检测、杂种打破休眠处理、冬季南繁杂交等技术,实现每两年 4~5 次杂交,3 年时间即可将一个普通油酸品种转育成高油酸版本(于明洋等,2017)。该团队 2013 年春于山东青岛以普通油酸传统出口型大花生品种花育 22 号作母本、高油酸品种开农 176 作父本搭配杂交组合,当年秋季收获杂交果后利用近红外法预测种子油酸含量,选择油酸含量在 60% 以上的 F$_1$ 种子,用刀片切取种子小部分子叶提取 DNA,采用 F0.7/R3 引物进行 PCR 扩增与测序(表 4-4),根据测序峰图筛选出同时含有 F435 型 *FAD2A* 和 *FAD2B* 突变功能标记位点即基因型为 AaBb 的 F$_1$ 种子作为下一代回交的父本。为保证受伤种子仍具有较高的发芽率,将切口处用石蜡封闭,播种前在 40℃ 温水中浸种催芽,12 h 后未露白的种子用 100 mg/L 乙烯利浸泡 4 h 后再转入 40℃ 温水浸泡至 24 h,发芽率可达 98%。2013 年冬于海南三亚播种 F$_1$ 种子,选择 10~15 个单株作父本与花育 22 号回交。2014 年春收获 BC$_1$F$_1$ 种子,经同法检测筛选后继续与花育 22 号回交,每年种植 2~3 代,如此往复。至 2015 年于青岛回交得到 BC$_4$F$_1$,经检测筛选后于当年冬季在海南自交得到 BC$_4$F$_2$。取 BC$_4$F$_2$ 幼叶,利用新开发的花生 *FAD2* KASP 标记鉴定出基因型为 aabb 的单株,收获时选留农艺性状类似于花育 22 号的优良单株,再利用近红外法测定所选单株油酸含量,获得油酸含量 70% 以上、油亚比>7.0 的单株 24 个。其与花育 22 号农艺性状基本相同,而油酸含量显著提高(于明洋等,2017)。

采用类似方法,山东省农业科学院生物技术研究中心花生育种团队在 3 年时间内进行了 1 次杂交、4 次回交和 1 次自交,成功将 SunOleic 95R 和开农 176 的高油酸基因导入传统出口型普通油酸大花生品种花育 31 号,将 DF12 的高油酸基因导入兰娜型普通油酸品种花育 23 号(赵艳珍等,2017)。

国际半干旱热带作物研究所(ICRISAT) Janila 等(2016)提出了高油酸花生分子标记辅助选择(MAS)育种和标记辅助回交(MABC)育种的技术路线图(图 4-33),但所花时间较上述方案为长。用普通油酸品种作受体亲本、高油酸品种 SunOleic 95R 作供体亲本杂交,利用分子标记技术鉴定 F$_1$ 真杂种,F$_1$ 自交获得 F$_2$,F$_1$ 与普通油酸品种回交后获得 BC$_1$F$_1$,经分子标记选择后连续自交。AS-PCR 用于鉴定 F$_1$ 真杂种和 BC$_1$F$_1$ 代 *FAD2A* 及 *FAD2B* 杂合植株。CAPS 标记用于鉴定 *FAD2A* 及 *FAD2B* 双突变基因纯合的 F$_2$ 个体和 BC$_1$F$_2$ 个体,用于自交。杂交后代按系谱法选择,测定 F$_5$ 植株所结 F$_6$ 种子油酸含量和含油量。回交后代中选单株种成株行,就株型、荚果(数目、形状和大小)、熟性等进行选择,对 BC$_1$F$_5$ 所结种子进行近红外扫描,测定其油酸含量和含油量。历经 5 年的时间,最终育成了油酸含量显著提高的渐渗系,油酸含量最高达 83%。育成了 27 个高油、高油酸渐渗系

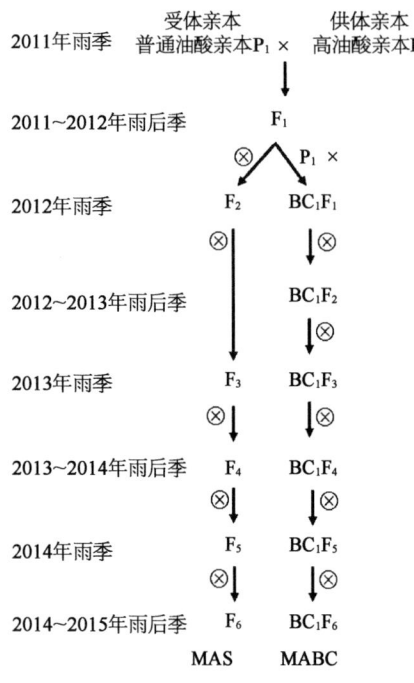

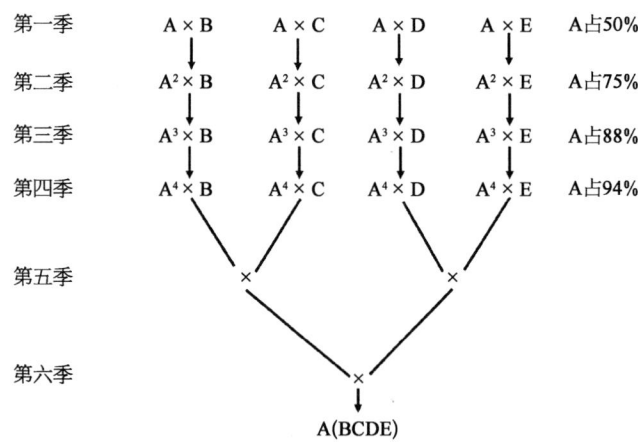

和 28 个低油、高油酸渐渗系,其含油量变幅分别为 53%～58% 和 42%～50%(Janila 等,2016)。

由于美国花生产业早已实现了机械化,要求不同品种具有相对稳定的荚果、子仁大小和形状,其高油酸育种多采用回交手段。这固然有利于保持受体亲本特征特性,不足之处是当采用单个受体亲本时所育成的品种在产量和抗性等方面与受体亲本相比难有明显改善。与诱变育种类似,采取单个受体亲本回交育种策略,针对尚处于植物品种权保护有效期内的品种个别性状进行改良育成的新品种,欲实现商业化应用,可能仍需取得原品种权所有人的许可。为解决上述问题,可尝试用自育高产新品系作为轮回亲本,还可以采用聚合回交法(convergent backcross method)进行多性状转移。所谓聚合回交法,是指用轮回亲本分别与具有不同目标性状的非轮回亲本杂交,回交 3～4 次,再互交,以聚合不同目标性状的方法(图 4-34)。采用该方法选育新品种,可满足市场对多抗、优质、高产品种的需求。

图 4-33　国际半干旱热带作物研究所花生高油酸杂交与回交育种策略(Janila 等,2016)

图 4-34　完全聚合回交法实施方案(杨光圣、员海燕,2016)

四、基 因 组 编 辑

基因组编辑或称基因编辑(gene editing)是近年来兴起的一项分子生物学技术,主要通过利用序列特异性的核酸酶在 DNA 特定位点的碱基插入或缺失,产生高频诱导突变,对目标基因或特定 DNA 片段进行"编辑",从而实现对目标基因或特定 DNA 片段的敲除或插入。

基因编辑技术的发展大致经历了 3 个阶段。第一代技术主要指锌指核酸内切酶(zinc

finger nucleases，ZFN)编辑技术,是第一个设计出能在特定 DNA 序列切割的人工核酸酶。锌指 DNA 结合蛋白与 *Fok* Ⅰ 核酸内切酶融合行使切割作用,在特定的位点产生突变。但 ZFN 编辑技术因其结构复杂、重复单元有限、高频脱靶及细胞毒性等不足,最终没有被广泛应用(Reyond 等,2011)。第二代技术是以类转录激活因子效应物核酸酶(transcription activator-like effector nucleases，TALEN)为代表的编辑技术。类转录激活因子效应物(transcription activator-like effector，TALE)是天然的细菌效应蛋白,能在宿主植物体中调控基因的转录(Bogdanove 等,2011)。TALEN 由 TALE 结合结构域与 *Fok* Ⅰ 核酸内切酶结构域融合组成,与 ZFN 技术相比,具有设计容易、突变率高等优点,其缺点是需要为每个 DNA 设计一对特定的核酸酶。第三代技术是 CRISPR/Cas (clustered regularly interspaced short palindromic repeats/Cas,成簇的规律间隔的短回文重复序列/Cas)编辑技术,CRISPR/Cas 系统可分为两个大类 6 个亚类,现在最为广泛使用的 CRISPR/Cas9 系统是由 Ⅱ 型 CRISPR 改造而来。该系统由含有核酸内切酶活性内切核酸酶蛋白(Cas9)和单链的向导 RNA(gRNA)构成。CRISPR/Cas9 系统通过 Cas9 蛋白在目标区段形成 DNA 双链的断裂(DNA double stranded break，DSB),经非同源性末端连接的修复会造成插入缺失效应,从而实现基因组编辑。与第一代、第二代基因编辑技术相比,CRISPR/Cas9 具有操作简便、编辑效率高、成本低、脱靶率低等优点,被广泛地用于基因功能研究和动植物的遗传改良,成为科研、医疗等领域的有效工具(Dunbar 等,2018;Xia 等,2021;林萌萌等,2021)。

国内多家科研机构开展了花生 *FAD2* 基因编辑研究。广东省农业科学院作物研究所梁炫强团队率先报道利用 TALEN 技术定点突变 *ahFAD2* 获得花生突变体(Wen 等,2018)。他们首先针对 *ahFAD2A* 和 *ahFAD2B* 的保守序列构建了 2 个 TALEN 载体(图 4-35),通过非组培的转基因方法转化带一片子叶的幼胚,分别获得 63 个和 72 个 T_0 代转化体,对 T_1 代 DNA 测序发现两个突变位点能稳定遗传的比率分别为 9.52% 和 4.11%,这 9 个独立遗传突变体(T_2 代)种子的油酸含量为 60%~80%(最高 80.45%),比野生型对照增加 0.5~2 倍。山东省花生研究所袁美团队报道了 CRISPR/Cas9 技术在 *FAD2* 编辑上的可行性(Yuan 等,2019)。针对花生 *FAD2* 的 2 个关键突变位点区域设计 gRNA,构建 *FAD2* 基因编辑载体,对转化的原生质体和发根的 DNA 进行测序,鉴定到 3 种突变类型:*ahFAD2A* 基因中出现 G448A 的突变、*ahFAD2B* 基因中出现 441_442insA 的插入突变以及 G451T 突变,其中 G448A 和 441_442insA 的突变与目前高油酸品种相同,G451T 属于新突变(图 4-36)。河南农业大学殷冬梅团队构建了花生 *FAD2* 基因 CRISPR/Cas9 多靶点敲除载体(李柯等,2019)。深圳大学于为常团队报道了通过 CRISPR/Cas9 技术获得高油酸花生突变体(张旺等,2021)。山东省花生研究所分子育种团队韩宏伟等利用 CRISPR/Cas9 技术成功将普通油酸品种花育 23 号编辑为高油酸的花育 23 号,油酸含量由 52% 提高到 80% 以上,油亚比由 2 提高到 47 以上(表 4-18)。上述研究表明,在异源四倍体栽培花生中通过 CRISPR/Cas9 技术编辑 *FAD2* 基因获得高油酸突变体材料是可行的,为提高花生高油酸品种的遗传多样性提供了新的途径。

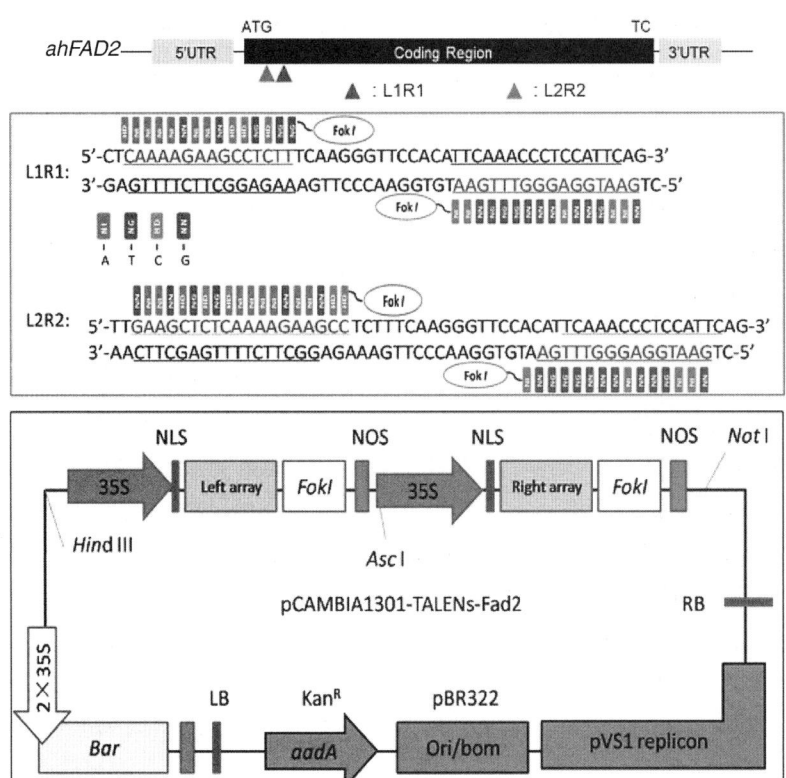

图 4 - 35　*ahFAD2* 基因的 TALEN 载体构建(Wen 等,2018)

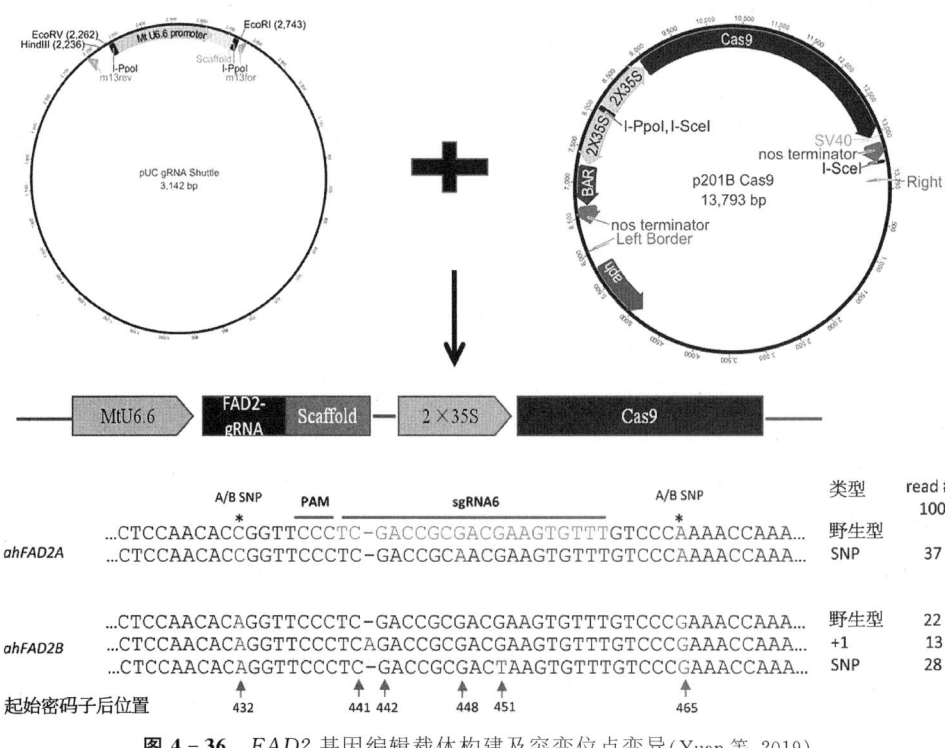

图 4 - 36　*FAD2* 基因编辑载体构建及突变位点变异(Yuan 等,2019)

表 4-18　花育 23 号及其基因组编辑材料油酸、亚油酸、棕榈酸含量(%)（韩宏伟等,2021）

花生品种或材料名称	油　　酸	亚　油　酸	棕　榈　酸
花育 23 号	52.15±0.24 B	25.72±0.20 A	15.55±0.19 A
基因组编辑的花育 23 号 1	80.26±0.32 A	1.68±0.12 B	8.07±0.23 B
基因组编辑的花育 23 号 2	80.83±0.1 A	1.46±0.06 B	7.39±0.38 B

注：气相色谱法测定结果。带有不同大写字母的同列数字存在极显著差异($p < 0.01$)。

参 考 文 献

[1]　白鑫,胡晓辉,苗华荣,等.多世代高油酸花生示踪研究.青岛农业大学学报(自然科学版),2012,19(3):208~211.

[2]　曹广英,吴琪,王云云,等.利用 SSR 标记鉴定花生杂交 F_1 代真假杂种.山东农业科学,2016,(1):7~10,15.

[3]　陈静,白鑫,胡晓辉,等.利用 CAPS 标记推测花生品种(系)FAD2 位点基因型的研究.核农学报,2013,27(1):28~32.

[4]　陈四龙,程增书,王瑾,等.一个新的高油酸花生突变体的鉴定与育种应用.油料作物专业委员会第八次会员代表大会暨学术年会综述与摘要集.2018. p.214.

[5]　迟晓元,徐赫,许静,等.花生突变体创制与品质性状分析.花生学报,2020,49(2):8~15.

[6]　韩宏伟,王传堂,王志伟,等.等位基因特异 PCR 法鉴定花生 FAD2B 新突变.花生学报,2021,50(2):69~72.

[7]　韩燕,马登超,刘译阳,等.利用特异性 SNP 位点鉴定花生杂交 F_1 代真假杂种.山东农业科学,2016,(4):14~17.

[8]　洪德林等.作物育种学实验技术.北京:科学出版社,2010.

[9]　侯蕾,付春,夏晗,等.花生突变体的诱导与筛选利用.山东农业科学,2016,48(1):11~15.

[10]　廖伯寿,雷永,姜慧芳,等.一种花生高油酸回交育种后代基因型的快速精准鉴定方法.中国专利,CN105200142 A,2015.12.30.

[11]　李柯,赵昆昆,宁龙龙,等.花生 FAD2 基因 CRISPR/Cas9 多靶点敲除载体构建.山东农业科学,2019,51(9):56~62+67.

[12]　林萌萌,李春娟,闫彩霞,等.CRISPR/Cas9 基因编辑技术在作物中的应用.核农学报,2021,35(6):1329~1339.

[13]　刘婷,王传堂,唐月异,等.利用近红外技术和转座子标记鉴定花生杂交 F_1 真杂种.分子植物育种,2017,15(9):3592~3598.

[14]　孟硕,李丽,何美敬,等.高油酸花生(Arachis hypogaea L.)杂交后代 ahFAD2B 基因的分子标记辅助选择.植物遗传资源学报,2015,16(1):142~146.

[15]　祁雪,王传堂,王秀贞,等.原位胚拯救技术获得花生属区组间杂种的研究.花生学报,2017,46(1):21~25.

[16]　孙大容.花生育种学.北京:中国农业出版社,1998.

[17]　万书波,王才斌,李春娟,等.花生品种改良与高产优质栽培.北京:中国农业出版社,2008.

[18]　王传堂,王秀贞,唐月异,等.花生健康组织和病组织简便快速 DNA 提取方法.中国专利:ZL 2009 1 0255786.0,2012.02.

[19]　王传堂,王秀贞,唐月异,等.花生属区组间杂种高油酸自然突变体的结实特性和脂肪酸成分分析.花生学报,2016,45(1):48~52.

[20]　王传堂,朱立贵.高油酸花生.上海:上海科学技术出版社,2017.

[21]　王秀贞,唐月异,吴琪,等.分子标记和近红外技术辅助选育高油酸花生新品种花育 662.核农学报,2016,(6):1054~1058.

[22]　徐平丽,唐桂英,付春,等.高通量检测花生油酸含量相关基因 AhFAD2 等位变异的方法.农业生物技术学报,2016,24(9):1364~1373.

[23]　徐平丽,唐桂英,李国卫,等.AhFAD2B 基因 MITE 标记在高油酸花生选育中的应用.中国油料作

物学报,2020,42(6):1069～1077.

[24] 杨光圣,员海燕.作物育种原理.北京:科学出版社,2016.

[25] 于明洋,孙明明,郭悦,等.利用回交法快速选育高油酸花生新品系.作物学报,2017,43(6):855～861.

[26] 禹山林.中国花生品种及其系谱.上海:上海科学技术出版社,2008.

[27] 禹山林,朱雨杰,闵平,等.傅里叶近红外漫反射非破坏性测定花生种子主要脂肪酸含量.万书波.花生优质高效生产原理与技术研究.北京:中国农业科技出版社,2003.

[28] 于树涛,于洪波,于国庆,等.花生野生种变异体性状鉴定.农业科技通讯,2015,(6):118～120.

[29] 张旺,冼俊霖,孙超,等.CRISPR/Cas9 编辑花生 *FAD2* 基因研究.作物学报,2021,47(8):1481～1490.

[30] 张新友,齐飞艳,黄冰艳,等.检测高油酸花生 *FAD2A* 和 *FAD2B* 基因位点突变基因型的引物及其 PCR 检测方法.中国专利:201410642798X,2015.02.

[31] 张照华,王志慧,淮东欣,等.利用回交和标记辅助选择快速培育高油酸花生品种及其评价.中国农业科学,2018,51(9):1641～1652.

[32] 赵术珍,侯蕾,李长生,等.分子标记辅助回交选育高油酸花生新种质.中国油料作物学报,2017,39(1):30～36.

[33] Banks DJ. Hybridization of peanuts in growth chambers. Peanut Science, 1976, 3(2):66～69.

[34] Barkley NA, Chenault KDC, Wang ML,et al. Development of a real-time PCR genotyping assay to identify high oleic acid peanuts (*Arachis hypogaea* L.). Molecular Breeding, 2010, 25(3):541～548.

[35] Barkley NA,Isleib TG,Wang ML, et al. Genotypic effect of *ahFAD2* on fatty acid profiles in six segregating peanut (*Arachis hypogaea* L.) populations. BMC Genetics, 2013, 14(1):1～13.

[36] Barkley NA, Wang ML, Royn P. A real-time PCR genotyping assay to detect *FAD2A* SNPs in peanuts (*Arachis hypogaea* L.). Electronic Journal of Biotechnology, 2011, 14(1):9～10.

[37] Bogdanove A J, Voytas D F. TAL effectors: Customizable proteins for DNA targeting. Science, 2011,6051(333):1843～1846.

[38] Chen ZB,Wang ML,Barkley N,et al. A Simple allele-specific PCR assay for detecting *FAD2* Alleles in both A and B genomes of the cultivated peanut for high-oleate trait selection. Plant Molecular Biology Reporter, 2010, 28(3):542～548.

[39] Chu Y, Holbrook CC, Akins P-O. Two alleles of *ahFAD2B* control the high oleic acid trait in cultivated peanut. Crop Science, 2009, 49(6):2029～2036.

[40] Chu Y, Ramos L, Holbrook CC, et al. Frequency of a loss-of-function mutation in oleoyl-pc desaturase (*ahFAD2A*) in the mini-core of the U. S. Peanut germplasm collection. Crop Science, 2007, 47(6):2372～2378.

[41] Chu Y, Wu CL, Holbrook CC, et al. Marker-assisted selection to pyramid nematode resistance and the high oleic trait in peanut. The Plant Genome, 2011, 4(2):110～117.

[42] Deshmukh DB, Marathi B, Sudini HK,et al. Combining high oleic acid trait and resistance to late leaf spot and rust diseases in groundnut (*Arachis hypogaea* L.). Frontier in Genetics, 11:514. doi:10.3389/fgene.2020.00514

[43] Dunbar CE, High KA, Joung JK, et al. Gene therapy comes of age. Science, 2018, 359(6372):eaan4672. doi:10.1126/science.aan4672

[44] Gantait S, Panigrahi J, Patel IC. Peanut (*Arachis hypogaea* L.) Breeding. p.253～p.299. In:Al-Khayri JM et al. (eds.), Advances in Plant Breeding Strategies:Nut and Beverage Crops, Springer, 2019. https://doi.org/10.1007/978-3-030-23112-5_8

[45] Gomez SM, Denwar NN, Ramasubramanian T, et al. Identification of peanut hybrids using microsatellite markers and horizontal polyacrylamide gel electrophoresis. Peanut Science, 2008, 35(2):123～129.

[46] Huang B, Qi F, Sun ZQ, et al. Marker-assisted backcrossing to improve seed oleic acid content in four elite and popular peanut (*Arachis hypogaea* L.) cultivars with high oil content. Breeding Science, 2019, 69:234～243. https://doi.org/10.1270/jsbbs.18107

[47] Husain F, Mallikarjuna N, Jadhav DR. Pollen preservation and germination studies in *Arachis* species. Indian Journal of Genetics and Plant Breeding, 2008, 68(3): 334~336.

[48] Jadhav MP, Patil MD, Hampannavar M, et al. Enhancing oleic acid content in two commercially released peanut varieties through marker-assisted backcross breeding. Crop Science, First published: 23 March 2021. https://doi.org/10.1002/csc2.20512

[49] Janila P, Manohar SS, Deshmukh DB, et al. Standard Operating Procedures for Groundnut Breeding and Testing. 2018. http://oar.icrisat.org/10653/1/Standard%20Operating%20Procedures.pdf

[50] Janila P, Pandey MK, Shasidhar Y, et al. Molecular breeding for introgression of fatty acid desaturase mutant alleles (*ahFAD2A* and *ahFAD2B*) enhances oil quality in high and low oil containing peanut genotypes. Plant Science, 2016, 242: 203~213.

[51] Khera P, Upadhyaya HD, Pandey MK, et al. Single nucleotide polymorphism-based genetic diversity in the reference set of peanut (*Arachis* spp.) by developing and applying cost-effective Kompetitive allele specific polymerase chain reaction genotyping assays. Plant Genome, 2013, 6(3): 1245~1245.

[52] Mienie MSC, Pretorius AE. Application of marker-assisted selection for *ahFAD2A* and *ahFAD2B* genes governing the high-oleic acid trait in South African groundnut cultivars (*Arachis hypogaea* L.). African Journal of Biotechnology, 2013, 12(27): 4283~4289.

[53] Nadaf HL, Biradar K, Murthy GSS, et al. Novel mutations in oleoyl-pc desaturase (*ahFAD2B*) identified from new high oleic mutants induced by gamma rays in peanut. Crop Science, 2017, 57: 2538~2546.

[54] Nawade B, Mishra GP, Radhakrishnan T, et al. Development of high oleic peanut lines through marker-assisted introgression of mutant *ahFAD2* alleles and its fatty acid profiles under open-field and controlled conditions. 3 Biotech. 2019, 9(6): 243. doi: 10.1007/s13205-019-1774-9

[55] Nigam SN, Vasudeva Rao MJ, Gibbons RW. Artificial Hybridization in Groundnut. Information Bulletin no. 29. Patancheru, A. P. 502 324, India: International Crops Research Institute for the Semi-Arid Tropics. 1990.

[56] Nkuna RT, Wang CT, Wang XZ, et al. Sodium azide induced high-oleic peanut (*Arachis hypogaea* L.) mutant of Virginia type. Genetic Resources and Crop Evolution, 2021, 68: 1759~1767.

[57] Norden AJ. Peanut. p. 443~p. 456. In: Fehr WR, Hadley HH. Hybridization of Crop Plants. Agronomy Books. 3. American Society of Agronomy and Crop Science Society of America, Publishers. Madison, Wisconsin, USA. 1980. https://lib.dr.iastate.edu/agron_books/3

[58] Norden AJ, Gorbet DW, Knauft DA, et al. Variability in oil quality among peanut genotypes in the Florida breeding program. Peanut Science, 1987, 14(1): 7~11.

[59] O'Connor DJ, Wright GC, Dieters MJ, et al. Development and application of speed breeding technologies in a commercial peanut breeding program. Peanut Science. 2013, 40(2): 107~114.

[60] Parmar S, Deshmukh DB, Kumar R, et al. Single seed-based high-throughput genotyping and rapid generation advancement for accelerated groundnut genetics and breeding research. Agronomy, 2021, 11, 1226. https://doi.org/10.3390/agronomy11061226

[61] Patel M, Jung S, Moore K, et al. High-oleate peanut mutants result from a MITE insertion into the *FAD2* gene. Theoretical and Applied Genetics, 2004, 108: 1492~1502.

[62] Reyond D, Kirkpatrick JR, Sander JD, et al. ZFNGenome: A comprehensive resource for locating zinc finger nuclease target sites in model organisms. BMC Genomics, 2011, 12: 83.

[63] Singh F, Oswalt DL. Genetics and breeding of groundnut. Skill Development Series No. 4. ICRISAT. 1991. https://core.ac.uk/download/pdf/211010986.pdf

[64] Varshney RK, Tuberosa R. Translational genomics for crop breeding: abiotic stress, yield and quality, Volume 2: Abiotic Stress, Yield and Quality. John Wiley & Sons, 2013, p. 177~p. 191.

[65] Wang CT, Tang YY, Wang XZ, et al. Mutagenesis: a useful for the genetic improvement of the cultivated peanut (*Arachis hypogaea* L.). 2012, p. 1~p. 12. In: Mishra R. (ed.), Mutagenesis. InTech.

[66] Wang CT, Yu SL, Zhang SW et al. Novel protocol to identify true hybrids in normal oleate x high

oleate crosses in peanut. Electronic Journal of Biotechnology, 2010,13(5)：6442～6447.

[67] Wang CT, Wang XZ, Wang ZW, et al. Realizing hybrids between the cultivated peanut (*Arachis hypogaea* L.) and its distantly related wild species using in situ embryo rescue technique. Genetic Resources and Crop Evolution, 2020, 67：1～8.

[68] Wang ML, Tonnis B, An Y-QC, et al. Newly identified natural high-oleate mutant from *Arachis hypogaea* L. subsp. *hypogaea*. Molecular Breeding, 2015a, 35：186.

[69] Wang XZ, Tang YY, Wu Q, et al. Characterization of high-oleic peanut natural mutants derived from an intersectional cross. Grasas y aceites, 2015b, 66(3)：e091

[70] Wen S, Liu H, Li X et al. TALEN-mediated targeted mutagenesis of fatty acid desaturase 2 (FAD2) in peanut (*Arachis hypogaea* L.) promotes the accumulation of oleic acid. Plant Molecular Biology,2018,97, 177～185. https：//doi.org/10.1007/s11103-018-0731-z

[71] Xia L, Wang K, Zhu JK. The power and versatility of genome editing tools in crop improvement. Journal of Integrative Plant Biology, 2021 Aug 11. doi：10.1111/jipb.13160

[72] Yu HT,Yang WQ,Tang YY,et al. An AS-PCR assay for accurate genotyping of *FAD2A/FAD2B* genes in peanuts (*Arachis hypogaea* L.). Grasas y Aceites, 2013, 64(4)：395～399.

[73] Yu ST, Wang CT, Wang H, et al. Two-step chemical mutagen treatment to convert Fuhua 12, a normal oleic Spanish peanut cultivar, into its high oleic version. IOP Conference Series：Earth Environmental Science, 2019, 346, 012039.

[74] Yu ST,Wang CT,Yu SL,et al. Simple method to prepare DNA templates from a slice of peanut cotyledonary tissue for Polymerase Chain Reaction. Electronic Journal of Biotechnology, 2010, 13(4). http://www.ejbiotechnology.info/content/vol13/issue4/full/9/index.html

[75] Yuan M, Zhu J, Gong L, et al. Mutagenesis of FAD2 genes in peanut with CRISPR/Cas9 based gene editing. BMC Biotechnology, 2019 19(1)：24. doi：10.1186/s12896-019-0516-8

[76] Zhao SZ,Li AQ,Li CS, et al. Development and application of KASP marker for high throughput detection of *AhFAD2* mutation in peanut. Electronic Journal of Biotechnology, 2017, 25. doi：10.1016/j.ejbt.2016.10.010

第五章　中国高油酸花生品种系谱综合分析

实践证明,作物育种成败的关键在于亲本材料的鉴选分析及其搭配利用。作为一项极其重要的基础性工作,系谱分析利用品种选育过程中形成的系谱资料,明晰品种原始亲本,追溯亲本遗传贡献,阐明育成品种的整体遗传基础。鉴于育种过程实质上是从原始亲本积累有益目标性状、淘汰不利目标性状的过程,通过分析各类亲本种质主要目标性状在不同组合中上下传承的关系,有助于判明目标性状的载体来源,促进优异种质的创制利用。不仅如此,通过育成品种系谱分析,还能够总结提炼出育种中广泛使用的骨干亲本材料。通过研究骨干亲本配合力,剖析骨干亲本重要目标性状遗传机制,可望提高亲本选配的准确性和预见性,提高选择效率。

高油酸花生相较于普通花生具有有益人体健康、种子和制品耐贮藏等诸多优势(参见本书第一章),受到消费者和食品企业的欢迎。经过花生育种工作者的不懈努力,近年中国高油酸花生育成品种数量不断增加。在系统梳理和总结我国高油酸花生育成品种特征特性、育种方法、系谱来源等信息的基础上,弄清这些品种间的关系和亲本的遗传贡献率,对新时期进一步做大做强中国高油酸品种工作具有重要指导意义。

第一节　品　种　概　述

自"十五"以来,为进一步提升中国花生的国际竞争力,满足人民群众日益增长的消费需求,培育高油酸花生品种成为中国花生重要的品质育种目标。截至 2021 年 7 月底,中国共育成 188 个高油酸花生品种(依据 NY/T 3250—2018 行业标准,本书按照油酸含量占脂肪酸总量 75% 及以上的花生判定为高油酸花生)。育成通过国家登记、省级鉴定或省级备案的 188 个品种来源于 150 个亲本,其中国外引进资源 5 个、中间材料 58 个、选育品种 87 个(包含由国外与中间材料选育而成的品种)。按照盖钧镒等(1998)、郑建敏等(2019)方法计算直接亲本的细胞核遗传贡献,每个育成品种细胞核贡献为 1,细胞核贡献值按照育成品种的直接亲本提供均等遗传贡献计算,即选系育成品种核遗传贡献为 1,杂交育成品种的双亲核遗传贡献各为 0.5,回交育成品种的按照回交世代双亲核遗传贡献依次均等分配。遗传贡献率＝贡献值/总贡献值×100%。育成品种细胞质与其杂交母本细胞质相同,溯源母本细胞质贡献为 1,育成品种细胞质贡献为 1。

经统计,188 个育成品种中,提供细胞核亲本共计 93 个,亲本的遗传贡献值累计达 97.031 25,主要采用选育品种、中间材料、国外引进和诱变方法进行。其中,选育品种作为母本育成品种 114 个,遗传贡献值为 59.031 25,遗传贡献率为 60.84%;诱变方法育成品种 1 个,遗传贡献值为 0.5,遗传贡献率为 0.52%(表 5 - 1)。

表 5 - 1　育成品种来源及细胞核遗传贡献

品 种 来 源	育成品种(个)	遗 传 贡 献 值	遗传贡献率(%)
选育品种	114	59.031 25	60.84
中间材料	67	34	35.04
国外引进	6	3.5	3.60
诱变处理	1	0.5	0.52
合计	188	97.031 25	100

188 个育成品种可追溯到 32 个细胞质材料,其中国外引进材料细胞质有 142 个品种,遗传贡献率为 75.53%;诱变材料细胞质有 23 个品种,遗传贡献率为 12.23%;中间试材及未知品系材料细胞质有 23 个品种,遗传贡献率为 12.23%。在 32 个细胞质中,育成品种数最多的细胞质材料为开选 016,共育成品种 105 个,遗传贡献率为 55.85%;其次是诱变获得材料 CTWE,共育成品种 22 个,遗传贡献率为 11.70%。

从育种方法上看,通过回交育成品种为 5 个,占整个品种数量的 2.7%;通过系选育成品种为 6 个,占整个品种数量的 3.2%;其余均为通过系谱法、改良系谱法或混合系谱法选育而成(表 5 - 2)。从品种选育地点来看,共来自 10 个省份,其中山东选育品种数量最多,为 67 个,占 35.6%;其次是河南,为 64 个,占 34.0%;排在第三位的是河北,为 36 个,占 19.25%。前三个省份选育的高油酸花生品种占全国选育总品种数的 88.83%(表 5 - 3)。

表 5 - 2　高油酸花生品种育种方式统计

育 种 方 式	品种数(个)	比例(%)
系选	6	3.2
杂交	177	94.1
回交	5	2.7
合计	188	

表 5 - 3　高油酸花生选育省份统计

来 源 省 份	数量(个)	占比(%)
山东	67	35.6
河南	64	34.0
河北	36	19.1
湖北	5	2.7
海南	5	2.7
辽宁	4	2.1
广东	3	1.6
四川	2	1.1
广西	1	0.5
吉林	1	0.5
合计	188	100.00

从表 5 - 4 可以看出,选育品种的主要特征特性为:百仁重大于 80 g 的品种有 96 个,出

表 5 - 4 中国高油酸花生品种主要特征特性和新品种保护信息(截至 2021 年 7 月底)

序号	品种名称	申请者	登记/鉴定/备案号	百果重(g)	百仁重(g)	生育期	出米率(%)	新品种保护公告号
1	花育661	山东省花生研究所	中华人民共和国农业农村部 GPD花生(2018)370364	150~151.8	73.6~73.6	春播全生育期125 d,安徽夏播全生育期115.3 d	79.5~78.3	—
2	花育662	山东省花生研究所	中华人民共和国农业农村部 GPD花生(2018)370365	215~169.4	80~69.5	山东莱西春播全生育期120 d,安徽夏播全生育期121.7 d	79.0~79.4	—
3	花育663	山东省花生研究所	中华人民共和国农业农村部 GPD花生(2018)370366	103.3~152.9	77.5~76.5	山东莱西春播试验全生育期125 d,安徽夏播生育期116 d	75~76.5	—
4	花育664	山东省花生研究所	中华人民共和国农业农村部 GPD花生(2018)370367	170~155.87	75~61.87	山东莱西春播生育期126 d,安徽夏播生育期115 d	75~72.02	—
5	花育666	山东省花生研究所	中华人民共和国农业农村部 GPD花生(2018)370368	153.3~137.57	66.7~58.01	春播生育期120 d,安徽夏播生育期116 d	73~75.94	—
6	花育667	山东省花生研究所	中华人民共和国农业农村部 GPD花生(2018)370369	173.3~147.07	78.3~64.34	山东莱西春播生育期120 d,安徽夏播生育期115 d	74.3~76.27	—
7	花育961	山东省花生研究所	中华人民共和国农业农村部 GPD花生(2018)370370	221.5	82.8	春播试验全生育期120 d,安徽夏播全生育期120 d	77.5	—
8	花育962	山东省花生研究所	中华人民共和国农业农村部 GPD花生(2018)370371	196.7~184.6	99.8~75.96	春播生育期120 d,安徽夏播生育期118 d	80.0~77.2	—
9	花育963	山东省花生研究所	中华人民共和国农业农村部 GPD花生(2018)370372	246.7~210.3	105~80.9	春播生育期120 d,安徽夏播生育期116 d	73.8~73.3	—
10	花育964	山东省花生研究所	中华人民共和国农业农村部 GPD花生(2018)370373	208.3~160.6	100~66.4	春播生育期120 d,安徽夏播生育期113 d	78.7~77.6	—
11	花育965	山东省花生研究所	中华人民共和国农业农村部 GPD花生(2018)370374	227~167.09	98~66.4	春播生育期120 d,安徽夏播生育期112 d	76.43~77.7	—
12	花育966	山东省花生研究所	中华人民共和国农业农村部 GPD花生(2018)370375	200~172.21	93.3~69.71	春播生育期120 d,安徽夏播生育期115 d	73.3~73.04	—
13	花育32号	山东省花生研究所	中华人民共和国农业农村部 GPD花生(2018)370426	173.0	67.0	120 d	71.3	CNA005678E

（续表）

序号	品种名称	申请者	登记／鉴定／备案号	百果重（g）	百仁重（g）	生育期	出米率（%）	新品种保护公告号
14	花育 51 号	山东省花生研究所	中华人民共和国农业农村部 GPD 花生 (2018)370354	173.8	64.5	山东春播生育期 125 d	74.2	CNA013061E
15	花育 52 号	山东省花生研究所	中华人民共和国农业农村部 GPD 花生 (2018)370409	190.0	76.3	春播生育期 120 d，夏播 110 d	76.6	—
16	花育 951	山东省花生研究所	中华人民共和国农业农村部 GPD 花生 (2018)370411	201.8	84.1	安徽夏播生育期 124.7 d	70.3	CNA013062E
17	花育 957	山东省花生研究所	中华人民共和国农业农村部 GPD 花生 (2018)370355	250～234.16	96～95.31	山东春播生育期 130 d 左右，麦套或夏直播 110 d 左右	70.5～71.62	CNA020894E
18	花育 958	山东省花生研究所	中华人民共和国农业农村部 GPD 花生 (2018)370400	232～211.42	89～82.31	山东春播生育期 130 d，麦套或夏直播 115 d，安徽夏播生育期 118 d	70.41～72.5	—
19	花育 917	山东省花生研究所	中华人民共和国农业农村部 GPD 花生 (2018)370401	278.0	96.0	春播 135 d	—	CNA030087E
20	花育 910	山东省花生研究所	中华人民共和国农业农村部 GPD 花生 (2020)370054	282.0	112.0	春播 130 d	69.6	CNA020890E
21	花育 9111	山东省花生研究所	中华人民共和国农业农村部 GPD 花生 (2020)370067	232.4	91.1	128 d	72.4	—
22	开农 H03 - 3	开封市农林科学研究院	皖品鉴登字第 0605006	182.3	72.3	115 d 左右	73.5	—
23	开农 1715	开封市农林科学研究院	中华人民共和国农业农村部 GPD 花生 (2017)410033	198.9	75.9	123 d 左右	70.6	—
24	开农 176	开封市农林科学研究院	中华人民共和国农业农村部 GPD 花生 (2017)410039	231.2	87.5	126 d 左右	69.6	CNA012239E
25	开农 1760	开封市农林科学研究院	中华人民共和国农业农村部 GPD 花生 (2017)410039	157.0	68.9	114 d 左右	74.7	CNA018107E
26	开农 1768	开封市农林科学研究院	中华人民共和国农业农村部 GPD 花生 (2017)410034	146.4	59.8	118 d	72.9	CNA018115E
27	开农 58	开封市农林科学研究院	中华人民共和国农业农村部 GPD 花生 (2017)410037	203.9	78.5	125 d	64.6	—

（续表）

序号	品种名称	申请者	登记/鉴定/备案号	百果重(g)	百仁重(g)	生育期	出米率(%)	新品种保护公告号
28	开农61	开封市农林科学研究院	中华人民共和国农业农村部 GPD花生(2017)410026	206.9	83.2	126 d	69.8	CNA007696E
29	开农71	开封市农林科学研究院	中华人民共和国农业农村部 GPD花生(2018)41011	187.6	77.4	115	71.0	CNA015158E
30	开农306	开封市农林科学研究院	中华人民共和国农业农村部 GPD花生(2019)410060	142.7	60.5	112 d左右	72.4	CNA025629E
31	开农308	开封市农林科学研究院	中华人民共和国农业农村部 GPD花生(2019)410245	195.7	81.8	120 d左右	71.2	CNA025622E
32	开农310	开封市农林科学研究院	中华人民共和国农业农村部 GPD花生(2019)410286	218.7	81.6	123 d左右	63.5	CNA2018409 2.7
33	开农601	开封市农林科学研究院	中华人民共和国农业农村部 GPD花生(2019)410257	162.8	75.6	112 d左右	73.7	CNA038881E
34	开农602	开封市农林科学研究院	中华人民共和国农业农村部 GPD花生(2019)410258	123.7	60.9	112 d左右	73.1	CNA038882E
35	开农603	开封市农林科学研究院	中华人民共和国农业农村部 GPD花生(2019)410259	172.0	69.5	111 d左右	71.5	—
36	开农311	开封市农科研究院,河南省南海种子有限公司	中华人民共和国农业农村部 GPD花生(2021)410012	196.5	76.0	122 d	67.1	—
37	冀花13号	河北省农林科学院粮油作物研究所	中华人民共和国农业农村部 GPD花生(2017)130017	191.2	79.0	125 d	72.2	CNA009542E
38	冀花16号	河北省农林科学院粮油作物研究所	中华人民共和国农业农村部 GPD花生(2017)130016	207.4	87.8	129 d	72.7	CNA012720E
39	冀花18号	河北省农林科学院粮油作物研究所	中华人民共和国农业农村部 GPD花生(2017)130015	173.3	71.5	124 d	71.2	CNA012719E
40	冀花11号	河北省农林科学院粮油作物研究所	中华人民共和国农业农村部 GPD花生(2018)130072	153.7	64.5	126 d	76.2	CNA009541E
41	冀花19号	河北省农林科学院粮油作物研究所	中华人民共和国农业农村部 GPD花生(2018)130077	223.5	111.2	129 d	72.5	CNA016957E

（续表）

序号	品种名称	申请者	登记/鉴定/备案号	百果重(g)	百仁重(g)	生育期	出米率(%)	新品种保护公告号
42	冀花21号	河北省农林科学院粮油作物研究所	中华人民共和国农业农村部 GPD花生(2018)130096	207.4	81.1	127 d	72.1	CNA035995E
43	冀花25号	河北省农林科学院粮油作物研究所	中华人民共和国农业农村部 GPD花生(2020)130003	220.0	87.3	122 d	72.9	CNA035990E
44	冀花29号	河北省农林科学院粮油作物研究所	中华人民共和国农业农村部 GPD花生(2020)130134	228.3	92.0	124 d	75.3	CNA037465E
45	冀花572	河北省农林科学院粮油作物研究所	中华人民共和国农业农村部 GPD花生(2020)130137	220.3	86.8	130 d	71.0	CNA037466E
46	冀花915	河北省农林科学院粮油作物研究所	中华人民共和国农业农村部 GPD花生(2020)130136	226.9	91.2	130 d	72.5	CNA038855E
47	豫花37号	河北省农林科学院粮油作物研究所	中华人民共和国农业农村部 GPD花生(2018)410020	177.0	70.0	116 d	72.0	CNA015579E
48	豫花65号	河北省农林科学院粮油作物研究所	中华人民共和国农业农村部 GPD花生(2018)410032	196.0	76.0	114 d左右	69.0	CNA019077E
49	豫花76号	河北省农林科学院粮油作物研究所	中华人民共和国农业农村部 GPD花生(2018)410159	145.0	63.0	112 d	78.0	CNA026261E
50	豫花85号	河北省农林科学院粮油作物研究所	中华人民共和国农业农村部 GPD花生(2020)410029	169.6~175.3	67.3~69.7	110 d左右	70.4~70.8	CNA037462E
51	豫花93号	河南省作物分子育种研究院,河南中育分子育种研究院有限公司	中华人民共和国农业农村部 GPD花生(2021)410005	237.7	91.0	126 d	63.7	CNA038856E
52	豫花99号	河南省作物分子育种研究院,河南中育分子育种研究院有限公司	中华人民共和国农业农村部 GPD花生(2021)410006	167.7	65.7	115 d	69.5	—
53	豫花100号	河南省作物分子育种研究院,河南中育分子育种研究院有限公司	中华人民共和国农业农村部 GPD花生(2021)410007	216.4	89.1	119 d	67.5	CNA038857E
54	豫花138号	河南省作物分子育种研究院,河南中育分子育种研究院有限公司	中华人民共和国农业农村部 GPD花生(2021)410008	208.5	80.7	118 d	70.8	CNA036003E

（续表）

序号	品种名称	申 请 者	登记/鉴定/备案号	百果重(g)	百仁重(g)	生 育 期	出米率(%)	新品种保护公告号
55	中花26	中国农业科学院油料作物研究所	中华人民共和国农业农村部 GPD花生(2018)420004	185.0	78.0	124.9 d	—	—
56	中花24	中国农业科学院油料作物研究所,开封市农林科学研究院	中华人民共和国农业农村部 GPD花生(2019)420076	190.8	74.0	126.5 d	—	—
57	中花27	中国农业科学院油料作物研究所	中华人民共和国农业农村部 GPD花生(2020)420059	228.5	89.0	124 d	—	—
58	中花28	中国农业科学院油料作物研究所	中华人民共和国农业农村部 GPD花生(2020)420060	174.8	77.5	124.13 d	—	—
59	中花215	中国农业科学院油料作物研究所	中华人民共和国农业农村部 GPD花生(2020)420062	194.8	84.2	123.7 d	—	—
60	锦引花1号	锦州市农业科学院	辽宁省备案 [辽备花 005126号](2005)	150.8	55.0	138 d	78.0	—
61	冀农花10号	河北农业大学,新乐市种子有限公司	中华人民共和国农业农村部 GPD花生(2018)130264	168.3	66.3	121 d	72.3	—
62	冀农花6号	河北农业大学,新乐市种子有限公司	中华人民共和国农业农村部 GPD花生(2018)130261	245.5	95.1	127 d	69.4	—
63	冀农花8号	河北农业大学,新乐市种子有限公司	中华人民共和国农业农村部 GPD花生(2018)130263	175.6	72.4	126 d	72.9	—
64	阜花22	辽宁省风沙地改良利用研究所	中华人民共和国农业农村部 GPD花生(2018)210200	170.3	68.0	123 d	70.1	—
65	阜花27	辽宁省风沙地改良利用研究所	中华人民共和国农业农村部 GPD花生(2018)210199	197.2	74.4	124 d	70.2	—
66	桂花37	广西壮族自治区农业科学院经济作物研究所,山东省农业科学院生物技术研究中心	中华人民共和国农业农村部 GPD花生(2018)450329	186.4	63.6	125 d	60.2	CNA021840E
67	菏花11号	菏泽市农业科学院	中华人民共和国农业农村部 GPD花生(2018)370336	240.4	89.5	127 d	70.1	CNA038883E

（续表）

序号	品种名称	申请者	登记/鉴定/备案号	百果重(g)	百仁重(g)	生育期	出米率(%)	新品种保护公告号
68	宇花 31 号	青岛农业大学	中华人民共和国农业农村部 GPD 花生(2018)370211	230.6	96.3	130 d	73.6	—
69	宇花 32 号	青岛农业大学	中华人民共和国农业农村部 GPD 花生(2018)370213	226.2	95.1	130 d	73.3	—
70	宇花 33 号	青岛农业大学	中华人民共和国农业农村部 GPD 花生(2018)370212	230.2	97.3	132 d	73.3	—
71	宇花 91 号	青岛农业大学	中华人民共和国农业农村部 GPD 花生(2018)370210	148.1	63.3	128 d	75.2	CNA20191002522
72	冀农花 12 号	河北农业大学	中华人民共和国农业农村部 GPD 花生(2019)130288	199.0	81.3	122 d	75.7	—
73	济花 603	济宁市农业科学研究院	中华人民共和国农业农村部 GPD 花生(2019)370134	195.7	83.0	130 d 左右	70.3	—
74	济花 605	济宁市农业科学研究院	中华人民共和国农业农村部 GPD 花生(2019)370135	206.9	92.3	133 d	71.7	—
75	金罗汉	濮阳市农业科学院	中华人民共和国农业农村部 GPD 花生(2019)410192	156.8	68.6	夏播 110 d，麦套 120 d	75.7	CNA026249E
76	濮花 309	濮阳市农业科学院	中华人民共和国农业农村部 GPD 花生(2019)410197	212.0	80.0	110～130 d	69.8	—
77	濮花 58 号	濮阳市农业科学院	中华人民共和国农业农村部 GPD 花生(2019)410061	161.3	62.3	112 d	73.1	CNA029015E
78	濮花 68	濮阳市农业科学院 河南富泽农业科技有限公司	中华人民共和国农业农村部 GPD 花生(2019)410264	180.2	78.9	110～130 d	72.2	—
79	濮科花 10 号	濮阳市农业科学院	中华人民共和国农业农村部 GPD 花生(2019)410100	196.0	81.0	115～130 d	70.8	CNA025615E
80	濮科花 11 号	濮阳市农业科学院	中华人民共和国农业农村部 GPD 花生(2019)410098	232.0	99.0	115～130 d	69.8	CNA025618E
81	濮科花 12 号	濮阳市农业科学院	中华人民共和国农业农村部 GPD 花生(2019)410262	236.0	91.0	115～130 d	72.5	CNA025616E

（续表）

序号	品种名称	申 请 者	登记/鉴定/备案号	百果重(g)	百仁重(g)	生 育 期	出米率(%)	新品种保护公告号
82	濮科花13号	濮阳市农业科学院	中华人民共和国农业农村部 GPD花生(2019)410099	239.0	79.0	115~130 d	69.0	CNA025617E
83	濮科花22号	濮阳市农业科学院	中华人民共和国农业农村部 GPD花生(2019)410195	228.0	80.0	110~130 d	71.8	—
84	濮科花24号	濮阳市农业科学院	中华人民共和国农业农村部 GPD花生(2019)410196	249.0	88.0	110~128 d	71.3	—
85	濮科花25号	濮阳市农业科学院	中华人民共和国农业农村部 GPD花生(2019)410198	219.0	83.0	110~130 d	69.7	—
86	琼花1号	海南热带海洋学院、河南省农业科学院经济作物研究所	中华人民共和国农业农村部 GPD花生(2019)460126	133.0~135.1	54.5~58.1	100~117 d	69.1~71.3	CNA025620E
87	日花OL1号	日照市东港花生研究所	中华人民共和国农业农村部 GPD花生(2019)370300	240.9	92.0	137~140 d	71.4	—
88	山花21号	山东农业大学	中华人民共和国农业农村部 GPD花生(2019)370170	287.0	105.0	128 d	73.1	—
89	山花22号	山东农业大学	中华人民共和国农业农村部 GPD花生(2019)370171	169.1	71.6	124 d左右	71.6	—
90	山花37号	山东农业大学	中华人民共和国农业农村部 GPD花生(2019)370146	321.0	127.3	136 d	69.8	—
91	商花26号	商丘市农科院	中华人民共和国农业农村部 GPD花生(2019)410284	245.7	96.4	122 d	67.8	CNA028139E
92	商花30号	商丘市农林科学院	中华人民共和国农业农村部 GPD花生(2019)410283	210.4	81.1	111 d	68.2	CNA02258E
93	潍花22号	山东省潍坊市农业科学院	中华人民共和国农业农村部 GPD花生(2019)370203	197.3	117.1	124 d	72.3	—
94	潍花23号	山东省潍坊市农业科学院、山东省农业科学院生物技术研究中心	中华人民共和国农业农村部 GPD花生(2019)370265	165.1	68.8	120 d	73.4	—

（续表）

序号	品种名称	申请者	登记/鉴定/备案号	百果重(g)	百仁重(g)	生育期	出米率(%)	新品种保护公告号
95	潍花25号	山东省潍坊市农业科学院,山东省农业科学院生物技术研究中心	中华人民共和国农业农村部GPD花生(2019)370266	193.1	121.7	124 d	72.5	—
96	宇花117号	青岛农业大学	中华人民共和国农业农村部GPD花生(2019)370295	249.9	93.4	132 d左右	72.5	—
97	宇花169号	青岛农业大学	中华人民共和国农业农村部GPD花生(2019)370297	230.3	86.4	131 d	73.1	—
98	宇花171号	青岛农业大学	中华人民共和国农业农村部GPD花生(2019)370298	279.1	105.1	130 d左右	73.0	—
99	宇花61号	青岛农业大学	中华人民共和国农业农村部GPD花生(2019)370299	241.6	91.5	130 d	73.4	—
100	宇花90号	青岛农业大学	中华人民共和国农业农村部GPD花生(2019)370296	258.8	96.8	131 d左右	73.3	—
101	郑农花23号	郑州市农林科学研究所;开封市农林科学研究院;河南大方种业科技有限公司	中华人民共和国农业农村部GPD花生(2019)410285	160.3	64.0	121 d	72.3	CNA024452E
102	菏花15号	菏泽市农业科学院	中华人民共和国农业农村部GPD花生(2020)370123	289.2	105.3	129 d	70.6	—
103	菏花16号	菏泽市农业科学院	中华人民共和国农业农村部GPD花生(2020)370124	260.4	90.5	128 d	69.9	—
104	菏花18号	菏泽市农业科学院	中华人民共和国农业农村部GPD花生(2020)370122	268.2	85.9	125 d	70.6	—
105	吉农花2号	吉林农业大学	中华人民共和国农业农村部GPD花生(2020)220078	157.7	65.4	113 d	70.0	—
106	济花101	山东省农业科学院生物技术研究中心	中华人民共和国农业农村部GPD花生(2020)370058	232.7	94.7	130 d左右	71.0	—
107	济花102	山东省农业科学院生物技术研究中心	中华人民共和国农业农村部GPD花生(2020)370033	217.3	76.8	130 d	72.9	—

（续表）

序号	品种名称	申请者	登记/鉴定/备案号	百果重(g)	百仁重(g)	生育期	出米率(%)	新品种保护公告号
108	濮花168	濮阳市农业科学院	中华人民共和国农业农村部GPD花生(2020)410014	163.9	63.9	110~128 d	70.6	CNA033531E
109	濮花308	濮阳市农业科学院	中华人民共和国农业农村部GPD花生(2020)410079	183.0	71.0	110~130 d	70.1	—
110	濮花666	濮阳市农业科学院	中华人民共和国农业农村部GPD花生(2020)410119	118.2	55.1	110~130 d	75.5	—
111	琼花2号	海南热带海洋学院、海南大学	中华人民共和国农业农村部GPD花生(2020)460132	143.2~171.1	60.1~78.6	100~114 d	71.7~76.6	CNA028150E
112	琼花3号	海南热带海洋学院、海南大学	中华人民共和国农业农村部GPD花生(2020)460133	180.6~208.3	75.4~89.6	100~118 d	70.0~73.7	CNA028155E
113	琼花4号	海南热带海洋学院、海南大学	中华人民共和国农业农村部GPD花生(2020)460131	103.4~118.1	58.6~69.6	100~115 d	72.5~80.1	CNA035983E
114	商花43号	商丘市农林科学院	中华人民共和国农业农村部GPD花生(2020)410128	205.9	81.2	—	68.3	
115	宇花18号	青岛农业大学	中华人民共和国农业农村部GPD花生(2020)370080	227.7	91.5	125 d	72.9	
116	汴花8号	开封市祥符区农业科学研究所、河南菊坡农业科技有限公司	中华人民共和国农业农村部GPD花生(2020)410066	226.7	98.1	117 d	73.6	
117	济花10号	山东省农业科学院生物技术研究中心	中华人民共和国农业农村部GPD花生(2021)370104	220.8	82.3	121 d	69.4	
118	济花3号	山东省农业科学院生物技术研究中心、开封市农林科学研究院	中华人民共和国农业农村部GPD花生(2021)370105	124.5	52.7	122 d	71.4	
119	济花8号	山东省农业科学院生物技术研究中心	中华人民共和国农业农村部GPD花生(2021)370102	168.0	69.0	121 d	74.6	
120	济花9号	山东省农业科学院生物技术研究中心	中华人民共和国农业农村部GPD花生(2021)370103	227.3	88.2	123 d	66.6	
121	琼花5号	海南热带海洋学院、海南大学	中华人民共和国农业农村部GPD花生(2021)460004	111.0~125.8	58.1~66.9	100~115 d	75.3~83.5	CNA035984E

（续表）

序号	品种名称	申请者	登记/鉴定/备案号	百果重(g)	百仁重(g)	生育期	出米率(%)	新品种保护公告号
122	天府33	南充市农业科学院，中国农业科学院油料作物研究所	中华人民共和国农业农村部 GPD花生(2021)510061	204.1	83.5	127 d	66.4	CNA02363E
123	天府36	南充市农业科学院	中华人民共和国农业农村部 GPD花生(2021)510057	215.9	87.2	125 d	67.2	—
124	郑农花25号	郑州市农林科学研究所，河南大方种业科技有限公司，河南怀川种业有限责任公司	中华人民共和国农业农村部 GPD花生(2021)410017	152.9	59.7	111 d	70.6	CNA034574E
125	富花1号	青岛福德隆种业有限公司	中华人民共和国农业农村部 GPD花生(2018)370198	281.3	96.2	春播生育期145 d	70.0	—
126	即花9号	青岛春阳种业有限公司	中华人民共和国农业农村部 GPD花生(2018)370166	130.7	62.4	125 d	76.0	—
127	鲁花19	山东鲁花农业科技推广有限公司	中华人民共和国农业农村部 GPD花生(2018)370081	208.6	91.7	130 d	73.9	—
128	鲁花22	山东鲁花农业科技推广有限公司	中华人民共和国农业农村部 GPD花生(2018)370337	220.0	90.0	125 d	73.2	—
129	齐花5号	山东省青丰种子有限公司	中华人民共和国农业农村部 GPD花生(2018)370217	238.0	98.0	130 d	70.9	—
130	润花17	山东省润柏农业科技股份有限公司	中华人民共和国农业农村部 GPD花生(2018)370028	—	—	春播128 d，夏播122 d	72.0	—
131	三花6号	河南省三九种业有限公司	中华人民共和国农业农村部 GPD花生(2018)410194	176.5	76.7	115 d	75.1	CNA023369E
132	三花7号	河南省三九种业有限公司	中华人民共和国农业农村部 GPD花生(2018)410284	206.5~217.3	93.8~105.4	118~125 d	70.1~72.7	CNA025609E
133	新花15号	新乐市种子有限公司，河北农业大学	中华人民共和国农业农村部 GPD花生(2018)130257	217.0	90.0	125~130 d	73.1	—
134	新花17号	新乐市种子有限公司，河北农业大学	中华人民共和国农业农村部 GPD花生(2018)130256	183.0	81.0	128 d	73.0	—

（续表）

序号	品种名称	申请者	登记/鉴定/备案号	百果重(g)	百仁重(g)	生育期	出米率(%)	新品种保护公告号
135	易花1212	保定市易园生态农业科技开发有限公司	中华人民共和国农业农村部 GPD花生 (2018)130150	175.6	72.1	115~125 d	75.2	—
136	易花1314	保定市易园生态农业科技开发有限公司	中华人民共和国农业农村部 GPD花生 (2018)130151	140.8	61.1	120~130 d	75.2	—
137	百花3号	河南百富泽农业科技有限公司	中华人民共和国农业农村部 GPD花生 (2019)410254	183.1	77.2	118 d	72.3	—
138	邦农2号	河南邦农种业有限公司	中华人民共和国农业农村部 GPD花生 (2019)410167	175.6	68.4	夏播生育期115 d	76.2	—
139	德利昌花6号	河南省德利昌种子科技有限公司	中华人民共和国农业农村部 GPD花生 (2019)410255	221.0	78.0	110~130 d	71.7	—
140	冠花8	山东金诺种业有限公司	中华人民共和国农业农村部 GPD花生 (2019)370236	169.3	94.0	127~129 d	70.8	—
141	冠花9	山东金诺种业有限公司	中华人民共和国农业农村部 GPD花生 (2019)370301	193.6	89.2	126~128 d	70.1	—
142	黑珍珠2号	保定市易园生态农业科技开发有限公司	中华人民共和国农业农村部 GPD花生 (2019)130252	155.1	58.0	110~126 d	74.4	—
143	红甜	易县易源成鑫农作物种植农民专业合作社	中华人民共和国农业农村部 GPD花生 (2019)130216	121.0	55.0	105~120 d	73.2	—
144	华育6号	易县易园农业科学研究所	中华人民共和国农业农村部 GPD花生 (2019)130268	198.8	85.0	110~130 d	72.1	—
145	华育308	易县易园农业科学研究所	中华人民共和国农业农村部 GPD花生 (2019)130239	189.5	73.0	110~130 d	72.2	CNA038858E
146	京红	保定市易园生态农业科技开发有限公司	中华人民共和国农业农村部 GPD花生 (2019)130223	158.1	60.0	110~130 d	72.6	—
147	粮丰花二号	郑州粮丰种业有限公司	中华人民共和国农业农村部 GPD花生 (2019)410207	208.2	85.1	春播125 d左右，夏播120 d左右	70.4	CNA033527E
148	粮丰花一号	郑州粮丰种业有限公司	中华人民共和国农业农村部 GPD花生 (2019)410208	209.1	85.5	125 d左右，夏播120 d左右	75.4	CNA033528E

（续表）

序号	品种名称	申请者	登记/鉴定/备案号	百果重(g)	百仁重(g)	生育期	出米率(%)	新品种保护公告号
149	龙花10号	山东卧龙种业有限责任公司	中华人民共和国农业农村部GPD花生(2019)370072	225.5	93.5	130 d	72.0	—
150	龙花11号	山东卧龙种业有限责任公司	中华人民共和国农业农村部GPD花生(2019)370069	232.5	96.2	126 d	73.0	—
151	龙花12号	山东卧龙种业有限责任公司	中华人民共和国农业农村部GPD花生(2019)370069	230.6	98.0	133 d	73.2	—
152	龙花13号	山东卧龙种业有限责任公司	中华人民共和国农业农村部GPD花生(2019)370068	223.4	94.7	132 d	72.3	—
153	龙花1号	山东卧龙种业有限责任公司	中华人民共和国农业农村部GPD花生(2019)370075	139.0	56.0	125 d左右	71.2	—
154	农花66	河南三农种业有限公司	中华人民共和国农业农村部GPD花生(2019)410021	203.6	70.0	111 d	69.1	—
155	万花019	河南万祖粮农科技有限公司	中华人民共和国农业农村部GPD花生(2019)410256	212.0	—	115 d左右	72.3	—
156	为农花1号	沈阳为农利丰科技有限公司	中华人民共和国农业农村部GPD花生(2019)210159	169.3	69.5	120 d	72.0	CNA024444E
157	新育7号	韩鹏	中华人民共和国农业农村部GPD花生(2019)130228	243.8	120.9	130 d	72.9	—
158	鑫花1号	易县源成鑫农作物种植农民专业合作社	中华人民共和国农业农村部GPD花生(2019)130240	171.0	74.0	110~127 d	72.2	CNA038860E
159	鑫花5号	易县源成鑫农作物种植农民专业合作社	中华人民共和国农业农村部GPD花生(2019)130152	171.2	70.2	110~125 d	74.1	CNA024447E
160	鑫花6号	易县源成鑫农作物种植农民专业合作社	中华人民共和国农业农村部GPD花生(2019)130153	116.9	52.9	110~125 d	73.1	CNA025614E
161	鑫优17	大绿河北种业科技有限公司	中华人民共和国农业农村部GPD花生(2019)130121	210~220	90~95	126~130 d	68.3	—
162	易花0910	保定市易园生态农业科技开发有限公司	中华人民共和国农业农村部GPD花生(2019)130007	148.3	61.0	115~126 d	77.0	CNA024446E

（续表）

序号	品种名称	申 请 者	登记/鉴定/备案号	百果重(g)	百仁重(g)	生 育 期	出米率(%)	新品种保护公告号
163	易花10号	保定市易园生态农业科技开发有限公司	中华人民共和国农业农村部 GPD 花生(2019)130054	196.3	80.7	110~120 d	78.6	CNA03748E
164	易花11号	保定市易园生态农业科技开发有限公司	中华人民共和国农业农村部 GPD 花生(2019)130004	246.0	85.9	115~130 d	71.2	—
165	易花12号	保定市易园生态农业科技开发有限公司	中华人民共和国农业农村部 GPD 花生(2019)130055	165.6	65.3	110~125 d	77.7	—
166	易花15号	保定市易园生态农业科技开发有限公司	中华人民共和国农业农村部 GPD 花生(2019)130120	159.7	60.4	110~120 d	74.4	CNA02451E
167	驿花668	驻马店市博士农种业有限公司	中华人民共和国农业农村部 GPD 花生(2019)410269	190.2	78.2	110~120 d	74.9	—
168	郑花166	郑州市郑农业有限公司,河南省元禾种业有限公司	中华人民共和国农业农村部 GPD 花生(2019)410241	146.2~150.6	59.6~65.2	115 d	72.7~75	—
169	豫研花188	河南豫研种子科技有限公司	中华人民共和国农业农村部 GPD 花生(2020)410012	189.7	81.6	夏播生育期113 d	72.0	—
170	海花85号	河北浩海嘉农业有限公司	中华人民共和国农业农村部 GPD 花生(2020)130001	226.8	92.5	—	73.8	—
171	宏瑞花6号	河北宏瑞种业有限公司,石家庄市统帅农业科技有限公司	中华人民共和国农业农村部 GPD 花生(2020)130002	213.5	77.7	123 d	67.5	—
172	联科花1号	河南美邦农业科技有限公司	中华人民共和国农业农村部 GPD 花生(2020)410108	211.2	—	124 d	70.6	—
173	美花6236	河南佳美农业科技有限公司	中华人民共和国农业农村部 GPD 花生(2020)410027	216.5	81.2	115 d	73.3	CNA035999E
174	润花12	山东润柏农业科技股份有限公司	中华人民共和国农业农村部 GPD 花生(2020)370139	73.3	52.8	123 d	72.0	—
175	润花19	山东润柏农业科技股份有限公司	中华人民共和国农业农村部 GPD 花生(2020)370140	152.0	108.1	130 d	71.0	—

（续表）

序号	品种名称	申请者	登记/鉴定/备案号	百果重(g)	百仁重(g)	生育期	出米率(%)	新品种保护公告号
176	润花 21	山东润柏农业科技股份有限公司	中华人民共和国农业农村部 GPD 花生(2020)370141	110.3	81.6	131 d	74.0	—
177	润花 22	山东润柏农业科技股份有限公司	中华人民共和国农业农村部 GPD 花生(2020)370142	123.3	93.7	127 d	76.0	—
178	深花 1 号	深圳源物种生物科技有限公司	中华人民共和国农业农村部 GPD 花生(2020)440111	186.2	86.2	春植 120 d,秋植 110 d	71.6	CNA030088E
179	深花 2 号	深圳源物种生物科技有限公司	中华人民共和国农业农村部 GPD 花生(2020)440110	176.5	82.3	春植 120 d,秋植 110 d	72.1	CNA030086E
180	顺花 1 号	河南顺丰种业科技有限公司	中华人民共和国农业农村部 GPD 花生(2020)410121	202.5	81.7	121 d	71.5	—
181	统率花 8 号	石家庄市统帅农业科技有限公司,石家庄希普天苑种业有限公司	中华人民共和国农业农村部 GPD 花生(2020)130015	212.3	76.9	122 d	68.2	—
182	植花 2 号	驻马店市植物种业有限公司	中华人民共和国农业农村部 GPD 花生(2020)410024	175.3	73.2	夏播 113 d	72.2	—
183	驻科花 2 号	河南省驻科生物科技有限公司	中华人民共和国农业农村部 GPD 花生(2020)410008	156.3	68.3	夏播 113 d	74.1	—
184	漠阳花 1 号	广东漠阳花粮油有限公司	中华人民共和国农业农村部 GPD 花生(2021)440048	182.0	73.3	120 d	70.1	CNA03530E
185	商垦 1 号	河南省商垦农业科技有限公司	中华人民共和国农业农村部 GPD 花生(2021)410020	198.1	88.2	120 d	72.1	CNA030089E
186	商垦 2 号	河南省商垦农业科技有限公司	中华人民共和国农业农村部 GPD 花生(2021)410021	188.2	78.2	120 d	71.2	CNA029016E
187	万青花 99	开封万青种业科技有限公司,开封市祥符区农业科学研究所	中华人民共和国农业农村部 GPD 花生(2021)410101	215.5	80.3	125 d	68.2	—
188	DF05	河南省农业科学院作物研究所,新疆农业科学院经济作物研究所	新登花生 2015 年 11 号	179.4	101.1	146 d	61.8	—

注:“—”为品种公告缺失数据。

米率(未描述品种未进行统计)大于 75% 以上的有 27 个。

通过农业农村部科技发展中心(http://www.nybkjfzzx.cn/)品种权授权公告查询(截至 2021 年 7 月末),目前有 71 个品种已受到新品种保护,还有部分品种已提交申请,总体高油酸花生新品种权保护还有待加强。

通过对目前选育的高油酸花生品种的百果重、百仁重及出米率进行分析(表 5-5),百果重和百仁重最重的品种为山花 37 号,百果重为 321 g,百仁重为 127.3 g;百果重最轻的品种为润花 12,百果重为 73.3 g;百仁重最轻的是济花 3 号,百仁重为 52.7 g;出米率最高的品种为易花 10 号,达 78.6%。百果重、百仁重及出米率品种间差异较大。

表 5-5 中国高油酸花生品种主要农艺经济性状均值、变幅和变异系数

项　　目	百果重(g)	百仁重(g)	出米率(%)
平均值±标准差	196.8±40.5	80.9±14.4	71.85±2.77
最大值	321	127.3	78.6
最小值	73.3	52.7	60.2
变异系数(%)	20.1	18.2	4.3

第二节 系 谱 分 析

截至 2021 年 7 月底,中国已育成 188 个高油酸花生品种,其详细信息参见本书第六章。根据申请者提供的亲本来源,绘制出中国高油酸花生品种系谱图(图 5-1)。

从系谱图上可以看出,在高频率亲本基础上,以直接育成品种数大于 5 个为界限,高油酸亲本选用最多的分别为开选 016、CTWE、开农 176、冀花 16 号、开农 61、开农 1715、花育 32 号、冀花 6 号、P76、美国 AT-201、冀花 21 号、SPI098。其中,开农 176、冀花 16、开农 61、开农 1715、冀花 6 号和冀花 21 均为开选 016 后代选育而成。开选 016 为引进高油酸材料选育而成,AT-201 为美国高油酸花生品种,CTWE、P76、SPI098 为诱变处理获得的高油酸材料。此外,高油酸亲本还包括美国品种 SunOleic 95R(直接与间接选育品种 3 个),利用引进高油酸材料选育而成的 F18(直接选育品种 3 个)等。追根溯源,筛选出高油酸骨干亲本 6 个,分别为开选 016、CTWE、P76、AT-201、SPI098、F18。

此外,使用普通油酸亲本材料最多的亲本为 06-I8B4。该品种是一个种间杂种,其他普通油酸亲本绝大多数为栽培种材料(花育 917 的普通油酸亲本河北高油为栽培种与野生种 Arachis villosa 种间杂交后代)。高油酸花生育种中利用种间杂种作亲本,有助于拓宽花生栽培种狭窄的遗传基础,培育抗逆、高产、稳产的高油酸花生品种。

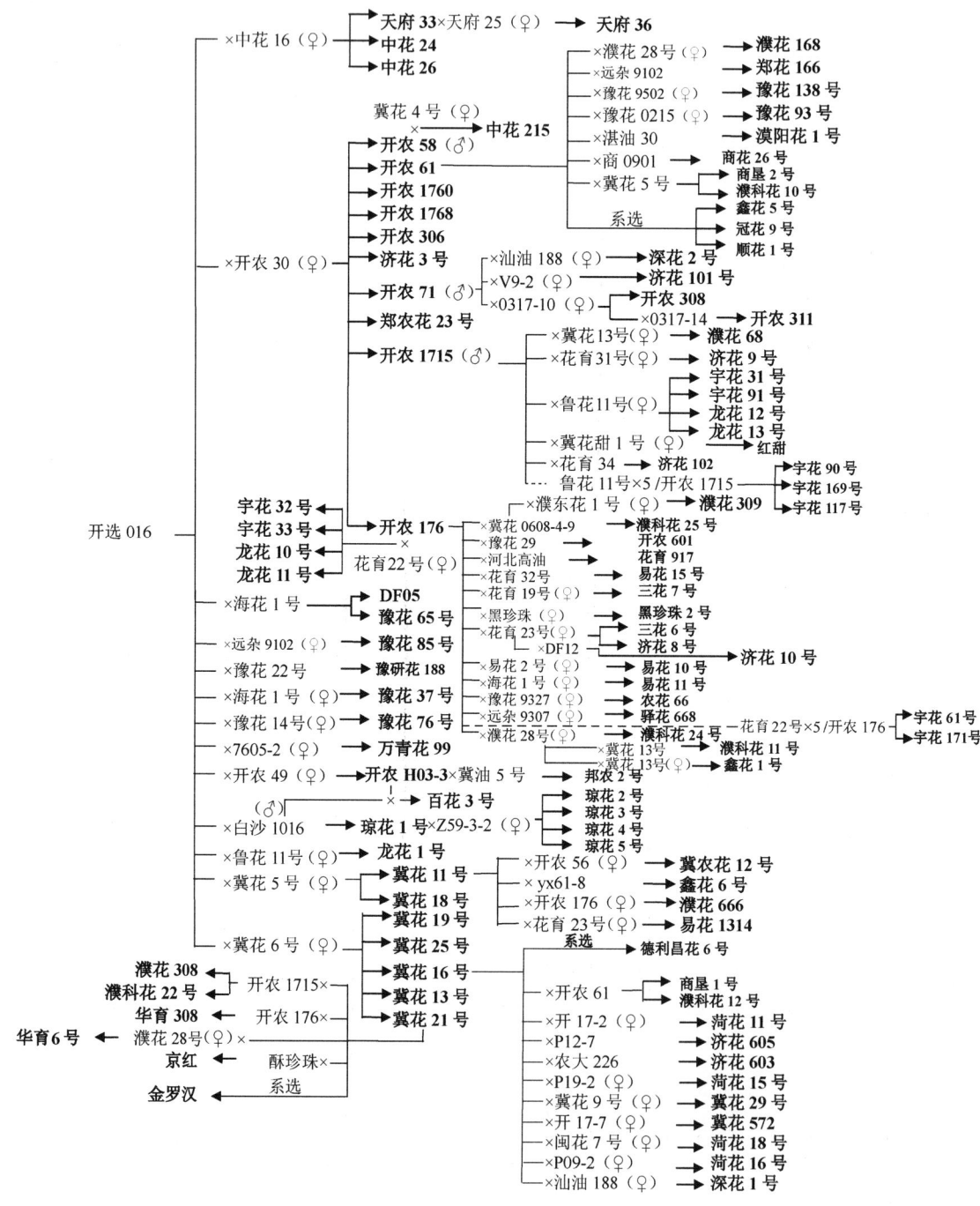

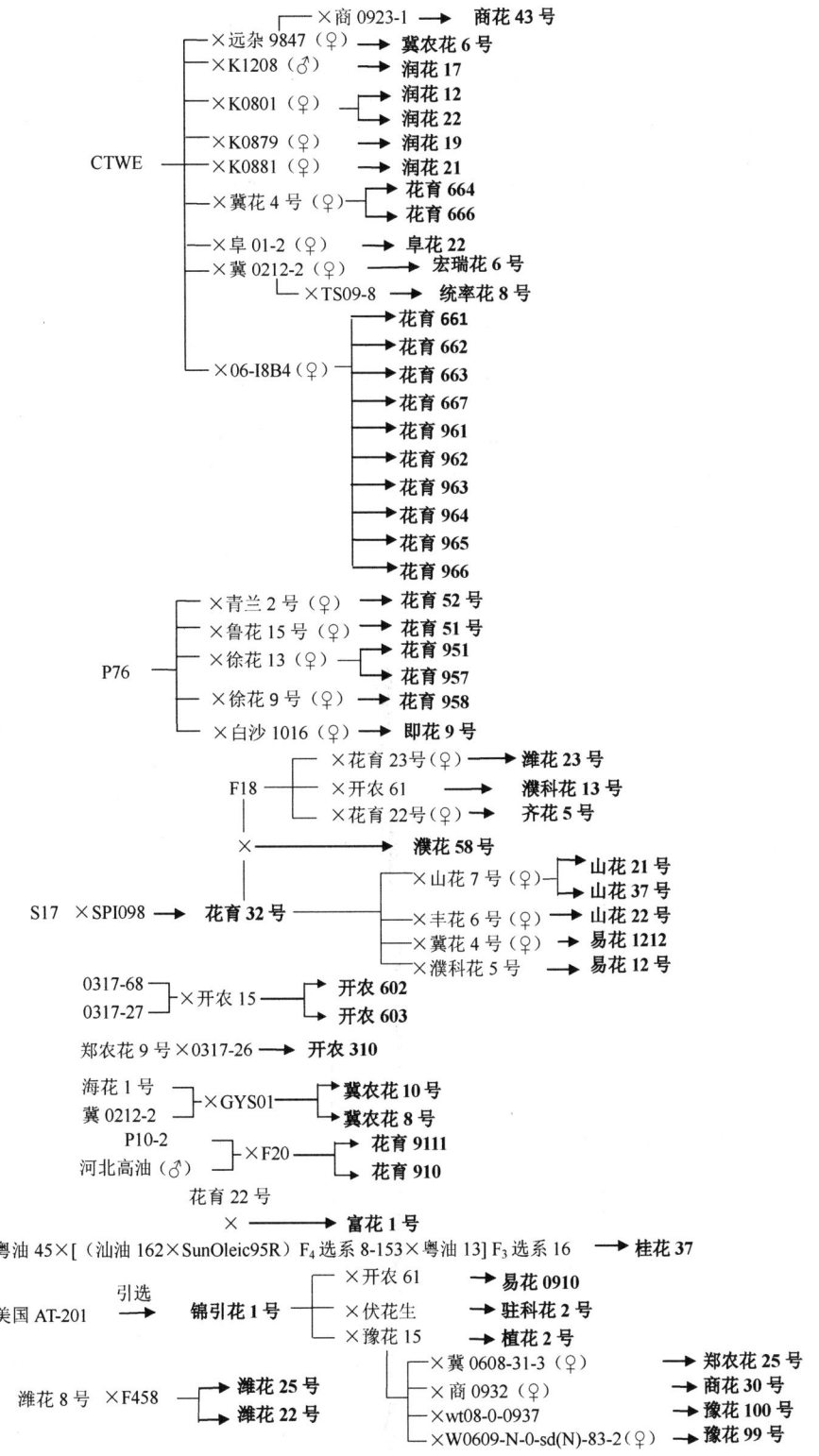

CTWE
- ×商 0923-1 → **商花 43 号**
- ×远杂 9847（♀） → **冀农花 6 号**
- ×K1208（♂） → **润花 17**
- ×K0801（♀） → **润花 12** / **润花 22**
- ×K0879（♀） → **润花 19**
- ×K0881（♀） → **润花 21**
- ×冀花 4 号（♀） → **花育 664** / **花育 666**
- ×阜 01-2（♀） → **阜花 22**
- ×冀 0212-2（♀） → **宏瑞花 6 号**
- ×TS09-8 → **统率花 8 号**
- ×06-I8B4（♀） → **花育 661** / **花育 662** / **花育 663** / **花育 667** / **花育 961** / **花育 962** / **花育 963** / **花育 964** / **花育 965** / **花育 966**

P76
- ×青兰 2 号（♀） → **花育 52 号**
- ×鲁花 15 号（♀） → **花育 51 号**
- ×徐花 13（♀） → **花育 951** / **花育 957**
- ×徐花 9 号（♀） → **花育 958**
- ×白沙 1016（♀） → **即花 9 号**

F18
- ×花育 23 号（♀） → **潍花 23 号**
- ×开农 61 → **濮科花 13 号**
- ×花育 22号（♀） → **齐花 5 号**

× → **濮花 58 号**

S17 ×SPI098 → **花育 32 号**
- ×山花 7 号（♀） → **山花 21 号** / **山花 37 号**
- ×丰花 6 号（♀） → **山花 22 号**
- ×冀花 4 号（♀） → **易花 1212**
- ×濮科花 5 号 → **易花 12 号**

0317-68 / 0317-27 ×开农 15 → **开农 602** / **开农 603**

郑农花 9 号×0317-26 → **开农 310**

海花 1 号 / 冀 0212-2 ×GYS01 → **冀农花 10 号** / **冀农花 8 号**

P10-2 / 河北高油（♂） ×F20 → **花育 9111** / **花育 910**

花育 22 号 × → **富花 1 号**

粤油 45×[（汕油 162×SunOleic95R）F₄选系 8-153×粤油 13] F₃选系 16 → **桂花 37**

美国 AT-201 —引选→ **锦引花 1 号**
- ×开农 61 → **易花 0910**
- ×伏花生 → **驻科花 2 号**
- ×豫花 15 → **植花 2 号**
  - ×冀 0608-31-3（♀） → **郑农花 25 号**
  - ×商 0932（♀） → **商花 30 号**
  - ×wt08-0-0937 → **豫花 100 号**
  - ×W0609-N-0-sd(N)-83-2（♀） → **豫花 99 号**

潍花 8 号 ×F458 → **潍花 25 号** / **潍花 22 号**

XL56×GXL02-3 → **新花 15 号** 　　淮选 08-17×万选 06-14 → **万花 019**

JXL1×GXL09-5 → **新花 17 号** 　　HM78-68×HF895 → **鑫优 17**

A94-5×GXL02-3 → **新育 7 号** 　　农大 226×8y07 → **冠花 8**

青兰 2 号×FW-17 → **为农 1 号** 　　9616×8014 → **鲁花 19**

TF25× TF33 → **粮丰花一号** 　　冀花 4 号×8012 → **鲁花 22**

TF22× TF33 → **粮丰花二号** 　　外引 CS2×日花 1 号 → **日花 OL1 号**

TF26C×TF34 → **联科花 1 号** 　　开农 65×P08-1 → **冀花 915**

阜 12E3-1×FB4 → **阜花 27** 　　宇花 1 号×AT215 → **宇花 18 号**

AS4238×AS4415 → **海花 85 号** 　　09-4103×NF64 → **中花 28**

JM102×汴花 4 号 → **美花 6236** 　　NF143-2×NF52 → **中花 27**

外引系 SH2004 ──引选──→ **吉农花 2 号** 　　汴选 16 号×汴花 4 号 → **汴花 8 号**

图 5-1 　中国大陆高油酸品种系谱图(粗体字为中国高油酸育成品种名称)

参 考 文 献

[1] 盖钧镒,赵团结,崔章林,等.中国大豆育成品种中不同地理来源种质的遗传贡献.中国农业科学,1998,31(5):35～43.

[2] 郑建敏,罗江陶,万洪深,等.四川省小麦育成品种系谱分析及发展进程.遗传,2019,41(7):599～610.

第六章 中国高油酸花生品种

中国第一个和第二个高油酸花生品种锦引花1号、开农H03-3是利用国外引进的高油酸材料选育而成的。第三个高油酸品种花育32号是国内利用自主创制的高油酸种质育成的首个高油酸花生品种。

自2017年国家非主要农作物品种登记办法出台以后,除锦引花1号、开农H03-3和DF05未重新登记外,高油酸花生原有其他品种均进行了重新登记。据《高油酸花生》统计,截至2016年12月底,全国育成38个高油酸花生品种;近年中国高油酸花生品种选育速度明显加快,截至2021年7月底,中国共育成188个高油酸花生品种(本章依据NY/T 3250—2018行业标准,油酸含量占脂肪酸总量75%及以上的花生判定为高油酸花生)。按育种单位统计,山东省花生研究所共育成21个高油酸品种,数量最多;开封市农林科学研究院育成18个高油酸品种(含合作单位共同选育4个品种),位居第二;河北省农林科学院粮油作物研究所和濮阳市农业科学院(含合作单位共同选育1个品种)分别育成14个高油酸品种,处于并列第三位。经统计,目前国内共有67个科研院所、高校、企业及合作社等机构参与高油酸花生品种的选育工作,这些品种的申请者、来源、主要特征特性和产量表现见本章末附表。部分新品种照片见彩色插页。

以下按主要选育单位对高油酸花生育成品种分别进行叙述。

第一节 花育系列
一、花育661

别名或代号:12L29

申请者:山东省花生研究所

登记编号:GPD花生(2018)370364

品种来源:采用高含糖量普通油酸含量花生06-I8B4作母本、高油酸花生突变体CTWE作父本杂交,分子标记结合近红外技术选育而成。2012~2015年参加品比试验,2014年参加安徽省区试。

特征特性:株型直立,连续开花,叶色绿,结果集中。荚果普通形。子仁椭圆形,种皮粉红色。山东莱西春播生育期125 d。主茎高40.0 cm,侧枝长42.60 cm。分枝数9条,结果枝数7条。百果重150.0 g,百仁重73.6 g。出米率79.5%。安徽夏播全生育期115.3 d。主茎高43.9 cm,结果枝数8.7条。百果重151.8 g,百仁重73.6 g。出米率78.3%。该品种在室内发芽试验中表现出较强的耐低温特性。经农业部油料及制品质量监督检验测试中心(武汉)测定,子仁油酸含量 80.90%、亚油酸含量 2.8%、油亚比 28.89。

产量表现:山东省花生研究所品比试验,2012 年单产子仁 321.67 kg/666.67 m²,较对照大花生丰花 1 号增产 9.34%;2013 年荚果发育期前期遭遇涝害、后期遇旱,单产子仁仍达到 224.76 kg/666.67 m²,比丰花 1 号增产 6%以上。2014 年云南宾川试验,单产子仁 308.62 kg/666.67 m²。2014 年参加安徽省夏播花生区试,平均单产荚果 247.17 kg/666.67 m²、子仁 193.57 kg/666.67 m²,比对照白沙 1016 增产荚果 8.33%、增产子仁 14.42%。2015 年潍坊春播试验,花育 661 单产荚果 350.22 kg/666.67 m²、子仁 255.47 kg/666.67 m²。2015 年莱西春播试验,花育 661 单产荚果 371.72 kg/666.67 m²、子仁 289.16 kg/666.67 m²。

适宜种植区域:适合安徽、胶东、东北等地种植。

二、花 育 662

别名或代号:12L16

申请者:山东省花生研究所

登记编号:GPD 花生(2018)370365

品种来源:系以高蔗糖亲本 06－I8B4 作母本、高油酸亲本 CTWE 作父本杂交育成。

2008 年搭配杂交组合,收获杂交果。脱壳后切取种子远胚端 3～5 mg 子叶组织提取 DNA,采用 FAD2B PCR 产物直接测序法鉴定 F₁ 真杂种。2009 年春将 F₁ 真杂种单粒播种于莱西田间,同年 9 月收获 F₂ 种子,对单粒种子进行近红外扫描。近红外选出的高油酸单粒种子于 2010 年春种于莱西,继续就其他农艺性状进行选择;近红外选出的中油酸单粒种子,利用等位基因特异 PCR(allele-specific PCR,AS－PCR)法进行基因型分析,获得同时具有 FAD2A、FAD2B 突变型基因(FAD2A 448 G＞A 和 FAD2B 441_442insA)的单粒花生种子,也于 2010 年春种于莱西,并继续就其他农艺性状进行选择,保留结果集中、果米性状佳、丰产性好的单株。2010～2012 年持续进行单株选择,中选材料进而进行近红外扫描,并随机选取 5～10 份进一步进行气相色谱检测验证,确保高油酸特性不分离。除在莱西正常种植外,2010 年 10 月～2011 年 3 月、2011 年 10 月～2012 年 3 月又在海南三亚南滨农场进行加代,并进行产量测定。为确保种子纯度,2012 年莱西测产前随机选取 20 粒种子进行单粒近红外分析。2013 年参加安徽省夏播花生区域试验。

特征特性:属珍珠豆型高油酸小花生新品种。株型直立。荚果普通形,子仁桃圆形,种皮粉红色,内种皮白色。山东莱西春播全生育期 120 d。主茎高 35 cm,侧枝长 38 cm,结果枝数 9 条,结实范围 3.5 cm,百果重 215.0 g,百仁重 80.0 g。出米率 79.0%。安徽夏播全生育期 121.7 d。主茎高 45.3 cm,结果枝数 9.8 条。百果重 169.4 g,百仁重 69.5 g。出米率 79.4%。经农业部油料及制品质量监督检验测试中心(武汉)测定,花育 662 子仁油酸含量 80.8%、亚油酸含量 2.7%、油亚比 29.93。

产量表现:2011 年海南三亚试验,单产子仁 204.28 kg/666.67 m²,居参试小花生品系前列。2012 年山东省花生研究所试验,单产子仁高达 342.16 kg/666.67 m²,略低于对照大花生品种花育 33 号 348.30 kg/666.67 m² 的单产水平。2013 年参加安徽夏播花生区域试验,单产荚果 280 kg/666.67 m²、单产子仁 223.16 kg/666.67 m²,分别比对照白沙 1016 增产4.89%、10.40%。2015年莱西春播试验,花育662单产荚果360.56 kg/666.67 m²、单产子仁275.14 kg/666.67 m²。

适宜种植区域:山东、安徽、海南等花生产区。

三、花 育 663

别名或代号:12L39

申请者:山东省花生研究所

登记编号:GPD花生(2018)370366

品种来源:采用高含糖量普通油酸含量花生06-I8B4作母本、高油酸花生突变体CTWE作父本杂交,分子标记结合近红外技术选育而成。2012~2013年参加品比试验,2014年参加安徽省区试。

特征特性:株型直立,叶色绿,连续开花,结果集中。荚果普通形,子仁长椭圆形,种皮粉红色。山东莱西春播试验,全生育期125 d。主茎高45.1 cm,侧枝长46.7 cm。分枝数9.7条,结果枝数7.1条。百果重103.3 g,百仁重77.5 g。出米率75%。安徽夏播全生育期116 d。株高47.4 cm,结果枝数7.3条。百果重152.9 g,百仁重76.5 g。出米率76.5%。经农业部油料及制品质量监督检验测试中心(武汉)测定,子仁油酸含量80.6%、亚油酸含量2.9%、油亚比27.79。

产量表现:山东省花生研究所品比试验,2012年单产子仁268.15 kg/666.67 m²,较对照丰花1号增产2.82%;2013年雨养条件下单产荚果345.36 kg/666.67 m²、子仁259.08 kg/666.67 m²,分别较对照丰花1号增产5.45%和15.32%。2014年安徽省夏播花生区试,平均单产荚果253.00 kg/666.67 m²、子仁193.55 kg/666.67 m²,比对照白沙1016增产荚果10.96%、增产子仁14.43%。2016年莱西葡萄园种植,创出单产荚果650 kg/666.67 m²的高产纪录。

适宜种植区域:适合安徽、山东胶东等地种植。

四、花 育 664

别名或代号:14S1

申请者:山东省花生研究所

登记编号:GPD花生(2018)370367

品种来源:采用疏枝普通型中小果花生品种冀花4号作母本、高油酸花生突变体CTWE作父本杂交,分子标记与近红外技术相结合的方法选育而成。2013~2014年参加所内品比试验,2015年参加安徽省区试。

特征特性:株型直立,结果集中,果柄短。叶片椭圆形。荚果近普通形,子仁椭圆形,内种皮金黄色。山东莱西春播生育期126 d。主茎高20.6 cm,侧枝长25.4 cm。分枝数8条,结实范围3.9 cm。百果重170 g,百仁重75 g。出米率75%。安徽夏播生育期115 d。主茎高39.24 cm,分枝数7.8条。单株结果数13.30个,成熟双仁果数36.03个。单株荚果重16.44 g,单株子仁重11.89 g。百果重155.87 g,百仁重61.87 g。出米率72.02%。经农业部油料及制品质量监督检验测试中心(武汉)测定,子仁油酸含量 81.9%、亚油酸含量 3.5%、油亚比 23.40。

产量表现:山东省花生研究所品比试验,2013 年单产子仁 150.38 kg/666.67 m²,较对照花育 20 号增产 6.78%;2014 年单产子仁 172.92 kg/666.67 m²,较对照花育 20 号增产 11.07%。2015 年参加安徽省夏播花生区试,平均单产荚果 237.80 kg/666.67 m²、单产子仁 171.26 kg/666.67 m²,分别比对照花育 32 号增产 12.04%、17.22%,其中在合肥和宿州区试点,子仁分别比对照花育 32 号增产 37.45%和 29.07%。

适宜种植区域:适合安徽、山东胶东、东北等地种植。

五、花 育 666

别名或代号:14S5

申请者:山东省花生研究所

登记编号:GPD 花生(2018)370368

品种来源:采用冀花 4 号作母本、高油酸花生突变体 CTWE 作父本杂交,分子标记与近红外技术相结合的方法选育而成。2014 年参加所内品比试验,2015 年参加安徽省区试。

特征特性:株型直立,叶片倒卵形。结果集中,果柄短。荚果近普通形,果腰中至平。子仁椭圆形,种皮粉红色,内种皮白色。山东莱西春播生育期 120 d。主茎高 35.1 cm,侧枝长 37.9 cm。分枝数 7 条,结实范围 5.6 cm。百果重 153.3 g,百仁重 66.7 g。出米率 73%。安徽夏播生育期 116 d。主茎高 42.52 cm,分枝数 8.2 条。单株结果数 12.03 个,成熟双仁果数 40.13 个。单株荚果重 13.98 g,单株子仁重 10.65 g。百果重 137.57 g,百仁重 58.01 g。出米率 75.94%。经农业部油料及制品质量监督检验测试中心(武汉)测定,子仁油酸含量 81.7%、亚油酸含量 3.5%、油亚比 23.34。

产量表现:山东省花生研究所品比试验,2014 年单产子仁 178.51 kg/666.67 m²,较对照花育 20 号增产 14.66%/666.67 m²。2015 年参加安徽省夏播花生区试,花育 666 平均单产荚果 222.25 kg/666.67 m²、单产子仁 168.78 kg/666.67 m²,分别比对照花育 32 号增产 4.71%、15.52%。

适宜种植区域:适合安徽、山东胶东、辽宁等地种植。

六、花 育 667

别名或代号:14S6

申请者:山东省花生研究所

登记编号:GPD 花生(2018)370369

品种来源:采用高含糖量普通油酸含量花生 06 - I8B4 作母本、高油酸花生突变体 CTWE 作父本杂交,分子标记与近红外技术相结合的方法选育而成。2013～2014 年参加所内品比试验,2015 年参加安徽省区试。

特征特性:株型直立,叶片椭圆形,结果集中。荚果茧形。子仁圆形,种皮粉红色,内种皮白色。山东莱西春播生育期 120 d。主茎高 33.4 cm,侧枝长 35.5 cm。分枝数 9 条,结实范围 4.7 cm。百果重 173.3 g,百仁重 78.3 g。出米率 74.3%。安徽夏播生育期 115 d。主茎高 37.26 cm,分枝数 8.33 条。单株结果数 15.03 个,成熟双仁果数 38.67 个。单株荚果重 15.15 g,单株子仁重 11.34 g。百果重 147.07 g,百仁重 64.34 g。出米率 76.27%。经农业部油料及制品质量监督检验测试中心(武汉)测定,子仁油酸含量 80.3%、亚油酸含量 2.9%、油亚比 27.69。

产量表现: 山东省花生研究所品比试验,2013 年在大粒组中测试,单产子仁 204.84 kg/666.67 m²,较对照花育 33 号减产 14.37%,而同年小粒组对照花育 20 号单产子仁 140.84 kg/666.67 m²;2014 年单产子仁 165.53 kg/666.67 m²,较对照花育 20 号增产 6.32%。2015 年参加安徽省夏播花生区试,平均单产荚果 215.35 kg/666.67 m²、子仁 164.24 kg/666.67 m²,分别比对照花育 32 号增产 1.46%、12.41%。

适宜种植区域: 适合安徽、山东胶东、东北等地种植。

七、花 育 961

别名或代号: 12L15
申请者: 山东省花生研究所
登记编号: GPD 花生(2018)370370
品种来源: 由高蔗糖品系 06-I8B4 作母本与高油酸辐射突变体 CTWE 作父本杂交选育而成。

2008 年搭配杂交组合,收获杂交果,并利用分子标记技术鉴定真杂种。2009 年春将真杂种种于莱西试验场,秋天收获 F₂ 种子。近红外法选择高油酸单粒种子。2010 年秋在莱西试验农场收获 F₂ 单株,进行近红外扫描,保留高油酸单株。2010~2012 年春持续进行单株选择,保留结果集中、果米性状佳、丰产性好的单株,中选材料进而进行近红外扫描,确保高油酸性状稳定。除在莱西正常种植外,2010 年 10 月~2011 年 3 月、2011 年 10 月~2012 年 3 月又在海南三亚南滨农场进行 2 年的加代快繁。2011 和 2012 年分别在海南和莱西进行产量鉴定。2013 年参加安徽省夏播花生区域试验。2015 年在山东潍坊和新疆石河子进行产量鉴定。

特征特性: 株型直立,果柄坚韧不落果,是一个适合机械化收获的花生新品种。荚果茧形。子仁桃圆形,种皮粉红色。山东省花生研究所春播试验,全生育期 120 d。主茎高 45.0 cm,侧枝长 48.0 cm,结果枝数 8 条。百果重 235.0 g,百仁重 92.8 g。出米率 80.00%。安徽夏播全生育期 120 d。主茎高 47.6 cm,结果枝数 8.3 条。百果重 221.5 g,百仁重 82.8 g。出米率 77.5%。经农业部油料及制品质量监督检验测试中心(武汉)测定,子仁油酸含量 81.2%、亚油酸含量 3.3%、油亚比 24.60。

产量表现: 2011 年海南三亚南滨农场试验,单粒播种,单产子仁为 254.14 kg/666.67 m²,居参试大花生品系首位。2012 年山东省花生研究所试验,双粒播种,单产子仁高达 348.42 kg/666.67 m²,比大花生品种花育 33 号增产 1.83%。2013 年安徽夏播花生区试,在合肥、宿州、固镇等各试点均增产,平均单产荚果 286.00 kg/666.67 m²、单产子仁 221.63 kg/666.67 m²,比对照鲁花 8 号增产荚果 7.72%、增产子仁 17.03%。2015 年山东潍坊试验,单产荚果 387.19 kg/666.67 m²、单产子仁 278.64 kg/666.67 m²。2015 年新疆农垦科学院花生试验,低肥力重茬地单粒春播,实种 166.67 m²,实收荚果 105.14 kg,折单产荚果 420.56 kg/666.67 m²。

适宜种植区域:适合安徽、海南、山东、东北等地种植。

八、花 育 962

别名或代号:12L30

申请者:山东省花生研究所

登记编号:GPD 花生(2018)370371

品种来源:采用高含糖量普通油酸含量花生 06－I8B4 作母本、高油酸花生突变体 CTWE 作父本杂交,分子标记与近红外技术相结合的方法选育而成。2012～2013 年参加所内品比试验。2014 年参加安徽省区试。

特征特性:株型直立,叶色绿,连续开花,结果集中。荚果茧形。子仁桃圆形,种皮粉红色。山东春播生育期 120 d。主茎高 46.0 cm,侧枝长 47.1 cm,分枝数 9 条。百果重 196.7 g,百仁重 99.8 g。出米率 80.0%。安徽夏播生育期 118 d。主茎高 49.2 cm,结果枝数 9 条。百果重 184.60 g,百仁重 75.96 g。出米率 77.2%。经农业部油料及制品质量监督检验测试中心(武汉)测定,子仁油酸含量 82.3%、亚油酸含量 2.6%、油亚比 31.65。

产量表现:山东省花生研究所品比试验,2012 年单产子仁 299.3 kg/666.67 m²,较对照丰花 1 号增产 14.22%;2013 年荚果发育期前期遭遇涝害、后期遇旱,子仁单产仍达到 199.1 kg/666.67 m²,比对照丰花 1 号略有增产。2014 年参加安徽省夏播花生区试,平均单产荚果 272.93 kg/666.67 m²、子仁 210.57 kg/666.67 m²,分别比对照鲁花 8 号增产 8.42%、15.91%。

适宜种植区域:适合安徽、山东胶东、东北等地种植。

九、花 育 963

别名或代号:12L48,14L21

申请者:山东省花生研究所

登记编号:GPD 花生(2018)370372

品种来源:采用高含糖量普通油酸含量花生 06－I8B4 作母本、高油酸花生突变体 CTWE 作父本杂交,分子标记与近红外技术相结合的方法选育而成。2012～2016 年进行品比试验。2015 年参加安徽省区试。

特征特性:株型直立,叶片椭圆形,结果集中。荚果普通形。子仁长椭圆形,内种皮金黄色。山东莱西春播生育期 120 d。主茎高 24.4 cm,侧枝长 28.3 cm。分枝数 7.6 条,结实范围 3.9 cm。百果重 246.7 g,百仁重 105.0 g。出米率 73.8%。安徽夏播生育期 116 d。主茎高 32.1 cm,结果枝数 7.0 条。单株结果数 11.4 个,成熟双仁果数 37.0 个。单株荚果重 19.5 g,单株子仁重 14.5 g。百果重 210.3 g,百仁重 80.9 g。出米率 73.28%。经农业部油料及制品质量监督检验测试中心(武汉)测定,子仁油酸含量 80.1%、亚油酸含量 3.2%、油亚比 25.03。

产量表现:山东省花生研究所品比试验,2012 年单产子仁 210.19 kg/666.67 m²,较对照花育 33 号增产 8.24%;2014 年单产子仁 236.38 kg/666.67 m²,较对照花育 33 号增产 5.79%;2015 年春播雨养条件下试验,单产子仁 242.79 kg/666.67 m²,比对照花育 33 号减产 0.19%,比对照花育 25 号增产 2.59%。花育 963 参加山东省花生研究所统一组织的所内新品系联合试验(2015 年春播),单产荚果 359.22 kg/666.67 m²,单产子仁 267.26 kg/666.67 m²。在 2015 年新疆农垦科学院的花生试验中,在两块面积分别为 186.67 m²、206.67 m² 且施肥量减半的重茬地单粒种植,实收荚果 116.08 kg、126.76 kg,折合单产荚果 414.57 kg/666.67 m²、408.90 kg/666.67 m²,平均 411.59 kg/666.67 m²。2015 年参加安徽夏播花生区试,平均单产荚果 241.67 kg/666.67 m²、单产子仁 177.09 kg/666.67 m²,分别比高油酸对照品种花育 951 增产 10.69%、12.75%。2016 年试验,在湖北襄阳,单产荚果 313.95 kg/666.67 m²,比对照花育 33 号增产 7.82%;在山东临沂,单产荚果 341.66 kg/666.67 m²,比对照花育 33 号增产 9.63%;同年在河南驻马店、江苏徐州、河北保定、湖北襄阳和黄冈等地种植也比对照花育 33 号增产。2016 年山东莱西花生生长季节遭遇严重干旱,在一水未浇的情况下,1 800 m² 旱薄地达到了实收干荚果 420 kg/666.67 m² 的产量。

适宜种植区域:适合安徽、山东胶东地区、新疆石河子、河南驻马店、江苏徐州、河北保定、湖北襄阳和黄冈等地种植。

十、花 育 964

别名或代号:14L6

申请者:山东省花生研究所

登记编号:GPD 花生(2018)370373

品种来源:采用高含糖量普通油酸含量花生 06 - I8B4 作母本、高油酸花生突变体 CTWE 作父本杂交,分子标记与近红外技术相结合的方法选育而成。2013~2014 年参加所内品比试验。2015 年参加安徽省区试。

特征特性:株型直立,叶片椭圆形。结果集中,果柄短。荚果近茧形。子仁桃圆形,种皮粉红色,内种皮白色。山东莱西春播生育期 120 d。主茎高 26.0 cm,侧枝长 28.2 cm。分枝数 6.2 条,结实范围 4.2 cm。百果重 208.3 g,百仁重 100.0 g。出米率 78.70%。安徽夏播生育期 113 d。主茎高 34.2 cm,结果枝数 7.9 条。单株结果数 13.2 个,成熟双仁果数 38.3 个。单株荚果重 14.7 g,单株子仁重 11.1 g。百果重 160.6 g,百仁重 66.4 g。出米率 77.60%。经农业部油料及制品质量监督检验测试中心(武汉)测定,子仁油酸含量 81.7%、亚油酸含量 2.4%、油亚比 34.04。

产量表现:山东省花生研究所品比试验,2013 年单产子仁 218.93 kg/666.67 m²,分别较对照丰花 1 号、花育 33 号增产 19.88%、4.09%;2014 年单产子仁 250.36 kg/666.67 m²,较对照花育 33 号增产 14.63%。2015 年参加安徽省夏播花生区试,平均单产荚果 229.00 kg/666.67 m²、单产子仁 177.70 kg/666.67 m²,分别比对照高油酸品种花育 951 增产 4.89%、13.14%。

适宜种植区域：适合安徽、山东胶东、东北等地种植。

十一、花 育 965

别名或代号：14L1

申请者：山东省花生研究所

登记编号：GPD 花生（2018）370374

品种来源：采用普通油酸含量花生 06－I8B4 作母本、高油酸花生突变体 CTWE 作父本杂交，分子标记与近红外技术相结合的方法选育而成。2013～2014 年参加所内品比试验。2015 年参加安徽省区试。

特征特性：株型直立，叶片椭圆形。结果集中，果柄短。荚果茧形。子仁桃圆形，种皮粉红色，内种皮白色。山东莱西春播生育期 120 d。主茎高 24.7 cm，侧枝长 26.7 cm。分枝数 6.8 条，结实范围 4.2 cm。百果重 227 g，百仁重 98 g。出米率 77.7%。安徽夏播生育期 112 d。主茎高 37.72 cm，结果枝数 7.57 条。单株结果数 11.20 个，成熟双仁果数 43.03 个。单株荚果重 14.75 g，单株子仁重 11.40 g。百果重 167.09 g，百仁重 68.54 g。出米率 76.43%。经农业部油料及制品质量监督检验测试中心（武汉）测定，子仁油酸含量 81.5%、亚油酸含量 3.1%、油亚比 26.29。

产量表现：山东省花生研究所品比试验，2013 年单产子仁 228.63 kg/666.67 m²，分别较对照丰花 1 号、花育 33 号增产 25.02%、8.70%；2014 年单产子仁 230.53 kg/666.67 m²，较对照花育 33 号增产 5.55%。2015 年参加安徽省夏播花生区试，平均单产荚果 225.17 kg/666.67 m²、单产子仁 172.11 kg/666.67 m²，分别比对照花育 951 增产 3.13%、9.58%。

适宜种植区域：适合安徽、山东胶东、东北等地种植。

十二、花 育 966

别名或代号：14L9

申请者：山东省花生研究所

登记编号：GPD 花生（2018）370375

品种来源：采用普通油酸含量花生 06－I8B4 作母本、高油酸花生突变体 CTWE 作父本杂交，分子标记与近红外技术相结合的方法选育而成。2013～2014 年参加所内品比试验。2015 年参加安徽省区试。

特征特性：株型直立，叶片椭圆形。结果集中，果柄短。荚果茧形。子仁圆形至椭圆形，种皮粉红色，内种皮白色。山东莱西春播生育期 120 d。主茎高 31.2 cm，侧枝长 32.6 cm。分枝数 6.2 条，结实范围 4.3 cm。百果重 200 g，百仁重 93.30 g。出米率 73.30%。安徽夏播生育期 115 d。主茎高 36.65 cm，结果枝数 7.63 条。单株结果数 12.83 个，成熟双仁果数 36.73 个。单株荚果重 15.74 g，单株子仁重 11.97 g。百果重 172.21 g，百仁重 69.71 g。出米率 73.04%。经农业部油料及制品质量监督检验测试中心（武汉）测定，子仁油酸含量 82.0%、亚油酸含量 2.9%、油亚比 28.28。

产量表现：山东省花生研究所品比试验，2013 年花育 966 单产子仁 203.49 kg/666.67 m²，较对照丰花 1 号增产 11.43%;2014 年单产子仁 231.85 kg/666.67 m²,较对照花育 33 号增产 0.39%。2015 年参加安徽省夏播花生区试,花育 966 平均单产荚果 225.50 kg/666.67 m²、单产子仁 164.71 kg/666.67 m²,分别比对照花育 951 增产 3.28%、4.87%。

适宜种植区域:适合安徽、山东胶东等地种植。

十三、花 育 32 号

申请者:山东省花生研究所

登记编号:GPD 花生(2018)370426

品种来源:利用印度抗蚜材料 S17 与 79266 高油酸辐射突变体 SPI098(油酸含量 81.59%,油亚比 37.25)杂交选育而成。

特征特性:属早熟小花生品种。株型直立,叶色绿,结果集中。荚果普通形,子仁桃圆形。春播生育期 120 d。主茎高 36.0 cm,侧枝长 39.4 cm。分枝数 8 条,单株结果数 12 个。单株荚果重 21 g。千克果数 775 个,千克仁数 1 602 个。百果重 173.0 g,百仁重 67 g。出米率 71.3%。2007 年经农业部食品质量监督检验测试中心(济南)品质分析,子仁油酸含量 77.8%、亚油酸含量 6.3%、油亚比 12.3、粗蛋白含量 26.3%、粗脂肪含量 50.7%。

产量表现:2006~2007 年山东省花生品种(小粒组)区域试验中,两年平均单产荚果 273.9 kg/666.67 m²、子仁 196.5 kg/666.67 m²,分别比对照鲁花 12 号增产 4.5% 和 4.0%;2008 年生产试验平均单产荚果 286.1 kg/666.67 m²、子仁 211.4 kg/666.67 m²,分别比对照花育 20 号增产 11.3% 和 10.9%。

适宜种植区域:适宜在山东省作为春播小花生品种推广利用。

十四、花 育 51 号

申请者:山东省花生研究所

登记编号:GPD 花生(2018)370354

品种来源:该品种系采用高产品种鲁花 15 号作母本、高油酸花生品系 P76 作父本杂交选育而成。

2005 年搭配杂交组合。2006 年种植杂种 F_1 代,除去伪杂种后统收。2007 年 F_2 代列为重点选择组合,利用近红外技术预测 F_2 代各单株油酸、亚油酸含量,高油酸单株作为备选后代。2008 年,田间初选单株进行室内考种,选择子仁形状和种皮颜色符合育种目标的单株,再将中选单株种成株行,按株行对中选单株进行混收,收获后进行品质选择。2009 年将上年筛选表现较好的株行种植成株系,收获时对产量高、抗病性较强以及主茎高、分枝数、子仁颜色等农艺性状符合育种目标的株系继续选择,混收整齐度一致的优良单株形成品系。2011~2012 年在所内参加品比试验。2012 年参加安徽省区试。

特征特性:属早熟小花生品种。株型直立、抗倒伏,连续开花,叶色绿,结果较集中。荚果近茧形,网纹浅,果腰较浅。子仁无裂纹,种皮粉红色。山东春播生育期 125 d。主茎高 50 cm,分枝数 8~9 条。千克果数 765 个,千克仁数 1 602 个。饱果率 76% 左右。百果重 173.75 g,百仁重 64.45 g。出米率 74.18%。气相色谱测定结果,油酸含量 80.31%、亚油酸含量 3.36％、油亚比 23.92。

产量表现： 山东省花生研究所品比试验，2011 年平均单产荚果 282.43 kg/666.67 m²，比对照花育 23 号增产 10.81％；2012 年平均单产荚果 269.87 kg/666.67 m²，比对照花育 23 号增产 6.22％。安徽夏播花生区域试验，单产荚果 318.5 kg/666.67 m²，比对照白沙 1016 增产 18.18％。

适宜种植区域： 适宜在安徽省夏播花生产区种植。

十五、花　育　52　号

申请者： 山东省花生研究所

登记编号： GPD 花生(2018)370409

品种来源： 系用高产、适应性广的优质小花生品种青兰 2 号作母本、高油酸花生品系 P76 作父本杂交选育而成。2010～2011 年在所内参加品系鉴定。2012 年参加安徽省农作物品种鉴定。

特征特性： 属早熟直立小花生品种。株型直立、抗倒，叶色绿，连续开花，结果较集中。荚果近斧头形，无果腰，网纹浅。种皮粉红色，子仁无裂纹。山东春播种植生育期 120 d(夏播 110 d)。主茎高 45 cm，分枝数 10 条。千克果数 752 个，千克仁数 1 589 个。百果重 190.00 g，百仁重 76.29 g。饱果率 76％，出米率 76.63％。气相色谱测定结果，子仁油酸含量 81.45％、亚油酸含量 3.02％、油亚比 26.97。

产量表现： 山东省花生研究所品比试验，2011 年平均单产荚果 297.02 kg/666.67 m²，比对照花育 23 号增产 8.78％；2012 年平均单产荚果 260.95 kg/666.67 m²，比对照花育 23 号增产 7.77％。安徽区域试验，单产荚果 296.5 kg/666.67 m²，比对照白沙 1016 增产 10.02％。

适宜种植区域： 适宜在安徽省夏播花生产区种植。

十六、花　育　951

别名或代号： H3

申请者： 山东省花生研究所

登记编号： GPD 花生(2018)370411

品种来源： 以高产大花生品种徐花 13 号作母本、高油酸花生品系 P76 作父本杂交选育而成。

2005 年搭配杂交组合。2006 年种植杂种 F₁ 代，除去伪杂种后统收。2007 年 F₂ 代列为重点选择组合，利用近红外技术(多粒模型)预测 F₂ 代各单株油酸、亚油酸含量。选取高油酸单株次年种成株行进一步选择。2008 年田间初选单株经室内考种，选择子仁形状和种皮颜色符合育种目标的单株种植成株行，按株行对中选单株进行混收，收获后的材料进行品质选择。2009 年将上年筛选表现较好的株行种植成株系，收获时对产量高、抗病性较强以及主茎高、分枝数、子仁颜色等农艺性状符合育种目标的株系进行选择，选取整齐度一致的优良单株混收，形成品系。2010～2012 年在所内参加品系鉴定。2013 年参加安徽省区试。

特征特性： 属早熟大花生品种。株型直立、抗倒伏，叶色绿，结果较集中。荚果近斧头形,网纹较浅,几乎无果腰。子仁无裂纹,种皮粉红色。安徽夏播生育期 124.7 d。连续开花,主茎高 47.3 cm,结果枝数 9.1 条。单株结果数 26.6 个,成熟双仁果数 19.5 个。单株荚果重 31.3 g,单株子仁重 23.0 g。饱果率 75.00%,出米率 70.30%。百果重 201.8 g,百仁重 84.1 g。子仁油酸含量 80.47%、亚油酸含量 4.02%、油亚比 27.80。

产量表现: 山东省花生研究所品比试验,2011 年平均单产荚果 312.65 kg/666.67 m^2,比对照鲁花 11 号增产 4.25%;2012 年平均单产荚果 334.49 kg/666.67 m^2,比对照鲁花 11 号增产 3.41%。安徽夏播花生区域试验,单产荚果 281.7 kg/666.67 m^2,比对照鲁花 8 号增产 5.83%。

适宜种植区域: 适合安徽、山东等地种植。

十七、花 育 957

申请者: 山东省花生研究所

登记编号: GPD 花生(2018)370355

品种来源: 采用高油酸花生品系 P76 作母本与高产大花生品种徐花 13 号作父本杂交,近红外技术选育而成(选育过程同花育 951)。2011~2014 年进行产量测定。2014 年参加安徽省区试。

特征特性: 属早熟直立大花生。株型直立,叶色较绿,结果集中。荚果普通形,网纹较清晰。子仁粉红色,无裂纹。山东春播生育期 130 d 左右,麦套或夏直播 110 d 左右。主茎高 40 cm 左右,分枝数 9 条左右。百果重 250 g,百仁重 96 g。出米率 70.5%。安徽夏播生育期 116 d。主茎高 42.41 cm,结果枝数 8.03 条。单株结果数 11.20 个,成熟双仁果数 29.70 个。单株荚果重 18.54 g,单株子仁重 13.33 g。百果重 234.16 g,百仁重 95.31 g。出米率 71.62%。气相色谱测定结果,子仁油酸含量 79.96%、亚油酸含量 3.84%、油亚比 24.50。

产量表现: 山东省花生研究所品比试验,2011 年平均单产荚果 299.40 kg/666.67 m^2,2012 年平均单产荚果 303.12 kg/666.67 m^2,2013 年平均单产荚果 285.9 kg/666.67 m^2,2014 年平均单产荚果 297.5 kg/666.67 m^2。2015 年安徽夏播花生区试,单产荚果 228.83 kg/666.67 m^2,比对照花育 951 增产 6.64%。

适宜种植区域: 适合安徽、山东等地种植。

十八、花 育 958

申请者: 山东省花生研究所

登记编号: GPD 花生(2018)370400

品种来源: 用高产大花生品种徐花 9 号作母本与高油酸品系 P76 作父本杂交选育而成。2006 年种植 F_1 代,除去伪杂种后统收,并进行品质选择。2007 年种植 F_2 代单株,选收结果数多、果形整齐、抗性强、分枝适中的单株,并进行品质选择。2008~2012 年对株行(系)进行选择并进行品质分析,形成品系。2013~2014 年进行产量比较。2015 年参加安徽省区试。

特征特性: 属早熟直立大花生。叶色较绿,结果集中。荚果斧头形,网纹浅。子仁粉红色,无裂纹。山东春播生育期 130 d,麦套或夏直播 115 d。主茎高 45 cm,分枝数 10 条。百果重 232 g,百仁重 89 g。出米率 72.5%。安徽夏播生育期 118 d。主茎高 39.04 cm,结果枝数 7.9 条。单株结果数 11.93 个,成熟双仁果数 31.40 个。单株荚果重 17.90 g,单株子仁重 12.16 g。百果重 211.42 g,百仁重 82.31 g。出米率 70.41%。气相色谱测定结果,子仁油酸含量 81.24%、亚油酸含量 2.35%、油亚比 34.50。

产量表现: 山东省花生研究所品比试验,2013 年平均单产荚果 295.7 kg/666.67 m²,比对照鲁花 11 号增产 6.46%;2014 年平均单产荚果 313.47 kg/666.67 m²,比对照鲁花 11 号增产 5.34%。2015 年安徽省夏播花生区试,单产荚果 250.33 kg/666.67 m²,比对照花育 951 增产 14.65%。

适宜种植区域: 适合安徽、山东、河南等地种植。

十九、花 育 917

申请者: 山东省花生研究所

登记编号: GPD 花生(2018)370401

品种来源: 以开农 176 为母本、河北高油为父本杂交选育而成。

2010 年搭配杂交组合,后代采用系谱法进行选择,2011 年(F_1)表现密枝,普通形果,丰产性好,抗病性强。2012 年(F_2)表现变异谱广,单株选择。2013 年(F_3)继续单株选择。2013 年(F_4)冬季南繁加代,单株选择。2014 年(F_5)株系选择,选典型优良株系升品系鉴定圃。2015 年(F_6)系比较、鉴定混选。2015 年参加安徽省区试。2016 年在吉林和辽宁进行品种比较试验。

特征特性: 属普通型高油酸大花生品种。株型小匍匐,连续开花。出苗整齐,苗期长势强,生长稳健。叶片倒卵形,叶色绿。花橘黄色。荚果普通形,网纹浅。子仁椭圆形,种皮粉红色,无油斑,无裂纹。种子休眠性中等。山东春播生育期约 140 d。主茎高 36.0 cm,侧枝长 45.8 cm。千克果数 622 个,千克仁数 952 个。百果重 278 g,百仁重 96 g。抗旱性中等,耐涝性中等。安徽夏播生育期 117 d。主茎高 45.72 cm,结果枝数 8.3 条。单株结果数 12.63 个,成熟双仁果数 33.37 个。单株荚果重 22.51 g,单株子仁重 14.89 g。百果重 237.43 g,百仁重 89.14 g。出米率 65.62%。子仁油酸含量为 79.3%(近红外预测值)。

产量表现: 2015 年品系比较试验平均单产荚果 376.7 kg/666.67 m²、单产子仁 247.97 kg/666.67 m²,分别比对照花育 33 号增产 17.7%和 14.6%。2015 年安徽夏播花生区试,单产荚果 292.33 kg/666.67 m²,比对照鲁花 8 号增产 21.11%。2016 年品种比较试验,平均单产荚果 267.7 kg/666.67 m²、单产子仁 165.4 kg/666.67 m²,分别比对照花育 33 号增产 11.2%和 34.5%。

适宜种植区域: 建议在山东、江苏、安徽、河南、河北、辽宁等省大花生主产区推广种植。

二十、花 育 910

申请者: 山东省花生研究所

登记编号: GPD 花生(2020)370054

品种来源： F20×河北高油

特征特性： 普通型。油食兼用。属直立型大花生。叶色较绿,结果较集中。春播生育期 130 d 左右,麦套或夏直播 105 d 左右。株高 45 cm 左右,分枝数 8 条左右。荚果网纹浅,近普通形。子仁粉红色。百果重 282 g 左右,百仁重 112 g 左右。出米率 69.6%。子仁含油量 51.2%、蛋白质含量 27.0%、油酸含量 79.3%、亚油酸含量 1.94%。

产量表现： 荚果第 1 生长周期每 666.67 m² 340 kg,比对照花育 33 号增产 6.3%;第 2 生长周期每 666.67 m² 245.3 kg,比对照花育 33 号增产 8.6%。子仁第 1 生长周期每 666.67 m² 236.6 kg,比对照花育 33 号增产 10.7%;第 2 生长周期每 666.67 m² 159.5 kg,比对照花育 33 号增产 9.8%。

适宜种植区域： 适宜在山东、河南、河北、新疆、山西、安徽、江苏大花生产区种植。

二十一、花 育 9111

登记编号： GPD 花生(2020)370067

申请者： 山东省花生研究所

品种来源： P10 - 2×F20

特征特性： 普通型。油食兼用。属直立型中熟大花生,生育期 128 d。株型直立,连续开花。主茎高 35.8 cm,侧枝长 38.9 cm,总分枝数 7 条,单株结果 15 个。叶片长椭圆形,叶色绿,花深黄色。荚果普通形,网纹浅。种仁椭圆形。种皮粉红色,无油斑,无裂纹。百果重 232.4 g,百仁重 91.1 g。千克果数 522 个,千克仁数 1 134 个。子仁含油量 52.13%、蛋白质含量 20.7%、油酸含量 80.4%、亚油酸含量 3.14%。

产量表现： 荚果第 1 生长周期每 666.67 m² 385.5 kg,比对照冀花 4 号增产 12.9%;第 2 生长周期每 666.67 m² 337.91 kg,比对照开农 1715 增产 0.8%。子仁第 1 生长周期每 666.67 m² 267.04 kg,比对照冀花 4 号增产 0.4%;第 2 生长周期每 666.67 m² 236.22 kg,比对照开农 1715 增产 7.44%。

适宜种植区域： 适宜在山东、河北、河南、辽宁、江苏、安徽、北京春播种植。

第二节　开农系列

一、开 农 H03 - 3

申请者： 开封市农林科学研究所

登记编号： 皖品鉴登字第 0605006

品种来源： 用高产、早熟、适应性好的国内材料开农 49(原代号：K9508 - 1)作母本,利用国外资源培创的高油酸材料开选 016 作父本杂交选育而成。2001 年搭配组合,采用套龙骨瓣授粉技术进行杂交。2001 年秋对 F_1 代进行南繁加代,F_2 代去除伪杂种后,收获时将所有单株全部升选,在室内进行油酸含量测定和其他考种工作,选择高油酸材料种植。2002～2003 年进行系谱法选择,连续两年到海南进行南繁加代,以缩短育种周期。2004～2005 年进行两年所内品比试验,2006 年提交种子参加安徽省区试验。

特征特性：为直立疏枝型品种。连续开花，茎叶深绿色，叶椭圆形，长势强且均匀一致。结果较集中，多而整齐。荚果茧形。子仁桃圆形和椭圆形，种皮粉红色。生育期 115 d 左右。主茎高 36.2 cm，侧枝长 42.1 cm，分枝数 8 条，结果枝 7 条。千克果数 768 个，千克仁数 1 744 个。百果重 182.3 g，百仁重 72.3 g。出米率 73.5％。经国家农业部农产品质量监督检验测试中心(郑州)检验，子仁油酸含量 81.6％、亚油酸含量 2.8％、油亚比 29.14、粗蛋白含量 26.7％、粗脂肪含量 53.13％。

产量表现：所内品比试验，2004 年单产荚果 256.3 kg/666.67 m²，比对照豫花 6 号增产 12.8％；2005 年单产荚果 266.2 kg/666.67 m²，比对照豫花 6 号增产 13.6％。2006 年安徽省夏播花生区域试验，单产荚果 275.5 kg/666.67 m²，比对照白沙 1016 增产 17.79％。

适宜种植区域：适宜在安徽省各花生产区种植。

二、开 农 1715

申请者：开封市农林科学研究院

登记编号：GPD 花生(2017)410033

品种来源：利用母本开农 30 与父本开选 016 杂交育成。母本开农 30 为开封市农林科学研究院自育高产品种，父本开选 016 是利用国外资源培创的高油酸材料。

2003 年搭配杂交组合，采用套龙骨瓣授粉技术进行杂交。2004～2007 年进行系谱法选择，2008～2010 年进行品种比较试验。2011～2012 年参加全国北方片花生区域试验，2013 年参加全国北方片花生生产试验和河南省麦套花生生产试验。

特征特性：株型直立，疏枝，连续开花。前期长势较强，后期不早衰，结实集中。叶片椭圆形，叶色深绿。花色橙黄。荚果普通形，无果嘴，果皮较硬。子仁椭圆形，粉红色，无裂纹、无油斑。种子休眠性强。生育期 123 d。主茎高 37.14 cm，侧枝长 41.76 cm，分枝数 7 条，结果枝 6 条。千克果数 624 个，千克仁数 1 570 个。百果重 206.9 g，百仁重 80.0 g。出米率 68.00％。子仁油酸含量 75.6％、亚油酸含量 7.55％、油亚比 10.88、粗脂肪含量 51.74％、粗蛋白含量 25.11％。

产量表现：全国北方片花生区域试验，2011 年平均单产荚果 249.98 kg/666.67 m²、子仁 169.36 kg/666.67 m²，分别比对照花育 20 号增产 11.2％、1.7％；2012 年平均单产荚果 325.94 kg/666.67 m²、子仁 219.03 kg/666.67 m²，分别比对照花育 20 号增产 24.42％、12.61％；2011～2012 两年区试结果，平均单产荚果 287.96 kg/666.67 m²、子仁 194.2 kg/666.67 m²，分别比对照花育 20 号增产 17.81％、7.16％。2013 年参加全国北方片小花生生产试验，平均单产荚果 279.56 kg/666.67 m²、子仁 206.23 kg/666.67 m²，分别比对照花育 20 号增产 20.4％、29.5％。2013 年参加河南省麦套花生品种生产试验，平均单产荚果 386.72 kg/666.67 m²、子仁 265.64 kg/666.67 m²，分别比对照豫花 15 增产 7.53％、4.28％。

适宜种植区域：适宜在河南、山东、河北等北方产区种植。

三、开 农 176

申请者：开封市农林科学研究院

登记编号： GPD 花生(2017)410039

品种来源： 采用母本开农 30 与父本开选 016 杂交育成。2003 年搭配杂交组合,采用套龙骨瓣授粉技术进行杂交。2004～2007 年进行系谱法选择,2008～2009 年进行产量比较试验。2010～2011 年参加全国花生新品种区域试验。2012 年参加全国花生生产试验和河南省麦套花生生产试验。

特征特性： 株型直立,疏枝,连续开花。叶片深绿色、椭圆形、中等大。荚果普通形,果嘴钝,网纹浅,缩缢较明显。子仁椭圆形,种皮粉红色。生育期 126 d。主茎高 40.6 cm,侧枝长 45.8 cm。分枝数 8.6 条,结果枝 6.8 条。单株饱果数 10.9 个。百果重 231.2 g,百仁重 87.5 g。出米率 69.60%。经农业部油料及制品质量监督检验测试中心(郑州)检测,子仁油酸含量 76.8%、亚油酸含量 6.9%、油亚比 11.13、粗脂肪含量 51.25%、粗蛋白含量 25.31%。

产量表现： 全国北方片大花生区域试验,2010 年平均单产荚果 295.00 kg/666.67 m²、子仁 200.06 kg/666.67 m²,分别比对照花育 19 号增产 7.40%、2.90%;2011 年平均单产荚果 293.95 kg/666.67 m²、子仁 196.3 kg/666.67 m²,分别比对照花育 19 号增产 8.49%、3.71%。2012 年全国北方片大花生生产试验,平均单产荚果 346.5 kg/666.67 m²、子仁 241.34 kg/666.67 m²,分别比对照花育 19 号增产 6.61%、4.49%。2012 年参加河南省麦套花生生产试验,平均单产荚果 402.95 kg/666.67 m²、子仁 289.52 kg/666.67 m²,分别比对照豫花 15 号增产 9.71%、9.03%。

适宜种植区域： 适宜在河南、山东、河北等北方产区春播和麦套种植。

四、开 农 1760

申请者： 开封市农林科学研究院

登记编号： GPD 花生(2017)410008

品种来源： 开农 30×开选 016

特征特性： 中间型,油食兼用。生育期 114 d 左右。株型直立,连续开花。平均主茎高 33.9 cm,平均侧枝长 39.9 cm,总分枝 9 个左右,结果枝 7 个左右。叶片椭圆形、中等大小。荚果普通形或茧形,荚果缩缢程度弱,网纹细、较浅。平均百果重 156.95 g,平均饱果率 86.1%。子仁桃形或椭圆形,种皮浅红色,内种皮黄色,种皮有油斑。平均百仁重 68.9 g,平均出米率 74.7%。子仁含油量 52.14%、粗蛋白质含量 19.55%、油酸含量 76.4%、亚油酸含量 6.61%、棕榈酸含量 6.36%。

产量表现： 荚果第 1 生长周期每 666.67 m² 354.13 kg,比对照远杂 9102 增产 7.83%;第 2 生长周期每 666.67 m² 356.2 kg,比对照远杂 9102 增产 12.48%。子仁第 1 生长周期每 666.67 m² 269.36 kg,比对照远杂 9102 增产 6.16%;第 2 生长周期每 666.67 m² 261.54 kg,比对照远杂 9102 增产 8.75%。

适宜种植区域： 适宜在河南省春、夏播花生产区种植。

五、开 农 1768

申请者： 开封市农林科学研究院

登记编号：GPD 花生(2017)410034

品种来源：开农 30×开选 016

特征特性：油食兼用中间型花生品种。生育期 118 d 左右。株型直立,连续开花,主茎有花序。平均主茎高 33.7 cm,侧枝长 38.9 cm。总分枝 10 个左右,结果枝 8 个左右。单株饱果数 16 个左右。叶片椭圆形,中等大小,深绿色。荚果普通形,荚果缩缢程度中,果嘴明显程度弱,荚果表面质地中。平均百果重 146.4 g,饱果率 86.9%。子仁多椭圆形,种皮粉红色,内种皮深黄色,种皮无油斑、无裂纹。平均百仁重 59.8 g,出米率 72.9%。子仁含油量 48.04%、蛋白质含量 21.3%、油酸含量 75.9%、亚油酸含量 6.47%、棕榈酸含量 7.06%。

产量表现：荚果第 1 生长周期每 666.67 m² 304.20 kg,比对照花育 20 增产 5.82%；第 2 生长周期每 666.67 m² 296.88 kg,比对照花育 20 增产 15.9%。子仁第 1 生长周期每 666.67 m² 224.61 kg,比对照花育 20 号增产 4.38%；第 2 生长周期每 666.67 m² 209.00 kg,比对照花育 20 增产 16.4%。

适宜种植区域：适宜在河南、山东、河北、辽宁花生产区春播、夏播种植。

六、开 农 58

申请者：开封市农林科学研究院

登记编号：GPD 花生(2017)410037

品种来源：以开农 30 为母本、开选 016 为父本杂交育成。2003 年搭配组合,采用套龙骨瓣授粉技术进行有性杂交。2004～2007 年进行系谱法选择。2008～2010 年进行品种比较试验。2011～2012 年参加湖北省花生新品种区域试验,2013 年参加湖北省生产试验示范。

特征特性：株型直立,疏枝,连续开花。长势旺,抗倒性强。叶深绿色,椭圆形。双仁果率较高,丰产性好。荚果普通形,网纹浅,果嘴钝。子仁椭圆形,种皮粉红色。种子休眠性中等。生育期 125 d。主茎高 47.3 cm,侧枝长 52.1 cm,分枝数 7.3 条。百果重 203.9 g,百仁重 78.5 g。出米率 64.6%。经农业部油料及制品质量监督检验测试中心(武汉)测定,子仁油酸含量 79.4%、亚油酸含量 3.8%、油亚比 20.89。

产量表现：2011～2012 年参加湖北省花生新品种区域试验,其中 2011 年平均单产荚果 338.05 kg/666.67 m²、子仁 217.37 kg/666.67 m²,分别比对照中花 4 号增产 28.03%、18.78%；2012 年平均单产荚果 350.11 kg/666.67 m²、子仁 226.87 kg/666.67 m²,分别比对照中花 4 号增产 25.59%、17.46%；两年平均单产荚果 344.08 kg/666.67 m²、子仁 222.12 kg/666.67 m²,分别比对照中花 4 号增产 26.81%、18.13%。2013 年参加湖北省襄阳市生产试验,平均单产鲜果 612.31 kg/666.67 m²(按测产系数 0.85 计算)。

适宜种植区域：适合湖北省各地春播和麦套种植。

七、开 农 61

申请者：开封市农林科学研究院

登记编号：GPD 花生(2017)410026

品种来源：系利用母本开农 30 与父本开选 016 杂交,系谱法选育而成。母本开农 30 是开封市农林科学研究院选育的高产大果出口和油脂加工兼用型花生新品种。2001 年、2002 年分别通过河南省、北京市和全国农作物品种审定委员会审定。属中早熟直立疏枝型大花生,连续开花,根系发达,高抗枯萎病和病毒病,抗叶斑病和网斑病,耐涝性好。父本开选 016 是由开封市农林科学研究院利用国外资源选育的高油酸材料,株型直立疏枝,花期长,结实性好。

2003 年搭配杂交组合,采用套龙骨瓣授粉技术进行杂交。2004～2006 年按系谱法选择,2004 年利用手持式折光仪对该组合收获的 1 061 个 F₂ 代单株进行测定和考种。测定结果:折射率范围为 1.465 0～1.472 8,折射率≤1.468 的单株 233 个(高油酸含量植株),折射率>1.468 的单株 728 个(普通油酸含量植株),高油酸：普通油酸株数接近 1：3。2004～2005 年进行南繁加代。2006 年筛选出了优良株系 0317 - 0 - 183 - 4N - 0,地上、地下部主要农艺性状趋于稳定,晋升为品系,给予品系号 0317 - 6。2007～2008 年参加品种比较试验,表现产量高、品质优、综合性状好,定名为开农 61,推荐参加河南省中间试验。2009～2010 年参加河南省花生区域试验。2011 年参加河南省麦套花生生产试验。

特征特性：属普通型中熟品种。株型直立,疏枝,较松散。叶片淡绿色,长椭圆形,中大。荚果普通形,果嘴钝,网纹细、稍浅,果腰浅。子仁椭圆形,种皮粉红色。生育期 126 d。主茎高 39.1 cm,侧枝长 46.6 cm。分枝数 9.6 条,结果枝 7 条。单株饱果数 13.4 个。百果重 206.9 g,百仁重 83.2 g。饱果率 83.85％。出米率 69.80％。2009 年、2010 年农业部农产品质量监督检验测试中心(郑州)检测,开农 61 油酸含量 77.72％、74.30％,亚油酸含量 5.70％、10.20％,油亚比 13.64、7.28,粗蛋白含量 24.37％、24.80％,粗脂肪含量 55.86％、54.76％。两年平均,油酸含量 76.01％、油亚比 9.56、粗脂肪含量 55.31％。

产量表现：河南省麦套花生区域试验,2009 年平均单产荚果 317.38 kg/666.67 m²、子仁 226.64 kg/666.67 m²,分别比对照豫花 15 号增产 1.39％、1.44％;2010 年平均单产荚果 323.41 kg/666.67 m²、子仁 222.44 kg/666.67 m²,分别比对照豫花 15 号增产 2.52％、1.83％。两年平均单产荚果 320.40 kg/666.67 m²、子仁 224.54 kg/666.67 m²,分别比对照豫花 15 号增产 1.96％、1.63％。2011 年河南省麦套花生生产试验,平均单产荚果 298.47 kg/666.67 m²、子仁 208.98 kg/666.67 m²,分别比对照豫花 15 号增产 1.73％、0.11％。

适宜种植区域：该品种适应性强,丰产性、稳产性、抗逆性好,适宜河南省各地区春播和麦套种植。

八、开农 71

申请者：开封市农林科学研究院

登记编号：GPD 花生(2018)410117

品种来源：采用开封市农林科学研究院自育高产品种开农 30 为母本、利用国外资源培创的高油酸材料开选 016 为父本杂交育成。

2003 年搭配杂交组合,采用套龙骨瓣授粉技术进行杂交。2004～2008 年进行系谱法选择。2009～2011 年进行品种比较试验。2012～2013 年参加河南省夏播花生品种区域试验,

2014 年参加河南省夏播花生品种生产试验。

特征特性：株型直立,疏枝。叶片绿色,椭圆形,中大。果嘴不明显,网纹细、较深,缩缢稍浅。子仁椭圆形,粉红色,内种皮橘黄色。生育期 115 d。主茎高 44.8 cm,侧枝长 47.5 cm。分枝数 8.0 条,结果枝 6.5 条。百果重 187.57 g,百仁重 77.37 g。出米率 70.97%。经农业部油料及制品质量监督检验测试中心(郑州)测定,子仁油酸含量 76.45%、亚油酸含量 6.42%、油亚比 11.91、脂肪含量 57.14%、粗蛋白含量 18.38%。

产量表现：河南省夏播花生品种区域试验,2012 年平均单产荚果 321.67 kg/666.67 m²、子仁 230.79 kg/666.67 m²,分别比对照豫花 9327 减产 2.08%、3.84%;2013 年平均单产荚果 300.38 kg/666.67 m²、子仁 210.77 kg/666.67 m²,分别比对照豫花 9327 减产 5.52%、6.86%。2014 年河南省夏播花生品种生产试验中,平均单产荚果 351.64 kg/666.67 m²、子仁 251.22 kg/666.67 m²,分别比对照豫花 9327 增产 6.02%、7.93%。

适宜种植区域：适宜河南各地夏播花生产区种植。

九、开 农 306

申请者：开封市农林科学研究院

登记编号：GPD 花生(2019)410060

品种来源：开农 30×开选 016

特征特性：属鲜食、油食兼用中间型花生品种。生育期 112 d 左右。株型直立,连续开花,主茎有花序。平均主茎高 47.1 cm,侧枝长 52.3 cm。总分枝 11 个左右,结果枝 8 个左右。单株饱果数 18 个左右。叶片椭圆形,中等大小,绿色。荚果普通形,荚果缩缢程度弱,果嘴明显程度弱,荚果表面质地中等。子仁柱形,种皮粉红色,内种皮深黄色,种皮无油斑、无裂纹。平均百果重 142.7 g,平均百仁重 60.5 g。出米率 72.4%。饱果率 87.1%。子仁含油量 53.75%、蛋白质含量 21.8%、油酸含量 77.45%、亚油酸含量 5.02%、棕榈酸含量 6.7%。

产量表现：荚果第 1 生长周期每 666.67 m² 317.35 kg,比对照远杂 9102 增产 4.3%;第 2 生长周期每 666.67 m² 300.42 kg,比对照远杂 9102 增产 0.48%。子仁第 1 生长周期每 666.67 m² 231.43 kg,比对照远杂 9102 增产 0.34%;第 2 生长周期每 666.67 m² 218.25 kg,比对照远杂 9102 减产 3.59%。

适宜种植区域：适宜在河南春播、夏播种植。

十、开 农 308

申请者：开封市农林科学研究院

登记编号：GPD 花生(2019)410245

品种来源：0317－10×开农 71

特征特性：属鲜食、油食兼用中间型花生品种。生育期 120 d 左右。株型直立,连续开花,主茎有花序。平均主茎高 54.1 cm,侧枝长 59.4 cm。总分枝 8 个左右,结果枝 6 个左右。单株饱果数 14 个左右。叶片绿色,椭圆形,中大。荚果多茧形、少普通形,荚果缩缢程度弱,果嘴明显程度弱,荚果表面质地中等。子仁柱形,种皮浅红色,内种皮深黄色,种皮无油斑、无裂纹。平均百果重 195.7 g,平均百仁重 81.8 g。出米率 71.2%。饱果率 83.7%。子仁含油量53.0%、蛋白质含量 23.0%、油酸含量 79.6%、亚油酸含量 4.47%、棕榈酸含量 5.88%。

产量表现:荚果第 1 生长周期每 666.67 m² 364.95 kg,比对照远杂 9102 增产 15.18%;第 2 生长周期每 666.67 m² 362.69 kg,比对照远杂 9102 增产 15.29%。子仁第 1 生长周期每 666.67 m² 259.77 kg,比对照远杂 9102 增产 8.47%;第 2 生长周期每 666.67 m² 258.52 kg,比对照远杂 9102 增产 8.74%。

适宜种植区域:适宜在河南、河北、山东、山西、江苏、安徽春播和夏播种植。

十一、开 农 310

申请者:开封市农林科学研究院

登记编号:GPD 花生(2019)410286

品种来源:郑农花 9 号×0317-26

特征特性:属鲜食、油食兼用中间型花生品种。生育期 123 d 左右。株型直立,连续开花,主茎有花序。平均主茎高 51.65 cm,侧枝长 55.00 cm。总分枝 10 条左右,结果枝 8 条左右。单株饱果数 11 个左右。叶片长椭圆形,中等大小,绿色。荚果普通形,荚果缩缢程度大部分弱、少部分中,果嘴明显程度弱,荚果表面质地中等。子仁柱形,种皮浅红色,内种皮深黄色,种皮无油斑、无裂纹。平均百果重 218.65 g,平均百仁重 81.55 g。出米率 63.5%。饱果率 79%。子仁含油量 54.4%、蛋白质含量 24%、油酸含量 80.2%、亚油酸含量 2.97%、棕榈酸含量 5.84%。

产量表现:荚果第 1 生长周期每 666.67 m² 348.26 kg,比对照豫花 9326 增产 3.07%;第 2 生长周期每 666.67 m² 362.03 kg,比对照豫花 9326 增产 2.59%。子仁第 1 生长周期每 666.67 m² 219.89 kg,比对照豫花 9326 减产 1.77%;第 2 生长周期每 666.67 m² 230.89 kg,比对照豫花 9326 增产 0.71%。

适宜种植区域:适宜在河南春播、夏播种植。

十二、开 农 601

申请者:开封市农林科学研究院

登记编号:GPD 花生(2019)410257

品种来源:开农 176×豫花 29

特征特性:属鲜食、油食兼用中间型花生品种。生育期 112 d 左右。株型直立,连续开花。平均主茎高 28 cm,侧枝长 32 cm。总分枝 13 个左右,结果枝 12 个左右。单株饱果数 13 个左右。叶片椭圆形,绿色程度中,中大。主茎花青甙显色为浅紫色。荚果大部分普通形,少部分蜂腰形及斧头形,荚果缩缢程度中到强,果嘴明显程度中到强,荚果表面质地中。子仁柱形,种皮颜色紫色,种皮无油斑、有裂纹,内种皮白色。平均百果重 162.8 g,平均百仁重 75.55 g。出米率 73.67%。饱果率 84.00%。子仁含油量 54.23%、蛋白质含量 26.25%、油酸含量 79.87%、亚油酸含量 5.93%。

产量表现:荚果第 1 生长周期每 666.67 m² 295.5 kg,比对照远杂 9102 增产 9.04%;

第 2 生长周期每 666.67 m² 300.1 kg,比对照远杂 9102 增产 7.76%。子仁第 1 生长周期每 666.67 m² 217.69 kg,比对照远杂 9102 增产 5.70%;第 2 生长周期每 666.67 m² 221.08 kg,比对照远杂 9102 增产 3.84%。

适宜种植区域:适宜在河南春播、夏播种植。

十三、开 农 602

申请者:开封市农林科学研究院

登记编号:GPD 花生(2019)410258

品种来源:0317－68×开农 15

特征特性:属中间型鲜食、油食兼用品种。生育期 112 d 左右。株型直立,连续开花。平均主茎高 38 cm,侧枝长 48 cm。总分枝 15 个左右,结果枝 11 个左右。单株饱果数 14 个左右。叶片长椭圆形,绿色程度中,中大。荚果大部分普通形、少部分串珠形,荚果缩缢程度弱,果嘴明显程度无或极弱,荚果表面质地光滑。子仁柱形,种皮颜色深红色,种皮无油斑、无裂纹,内种皮部分白色,部分深黄色。平均百果重 123.7 g,平均百仁重 60.9 g。出米率 73.08%。饱果率 89.05%。子仁含油量 51.37%、蛋白质含量 25.13%、油酸含量 79.84%、亚油酸含量 4.87%。

产量表现:荚果第 1 生长周期每 666.67 m² 287.3 kg,比对照远杂 9102 增产 6.01%;第 2 生长周期每 666.67 m² 298.8 kg,比对照远杂 9102 增产 7.29%。子仁第 1 生长周期每 666.67 m² 209.96 kg,比对照远杂 9102 增产 1.94%;第 2 生长周期每 666.67 m² 218.36 kg,比对照远杂 9102 增产 2.56%。

适宜种植区域:适宜在河南春播、夏播种植。

十四、开 农 603

申请者:开封市农林科学研究院

登记编号:GPD 花生(2019)410259

品种来源:0317－27×开农 15

特征特性:属中间型鲜食、油食兼用品种。生育期 111 d 左右。株型直立,连续开花。平均主茎高 35 cm,侧枝长 39 cm。总分枝 10 个左右,结果枝 8 个左右。单株饱果数 13 个左右。叶片长椭圆形,绿色程度中,中大。荚果大部分茧形、少部分普通形和串珠形,荚果缩缢程度弱,果嘴明显程度无或极弱,荚果表面质地中。子仁柱形,少部分球形。种皮颜色深红色,种皮无油斑、有裂纹,内种皮白色。平均百果重 171.95 g,平均百仁重 69.45 g。出米率 71.47%。饱果率 86.95%。子仁含油量 48.79%、蛋白质含量 28.08%、油酸含量 78.43%、亚油酸含量 6.45%。

产量表现:荚果第 1 生长周期每 666.67 m² 287.4 kg,比对照远杂 9102 增产 6.05%;第 2 生长周期每 666.67 m² 302.7 kg,比对照远杂 9102 增产 8.69%。子仁第 1 生长周期每 666.67 m² 206.40 kg,比对照远杂 9102 增产 0.21%;第 2 生长周期每 666.67 m² 216.34 kg,比对照远杂 9102 增产 1.61%。

适宜种植区域：适宜在河南春播、夏播种植。

十五、开 农 311

申请者：开封市农林科学研究院、河南省南海种子有限公司

登记编号：GPD 花生(2021)410012

品种来源：0317 - 10×0317 - 14

特征特性：普通型。鲜食、油食兼用。生育期 122 d。株型直立。主茎高 48.63 cm，侧枝长 53.26 cm。总分枝 8 个，结果枝 7 个。单株饱果数 12 个。叶片颜色深，长椭圆形，叶片大。荚果普通形，果嘴明显程度极弱，荚果表面质地中，缩缢程度弱。子仁柱形，种皮浅红色，内种皮深黄色。百果重 196.45 g，百仁重 75.98 g。出米率 67.06%。饱果率 82.13%。种皮有油斑，无裂纹。子仁含油量 51.85%、蛋白质含量 25.55%、油酸含量 77.25%、亚油酸含量 5.02%。

产量表现：荚果第 1 生长周期每 666.67 m^2 287.5 kg，比对照花育 20 号增产 2.56%；第 2 生长周期每 666.67 m^2 321.05 kg，比对照花育 20 号增产 13.62%。子仁第 1 生长周期每 666.67 m^2 192.95 kg，比对照花育 20 号减产 6.2%；第 2 生长周期每 666.67 m^2 215.17 kg，比对照花育 20 号增产 3.14%。

适宜种植区域：适宜在河南、山东、河北、安徽、辽宁和山西春播和夏播种植。

第三节 冀花系列

一、冀 花 13 号

别名或代号：冀 0607 - 17

申请者：河北省农林科学院粮油作物研究所

登记编号：GPD 花生(2017)130017

品种来源：冀花 6 号×开选 016

2006 年搭配杂交组合，采用套龙骨瓣杂交授粉技术进行杂交。2006 年 11 月～2007 年 3 月在海南种植 F_1，淘汰伪杂种和病劣株后按组合摘饱满果混收；2007 年 5 月～2008 年 9 月在河北石家庄和海南三亚种植 F_2～F_4，按照株型直立或半直立、株高适中、疏枝、主茎绿叶多、结果多、双仁果和饱果数多的单株选择标准选择优良单株，按组合摘果混收；2008 年 11 月～2009 年 3 月在海南种植 F_5，依据单株选择标准选择优良单株，利用 Master - RI 手持折射仪(ATA - GO)测试单株种子油脂折射率，筛选高油酸单株，获得高油酸单株 2006007 - F1N - 0 - 0nf - 0 - 17nf；2009 年 5～9 月在河北石家庄种植 2006007 - F1N - 0 - 0nf - 0 - 17nf 株行，淘汰病劣株后，全株行混收形成新品系，该新品系不仅油酸含量高，而且荚果较大、饱满、果壳薄，综合性状优异。2009 年 11 月～2011 年 3 月连续在海南三亚和河北石家庄进行 3 个世代的新品系繁种和产量鉴定。2011 年进行了产量比较试验，2011～2013 年参加国家北方片小粒组区域试验和生产试验，2012～2014 年参加国家长江流域片区域试验和生产试验。

特征特性：普通型中早熟小果品种。株型直立，叶片椭圆形、深绿色，连续开花，花色深黄。荚果茧形，网纹浅。子仁椭圆形，粉红色，无裂纹，无油斑。种子休眠性强。生育期124 d。主茎高 38.5 cm，侧枝长 43.2 cm。分枝数 7.0 条，结果枝数 5.9 条。千克果数 714个，千克仁数 1 552 个。百果重 191.2 g，百仁重 79.6 g。出米率 72.2%。出苗整齐，生长稳健，抗旱性、耐涝性强，中抗叶斑病和锈病，高感黑斑病和青枯病。据农业部油料及制品质量监督检验测试中心(武汉)检测，子仁油酸含量 79.6%、亚油酸含量 4.15%、油亚比 19.4、粗脂肪含量 52.30%、粗蛋白含量 24.71%。

产量表现：2011～2012 年参加全国北方片小粒组区域试验，两年平均单产荚果 276.63 kg/666.67 m²、子仁 197.41 kg/666.67 m²，分别比对照花育 20 号增产 13.55%、9.21%。2013年参加全国北方片小粒组生产试验，单产荚果 260.25 kg/666.67 m²、子仁 187.87 kg/666.67 m²，分别比对照花育 20 号增产 12.1%、17.9%。2012～2013 年参加全国长江流域片区域试验，两年平均单产荚果 320.4 kg/666.67 m²、子仁 234.2 kg/666.67 m²，分别比对照中花 15 增产 5.86%、6.65%。2014 年参加全国长江流域片生产试验，单产荚果281.03 kg/666.67 m²，比对照品种中花 15 增产 10.32%；单产子仁 205.15 kg/666.67 m²，比对照增产 11.23%。2014～2015 年参加河北省小花生品种区域试验，两年平均单产荚果374.83 kg/666.67 m²、子仁 278.74 kg/666.67 m²。2015 年参加河北省生产试验，单产荚果 372.22 kg/666.67 m²、子仁 269.45 kg/666.67 m²。

适宜种植区域：适宜在河北省及我国北方花生产区春播、麦田套播和冀中南麦后夏播种植。

二、冀 花 16 号

别名或代号：冀 0607 - 19

申请者：河北省农林科学院粮油作物研究所

登记编号：GPD 花生(2017)130016

品种来源：以冀花 6 号(原代号：冀 9813)为母本、开选 016 为父本杂交育成。母本冀花 6 号是河北省农林科学院粮油作物研究所选育的疏枝、普通型大果品种。其突出特点是大果、产量高、含油量较高(54.14%)，株型直立，中抗叶斑病，抗倒性、抗逆性强，但油酸含量和油亚比较低。父本开选 016 是由开封市农林科学研究院利用国外资源选育的高油酸材料。其突出特点是油酸含量高(80%左右)，油亚比高，果形好，较抗叶斑病；缺点是植株匍匐型，荚果小，结果分散，产量低。

2006 年搭配杂交组合 2006007，采用套龙骨瓣杂交授粉技术进行有性杂交。2006 年 11月～2007 年 3 月在海南种植 F₁ 代，当年该组合超亲优势明显，被确定为重点组合，成熟收获时淘汰伪杂种和病劣株后按组合摘饱满果混收，形成 2006007 - F1N。2007 年 5 月～2008 年 3 月，在藁城堤上试验站和海南三亚试验站种植 F₂ 和 F₃ 代，生长期间注意开花期、抗病性等的观察，成熟后选择株高适中、疏枝、主茎绿叶多、结果多、双仁果和饱果数多的优良单株，按组合摘果晾晒，形成 2006007 - F1N - 0 - 0nf。2008 年 5～9 月，在 3502 农场种植F₄ 代，生长期间注意开花期、抗病性等的观察，成熟后依据 F₂ 和 F₃ 代选择标准，选择出株高适中、株型直立或半直立、主茎绿叶多、结果多、双仁果和饱果数多的优良单株,按组合摘果晾晒,形成 2006007 - F1N - 0 - 0nf - 0。2008 年 11 月~2009 年 3 月,在海南三亚试验站种植 F_5 代,成熟后依据 F_2 和 F_3 代选择标准进行选择,从 2006007 - F1N - 0 - 0nf - 0 株行中选择出株高适中、株型直立或半直立、主茎绿叶多、结果多、双仁果和饱果数多的优良单株 39 株,系谱号依次为 2006007 - F1N - 0 - 0nf - 0 - 1nf,2006007 - F1N - 0 - 0nf - 0 - 2nf……2006007 - F1N - 0 - 0nf - 0 - 39nf。2009 年 5~9 月,在 3502 农场种植 F_6 株行,生育期间观察地上部的长势、抗性和早熟性。出现旱情人为控制晚浇水,苗期发现蚜虫晚用药,自然鉴定其病毒病耐性和耐旱性。对表现耐病、耐旱的株行做标记,成熟后遵循 F_2 和 F_3 代的选择标准进行选择,有 10 个株行植株生长整齐、株型直立、分枝较少、开花早而集中、旱后浇水叶片恢复快、成熟时绿叶多、无病斑、不早衰、单株结果多、双仁果率高,淘汰劣株后按株行混收形成株系。经室内考种和用手持折射仪进行油酸含量检测,2006007 - F1N - 0 - 0nf - 0 - 17nf 和 2006007 - F1N - 0 - 0nf - 0 - 19nf 两个株系不仅果较大、饱满、皮薄,而且油酸含量高,综合性状突出。2009 年 11 月~2010 年 3 月,在三亚进行 2006007 - F1N - 0 - 0nf - 0 - 17nf 和 2006007 - F1N - 0 - 0nf - 0 - 19nf 株系的繁种鉴定。2010 年 5~9 月该 2 个品系参加了所内鉴定试验,2006007 - F1N - 0 - 0nf - 0 - 19nf 产量及综合性状表现突出。2010 年 11 月~2011 年 3 月进行南繁和鉴定。由于其丰产性突出、种源充足,于 2011 年参加所内产量比较试验,2012~2013 年参加全国北方片花生品种(大粒组)区域试验,2014 年参加全国北方片花生品种(大粒组)生产试验。2013~2014 年参加河北省区域试验,2015 年参加河北省生产试验。

特征特性: 普通型中早熟品种。株型直立。出苗整齐,生长稳健。叶片长椭圆形,绿色。连续开花,花色橙黄。荚果普通形。子仁椭圆形,粉红色,无裂纹,无油斑。种子休眠性强。生育期 129 d。主茎高 44.4 cm,侧枝长 48.8 cm。分枝数 7.1 条,结果枝数 6.1 条。百果重 207.4 g,百仁重 87.8 g。千克果数 618 个,千克仁数 1 310 个。出米率 72.59%。经农业部油料及制品质量监督检验测试中心(武汉)检测,子仁油酸含量 79.25%、亚油酸含量 3.85%、油亚比 20.6、粗脂肪含量 54.14%、粗蛋白含量 23.51%。

产量表现: 2012~2013 年参加全国北方片大粒组区域试验,单产荚果 342.76 kg/666.67 m²、子仁 249.26 kg/666.67 m²,分别比对照花育 19 号增产 6.33% 和 6.01%。2014 年参加全国北方片大粒组生产试验,单产荚果 349.88 kg/666.67 m²、子仁 254.05 kg/666.67 m²,分别比对照花育 19 号增产 6.39% 和 7.8%,分别比对照花育 33 号增产 0.51% 和 2.75%。2013~2014 年参加河北省大花生品种区域试验,单产荚果 338.39 kg/666.67 m²、子仁 245.50 kg/666.67 m²。2015 年参加河北省生产试验,单产荚果 361.20 kg/666.67 m²、子仁 258.95 kg/666.67 m²。

适宜种植区域: 适合我国北方花生产区,包括山东、河北、河南、山西、陕西、北京、辽宁等地种植,在黄淮南部也适于夏播种植。

三、冀花 18 号

别名或代号: 冀505
申请者: 河北省农林科学院粮油作物研究所

登记编号： GPD花生(2017)130015

品种来源： 冀花5号(原代号：冀9814)×开选016。

2006年搭配杂交组合2006008。2006年11月～2007年3月在海南种植F₁代，成熟收获时，淘汰伪杂种和病劣株后按组合摘饱满果混收，形成2006008-F1N。2007年5月～2008年3月，在所内选种圃和海南试验站种植F₂和F₃代，生长期间注意开花期、抗病性等的观察，成熟后选择株高适中、疏枝、主茎绿叶多、结果多、双仁果和饱果数多的优良单株，按组合摘果晾晒，形成2006008-F1N-0-0NF。2008年5月在所内选种圃种植F₄代，成熟后依据F₂和F₃代选择标准选出优良单株2006008F1N-0-0NF-31；2008年11月～2009年3月在海南试验站种植F₅代，收获时选出优良单株2006008F1N-0-0NF-31-3NF；2009年5月种植F₆代，2006008F1N-0-0NF-31-3NF株行表现植株生长整齐、株型直立、开花早而集中、成熟时绿叶多、无病斑、不早衰、单株结果多、双仁果率高，淘汰劣株后，按株行混收形成新品系。2010～2011年2006008F1N-0-0NF-31-3NF参加所内花生鉴定试验，2011～2012年参加花生新品种产量比较试验，2013～2014年参加全国北方片区域试验，2015年参加全国北方片生产试验。

特征特性： 属早熟普通型小果花生。株型直立，连续开花。出苗整齐，生长稳健。叶片椭圆形，绿色。花色橙黄。荚果茧形。子仁桃圆形，深粉红色，无裂纹，无油斑。种子休眠性强。生育期124d。主茎高38.8cm，侧枝长45.7cm。分枝数7.3条，结果枝7.3条。单株果数19.7个。千克果数793.2个，千克仁数1695.7个。百果重173.3g，百仁重71.51g。出米率71.18%。经农业部油料及制品质量监督检验测试中心(武汉)测定，子仁平均油酸含量76.65%、亚油酸含量7.2%、油亚比13.13、粗脂肪含量54.13%、粗蛋白含量24.46%。

产量表现： 2013～2014年全国北方片小粒组区域试验，两年平均单产荚果303.18kg/666.67m²、子仁215.96kg/666.67m²，分别比对照花育20号增产9.22%、5.27%。2015年全国北方片小粒组生产试验，平均单产荚果288.81kg/666.67m²、子仁210.18kg/666.67m²，分别比对照花育20号增产7.21%、4.15%。2013～2014年参加河北省小花生品种区域试验，两年平均单产荚果319.98kg/666.67m²、子仁236.73kg/666.67m²。2015年河北省生产试验，平均单产荚果351.55kg/666.67m²、子仁255.63kg/666.67m²。

适宜种植区域： 适宜在河北省及我国北方花生产区春播、麦田套播和冀中南麦后夏播种植。

四、冀花11号

别名或代号： 冀0608

申请者： 河北省农林科学院粮油作物研究所

登记编号： GPD花生(2018)130072

品种来源： 以高油品种冀花5号作母本、高油酸种质开选016作父本，本着优势互补的原则杂交选育而成。冀花5号由河北省农林科学院粮油作物研究所提供，其突出特点是果大高产、含油量高、结果集中、荚果饱满、较抗叶斑病、抗倒性强，但其油酸含量、油亚比低。开选016是开封市农林科学研究院利用国外资源选育的高油酸材料。

　　2006 年搭配杂交组合,采用套龙骨瓣杂交授粉技术进行杂交,组合代号为 2006008。2006 年 11 月～2007 年 3 月在海南省三亚种植 F_1,田间鉴定淘汰伪杂种和病劣株后,摘饱满果混收。2007 年 5 月和 11 月,分别在河北石家庄和海南三亚种植 F_2 和 F_3,成熟后混合收获。2008 年 5～9 月种植 F_4,选择主茎高适中、株型直立或半直立、主茎绿叶多、单株果数多、双仁果数和饱果数多的优良单株,利用 Master – RI 手持折射仪(ATAGO)测试单株种子油脂折射率,筛选高油酸单株,同时利用核磁共振油分分析仪(Bruker)测定种子含油量,筛选高含油量性状。以后各代均进行优良单株选择,并以株型紧凑直立或半直立、主茎高和分枝数中等、叶色浓绿、叶片功能期长、结果多而集中等表型作为高产性状选择指标;以开花早而集中、生育期短、双仁果率和饱果率高、出米率高等作为早熟性状选择的指标;利用核磁共振油分分析仪、近红外光谱仪 dA7200(Perton)和 Master – RI 手持折射仪测试种子品质,以高含油量、高油酸和低亚油酸含量等作为品质性状选择的指标。2010 年 5 月选出 3 个重点品系参加鉴定试验,其中 2006008 – F1N – 0 – 0nf – 4 – 9nf 表现突出,2010 年 11 月～2011 年 3 月进行南繁。2011 年参加产量比较试验,并进入河北省花生区域试验。2012 年参加河北省花生生产试验。

　　特征特性:属疏枝普通型小果早熟品种,具高产、高油、高油酸、抗病、抗逆、适应性强等突出特点。株型直立紧凑。荚果整齐、饱满,双仁果率高。荚果普通形。子仁椭圆形,种皮粉红色,无裂纹,无油斑。生育期 126 d。主茎高 34.2 cm,侧枝长 37.8 cm。分枝数 5.7 条,结果枝 5 条。单株结果数 17.5 个,单株荚果重 17.4 g。千克果数 971 个,千克仁数 2 116 个。百果重 153.7 g,百仁重 64.5 g。出米率 76.19%。全生育期植株生长稳健,较抗叶斑病,耐病毒病,抗倒性强,抗旱性、抗涝性强,适宜机械化收获。2010 年经农业部油料及制品质量监督检验测试中心(武汉)检测,子仁油酸含量 80.7%、亚油酸含量 3.1%、油亚比 26.03、棕榈酸含量 5.7%、粗脂肪含量 56.44%、粗蛋白含量 23.68%。

　　产量表现:河北省小粒组花生区域试验,2011 年单产荚果 262.02 kg/666.67 m^2、子仁 199.81 kg/666.67 m^2,分别比对照鲁花 12 号增产 8.24%、11.27%;2012 年单产荚果 276.69 kg/666.67 m^2、子仁 210.66 kg/666.67 m^2,分别比对照鲁花 12 号增产 15.87%、19.59%。2 年平均单产荚果 269.36 kg/666.67 m^2、子仁 205.24 kg/666.67 m^2,分别比对照鲁花 12 号增产 12.06%、15.43%。2012 年参加河北省花生小粒组生产试验,平均单产荚果 252.8 kg/666.67 m^2、子仁 190.98 kg/666.67 m^2,均居小粒参试品种首位,且分别比对照鲁花 12 号增产 24.46%、32.27%。冀花 11 号在河北石家庄,山东潍坊、青岛、烟台,河南濮阳、开封、洛阳、漯河等 8 个试验点、不同栽培方式下种植,平均单产荚果 244.22 kg/666.67 m^2,变幅为 192～308 kg/666.67 m^2,均比对照花育 20 号增产,平均增产 26.11 kg/666.67 m^2,增产范围为 6.5～51.95 kg/666.67 m^2,最高增产 21.43%,平均增幅 11.76%。

　　适宜种植区域:适宜在河北及周边省份春播、麦田套种,冀中南麦后夏播种植。

五、冀 花 19 号

　　别名或代号:冀 0607 – 513

　　申请者:河北省农林科学院粮油作物研究所

登记编号：GPD 花生(2018)130077

品种来源：冀花 6 号(原代号：冀 9813)×开选 016

母本冀花 6 号是河北省农林科学院粮油作物研究所选育的疏枝普通型大果品种,抗倒、耐涝性强,中抗网斑病和褐斑病,综合抗性较好,稳产性好,具有高产、优质、抗病、抗逆、适应性强等突出特点。2009 年通过河北省鉴定,2010 年通过国家鉴定和湖北省审定。父本开选 016 是由开封市农林科学研究院利用国外资源选育的高油酸材料,主要优点是油酸含量和油亚比高,荚果整齐;缺点是株型匍匐,结果分散,综合农艺性状和丰产性差。

2006 年搭配杂交组合 2006007。2006 年 11 月～2009 年 3 月采用混合选择法依次在海南、石家庄、石家庄、海南种植 F_1～F_4 代,生长期间注意开花期、抗病性等的观察,成熟后选择株高适中、疏枝、主茎绿叶多、结果多、双仁果和饱果数多的优良单株,按组合摘果晾晒,形成 2006007F1N－0－0－0NF。2009 年 5 月～2010 年 3 月,采用系谱选择法依次在石家庄、海南种植 F_5 和 F_6 代,成熟后依据 F_2 和 F_3 代选择标准选择出优良单株 2006007F1N－0－0－0NF－5－13NF。2010 年 5～9 月,在石家庄堤上试验站种植 2006007F1N－0－0－0NF－5－13NF 株行,表现植株生长整齐、株型直立、开花早而集中、成熟时绿叶多、无病斑、不早衰、单株结果多、双仁果率高,淘汰劣株后,按株行混收形成新品系。2011 年,新品系 2006007F1N－0－0－0NF－5－13NF 同时在石家庄和海南参加品种鉴定试验。2012 年继续参加鉴定试验,同时参加新品种产量比较试验。2013～2014 年参加全国北方片区域试验,2015 年参加全国北方片生产试验。

特征特性：属中熟普通型大果花生。株型直立,出苗整齐,生长稳健,连续开花。叶片椭圆形,深绿色。花色橙黄。荚果普通形。子仁椭圆形,粉红色,无裂纹,无油斑。种子休眠性强。生育期 129 d。主茎高 41.8 cm,侧枝长 45.3 cm。分枝数 8.1 条,结果枝 7.7 条。单株果数 18.1 个。百果重 223.5 g,百仁重 111.2 g。千克果数 563.8 个,千克仁数 1 222.3 个。出米率 72.52%。农业部油料及制品质量监督检验测试中心(武汉)测定,子仁油酸含量 75.35%、亚油酸含量 7.15%、油亚比 10.55、粗脂肪含量 54.17%、粗蛋白含量 23.51%。

产量表现：2013～2014 年全国北方片大粒组区域试验,平均单产荚果 358.28 kg/666.67 m^2、子仁 259.93 kg/666.67 m^2,分别比对照增产 3.32% 和 4.45%。2015 年全国北方片大粒组生产试验,平均单产荚果 345.01 kg/666.67 m^2、子仁 249.72 kg/666.67 m^2,分别比对照花育 33 号增产 5.38% 和 8.51%。

适宜种植区域：适宜在河北省及我国北方花生产区春播和地膜覆盖种植,冀中南还可麦套种植。

六、冀 花 21 号

申请者：河北省农林科学院粮油作物研究所

登记编号：GPD 花生(2018)130096

品种来源：冀花 6 号×开选 016

特征特性：普通型油食兼用大果花生。平均生育期 127 d。株型直立。连续开花,花色橙黄。叶片椭圆形,深绿色。荚果普通形。子仁椭圆形,浅红色,无裂纹,无油斑。种子休眠性强。平均主茎高 41.1 cm,侧枝长 45.3 cm。总分枝 5.8 条,结果枝 5.4 条。单株果数 13.8 个。百果重 207.4 g,百仁重 81.1 g。出米率 72.1%。子仁含油量 54.97%、蛋白质含量 22.67%、油酸含量 80.4%、亚油酸含量 3.3%。中抗叶斑病。

产量表现:荚果第 1 生长周期每 666.67 m² 371.04 kg,比对照冀花 2 号增产 13.67%;第 2 生长周期每 666.67 m² 315.5 kg,比对照冀花 5 号减产 2.14%。子仁第 1 生长周期每 666.67 m² 265.48 kg,比对照冀花 2 号增产 13.52%;第 2 生长周期每 666.67 m² 227.6 kg,比对照冀花 5 号减产 0.63%。

适宜种植区域:适宜在河北、河南、山东、辽宁花生产区春播种植。

七、冀 花 25 号

申请者:河北省农林科学院粮油作物研究所
登记编号:GPD 花生(2020)130003
品种来源:冀花 6 号×开选 016
特征特性:普通型。食用、油用、油食兼用。属疏枝、直立、连续开花品种。叶片绿色程度深,小叶形状椭圆形、中等大小。荚果普通形,荚果缩缢程度弱,果嘴明显程度弱,荚果表面质地中等。子仁柱形,种皮浅红色,内种皮深黄色。主茎高 46.0 cm,侧枝长 50.5 cm,总分枝 8.0 条,单株饱果数 12.9 个。百果重 220.0 g,百仁重 87.3 g。出米率 72.9%。生育期 122 d。子仁含油量 52.85%、蛋白质含量 24.55%、油酸含量 80.0%、亚油酸含量 3.02%。

产量表现:荚果第 1 生长周期每 666.67 m² 342.04 kg,比对照豫花 9326 减产 1.95%;第 2 生长周期每 666.67 m² 347.93 kg,比对照豫花 9326 增产 2.09%。子仁第 1 生长周期每 666.67 m² 249.23 kg,比对照豫花 9326 增产 5.28%;第 2 生长周期每 666.67 m² 254.01 kg,比对照豫花 9326 增产 10.76%。

适宜种植区域:适宜在河北、河南、山东、山西、江苏、安徽春播及麦套种植。

八、冀 花 29 号

申请者:河北省农林科学院粮油作物研究所
登记编号:GPD 花生(2020)130134
品种来源:冀花 9 号×冀花 16 号
特征特性:普通型,油用、油食兼用。生育期 124 d。株型直立。主茎高 48.7 cm,侧枝长 51.5 cm。总分枝 7.4 个,结果枝 6.7 个。单株饱果数 10 个。叶片颜色中深,椭圆形、中等大小。荚果斧头形,果嘴明显程度中,荚果表面质地中,缩缢程度弱。子仁柱形,种皮浅红色,内种皮深黄色。百果重 228.3 g,百仁重 92.0 g。出米率 75.3%。饱果率 71.4%。子仁含油量 53.54%、蛋白质含量 23.05%、油酸含量 80.85%、亚油酸含量 2.61%。

产量表现:荚果第 1 生长周期每 666.67 m² 337.9 kg,比对照冀花 5 号增产 1.7%;第 2 生长周期每 666.67 m² 331.5 kg,比对照冀花 5 号减产 0.4%。子仁第 1 生长周期每 666.67 m² 260.0 kg,比对照冀花 5 号增产 10.8%;第 2 生长周期每 666.67 m² 248.5 kg,比对照冀花 5 号增产 5.3%。

适宜种植区域：适宜河北花生产区春播和麦套种植。

九、冀花 572

申请者：河北省农林科学院粮油作物研究所

登记编号：GPD 花生(2020)130137

品种来源：开 17-7×冀花 16 号

特征特性：普通型。油用、油食兼用。生育期 130 d。株型直立。主茎高 36.0 cm，侧枝长 38.4 cm。总分枝 8.0 个，结果枝 7.5 个。单株饱果数 12.7 个。叶片颜色中，椭圆形，叶片中大。荚果普通形，果嘴明显程度中，荚果表面质地中，缩缢程度中。子仁柱形，种皮浅红色，内种皮深黄色。百果重 220.3 g，百仁重 86.8 g。出米率 71.0%。饱果率 75.2%。子仁含油量 55.05%、蛋白质含量 21.4%、油酸含量 81.5%、亚油酸含量 2.70%。

产量表现：荚果第 1 生长周期每 666.67 m² 354.92 kg，比对照冀花 11 号增产 9.92%；第 2 生长周期每 666.67 m² 311.18 kg，比对照冀花 11 号增产 14.37%。子仁第 1 生长周期每 666.67 m² 251.02 kg，比对照冀花 11 号增产 2.82%；第 2 生长周期每 666.67 m² 221.86 kg，比对照冀花 11 号增产 10.57%。

适宜种植区域：适宜在河北、河南、山东、辽宁等花生产区春播和麦套种植，冀中以南也可夏播种植。

十、冀花 915

申请者：河北省农林科学院粮油作物研究所

登记编号：GPD 花生(2020)130136

品种来源：开农 65×P08-1

特征特性：普通型。油用、油食兼用。生育期 130 d。株型直立。主茎高 32.5 cm，侧枝长 35.8 cm。总分枝 8.0 个，结果枝 7.3 个。单株饱果数 14.1 个。叶片颜色深，椭圆形，叶片中。荚果普通形，果嘴明显程度中，荚果表面质地中，缩缢程度中。子仁柱形，种皮浅红色，内种皮深黄色。百果重 226.9 g，百仁重 91.2 g。出米率 72.5%。饱果率 77.8%。子仁含油量 55.63%、蛋白质含量 21.2%、油酸含量 81.9%、亚油酸含量 2.57%。

产量表现：荚果第 1 生长周期每 666.67 m² 347.48 kg，比对照开农 1715 增产 3.66%；第 2 生长周期每 666.67 m² 322.64 kg，比对照开农 1715 增产 8.50%。子仁第 1 生长周期每 666.67 m² 253.13 kg，比对照开农 1715 增产 15.13%；第 2 生长周期每 666.67 m² 228.95 kg，比对照开农 1715 增产 15.65%。

适宜种植区域：适宜在河北、河南、山东、辽宁等花生产区春播和麦套种植。

第四节 豫花系列

一、豫花 37 号

申请者：河南省农业科学院经济作物研究所

登记编号： GPD 花生(2018)410020

品种来源： 海花 1 号×开选 016

特征特性： 珍珠豆型。食用、油用、油食兼用。生育期 116 d 左右。疏枝直立,叶片黄绿色、椭圆形。主茎高 47 cm 左右,侧枝长 52 cm 左右。总分枝 8 个左右,结果枝 7 个左右。单株饱果数 12 个左右。荚果茧形,表面质地中,果嘴明显程度极弱,缩缢程度弱。子仁桃形,种皮浅红色,内种皮深黄色,有油斑,果皮薄。百果重 177 g 左右,百仁重 70 g 左右。出米率 72％左右。饱果率 82％左右。子仁含油量 55.96％、蛋白质含量 19.4％、油酸含量 77.0％、亚油酸含量 6.94％。

产量表现： 荚果第 1 生长周期每 666.67 m² 319.94 kg,比对照远杂 9102 增产 5.64％;第 2 生长周期每 666.67 m² 291.2 kg,比对照远杂 9102 减产 0.39％。子仁第 1 生长周期每 666.67 m² 228.99 kg,比对照远杂 9102 减产 1.94％;第 2 生长周期每 666.67 m² 204.94 kg,比对照远杂 9102 减产 5.93％。

适宜种植区域： 适宜在河南春播、麦套、夏直播珍珠豆型花生产区种植;在新疆南北疆花生区种植。

二、豫 花 65 号

申请者： 河南省农业科学院经济作物研究所

登记编号： GPD 花生(2018)410032

品种来源： 以海花 1 号为母本、开选 016 为父本进行有性杂交育成。2012～2013 年参加河南省珍珠豆型优质花生区试。2014 年参加河南省珍珠豆型优质花生生产试验。

特征特性： 珍珠豆型中小果。疏枝直立,叶片黄绿色、椭圆形。荚果网纹细、浅,果嘴钝,缩缢浅,果皮薄。子仁桃圆形,种皮粉红色。夏直播生育期约 116 d。主茎高 45 cm,侧枝长 54 cm。分枝数 10 个,结果枝 8 个。单株饱果数 14 个。百果重 161 g,百仁重 71 g。饱果率 80.5％。出米率 69.1％。2012 年、2013 年两年经农业部农产品质量监督检验测试中心(郑州)测试,子仁油酸含量 75.30％、79.60％,亚油酸含量 8.33％、3.83％,油亚比 9.04、20.78,粗蛋白含量 23.26％、24.69％,粗脂肪含量 50.74％、50.54％。

产量表现： 2014 年参加河南省珍珠豆型优质花生生产试验。6 点汇总结果：平均单产荚果 338.96 kg/666.67 m²、子仁 247.31 kg/666.67 m²,分别比对照远杂 9102 增产 10.84％、8.6％。荚果和子仁产量分别居第 3 位、第 2 位。

适宜种植区域： 适宜河南春、夏播珍珠豆型花生种植区域种植。

三、豫 花 76 号

申请者： 河南省农业科学院经济作物研究所

登记编号： GPD 花生(2018)410159

品种来源： 豫花 14 号×开选 016

特征特性： 属珍珠豆型高油酸花生品种。食用、油用、油食兼用。生育期 112 d 左右。该品种连续开花,疏枝直立。叶片小,绿色,宽倒卵形。主茎高 37 cm 左右,侧枝长 41 cm 左右。总分枝 7 个左右,结果枝 6 个左右。单株饱果数 11 个左右。荚果茧形,缩缢程度极弱,果嘴明显程度极弱,荚果表面质地中。子仁球形,种皮浅红色,内种皮白色。百果重 145 g 左右,百仁重 63 g 左右。出米率 78% 左右。饱果率 83% 左右。子仁含油量 57.0%、蛋白质含量 18.2%、油酸含量 80.6%、亚油酸含量 3.6%。

产量表现:荚果第 1 生长周期每 666.67 m^2 273.36 kg,比对照远杂 9102 增产 0.05%;第 2 生长周期每 666.67 m^2 294.34 kg,比对照远杂 9102 增产 6.66%。子仁第 1 生长周期每 666.67 m^2 207.31 kg,比对照远杂 9102 增产 1.57%;第 2 生长周期每 666.67 m^2 227.88 kg,比对照远杂 9102 增产 10.77%。

适宜种植区域:适宜在河南麦套、夏直播花生产区种植。

四、豫 花 85 号

申请者:河南省农业科学院经济作物研究所

登记编号:GPD 花生(2020)410029

品种来源:远杂 9102×开选 016

特征特性:属珍珠豆型食用、鲜食、油用、油食兼用花生品种。生育期 110 d 左右。该品种疏枝直立。主茎高 43.8~46.2 cm,侧枝长 50.3~51.5 cm。总分枝 10~11 个,结果枝 8~9 个。单株饱果数 15~16 个。叶片绿色程度深,小叶椭圆形。荚果茧形,果嘴明显程度极弱,荚果表面质地中等,荚果缩缢程度弱。子仁球形,种皮浅红色,内种皮白色。百果重 169.6~175.3 g,百仁重 67.3~69.7 g。出米率 70.4%~70.8%。饱果率 84.6%~85.4%。子仁含油量 53.7%、蛋白质含量 24.5%、油酸含量 76.6%、亚油酸含量 5.82%。

产量表现:荚果第 1 生长周期每 666.67 m^2 306.09 kg,比对照远杂 9102 增产 0.6%;第 2 生长周期每 666.67 m^2 275.64 kg,比对照远杂 9102 减产 7.81%。子仁第 1 生长周期每 666.67 m^2 215.49 kg,比对照远杂 9102 减产 6.57%;第 2 生长周期每 666.67 m^2 195.64 kg,比对照远杂 9102 减产 13.57%。

适宜种植区域:适宜在河南麦垄套种及夏直播种植。

五、豫 花 93 号

申请者:河南省作物分子育种研究院、河南中育分子育种研究院有限公司

登记编号:GPD 花生(2021)410005

品种来源:豫花 0215×开农 61

特征特性:普通型。食用、鲜食、油用、油食兼用。生育期 126 d。株型直立。主茎高 61.5 cm,侧枝长 66.4 cm。总分枝 9 个,结果枝 7 个。单株饱果数 9 个。叶片颜色中,椭圆形,叶片中。荚果普通形,果嘴明显程度弱,荚果表面质地中,缩缢程度弱。子仁柱形,种皮浅红色,内种皮深黄色。百果重 237.7 g,百仁重 91 g,出米率 63.7%。饱果率 78.7%。子仁含油量 54.50%、蛋白质含量 22.50%、油酸含量 79.20%、亚油酸含量 3.98%。

产量表现:荚果第 1 生长周期每 666.67 m^2 341.15 kg,比对照豫花 9326 增产 0.96%;第 2 生长周期每 666.67 m^2 349.6 kg,比对照豫花 9326 减产 0.94%。子仁第 1 生长周期每

666.67 m² 217.75 kg,比对照豫花 9326 减产 2.73%;第 2 生长周期每 666.67 m² 225.85 kg,比对照豫花 9326 减产 1.49%。

适宜种植区域:适宜在河南春播、麦垄套种区域种植。

六、豫 花 99 号

申请者:河南省作物分子育种研究院、河南中育分子育种研究院有限公司

登记编号:GPD 花生(2021)410006

品种来源:W0609 - N - 0 - S d(N) - 83 - 2×豫花 15 号

特征特性:珍珠豆型。食用、鲜食、油用、油食兼用。生育期 115 d。株型直立。主茎高 48.4 cm,侧枝长 52.2 cm。总分枝 8 个,结果枝 6 个。单株饱果数 17 个。叶片颜色中,椭圆形,叶片中。荚果茧形,果嘴明显程度弱,荚果表面质地中,缩缢程度弱。子仁柱形,种皮浅红色,内种皮深黄色。百果重 167.7 g,百仁重 65.7 g。出米率 69.5%。饱果率 88.8%。子仁含油量 48.0%、蛋白质含量 25.4%、油酸含量 77.0%、亚油酸含量 4.6%。

产量表现:荚果第 1 生长周期每 666.67 m² 321.29 kg,比对照远杂 9102 增产 7.46%;第 2 生长周期每 666.67 m² 316.71 kg,比对照远杂 9102 增产 5.02%。子仁第 1 生长周期每 666.67 m² 224.37 kg,比对照远杂 9102 减产 0.89%;第 2 生长周期每 666.67 m² 218.84 kg,比对照远杂 9102 减产 3.89%。

适宜种植区域:适宜在河南春播、麦垄套种及夏直播区域种植。

七、豫 花 100 号

申请者:河南省作物分子育种研究院、河南中育分子育种研究院有限公司

登记编号:GPD 花生(2021)410007

品种来源:豫花 15 号×wt08 - 0 - 0937

特征特性:普通型。食用、鲜食、油用、油食兼用。生育期 119 d。株型直立。主茎高 48.2 cm,侧枝长 53.1 cm。总分枝 7 个,结果枝 6 个。单株饱果数 10 个。叶片颜色浅,椭圆形,叶片小。荚果普通形,果嘴明显程度弱,荚果表面质地中,缩缢程度弱。百果重 216.4 g,饱果率 78.8%。子仁柱形,种皮浅红色,内种皮白色。百仁重 89.1 g,出米率 67.5%。子仁含油量 54.4%、蛋白质含量 20.6%、油酸含量 81.0%、亚油酸含量 3.29%。

产量表现:荚果第 1 生长周期每 666.67 m² 323.83 kg,比对照豫花 9327 减产 3.07%;第 2 生长周期每 666.67 m² 339.42 kg,比对照豫花 9326 减产 3.82%。子仁第 1 生长周期每 666.67 m² 219.1 kg,比对照豫花 9327 减产 7.32%;第 2 生长周期每 666.67 m² 229.00 kg,比对照豫花 9326 减产 0.11%。

适宜种植区域:适宜在河南春播、麦垄套种及夏直播区域种植。

八、豫 花 138 号

申请者:河南省作物分子育种研究院、河南中育分子育种研究院有限公司

登记编号:GPD 花生(2021)410008

品种来源：豫花 9502×开农 61

特征特性：珍珠豆型。食用、鲜食、油用、油食兼用。生育期 118 d。株型直立。主茎高 48.9 cm，侧枝长 55.5 cm。总分枝 9 个，结果枝 7 个。单株饱果数 14 个。叶片颜色中，倒卵形，叶片中。荚果茧形，果嘴明显程度无，荚果表面质地中，缩缢程度极弱。百果重 208.5 g，饱果率 82.0%。子仁柱形，种皮浅红色，内种皮浅黄色。百仁重 80.7 g，出米率 70.8%。子仁含油量 53.4%、蛋白质含量 23.4%、油酸含量 79.1%、亚油酸含量 2.96%。

产量表现：荚果第 1 生长周期每 666.67 m² 313.2 kg，比对照远杂 9102 减产 0.01%；第 2 生长周期每 666.67 m² 338.7 kg，比对照远杂 9102 增产 9.13%。子仁第 1 生长周期每 666.67 m² 222.82 kg，比对照远杂 9102 减产 5.7%；第 2 生长周期每 666.67 m² 243.8 kg，比对照远杂 9102 增产 5.67%。

适宜种植区域：适宜在黄淮海中南片区河南、河北、山东南部、山西东南部、安徽、江苏北部春播、麦垄套种及夏直播区域种植。

第五节　中花系列

一、中花 26

申请者：中国农业科学院油料作物研究所

登记编号：GPD 花生(2018)420004

品种来源：中花 16×开选 016

特征特性：油食兼用。普通型早熟中粒品种。株型直立，连续开花，主茎及侧枝无花青甙显色。全生育期 124.9 d。主茎高 39.5 cm，总分枝数 7.1 个。百果重 185.0 g，百仁重 78.0 g。出米率 72.0%。子仁含油量 53.71%、蛋白质含量 25.15%、油酸 78.6%、亚油酸 3.61%、油亚比 21.8。茎蔓粗蛋白 12.5%。中抗叶斑病，中感锈病，高感青枯病，抗旱性强，抗倒性强。

产量表现：荚果第 1 生长周期每 666.67 m² 336.8 kg，比对照中花 15 增产 9.92%；第 2 生长周期每 666.67 m² 304.6 kg，比对照中花 15 增产 9.77%。子仁第 1 生长周期每 666.67 m² 242.8 kg，比对照中花 15 增产 7.5%；第 2 生长周期每 666.67 m² 218.7 kg，比对照中花 15 增产 7.82%。

适宜种植区域：适宜在湖北、湖南、江苏、江西、四川、重庆、安徽、河南、云南花生产区种植。春播在 4 月中、下旬，夏播不迟于 6 月 15 日。

二、中花 24

申请者：中国农业科学院油料作物研究所、开封市农林科学研究院

登记编号：GPD 花生(2019)420076

品种来源：系利用母本中花 16(04-3103)与父本开选 016 杂交，系谱法选育而成。母本中花 16 是中国农业科学院油料作物研究所选育的高产、早熟、高油花生新品种，2009 年分别通过国家鉴定、湖北省审定，2013 年通过江苏省鉴定。属珍珠豆型早熟中粒花生，百果

重 210.0 g,百仁重 85 g,出米率 75.0%以上。抗叶斑病,抗旱性、抗倒性强。父本开选 016 是由开封市农林科学研究院提供的高油酸材料,属普通型小果花生,株型直立、疏枝,结实性好。

2005 年配制杂交组合,2006~2007 年在中国农业科学院油料作物研究所育种基地(武汉)种植 F_1~F_2 植株,并按系谱法处理,用近红外检测优选单株的油酸和亚油酸含量,2008 年在武汉和三亚进行一年两作的加代选择(F_3、F_4),于 2009 年秋经近红外检测和测序法鉴定 *FAD2A* 和 *FAD2B* 基因型,获得高油酸优良株系,2010~2011 年参加品系产量鉴定试验和种子繁殖,2012~2013 年参加国家(长江流域片)区域试验,2014 年参加国家(长江流域片)生产试验。

特征特性:株型直立、紧凑。荚果普通形,果形整齐。子仁椭圆形,种皮粉红色,色泽鲜艳,子仁整齐饱满,商品率高。属中间型中熟品种,春播全生育期 120~125 d,夏播 110 d 左右。株高 40 cm 左右,总分枝数 7~8 条,结果枝数 6~7 条。百果重 190 g,百仁重 70~75 g,出米率 70.0%左右。经农业部油料及制品质量监督检验测试中心(武汉)测试,在国家(长江流域片)区域试验中两年平均含油量 53.64%、蛋白质含量 25.32%、油酸 78.9%、亚油酸 2.09%、油亚比 35.3。

产量表现:全国(长江流域片)花生区域试验,2012 年平均单产荚果 316.0 kg/666.67 m²,比对照中花 15 增产 5.38%;2013 年平均单产荚果 328.3/666.67 m²,比对照中花 15 增产 7.34%。两年平均单产荚果 322.2 kg/666.67 m²,比对照中花 15 增产 6.36%。2014 年生产试验,中花 24 平均单产荚果 289.04/666.67 m²,比对照增产 13.46%。

适宜种植区域:适于四川、湖北、重庆、江西、安徽、湖南、河南南部、江苏等地的非青枯病区种植。

三、中 花 27

申请者:中国农业科学院油料作物研究所

登记编号:GPD 花生(2020)420059

品种来源:NF143-2×NF52

特征特性:油用、饲料/牧草。属普通型大粒品种。株型直立、紧凑。生育期 124 d。叶片长椭圆形,叶色较绿。荚果普通形,网纹较深,种皮淡红色。主茎高 45.41 cm,总分枝数 9.5 个。百果重 228.48 g,百仁重 88.96 g。出米率 66.58%。子仁含油量 53.41%、蛋白质含量 24.15%、油酸含量 79.45%、亚油酸含量 3.57%、油亚比 22.25。茎蔓粗蛋白含量 10.09%。

产量表现:荚果第 1 生长周期每 666.67 m² 287.22 kg,比对照花育 33 号减产 8%;第 2 生长周期每 666.67 m² 309.36 kg,比对照花育 33 号减产 2.76%。子仁第 1 生长周期每 666.67 m² 192.65 kg,比对照花育 33 号减产 12%;第 2 生长周期每 666.67 m² 204.43 kg,比对照花育 33 号减产 7.01%。

适宜种植区域:适宜在河北石家庄,山东青岛、烟台,河南郑州、商丘、驻马店春夏季节播种。

四、中 花 28

申请者：中国农业科学院油料作物研究所

登记编号：GPD 花生(2020)420060

品种来源：09－4103×NF64

特征特性：食用、油用、油食兼用。属普通型中粒品种。株型直立、紧凑。生育期 124.13 d。叶色较绿。荚果普通形、网纹较浅，种皮浅红色。主茎高 46.32 cm，总分枝数 8.27 个。百果重 174.76 g，百仁重 77.54 g。出米率 71.75％。子仁含油量 54.88％、蛋白质含量 27.85％、油酸含量 75％、亚油酸含量 7.36％、油亚比 10.14。茎蔓粗蛋白含量 10.12％。

产量表现：荚果第 1 生长周期每 666.67 m² 326.2 kg，比对照中花 16 增产 2.92％；第 2 生长周期每 666.67 m² 326.2 kg，比对照中花 16 减产 1.28％。子仁第 1 生长周期每 666.67 m² 236.6 kg，比对照中花 16 增产 1.91％；第 2 生长周期每 666.67 m² 230.3 kg，比对照中花 16 减产 6.26％。

适宜种植区域：适宜在四川南充、湖北襄阳、江西南昌、安徽合肥、湖南邵阳、河南驻马店、江苏南京等非青枯病区春、夏季节种植。

五、中 花 215

申请者：中国农业科学院油料作物研究所

登记编号：GPD 花生(2020)420062

品种来源：冀花 4 号×开农 58

特征特性：食用、油用、饲用/牧草。属普通型中粒品种。株型直立、紧凑。叶色较绿。荚果普通形、网纹较浅，种皮淡红色。全生育期 123.70 d。主茎高 37.42 cm，总分枝数 8.17 个。百果重 194.8 g，百仁重 84.16 g。出米率 67.45％。子仁含油量 55.06％、蛋白质含量 25.15％、油酸含量 79.5％、亚油酸含量 2.39％、油亚比 33.2。茎蔓粗蛋白含量 9.97％。

产量表现：荚果第 1 生长周期每 666.67 m² 295.7 kg，比对照中花 16 减产 6.71％；第 2 生长周期每 666.67 m² 370.98 kg，比对照中花 16 增产 12.27％。子仁第 1 生长周期每 666.67 m² 195.53 kg，比对照中花 16 减产 15.79％；第 2 生长周期每 666.67 m² 252.93 kg，比对照中花 16 增产 2.94％。

适宜种植区域：适宜在四川南充、成都，湖北襄阳，江西南昌，安徽合肥，湖南邵阳、长沙，河南驻马店、南阳，江苏南京的非青枯病区春、夏季播种。

第六节 其 他 系 列

一、锦 引 花 1 号

别名或代号：AQ

申请者：锦州农业科学院

登记编号： 辽备花(2005)26 号

品种来源： 系锦州农业科学院与爱芬食品(北京)有限公司、青岛东生公司合作,2002 年从美国引入 AT－201(即 AT 201)品种,经山东、辽宁种植驯化改良而成的兰娜型花生品种。2003～2004 年进行多点试验。

特征特性： 属中熟品种。株型匍匐,交替开花(主茎开花)。开花期长,稳产性好。荚果葫芦形,以 2 粒荚为主。子仁椭圆形,种皮粉红色。辽宁锦州地区露地栽培,5 月上旬播种,6 月中旬开花,9 月末成熟,生育期约 138 d。主茎高 19.3 cm,侧枝长 34.9 cm,结果枝 8.4 条。单株结果数 14.4 个,单株荚果重 20 g。百果重 150.8 g,百仁重 55 g。出米率 78%。高抗叶斑病。子仁油酸含量 79.5%,油亚比 17.3。

产量表现： 2003 年在山东进行产量比较试验,平均单产荚果 217.6 kg/666.67 m²、子仁 169.7 kg/666.67 m²,分别比对照白沙 1016 增产 5.1%、9.3%。2004 年在辽宁省北镇市、锦州南站新区、锦州农业科学院 3 个点进行了产量比较试验,平均单产荚果 178.8 kg/666.67 m²、子仁 139.4 kg/666.67 m²,分别比对照白沙 1016 增产 5.5%、9.7%。2004 年锦州农业科学院在北镇市正安镇安排的生产示范田,平均单产荚果 158.5 kg/666.67 m²、子仁 123.6 kg/666.67 m²,分别比对照白沙 1016 平均增产 5.1%、9.3%。凌海市巧鸟乡示范田平均单产荚果 198.2 kg/666.67 m²、子仁 154.6 kg/666.67 m²,分别比白沙 1016 增产荚果 5.5%、子仁 9.6%。

适宜种植区域： 适宜在辽宁锦州西部和南部地区以及山东种植。在辽南、辽东地区,只要年≥10℃积温达 3 400℃以上的地区也可积极发展种植。

二、冀农花 10 号

申请者： 河北农业大学、新乐市种子有限公司

登记编号： GPD 花生(2018)130264

品种来源： 海花 1 号×GYS01

特征特性： 普通型小果花生。鲜食、油食兼用。生育期 121 d。连续开花,疏枝直立,叶片绿色、长椭圆形、中大。主茎高 62.3 cm,侧枝长 73.7 cm。总分枝 9 个,结果枝 7 个。单株饱果数 12.9 个。荚果普通形,缩缢较浅,果嘴钝。子仁球形,种皮浅红色。百果重 168.3 g,百仁重 66.3 g。出米率 72.3%。子仁含油量 51.0%、蛋白质含量 23.4%、油酸含量 79.0%、亚油酸含量 4.39%。

产量表现： 荚果第 1 生长周期每 666.67 m² 309.5 kg,比对照冀花 4 号增产 5.9%;第 2 生长周期每 666.67 m² 286.3 kg,比对照冀花 4 号增产 5.6%。子仁第 1 生长周期每 666.67 m² 224.4 kg,比对照冀花 4 号增产 3.9%;第 2 生长周期每 666.67 m² 207.0 kg,比对照冀花 4 号增产 1.7%。

适宜种植区域： 适宜在河北花生适宜种植区域春播地膜或露地种植。

三、冀农花 6 号

申请者： 河北农业大学、新乐市种子有限公司

登记编号：GPD 花生(2018)130261

品种来源：远杂 9847×CTWE

特征特性：普通型。鲜食、油食兼用。生育期 127 d。出苗整齐,生长稳健。株型直立。叶片长椭圆形,深绿色。连续开花,花色橙黄。子仁椭圆形,浅红色,有裂纹,有油斑。种子休眠性强。主茎高 37.1 cm,侧枝长 40.6 cm。总分枝 7.1 条,结果枝 6.0 条。单株果数 14.1 个,单株产量 20.1。百果重 245.5 g,百仁重 95.1 g。千克果数 561 个,千克仁数 1 368 个,出米率 69.4%。子仁含油量 55.82%、蛋白质含量 22.72%、油酸含量 77.6%、亚油酸含量 6.1%。

产量表现：荚果第 1 生长周期每 666.67 m² 311.6 kg,比对照冀花 4 号增产 6.6%;第 2 生长周期每 666.67 m² 289.4 kg,比对照冀花 4 号增产 6.8%。子仁第 1 生长周期每 666.67 m² 216.3 kg,比对照冀花 4 号增产 0.2%;第 2 生长周期每 666.67 m² 204.7 kg,比对照冀花 4 号增产 0.5%。

适宜种植区域：适宜在河北花生适宜种植区域春播地膜或露地种植。

四、冀农花 8 号

申请者：河北农业大学、新乐市种子有限公司

登记编号：GPD 花生(2018)130263

品种来源：冀 0212-2×GYS01

特征特性：普通型小果花生。鲜食、油食兼用。生育期 126 d。连续开花,疏枝直立。叶片绿色,长椭圆形,中大。主茎高 53.6 cm,侧枝长 58.6 cm。总分枝 6.8 个,结果枝 5.2 个。单株饱果数 11.3 个。荚果普通形、缩缢较浅,果嘴钝,网纹较浅。子仁椭圆形,种皮浅红色,部分有油斑,百果重 175.6 g,百仁重 72.4 g。出米率 72.9%。子仁含油量 53.67%、蛋白质含量 24.00%、油酸含量 78.83%、亚油酸含量 5.16%。

产量表现：荚果第 1 生长周期每 666.67 m² 306.3 kg,比对照冀花 4 号增产 4.8%;第 2 生长周期每 666.67 m² 297.9 kg,比对照冀花 4 号增产 9.9%。子仁第 1 生长周期每 666.67 m² 223.3 kg,比对照冀花 4 号增产 3.4%;第 2 生长周期每 666.67 m² 219.9 kg,比对照冀花 4 号增产 8.0%。

适宜种植区域：适宜在河北花生适宜种植区域春播地膜或露地种植。

五、阜 花 22

申请者：辽宁省风沙地改良利用研究所

登记编号：GPD 花生(2018)210200

品种来源：阜 01-2×CTWE

特征特性：珍珠豆型。食用、鲜食。连续开花直立小粒花生,生育期 123 d。主茎高 38.3 cm。总分枝数 7.5 个,结果枝数 5.7 个。单株荚果数 15.6 个。叶色绿色。子仁桃圆形,饱满,光滑,仁皮色粉白。百果重 170.34 g,百仁重 68.00 g。出米率 72.2%。荚果蚕茧形,2 粒荚。子仁油酸含量 81.1%、亚油酸含量 3.0%。中抗叶斑病。

产量表现：荚果第 1 生长周期每 666.67 m² 323.98 kg,比对照白沙 1016 增产 28.2%;

第 2 生长周期每 666.67 m² 316.7 kg,比对照白沙 1016 增产 12.9%。子仁第 1 生长周期每 666.67 m² 228.4 kg,比对照白沙 1016 增产 26.9%;第 2 生长周期每 666.67 m² 228.84 kg, 比对照白沙 1016 增产 12.9%。

适宜种植区域:适宜在辽宁春播种植。

六、阜花 27

申请者:辽宁省风沙地改良利用研究所

登记编号:GPD 花生(2018)210199

品种来源:阜 12E3-1×FB4

特征特性:珍珠豆型。食用、鲜食。连续开花直立小粒花生,生育期 124 d。主茎高 37.6 cm。株型紧凑,株系发达,结果集中。总分枝数 6.9 个,结果枝数 5.3 个。单株荚果数 15.2 个。荚果蚕茧形、2 粒荚,仁皮色粉白。百果重 197.16 g,百仁重 74.37 g。出米率 72.5%。子仁含油量 53.02%、蛋白质含量 24.67%、油酸含量 78.8%、亚油酸含量 4.7%。 中抗叶斑病。

产量表现:荚果第 1 生长周期每 666.67 m² 331.94 kg,比对照白沙 1016 增产 31.4%; 第 2 生长周期每 666.67 m² 308.92 kg,比对照白沙 1016 增产 10.1%。子仁第 1 生长周期每 666.67 m² 234.3 kg,比对照白沙 1016 增产 30.3%;第 2 生长周期每 666.67 m² 224.26 kg,比 对照白沙 1016 增产 10.6%。

适宜种植区域:适宜在辽宁春播种植。

七、桂 花 37

申请者:广西壮族自治区农业科学院经济作物研究所、山东省农业科学院生物技术研究中心

登记编号:GPD 花生(2018)450329

品种来源:利用引进的高油酸种质 SunOleic95R,先后与南方高产抗病珍珠豆型品种汕油 162、粤油 13 和粤油 45 杂交,从分离后代中选育而来。2003 年春进行第 1 次杂交配组 (汕油 162×SunOleic95R),后代按系谱法选择,2006 年春经气相色谱分析,从 F₄ 代株行中筛选获得珍珠豆型高油酸品系"8-153"。2006 年秋进行第 2 次杂交配组(8-153×粤油 13),后代按系谱法选择,2008 年春经近红外分析,从 F₃ 株行中筛选获得高油酸品系"16"。 2010 年春进行第 3 次杂交配组(粤油 45×16),后代按混合系谱法选择,2012 年秋经近红外分析,从 F₅ 株行中筛选获得高油酸品系"12 秋株/1-3"。2013 年该品系参加单位组织的品系比较试验,2014 年参加国家(南方片)花生区域试验,2015 年参加广西花生区域试验和生产试验。2016 年 6 月通过广西农作物品种审定委员会审定。

特征特性:属珍珠豆型花生品种。株型直立紧凑,生长势强。叶片中,叶色绿色。全生育期约 125 d。主茎高 60.8 cm,侧枝长 62.1 cm。分枝数 6.5 条,结果枝 4.7 条。单株结果数 13.3 个,饱果率 87.17%,双仁果率 79.3%。千克果数 668 个。百果重 186.4 g,百仁重 63.6 g。出米率 60.22%。2015 年经农业部农产品质量监督检验测试中心(武汉)检测,子

仁含油量 51.97%、油酸含量 82.90%、亚油酸含量 2.60%、油亚比 32.34。病圃及人工接种鉴定表现高抗青枯病,田间表现高抗叶斑病和锈病。

产量表现:2013 年春新品系比较试验,荚果平均产量 324 kg/666.67 m²,比对照汕油 523(313 kg/666.67 m²)增产 3.51%。2014 年春国家(南方片)花生品种区域试验,荚果平均产量 244.69 kg/666.67 m²,比对照汕油 523(260.37 kg/666.67 m²)减产 6.02%。2015 年春广西花生区域试验,荚果平均产量 254.27 kg/666.67 m²,比对照桂花 21(260.15 kg/666.67 m²)减产 2.26%。2016 年生产试验及高产栽培试验,荚果平均产量 371.38 kg/666.67 m²,比同时参试的多个品种的平均产量(370.02 kg/666.67 m²)增加 0.37%。

适宜种植区域:南方花生产区及国内其他珍珠豆型花生产区。

八、菏 花 11 号

申请者:菏泽市农业科学院

登记编号:GPD 花生(2018)370336

品种来源:P09-2×冀 0607-19

特征特性:普通型。油食兼用。生育期 127 d。植株直立,叶片长椭圆形,荚果普通形。主茎高 45.8 cm,侧枝长 55.4 cm。单株果数 15.8 个。百果重 240.4 g,百仁重 89.5 g。出米率 70.1%。子仁含油量 53.14%、蛋白质含量 25.4%、油酸含量 80.2%、亚油酸含量 3.06%、油亚比 26.2。

产量表现:荚果第 1 生长周期每 666.67 m² 457.3 kg,比对照花育 25 号增产 9.9%;第 2 生长周期每 666.67 m² 468.2 kg,比对照花育 25 号增产 11.1%。子仁第 1 生长周期每 666.67 m² 325.9 kg,比对照花育 25 号增产 12.2%;第 2 生长周期每 666.67 m² 338.5 kg,比对照花育 25 号增产 13.0%。

适宜种植区域:适宜在山东大花生产区春、夏季种植。

九、宇 花 31 号

申请者:青岛农业大学

登记编号:GPD 花生(2018)370211

品种来源:鲁花 11×开农 1715

特征特性:中间型,油食兼用。生育期 130 d 左右。产量高,耐涝性强。连续开花,疏枝,小叶椭圆形。主茎高 46.83 cm,侧枝长 52.09 cm,有效枝长 6.36 cm。总分枝数 9~11 条,有效分枝数 8~10 条。荚果为普通形大果,网纹粗糙。百果重 230.64 g,百仁重 96.32 g。出米率 73.58%。子仁长椭圆形,种皮粉红色、无裂纹,内种皮白色。子仁含油量 54.47%、蛋白质含量 26.14%、油酸含量 80.60%、亚油酸含量 2.44%、油亚比 33.03。茎蔓粗蛋白含量 15.36%。

产量表现:荚果第 1 生长周期每 666.67 m² 321.33 kg,比对照花育 25 号增产 10.21%;第 2 生长周期每 666.67 m² 330.26 kg,比对照花育 25 号增产 7.72%。子仁第 1 生长周期每 666.67 m² 234.33 kg,比对照花育 25 号增产 8.66%;第 2 生长周期每 666.67 m² 244.39 kg,比

对照花育 25 号增产 7.49％。

适宜种植区域：适宜在山东春播种植。

十、宇 花 32 号

申请者：青岛农业大学

登记编号：GPD 花生(2018)370213

品种来源：花育 22×开农 176

特征特性：中间型,油食兼用。生育期 130 d 左右。产量高,耐涝性强。连续开花,疏枝,小叶长椭圆形。主茎高 51.45 cm,侧枝长 58.04 cm,有效枝长 5.06 cm。总分枝数 8～10 条,有效分枝数 7～9 条。荚果为普通形大果,网纹粗糙。百果重 226.15 g,百仁重 95.08 g。出米率高达 73.29％。子仁长椭圆形,种皮粉红色、无裂纹,内种皮金黄色。子仁含油量 53.51％、蛋白质含量 26.70％、油酸含量 79.40％、亚油酸含量 2.94％、油亚比 27.01。茎蔓粗蛋白含量 15.07％。

产量表现：荚果第 1 生长周期每 666.67 m² 396.67 kg,比对照花育 25 号增产 8.91％;第 2 生长周期每 666.67 m² 412.56 kg,比对照花育 25 号增产 10.73％。子仁第 1 生长周期每 666.67 m² 289.04 kg,比对照花育 25 号增产 8.36％;第 2 生长周期每 666.67 m² 301.88 kg,比对照花育 25 号增产 10.28％。

适宜种植区域：适宜在山东花生产区春播种植。

十一、宇 花 33 号

申请者：青岛农业大学

登记编号：GPD 花生(2018)370212

品种来源：花育 22×开农 176

特征特性：中间型,油食兼用。生育期 132 d 左右。产量高,耐涝性强。连续开花,疏枝,小叶长椭圆形。主茎高 51.45 cm,侧枝长 56.79 cm,有效枝长 5.56 cm。总分枝数 8～12 条,有效分枝数 8～11 条。荚果为普通形大果,网纹粗糙。百果重 230.15 g,百仁重 97.26 g。出米率高达 73.27％。子仁长椭圆形,种皮粉红色、无裂纹,内种皮金黄色。子仁含油量 52.89％、蛋白质含量 26.99％、油酸含量 80.30％、亚油酸含量 3.24％、油亚比 24.78。茎蔓粗蛋白含量 15.29％。

产量表现：荚果第 1 生长周期每 666.67 m² 389.86 kg,比对照花育 25 号增产 7.04％;第 2 生长周期每 666.67 m² 408.35 kg,比对照花育 25 号增产 9.60％。子仁第 1 生长周期每 666.67 m² 283.41 kg,比对照花育 25 号增产 6.25％;第 2 生长周期每 666.67 m² 296.82 kg,比对照花育 25 号增产 8.44％。

适宜种植区域：适宜在山东花生产区春播种植。

十二、宇 花 91 号

申请者：青岛农业大学

登记编号：GPD 花生(2018)370210

品种来源：鲁花 11 号×开农 1715

特征特性：中间型,油食兼用。属于高油酸花生。全生育期 128 d 左右。苗期生长旺盛,封垄早,结果集中。产量高,耐涝性强。连续开花,疏枝,小叶长椭圆形。主茎高 50.5 cm,侧枝长 56.5 cm,有效枝长 7.2 cm。总分枝数 8~10 条,有效分枝数 7~9 条。荚果为普通形小果,网纹较细、较明显,果皮薄。百果重 148.06 g,百仁重 63.31 g。出米率 75.15%。子仁长椭圆形,种皮粉红色、无裂纹,内种皮白色。子仁含油量 52.72%、蛋白质含量 26.57%、油酸含量 80.40%、亚油酸含量 2.50%、油亚比 32.16。茎蔓粗蛋白含量 15.18%。

产量表现：荚果第 1 生长周期每 666.67 m² 306.67 kg,比对照花育 20 号增产 9.20%;第 2 生长周期每 666.67 m² 398.69 kg,比对照花育 20 号增产 10.00%。子仁第 1 生长周期每 666.67 m² 228.53 kg,比对照花育 20 号增产 10.01%;第 2 生长周期每 666.67 m² 298.5 kg,比对照花育 20 号增产 11.43%。

适宜种植区域：适宜在山东春播种植。

十三、冀农花 12 号

申请者：河北农业大学

登记编号：GPD 花生(2019)130288

品种来源：开农 56×冀 0608

特征特性：普通型。鲜食、油食兼用。生育期 122 d。出苗整齐,生长稳健。株型直立,叶片长椭圆形、绿色,连续开花,花色橙黄。子仁椭圆形,浅红色,无裂纹、无油斑。主茎高 44.1 cm,侧枝长 47.9 cm。总分枝 7.7 条,结果枝 6.6 条。单株果数 18.4 个。百果重 199.0 g,百仁重 81.3 g。千克果数 645 个,千克仁数 1 614 个。出米率 75.7%。子仁含油量 56.17%、蛋白质含量 21.7%、油酸含量 78.3%、亚油酸含量 6.6%。中感叶斑病。

产量表现：荚果第 1 生长周期每 666.67 m² 330.2 kg,比对照冀花 4 号增产 21.0%;第 2 生长周期每 666.67 m² 375.0 kg,比对照冀花 4 号增产 12.7%。子仁第 1 生长周期每 666.67 m² 249.4 kg,比对照冀花 4 号增产 21.3%;第 2 生长周期每 666.67 m² 283.9 kg,比对照冀花 4 号增产 13.2%。

适宜种植区域：适宜在河北春播地膜或露地种植。

十四、济 花 603

申请者：济宁市农业科学研究院

登记编号：GPD 花生(2019)370134

品种来源：冀 0607-19×农大 226

特征特性：普通型。食用、油用、油食兼用。生育期 130 d 左右。连续开花,疏枝直立,叶片深绿色、宽倒卵形。主茎高 47.3 cm,侧枝长 48.1 cm。总分枝 8.7 个,结果枝 7.6 个左右。单株饱果数 9.6 个。荚果茧形、缩缢程度弱,果嘴明显程度中,荚果表面质地中。子仁柱形,种皮浅红色,内种皮黄色。百果重 195.65 g,百仁重 83.00 g。出米率 70.25%。子仁含油量 54.37%、蛋白质含量 26.2%、油酸含量 79.7%、亚油酸含量 2.6%。茎蔓粗蛋白含量 11.7%。

产量表现：荚果第 1 生长周期每 666.67 m² 348 kg,比对照花育 33 号增产 1.46%;第 2 生长周期每 666.67 m² 376 kg,比对照花育 33 号增产 5.03%。子仁第 1 生长周期每 666.67 m² 240.82 kg,比对照花育 33 号增产 1.17%;第 2 生长周期每 666.67 m² 268.09 kg,比对照花育 33 号增产 5.62%。

适宜种植区域：适宜在山东花生产区春播、夏播种植。

十五、济 花 605

申请者：济宁市农业科学研究院

登记编号：GPD 花生(2019)370135

品种来源：冀 0607-19×P12-7

特征特性：普通型。食用、油用、油食兼用。生育期 133 d 左右。连续开花,疏枝直立,叶片绿色、椭圆形、中大。主茎高 49.1 cm,侧枝长 49.7 cm。总分枝 8.5 个,结果枝 7.4 个左右。单株饱果数 11.2 个。荚果普通形,缩缢程度弱,果嘴明显程度中等,荚果表面质地中等。子仁柱形,种皮浅红色,内种皮黄色。百果重 206.85 g,百仁重 92.3 g 左右。出米率 71.65% 左右。子仁含油量 55.83%、蛋白质含量 27.2%、油酸含量 79.5%、亚油酸含量 2.5%。茎蔓粗蛋白含量 11.8%。

产量表现：荚果第 1 生长周期每 666.67 m² 322 kg,比对照花育 33 号增产 5.57%;第 2 生长周期每 666.67 m² 376 kg,比对照花育 33 号增产 8.67%。子仁第 1 生长周期每 666.67 m² 230.23 kg,比对照花育 33 号增产 4.99%;第 2 生长周期每 666.67 m² 269.97 kg,比对照花育 33 号增产 9.43%。

适宜种植区域：适宜在山东花生产区春、夏播种植。

十六、金 罗 汉

申请者：濮阳市农业科学院

登记编号：GPD 花生(2019)410192

品种来源：冀花 13 号中系选变异株

特征特性：珍珠豆型油食兼用高油酸小粒花生品种。疏枝直立,连续开花。夏播生育期 110 d,麦套生育期 120 d。叶片绿色,椭圆形,中等大小。主茎高 37.7 cm,分枝长 39.2 cm。总分枝数 8.2 条,结果枝数 6.5 条。单株结果数 17.2 个。荚果茧形,网纹清晰,荚果缩缢程度弱,荚果果嘴明显程度弱,荚果表面质地中,饱果率高,商品性好。子仁桃形,外种皮浅红色,内种皮白色,无裂纹,无油斑。百果重 156.8 g,百仁重 68.6 g。出米率 75.7%。子仁含油量 53.80%、蛋白质含量 26.30%、油酸含量 79.80%、亚油酸含量 3.20%。

产量表现：荚果第 1 生长周期每 666.67 m² 369.83 kg,比对照远杂 9102 增产 7.72%;第 2 生长周期每 666.67 m² 344.31 kg,比对照远杂 9102 增产 6.64%。子仁第 1 生长周期每

666.67 m² 284.03 kg,比对照远杂 9102 增产 10.60%;第 2 生长周期每 666.67 m² 256.86 kg,比对照远杂 9102 增产 8.09%。

适宜种植区域:适宜在河南各花生产区春播、麦套和夏直播种植。

十七、濮 花 309

申请者:濮阳市农业科学院

登记编号:GPD 花生(2019)410197

品种来源:濮东花 1 号×冀 0608-4-9

特征特性:普通型油食兼用。疏枝直立,连续开花。生育期 110～130 d。叶片绿色,椭圆形。主茎高 36.9 cm,分枝长 38.6 cm。总分枝数 6.8 条,结果枝数 5.5 条。荚果为普通形。子仁椭圆形,外种皮浅红色,内种皮浅黄色。百果重 212 g,百仁重 80 g。出米率 69.8%。子仁含油量 49.4%、蛋白质含量 25.7%、油酸含量 80.2%、亚油酸含量 2.63%。

产量表现:荚果第 1 生长周期每 666.67 m² 387.58 kg,比对照远杂 9102 增产 14.82%;第 2 生长周期每 666.67 m² 367.79 kg,比对照远杂 9102 增产 13.63%。子仁第 1 生长周期每 666.67 m² 271.31 kg,比对照远杂 9102 增产 6.74%;第 2 生长周期每 666.67 m² 255.98 kg,比对照远杂 9102 增产 3.38%。

适宜种植区域:适宜在河南、河北、山东花生主产区春播、麦套或夏直播种植。

十八、濮 花 58 号

申请者:濮阳市农业科学院

登记编号:GPD 花生(2019)410061

品种来源:F18×花育 32 号

特征特性:珍珠豆型油食兼用小粒花生。疏枝直立。生育期 112 d。连续开花,株型直立、较紧凑。株高 47.5 cm,第一对侧枝长 54.4 cm。总分枝数 7.8 条,结果枝 6.1 条。荚果茧形,子仁椭圆形。百果重 161.3 g,百仁重 62.3 g。出米率 73.09%。子仁含油量 54.1%、蛋白质含量 21.7%、油酸含量 80.3%、亚油酸含量 3.53%。

产量表现:荚果第 1 生长周期每 666.67 m² 291.76 kg,比对照远杂 9102 增产 1.59%;第 2 生长周期每 666.67 m² 311.22 kg,比对照远杂 9102 增产 1.47%。子仁第 1 生长周期每 666.67 m² 209.47 kg,比对照远杂 9102 减产 0.17%;第 2 生长周期每 666.67 m² 231.84 kg,比对照远杂 9102 增产 0.10%。

适宜种植区域:适宜在河南麦套、夏直播花生产区种植。

十九、濮 花 68

申请者:濮阳市农业科学院、河南百富泽农业科技有限公司

登记编号:GPD 花生(2019)410264

品种来源:冀花 13 号×开农 1715

特征特性:普通型油食兼用。疏枝直立,连续开花。生育期 110～130 d。叶片浅绿色,

椭圆形。主茎高 39.9 cm,侧枝长 42.6 cm。总分枝数 6.9 条,结果枝数 5.7 条。荚果普通形。子仁椭圆形,外种皮浅红色,内种皮浅黄色。百果重 180.2 g,百仁重 78.9 g。出米率72.2%。子仁含油量 52.51%、蛋白质含量 24.47%、油酸含量 79.71%、亚油酸含量2.88%。

产量表现:荚果第 1 生长周期每 666.67 m² 366.89 kg,比对照远杂 9102 增产 8.69%;第 2 生长周期每 666.67 m² 355.98 kg,比对照远杂 9102 增产 9.98%。子仁第 1 生长周期每666.67 m² 266.36 kg,比对照远杂 9102 增产 4.79%;第 2 生长周期每 666.67 m² 255.59 kg,比对照远杂 9102 增产 3.22%。

适宜种植区域:适宜在河南春播、麦套或夏直播种植。

二十、濮 科 花 10 号

申请者:濮阳市农业科学院

登记编号:GPD 花生(2019)410100

品种来源:开农 61×冀花 5 号

特征特性:普通型油食兼用。疏枝直立,连续开花。生育期 115~130 d。叶片绿色,椭圆形。主茎高 27.2 cm,侧枝长 29.4 cm。总分枝数 8.6 条,结果枝数 7.3 条。荚果普通形,网纹清晰浅,荚果缩缢程度弱,果嘴明显程度弱,表面质地中。子仁椭圆形,外种皮浅红色,内种皮黄色。百果重 196 g,百仁重 81 g。出米率 70.8%。子仁含油量 55.40%、蛋白质含量 28.09%、油酸含量 76.07%、亚油酸含量 14.68%。

产量表现:荚果第 1 生长周期每 666.67 m² 351.66 kg,比对照豫花 15 号增产 5.82%;第2 生长周期每 666.67 m² 329.87 kg,比对照豫花 15 号增产 4.10%。子仁第 1 生长周期每666.67 m² 249.93 kg,比对照豫花 15 号增产 5.82%;第 2 生长周期每 666.67 m² 232.89 kg,比对照豫花 15 号增产 5.03%。

适宜种植区域:适宜在河南各花生产区春播和麦套种植。

二十一、濮 科 花 11 号

申请者:周口诚信种业有限公司

登记编号:GPD 花生(2019)410098

品种来源:濮花 28 号×冀花 13 号

特征特性:普通型油食兼用品种。疏枝直立,连续开花。生育期 115~130 d。叶片浅绿色,椭圆形。主茎高 36.8 cm,侧枝长 40.6 cm。总分枝数 6.6 条,结果枝数 6.1 条。单株结果数 15.6 个。荚果普通形,网纹清晰、细深,荚果缩缢程度弱,荚果果嘴明显程度中,荚果表面质地中等。子仁椭圆形,外种皮浅红色,内种皮黄色。百果重 232 g,百仁重 99 g。出米率 69.8%。子仁含油量 53.3%、蛋白质含量 23.4%、油酸含量 80.3%、亚油酸含量 2.77%。

产量表现:荚果第 1 生长周期每 666.67 m² 355.08 kg,比对照豫花 15 号增产 6.85%;第 2 生长周期每 666.67 m² 332.16 kg,比对照豫花 15 号增产 4.86%。子仁第 1 生长周期每666.67 m² 248.56 kg,比对照豫花 15 号增产 5.34%;第 2 生长周期每 666.67 m² 231.18 kg,比

对照豫花 15 号增产 4.26%。

适宜种植区域：适宜在河南各花生产区春播、麦套种植。

二十二、濮 科 花 12 号

申请者：濮阳市农业科学院

登记编号：GPD 花生(2019)410262

品种来源：冀花 16 号×开农 61

特征特性：普通型油食兼用品种。疏枝直立，连续开花。生育期 115～130 d。主茎高 31.5 cm，侧枝长 35.5 cm。总分枝数 7.2 条，结果枝数 6.3 条。单株结果数 17.8 个。荚果普通形，网纹清晰、细深，荚果缩缢程度中，荚果果嘴明显程度中，荚果表面质地中。子仁椭圆形，外种皮浅红色，内种皮浅黄色。百果重 236 g，百仁重 91 g。出米率 72.5%。子仁含油量 52.0%、蛋白质含量 23.6%、油酸含量 76.9%、亚油酸含量 5.18%。

产量表现：荚果第 1 生长周期每 666.67 m^2 346.70 kg，比对照豫花 15 号增产 4.32%；第 2 生长周期每 666.67 m^2 328.89 kg，比对照豫花 15 号增产 3.83%。子仁第 1 生长周期每 666.67 m^2 253.09 kg，比对照豫花 15 号增产 7.26%；第 2 生长周期每 666.67 m^2 236.80 kg，比对照豫花 15 号增产 6.79%。

适宜种植区域：适宜在河南春播、麦套种植或夏播种植。

二十三、濮 科 花 13 号

申请者：濮阳市农业科学院

登记编号：GPD 花生(2019)410099

品种来源：F18×开农 61

特征特性：普通型油食兼用。疏枝直立，连续开花。生育期 115～130 d。叶片浅绿色，椭圆形，中大。主茎高 51.3 cm，侧枝长 53.6 cm。总分枝数 8.6 条，结果枝数 6.8 条。单株结果数 13.1 个。荚果普通形，网纹浅，荚果缩缢程度中，荚果果嘴明显程度弱，荚果表面质地中。子仁椭圆形，外种皮粉红色，内种皮黄色。百果重 239 g，百仁重 79 g。出米率 69.0%。子仁含油量 53.30%、蛋白质含量 24.60%、油酸含量 78.80%、亚油酸含量 2.90%。

产量表现：荚果第 1 生长周期每 666.67 m^2 353.69 kg，比对照豫花 15 号增产 6.43%；第 2 生长周期每 666.67 m^2 336.56 kg，比对照豫花 15 号增产 6.25%。子仁第 1 生长周期每 666.67 m^2 245.11 kg，比对照豫花 15 号增产 3.88%；第 2 生长周期每 666.67 m^2 231.22 kg，比对照豫花 15 号增产 4.28%。

适宜种植区域：适宜在河南各花生产区春播和麦套种植。

二十四、濮 科 花 22 号

申请者：濮阳市农业科学院

登记编号：GPD 花生(2019)410195

品种来源：冀花 13 号×开农 1715

特征特性:普通型油食兼用。疏枝直立,连续开花。生育期 110~130 d。叶片浅绿色,椭圆形。主茎高 34.7 cm,分枝长 36.6 cm。总分枝数 6.6 条,结果枝数 5.3 条。荚果普通形。子仁椭圆形,外种皮浅红色,内种皮黄色。百果重 228 g,百仁重 80 g。出米率 71.8%。子仁含油量 54.32%、蛋白质含量 25.48%、油酸含量 82.81%、亚油酸含量 2.44%。

产量表现:荚果第 1 生长周期每 666.67 m² 385.39 kg,比对照远杂 9102 增产 14.17%;第 2 生长周期每 666.67 m² 368.52 kg,比对照远杂 9102 增产 13.86%。子仁第 1 生长周期每 666.67 m² 275.17 kg,比对照远杂 9102 增产 8.26%;第 2 生长周期每 666.67 m² 264.60 kg,比对照远杂 9102 增产 6.86%。

适宜种植区域:适宜在河南、河北、山东花生主产区春播、麦套和夏直播种植。

二十五、濮 科 花 24 号

申请者:濮阳市农业科学院

登记编号:GPD 花生(2019)410196

品种来源:濮花 28 号×开农 176

特征特性:普通型油食兼用。疏枝直立,连续开花。生育期 110~128 d。叶片绿色,椭圆形。主茎高 37.8 cm,分枝长 39.7 cm。总分枝数 7.1 条,结果枝数 5.4 条。荚果普通形。子仁椭圆形,外种皮浅红色,内种皮浅黄色,百果重 249 g。百仁重 88 g。出米率 71.3%。子仁含油量 47.9%、蛋白质含量 23.7%、油酸含量 79.5%、亚油酸含量 3.22%。

产量表现:荚果第 1 生长周期每 666.67 m² 373.36 kg,比对照豫花 15 号增产 9.33%;第 2 生长周期每 666.67 m² 355.97 kg,比对照豫花 15 号增产 7.59%。子仁第 1 生长周期每 666.67 m² 266.95 kg,比对照豫花 15 号增产 10.10%;第 2 生长周期每 666.67 m² 253.09 kg,比对照豫花 15 号增产 9.27%。

适宜种植区域:适宜在河南、河北、山东花生主产区春播、麦垄套种或夏直播种植。

二十六、濮 科 花 25 号

申请者:濮阳市农业科学院

登记编号:GPD 花生(2019)410198

品种来源:开农 176×冀花 0608-4-9

特征特性:普通型油食兼用。疏枝直立,连续开花。生育期 110~130 d。叶片绿色,椭圆形。主茎高 38.6 cm,分枝长 40.2 cm。总分枝数 6.8 条,结果枝数 5.2 条。荚果普通形。子仁椭圆形,外种皮浅红色,内种皮浅黄色。百果重 219 g,百仁重 83 g。出米率 69.7%。子仁含油量 53.63%、蛋白质含量 25.91%、油酸含量 82.38%、亚油酸含量 2.79%。

产量表现:荚果第 1 生长周期每 666.67 m² 368.75 kg,比对照远杂 9102 增产 9.24%;第 2 生长周期每 666.67 m² 353.82 kg,比对照远杂 9102 增产 9.32%。子仁第 1 生长周期每 666.67 m² 255.18 kg,比对照远杂 9102 增产 0.39%;第 2 生长周期每 666.67 m² 248.38 kg,比对照远杂 9102 增产 0.31%。

适宜种植区域:适宜在河南花生主产区春播、麦套和夏直播种植。

二十七、琼 花 1 号

申请者：海南热带海洋学院

登记编号：GPD 花生(2019)460126

品种来源：开选 016×白沙 1016

特征特性：普通型油食兼用。生育期 100～117 d。植株直立，叶片绿色。主茎高 40.0～43.5 cm，侧枝长 46.3～49.0 cm。总分枝数 7.0～8.6 条，结果枝数 6.1～7.3 条。单株饱果数 12.1～16.8 个。百果重 133.0～135.1 g，百仁重 54.5～58.1 g。饱果率 85.6%～89.0%。出米率 69.1%～71.3%。子仁含油量 49.9%、蛋白质含量 24.6%、油酸含量 79.7%、亚油酸含量 4.49%。茎蔓粗蛋白含量 6.8%。

产量表现：荚果第 1 生长周期每 666.67 m² 350.0 kg，比对照狮头企增产 40.0%；第 2 生长周期每 666.67 m² 320.0 kg，比对照狮头企增产 39.1%。子仁第 1 生长周期每 666.67 m² 248.5 kg，比对照狮头企增产 39.6%；第 2 生长周期每 666.67 m² 220.8 kg，比对照狮头企增产 37.1%。

适宜种植区域：适宜在海南冬、春季节种植，河南、山西夏季种植。

二十八、日花 OL1 号

申请者：日照市东港花生研究所

登记编号：GPD 花生(2019)370300

品种来源：外引 CS2×日花 1 号

特征特性：普通型油食兼用。属直立中熟大花生品种。生育期 137～140 d。株型直立，连续开花。平均主茎高 47.0 cm，侧枝长 51.6 cm。总分枝数 10.1 条。荚果普通形，果皮网纹清晰，果柄短且硬，结果集中。子仁圆柱形，种皮粉红色，内种皮金黄色。百果重 240.9 g，百仁重 92.0 g。出米率 71.4%。子仁含油量 48.7%、蛋白质含量 23%、油酸含量 81.3%、亚油酸含量 7.1%。种子休眠性强，抗旱、耐涝性强。

产量表现：荚果第 1 生长周期每 666.67 m² 453.0 kg，比对照开农 1715 增产 12.1%；第 2 生长周期每 666.67 m² 456.6 kg，比对照开农 1715 减产 8.7%。子仁第 1 生长周期每 666.67 m² 251.42 kg，比对照开农 1715 增产 2.9%；第 2 生长周期每 666.67 m² 324.7 kg，比对照开农 1715 增产 0.7%。

适宜种植区域：适宜在山东、河北、河南春播种植。

二十九、山 花 21 号

申请者：山东农业大学

登记编号：GPD 花生(2019)370170

品种来源：山花 7 号×花育 32 号

特征特性：中间型油食兼用高油酸大粒品种。春播地膜覆盖栽培生育期 128 d。株型直立，连续开花，茎较粗壮，分枝 11 条。主茎高 49.5 cm，侧枝长 52 cm。叶片倒卵形，中大，叶色绿。荚果普通形,缩缢程度弱,果嘴明显程度极弱,荚果表面质地中等。子仁柱形,种皮浅红色、有光泽,内种皮深黄色。百果重287 g,百仁重105 g。出米率73.1%。子仁含油量53.82%、蛋白质含量26.89%、油酸含量75.52%、亚油酸含量9.31%。

产量表现:荚果第1生长周期每666.67 m² 358.5 kg,比对照丰花1号增产3.8%;第2生长周期每666.67 m² 335.3 kg,比对照丰花1号增产2.4%。子仁第1生长周期每666.67 m² 264.2 kg,比对照丰花1号增产10.0%;第2生长周期每666.67 m² 243.1 kg,比对照丰花1号增产8.4%。

适宜种植区域:适宜在山东春、夏季种植。

三十、山 花 22 号

申请者:山东农业大学

登记编号:GPD 花生(2019)370171

品种来源:丰花6号×花育32号

特征特性:珍珠豆型油食兼用。春播生育期124 d左右。株型直立,连续开花。主茎高49.1 cm左右,侧枝长59.2 cm左右,总分枝8条左右。叶片椭圆形,叶色绿,中大。荚果茧形,果嘴明显程度弱,荚果表面质地中,缩缢程度中。子仁柱形,种皮浅红色,内种皮浅黄色。百果重169.1 g左右,百仁重69.6 g左右。出米率71.6%左右。子仁含油量56.80%、蛋白质含量23.40%、油酸含量76.26%、亚油酸含量7.68%。

产量表现:荚果第1生长周期每666.67 m² 325.2 kg,比对照花育20号增产9.46%;第2生长周期每666.67 m² 329.6 kg,比对照花育20号增产10.4%。子仁第1生长周期每666.67 m² 232.8 kg,比对照花育20号增产4.48%;第2生长周期每666.67 m² 229.1 kg,比对照花育20号增产2.55%。

适宜种植区域:适宜在山东花生产区春、夏季种植。

三十一、山 花 37 号

申请者:山东农业大学

登记编号:GPD 花生(2019)370146

品种来源:山花7号×花育32号

特征特性:中间型油食兼用高油酸大粒品种。春播地膜覆盖栽培生育期136 d。株型直立,连续开花,茎中粗,分枝11.5条。主茎高39.5 cm,侧枝长46.5 cm。叶片倒卵形,中大,叶色绿。荚果普通形,缩缢程度强,果嘴明显程度中等,荚果表面质地粗糙,网纹中宽、较深。子仁柱形,种皮浅红色、有光泽,内种皮深黄色。百果重321 g,百仁重127.3 g。出米率69.8%。子仁含油量52.24%、蛋白质含量26.00%、油酸含量75.71%、亚油酸含量9.75%。

产量表现:荚果第1生长周期每666.67 m² 369.5 kg,比对照丰花1号增产3.0%;第2生长周期每666.67 m² 395.3 kg,比对照丰花1号增产5.4%。子仁第1生长周期每666.67 m² 259.0 kg,比对照丰花1号增产4.2%;第2生长周期每666.67 m² 274.7 kg,比对照丰花1号增产6.3%。

适宜种植区域：适宜在山东大花生产区春、夏季种植。

三十二、商 花 26 号

申请者：商丘市农林科学院

登记编号：GPD 花生(2019)410284

品种来源：商 0901×开农 61

特征特性：属普通型食用、鲜食、油用。疏枝直立,连续开花。生育期 122 d。叶片绿色程度中,椭圆形,中等大小。主茎高 55.5 cm 左右,侧枝长 59.3 cm 左右。总分枝数 8.5 条左右,结果枝数 6.9 条左右,单株饱果数 9.8 个左右。荚果普通形,荚果缩缢程度中等,果嘴明显程度中等,荚果表面质地粗糙。子仁柱形,种皮浅红色,内种皮深黄色。百果重 245.7 g,百仁重 96.4 g。出米率 67.8%。饱果率 73.5%。子仁含油量 53.1%、蛋白质含量 23.4%、油酸含量 75.8%、亚油酸含量 6.4%、油亚比 11.94。

产量表现：荚果第 1 生长周期每 666.67 m² 355.29 kg,比对照豫花 9326 增产 5.15%;第 2 生长周期每 666.67 m² 367.11 kg,比对照豫花 9326 增产 4.03%。子仁第 1 生长周期每 666.67 m² 241.28 kg,比对照豫花 9326 增产 7.78%;第 2 生长周期每 666.67 m² 250.09 kg,比对照豫花 9326 增产 9.00%。

适宜种植区域：适宜在河南春播及麦套种植。

三十三、商 花 30 号

申请者：商丘市农林科学院

登记编号：GPD 花生(2019)410283

品种来源：商 0923×豫花 15 号

特征特性：普通型,食用、鲜食、油用、油食兼用。疏枝直立,连续开花。生育期 111 d。叶片绿色程度中,椭圆形,中等大小。主茎高 49.9 cm 左右,侧枝长 52.3 cm 左右。总分枝数 7.8 条,结果枝数 6.2 条。单株饱果数 10.0 个左右。荚果普通形,缩缢程度中,果嘴明显程度弱,荚果表面质地中。子仁柱形,种皮浅红色,内种皮浅黄色。百果重 210.4 g,百仁重 81.1 g。出米率 68.2%。饱果率 78.1%。子仁含油量 50.4%、蛋白质含量 25.3%、油酸含量 78.0%、亚油酸含量 4.73%、油亚比 16.49。

产量表现：荚果第 1 生长周期每 666.67 m² 344.48 kg,比对照豫花 9327 增产 3.65%;第 2 生长周期每 666.67 m² 334.91 kg,比对照豫花 9327 增产 7.37%。子仁第 1 生长周期每 666.67 m² 236.52 kg,比对照豫花 9327 增产 2.26%;第 2 生长周期每 666.67 m² 226.91 kg,比对照豫花 9327 增产 5.19%。

适宜种植区域：适宜在河南麦套及夏播种植。

三十四、潍 花 22 号

申请者：山东省潍坊市农业科学院

登记编号：GPD 花生(2019)370203

品种来源： 潍花 8 号×F458

特征特性： 中间型油食兼用早熟大花生。生育期 124 d。株型直立。叶片长椭圆形,深绿色。连续开花,花冠黄色。主茎高 62.24 cm,侧枝长 63.87 cm。总分枝数 12.7 条,结果枝数 6.97 条。单株结果数 27 个。荚果普通形,子仁柱形、粉红色、无裂纹、有油斑。种子休眠性强。百果重 197.31 g,百仁重 117.1 g。千克果数 666 个,千克仁数 1 304 个。出米率 72.34％。子仁含油量 51.26％、蛋白质含量 24.3％、油酸含量 77.2％、亚油酸含量 6.63％、油亚比 11.6。茎蔓粗蛋白含量 12％。

产量表现： 荚果第 1 生长周期每 666.67 m² 320 kg,比对照花育 33 号增产 0.6％;第 2 生长周期每 666.67 m² 326 kg,比对照花育 33 号增产 1.07％。子仁第 1 生长周期每 666.67 m² 236 kg,比对照花育 33 号增产 0.91％;第 2 生长周期每 666.67 m² 236 kg,比对照花育 33 号增产 6.66％。

适宜种植区域： 适宜在山东、河南、河北、辽宁大花生产区春季种植。

三十五、潍 花 23 号

申请者： 山东省潍坊市农业科学院、山东省农业科学院生物技术研究中心

登记编号： GPD 花生(2019)370265

品种来源： 花育 23 号×F18

特征特性： 珍珠豆型油食兼用早熟小花生。生育期 120 d。株型直立。叶片长椭圆形,深绿色。连续开花,花冠黄色。主茎高 47.04 cm,侧枝长 52.27 cm。总分枝数 7.85 条,结果枝数 6.23 条。单株结果数 17 个。荚果普通形。子仁柱形、粉红色、无裂纹、无油斑。种子休眠性强。百果重 165.13 g,百仁重 68.75 g。千克果数 793 个,千克仁数 1 774 个。出米率 73.38％。子仁含油量 56.25％、蛋白质含量 22.5％、油酸含量 80％、亚油酸含量 3.31％、油亚比 24.2。茎蔓粗蛋白含量 12％。

产量表现： 荚果第 1 生长周期每 666.67 m² 329.67 kg,比对照花育 20 号增产 6.9％;第 2 生长周期每 666.67 m² 308.22 kg,比对照花育 20 号增产 9.96％。子仁第 1 生长周期每 666.67 m² 245.52 kg,比对照花育 20 号增产 7.45％;第 2 生长周期每 666.67 m² 226.18 kg,比对照花育 20 号增产 9.96％。

适宜种植区域： 适宜在山东、河南、河北、辽宁小花生产区春季种植。

三十六、潍 花 25 号

申请者： 山东省潍坊市农业科学院、山东省农业科学院生物技术研究中心

登记编号： GPD 花生(2019)370266

品种来源： 潍花 8 号×F458

特征特性： 普通型油食兼用早熟大花生。生育期 124 d。株型直立。叶片长椭圆形,深绿色。连续开花,花冠黄色。主茎高 58.36 cm,侧枝长 60.66 cm。总分枝数 9.08 条,结果枝数 7.29 条。单株结果数 26 个。荚果普通形。子仁柱形,粉红色,无裂纹,有油斑。种子休眠性强。百果重 193.07 g,百仁重 121.7 g。千克果数 679 个,千克仁数 1 363 个。出米率

72.52%。子仁含油量 51.97%、蛋白质含量 24.1%、油酸含量 81.9%、亚油酸含量 2.65%、油亚比 30.9。茎蔓粗蛋白含量 11%。

产量表现：荚果第 1 生长周期每 666.67 m² 468 kg,比对照潍花 8 号增产 2.0%;第 2 生长周期每 666.67 m² 328 kg,比对照花育 33 号增产 1.3%。子仁第 1 生长周期每 666.67 m² 332 kg,比对照潍花 8 号减产 4.4%;第 2 生长周期每 666.67 m² 238 kg,比对照花育 33 号增产 7.2%。

适宜种植区域：适宜在山东、河南、河北、辽宁大花生产区春季种植。

三十七、宇 花 117 号

申请者：青岛农业大学

登记编号：GPD 花生(2019)370295

品种来源：鲁花 11 号×5/ 开农 1715

特征特性：中间型油食兼用。生育期 132 d 左右。苗期生长旺盛,封垄早,结果集中。连续开花,疏枝,小叶形状长椭圆形。主茎高 60.75 cm,侧枝长 66.96 cm。总分枝数 9～11 条,有效分枝数 7～99 条。荚果为普通形,网纹粗糙、较明显。子仁柱形,种皮粉红色、无裂纹,内种皮白色。百果重 249.92 g,百仁重 93.37 g。出米率 72.48%。子仁含油量 53.03%、蛋白质含量 24.33%、油酸含量 81.30%、亚油酸含量 2.46%、油亚比 33.05。茎蔓粗蛋白含量 14.86%。

产量表现：荚果第 1 生长周期每 666.67 m² 312.98 kg,比对照花育 25 号增产 10.15%;第 2 生长周期每 666.67 m² 347.25 kg,比对照花育 25 号增产 9.58%。子仁第 1 生长周期每 666.67 m² 225.34 kg,比对照花育 25 号增产 7.51%;第 2 生长周期每 666.67 m² 250.02 kg,比对照花育 25 号增产 8.68%。

适宜种植区域：适宜在山东春播种植。

三十八、宇 花 169 号

申请者：青岛农业大学

登记编号：GPD 花生(2019)370297

品种来源：鲁花 11 号×5/ 开农 1715

特征特性：中间型油食兼用。生育期 131 d 左右。苗期生长旺盛,封垄早,结果集中。连续开花,疏枝,小叶形状长椭圆形。主茎高 54.88 cm,侧枝长 59.48 cm。总分枝数 10～12 条,有效分枝数 8～10 条。荚果为普通形大果,网纹粗糙、较明显。子仁形状为柱形,种皮粉红色、无裂纹,内种皮白色。百果重 230.28 g,百仁重 86.37 g。出米率 73.13%。子仁含油量 52.14%、蛋白质含量 23.43%、油酸含量 81.50%、亚油酸含量 2.80%、油亚比 29.11。茎蔓粗蛋白含量 15.64%。

产量表现：荚果第 1 生长周期每 666.67 m² 360.07 kg,比对照花育 25 号增产 10.83%;第 2 生长周期每 666.67 m² 410.97 kg,比对照花育 25 号增产 13.09%。子仁第 1 生长周期每 666.67 m² 261.31 kg,比对照花育 25 号增产 9.52%;第 2 生长周期每

666.67 m² 293.85 kg,比对照花育 25 号增产 11.07%。

适宜种植区域:适宜在山东春播种植。

<h2 style="text-align:center">三十九、宇 花 171 号</h2>

申请者:青岛农业大学

登记编号:GPD 花生(2019)370298

品种来源:花育 22 号×5/开农 176

特征特性:中间型油食兼用。生育期 130 d 左右。苗期生长旺盛,封垄早,结果集中。连续开花,疏枝,小叶形状长椭圆形。主茎高 57.43 cm,侧枝长 56.63 cm。总分枝数 9～12 条,有效分枝数 7～9 条。荚果为普通形大果,网纹中到粗糙。子仁形状为柱形,种皮粉红色、无裂纹,内种皮金黄色。百果重 279.13 g,百仁重 105.13 g。出米率 73.02%。子仁含油量 52.81%、蛋白质含量 23.86%、油酸含量 81.50%、亚油酸含量 2.73%、油亚比 29.85。茎蔓粗蛋白含量 15.02%。抗倒伏。

产量表现:荚果第 1 生长周期每 666.67 m² 388.65 kg,比对照花育 25 号增产 15.33%;第 2 生长周期每 666.67 m² 410.24 kg,比对照花育 25 号增产 13.84%。子仁第 1 生长周期每 666.67 m² 285.67 kg,比对照花育 25 号增产 11.87%;第 2 生长周期每 666.67 m² 300.03 kg,比对照花育 25 号增产 12.77%。

适宜种植区域:适宜在山东春播种植。

<h2 style="text-align:center">四十、宇 花 61 号</h2>

申请者:青岛农业大学

登记编号:GPD 花生(2019)370299

品种来源:花育 22 号×5/开农 176

特征特性:中间型油食兼用。生育期 130 d 左右。苗期生长旺盛,封垄早,结果集中。连续开花,疏枝,小叶形状长椭圆形。主茎高 56.60 cm,侧枝长 58.23 cm。总分枝数 9～12 条,有效分枝数 8～9 条。荚果为普通形大果,网纹中到粗糙。子仁形状为柱形,种皮粉红色、无裂纹,内种皮金黄色。百果重 241.60 g,百仁重 91.45 g。出米率 73.35%。子仁含油量 52.43%、蛋白质含量 23.19%、油酸含量 81.30%、亚油酸含量 2.86%、油亚比 28.43。茎蔓粗蛋白含量 15.36%。

产量表现:荚果第 1 生长周期每 666.67 m² 379.19 kg,比对照花育 25 号增产 14.06%;第 2 生长周期每 666.67 m² 420.49 kg,比对照花育 25 号增产 14.61%。子仁第 1 生长周期每 666.67 m² 270.09 kg,比对照花育 25 号增产 13.00%;第 2 生长周期每 666.67 m² 305.28 kg,比对照花育 25 号增产 15.57%。

适宜种植区域:适宜在山东春播种植。

<h2 style="text-align:center">四十一、宇 花 90 号</h2>

申请者:青岛农业大学

登记编号： GPD 花生(2019)370296

品种来源： 鲁花 11 号×5/开农 1715

特征特性： 中间型油食兼用高油酸花生。全生育期 131 d 左右。苗期生长旺盛，封垄早，结果集中。连续开花，疏枝，小叶形状长椭圆形。主茎高 59.95 cm，侧枝长 61.55 cm，总分枝数 9～11 条，有效分枝数 7～9 条。荚果为普通形大果，网纹粗糙、较明显。子仁形状为柱形，种皮粉红色、无裂纹，内种皮金黄色。百果重 258.78 g，百仁重 96.76 g。出米率 73.27%。子仁含油量 53.31%、蛋白质含量 24.23%、油酸含量 81.9%、亚油酸含量 2.4%、油亚比 34.13。茎蔓粗蛋白含量 15.82%。

产量表现： 荚果第 1 生长周期每 666.67 m² 311.41 kg，比对照花育 25 号增产 13.50%；第 2 生长周期每 666.67 m² 367.95 kg，比对照花育 25 号增产 16.11%。子仁第 1 生长周期每 666.67 m² 231.01 kg，比对照花育 25 号增产 10.21%；第 2 生长周期每 666.67 m² 264.93 kg，比对照花育 25 号增产 15.15%。

适宜种植区域： 适宜在山东春播种植。

四十二、郑农花 23 号

申请者： 郑州市农林科学研究所、开封市农林科学研究院、河南大方种业科技有限公司

登记编号： GPD 花生(2019)410285

品种来源： 开农 30×开选 016

特征特性： 食用、鲜食、油用，中间型品种。生育期 121 d 左右。株型直立，连续开花，主茎有花序。平均主茎高 42.93 cm，平均侧枝长 47.63 cm。总分枝 10.5 条左右，结果枝 7.5 条左右。叶长椭圆形，中等大小，深绿色。花冠橙黄色。荚果茧形，荚果缩缢程度中，果嘴明显程度弱，荚果表面质地中。子仁椭圆形，种皮红色，内种皮深黄色，无油斑，无裂纹。平均百果重 160.25 g，平均百仁重 63.95 g。平均出米率 72.28%。子仁含油量 52.87%、蛋白质含量 21.65%、油酸含量 78.15%、亚油酸含量 5.2%。

产量表现： 荚果第 1 生长周期每 666.67 m² 316.36 kg，比对照花育 20 号增产 7.12%；第 2 生长周期每 666.67 m² 316.97 kg，比对照花育 20 号增产 11.9%。子仁第 1 生长周期每 666.67 m² 226.68 kg，比对照花育 20 号增产 4.14%；第 2 生长周期每 666.67 m² 223.93 kg，比对照花育 20 号增产 7.12%。

适宜种植区域： 适宜在河南、山东、河北、辽宁、江苏、安徽夏播种植。

四十三、菏花 15 号

申请者： 菏泽市农业科学院

登记编号： GPD 花生(2020)370123

品种来源： 开 17-2×冀 0607-19

特征特性： 普通型油食兼用。生育期 129 d。株型直立。主茎高 41.2 cm，侧枝长 47.8 cm。总分枝数 8.1 条，结果枝数 7.6 条。单株饱果数 19.8 个。叶片颜色浅，椭圆形，叶片中大。荚果普通形，果嘴明显程度中，荚果表面质地中，缩缢程度中。子仁柱形，种皮浅

红色,内种皮深黄色。百果重 289.2 g,百仁重 105.3 g。出米率 70.6%。饱果率 87.6%。子仁含油量 54.14%、蛋白质含量 26.3%、油酸含量 80.0%、亚油酸含量 3.11%。

产量表现:荚果第 1 生长周期每 666.67 m² 454.2 kg,比对照花育 25 号增产 11.3%;第 2 生长周期每 666.67 m² 461.7 kg,比对照花育 25 号增产 10.9%。子仁第 1 生长周期每 666.67 m² 318.8 kg,比对照花育 25 号增产 11.0%;第 2 生长周期每 666.67 m² 327.8 kg,比对照花育 25 号增产 12.5%。

适宜种植区域:适宜在山东、河南、河北春、夏播种植。

四十四、菏 花 16 号

申请者:菏泽市农业科学院

登记编号:GPD 花生(2020)370124

品种来源:P09 - 2×冀 0607 - 19

特征特性:普通型油食兼用。生育期 128 d。株型直立。主茎高 41.3 cm,侧枝长 42.5 cm。总分枝数 8.1 条,结果枝数 7.6 条。单株饱果数 15.0 个。叶片颜色浅,椭圆形,叶片中大。荚果普通形,果嘴明显程度中,荚果表面质地中,缩缢程度弱。子仁柱形,种皮浅红色,内种皮深黄色。百果重 260.4 g,百仁重 90.5 g。出米率 69.9%。饱果率 92%。子仁含油量 53.75%、蛋白质含量 26.5%、油酸含量 80.9%、亚油酸含量 2.63%。

产量表现:荚果第 1 生长周期每 666.67 m² 446.4 kg,比对照花育 25 号增产 9.40%;第 2 生长周期每 666.67 m² 458.2 kg,比对照花育 25 号增产 10.12%。子仁第 1 生长周期每 666.67 m² 312.9 kg,比对照花育 25 号增产 8.95%;第 2 生长周期每 666.67 m² 319.8 kg,比对照花育 25 号增产 9.78%。

适宜种植区域:适宜在山东、河南、河北春、夏播种植。

四十五、菏 花 18 号

申请者:菏泽市农业科学院

登记编号:GPD 花生(2020)370122

品种来源:闽花 7 号×冀 0607 - 19

特征特性:普通型油食兼用。生育期 125 d。株型直立。主茎高 42.4 cm,侧枝长 49.0 cm。总分枝 9.1 个,结果枝 7.3 个。单株饱果数 16.2 个。叶片颜色浅,椭圆形,叶片中大。荚果普通形,果嘴明显程度中,荚果表面质地粗糙,缩缢程度中。子仁柱形,种皮浅红色,内种皮深黄色。百果重 268.2 g,百仁重 85.9 g,出米率 70.6%。饱果率 88.0%。子仁含油量 52.68%、蛋白质含量 26.3%、油酸含量 80.2%、亚油酸含量 2.90%。

产量表现:荚果第 1 生长周期每 666.67 m² 438.6 kg,比对照花育 25 号增产 7.5%;第 2 生长周期每 666.67 m² 457.1 kg,比对照花育 25 号增产 9.85%。子仁第 1 生长周期每 666.67 m² 311.4 kg,比对照花育 25 号增产 8.4%;第 2 生长周期每 666.67 m² 320.9 kg,比对照花育 25 号增产 10.2%。

适宜种植区域:适宜在山东、河南、河北春、夏播种植。

四十六、吉 农 花 2 号

申请者：吉林农业大学

登记编号：GPD 花生(2020)220078

品种来源：外引系 SH2004,系统选育而成。

特征特性：珍珠豆型油食兼用中熟中粒花生。春播生育期在 113 d 左右。主茎高 31.42 cm,侧枝长 34.06 cm。总分枝数 5.71 条左右,单株结果数 18.62 条。单株生产力 22.15 g。叶片宽倒卵形,绿色,大小中等。饱果指数为 89.8%。百果重 157.68 g,百仁重 65.40 g。千克果数 741.69 个,千克仁数 1 494.98 粒。出米率 68.87%。荚果普通形,果腰明显、果嘴不明显,网纹浅。子仁柱形,种皮浅红色,内种皮浅黄色。子仁含油量 54.39%、蛋白质含量 26.29%、油酸含量 81.30%、亚油酸含量 4.05%。

产量表现：荚果第 1 生长周期每 666.67 m² 272.81 kg,比对照花育 20 号减产 4.13%;第 2 生长周期每 666.67 m² 273.99 kg,比对照花育 20 号增产 6.02%。

适宜种植区域：适宜在吉林中西部地区的长春、四平、松原、白城春季种植。

四十七、济 花 101

申请者：山东省农业科学院生物技术研究中心

登记编号：GPD 花生(2020)370058

品种来源：V9 - 2×开农 71

特征特性：中间型油食兼用。生育期 130 d 左右。植株直立,连续开花。主茎高 43.7 cm,侧枝长 45.4 cm。总分枝数 9 条,结果枝数 7 条。单株结果数 17.6 个。叶片椭圆形,叶色深绿。花橙黄色。荚果普通形,缩缢程度中,果嘴明显程度弱,荚果表面质地光滑。子仁柱形,种皮浅红色,内种皮深黄色。百果重 232.7 g,百仁重 94.7 g。千克果数 527 个,千克仁数 1 276 个。出米率 71%左右。子仁含油量 52.6%、蛋白质含量 27.2%、油酸含量 82.2%、亚油酸含量 2.41%。

产量表现：荚果第 1 生长周期每 666.67 m² 375 kg,比对照花育 33 号增产 4.46%;第 2 生长周期每 666.67 m² 368 kg,比对照花育 33 号增产 6.05%。子仁第 1 生长周期每 666.67 m² 267.38 kg,比对照花育 33 号增产 4.46%;第 2 生长周期每 666.67 m² 264.22 kg,比对照花育 33 号增产 6.65%。

适宜种植区域：适宜在山东鲁西南平原花生产区春、夏播种植。

四十八、济 花 102

申请者：山东省农业科学院生物技术研究中心

登记编号：GPD 花生(2020)370033

品种来源：开农 1715×花育 34 号

特征特性：普通型油食兼用。生育期 130 d。叶片椭圆形,叶色为深绿色。植株直立,连续开花亚种。主茎高 46.3 cm,侧枝长 47.3 cm。总分枝数 9 条,结果枝数 7 条。结果主要集中在第一、二对侧枝上。单株果数 17.3 个。荚果普通形,果腰不明显,果嘴明显程度弱,荚果外壳质地光滑、网纹较浅。子仁为柱形,种皮为红色,内种皮为深黄色。百果重 217.3 g,百仁重 76.8 g。千克果数为 460 个,千克子仁数为 1 302 个。出米率约为 72.9%。子仁含油量 52.92%、蛋白质含量 27.2%、油酸含量 77.2%、亚油酸含量 5.10%。

产量表现:荚果第 1 生长周期每 666.67 m² 276 kg,比对照花育 20 号增产 3.37%;第 2 生长周期每 666.67 m² 268 kg,比对照花育 20 号增产 5.51%。子仁第 1 生长周期每 666.67 m² 202.03 kg,比对照花育 20 号增产 10.59%;第 2 生长周期每 666.67 m² 194.57 kg,比对照花育 20 号增产 11.43%。

适宜种植区域:适宜在山东鲁西南平原花生产区春、夏播种植。

四十九、濮 花 168

申请者:濮阳市农业科学院

登记编号:GPD 花生(2020)410014

品种来源:濮花 28 号×开农 61

特征特性:珍珠豆型油食兼用。连续开花,疏枝直立。生育期 110～128 d。叶片浅绿色,椭圆形。主茎高 44.9 cm,分枝长 48.3 cm。总分枝数 9.7 条,结果枝数 6.0 条。荚果为茧形。子仁球形,外种皮浅红色,内种皮浅黄色。百果重 163.9 g,百仁重 63.9 g。出米率 70.6%。子仁含油量 49.8%、蛋白质含量 26.9%、油酸含量 76.4%、亚油酸含量 6.22%。

产量表现:荚果第 1 生长周期每 666.67 m² 296.48 kg,比对照远杂 9102 增产 3.79%;第 2 生长周期每 666.67 m² 312.95 kg,比对照远杂 9102 增产 4.26%。子仁第 1 生长周期每 666.67 m² 209.31 kg,比对照远杂 9102 增产 4.23%;第 2 生长周期每 666.67 m² 220.94 kg,比对照远杂 9102 增产 4.41%。

适宜种植区域:适宜在河南春播、麦套或夏直播种植。

五十、濮 花 308

申请者:濮阳市农业科学院

登记编号:GPD 花生(2020)410079

品种来源:冀花 13 号×开农 1715

特征特性:普通型油食兼用。疏枝直立,连续开花。生育期 110～130 d。叶片浅绿色,椭圆形。主茎高 35.9 cm,分枝长 38.3 cm。总分枝数 6.7 条,结果枝数 5.1 条。荚果普通形。子仁椭圆形,外种皮浅红色,内种皮浅黄色。百果重 183 g,百仁重 71 g。出米率 70.1%。子仁含油量 50.0%、蛋白质含量 26.3%、油酸含量 78.8%、亚油酸含量 3.05%。

产量表现:荚果第 1 生长周期每 666.67 m² 378.81 kg,比对照远杂 9102 增产 12.22%;第 2 生长周期每 666.67 m² 361.56 kg,比对照远杂 9102 增产 11.71%。子仁第 1 生长周期每 666.67 m² 264.41 kg,比对照远杂 9102 增产 4.02%;第 2 生长周期每 666.67 m² 254.54 kg,比对照远杂 9102 增产 2.80%。

适宜种植区域：适宜在河南、河北、山东、安徽、湖北、辽宁、吉林花生产区春播、麦垄套种或夏播种植。

五十一、濮 花 666

申请者：濮阳市农业科学院

登记编号：GPD 花生(2020)410119

品种来源：开农 176×冀花 11 号

特征特性：普通型食用、鲜食、加工疏枝直立小粒花生。生育期 110～130 d。连续开花,株型直立,叶片椭圆形,绿色。主茎高 37.9 cm,分枝长 40.6 cm。总分枝数 8.5 条,结果枝数 6.3 条。荚果普通形,果嘴明显程度弱,网纹浅,表面光滑。子仁椭圆形,外种皮浅红色,内种皮浅黄色。百果重 118.2 g,百仁重 55.1 g。出米率 75.5%。子仁含油量 55.1%、蛋白质含量 23.3%、油酸含量 80.2%、亚油酸含量 2.5%。

产量表现：荚果第 1 生长周期每 666.67 m² 361.67 kg,比对照远杂 9102 增产 10.10%;第 2 生长周期每 666.67 m² 367.89 kg,比对照远杂 9102 增产 8.99%。子仁第 1 生长周期每 666.67 m² 271.98 kg,比对照远杂 9102 增产 8.52%;第 2 生长周期每 666.67 m² 278.86 kg,比对照远杂 9102 增产 9.71%。

适宜种植区域：适宜在河南花生主产区春播、麦套或夏播种植。

五十二、琼 花 2 号

申请者：海南热带海洋学院、海南大学

登记编号：GPD 花生(2020)460132

品种来源：Z59－3－2×琼花 1 号

特征特性：普通型油食兼用。生育期 100～114 d。植株直立,叶片绿色。主茎高 36.6～44.3 cm,侧枝长 48.3～53.8 cm。总分枝数 7.0～8.6 条,结果枝数 6.9～7.6 条。单株饱果数 13.8～17.0 个,饱果率 84.0%～87.1%。百果重 143.2～171.1 g,百仁重 60.1～78.6 g。出米率 71.7%～76.6%。子仁含油量 40.9%、蛋白质含量 22.0%、油酸含量 76.5%、亚油酸含量 5.27%。

产量表现：荚果第 1 生长周期每 666.67 m² 291.0 kg,比对照狮头企增产 16.4%;第 2 生长周期每 666.67 m² 267.0 kg,比对照狮头企增产 16.1%。子仁第 1 生长周期每 666.67 m² 212.5 kg,比对照狮头企增产 19.4%;第 2 生长周期每 666.67 m² 194.9 kg,比对照狮头企增产 21.1%。

适宜种植区域：适宜在海南南部的秋、冬、春季节和北部的春、秋季节种植。

五十三、琼 花 3 号

申请者：海南热带海洋学院、海南大学

登记编号：GPD 花生(2020)460133

品种来源：Z42－3－2×琼花 1 号

特征特性：普通型油食兼用。生育期 100～118 d。植株直立,叶片深绿色。主茎高 35.6～45.6 cm,侧枝长 50.0～57.3 cm。总分枝数 7.0～8.9 条,结果枝数 6.1～8.1 个。单株饱果数 14.1～18.9 个,饱果率 82.3%～85.0%。百果重 180.6～208.3 g,百仁重 75.4～89.6 g。出米率 70.0%～73.7%。子仁含油量 43.8%、蛋白质含量 27.8%、油酸含量 78.4%、亚油酸含量 3.84%。

产量表现：荚果第 1 生长周期每 666.67 m² 346.0 kg,比对照琼花 1 号增产 10.9%;第 2 生长周期每 666.67 m² 324.5 kg,比对照琼花 1 号增产 10.4%。子仁第 1 生长周期每 666.67 m² 254.5 kg,比对照琼花 1 号增产 5.6%;第 2 生长周期每 666.67 m² 231.2 kg,比对照琼花 1 号增产 9.9%。

适宜种植区域：适宜在海南南部的秋、冬、春季节和北部的春、秋季节种植。

五十四、琼 花 4 号

申请者：海南热带海洋学院、海南大学

登记编号：GPD 花生(2020)460131

品种来源：Z42-3-2×琼花 1 号

特征特性：普通型油食兼用。生育期 100～115 d。植株直立,叶片深绿色。主茎高 30.6～42.3 cm,侧枝长 37.2～49.5 cm。总分枝数 8.0～10.5 条,结果枝数 6.0～8.1 条。单株饱果数 16.4～20.4 个,饱果率 78.4%～83.5%。百果重 103.4～118.1 g,百仁重 58.6～69.6 g。出米率 72.5%～80.1%。子仁含油量 50.5%、蛋白质含量 23.3%、油酸含量 78.2%、亚油酸含量 3.65%。

产量表现：荚果第 1 生长周期每 666.67 m² 320.5 kg,比对照琼花 1 号增产 2.7%;第 2 生长周期每 666.67 m² 299.2 kg,比对照琼花 1 号增产 1.8%。子仁第 1 生长周期每 666.67 m² 247.3 kg,比对照琼花 1 号增产 2.6%;第 2 生长周期每 666.67 m² 216.6 kg,比对照琼花 1 号增产 3.0%。

适宜种植区域：适宜在海南南部的秋、冬、春季节和北部的春、秋季节种植。

五十五、商 花 43 号

申请者：商丘市农林科学院

登记编号：GPD 花生(2020)410128

品种来源：远杂 9847×商 0923-1

特征特性：普通型油食兼用。连续开花,疏枝直立,较松散。叶片绿色程度中,小叶倒卵形,中等大小。主茎高 46.25 cm,侧枝长 52.85 cm。总分枝数 9.1 条,结果枝数 6.45 条。单株饱果数 12.45 个。荚果普通形,缩缢无或极弱,果嘴明显程度无或极弱,荚果表面质地中。子仁球形,种皮浅红色,内种皮深黄色。百果重 205.85 g,百仁重 81.15 g,出米率 68.3%。饱果率 87.45%。子仁含油量 51.7%、蛋白质含量 25.25%、油酸含量 77.7%、亚油酸含量 4.48%、油亚比 17.34。

产量表现：荚果第 1 生长周期每 666.67 m² 325.25 kg,比对照远杂 9102 增产 8.22%;

第 2 生长周期每 666.67 m² 350.72 kg,比对照远杂 9102 增产 9.50%。子仁第 1 生长周期每 666.67 m² 221.36 kg,比对照远杂 9102 减产 1.24%;第 2 生长周期每 666.67 m² 240.85 kg,比对照远杂 9102 增产 3.78%。

适宜种植区域:适宜在河南蒜茬、油菜茬、麦后夏直播种植。

五十六、宇 花 18 号

申请者:青岛农业大学

登记编号:GPD 花生(2020)370080

品种来源:宇花 1 号×AT215

特征特性:中间型油食兼用高油酸花生品种。全生育期 125 d。株型直立,连续开花,疏枝。小叶长椭圆形。主茎高 45.3,侧枝长 54.1,有效枝长 7.2 cm。总分枝数 9~10 条,有效分枝数 9~10 条。荚果普通形,网纹中等、较浅。子仁长椭圆形,种皮粉红色、无裂纹,有油斑,内种皮金黄色。百果重 227.7 g,百仁重 91.5 g。出米率 72.9%。子仁含油量 56.73%、蛋白质含量 25.34%、油酸含量 82.4%、亚油酸含量 2.31%、油亚比 35.67、棕榈酸含量 5.67%。茎蔓粗蛋白含量 14.20%。

产量表现:荚果第 1 生长周期每 666.67 m² 325.2 kg,比对照花育 33 号增产 4.2%;第 2 生长周期每 666.67 m² 333.9 kg,比对照花育 33 号增产 5.0%。子仁第 1 生长周期每 666.67 m² 237.1 kg,比对照花育 33 号增产 7.0%;第 2 生长周期每 666.67 m² 243.4 kg,比对照花育 33 号增产 7.8%。

适宜种植区域:适宜在山东、河南、河北花生产区种植。

五十七、汴 花 8 号

申请者:开封市祥符区农业科学研究所、河南菊城农业科技有限公司

登记编号:GPD 花生(2020)410066

品种来源:汴选 16×汴花 4 号

特征特性:属于普通型食用、油食兼用花生品种。生育期 117 d 左右。株型直立,叶片椭圆形,连续开花。平均主茎高 41.6 cm,平均侧枝长 45.8 cm。分枝数 7.8 条,结果枝 5.7 条。单枝饱果数 12 个左右。叶片椭圆形、绿色,花冠黄色。荚果普通形,荚果缩缢程度弱,果嘴明显程度弱,表面质地中。子仁椭圆形,种皮浅红色,内种皮浅黄色,无油斑。平均百果重 226.7 g,平均百仁重 98.1 g。平均出米率 73.6%。子仁含油量 53.6%、蛋白质含量 24.8%、油酸含量 77.1%、亚油酸含量 6.4%。茎蔓粗蛋白含量 7.5%。

产量表现:荚果第 1 生长周期每 666.67 m² 356.4 kg,比对照豫花 15 号增产 10.6%;第 2 生长周期每 666.67 m² 361.2 kg,比对照豫花 15 号增产 9.5%。子仁第 1 生长周期每 666.67 m² 264.8 kg,比对照豫花 15 号增产 11.2%;第 2 生长周期每 666.67 m² 271.6 kg,比对照豫花 15 号增产 10.3%。

适宜种植区域:适宜在河南春播、夏播种植。

五十八、济 花 10 号

申请者：山东省农业科学院生物技术研究中心

登记编号：GPD 花生(2021)370104

品种来源：花育 23×dF12

特征特性：珍珠豆型，油食兼用。生育期 121 d。株型直立。主茎高 39.9 cm，侧枝长 43.9 cm。总分枝数 8.3 条，结果枝数 7.1 条。单株饱果数 13.5 个。叶片颜色中，椭圆形，叶片中大。荚果茧形，果嘴明显程度极弱，荚果表面质地中，缩缢程度弱。子仁柱形，种皮浅红色，内种皮浅黄色。百果重 220.8 g，百仁重 82.3 g。出米率 69.4%。饱果率 83.5%。子仁含油量 48.9%、蛋白质含量 28.7%、油酸含量 78.6%、亚油酸含量 3.48%。

产量表现：荚果第 1 生长周期每 666.67 m² 348.1 kg，比对照花育 20 号增产 19.2%；第 2 生长周期每 666.67 m² 327.4 kg，比对照远杂 9102 增产 6.51%。子仁第 1 生长周期每 666.67 m² 245.37 kg，比对照花育 20 号增产 12.4%；第 2 生长周期每 666.67 m² 227.6 kg，比对照远杂 9102 减产 0.09%。

适宜种植区域：适宜在安徽、河南、山东春播和夏播种植。

五十九、济 花 3 号

申请者：山东省农业科学院生物技术研究中心、开封市农林科学研究院

登记编号：GPD 花生(2021)370105

品种来源：开农 30×开选 016

特征特性：珍珠豆型，油食兼用。生育期 122 d。株型直立。主茎高 53.2 cm，侧枝长 60.4 cm。总分枝数 11 条，结果枝数 7 条。单株饱果数 18 个。叶片颜色深，椭圆形，叶片小。荚果普通形，果嘴明显程度弱，荚果表面质地光滑，缩缢程度弱。子仁柱形，种皮浅红色，内种皮深黄色。百果重 124.5 g，百仁重 52.7 g。出米率 71.4%。饱果率 83.7%。子仁含油量 51.2%、蛋白质含量 24.4%、油酸含量 77.8%、亚油酸含量 5.36%。

产量表现：荚果第 1 生长周期每 666.67 m² 305.00 kg，比对照远杂 9102 增产 2.52%；第 2 生长周期每 666.67 m² 376.67 kg，比对照远杂 9102 增产 19.58%。子仁第 1 生长周期每 666.67 m² 217.62 kg，比对照远杂 9102 减产 5.86%；第 2 生长周期每 666.67 m² 280.24 kg，比对照远杂 9102 增产 14.65%。

适宜种植区域：适宜在山东、河南、安徽春播和夏播种植。

六十、济 花 8 号

申请者：山东省农业科学院生物技术研究中心

登记编号：GPD 花生(2021)370102

品种来源：花育 23×开农 176

特征特性：珍珠豆型，油食兼用。生育期 121 d。株型直立。主茎高 35 cm，侧枝长 40.3 cm。总分枝数 7.7 条，结果枝数 6.6 条。单株饱果数 14.8 个。叶片颜色中，倒卵形，

叶片小。荚果茧形,果嘴明显程度极弱,荚果表面质地中,缩缢程度弱。子仁球形,种皮浅红色,内种皮浅黄色。百果重 168 g,百仁重 69 g。出米率 74.6%。饱果率 83.9%。子仁含油量 49.2%、蛋白质含量 27.1%、油酸含量 79.9%、亚油酸含量 3.99%。

产量表现: 荚果第 1 生长周期每 666.67 m² 346.7 kg,比对照花育 20 号增产 18.8%;第 2 生长周期每 666.67 m² 319.25 kg,比对照远杂 9102 增产 2.86%。子仁第 1 生长周期每 666.67 m² 254.15 kg,比对照花育 20 号增产 16.4%;第 2 生长周期每 666.67 m² 238.41 kg,比对照远杂 9102 增产 3.33%。

适宜种植区域: 适宜在广西、安徽、河南、山东春播和夏播种植。

六十一、济 花 9 号

申请者: 山东省农业科学院生物技术研究中心

登记编号: GPD 花生(2021)370103

品种来源: 花育 31×开农 176

特征特性: 普通型,油食兼用。生育期 123 d。株型直立。主茎高 39.8 cm,侧枝长 45.4 cm。总分枝数 8.5 条,结果枝数 7.3 条。单株饱果数 14.3 个。叶片颜色浅,椭圆形,叶片中。荚果普通形,果嘴明显程度极弱,荚果表面质地中,缩缢程度弱。子仁柱形,种皮浅红色,内种皮深黄色。百果重 227.3 g,百仁重 88.2 g。出米率 66.6%。饱果率 78.6%。子仁含油量 53.3%、蛋白质含量 23.9%、油酸含量 81.6%、亚油酸含量 2.73%。

产量表现: 荚果第 1 生长周期每 666.67 m² 372.8 kg,比对照花育 25 号增产 11.9%;第 2 生长周期每 666.67 m² 360.5 kg,比对照豫花 9326 增产 10.01%。子仁第 1 生长周期每 666.67 m² 242.61 kg,比对照花育 25 号增产 2.4%;第 2 生长周期每 666.67 m² 240.6 kg,比对照豫花 9326 增产 7.46%。

适宜种植区域: 适宜在安徽、河南、山东春播和夏播种植。

六十二、琼 花 5 号

申请者: 海南热带海洋学院、海南大学

登记编号: GPD 花生(2021)460004

品种来源: Z59-3-2×琼花 1 号

特征特性: 普通型,油食兼用。生育期 100~115 d。植株直立,叶片深绿色。主茎高 34.7~48.5 cm,侧枝长 41.3~52.8 cm。总分枝数 7.0~8.8 条,结果枝数 5.0~7.1 条。单株饱果数 18.6~22.3 个。百果重 111.0~125.8 g,百仁重 58.1~66.9 g。出米率 75.3%~83.5%。饱果率 79.6%~85.4%。子仁含油量 46.3%、蛋白质含量 25.2%、油酸含量 76.0%、亚油酸含量 4.71%。

产量表现: 荚果第 1 生长周期每 666.67 m² 316.2 kg,比对照琼花 1 号增产 1.3%;第 2 生长周期每 666.67 m² 294.5 kg,比对照琼花 1 号增产 0.2%。子仁第 1 生长周期每 666.67 m² 243.5 kg,比对照琼花 1 号增产 1.0%;第 2 生长周期每 666.67 m² 211.8 kg,比对照琼花 1 号增产 0.7%。

适宜种植区域：适宜在海南南部的秋、冬、春季节和北部的春、秋季节种植。

六十三、天 府 33

别名或代号：NF64-10

申请者：南充市农业科学院、中国农业科学院油料作物研究所

登记编号：GPD花生(2021)510061

品种来源：中花16×K01-6,杂交选育而成。2005年搭配杂交组合,杂种后代按系谱法处理,并用近红外检测单株油酸含量和含油量。2006～2007年种植F_1～F_2植株,2008～2009年进行当地正季和海南繁育的一年两作加代选择(F_3～F_6),2009年选择获得油酸含量78.10%的株系09-2292,2010年进行株系鉴定,2011年参加品系鉴定,2012～2013年参加品比试验,2015～2016年参加四川省花生新品种区域试验,2016年同步参加四川省花生新品种生产试验。

特征特性：株型直立,连续开花。叶片中等大小,椭圆形,绿色。荚果普通形,网纹不明显,子仁椭圆形。种子休眠性较强,抗倒性和耐旱性强。全生育期春播127 d,夏播122 d左右。主茎高39.5 cm,侧枝长46.8 cm。分枝数8.5条,结果枝数7.0条。单株结果数16.1个,单株饱果数12.9个,单株荚果重21.4 g。百果重204.1 g,百仁重83.5 g。出米率66.4%。农业部油料及制品质量监督检验测试中心(武汉)测定,子仁油酸含量75.3%、油亚比13.45、含油量56.52%、粗蛋白含量24.91%。

产量表现：2015～2016年参加四川省区域试验,平均单产荚果313.74 kg/666.67 m^2,比对照天府14号增产7.06%。2016年参加四川省生产试验,平均单产荚果274.68 kg/666.67 m^2,比对照天府14号增产6.93%。

适宜种植区域：四川及长江流域非青枯病花生产区。

六十四、天 府 36

申请者：南充市农业科学院

登记编号：GPD花生(2021)510057

品种来源：天府25×天府33

特征特性：普通型,食用、鲜食、油用。生育期125 d。株型直立。主茎高49.3 cm,侧枝长56.6 cm。总分枝数8条,结果枝数7条。单株饱果数13个。叶片颜色中,长椭圆形,叶片小。荚果普通形,果嘴明显程度弱,荚果表面质地中,缩缢程度中。子仁柱形,种皮浅红色,内种皮浅黄色。百果重215.9 g,百仁重87.2 g。出米率67.2%。饱果率82.2%。子仁含油量54.80%、蛋白质含量22.70%、油酸含量78.60%、亚油酸含量2.40%。

产量表现：荚果第1生长周期每666.67 m^2 367.76 kg,比对照天府22号增产2.39%;第2生长周期每666.67 m^2 332.46 kg,比对照天府22号增产11.90%。子仁第1生长周期每666.67 m^2 247.36 kg,比对照天府22号减产7.80%;第2生长周期每666.67 m^2 224.94 kg,比对照天府22号减产0.48%。

适宜种植区域：适宜在四川非青枯病区域3月20日至5月10日种植。

六十五、郑 农 花 25 号

申请者： 郑州市农林科学研究所、河南大方种业科技有限公司、河南怀川种业有限责任公司

登记编号： GPD 花生(2021)410017

品种来源： 冀 0608－31－3×豫花 15 号

特征特性： 珍珠豆型，食用、鲜食、油用、油食兼用。生育期 111 d。株型直立。主茎高 49.05 cm，侧枝长 53.15 cm。总分枝数 7 条，结果枝数 5.7 条。单株饱果数 10.4 个。叶片颜色深，长椭圆形，叶片中。荚果茧形，果嘴明显程度弱，荚果表面质地中，缩缢程度弱。子仁柱形，种皮浅红色，内种皮浅黄色。百果重 152.85 g，百仁重 59.65 g。出米率 70.55％。饱果率 79.95％。子仁含油量 48.15％、蛋白质含量 26.6％、油酸含量 79.05％、亚油酸含量 4.68％。

产量表现： 荚果第 1 生长周期每 666.67 m² 296.05 kg，比对照豫花 9327 减产 5.08％；第 2 生长周期每 666.67 m² 305.45 kg，比对照豫花 9327 减产 1.53％。子仁第 1 生长周期每 666.67 m² 207.36 kg，比对照豫花 9327 减产 3.88％；第 2 生长周期每 666.67 m² 217.26 kg，比对照豫花 9327 增产 1.25％。

适宜种植区域： 适宜在河南夏季种植。

六十六、富 花 1 号

申请者： 青岛福德隆种业有限公司

登记编号： GPD 花生(2018)370198

品种来源： 花育 22 号×Sunoleic95R

特征特性： 普通型，油食兼用。疏枝型中晚熟大花生品种。春播生育期 145 d。株型直立，连续开花。主茎高 57.5 cm，侧枝长 62 cm。总分枝数 10.5 条，单株结果 17.25 个。叶片长椭圆形，大小中等，颜色浓绿色。荚果普通形，网纹粗浅，缩缢程度中，果嘴明显程度弱，荚果大且表面质地中。子仁形状椭圆形，无裂纹，种皮单色浅红色，种皮内表颜色深黄色。百果重 281.25 g，百仁重 96.17 g。子仁含油量 50％、蛋白质含量 22.7％、油酸含量 75％、亚油酸含量 8.72％。茎蔓粗蛋白含量 12.86％。

产量表现： 荚果第 1 生长周期每 666.67 m² 418 kg，比对照花育 22 号增产 5.56％；第 2 生长周期每 666.67 m² 487 kg，比对照花育 22 号增产 10.18％。子仁第 1 生长周期每 666.67 m² 264 kg，比对照花育 22 号增产 3.94％；第 2 生长周期每 666.67 m² 328 kg，比对照花育 22 号增产 13.1％。

适宜种植区域： 适宜在山东青岛、烟台、威海，辽宁大连、锦州和河北石家庄、唐山等地区春播或夏直播种植。

六十七、即 花 9 号

申请者： 青岛春阳种业有限公司

登记编号： GPD 花生(2018)370166

品种来源： 白沙 1016×P76

特征特性： 珍珠豆型，油用。早熟小花生品种，生育期 125 d 左右。株型直立，叶色绿，结果集中，连续开花，抗倒伏，分枝 8～9 条。主茎高 45 cm。千克果数 765 个，千克仁数 1 602 个。出米率 76.0%。荚果呈葫芦形或茧形，种皮粉红色。子仁含油量 51.2%、蛋白质含量 24.3%、油酸含量 81.87%、亚油酸含量 4.6%。茎蔓粗蛋白含量 9.8%。

产量表现： 荚果第 1 生长周期每 666.67 m² 248.37 kg，比对照白沙 1016 增产 5.8%；第 2 生长周期每 666.67 m² 261.22 kg，比对照白沙 1016 增产 6.9%。子仁第 1 生长周期每 666.67 m² 180.04 kg，比对照白沙 1016 增产 6.2%；第 2 生长周期每 666.67 m² 193.56 kg，比对照白沙 1016 增产 9.7%。

适宜种植区域： 适宜在山东、河北、河南春播及夏播种植，夏播不得超过 6 月 15 日。

六十八、鲁 花 19

申请者： 山东鲁花农业科技推广有限公司

登记编号： GPD 花生(2018)370081

品种来源： 9616×8014

特征特性： 普通型，油用。属中熟直立普通型大花生品种。全生育期平均 130 d。主茎高 44.1 cm，总分枝数 8.3 条，结果枝数 5.9 条。单株荚果数 18.1 个。荚果网纹浅，果嘴不明显。子仁椭圆形，仁皮粉红色。百果重 208.56 g，百仁重 91.72 g。子仁含油量 46.4%、蛋白质含量 26.53%、油酸含量 79.30%、亚油酸含量 5.9%。茎蔓粗蛋白含量 9.8%。中抗青枯病、叶斑病和锈病。

产量表现： 荚果第 1 生长周期每 666.67 m² 248.82 kg，比对照白沙 17 号增产 10.7%；第 2 生长周期每 666.67 m² 316.54 kg，比对照白沙 17 号增产 11.95%。子仁第 1 生长周期每 666.67 m² 169.20 kg，比对照白沙 17 号增产 5.9%；第 2 生长周期每 666.67 m² 233.90 kg，比对照白沙 17 号增产 19.4%。

适宜种植区域： 适宜在湖北、山东、河南、山西、河北、安徽、江苏春播种植。

六十九、鲁 花 22

申请者： 山东鲁花农业科技推广有限公司

登记编号： GPD 花生(2018)370337

品种来源： 冀花 4 号×8012

特征特性： 普通型，油食兼用。属早熟直立普通型大花生品种。生育期 125 d。连续开花，疏枝。株型紧凑，株高中等，主茎高 44.1 cm。总分枝数 7.1 条，结果枝数 6.0 条。单株结果数 12.2 个。叶片淡绿色，长椭圆形。荚果普通形，荚果网纹浅，果腰明显，果嘴不明显。子仁椭圆形，仁皮浅红色。百果重 220 g，百仁重 90 g。子仁含油量 54.1%、蛋白质含量 24.2%、油酸含量 78.1%、亚油酸含量 3.9%、油亚比 20.02。茎蔓粗蛋白含量 9.8%。高感青枯病，中抗叶斑病、锈病。

产量表现：荚果第 1 生长周期每 666.67 m² 354.1 kg,比对照花育 33 号增产 2.2%;第 2 生长周期每 666.67 m² 375.2 kg,比对照花育 33 号增产 3.0%。子仁第 1 生长周期每 666.67 m² 259.3 kg,比对照花育 33 号增产 3.9%;第 2 生长周期每 666.67 m² 278.4 kg,比对照花育 33 号增产 4.7%。

适宜种植区域：适宜在山东、河南、河北、江苏、安徽、湖北、新疆、辽宁、吉林、山西和内蒙古花生产区春播种植。

七十、齐 花 5 号

申请者：山东省青丰种子有限公司

登记编号：GPD 花生(2018)370217

品种来源：花育 22 优系×高油酸材料 F18

特征特性：普通型,食用、鲜食、油用、油食兼用。生育期 130 d。株型直立。叶片椭圆形,叶色黄绿色。连续开花,花色橙黄。荚果普通形。子仁椭圆形,外种皮粉红色,内种皮金黄色,无裂纹、无油斑。种子休眠性较强。千克果数 507 个,千克仁数 1 162 个。百果重 238 g,百仁重 98 g。出米率 70.9%。子仁含油量 53.48%、蛋白质含量 23.8%、油酸含量 80.2%、亚油酸含量 3.63%。茎蔓粗蛋白含量 11.0%。高抗青枯病,中抗叶斑病、锈病。

产量表现：荚果第 1 生长周期每 666.67 m² 462.8 kg,比对照花育 25 号增产 10.0%;第 2 生长周期每 666.67 m² 447.5 kg,比对照花育 25 号增产 8.3%。子仁第 1 生长周期每 666.67 m² 328.0 kg,比对照花育 25 号增产 3.7%;第 2 生长周期每 666.67 m² 317.4 kg,比对照花育 25 号增产 5.2%。

适宜种植区域：适宜在山东花生产区春播种植。

七十一、润 花 17

申请者：山东润柏农业科技股份有限公司

登记编号：GPD 花生(2018)370028

品种来源：CTWE×K1208

2009 年搭配杂交组合,2010 年春在潍坊种植 F₁ 植株,秋天收获 F₂ 种子,并进行气相色谱法测定,保留高油酸单粒种子。2011 年在潍坊春播种植 F₂ 植株,收获 F₃ 种子。2011 年 10 月～2012 年 3 月在海南进行加代,收获 F₄ 种子。2012 年在潍坊春播种植 F₄ 植株,并进行单株选择。2012 年 10 月～2013 年 3 月在海南进行加代,选择结果集中、产量性状好、高油酸特性稳定的优良品系混收(F₆ 种子)。2013～2014 年在潍坊进行产量鉴定。2015 年参加安徽省区试。

特征特性：属直立型大花生新品种。叶色绿,连续开花,结果集中。荚果普通形。子仁椭圆形,种皮粉红色,内种皮金黄色。潍坊春播生育期 128 d,夏直播 122 d。主茎高 35 cm,侧枝长 38 cm。结果枝数 7 条。千克果数 750 个,千克仁数 1 542 个。百果重 220 g,百仁重 90 g。安徽夏播生育期 115 d。主茎高 38.12 cm,结果枝数 7.03 条。单株结果数 14.53 个,成熟双仁果数 36.60 个,单株荚果重 18.68 g,单株子仁重 13.96 g。百果重 179.54 g,百仁重 74.98 g。出米率 74.07%。2017 年经青岛捷安信检验技术服务有限公司检测,子仁油酸含量 78.91%、亚油酸含量 3.82%、油亚比 20.66、含油量 50.0%、粗蛋白含量 24.8%。

产量表现: 在公司基地进行的品比试验中,2013 年单产荚果 342.6 kg/666.67 m²,较对照鲁花 11 号增产 12.1%;2014 年单产荚果 358.7 kg/666.67 m²,较对照鲁花 11 号增产 15.6%。安徽夏播花生区试,单产荚果 251.33 kg/666.67 m²,比对照白沙 1016 增产 11.53%。

适宜种植区域: 适合山东和邻近省份花生产区种植。

七十二、三 花 6 号

申请者: 河南省三九种业有限公司

登记编号: GPD 花生(2018)410194

品种来源: 花育 23×开农 176

特征特性: 珍珠豆型,油食兼用。生育期 115 d 左右。株型直立,叶色深绿,结果集中。主茎高 33 cm,侧枝长 40 cm,分枝数 20 条左右。荚果网纹细、稍浅,子仁浅红色。平均百果重 176.5 g,平均百仁重 76.7 g。平均出米率 75.1%。子仁含油量 54.08%、蛋白质含量 22.4%、油酸含量 80.4%、亚油酸含量 2.73%、棕榈酸含量 6.16%。茎蔓粗蛋白含量 9.2%。

产量表现: 荚果第 1 生长周期每 666.67 m² 367.3 kg,比对照花育 23 号增产 7.68%;第 2 生长周期每 666.67 m² 357.9 kg,比对照花育 23 号增产 6.04%。子仁第 1 生长周期每 666.67 m² 269.9 kg,比对照花育 23 号增产 10.52%;第 2 生长周期每 666.67 m² 260.9 kg,比对照花育 23 号增产 5.33%。

适宜种植区域: 适宜在河南、山东、辽宁花生产区春播、夏播种植。

七十三、三 花 7 号

申请者: 河南省三九种业有限公司

登记编号: GPD 花生(2018)410284

品种来源: 花育 19×开农 176

特征特性: 普通型油食兼用品种。生育期 118～125 d。株型直立、疏枝,连续开花。主茎高 42 cm 左右,侧枝长 47 cm 左右。分枝数 10～12 条,结果枝 9～11 条。叶片深绿色,椭圆形,中大。荚果普通形,果嘴弱,网纹细稍深,缩缢中。子仁椭圆形,种皮粉红色。百果重 206.5～217.3 g,百仁重 93.8～105.4 g,出米率 70.1%～72.7%。饱果率 78.9%～87.2%。子仁含油量 55.13%、蛋白质含量 23.5%、油酸含量 78.9%、亚油酸含量 3.87%、棕榈酸含量 5.94%。茎蔓粗蛋白含量 12.1%。

产量表现: 荚果第 1 生长周期每 666.67 m² 406.2 kg,比对照花育 19 号增产 9.99%;第 2 生长周期每 666.67 m² 389.6 kg,比对照花育 19 号增产 8.37%。子仁第 1 生长周期每 666.67 m² 285.4 kg,比对照花育 19 号增产 8.85%;第 2 生长周期每 666.67 m² 276.5 kg,比对照花育 19 号增产 8.18%。

适宜种植区域：适宜在河南花生产区春播、夏播种植。

七十四、新 花 15 号

申请者：新乐市种子有限公司、河北农业大学

登记编号：GPD 花生(2018)130257

品种来源：XL56×GXL02－3

特征特性：普通型，鲜食、油食兼用。生育期 125～130 d。株型直立。叶片长椭圆形，深绿色。连续开花，花色橙黄。荚果茧形。子仁椭圆形，浅红色，有裂纹、无油斑。种子休眠性强。主茎高 35.9 cm，侧枝长 38.8 cm。总分枝数 7.2 条，结果枝数 6.0 条。单株果数 17.8 个，单株产量 24.9 g。百果重 217 g，百仁重 90 g。千克果数 584 个，千克仁数 1 370 个。出米率 73.1%。子仁含油量 55.74%、蛋白质含量 23.47%、油酸含量 81.6%、亚油酸含量 2.9%。

产量表现：荚果第 1 生长周期每 666.67 m² 328.9 kg，比对照冀花 4 号增产 7.0%；第 2 生长周期每 666.67 m² 316.5 kg，比对照冀花 4 号增产 7.2%。子仁第 1 生长周期每 666.67 m² 242.2 kg，比对照冀花 4 号增产 7.9%；第 2 生长周期每 666.67 m² 227.9 kg，比对照冀花 4 号增产 7.5%。

适宜种植区域：适宜在河北春播地膜或者露地、麦套夏播种植。

七十五、新 花 17 号

申请者：新乐市种子有限公司、河北农业大学

登记编号：GPD 花生(2018)130256

品种来源：XL1×GXL09－5

特征特性：普通型，鲜食、油食兼用高油酸花生。生育期 128 d。株型直立。叶片长椭圆形，深绿色。连续开花，花色橙黄。荚果茧形。子仁椭圆形，浅红色，无裂纹，有油斑。主茎高 37.8 cm，侧枝长 40.6 cm。总分枝数 6.8 条，结果枝数 5.8 条。单株果数 15.3 个，单株产量 18.6 g。百果重 183 g，百仁重 81 g。千克果数 697 个，千克仁数 1 605 个。出米率 73.0%。子仁含油量 55.34%、蛋白质含量 24.3%、油酸含量 78.2%、亚油酸含量 6.7%。

产量表现：荚果第 1 生长周期每 666.67 m² 325.2 kg，比对照冀花 4 号增产 5.8%；第 2 生长周期每 666.67 m² 311.5 kg，比对照冀花 4 号增产 5.5%。子仁第 1 生长周期每 666.67 m² 237.4 kg，比对照冀花 4 号增产 5.8%；第 2 生长周期每 666.67 m² 223.4 kg，比对照冀花 4 号增产 5.4%。

适宜种植区域：适宜在河北春播地膜或者露地、麦套夏播种植。

七十六、易 花 1212

申请者：保定市易园生态农业科技开发有限公司

登记编号：GPD 花生(2018)130150

品种来源：冀花 4 号×花育 32 号

特征特性：普通型,食用、鲜食、油用、油食兼用。属疏枝直立小果花生。生育期115～125 d。株型直立、紧凑。叶片椭圆形,绿色。连续开花,花色橙黄。主茎高34.56 cm,分枝长36.27 cm。总分枝数7.82条,结果枝数6.1条。单株结果数19.7个,单株生产力21.9 g,饱果率86.2%。荚果普通形,整齐、美观、饱满,网纹清晰细浅,果嘴钝。子仁椭圆形,外种皮粉红色,内种皮浅黄色。百果重175.63 g,千克果数721个。百仁重72.1 g,千克仁数1 629个。出米率75.2%。无油斑,无裂纹,口感细腻,适口性好,商品性好。子仁含油量49.20%、蛋白质含量23.20%、油酸含量79.60%、亚油酸含量3.74%。

产量表现：荚果第1生长周期每666.67 m² 367.63 kg,比对照花育20号增产9.23%;第2生长周期每666.67 m² 326.79 kg,比对照花育20号增产8.66%。子仁第1生长周期每666.67 m² 279.77 kg,比对照花育20号增产12.85%;第2生长周期每666.67 m² 242.80 kg,比对照花育20号增产10.77%。

适宜种植区域：适宜在黄淮海生态区河北、河南北部花生产区春播和麦套区域种植。

七十七、易 花 1314

申请者：保定市易园生态农业科技开发有限公司

登记编号：GPD花生(2018)130151

品种来源：花育23号×冀花11号

特征特性：普通型,食用、鲜食、油用、油食兼用。属疏枝直立小粒花生。生育期120～130 d。株型直立、紧凑。叶片椭圆形,绿色。连续开花,花色橙黄。主茎高36.51 cm,分枝长39.33 cm。总分枝数8.9条,结果枝数6.6条。单株结果数22.3个,单株生产力21.1 g,饱果率85.7%。荚果普通形,整齐、美观、饱满,网纹清晰细浅,果嘴钝。子仁椭圆形,外种皮粉红色,内种皮浅黄色。百果重140.8 g,千克果数836个。百仁重61.1 g,千克仁数1 833个。出米率75.2%。双仁果多,饱果率高,无油斑、无裂纹,口感细腻、适口性好,商品性好。子仁含油量48.40%、蛋白质含量25.40%、油酸含量79.20%、亚油酸含量3.02%。

产量表现：荚果第1生长周期每666.67 m² 389.37 kg,比对照花育20号增产15.68%;第2生长周期每666.67 m² 338.95 kg,比对照花育20号增产17.05%。子仁第1生长周期每666.67 m² 288.52 kg,比对照花育20号增产12.06%;第2生长周期每666.67 m² 245.74 kg,比对照花育20号增产12.11%。

适宜种植区域：适宜在黄淮海生态区河北、河南北部花生产区春播和麦套区域种植。

七十八、百 花 3 号

申请者：河南百富泽农业科技有限公司

登记编号：GPD花生(2019)410254

品种来源：开农H03-3×白沙1016

特征特性：普通型,食用、鲜食、油食兼用。生育期118 d。直立疏枝,主茎有花序,连续开花。叶片绿色,椭圆形,中等大小。主茎高37.8 cm,侧枝长40.3 cm。总分枝数9.68条,结果枝数7.6条。荚果普通形,缩缢程度弱到中,果嘴明显程度弱,网纹中、较浅。子仁柱形,种皮浅红色,内种皮深黄色。百果重 183.1 g,百仁重 77.2 g。出米率 72.3%。饱果率 77.6%。子仁含油量 53.26%、蛋白质含量 25.81%、油酸含量 77.2%、亚油酸含量 9.33%。

产量表现:莢果第 1 生长周期每 666.67 m² 324.6 kg,比对照远杂 9102 增产 5.91%; 第 2 生长周期每 666.67 m² 335.6 kg,比对照远杂 9102 增产 7.43%。子仁第 1 生长周期每 666.67 m² 234.7 kg,比对照远杂 9102 增产 4.18%;第 2 生长周期每 666.67 m² 242.6 kg, 比对照远杂 9102 增产 5.67%。

适宜种植区域:适宜在河南春播、麦套、夏播种植。

七十九、邦 农 2 号

申请者:河南邦农种业有限公司

登记编号:GPD 花生(2019)410167

品种来源:开农 H03-3×冀油 5 号

特征特性:珍珠豆型,食用、鲜食、油食兼用。夏播生育期 115 d 左右。疏枝型,连续开花。主茎高 58.7 cm,侧枝长 60.5 cm。总分枝数 8~10 条,结果枝数 7.2 条。单株结果数 14.5 个,单株生产力 16.8 g。叶片长椭圆形,深绿色。莢果茧形,网纹表面质地粗糙,缩缢程度中,果嘴明显程度弱。子仁桃形,浅红色,有光泽。百果重 175.6 g,百仁重 68.4 g。出米率 76.2%。子仁含油量 51.3%、蛋白质含量 20.5%、油酸含量 77.8%、亚油酸含量 4.2%。

产量表现:莢果第 1 生长周期每 666.67 m² 310.8 kg,比对照远杂 9102 增产 3.19%; 第 2 生长周期每 666.67 m² 330.8 kg,比对照远杂 9102 增产 6.61%。子仁第 1 生长周期每 666.67 m² 233.7 kg,比对照远杂 9102 增产 2.1%;第 2 生长周期每 666.67 m² 248.8 kg,比对照远杂 9102 增产 5.51%。

适宜种植区域:适宜在河南春播、麦套、夏播等花生产区种植。

八十、德利昌花 6 号

申请者:河南省德利昌种子科技有限公司

登记编号:GPD 花生(2019)410255

品种来源:冀花 16 号系选变异单株

特征特性:普通型,油食兼用。生育期 110~130 d。疏枝直立,连续开花。叶片绿色,椭圆形。主茎高 36.6 cm,侧枝长 38.3 cm。总分枝数 6.3 条,结果枝数 5.1 条。莢果为普通形。子仁椭圆形,外种皮浅红色,内种皮黄色。百果重 221 g,百仁重 78 g。出米率 71.7%。子仁含油量 53.99%、蛋白质含量 26.42%、油酸含量 81.90%、亚油酸含量 4.32%。抗青枯病、叶斑病和锈病,感网斑病,抗旱耐涝。

产量表现:莢果第 1 生长周期每 666.67 m² 376.77 kg,比对照远杂 9102 增产 10.10%;第 2 生长周期每 666.67 m² 364.16 kg,比对照远杂 9102 增产 10.39%。子仁第 1 生长周期每 666.67 m² 269.39 kg,比对照远杂 9102 增产 4.54%;第 2 生长周期每 666.67 m² 261.83 kg,比对照远杂 9102 增产 3.76%。

适宜种植区域:适宜在河南春播、麦套、夏直播种植。

八十一、冠　花　8

申请者：山东金诺种业有限公司

登记编号：GPD 花生(2019)370236

品种来源：农大 226×8y07

特征特性：油食兼用,普通型大花生品种。生育期 127～129 d。株型直立。叶片长椭圆形。主茎高 38 cm,侧枝长 42 cm。总分枝数 7～8 条。荚果普通形,网纹浅。子仁椭圆形、粉红色、无裂纹。百果重 169.3 g,百仁重 93.95 g。出米率 70.8%。子仁含油量 57.1%、蛋白质含量 26.9%、油酸含量 78.57%、亚油酸含量 6.54%。茎蔓粗蛋白含量 2.87%。抗青枯病、叶斑病和锈病。

产量表现：荚果第 1 生长周期每 666.67 m² 380.5 kg,比对照花育 25 号增产 10.8%;第 2 生长周期每 666.67 m² 366.5 kg,比对照花育 25 号增产 11.2%。子仁第 1 生长周期每 666.67 m² 268.6 kg,比对照花育 25 号增产 10.5%;第 2 生长周期每 666.67 m² 269.1 kg,比对照花育 25 号增产 11.0%。

适宜种植区域：适宜在山东春花生及麦套产区种植。

八十二、冠　花　9

申请者：山东金诺种业有限公司

登记编号：GPD 花生(2019)370301

品种来源：从开农 61 中系统选育出单株

特征特性：普通型,油用、油食兼用。属直立疏枝花生品种,连续开花。春播生育期 126～128 d。主茎高 43.9 cm,侧枝长 47.1 cm。总分枝数 8 条,结果枝数 6.5 条。荚果网纹细。百果重 193.6 g,百仁重 89.2 g。出米率 70.1%。子仁含油量 56.5%、蛋白质含量 18.4%、油酸含量 76.5%、亚油酸含量 6.44%。茎蔓粗蛋白含量 2.1%。

产量表现：荚果第 1 生长周期每 666.67 m² 376 kg,比对照花育 25 号增产 10.2%;第 2 生长周期每 666.67 m² 366.2 kg,比对照花育 25 号增产 10.8%。子仁第 1 生长周期每 666.67 m² 264.5 kg,比对照花育 25 号增产 10.1%;第 2 生长周期每 666.67 m² 255.2 kg,比对照花育 25 号增产 10.8%。

适宜种植区域：适宜在山东春播或麦套种植。

八十三、黑　珍　珠　2 号

申请者：保定市易园生态农业科技开发有限公司

登记编号：GPD 花生(2019)130252

品种来源：(黑珍珠×开农 176)×黑珍珠

特征特性：珍珠豆型,食用、鲜食。株型松散,疏枝直立,连续开花,长势好。生育期 110～126 d。叶片浅绿色,椭圆形。主茎高 37.6 cm,侧枝长 39.1 cm。总分枝数 8.7 条,结果枝数 6.3 条。荚果茧形,整齐美观饱满,果嘴明显程度弱,网纹清晰,缩缢明显程度弱或无。子仁短椭圆形,外种皮深黑色,内种皮白色。百果重 155.1 g,百仁重 58.0 g。出米率 74.4%。无油斑,无裂纹,口感细腻、香、甜,质地酥脆,适口性好。子仁含油量 55.91%、蛋白质含量 28.90%、油酸含量 79.24%、亚油酸含量 3.69%。

产量表现：荚果第 1 生长周期每 666.67 m² 353.83 kg,比对照花育 20 号增产 9.33%; 第 2 生长周期每 666.67 m² 362.75 kg,比对照花育 20 号增产 8.09%。子仁第 1 生长周期每 666.67 m² 260.42 kg,比对照花育 20 号增产 9.78%;第 2 生长周期每 666.67 m² 272.79 kg,比对照花育 20 号增产 10.89%。

适宜种植区域：适宜在河北、河南、山东、辽宁春播或夏播种植。

八十四、红　　甜

申请者：易县源成鑫农作物种植农民专业合作社

登记编号：GPD 花生(2019)130216

品种来源：冀花甜 1 号×开农 1715

特征特性：普通型,食用、鲜食。疏枝直立。早熟,生育期 105～120 d。连续开花,株型直立。一般主茎高 33.6 cm,侧枝长 35.2 cm。总分枝数 8.0 条,结果枝数 6.1 条,单株结果数 18.7 个,单株生产力 19.1 g。叶片绿色,椭圆形。荚果普通形,果嘴钝,网纹细浅,缩缢浅。子仁桃圆形,外种深红色,内种皮白色。百果重 121 g,百仁重 55 g。千克果数 886 个,千克仁数 2 020 个。出米率 73.2%。无油斑,无裂纹,口感甜、香。子仁含油量 52.60%、蛋白质含量 26.70%、油酸含量 77.10%、亚油酸含量 5.60%。

产量表现：荚果第 1 生长周期每 666.67 m² 231.79 kg,比对照四粒红增产 1.56%;第 2 生长周期每 666.67 m² 218.86 kg,比对照四粒红增产 8.36%。子仁第 1 生长周期每 666.67 m² 168.51 kg,比对照四粒红增产 2.41%;第 2 生长周期每 666.67 m² 157.36 kg,比对照四粒红增产 9.27%。

适宜种植区域：适宜在河北、河南花生产区春播、麦套和夏播种植。

八十五、华 育 6 号

申请者：易县易园农业科学研究所

登记编号：GPD 花生(2019)130268

品种来源：濮花 28 号×冀 0607－17

特征特性：普通型,油食兼用。生育期 110～130 d。疏枝直立,连续开花,株型紧凑,长势强。叶片绿色,椭圆形。主茎高 38.7 cm,侧枝长 41.1 cm。总分枝数 7.8 条,结果枝数 5.6 条。荚果普通形,果嘴明显程度中,缩缢明显程度弱。子仁椭圆形,外种皮浅红色,内种皮黄色。百果重 198.8 g,百仁重 85.0 g。千克仁数 1 530 个。出米率 72.1%。子仁含油量 54.91%、蛋白质含量 23.29%、油酸含量 80.50%、亚油酸含量 3.30%。

产量表现：荚果第 1 生长周期每 666.67 m² 379.33 kg,比对照冀花 5 号增产 9.07%; 第 2 生长周期每 666.67 m² 339.96 kg,比对照冀花 5 号增产 7.29%。子仁第 1 生长周期每 666.67 m² 276.15 kg,比对照冀花 5 号增产 10.13%;第 2 生长周期每 666.67 m² 242.73 kg,比

对照冀花 5 号增产 8.66%。

适宜种植区域：适宜在河北、河南、山东春播或麦套种植。

八十六、华 育 308

申请者：易县易园农业科学研究所

登记编号：GPD 花生(2019)130239

品种来源：冀 0607-17×开农 176

特征特性：普通型，油食兼用。生育期 110～130 d，属中早熟品种。疏枝直立，连续开花，株型紧凑，长势好。叶片绿色，椭圆形。主茎高 38.9 cm，侧枝长 40.4 cm。总分枝数 7.5 条，结果枝数 5.5 条。荚果普通形，果嘴明显程度中等，缩缢明显程度弱。子仁椭圆形，外种皮浅红色，内种皮浅黄色。百果重 189.5 g，百仁重 73.0 g。千克果数 606 个，千克仁数 1 530 个。出米率 72.2%。子仁含油量 51.50%、蛋白质含量 24.60%、油酸含量 79.60%、亚油酸含量 2.72%。

产量表现：荚果第 1 生长周期每 666.67 m² 368.63 kg，比对照花育 20 号增产 13.90%；第 2 生长周期每 666.67 m² 377.98 kg，比对照花育 20 号增产 12.63%。子仁第 1 生长周期每 666.67 m² 267.26 kg，比对照花育 20 号增产 12.66%；第 2 生长周期每 666.67 m² 271.77 kg，比对照花育 20 号增产 10.48%。

适宜种植区域：适宜在河北、河南、山东、辽宁、吉林、安徽、湖北春播、麦垄套种或夏播种植。

八十七、京 红

申请者：保定市易园生态农业科技开发有限公司

登记编号：GPD 花生(2019)130223

品种来源：酥珍珠×冀 0607-17

特征特性：普通型，食用、鲜食、油食兼用。生育期 110～130 d，属中早熟品种。疏枝直立，连续开花，株型适中，长势好。叶片浅绿色，椭圆形。主茎高 40.8 cm，侧枝长 43.2 cm。总分枝数 9.8 条，结果枝数 6.6 条。荚果茧形，果嘴明显程度弱，网纹清晰，无明显缩缢。子仁桃形，外种皮深红色，内种皮浅黄色。百果重 158.1 g，百仁重 60.0 g。千克果数 776 个，千克仁数 2 020 个。出米率 72.6%。无油斑，无裂纹，口感细腻、香、甜，质地酥、脆。子仁含油量 51.00%、蛋白质含量 27.20%、油酸含量 80.10%、亚油酸含量 2.55%。

产量表现：荚果第 1 生长周期每 666.67 m² 349.55 kg，比对照花育 20 号增产 8.01%；第 2 生长周期每 666.67 m² 358.67 kg，比对照花育 20 号增产 6.88%。子仁第 1 生长周期每 666.67 m² 255.52 kg，比对照花育 20 号增产 7.71%；第 2 生长周期每 666.67 m² 258.60 kg，比对照花育 20 号增产 5.13%。

适宜种植区域：适宜在河北、河南、山东、辽宁、吉林、安徽、湖北花生产区春播、麦垄套种或夏播种植。

八十八、粮 丰 花 二 号

申请者：郑州粮丰种业有限公司

登记编号：GPD 花生(2019)410207

品种来源：TF22×TF33

特征特性：属中间型油食兼用中熟中粒花生品种。生育期春播 125 d 左右、夏播 120 d 左右。株型直立,连续开花。叶片中等大小、椭圆形、绿色。株高中等,平均主茎 39.1 cm、平均侧枝长 46.8 cm。单株分枝数 8.5 条左右、结果枝数 8.5 条左右、总果数 18.8 条左右、饱果数 14.9 个左右,平均单株生产力 22.4 g。荚果普通形,种仁椭圆形。平均百果重 208.2 g,平均百仁重 85.1 g。平均出米率 70.4%。平均荚果饱满度 63.9%。子仁含油量 55.3%、蛋白质含量 25.3%、油酸含量 79.4%、亚油酸含量 2.10%。

产量表现：荚果第 1 生长周期每 666.67 m² 316.40 kg,比对照豫花 14 号增产 13.35%;第 2 生长周期每 666.67 m² 291.7 kg,比对照豫花 14 号增产 10.06%。子仁第 1 生长周期每 666.67 m² 245.79 kg,比对照豫花 14 号增产 16.42%;第 2 生长周期每 666.67 m² 225.81 kg,比对照豫花 14 号增产 10.14%。

适宜种植区域：适宜在河南春播和夏播种植。

八十九、粮 丰 花 一 号

申请者：郑州粮丰种业有限公司

登记编号：GPD 花生(2019)410208

品种来源：TF25×TF33

特征特性：中间型,油食兼用,中熟大粒品种。生育期春播 125 d 左右、夏播 120 d 左右。株型直立,连续开花。叶片中等大小,椭圆形,绿色。株高中等,主茎 40.1 cm、侧枝长 45.8 cm。单株分枝数 9.5 个、结果枝 8.0 个、总果数 18.1 个、饱果数 13.9 个,单株生产力 21.4 g。荚果中间形,网纹不明显,子仁椭圆形。百果重 209.1 g,百仁重 85.5 g。出米率 75.4%。荚果饱满度 62.9%。子仁含油量 53.7%、蛋白质含量 24.4%、油酸含量 77.8%、亚油酸含量 3.07%。

产量表现：荚果第 1 生长周期每 666.67 m² 318.40 kg,比对照豫花 14 号增产 13.66%;第 2 生长周期每 666.67 m² 290.7 kg,比对照豫花 14 号增产 10.94%。子仁第 1 生长周期每 666.67 m² 240.79 kg,比对照豫花 14 号增产 14.59%;第 2 生长周期每 666.67 m² 220.81 kg,比对照豫花 14 号增产 10.39%。

适宜种植区域：适宜在河南适宜地区春、夏播种植。

九十、龙 花 10 号

申请者：山东卧龙种业有限责任公司

登记编号：GPD 花生(2019)370072

品种来源：花育 22×开农 176

特征特性: 中间型,油食兼用。生育期 130 d 左右。苗期生长旺盛,封垄早,结果集中。连续开花,疏枝,小叶长椭圆形。主茎高 50.12 cm,侧枝长 54.28 cm,有效枝长 7.14 cm。总分枝数 9～12 条,有效分枝数 8～10 条。荚果为普通形大果,网纹较细、较明显。子仁椭圆形,种皮粉红色、无裂纹,内种皮金黄色。百果重 225.52 g,百仁重 93.45 g。出米率 71.98%。子仁含油量 53.02%、蛋白质含量 22.47%、油酸含量 82.85%、亚油酸含量 3.40%、油亚比 24.38。茎蔓粗蛋白含量 10.63%。

产量表现: 荚果第 1 生长周期每 666.67 m² 333.17 kg,比对照花育 25 号增产 7.65%;第 2 生长周期每 666.67 m² 357.32 kg,比对照花育 25 号增产 9.26%。子仁第 1 生长周期每 666.67 m² 239.82 kg,比对照花育 25 号增产 8.73%;第 2 生长周期每 666.67 m² 256.97 kg,比对照花育 25 号增产 10.85%。

适宜种植区域: 适宜在山东花生产区春季种植。

九十一、龙 花 11 号

申请者: 山东卧龙种业有限责任公司

登记编号: GPD 花生(2019)370071

品种来源: 花育 22×开农 176

特征特性: 中间型,油食兼用。生育期 126 d 左右。连续开花,疏枝,小叶长椭圆形。主茎高 48.21 cm,侧枝长 56.67 cm,有效枝长 7.67 cm。总分枝数 8～10 条,有效分枝数 7～9 条。荚果为普通形大果,网纹粗浅。子仁长椭圆形,种皮粉红色、无裂纹,内种皮金黄色。百果重 232.48 g,百仁重 96.17 g。出米率 73.02%。子仁含油量 50.35%、蛋白质含量 24.84%、油酸含量 80.40%、亚油酸含量 3.63%、油亚比 22.13。茎蔓粗蛋白含量 10.37%。

产量表现: 荚果第 1 生长周期每 666.67 m² 342.25 kg,比对照花育 22 号增产 10.48%;第 2 生长周期每 666.67 m² 351.81 kg,比对照花育 22 号增产 9.26%。子仁第 1 生长周期每 666.67 m² 249.91 kg,比对照花育 22 号增产 9.73%;第 2 生长周期每 666.67 m² 256.89 kg,比对照花育 22 号增产 8.54%。

适宜种植区域: 适宜在山东花生产区春、夏季直播。

九十二、龙 花 12 号

申请者: 山东卧龙种业有限责任公司

登记编号: GPD 花生(2019)370069

品种来源: 鲁花 11×开农 1715

特征特性: 中间型,油食兼用。生育期 133 d 左右。连续开花,疏枝,小叶长椭圆形。主茎高 47.73 cm,侧枝长 54.26 cm,有效枝长 6.82 cm。总分枝数 8～10 条,有效分枝数 7～9 条。荚果为普通形大果,网纹较光滑。子仁椭圆形,种皮粉红色、无裂纹,内种皮白色。百果重 230.56 g,百仁重 97.95 g。出米率 73.15%。子仁含油量 53.47%、蛋白质含量 25.13%、油酸含量 80.05%、亚油酸含量 3.93%,油亚比 20.36。茎蔓粗蛋白含量 11.37%。

产量表现：荚果第 1 生长周期每 666.67 m² 332.71 kg，比对照花育 25 号增产 7.28%；第 2 生长周期每 666.67 m² 318.95 kg，比对照花育 25 号增产 8.76%。子仁第 1 生长周期每 666.67 m² 243.38 kg，比对照花育 25 号增产 8.06%；第 2 生长周期每 666.67 m² 232.83 kg，比对照花育 25 号增产 9.89%。

适宜种植区域：适宜在山东花生产区春、麦套或夏季直播种植。

九十三、龙 花 13 号

申请者：山东卧龙种业有限责任公司

登记编号：GPD 花生(2019)370068

品种来源：鲁花 11×开农 1715

特征特性：中间型，油食兼用。生育期 132 d 左右。苗期生长旺盛，封垄早，结果集中。连续开花，疏枝，小叶长椭圆形。主茎高 49.25 cm，侧枝长 55.42 cm，有效枝长 6.48 cm。总分枝数 9～11 条，有效分枝数 8～10 条。荚果为普通形大果，网纹粗糙。子仁椭圆形，种皮粉红色、无裂纹，内种皮白色。百果重 223.43 g，百仁重 94.69 g。出米率 72.31%。子仁含油量 52.44%、蛋白质含量 25.86%、油酸含量 81.01%、亚油酸含量 3.89%、油亚比 20.83。茎蔓粗蛋白含量 10.95%。

产量表现：荚果第 1 生长周期每 666.67 m² 326.24 kg，比对照花育 25 号增产 5.25%；第 2 生长周期每 666.67 m² 330.75 kg，比对照花育 25 号增产 4.32%。子仁第 1 生长周期每 666.67 m² 235.90 kg，比对照花育 25 号增产 7.14%；第 2 生长周期每 666.67 m² 239.17 kg，比对照花育 25 号增产 6.23%。

适宜种植区域：适宜在山东花生产区春、夏季直播种植。

九十四、龙 花 1 号

申请者：山东卧龙种业有限责任公司

登记编号：GPD 花生(2019)370075

品种来源：鲁花 11 号×开选 016

特征特性：中间型，油食兼用，属小花生品种。生育期 125 d 左右。连续开花，株型直立，株高 22.4 cm。侧枝长 25.1 cm，总分枝数 9 条。叶片椭圆形、叶色绿色。荚果普通形，果嘴微钝，网纹粗、稍浅，缩缢浅。千克果数 982 个，千克仁数 2 284 个。百果重 139 g，百仁重 56 g。出米率 71.2%。子仁含油量 53.12%、蛋白质含量 23.35%、油酸含量 80.85%、亚油酸含量 2.86%、油亚比 28.87。茎蔓粗蛋白含量 10.63%。

产量表现：荚果第 1 生长周期每 666.67 m² 261.08 kg，比对照鲁花 20 号增产 10.50%；第 2 生长周期每 666.67 m² 310.12 kg，比对照鲁花 20 号增产 10.04%。子仁第 1 生长周期每 666.67 m² 185.83 kg，比对照鲁花 20 号增产 10.30%；第 2 生长周期每 666.67 m² 220.72 kg，比对照鲁花 20 号增产 9.86%。

适宜种植区域：适宜在山东花生产区春、夏季直播或套种种植。

九十五、农 花 66

申请者: 河南三农种业有限公司

登记编号: GPD 花生(2019)410021

品种来源: 豫花 9327×花育 19

特征特性: 属油食兼用,普通型。生育期 111 d。苗期长势较强,花期长势较强,结实集中,抗倒性较强。连续开花、疏枝直立。叶片浓绿色、椭圆形、中大。主茎高 49.1 cm,侧枝长 52.6 cm。总分枝数 7.7 条,结果枝数 6.6 条,单株饱果数 14.4 个。荚果普通形,缩缢较浅,果嘴钝,网纹细、较浅。子仁椭圆形,种皮粉红色,内种皮金黄色。百果重 203.6 g,百仁重 70 g。出米率 69.1%。饱果率 80.9%。子仁含油量 52.0%、蛋白质含量 20.0%、油酸含量 78.6%、亚油酸含量 4.23%、油亚比 18.58。

产量表现: 荚果第 1 生长周期每 666.67 m² 247.0 kg,比对照豫花 9327 增产 10.1%;第 2 生长周期每 666.67 m² 262.2 kg,比对照豫花 9327 增产 12.5%。子仁第 1 生长周期每 666.67 m² 193.6 kg,比对照豫花 9327 增产 3.7%;第 2 生长周期每 666.67 m² 223.7 kg,比对照豫花 9327 增产 9.6%。

适宜种植区域: 适宜在辽宁、山东、河南、江苏、湖北、四川春播和夏播种植。

九十六、万 花 019

申请者: 河南万担粮农业科技有限公司

登记编号: GPD 花生(2019)410256

品种来源: 淮选 08 - 17×万选 06 - 14

特征特性: 普通型,油食兼用,属直立、早熟、大果高产品种。生长势强,整齐。生育期 115 d 左右。主茎高 51.0 cm,分枝性较好,单株分枝数 12 条。主茎叶数 10 片,叶片大小中等、宽椭圆形,叶色深绿。荚果茧形,果嘴钝,网纹粗深。子仁浅红色,单株果数 20 个,饱果率 88.4%,双仁果率 85.5%,百果重 212.0 g,出米率 72.3%。子仁含油量 51.8%、蛋白质含量 21.2%、油酸含量 79.8%、亚油酸含量 3.88%。茎蔓粗蛋白含量 15.71%。

产量表现: 荚果第 1 生长周期每 666.67 m² 490.6 kg,比对照豫花 34 号增产 6.3%;第 2 生长周期每 666.67 m² 496.9 kg,比对照豫花 34 号增产 6.6%。子仁第 1 生长周期每 666.67 m² 354.7 kg,比对照豫花 34 号增产 6.3%;第 2 生长周期每 666.67 m² 359.2 kg,比对照豫花 34 号增产 6.6%。

适宜种植区域: 适宜在河南种植。

九十七、为 农 花 1 号

申请者: 沈阳为农利丰科技有限公司

登记编号: GPD 花生(2019)210159

品种来源: 青兰 2 号×FW - 17

特征特性: 珍珠豆型,食用、鲜食、油用。生育期 120 d。株型直立,连续开花。主茎高

32.9 cm,侧枝长 36.5 cm。分枝数 6.7 个,单株荚果数 11.8 个。叶片椭圆,叶色为绿,花色为黄。荚果缩缢程度弱,果嘴明显程度弱,表面质地为中等。种皮颜色数量为单色,浅红,种皮内表皮颜色浅黄,子仁柱形,种皮无裂纹,种子休眠性强。百果重 169.3 g,百仁重 69.5 g。出米率 72%。子仁含油量 53.48%、蛋白质含量 21.6%、油酸含量 80.7%、亚油酸含量 3.64%。茎蔓粗蛋白含量 12.9%,叶粗蛋白 20%。

产量表现:荚果第 1 生长周期平均每 666.67 m² 270.50 kg,比对照白沙 1016 增产 15.3%;子仁第 1 生长周期平均每 666.67 m² 197.10 kg,比对照白沙 1016 增产 23.5%。

适宜种植区域:适宜在辽宁全部地区及东北湿润、半湿润生态区春季种植。

九十八、新 育 7 号

申请者:韩鹏
登记编号:GPD 花生(2019)130228
品种来源:A94-5×GXL02-3
特征特性:普通型,鲜食、油食兼用。生育期 130 d。株型直立。叶片长椭圆形,深绿色。连续开花,花色橙黄。主茎高 40.9 cm,侧枝长 45.7 cm。总分枝数 8.2 条,结果枝数 7.8 条。单株结果数 18.0 个,单株产量 22.7 g。荚果普通形。子仁椭圆形、浅红色、少有裂纹、无油斑,种子休眠性强。百果重 243.8 g,百仁重 120.9 g。千克果数 583 个,千克仁数 1 270 个。出米率 72.91%。子仁含油量 53.84%、蛋白质含量 23.46%、油酸含量 75.60%、亚油酸含量 7.12%。

产量表现:荚果第 1 生长周期每 666.67 m² 337.1 kg,比对照冀花 4 号增产 9.7%;第 2 生长周期每 666.67 m² 326.0 kg,比对照冀花 4 号增产 10.4%。子仁第 1 生长周期每 666.67 m² 246.1 kg,比对照冀花 4 号增产 9.7%;第 2 生长周期每 666.67 m² 237.9 kg,比对照冀花 4 号增产 12.2%。

适宜种植区域:适宜在河北地膜或者露地、麦套种植。

九十九、鑫 花 1 号

申请者:易县源成鑫农作物种植农民专业合作社
登记编号:GPD 花生(2019)130240
品种来源:冀 0607-17×濮花 28 号
特征特性:普通型,鲜食、油食兼用。生育期 110~127 d,属中早熟品种。疏枝直立,连续开花,株型紧凑,长势好。叶片绿色,椭圆形。主茎高 39.3 cm,侧枝长 42.7 cm。总分枝数 7.6 条,结果枝数 5.2 条。荚果普通形,果嘴明显程度弱,缩缢明显程度弱。百果重 171 g,千克果数 580 个。子仁椭圆形,外种皮浅红色,内种皮浅黄色。百仁重 74.0 g,千克仁数 1 606 个。出米率 72.2%。子仁含油量 49.30%、蛋白质含量 26.20%、油酸含量 80.20%、亚油酸含量 2.81%。

产量表现:荚果第 1 生长周期每 666.67 m² 362.86 kg,比对照花育 20 号增产 12.12%;第 2 生长周期每 666.67 m² 381.76 kg,比对照花育 20 号增产 13.76%。子仁第 1

生长周期每 666.67 m² 264.89 kg,比对照花育 20 号增产 11.66％;第 2 生长周期每 666.67 m² 275.63 kg,比对照花育 20 号增产 12.05％。

适宜种植区域: 适宜在河北、河南、山东、辽宁、吉林、安徽、湖北等地春播、麦垄套种或夏播种植。

一〇〇、鑫 花 5 号

申请者: 易县源成鑫农作物种植农民专业合作社

登记编号: GPD 花生(2019)130152

品种来源: 开农 61 系选

特征特性: 普通型,食用、鲜食,疏枝直立的小粒花生。生育期 110～125 d。叶片长椭圆形、绿色。连续开花,花色橙黄。株型直立。主茎高 36.2 cm,分枝长 37.9 cm。总分枝数 9.0 条,结果枝数 7.2 条。单株结果数 23.1 个,单株生产力 22 g。荚果茧形,果嘴钝,网纹细深,缩缢浅,双仁果多。百果重 171.2 g,千克果数 720 个。子仁桃形,外种皮浅红色,内种皮白色,无裂纹,无油斑。百仁重 70.2 g,千克仁数 1 616 个。出米率 74.10％。子仁含油量 52.60％、蛋白质含量 24.30％、油酸含量 77.60％、亚油酸含量 5.50％。

产量表现: 荚果第 1 生长周期每 666.67 m² 351.78 kg,比对照远杂 9102 增产 6.82％;第 2 生长周期每 666.67 m² 330.98 kg,比对照远杂 9102 增产 9.17％。子仁第 1 生长周期每 666.67 m² 259.97 kg,比对照远杂 9102 增产 6.10％;第 2 生长周期每 666.67 m² 245.92 kg,比对照远杂 9102 增产 7.01％。

适宜种植区域: 适宜在河北、河南花生产区春播、麦套和夏播种植。

一〇一、鑫 花 6 号

申请者: 易县源成鑫农作物种植农民专业合作社

登记编号: GPD 花生(2019)130153

品种来源: 冀花 11 号×yx61－8

特征特性: 普通型,油食兼用,密枝直立的小粒花生品种。生育期 110～125 d。叶片椭圆形、绿色。连续开花,花色橙黄。株型直立。主茎高 35.7 cm,分枝长 37.6 cm。总分枝数 18.8 条,结果枝数 12.6 条。单株结果数 24.1 个,单株生产力 22.5 g。荚果普通形,果嘴弱,网纹浅,缩缢明显,表面光滑,果壳硬。百果重 116.9 g,千克果数 876 个。子仁椭圆形,外种皮浅红色,内种皮浅黄色,无裂纹,少有油斑。种子休眠性强。百仁重 52.9 g,千克仁数 1 996 个。出米率 73.10％。子仁含油量 54.70％、蛋白质含量 23.80％、油酸含量 79.90％、亚油酸含量 2.80％。

产量表现: 荚果第 1 生长周期每 666.67 m² 356.86 kg,比对照花育 20 号增产 6.03％;第 2 生长周期每 666.67 m² 313.89 kg,比对照花育 20 号增产 8.40％。

适宜种植区域: 适宜在河北、河南花生产区春播、麦套和夏播种植。

一〇二、鑫 优 17

申请者: 大绿河北种业科技有限公司

登记编号：GPD 花生(2019)130121

品种来源：HM78－68×HF895

特征特性：普通型,油食兼用。生育期 126～130 d。叶片长椭圆形,深绿色。连续开花,花色橙黄。株型直立。主茎高 47 cm,侧枝长 41 cm,总分枝数 6.6 条。单株结果数 13～15 个,单株生产力 19～21 g。荚果普通形。子仁椭圆形,粉红色、无裂纹、无油斑。百果重 210～220 g,百仁重 90～95 g。千克果数 600～625 个,千克仁数 1 450～1 470 个。出米率 68.3%。子仁含油量 55.2%、蛋白质含量 22.7%、油酸含量 80.9%、亚油酸含量 4.9%。

产量表现：荚果第 1 生长周期每 666.67 m² 385 kg,比对照冀花 4 号增产 5.77%;第 2 生长周期每 666.67 m² 353 kg,比对照冀花 4 号增产 5.69%。子仁第 1 生长周期每 666.67 m² 263 kg,比对照冀花 4 号增产 3.14%;第 2 生长周期每 666.67 m² 241 kg,比对照冀花 4 号增产 2.99%。

适宜种植区域：适宜在河北春播,地膜或露地种植。

一〇三、易　花　0910

申请者：保定市易园生态农业科技开发有限公司

登记编号：GPD 花生(2019)130007

品种来源：锦引花 1 号×开农 61

特征特性：普通型,油食兼用,疏枝直立的小粒花生。生育期 115～126 d。叶片绿色,椭圆形。连续开花,长势强。主茎高 33.8 cm,分枝长 37.2 cm。总分枝数 7.9 条,结果枝数 6.6 条。单株结果数 19.6 个,单株生产力 21.7 g。饱果率 81.8%。荚果普通形,整齐美观饱满,网纹清晰浅,双仁果多,饱果率高。百果重 148.3 g,千克果数 726 个。子仁椭圆形,外种皮粉红色,内种皮黄色。百仁重 61 g,千克仁数 1 767 个。出米率 77.0%。子仁含油量 47.00%、蛋白质含量 25.50%、油酸含量 77.20%、亚油酸含量 4.56%。

产量表现：荚果第 1 生长周期每 666.67 m² 366.35 kg,比对照花育 20 号增产 8.84%;第 2 生长周期每 666.67 m² 345.37 kg,比对照花育 20 号增产 19.27%。子仁第 1 生长周期每 666.67 m² 284.65 kg,比对照花育 20 号增产 10.55%;第 2 生长周期每 666.67 m² 263.52 kg,比对照花育 20 号增产 20.22%。

适宜种植区域：适宜在河北、河南、辽宁花生产区春播、麦垄套种和夏播种植。

一〇四、易　花　10　号

申请者：保定市易园生态农业科技开发有限公司

登记编号：GPD 花生(2019)130054

品种来源：易花 2 号×开农 176

特征特性：普通型,鲜食、油食兼用,疏枝直立、早熟、中大果花生。生育期 110～120 d。株型直立、紧凑,连续开花。叶片长椭圆形,深绿色。主茎高 33.5 cm,侧枝长 35.6 cm。总分枝数 8.9 条,结果枝数 6.8 条。单株结果数 15.1 个,单株生产力 18.8 g。荚果普通形,网纹清晰细深,果嘴明显。百果重 196.3 g,千克果数 496 个。子仁椭圆形,外种皮浅红色,内种皮浅黄色,无油斑,无裂纹,口感细腻、酥脆。百仁重 80.7 g,千克仁数 1 280 个。出米率 78.6%。子仁含油量 50.40%、蛋白质含量 25.50%、油酸含量 78.60%、亚油酸含量 3.32%。

产量表现: 荚果第 1 生长周期每 666.67 m² 363.35 kg,比对照冀花 5 号增产 4.48%;第 2 生长周期每 666.67 m² 328.57 kg,比对照冀花 5 号增产 3.70%。子仁第 1 生长周期每 666.67 m² 288.14 kg,比对照冀花 5 号增产 14.92%;第 2 生长周期每 666.67 m² 255.96 kg,比对照冀花 5 号增产 14.59%。

适宜种植区域: 适宜在河北、河南花生产区春播、麦套区域种植,也可夏播种植。

一〇五、易 花 11 号

申请者: 保定市易园生态农业科技开发有限公司

登记编号: GPD 花生(2019)130004

品种来源: 海花 1 号×开农 176

特征特性: 普通型,食用、鲜食,疏枝直立、中早熟大花生。生育期 115～130 d。株型直立、紧凑,连续开花。叶片长椭圆形,绿色。主茎高 37.5 cm,侧枝长 40.6 cm。总分枝数 8.9 条,结果枝数 7.2 条。单株结果数 14.7 个,单株生产力 19.9 g。荚果普通形,网纹浅,果嘴不明显,果壳表面光滑。百果重 246 g,千克果数 418 个。子仁椭圆形,外种皮浅红色,内种皮浅黄色,有油斑,稍有裂纹。百仁重 85.9 g,千克仁数 1 147 个。出米率 71.2%。子仁含油量 55.10%、蛋白质含量 25.70%、油酸含量 78.90%、亚油酸含量 2.72%。

产量表现: 荚果第 1 生长周期每 666.67 m² 377.69 kg,比对照冀花 5 号增产 8.60%;第 2 生长周期每 666.67 m² 348.73 kg,比对照冀花 5 号增产 10.06%。子仁第 1 生长周期每 666.67 m² 271.18 kg,比对照冀花 5 号增产 8.15%;第 2 生长周期每 666.67 m² 246.20 kg,比对照冀花 5 号增产 10.22%。

适宜种植区域: 适宜在河北、河南花生产区春播、麦套区域种植。

一〇六、易 花 12 号

申请者: 保定市易园生态农业科技开发有限公司

登记编号: GPD 花生(2019)130055

品种来源: 花育 32 号×濮科花 5 号

特征特性: 普通型,鲜食、油食兼用。生育期 110～125 d。叶片椭圆形,绿色。连续开花,花色橙黄。株型直立,主茎高 31.9 cm,分枝长 33.3 cm。总分枝数 7.7 条,结果枝数 6.1 条。单株结果数 21.8 个,单株生产力 22.6 g。饱果率 82.1%。荚果普通形,网纹清晰细深,果嘴明显,双仁果多。百果重 165.6 g,千克果数 868 个。子仁椭圆形,外种皮浅红色,内种皮黄色,有油斑,无裂纹,口感细腻、酥脆。百仁重 65.3 g,千克仁数 1 806 个。出米率 77.70%。子仁含油量 52.40%、蛋白质含量 25.20%、油酸含量 78.00%、亚油酸含量 3.34%。

产量表现: 荚果第 1 生长周期每 666.67 m² 341.78 kg,比对照花育 20 号增产 1.54%;第 2 生长周期每 666.67 m² 309.98 kg,比对照花育 20 号增产 7.05%。子仁第 1 生长周期每 666.67 m² 268.64 kg,比对照花育 20 号增产 4.33%;第 2 生长周期每 666.67 m² 238.06 kg,比对照花育 20 号增产 8.60%。

适宜种植区域:适宜在河北、河南花生主产区春播、麦套或夏播种植。

一〇七、易 花 15 号

申请者:保定市易园生态农业科技开发有限公司

登记编号:GPD 花生(2019)130120

品种来源:开农 176×花育 32 号

特征特性:珍珠豆型,食用、鲜食。生育期 110～120 d。疏枝直立。叶片椭圆形,深绿色。连续开花,花色橙黄。主茎高 34.1 cm,侧枝长 36.3 cm。总分枝数 6.2 条,结果枝数 5.5 条。荚果为茧形,果嘴明显程度中,网纹浅,缩缢明显程度中,荚果表面质地中,果壳色暗。百果重 159.7 g,千克果数 740 个。子仁桃圆形,外种皮浅红色,内种皮白色,无裂纹,无油斑,种子休眠性强。百仁重 60.4 g,千克仁数 1 633 个。出米率 74.4%。子仁含油量 55.20%、蛋白质含量 27.00%、油酸含量 80.60%、亚油酸含量 2.44%。

产量表现:荚果第 1 生长周期每 666.67 m² 363.88 kg,比对照花育 20 号增产 8.11%;第 2 生长周期每 666.67 m² 312.56 kg,比对照花育 20 号增产 7.94%。子仁第 1 生长周期每 666.67 m² 271.45 kg,比对照花育 20 号增产 5.43%;第 2 生长周期每 666.67 m² 231.92 kg,比对照花育 20 号增产 5.80%。

适宜种植区域:适宜在河北、河南花生主产区春播、麦套和夏播种植。

一〇八、驿 花 668

申请者:驻马店市博士农种业有限公司

登记编号:GPD 花生(2019)410269

品种来源:远杂 9307×开农 176

特征特性:疏枝直立的珍珠豆型油食兼用花生。生育期 110～120 d。株型直立。叶片椭圆形,绿色,中大。连续开花,花色橙黄。主茎高 30.6 cm,分枝长 33.1 cm。总分枝数 8.1 条,结果枝数 6.3 条。荚果为茧形,果形美观,果嘴钝,网纹细,缩缢浅。双仁果多,百果重 190.2 g。子仁桃形,外种皮浅红色,内种皮白色。百仁重 78.2 g,出米率 74.9%。子仁含油量 53.7%、蛋白质含量 26.2%、油酸含量 80.3%、亚油酸含量 2.72%。

产量表现:荚果第 1 生长周期每 666.67 m² 341.36 kg,比对照远杂 9102 增产 3.65%;第 2 生长周期每 666.67 m² 318.58 kg,比对照远杂 9102 增产 5.08%。子仁第 1 生长周期每 666.67 m² 258.07 kg,比对照远杂 9102 增产 5.33%;第 2 生长周期每 666.67 m² 236.39 kg,比对照远杂 9102 增产 2.86%。

适宜种植区域:适宜在河南、安徽、湖北春播、麦套或夏播种植。

一〇九、郑 花 166

申请者:郑州市郑农种业有限公司、河南省元禾种业有限公司

登记编号：GPD 花生(2019)410241

品种来源：开农 61×远杂 9102

特征特性：珍珠豆型,油食兼用。生育期 115 d 左右。连续开花。株型直立。主茎高 38.5～40.8 cm,侧枝长 41.7～43.7 cm。总分枝数 10 条左右,结果枝数 8.5～11.1 条。叶片椭圆形,中等大小。荚果普通形,荚果缩缢程度中等,果嘴程度弱,荚果表面质地中等。子仁椭圆形,种皮粉红色。百果重 146.2～150.6 g,百仁重 59.6～65.2 g。出米率 72.7%～75%。饱果率 86.7%～88.6%。子仁含油量 45.81%、蛋白质含量 23.7%、油酸含量 75.6%、亚油酸含量 6.38%、棕榈酸含量 7.12%。茎蔓粗蛋白含量 12.3%。

产量表现：荚果第 1 生长周期每 666.67 m² 348.2 kg,比对照花育 20 号增产 4.79%;第 2 生长周期每 666.67 m² 336.5 kg,比对照花育 20 号增产 6.52%。子仁第 1 生长周期每 666.67 m² 253.1 kg,比对照花育 20 号增产 8.35%;第 2 生长周期每 666.67 m² 244.6 kg,比对照花育 20 号增产 9.05%。

适宜种植区域：适宜在河南春、夏季种植。

一一〇、豫 研 花 188

申请者：河南豫研种子科技有限公司

登记编号：GPD 花生(2020)410012

品种来源：豫花 22 号×开选 016

特征特性：珍珠豆型,油食兼用。疏枝直立,连续开花。夏播生育期 113 d 左右。主茎高 42 cm,侧枝长 44 cm。总分枝数 8 条左右,结果枝数 6 条。单株饱果数 10.6 个。叶片浓绿色、椭圆形、中等大小。荚果为茧形,果嘴钝,网纹细、稍深,缩缢浅。子仁桃形,种皮粉红色,有光泽。百果重 189.7 g,百仁重 81.6 g。出米率 72%。饱果率 79.3%。子仁含油量 54.24%、蛋白质含量 24.74%、油酸含量 75.6%、亚油酸含量 6.94%。

产量表现：荚果第 1 生长周期每 666.67 m² 246.22 kg,比对照白沙 1016 增产 9.74%;第 2 生长周期每 666.67 m² 236.87 kg,比对照白沙 1016 增产 10.14%。子仁第 1 生长周期每 666.67 m² 176.56 kg,比对照白沙 1016 增产 9.94%;第 2 生长周期每 666.67 m² 169.98 kg,比对照白沙 1016 增产 10.63%。

适宜种植区域：适宜在河南春播和麦套种植。

一一一、海 花 85 号

申请者：河北浩海嘉农种业有限公司

登记编号：GPD 花生(2020)130001

品种来源：AS4238×AS4415

特征特性：普通形,油食兼用。株型直立,连续开花。平均主茎高 39.6 cm,平均侧枝长 42.6 cm。总分枝数 8.4 条左右,结果枝数 6.8 条左右。单株结果数 15～18 个。叶片长椭圆形、深绿色。荚果普通形,表面质地光滑,荚果缩缢程度弱,果嘴明显程度弱。平均百果重 226.8 g,平均千克果数 441 个。平均百仁重 92.5 g,平均千克子仁数 1 081 个。平均饱果率

85.52%。子仁椭圆形,种皮粉红色,内种皮黄色,种皮无油斑、无裂纹。平均出米率73.8%。子仁含油量52.53%、蛋白质含量27.47%、油酸含量77.31%、亚油酸含量6.95%。茎蔓粗蛋白含量10.5%。

产量表现:荚果第1生长周期每666.67 m² 352 kg,比对照冀花4号增产7.3%;第2生长周期每666.67 m² 361 kg,比对照冀花4号增产7.1%。子仁第1生长周期每666.67 m² 254 kg,比对照冀花4号增产7.6%;第2生长周期每666.67 m² 259 kg,比对照冀花4号增产7.5%。

适宜种植区域:适宜在河北春播和麦套种植。

一一二、宏瑞花6号

申请者:河北宏瑞种业有限公司、石家庄市统帅农业科技有限公司

登记编号:GPD花生(2020)130002

品种来源:冀0212-2×CTWE

特征特性:普通型,食用、油用。生育期123 d。株型直立。叶片长椭圆形,浅绿色。连续开花,花色橙黄。出苗整齐,生长稳健。主茎高45.5 cm,侧枝长51.4 cm。总分枝数8条,结果枝数7条,单株果数17个。百果重213.51 g,百仁重77.72 g。千克果数584个,千克仁数1 464个。出米率67.5%。子仁椭圆形,浅红色,无裂纹,无油斑。子仁含油量50.0%、蛋白质含量28.3%、油酸含量78.6%、亚油酸含量4.64%。

产量表现:荚果第1生长周期每666.67 m² 332.5 kg,比对照冀花2号增产10.3%;第2生长周期每666.67 m² 325.8 kg,比对照冀花2号增产9.6%。子仁第1生长周期每666.67 m² 224.4 kg,比对照冀花2号增产7.3%;第2生长周期每666.67 m² 222.5 kg,比对照冀花2号增产7.5%。

适宜种植区域:适宜在河北春播,地膜或露地种植。

一一三、联科花1号

申请者:河南美邦农业科技有限公司

登记编号:GPD花生(2020)410108

品种来源:TF26×TF34

特征特性:属中间型油食兼用中熟大粒品种。生育期,春播124 d左右、夏播119 d左右。株型直立,连续开花。叶片中等大小,椭圆形,绿色。主茎高40.8 cm,侧枝长44.6 cm。单株分枝数9.7条,结果枝数9.0条。单株结果数19.6个,饱果数16.7个,单株生产力22.3 g。荚果普通形,网纹不明显。百果重211.2 g,荚果饱满度66.1%。种仁椭圆形,出米率70.6%。子仁含油量53.8%、蛋白质含量24.5%、油酸含量77.9%、亚油酸含量3.07%。

产量表现:荚果第1生长周期每666.67 m² 318 kg,比对照豫花14号增产13.6%;第2生长周期每666.67 m² 290 kg,比对照豫花14号增产10.7%。子仁第1生长周期每666.67 m² 240 kg,比对照豫花14号增产14.3%;第2生长周期每666.67 m² 226 kg,比对照豫花14号增产12.4%。

适宜种植区域：适宜在河南春播和夏播种植。

一一四、美花 6236

申请者：河南佳美农业科技有限公司

登记编号：GPD 花生(2020)410027

品种来源：JM102×汴花 4 号

特征特性：普通型，食用、鲜食、油用、油食兼用。生育期 115 d 左右。叶片长椭圆形，深绿色。连续开花，花冠黄色。株型直立，平均主茎高 41.8 cm，平均侧枝长 46.3 cm。总分枝数 8.6 条，结果枝数 5.9 条。单枝饱果数 16.6 个。荚果普通形，荚果缩缢程度中等，果嘴明显程度中等，表面质地中等。子仁椭圆形，种皮浅红色，内种皮深黄色，无油斑，无裂纹，种子休眠性强。平均百果重 216.5 g，平均百仁重 81.2 g。平均出米率 73.3%。子仁含油量 56.3%、蛋白质含量 25.6%、油酸含量 80.3%、亚油酸含量 4.2%。茎蔓粗蛋白含量 7.5%。

产量表现：荚果第 1 生长周期每 666.67 m² 368.5 kg，比对照豫花 15 号增产 9.8%；第 2 生长周期每 666.67 m² 382.1 kg，比对照豫花 15 号增产 9.1%。子仁第 1 生长周期每 666.67 m² 265.1 kg，比对照豫花 15 号增产 10.2%；第 2 生长周期每 666.67 m² 267.9 kg，比对照豫花 15 号增产 9.6%。

适宜种植区域：适宜在河南春播、麦垄套种和夏播种植。

一一五、润花 12

申请者：山东润柏农业科技股份有限公司

登记编号：GPD 花生(2020)370139

品种来源：K0801×CTWE

特征特性：珍珠豆型，油食兼用。生育期 123 d。株型半直立。主茎高 32.5 cm，侧枝长 38.8 cm。总分枝数 14 条，结果枝数 12 条。单株饱果数 56 个。叶片颜色深，长椭圆形，叶片中大。荚果普通形，果嘴明显程度弱，荚果表面质地粗糙，缩缢程度弱。子仁柱形，种皮浅褐色，内种皮浅黄色。百果重 73.31 g，百仁重 52.78 g。出米率 72%。饱果率 88%。子仁含油量 45.6%、蛋白质含量 23.8%、油酸含量 78.8%、亚油酸含量 5.22%。茎蔓粗蛋白含量 7.2%。

产量表现：荚果第 1 生长周期每 666.67 m² 335.4 kg，比对照冀花 11 号增产 16.3%；第 2 生长周期每 666.67 m² 344.3 kg，比对照冀花 11 号增产 18.1%。子仁第 1 生长周期每 666.67 m² 241.5 kg，比对照冀花 11 号增产 18.2%；第 2 生长周期每 666.67 m² 251.3 kg，比对照冀花 11 号增产 14.2%。

适宜种植区域：适宜在山东、河北、河南、辽宁、吉林、新疆种植。

一一六、润花 19

申请者：山东润柏农业科技股份有限公司

登记编号：GPD 花生(2020)370140

品种来源：K0879×CTWE

特征特性：油食兼用普通型大果品种。生育期 130 d。株型半直立。主茎高 36.5 cm，侧枝长 42.3 cm。总分枝数 10 条，结果枝数 10 条。单株饱果数 44 个。叶片颜色浅，椭圆形，叶片极大。荚果普通形，果嘴明显程度弱，荚果表面质地粗糙，缩缢程度中。子仁柱形，种皮浅红色，内种皮深黄色。百果重 152 g，百仁重 108.12 g。出米率 71%。饱果率 82%。子仁含油量 45.6%、蛋白质含量 23.8%、油酸含量 78.8%、亚油酸含量 5.22%。茎蔓粗蛋白含量 8.2%。

产量表现：荚果第 1 生长周期每 666.67 m² 373.5 kg，比对照冀花 16 号增产 14.7%；第 2 生长周期每 666.67 m² 387.8 kg，比对照冀花 16 号增产 14.6%。子仁第 1 生长周期每 666.67 m² 261.5 kg，比对照冀花 16 号增产 12.3%；第 2 生长周期每 666.67 m² 269.5 kg，比对照冀花 16 号增产 11.5%。

适宜种植区域：适宜在山东、河北、河南、辽宁、吉林、新疆春播种植。

一一七、润 花 21

申请者：山东润柏农业科技股份有限公司

登记编号：GPD 花生(2020)370141

品种来源：K0881×CTWE

特征特性：普通型，油食兼用。生育期 131 d。株型直立。主茎高 34.9 cm，侧枝长 42.5 cm。总分枝数 10 条，结果枝数 7 条。单株饱果数 45 个。叶片颜色浅，倒卵形，叶片大。荚果普通形，果嘴明显程度弱，荚果表面质地粗糙，缩缢程度中。子仁柱形，种皮浅红色，内种皮白色。百果重 110.26 g，百仁重 81.59 g。出米率 74%。饱果率 81%。子仁含油量 45.3%、蛋白质含量 23.6%、油酸含量 81.4%、亚油酸含量 3.05%、油亚比 20 以上。茎蔓粗蛋白含量 7.6%。

产量表现：荚果第 1 生长周期每 666.67 m² 367.9 kg，比对照冀花 16 号增产 12.9%；第 2 生长周期每 666.67 m² 383.2 kg，比对照冀花 16 号增产 13.2%。子仁第 1 生长周期每 666.67 m² 275.9 kg，比对照冀花 16 号增产 17.2%；第 2 生长周期每 666.67 m² 283.6 kg，比对照冀花 16 号增产 16.5%。

适宜种植区域：适宜在山东、河南、河北、新疆、辽宁、吉林春播种植。

一一八、润 花 22

申请者：山东润柏农业科技股份有限公司

登记编号：GPD 花生(2020)370142

品种来源：K0801×CTWE

特征特性：普通型，油食兼用。生育期 127 d。株型半直立。主茎高 33.5 cm，侧枝长 43.1 cm。总分枝数 10 条，结果枝数 7 条。单株饱果数 47 个。叶片颜色深，椭圆形，叶片大。荚果普通形，果嘴明显程度中，荚果表面质地粗糙，缩缢程度强。子仁柱形，种皮浅红色，内种皮白色。百果重 123.32 g，百仁重 93.72 g。出米率 76%。饱果率 83%。子仁含油量 45.2%、蛋白质含量 23.2%、油酸含量 81.0%、亚油酸含量 3.02%、油亚比 20 以上。茎蔓粗蛋白含量 9.2%。

产量表现：荚果第 1 生长周期每 666.67 m² 366.4 kg,比对照潍花 16 号增产 12.5%;第 2 生长周期每 666.67 m² 385.8 kg,比对照潍花 16 号增产 14.1%。子仁第 1 生长周期每 666.67 m² 256.5 kg,比对照潍花 16 号增产 12.5%;第 2 生长周期每 666.67 m² 277.8 kg,比对照潍花 16 号增产 10.5%。

适宜种植区域：适宜在山东、河南、新疆、辽宁、吉林春播种植。

一一九、深 花 1 号

申请者：深圳源物种生物科技有限公司

登记编号：GPD 花生(2020)440111

品种来源：汕油 188×冀花 16 号

特征特性：珍珠豆型,食用、鲜食、油用、油食兼用。生育期,春植 120 d,秋植 110 d。植株生势强,株型紧凑、直立,连续开花,疏枝,出苗整齐。主茎高 51.5 cm,侧枝长 52.3 cm。总分枝数 9.3 条,结果枝数 8.3 条。叶片绿色,宽倒卵形,大小中等。结荚整齐、集中,单株结果数 26.4 个。荚果蚕茧形,果嘴钝,网目中小,网纹较浅,缩缢较浅,以双粒荚果为主。子仁桃形,种皮粉红色,有光泽,无裂纹、无油斑,口感细腻,食味好。百果重 186.2 g,百仁重 86.2 g。出米率 71.6%。饱果率 86.1%。子仁含油量 50.86%、蛋白质含量 30.8%、油酸含量 75.2%、亚油酸含量 6.88%。茎蔓粗蛋白含量 13.10%。

产量表现：荚果第 1 生长周期每 666.67 m² 322.2 kg,比对照粤油 13 增产 3.80%;第 2 生长周期每 666.67 m² 338.1 kg,比对照粤油 13 增产 5.62%。子仁第 1 生长周期每 666.67 m² 228.7 kg,比对照粤油 13 增产 5.44%;第 2 生长周期每 666.67 m² 241.1 kg,比对照粤油 13 增产 9.10%。

适宜种植区域：适宜在广东春、秋季种植。

一二〇、深 花 2 号

申请者：深圳源物种生物科技有限公司

登记编号：GPD 花生(2020)440110

品种来源：开农 71×汕油 188

特征特性：珍珠豆型,油食兼用。全生育期春植 120 d,秋植 110 d。连续开花,疏枝,出苗整齐,生势强。株型紧凑、直立。主茎高 41.3 cm,侧枝长 44.3 cm。总分枝数 9.3 条,结果枝数 8.3 条。叶片深绿色,倒卵形,大小中等。结荚整齐集中,单株结果数 25.6 个。荚果蚕茧形,果嘴钝,网目中小,网纹较浅,缩缢较浅,以双粒荚果为主。子仁柱形,种皮粉红色,有光泽,无裂纹、无油斑,口感细腻,食味好。百果重 176.5 g,百仁重 82.3 g。出米率 72.1%。饱果率 87.2%。子仁含油量 52.44%、蛋白质含量 30.4%、油酸含量 78.8%、亚油酸含量 3.65%。茎蔓粗蛋白含量 12.7%。

产量表现：荚果第 1 生长周期每 666.67 m² 318.5 kg,比对照粤油 13 增产 2.61%;第 2

生长周期每 666.67 m² 319.1 kg,比对照粤油 13 减产 0.3%。子仁第 1 生长周期每 666.67 m² 229.1 kg,比对照粤油 13 增产 5.62%;第 2 生长周期每 666.67 m² 228.5 kg,比对照粤油 13 增产 3.4%。

适宜种植区域:适宜在广东春、秋季种植。

一二一、顺 花 1 号

申请者:河南顺丰种业科技有限公司

登记编号:GPD 花生(2020)410121

品种来源:开农 61 变异株

特征特性:普通型,食用、油用。生育期 121 d。株型直立。主茎高 41.7 cm,侧枝长 49.9 cm。总分枝数 10 条,结果枝数 8 条。单株饱果数 17 个。叶片颜色中,倒卵形,叶片中。荚果普通形,果嘴明显程度弱,荚果表面质地中,缩缢程度中。子仁柱形,种皮紫色,内种皮白色。百果重 202.5 g,百仁重 81.7 g。出米率 71.5%。饱果率 82.9%。子仁含油量 48.4%、蛋白质含量 26.0%、油酸含量 79.6%、亚油酸含量 2.88%、棕榈酸含量 6.12%。

产量表现:荚果第 1 生长周期每 666.67 m² 358.0 kg,比对照开农 61 增产 12.7%;第 2 生长周期每 666.67 m² 335.2 kg,比对照开农 61 增产 10.1%。子仁第 1 生长周期每 666.67 m² 256.8 kg,比对照开农 61 增产 14.1%;第 2 生长周期每 666.67 m² 239.0 kg,比对照开农 61 增产 10.9%。

适宜种植区域:适宜在河南、河北花生产区春播、夏播种植。

一二二、统 率 花 8 号

申请者:石家庄市统帅农业科技有限公司、石家庄希普天苑种业有限公司

登记编号:GPD 花生(2020)130015

品种来源:冀 0212－2×TS09－8

特征特性:普通型,食用、油用。生育期 122 d。出苗整齐,生长稳健。株型直立。主茎高 44.8 cm,侧枝长 50.1 cm。总分枝数 8 条,结果枝数 7 条。单株果数 18 个。叶片长椭圆形、浅绿色。连续开花,花色橙黄。子仁椭圆形、浅红色、无裂纹、无油斑。百果重 212.28 g,百仁重 76.92 g。千克果数 589 个,千克仁数 1 486 个。出米率 68.2%。子仁含油量 50.2%、蛋白质含量 28.6%、油酸含量 77.8%、亚油酸含量 4.78%。中感叶斑病。

产量表现:荚果第 1 生长周期每 666.67 m² 330.9 kg,比对照冀花 2 号增产 9.8%;第 2 生长周期每 666.67 m² 327.2 kg,比对照冀花 2 号增产 9.9%。子仁第 1 生长周期每 666.67 m² 220.5 kg,比对照冀花 2 号增产 8.0%;第 2 生长周期每 666.67 m² 228.5 kg,比对照冀花 2 号增产 8.1%。

适宜种植区域:适宜在河北春播,地膜或露地种植。

一二三、植 花 2 号

申请者:驻马店市植物种业有限公司

登记编号：GPD 花生(2020)410024

品种来源：锦引花 1 号×豫花 15

特征特性：普通型,食用、鲜食、油用、油食兼用。疏枝直立,连续开花。春播生育期 122 d,夏播生育期 113 d。主茎高 48.3 cm,侧枝长 52.3 cm。总分枝数 7.3 条,结果枝数 6.0 条。叶片绿色,长椭圆形,中等大小。荚果为普通形,果嘴弱,网纹细、浅,缩缢弱。单株饱果数 11.6 个,饱果率 83.2%。子仁柱形,种皮浅红色,内种皮深黄色。百果重 175.3 g,百仁重 73.2 g。出米率 72.2%。子仁含油量 50.2%、蛋白质含量 25.3%、油酸含量 77.6%、亚油酸含量 9.3%。

产量表现：荚果第 1 生长周期每 666.67 m² 264.3 kg,比对照白沙 1016 增产 8.2%;第 2 生长周期每 666.67 m² 255.8 kg,比对照白沙 1016 增产 10.6%。子仁第 1 生长周期每 666.67 m² 193.5 kg,比对照白沙 1016 增产 5.9%;第 2 生长周期每 666.67 m² 187.2 kg,比对照白沙 1016 增产 8.3%。

适宜种植区域：适宜在河南春播、夏播种植。

一二四、驻科花 2 号

申请者：河南省驻科生物科技有限公司

登记编号：GPD 花生(2020)410008

品种来源：锦引花 1 号×伏花生

特征特性：珍珠豆型,食用、鲜食、油用、油食兼用。春播生育期 122 d,夏播生育期 113 d。株型直立。叶片椭圆形,结果集中,果柄短。主茎高 42.2 cm,侧枝长 51.6 cm。分枝数 8.6 条,结实范围 7.1 cm。荚果茧形。子仁圆形,种皮浅红色,内种皮白色。百果重 156.3 g,百仁重 68.3 g。出米率 74.1%。子仁含油量 50.2%、蛋白质含量 25.6%、油酸含量 77.9%、亚油酸含量 6.2%。

产量表现：荚果第 1 生长周期每 666.67 m² 278.3 kg,比对照白沙 1016 增产 1.1%;第 2 生长周期每 666.67 m² 280.9 kg,比对照白沙 1016 增产 1.5%。子仁第 1 生长周期每 666.67 m² 206.2 kg,比对照白沙 1016 减产 1.2%;第 2 生长周期每 666.67 m² 208.1 kg,比对照白沙 1016 减产 0.8%。

适宜种植区域：适宜在河南春播、夏播种植。

一二五、漠阳花 1 号

申请者：广东漠阳花粮油有限公司

登记编号：GPD 花生(2021)440048

品种来源：开农 61×湛油 30

特征特性：珍珠豆型,鲜食、油用、油食兼用。属密枝直立、连续开花小果花生。生育期 120 d。叶片倒卵形,深绿色。花色浅黄色。株型紧凑,主茎高 53.3 cm,侧枝长 52.8 cm。总分枝数 8.2 条,结果枝数 7.5 条。单株果数 22.6 个。荚果茧形,网纹中等,表面质地中等,缩缢程度弱,果嘴弱。子仁柱形,种皮浅红色,内种皮浅黄色,裂纹极轻到轻,无油斑。种子休眠性弱。百果重 182.0 g,百仁重 73.3 g。出米率 70.1%。子仁含油量 48.38%、蛋白质含量 27.9%、油酸含量 80.2%、亚油酸含量 2.53%、油亚比 31.7。茎蔓粗蛋白含量 11.2%。

产量表现:荚果第 1 生长周期每 666.67 m² 297.6 kg,比对照粤油 13 增产 5.1%;第 2 生长周期每 666.67 m² 306.6 kg,比对照粤油 13 增产 7.5%。

适宜种植区域:适宜在广东春、秋季种植。

一二六、商 垦 1 号

申请者:河南省商垦农业科技有限公司

登记编号:GPD 花生(2021)410020

品种来源:冀花 16 号×开农 61

特征特性:普通型,食用、油用、油食兼用。属疏枝直立、连续开花的普通型大果花生。生育期 120 d。叶片长椭圆形,深绿色。花色橙黄。株型紧凑。主茎高 24.8 cm,侧枝长 25.2 cm。总分枝数 9.1 条,结果枝数 8.5 条,单株果数 27.1 个。荚果普通形,果壳网纹中等,表面质地光滑至中等,果较长,荚果缩缢程度中等,果嘴弱到中。百果重 198.1 g,饱果率 86.3%。子仁柱形,种皮浅红色,内种皮浅黄色,无裂纹、无油斑。种子休眠性弱。百仁重 88.2 g,出米率 72.1%。子仁含油量 55.48%、蛋白质含量 22.92%、油酸含量 80.9%、亚油酸含量 2.99%、油亚比 27.06。

产量表现:荚果第 1 生长周期每 666.67 m² 344.2 kg,比对照豫花 9326 增产 10.9%;第 2 生长周期每 666.67 m² 338.6 kg,比对照豫花 9326 增产 10.6%。子仁第 1 生长周期每 666.67 m² 236.7 kg,比对照豫花 9326 增产 11.3%;第 2 生长周期每 666.67 m² 230.6 kg,比对照豫花 9326 增产 9.9%。

适宜种植区域:适宜在河南春播、夏播种植。

一二七、商 垦 2 号

申请者:河南省商垦农业科技有限公司

登记编号:GPD 花生(2021)410021

品种来源:开农 61×冀花 5 号

特征特性:普通型,食用、油用、油食兼用。属疏枝直立、连续开花的普通型花生。生育期 120 d。叶片长椭圆形、中等大小,叶呈绿色。花色橙黄。株型紧凑。主茎高 23.8 cm,侧枝长 24.3 cm。总分枝数 11.1 条,结果枝数 9.7 条。单株果数 24.8 个。荚果普通形,果壳表面质地光滑至中等,果中等大小,荚果缩缢程度中等,果嘴弱到中。子仁柱形,种皮浅红色,内种皮浅黄色,无裂纹、无油斑。种子休眠性弱。百果重 188.2 g,百仁重 78.2 g,出米率 71.2%。饱果率 85.8%。子仁含油量 54.28%、蛋白质含量 24.47%、油酸含量 81.35%、亚油酸含量 1.98%、油亚比 41.19。

产量表现:荚果第 1 生长周期每 666.67 m² 338.1 kg,比对照豫花 9326 增产 8.9%;第 2 生长周期每 666.67 m² 332.1 kg,比对照豫花 9326 增产 8.5%。子仁第 1 生长周期每

666.67 m² 231.9 kg,比对照豫花 9326 增产 9.0%;第 2 生长周期每 666.67 m² 230.7 kg,比对照豫花 9326 增产 10.0%。

适宜种植区域:适宜在河南春播、麦套和夏直播种植。

一二八、万 青 花 99

申请者:开封万青种业科技有限公司、开封市祥符区农业科学研究所

登记编号:GPD 花生(2021)410101

品种来源:7605－2×开选 016

特征特性:普通型,油食兼用。生育期 125 d。株型直立。主茎高 50.3 cm,侧枝长 54 cm。总分枝数 10 条,结果枝数 8 条。单株饱果数 18 个。叶片颜色中,椭圆形,叶片中。荚果普通形,果嘴明显程度弱,荚果表面质地中,缩缢程度中。子仁柱形,种皮浅红色,内种皮浅黄色。百果重 215.5 g,百仁重 80.3 g。出米率 68.2%。饱果率 76%。子仁含油量 55.6%、蛋白质含量 23%、油酸含量 75.4%、亚油酸含量 34.4%。

产量表现:荚果第 1 生长周期每 666.67 m² 358.36 kg,比对照花育 16 号增产 11.11%;第 2 生长周期每 666.67 m² 372.52 kg,比对照花育 16 号增产 12.6%。子仁第 1 生长周期每 666.67 m² 249.06 kg,比对照花育 16 号增产 11.12%;第 2 生长周期每 666.67 m² 258.9 kg,比对照花育 16 号增产 12.60%。

适宜种植区域:适宜在河南春播、麦套、夏播种植。

一二九、DF05

申请者:河南省农业科学院作物研究所、新疆农业科学院经济作物研究所

登记编号:新登花生 2015 年 11 号(2015 年新疆登记)

品种来源:以开封市农林科学研究院选育的高油酸品系开选 016 为母本、大面积推广品种海花 1 号为父本进行有性杂交育成。2005 年搭配杂交组合,2006 年夏季种植 F₁,冬季南繁 F₂ 代并实施单株选择,2007 年进行集团选择,2008 年再次进行单株选择,2009～2011 年依次进行株行、株系、品系比较试验,通过田间及室内对产量、抗性、外观品质及一致性进行严格筛选,保留符合育种目标的优系 W509－0－N－24－B－4。

特征特性:直立疏枝,抗倒伏。春播生育期 146 d。叶色绿、叶小,长圆形。荚果普通形、中大,果嘴钝,网纹较粗、较深,缩缢稍深。子仁椭圆形,种皮粉红色。主茎高 15.46 cm,侧枝长 19.78 cm。总分枝数 8.9 条,结果枝数 7.5 条。单株饱果数 11.95 个,饱果率 69.21%。百果重 179.39 g,百仁重 101.06 g。出米率 61.82%。抗网斑病。据农业部农产品质量监督检验测试中心(乌鲁木齐)检测:蛋白质含量 17.42%,含油量 47.6%,油酸含量 70.64%,亚油酸含量 6.52%,油亚比 11.91。

产量表现:2013～2014 年在新疆 3 个点区域试验,以远杂 9102 和四粒红为对照,平均单产荚果 226.55 kg/66.67 m²,比对照远杂 9102 减产 0.52%,较对照四粒红增产 30.90%。

适宜种植区域:适合新疆南北疆花生产区种植。

附　表

中国大陆育成的高油酸花生品种一览（截至 2021 年 7 月底）

序号	品种名称	申请者	登记/鉴定/备案号	油酸含量（%）	油亚比	产量表现	来源
1	花育 661	山东省花生研究所	GPD 花生（2018）370364	80.9	28.9	荚果第 1 生长周期每 666.67 m² 247.17 kg，比对照白沙 1016 增产 8.33%；第 2 生长周期每 666.67 m² 405.00 kg，比对照丰花 1 号减产 2.93%。子仁第 1 生长周期每 666.67 m² 193.57 kg，比对照白沙 1016 增产 14.42%；第 2 生长周期每 666.67 m² 321.67 kg，比对照丰花 1 号增产 9.34%	06-18B4×CTWE
2	花育 662	山东省花生研究所	GPD 花生（2018）370365	80.8	29.9	荚果第 1 生长周期每 666.67 m² 280 kg，比对照白沙 1016 增产 4.89%；第 2 生长周期每 666.67 m² 432.46 kg，比对照花育 33 号减产 9.81%。子仁第 1 生长周期每 666.67 m² 223.16 kg，比对照白沙 1016 增产 10.40%；第 2 生长周期每 666.67 m² 342.16 kg，比对照花育 33 号减产 1.76%	06-18B4×CTWE
3	花育 663	山东省花生研究所	GPD 花生（2018）370366	80.6	27.8	荚果第 1 生长周期每 666.67 m² 253.00 kg，比对照白沙 1016 增产 10.96%；第 2 生长周期每 666.67 m² 345.36 kg，比对照丰花 1 号增产 5.45%。子仁第 1 生长周期每 666.67 m² 193.55 kg，比对照白沙 1016 增产 14.43%；第 2 生长周期每 666.67 m² 259.08 kg，比对照丰花 1 号增产 15.32%	06-18B4×CTWE
4	花育 664	山东省花生研究所	GPD 花生（2018）370367	81.9	23.4	荚果第 1 生长周期每 666.67 m² 230.28 kg，比对照花育 20 号增产 6.74%；第 2 生长周期每 666.67 m² 237.80 kg，比对照花育 20 号增产 12.04%。子仁第 1 生长周期每 666.67 m² 172.92 kg，比对照花育 20 号增产 11.07%；第 2 生长周期每 666.67 m² 171.26 kg，比对照花育 32 号增产 17.22%	冀花 4 号×CTWE
5	花育 666	山东省花生研究所	GPD 花生（2018）370368	80.3	27.7	荚果第 1 生长周期每 666.67 m² 244.54 kg，比对照花育 20 号增产 13.34%；第 2 生长周期每 666.67 m² 222.25 kg，比对照花育 32 号增产 4.71%。子仁第 1 生长周期每 666.67 m² 178.51 kg，比对照花育 20 号增产 14.66%；第 2 生长周期每 666.67 m² 168.78 kg，比对照花育 32 号增产 15.52%	冀花 4 号×CTWE
6	花育 667	山东省花生研究所	GPD 花生（2018）370369	80.3	27.7	荚果第 1 生长周期每 666.67 m² 215.35 kg，比对照花育 32 号增产 1.46%；第 2 生长周期每 666.67 m² 222.41 kg，比对照花育 20 号增产 3.09%。子仁第 1 生长周期每 666.67 m² 164.24 kg，比对照花育 32 号增产 12.41%；第 2 生长周期每 666.67 m² 165.53 kg，比对照花育 20 号增产 6.32%	06-18B4×CTWE
7	花育 961	山东省花生研究所	GPD 花生（2018）370370	81.2	24.6	荚果第 1 生长周期每 666.67 m² 286.00 kg，比对照鲁花 8 号增产 7.72%；第 2 生长周期每 666.67 m² 435.58 kg，比对照花育 33 号减产 7.07%。子仁第 1 生长周期每 666.67 m² 221.63 kg，比对照鲁花 8 号增产 17.03%；第 2 生长周期每 666.67 m² 348.42 kg，比对照花育 33 号增产 1.83%	06-18B4×CTWE

（续表）

序号	品种名称	申请者	登记/鉴定/备案号	油酸含量（%）	油亚比	产量表现	来源
8	花育962	山东省花生研究所	GPD花生（2018）370371	82.3	31.7	荚果第1生长周期每666.67 m² 374.86 kg,比对照丰花1号增产0.93%;第2生长周期每666.67 m² 272.93 kg,比对照鲁花8号增产8.43%。子仁第1生长周期每666.67 m² 299.3 kg,比对照鲁花1号增产14.22%;第2生长周期每666.67 m² 210.57 kg,比对照鲁花8号增产15.91%	06-18B4×CTWE
9	花育963	山东省花生研究所	GPD花生（2018）370372	80.1	25.0	荚果第1生长周期每666.67 m² 241.67 kg,比对照花育951增产10.69%;第2生长周期每666.67 m² 313.95 kg,比对照花育33号增产7.82%。子仁第1生长周期每666.67 m² 177.09 kg,比对照花育951增产12.75%;第2生长周期每666.67 m² 230.06 kg,比对照花育33号增产12.71%	06-18B4×CTWE
10	花育964	山东省花生研究所	GPD花生（2018）370373	81.7	34.0	荚果第1生长周期每666.67 m² 276.87 kg,比对照花育951增产0.5%;第1生长周期每666.67 m² 229.0 kg,比对照花育951增产4.89%。子仁第1生长周期每666.67 m² 218.93 kg,比对照花育951增产19.88%;第2生长周期每666.67 m² 177.7 g,比对照花育951增产13.14%	06-18B4×CTWE
11	花育965	山东省花生研究所	GPD花生（2018）370374	81.5	26.3	荚果第1生长周期每666.67 m² 291.89 kg,比对照丰花1号增产4.92%;第2生长周期每666.67 m² 225.17 kg,比对照花育951增产3.13%。子仁第1生长周期每666.67 m² 228.63 kg,比对照花育951增产25.02%;第2生长周期每666.67 m² 172.11 kg,比对照花育951增产9.58%	06-18B4×CTWE
12	花育966	山东省花生研究所	GPD花生（2018）370375	82.0	28.3	荚果第1生长周期每666.67 m² 268.88 kg,比对照丰花1号减产3.36%;第1生长周期每666.67 m² 225.50 kg,比对照花育951增产3.28%。子仁第1生长周期每666.67 m² 203.49 kg,比对照花育951增产11.43%;第2生长周期每666.67 m² 164.71 kg,比对照花育951增产4.87%	06-18B4×CTWE
13	花育32号	山东省花生研究所	GPD花生（2018）370426	77.8	12.3	荚果第1生长周期每666.67 m² 273.9 kg,比对照鲁花12号增产4.5%;第2生长周期每666.67 m² 286.1 kg,比对照鲁花20号增产11.3%。子仁第1生长周期每666.67 m² 196.5 kg,比对照鲁花12号增产4.0%;第2生长周期每666.67 m² 211.41 kg,比对照花育20号增产10.9%	S17×SP1098
14	花育51	山东省花生研究所	GPD花生（2018）370354	80.3	23.9	荚果第1生长周期每666.67 m² 282.4 kg,比对照花育23号增产10.8%;第2生长周期每666.67 m² 269.8 kg,比对照花育23号增产6.2%。子仁第1生长周期每666.67 m² 206.1 kg,比对照花育23号增产9.3%;第2生长周期每666.67 m² 197.0 kg,比对照花育23号增产4.7%	P76×鲁花15号

（续表）

序号	品种名称	申请者	登记/鉴定备案号	油酸含量（%）	油亚比	产量表现	来源
15	花育52号	山东省花生研究所	GPD花生（2018）370409	81.4	27.0	荚果第1生长周期每666.67 m² 221.0 kg，比对照白沙1016增产12.8%；第2生长周期每666.67 m² 271.3 kg，比对照白沙1016增产5.4%；子仁第1生长周期每666.67 m² 163.5 kg，比对照白沙1016增产19.2%；第2生长周期每666.67 m² 200.7 kg，比对照白沙1016增产11.4%	青兰2号×P76
16	花育951	山东省花生研究所	GPD花生（2018）370411	80.4	27.8	荚果第1生长周期每666.67 m² 281.7 kg，比对照鲁花8号增产6.0%；第2生长周期每666.67 m² 484.3 kg，比对照丰花1号增产4.0%。子仁第1生长周期每666.67 m² 194.3 kg，比对照鲁花8号增产4.5%；第2生长周期每666.67 m² 343.8 kg，比对照丰花1号减产2.6%	徐花13号×P76
17	花育957	山东省花生研究所	GPD花生（2018）370355	79.9	24.5	荚果第1生长周期每666.67 m² 285.9 kg，比对照鲁花11号增产2.9%；第2生长周期每666.67 m² 297.5 kg，比对照鲁花11号减产0.03%。子仁第1生长周期每666.67 m² 208.7 kg，比对照鲁花11号增产7.3%；第2生长周期每666.67 m² 217.1 kg，比对照鲁花11号增产4.2%	P76×徐花13号
18	花育958	山东省花生研究所	GPD花生（2018）370400	81.2	34.5	荚果第1生长周期每666.67 m² 295.7 kg，比对照鲁花11号增产6.4%；第2生长周期每666.67 m² 313.4 kg，比对照鲁花11号增产5.3%。子仁第1生长周期每666.67 m² 215.8 kg，比对照鲁花11号增产11.0%；第2生长周期每666.67 m² 228.8 kg，比对照鲁花11号增产9.8%	徐花9号×P76
19	花育917	山东省花生研究所	GPD花生（2018）370401	84.5	43.8	荚果第1生长周期每666.67 m² 376.7 kg，比对照花育33号增产17.7%；第2生长周期每666.67 m² 267.7 kg，比对照花育33号增产11.2%。子仁第1生长周期每666.67 m² 247.9 kg，比对照花育33号增产14.6%；第2生长周期每666.67 m² 165.4 kg，比对照花育33号增产14.1%	开农176×河北高油
20	花育910	山东省花生研究所	GPD花生（2020）370054	79.3	40.9	荚果第1生长周期每666.67 m² 340 kg，比对照花育33号增产6.3%；第2生长周期每666.67 m² 245.3 kg，比对照花育33号增产8.6%。子仁第1生长周期每666.67 m² 236.6 kg，比对照花育33号增产10.7%；第2生长周期每666.67 m² 159.5 kg，比对照花育33号增产9.8%	F20×河北高油
21	花育9111	山东省花生研究所	GPD花生（2020）370067	80.4	25.6	荚果第1生长周期每666.67 m² 385.5 kg，比对照冀花4号增产12.9%；第2生长周期每666.67 m² 337.91 kg，比对照开农1715增产0.8%。子仁第1生长周期每666.67 m² 267.04 kg，比对照冀花4号增产0.4%；第2生长周期每666.67 m² 236.22 kg，比对照开农1715增产7.44%	P10-2×F20

（续表）

序号	品种名称	申请者	登记/鉴定/备案号	油酸含量(%)	油亚比	产量表现	来源
22	开农 H03-3	开封市农林科学研究院	皖品鉴登字第0605006	81.6	29.1	开封市农林科学研究院内品比试验,2004年单产荚果256.3 kg/666.67 m²,比对照豫花6号增产12.8%;2005年单产荚果266.2 kg/666.67 m²,比对照豫花6号增产13.6%。2006年安徽省夏播花生区域试验,单产荚果275.5 kg/666.67 m²,比对照白沙1016增产17.79%	开农49×开选016
23	开农1715	开封市农林科学研究院	GPD花生(2017)410033	75.6	10.0	荚果第1生长周期每666.67 m² 325.94 kg,比对照花育20号增产24.42%;第2生长周期每666.67 m² 297.56 kg,比对照花育20号增产20.40%。子仁第1生长周期每666.67 m² 219.03 kg,比对照花育20号增产12.61%;第2生长周期每666.67 m² 206.23 kg,比对照花育20号增产29.50%	开农30×开选016
24	开农176	开封市农林科学研究院	GPD花生(2017)410039	76.8	11.1	荚果第1生长周期每666.67 m² 295.00 kg,比对照花育19号增产7.4%;第2生长周期每666.67 m² 346.50 kg,比对照花育19号增产6.61%。子仁第1生长周期每666.67 m² 200.00 kg,比对照花育19号增产2.90%;第2生长周期每666.67 m² 241.34 kg,比对照花育19号增产4.49%	开农30×开选016
25	开农1760	开封市农林科学研究院	GPD花生(2017)410039	76.4	11.6	荚果第1生长周期每666.67 m² 354.13 kg,比对照远杂9102增产7.83%;第2生长周期每666.67 m² 356.2 kg,比对照远杂9102增产12.48%。子仁第1生长周期每666.67 m² 269.36 kg,比对照远杂9102增产6.16%;第2生长周期每666.67 m² 261.54 kg,比对照远杂9102增产8.75%	开农30×开选016
26	开农1768	开封市农林科学研究院	GPD花生(2017)410034	75.9	11.7	荚果第1生长周期每666.67 m² 304.20 kg,比对照花育20号增产5.82%;第2生长周期每666.67 m² 296.88 kg,比对照花育20号增产15.9%。子仁第1生长周期每666.67 m² 224.61 kg,比对照花育20号增产4.38%;第2生长周期每666.67 m² 209.00 kg,比对照花育20号增产16.4%	开农30×开选016
27	开农58	开封市农林科学研究院	GPD花生(2017)410037	79.4	20.9	荚果第1生长周期每666.67 m² 338.05 kg,比对照中花4号增产28.03%;第2生长周期每666.67 m² 350.11 kg,比对照中花4号增产25.60%。子仁第1生长周期每666.67 m² 217.37 kg,比对照中花4号增产18.11%;第2生长周期每666.67 m² 226.87 kg,比对照中花4号增产17.46%	开农30×开选016
28	开农61	开封市农林科学研究院	GPD花生(2017)410026	76.0	8.0	荚果第1生长周期每666.67 m² 317.38 kg,比对照豫花15号增产1.39%;第2生长周期每666.67 m² 323.41 kg,比对照豫花15号增产2.52%。子仁第1生长周期每666.67 m² 226.64 kg,比对照豫花15号增产1.44%;第2生长周期每666.67 m² 222.44 kg,比对照豫花15号增产1.83%	开农30×开选016

（续表）

序号	品种名称	申请者	登记/鉴定/备案号	油酸含量（%）	油亚比	产量表现	来源
29	开农71	开封市农林科学研究院	GPD花生（2018）410011	76.5	11.9	荚果第1生长周期每666.67 m² 321.67 kg,比对照豫花9327减产2.08%;第2生长周期每666.67 m² 351.64 kg,比对照豫花9327增产6.02%。子仁第1生长周期每666.67 m² 230.79 kg,比对照豫花9327减产3.84%;第2生长周期每666.67 m² 251.22 kg,比对照豫花9327增产7.93%	开农30×开选016
30	开农306	开封市农林科学研究院	GPD花生（2019）410060	77.5	15.4	荚果第1生长周期每666.67 m² 317.35 kg,比对照远杂9102增产4.3%;第2生长周期每666.67 m² 300.42 kg,比对照远杂9102增产0.48%。子仁第1生长周期每666.67 m² 231.43 kg,比对照远杂9102增产0.34%;第2生长周期每666.67 m² 218.25 kg,比对照远杂9102减产3.59%	开农30×开选016
31	开农308	开封市农林科学研究院	GPD花生（2019）410245	79.6	17.8	荚果第1生长周期每666.67 m² 364.95 kg,比对照远杂9102增产15.18%;第2生长周期每666.67 m² 362.69 kg,比对照远杂9102增产15.29%。子仁第1生长周期每666.67 m² 259.77 kg,比对照远杂9102增产8.47%;第2生长周期每666.67 m² 258.52 kg,比对照远杂9102增产8.74%	0317-10×开花71
32	开农310	开封市农林科学研究院	GPD花生（2019）410286	80.2	27.0	荚果第1生长周期每666.67 m² 348.26 kg,比对照豫花9326增产3.07%;第2生长周期每666.67 m² 362.03 kg,比对照豫花9326增产2.59%。子仁第1生长周期每666.67 m² 219.89 kg,比对照豫花9326减产1.77%;第2生长周期每666.67 m² 230.89 kg,比对照豫花9326增产0.71%	郑农花9号×0317-26
33	开农601	开封市农林科学研究院	GPD花生（2019）410257	79.9	13.5	荚果第1生长周期每666.67 m² 295.5 kg,比对照远杂9102增产9.04%;第2生长周期每666.67 m² 300.1 kg,比对照远杂9102增产7.76%。子仁第1生长周期每666.67 m² 217.69 kg,比对照远杂9102增产5.70%;第2生长周期每666.67 m² 221.08 kg,比对照远杂9102增产3.84%	开农176×豫花29
34	开农602	开封市农林科学研究院	GPD花生（2019）410258	79.9	16.4	荚果第1生长周期每666.67 m² 287.3 kg,比对照远杂9102增产6.01%;第2生长周期每666.67 m² 298.8 kg,比对照远杂9102增产7.29%。子仁第1生长周期每666.67 m² 209.96 kg,比对照远杂9102增产1.94%;第2生长周期每666.67 m² 218.36 kg,比对照远杂9102增产2.56%	0317-68×开农15
35	开农603	开封市农林科学研究院	GPD花生（2019）410259	78.4	12.2	荚果第1生长周期每666.67 m² 287.4 kg,比对照远杂9102增产6.05%;第2生长周期每666.67 m² 302.7 kg,比对照远杂9102增产8.69%。子仁第1生长周期每666.67 m² 206.40 kg,比对照远杂9102增产0.21%;第2生长周期每666.67 m² 216.34 kg,比对照远杂9102增产1.61%	0317-27×开农15

（续表）

序号	品种名称	申请者	登记/鉴定/备案号	油酸含量（%）	油亚比	产量表现	来源
36	开农 311	开封市农科学研究院，河南省南海种子有限公司	GPD 花生（2021）410012	77.3	15.4	荚果第 1 生长周期每 666.67 m² 287.5 kg，比对照花育 20 号增产 2.56%；子仁第 1 生长周期每 666.67 m² 321.05 kg，比对照花育 20 号增产 13.62%，比对照花育 20 号减产 6.2%；第 2 生长周期每 666.67 m² 192.95 kg，比对照花育 20 号增产 215.17 kg，比对照花育 20 号增产 3.14%	0317 - 10 × 0317 - 14
37	冀花 13 号	河北省农林科学院粮油作物研究所	GPD 花生（2017）130017	81.6	28.1	荚果第 1 生长周期每 666.67 m² 370.30，比对照花育 20 号增产 13.73%；子仁第 1 生长周期每 666.67 m² 379.36 kg，比对照冀花 4 号增产 12.41%，比对照冀花 20 号增产 10.84%；第 2 生长周期每 666.67 m² 276.89 kg，比对照冀花 20 号增产 280.58 kg，比对照冀花 4 号增产 9.86%	冀花 6 号 × 开选 016
38	冀花 16 号	河北省农林科学院粮油作物研究所	GPD 花生（2017）130016	77.5	14.1	荚果第 1 生长周期每 666.67 m² 306.22 kg，比对照冀花 2 号增产 6.45%；子仁第 1 生长周期每 666.67 m² 370.55 kg，比对照冀花 2 号增产 1.19%，子仁第 1 生长周期每 666.67 m² 220.82 kg，比对照冀花 2 号增产 7.7%；第 2 生长周期每 666.67 m² 270.17 kg，比对照冀花 2 号增产 2.03%	冀花 6 号 × 开选 016
39	冀花 18 号	河北省农林科学院粮油作物研究所	GPD 花生（2017）130015	77.5	12.3	荚果第 1 生长周期每 666.67 m² 274.86 kg，比对照冀花 4 号增产 1.52%；子仁第 1 生长周期每 666.67 m² 365.11 kg，比对照冀花 4 号增产 0.72%，子仁第 1 生长周期每 666.67 m² 205.28 kg，比对照冀花 4 号减产 1.18%；第 2 生长周期每 666.67 m² 268.17 kg，比对照冀花 4 号增产 0.89%	冀花 5 号 × 开选 016
40	冀花 11 号	河北省农林科学院粮油作物研究所	GPD 花生（2018）130072	80.7	26.0	荚果第 1 生长周期每 666.67 m² 262.02 kg，比对照鲁花 12 号增产 8.24%；子仁第 2 生长周期每 666.67 m² 276.69 kg，比对照鲁花 12 号增产 15.87%，子仁第 1 生长周期每 666.67 m² 199.81 kg，比对照鲁花 12 号增产 11.27%；第 2 生长周期每 666.67 m² 210.66 kg，比对照鲁花 12 号增产 19.59%	冀花 5 号 × 开选 016
41	冀花 19 号	河北省农林科学院粮油作物研究所	GPD 花生（2018）130077	75.4	10.5	荚果第 1 生长周期每 666.67 m² 327.83 kg，比对照花育 19 号增产 6.54%；子仁第 2 生长周期每 666.67 m² 388.73 kg，比对照花育 19 号增产 7.83%，子仁第 1 生长周期每 666.67 m² 236.43 kg，比对照花育 19 号增产 8.32%；第 2 生长周期每 666.67 m² 283.43 kg，比对照花育 19 号增产 9.11%	冀花 6 号 × 开选 016
42	冀花 21 号	河北省农林科学院粮油作物研究所	GPD 花生（2018）130096	80.4	24.4	荚果第 1 生长周期每 666.67 m² 371.04 kg，比对照冀花 2 号增产 13.67%；子仁第 2 生长周期每 666.67 m² 315.5 kg，比对照冀花 5 号减产 2.14%，子仁第 1 生长周期每 666.67 m² 265.48 kg，比对照冀花 2 号增产 13.52%；第 2 生长周期每 666.67 m² 227.6 kg，比对照冀花 5 号减产 0.63%	冀花 6 号 × 开选 016

（续表）

序号	品种名称	申请者	登记/鉴定/备案号	油酸含量（%）	油亚比	产量表现	来源
43	冀花25号	河北省农林科学院粮油作物研究所	GPD花生（2020）130003	80.0	26.5	荚果第1生长周期每666.67 m² 342.04 kg,比对照豫花9326减产1.95%;第2生长周期每666.67 m² 347.93 kg,比对照豫花9326增产2.09%。子仁第1生长周期每666.67 m² 249.23 kg,比对照豫花9326增产5.28%;第2生长周期每666.67 m² 254.01 kg,比对照豫花9326增产10.76%	冀花6号×开选016
44	冀花29号	河北省农林科学院粮油作物研究所	GPD花生（2020）130134	80.9	31.0	荚果第1生长周期每666.67 m² 337.9 kg,比对照冀花5号增产1.7%;第2生长周期每666.67 m² 331.5 kg,比对照冀花5号减产0.4%。子仁第1生长周期每666.67 m² 260.0 kg,比对照冀花5号增产10.8%;第2生长周期每666.67 m² 248.5 kg,比对照冀花5号增产5.3%	冀花9号×冀花16号
45	冀花572	河北省农林科学院粮油作物研究所	GPD花生（2020）130137	81.5	30.2	荚果第1生长周期每666.67 m² 354.92 kg,比对照冀花11号增产9.92%;第2生长周期每666.67 m² 311.18 kg,比对照冀花11号增产14.37%。子仁第1生长周期每666.67 m² 251.02 kg,比对照冀花11号增产2.82%;第2生长周期每666.67 m² 221.86 kg,比对照冀花11号增产10.57%	开17-7×冀花16号
46	冀花915	河北省农林科学院粮油作物研究所	GPD花生（2020）130136	81.9	31.9	荚果第1生长周期每666.67 m² 347.48 kg,比对照开农1715增产3.66%;第2生长周期每666.67 m² 322.64 kg,比对照开农1715增产8.50%。子仁第1生长周期每666.67 m² 253.13 kg,比对照开农1715增产15.13%;第2生长周期每666.67 m² 228.95 kg,比对照开农1715增产15.65%	开农65×P08-1
47	豫花37号	河北省农林科学院粮油作物研究所	GPD花生（2018）410020	77.0	11.1	荚果第1生长周期每666.67 m² 319.94 kg,比对照远杂9102增产5.64%;第2生长周期每666.67 m² 291.2 kg,比对照远杂9102减产0.39%。子仁第1生长周期每666.67 m² 228.99 kg,比对照远杂9102减产1.94%;第2生长周期每666.67 m² 204.94 kg,比对照远杂9102减产5.93%	海花1号×开选016
48	豫花65号	河北省农林科学院粮油作物研究所	GPD花生（2018）410032	75.9	9.7	荚果第1生长周期每666.67 m² 340.59 kg,比对照远杂9102增产3.71%;第2生长周期每666.67 m² 335.61 kg,比对照远杂9102增产5.97%。子仁第1生长周期每666.67 m² 232.85 kg,比对照远杂9102增产8.23%;第2生长周期每666.67 m² 231.78 kg,比对照远杂9102减产3.62%	开农016×海花1号
49	豫花76号	河北省农林科学院粮油作物研究所	GPD花生（2018）410159	80.6	22.4	荚果第1生长周期每666.67 m² 273.36 kg,比对照远杂9102增产0.05%;第2生长周期每666.67 m² 294.34 kg,比对照远杂9102增产6.66%。子仁第1生长周期每666.67 m² 207.31 kg,比对照远杂9102增产1.57%;第2生长周期每666.67 m² 227.88 kg,比对照远杂9102增产10.77%	豫花14号×开选016

（续表）

序号	品种名称	申请者	登记/鉴定/备案号	油酸含量(%)	油亚比	产量表现	来源
50	豫花85号	河北省农林科学院粮油作物研究所	GPD花生(2020)410029	76.6	13.2	荚果第1生长周期每666.67 m² 306.09 kg,比对照远杂9102增产0.6%;第2生长周期每666.67 m² 275.64 kg,比对照远杂9102减产7.81%;子仁第1生长周期每666.67 m² 215.49 kg,比对照远杂9102减产6.57%;第2生长周期每666.67 m² 195.64 kg,比对照远杂9102减产13.57%	远杂9102×开选016
51	豫花93号	河南省作物分子育种研究院,河南中育分子育种研究院有限公司	GPD花生(2021)410005	79.2	19.9	荚果第1生长周期每666.67 m² 341.15 kg,比对照豫花9326增产0.96%;第2生长周期每666.67 m² 349.6 kg,比对照豫花9326减产0.94‰;子仁第1生长周期每666.67 m² 217.75 kg,比对照豫花9326减产2.73%;第2生长周期每666.67 m² 225.85 kg,比对照豫花9326减产1.49%	豫花0215×开农61
52	豫花99号	河南省作物分子育种研究院,河南中育分子育种研究院有限公司	GPD花生(2021)410006	77.0	16.7	荚果第1生长周期每666.67 m² 321.29 kg,比对照远杂9102增产7.46%;第2生长周期每666.67 m² 316.71 kg,比对照远杂9102增产5.02%;子仁第1生长周期每666.67 m² 224.37 kg,比对照远杂9102减产0.89%;第2生长周期每666.67 m² 218.84 kg,比对照远杂9102减产3.89%	W0609-N-0-Sd(N)-83-2×豫花15号
53	豫花100号	河南省作物分子育种研究院,河南中育分子育种研究院有限公司	GPD花生(2021)410007	81.0	24.6	荚果第1生长周期每666.67 m² 323.83 kg,比对照豫花9327减产3.07%;第2生长周期每666.67 m² 339.42 kg,比对照豫花9326减产3.82%;子仁第1生长周期每666.67 m² 219.1 kg,比对照豫花9327减产7.32%;第2生长周期每666.67 m² 229.00 kg,比对照豫花9326减产0.11%	豫花15号×wt08-0-0937
54	豫花138号	河南省作物分子育种研究院,河南中育分子育种研究院有限公司	GPD花生(2021)410008	79.1	26.7	荚果第1生长周期每666.67 m² 313.2 kg,比对照远杂9102减产0.01%;第2生长周期每666.67 m² 338.7 kg,比对照远杂9102增产9.13%;子仁第1生长周期每666.67 m² 222.82 kg,比对照远杂9102增产5.7%;第2生长周期每666.67 m² 243.8 kg,比对照远杂9102增产5.67%	豫花9502×开农61
55	中花26	中国农业科学院油料作物研究所	GPD花生(2018)420004	78.6	21.8	荚果:第1生长周期每666.67 m² 336.8 kg,比对照中花15增产9.92%;第2生长周期每666.67 m² 304.6 kg,比对照中花15增产9.77%;子仁:第1生长周期每666.67 m² 242.8 kg,比对照中花15增产7.5%;第2生长周期每666.67 m² 218.7 kg,比对照中花15增产7.82%	中花16×开选016
56	中花24	中国农业科学院油料作物研究所,开封市农林科学研究院	GPD花生(2019)420076	78.7	35.3	荚果第1生长周期每666.67 m² 316.0 kg,比对照中花15增产5.40%;第2生长周期每666.67 m² 328.3 kg,比对照中花15增产7.36%;子仁第1生长周期每666.67 m² 215.5 kg,比对照中花15减产3.41%;第2生长周期每666.67 m² 219.6 kg,比对照中花15增产1.86%	中花16×开选016

（续表）

序号	品种名称	申请者	登记/鉴定/备案号	油酸含量（%）	油亚比	产量表现	来源
57	中花27	中国农业科学院油料作物研究所	GPD花生（2020）420059	79.5	22.3	荚果第1生长周期每666.67 m² 287.22 kg,比对照花育33号减产8%;第2生长周期每666.67 m² 309.36 kg,比对照花育33号减产2.76%。子仁第1生长周期每666.67 m² 192.65 kg,比对照花育33号减产12%;第2生长周期每666.67 m² 204.43 kg,比对照花育33号减产7.01%	NF143－2×NF52
58	中花28	中国农业科学院油料作物研究所	GPD花生（2020）420060	74.6	10.1	荚果第1生长周期每666.67 m² 326.2 kg,比对照中花16增产2.92%;第2生长周期每666.67 m² 326.2 kg,比对照中花16减产1.28%。子仁第1生长周期每666.67 m² 236.6 kg,比对照中花16增产1.91%;第2生长周期每666.67 m² 230.3 kg,比对照中花16减产6.26%	09－4103×NF64
59	中花215	中国农业科学院油料作物研究所	GPD花生（2020）420062	79.5	33.3	荚果第1生长周期每666.67 m² 295.7 kg,比对照中花16减产6.71%;第2生长周期每666.67 m² 370.98 kg,比对照中花16增产12.27%。子仁第1生长周期每666.67 m² 195.53 kg,比对照中花16减产15.79%;第2生长周期每666.67 m² 252.93 kg,比对照中花16增产2.94%	冀花4号×开农58
60	锦引花1号	锦州市农业科学院	辽备花（2005126号）		79.5	17.3	2003年在山东进行产量比较试验,平均单产荚果217.6 kg/666.67 m²,子仁169.7 kg/666.67 m²,比对照白沙1016增产荚果5.1%,增产子仁9.3%。2004年在辽宁省北宁市、锦州南站新区、锦州市农业科学院3个点进行了产量比较试验,平均单产荚果178.8 kg/666.67 m²,子仁139.4 kg/666.67 m²,比对照白沙1016增产荚果5.5%,增产子仁9.7%。2004年锦州市农业科学院在北宁市正安镇安排的生产示范田,平均单产荚果158.5 kg/666.67 m²,子仁12.6 kg/666.67 m²,比对照白沙1016平均增产荚果5.1%,增产子仁9.3%。凌海市巧鸟乡示范田,平均单产荚果198.2 kg/666.67 m,比白沙1016增产荚果5.5%增产子仁9.6%	2002年从美国引入AT－201(即AT201)品种,经山东、辽宁种植驯化改良而成的兰娜型花生品种
61	冀农花10号	河北农业大学、新乐市种子有限公司	GPD花生（2018）130264	79.0	18.0	荚果第1生长周期每666.67 m² 309.5 kg,比对照冀花4号增产5.9%;第2生长周期每666.67 m² 286.3 kg,比对照冀花4号增产5.6%。子仁第1生长周期每666.67 m² 224.4 kg,比对照冀花4号增产3.9%;第2生长周期每666.67 m² 207.0 kg,比对照冀花4号增产1.7%	海花1号×GYS01
62	冀农花6号	河北农业大学、新乐市种子有限公司	GPD花生（2018）130261	77.6	12.7	荚果第1生长周期每666.67 m² 311.6 kg,比对照冀花4号增产6.6%;第2生长周期每666.67 m² 289.4 kg,比对照冀花4号增产6.8%。子仁第1生长周期每666.67 m² 216.3 kg,比对照冀花4号增产0.2%;第2生长周期每666.67 m² 204.7 kg,比对照冀花4号增产0.5%	远杂9847×CTWE

附　表

（续表）

263

序号	品种名称	申请者	登记/鉴定/备案号	油酸含量(%)	油亚比	产量表现	来源
63	冀农花8号	河北农业大学,新乐市种子有限公司	GPD花生(2018)130263	78.8	15.3	荚果第1生长周期每666.67 m² 306.3 kg,比对照冀花4号增产4.8%;第2生长周期每666.67 m² 297.9 kg,比对照冀花4号增产9.9%。子仁第1生长周期每666.67 m² 223.3 kg,比对照冀花4号增产3.4%;第2生长周期每666.67 m² 219.9 kg,比对照冀花4号增产8.0%	冀0212-2×GYS01
64	阜花22	辽宁省风沙地改良利用研究所	GPD花生(2018)210200	81.1	27.0	荚果第1生长周期每666.67 m² 323.98 kg,比对照白沙1016增产28.2%;第2生长周期每666.67 m² 316.7 kg,比对照白沙1016增产12.9%。子仁第1生长周期每666.67 m² 228.4 kg,比对照白沙1016增产26.9%;第2生长周期每666.67 m² 228.84 kg,比对照白沙1016增产12.9%	阜01-2×CTWE
65	阜花27	辽宁省风沙地改良利用研究所	GPD花生(2018)210199	78.8	16.8	荚果第1生长周期每666.67 m² 331.94 kg,比对照白沙1016增产31.4%;第2生长周期每666.67 m² 308.92 kg,比对照白沙1016增产10.1%。子仁第1生长周期每666.67 m² 234.3 kg,比对照白沙1016增产30.3%;第2生长周期每666.67 m² 224.26 kg,比对照白沙1016增产10.6%	阜12E3-1×FB4
66	桂花37	广西壮族自治区农业科学院经济作物研究所,山东省农业科学院生物技术研究中心	GPD花生(2018)450329	83.3	36.2	荚果第1生长周期每666.67 m² 244.69 kg,比对照汕油523减产6.02%;第2生长周期每666.67 m² 254.27 kg,比对照桂花21减产2.26%。子仁:第1生长周期每666.67 m² 158.25 kg,比对照汕油523减产12.38%;第2生长周期每666.67 m² 152.09 kg,比对照桂花21减产9.32%	(汕油162×Sunleic95R)×粤油13
67	菏花11号	菏泽市农业科学院	GPD花生(2018)370336	80.2	26.2	荚果第1生长周期每666.67 m² 457.3 kg,比对照花育25号增产9.9%;第2生长周期每666.67 m² 468.2 kg,比对照花育25号增产11.1%。子仁第1生长周期每666.67 m² 325.9 kg,比对照花育25号增产12.2%;第2生长周期每666.67 m² 338.5 kg,比对照花育25号增产13.0%	P09-2×冀0607-19
68	宇花31号	青岛农业大学	GPD花生(2018)370211	80.6	33.0	荚果第1生长周期每666.67 m² 321.33 kg,比对照花育25号增产10.21%;第2生长周期每666.67 m² 330.26 kg,比对照花育25号增产7.72%。子仁第1生长周期每666.67 m² 234.33 kg,比对照花育25号增产8.66%;第2生长周期每666.67 m² 244.39 kg,比对照花育25号增产7.49%	鲁花11号×开农1715
69	宇花32号	青岛农业大学	GPD花生(2018)370213	79.4	2.9	荚果第1生长周期每666.67 m² 396.67 kg,比对照花育25号增产8.91%;第2生长周期每666.67 m² 412.56 kg,比对照花育25号增产10.73%。子仁第1生长周期每666.67 m² 289.04 kg,比对照花育25号增产8.36%;第2生长周期每666.67 m² 301.88 kg,比对照花育25号增产10.28%	花育22号×开农176

（续表）

序号	品种名称	申请者	登记/鉴定/备案号	油酸含量(%)	油亚比	产量表现	来源
70	宇花33号	青岛农业大学	GPD花生(2018)370212	80.3	24.8	荚果第1生长周期每666.67 m² 389.86 kg,比对照花育25号增产7.04%;第2生长周期每666.67 m² 408.35 kg,比对照花育25号增产9.60%。子仁第1生长周期每666.67 m² 283.41 kg,比对照花育25号增产6.25%;第2生长周期每666.67 m² 296.82 kg,比对照花育25号增产8.44%	花育22号×开农176
71	宇花91号	青岛农业大学	GPD花生(2018)370210	80.4	32.2	荚果第1生长周期每666.67 m² 306.67 kg,比对照花育20号增产9.20%;第2生长周期每666.67 m² 398.69 kg,比对照花育20号增产10.00%。子仁第1生长周期每666.67 m² 228.53 kg,比对照花育20号增产10.01%;第2生长周期每666.67 m² 298.5 kg,比对照花育20号增产11.43%	鲁花11号×开农1715
72	冀农花12号	河北农业大学	GPD花生(2019)130288	78.3	11.9	荚果第1生长周期每666.67 m² 330.2 kg,比对照冀花4号增产21.0%;第2生长周期每666.67 m² 375.0 kg,比对照冀花4号增产12.7%。子仁第1生长周期每666.67 m² 249.4 kg,比对照冀花4号增产21.3%;第2生长周期每666.67 m² 283.9 kg,比对照冀花4号增产13.2%	开农56×冀0608
73	济花603	济宁市农业科学研究院	GPD花生(2019)370134	79.7	30.7	荚果第1生长周期每666.67 m² 348 kg,比对照花育33号增产1.46%;第2生长周期每666.67 m² 376 kg,比对照花育33号增产5.03%。子仁第1生长周期每666.67 m² 240.82 kg,比对照花育33号增产1.17%;第2生长周期每666.67 m² 268.09 kg,比对照花育33号增产5.62%	冀0607-19×农大226
74	济花605	济宁市农业科学研究院	GPD花生(2019)370135	79.5	31.8	荚果第1生长周期每666.67 m² 322 kg,比对照花育33号增产5.57%;第2生长周期每666.67 m² 376 kg,比对照花育33号增产8.67%。子仁第1生长周期每666.67 m² 230.23 kg,比对照花育33号增产4.99%;第2生长周期每666.67 m² 269.97 kg,比对照花育33号增产9.43%	冀0607-19×P12-7
75	金罗汉	濮阳市农业科学院	GPD花生(2019)410192	79.8	3.2	荚果第1生长周期每666.67 m² 369.83 kg,比对照远杂9102增产7.72%;第2生长周期每666.67 m² 344.31 kg,比对照远杂9102增产6.64%。子仁第1生长周期每666.67 m² 284.03 kg,比对照远杂9102增产10.60%;第2生长周期每666.67 m² 256.86 kg,比对照远杂9102增产8.09%	冀花13号中系选变异株
76	濮花309	濮阳市农业科学院	GPD花生(2019)410197	80.2	30.5	荚果第1生长周期每666.67 m² 387.58 kg,比对照远杂9102增产14.82%;第2生长周期每666.67 m² 367.79 kg,比对照远杂9102增产13.63%。子仁第1生长周期每666.67 m² 271.31 kg,比对照远杂9102增产6.74%;第2生长周期每666.67 m² 255.98 kg,比对照远杂9102增产3.38%	濮东花1号×冀0608-4-9

（续表）

序号	品种名称	申请者	登记/鉴定/备案号	油酸含量（%）	油亚比	产量表现	来源
77	濮花58号	濮阳市农业科学院	GPD花生（2019）410061	80.3	22.8	荚果第1长周期每666.67 m² 291.76 kg,比对照远杂9102增产1.59%;第2生长周期每666.67 m² 311.22 kg,比对照远杂9102增产1.47%。子仁第1生长周期每666.67 m² 209.47 kg,比对照远杂9102减产0.17%;第2生长周期每666.67 m² 231.84 kg,比对照远杂9102增产0.10%	F18×花育32号
78	濮花68	濮阳市农业科学院 河南省百富泽农业科技有限公司	GPD花生（2019）410264	79.7	27.5	荚果第1生长周期每666.67 m² 366.89 kg,比对照远杂9102增产8.69%;第2生长周期每666.67 m² 355.98 kg,比对照远杂9102增产9.98%。子仁第1生长周期每666.67 m² 266.36 kg,比对照远杂9102增产4.79%;第2生长周期每666.67 m² 255.59 kg,比对照远杂9102增产3.22%	冀花13号×开农1715
79	濮科花10号	濮阳市农业科学院	GPD花生（2019）410100	76.1	5.2	荚果第1生长周期每666.67 m² 351.66 kg,比对照豫花15号增产5.82%;第2生长周期每666.67 m² 329.87 kg,比对照豫花15号增产4.10%。子仁第1生长周期每666.67 m² 249.93 kg,比对照豫花15号增产5.82%;第2生长周期每666.67 m² 232.89 kg,比对照豫花15号增产5.03%	开农61号×冀花5号
80	濮科花11号	濮阳市农业科学院	GPD花生（2019）410098	80.3	29.0	荚果第1生长周期每666.67 m² 355.08 kg,比对照豫花15号增产6.85%;第2生长周期每666.67 m² 332.16 kg,比对照豫花15号增产4.86%。子仁第1生长周期每666.67 m² 248.56 kg,比对照豫花15号增产5.34%;第2生长周期每666.67 m² 231.18 kg,比对照豫花15号增产4.26%	濮花28号×冀花13号
81	濮科花12号	濮阳市农业科学院	GPD花生（2019）410262	76.9	5.2	荚果第1生长周期每666.67 m² 346.70 kg,比对照豫花15号增产4.32%;第2生长周期每666.67 m² 328.89 kg,比对照豫花15号增产3.83%。子仁第1生长周期每666.67 m² 253.09 kg,比对照豫花15号增产7.26%;第2生长周期每666.67 m² 236.80 kg,比对照豫花15号增产6.79%	冀花16号×开农61
82	濮科花13号	濮阳市农业科学院	GPD花生（2019）410099	78.8	27.2	荚果第1生长周期每666.67 m² 353.69 kg,比对照豫花15号增产6.43%;第2生长周期每666.67 m² 336.56 kg,比对照豫花15号增产6.25%。子仁第1生长周期每666.67 m² 245.11 kg,比对照豫花15号增产3.88%;第2生长周期每666.67 m² 231.22 kg,比对照豫花15号增产4.28%	F18×开农61
83	濮科花22号	濮阳市农业科学院	GPD花生（2019）410195	82.8	33.9	荚果第1生长周期每666.67 m² 385.39 kg,比对照远杂9102增产14.17%;第2生长周期每666.67 m² 368.52 kg,比对照远杂9102增产13.86%。子仁第1生长周期每666.67 m² 275.17 kg,比对照远杂9102增产8.26%;第2生长周期每666.67 m² 264.60 kg,比对照远杂9102增产6.86%	冀花13号×开农1715

（续表）

序号	品种名称	申请者	登记/鉴定/备案号	油酸含量(%)	油亚比	产量表现	来源
84	濮科花24号	濮阳市农业科学院	GPD花生(2019)410196	79.5	24.7	荚果第1生长周期每666.67 m² 373.36 kg,比对照豫花15号增产9.33%;第2生长周期每666.67 m² 355.97 kg,比对照豫花15号增产7.59%。子仁第1生长周期每666.67 m² 266.95 kg,比对照豫花15号增产10.10%;第2生长周期每666.67 m² 253.09 kg,比对照豫花15号增产9.27%	濮花28号×开农176
85	濮科花25号	濮阳市农业科学院	GPD花生(2019)410198	82.4	29.5	荚果第1生长周期每666.67 m² 368.75 kg,比对照远杂9102增产9.24%;第2生长周期每666.67 m² 353.82 kg,比对照远杂9102增产9.32%。子仁第1生长周期每666.67 m² 255.18 kg,比对照远杂9102增产0.39%;第2生长周期每666.67 m² 248.38 kg,比对照远杂9102增产0.31%	开农176×襄农0608-4-9
86	琼花1号	海南热带海洋学院,河南省农业科学院经济作物研究所	GPD花生(2019)460126	79.7	17.8	荚果第1生长周期每666.67 m² 350.0 kg,比对照狮头企增产40.0%;第2生长周期每666.67 m² 320.0 kg,比对照狮头企增产39.1%。子仁第1生长周期每666.67 m² 248.5 kg,比对照狮头企增产39.6%;第2生长周期每666.67 m² 220.8 kg,比对照狮头企增产37.1%	开选016×白沙1016
87	日花OL1号	日照市东港花生研究所	GPD花生(2019)370300	81.3	11.5	荚果第1生长周期每666.67 m² 453.0 kg,比对照开农1715增产12.1%;第2生长周期每666.67 m² 456.6 kg,比对照开农1715减产8.7%。子仁第1生长周期每666.67 m² 251.42 kg,比对照开农1715增产2.9%;第2生长周期每666.67 m² 324.7 kg,比对照开农1715增产0.7%	外引CS2×日花1号
88	山花21号	山东农业大学	GPD花生(2019)370170	75.5	8.1	荚果第1生长周期每666.67 m² 358.5 kg,比对照丰花1号增产3.8%;第2生长周期每666.67 m² 335.3 kg,比对照丰花1号增产2.4%。子仁第1生长周期每666.67 m² 264.2 kg,比对照丰花1号增产10.0%;第2生长周期每666.67 m² 243.1 kg,比对照丰花1号增产8.4%	山花7号×花育32号
89	山花22号	山东农业大学	GPD花生(2019)370171	76.3	9.9	荚果第1生长周期每666.67 m² 325.2 kg,比对照花育20号增产9.46%;第2生长周期每666.67 m² 329.6 kg,比对照花育20号增产10.4%。子仁第1生长周期每666.67 m² 232.8 kg,比对照花育20号增产4.48%;第2生长周期每666.67 m² 229.1 kg,比对照花育20号增产2.55%	丰花6号×花育32号
90	山花37号	山东农业大学	GPD花生(2019)370146	75.7	7.8	荚果第1生长周期每666.67 m² 369.5 kg,比对照丰花1号增产3.0%;第2生长周期每666.67 m² 395.3 kg,比对照丰花1号增产5.4%。子仁第1生长周期每666.67 m² 259.0 kg,比对照丰花1号增产4.2%;第2生长周期每666.67 m² 274.7 kg,比对照丰花1号增产6.3%	山花7号×花育32号

（续表）

序号	品种名称	申请者	登记/鉴定/备案号	油酸含量(%)	油亚比	产量表现	来源
91	商花26号	南丘市农林科学院	GPD花生(2019)410284	75.8	11.9	荚果第1生长周期每666.67 m² 355.29 kg,比对照豫花9326增产5.15%;第2生长周期每666.67 m² 367.11 kg,比对照豫花9326增产4.03%。子仁第1生长周期每666.67 m² 241.28 kg,比对照豫花9326增产7.78%;第2生长周期每666.67 m² 250.09 kg,比对照豫花9326增产9.00%	商0901×开农61
92	商花30号	南丘市农林科学院	GPD花生(2019)410283	78.0	16.5	荚果第1生长周期每666.67 m² 344.48 kg,比对照豫花9327增产3.65%;第2生长周期每666.67 m² 334.91 kg,比对照豫花9327增产7.37%。子仁第1生长周期每666.67 m² 236.52 kg,比对照豫花9327增产2.26%;第2生长周期每666.67 m² 226.91 kg,比对照豫花9327增产5.19%	商0923×豫花15号
93	潍花22号	山东省潍坊市农业科学院	GPD花生(2019)370203	77.2	11.6	荚果第1生长周期每666.67 m² 320 kg,比对照花育33号增产0.6%;第2生长周期每666.67 m² 326 kg,比对照花育33号增产1.07%。子仁第1生长周期每666.67 m² 236 kg,比对照花育33号增产0.91%;第2生长周期每666.67 m² 236 kg,比对照花育33号增产6.66%	潍花8号×F458
94	潍花23号	山东省潍坊市农业科学院、山东省农业科学院生物技术研究中心	GPD花生(2019)370265	80.0	24.2	荚果第1生长周期每666.67 m² 329.67 kg,比对照花育20号增产6.9%;第2生长周期每666.67 m² 308.22 kg,比对照花育20号增产9.96%。子仁第1生长周期每666.67 m² 245.52 kg,比对照花育20号增产7.45%;第2生长周期每666.67 m² 226.18 kg,比对照花育20号增产9.96%	花育23号×F18
95	潍花25号	山东省潍坊市农业科学院、山东省农业科学院生物技术研究中心	GPD花生(2019)370266	81.9	30.9	荚果第1生长周期每666.67 m² 468 kg,比对照潍花8号增产2.0%;第2生长周期每666.67 m² 328 kg,比对照花育33号增产1.3%。子仁第1生长周期每666.67 m² 332 kg,比对照潍花8号减产4.4%;第2生长周期每666.67 m² 238 kg,比对照花育33号增产7.2%	潍花8号×F458
96	宇花117号	青岛农业大学	GPD花生(2019)370295	81.3	33.1	荚果第1生长周期每666.67 m² 312.98 kg,比对照花育25号增产10.15%;第2生长周期每666.67 m² 347.25 kg,比对照花育25号增产9.58%。子仁第1生长周期每666.67 m² 225.34 kg,比对照花育25号增产7.51%;第2生长周期每666.67 m² 250.02 kg,比对照花育25号增产8.68%	鲁花11号×5/开农1715
97	宇花169	青岛农业大学	GPD花生(2019)370297	81.5	29.1	荚果第1生长周期每666.67 m² 360.07 kg,比对照花育25号增产10.83%;第2生长周期每666.67 m² 410.97 kg,比对照花育25号增产13.09%。子仁第1生长周期每666.67 m² 261.31 kg,比对照花育25号增产9.52%;第2生长周期每666.67 m² 293.85 kg,比对照花育25号增产11.07%	鲁花11号×5/开农1715

（续表）

序号	品种名称	申请者	登记/鉴定/备案号	油酸含量（%）	油亚比	产量表现	来源
98	宇花171	青岛农业大学	GPD花生(2019)370298	81.5	29.9	荚果第1生长周期每666.67 m² 388.65 kg,比对照花育25号增产15.33%;第2生长周期每666.67 m² 410.24 kg,比对照花育25号增产13.84%。子仁第1生长周期每666.67 m² 285.67 kg,比对照花育25号增产11.87%;第2生长周期每666.67 m² 300.03 kg,比对照花育25号增产12.77%	花育22号×5/开农176
99	宇花61号	青岛农业大学	GPD花生(2019)370299	81.3	28.4	荚果第1生长周期每666.67 m² 379.19 kg,比对照花育25号增产14.06%;第2生长周期每666.67 m² 420.49 kg,比对照花育25号增产14.61%。子仁第1生长周期每666.67 m² 270.09 kg,比对照花育25号增产13.00%;第2生长周期每666.67 m² 305.28 kg,比对照花育25号增产15.57%	花育22号×5/开农176
100	宇花90号	青岛农业大学	GPD花生(2019)370296	81.9	34.1	荚果第1生长周期每666.67 m² 311.41 kg,比对照花育25号增产13.50%;第2生长周期每666.67 m² 367.95 kg,比对照花育25号增产16.11%。子仁第1生长周期每666.67 m² 231.01 kg,比对照花育25号增产10.21%;第2生长周期每666.67 m² 264.93 kg,比对照花育25号增产15.15%	鲁花11号×5/开农1715
101	郑农花23号	郑州市农林科学研究所;开封市农林科学院;河南大方种业科技有限公司	GPD花生(2019)410285	78.1	5.2	荚果第1生长周期每666.67 m² 316.36 kg,比对照花育20号增产7.12%;第2生长周期每666.67 m² 316.97 kg,比对照花育20号增产11.9%。子仁第1生长周期每666.67 m² 226.68 kg,比对照花育20号增产4.14%;第2生长周期每666.67 m² 223.93 kg,比对照花育20号增产7.12%	开农30×开选016
102	菏花15号	菏泽市农业科学院	GPD花生(2020)370123	80.0	25.7	荚果第1生长周期每666.67 m² 454.2 kg,比对照花育25号增产11.3%;第2生长周期每666.67 m² 461.7 kg,比对照花育25号增产10.9%。子仁第1生长周期每666.67 m² 318.8 kg,比对照花育25号增产11.0%;第2生长周期每666.67 m² 327.8 kg,比对照花育25号增产12.5%	开17-2×冀0607-19
103	菏花16号	菏泽市农业科学院	GPD花生(2020)370124	80.9	30.8	荚果第1生长周期每666.67 m² 446.4 kg,比对照花育25号增产9.40%;第2生长周期每666.67 m² 458.2 kg,比对照花育25号增产10.12%。子仁第1生长周期每666.67 m² 312.9 kg,比对照花育25号增产8.95%;第2生长周期每666.67 m² 319.8 kg,比对照花育25号增产9.78%	P09-2×冀0607-19
104	菏花18号	菏泽市农业科学院	GPD花生(2020)370122	80.2	27.7	荚果第1生长周期每666.67 m² 438.6 kg,比对照花育25号增产7.5%;第2生长周期每666.67 m² 457.1 kg,比对照花育25号增产9.85%。子仁第1生长周期每666.67 m² 311.4 kg,比对照花育25号增产8.4%;第2生长周期每666.67 m² 320.9 kg,比对照花育25号增产10.2%	闽花7号×冀0607-19

（续表）

序号	品种名称	申请者	登记/鉴定/备案号	油酸含量（%）	油亚比	产　量　表　现	来　源
105	吉农花2号	吉林农业大学	GPD花生（2020）220078	81.3	20.1	荚果第1生长周期每666.67 m² 272.81 kg,比对照花育20号减产4.13%;第2生长周期每666.67 m² 273.99 kg,比对照花育20号增产6.02%	外引系SH2004
106	济花101	山东省农业科学院生物技术研究中心	GPD花生（2020）370058	82.2	34.1	荚果第1生长周期每666.67 m² 375 kg,比对照花育33号增产4.46%;第1生长周期每666.67 m² 368 kg,比对照花育33号增产6.05%。子仁第1生长周期每666.67 m² 267.38 kg,比对照花育33号增产4.46%;第2生长周期每666.67 m² 264.22 kg,比对照花育33号增产6.65%	V9-2×开农71
107	济花102	山东省农业科学院生物技术研究中心	GPD花生（2020）370033	77.2	15.1	荚果第1生长周期每666.67 m² 276 kg,比对照花育20号增产3.37%;第2生长周期每666.67 m² 268 kg,比对照花育20号增产5.51%。子仁第1生长周期每666.67 m² 202.03 kg,比对照花育20号增产10.59%;第2生长周期每666.67 m² 194.57 kg,比对照花育20号增产11.43%	开农1715×花育34号
108	濮花168	濮阳市农业科学院	GPD花生（2020）410014	76.4	12.3	荚果第1生长周期每666.67 m² 296.48 kg,比对照远杂9102增产3.79%;第2生长周期每666.67 m² 312.95 kg,比对照远杂9102增产4.26%。子仁第1生长周期每666.67 m² 209.31 kg,比对照远杂9102增产4.23%;第2生长周期每666.67 m² 220.94 kg,比对照远杂9102增产4.41%	濮花28号×开农61
109	濮花308	濮阳市农业科学院	GPD花生（2020）410079	78.8	25.8	荚果第1生长周期每666.67 m² 378.81 kg,比对照远杂9102增产12.22%;第2生长周期每666.67 m² 361.56 kg,比对照远杂9102增产11.71%。子仁第1生长周期每666.67 m² 264.41 kg,比对照远杂9102增产4.02%;第2生长周期每666.67 m² 254.54 kg,比对照远杂9102增产2.80%	冀花13号×开农1715
110	濮花666	濮阳市农业科学院	GPD花生（2020）410119	80.2	32.1	荚果第1生长周期每666.67 m² 361.67 kg,比对照远杂9102增产10.10%;第2生长周期每666.67 m² 367.89 kg,比对照远杂9102增产8.99%。子仁第1生长周期每666.67 m² 271.98 kg,比对照远杂9102增产8.52%;第2生长周期每666.67 m² 278.86 kg,比对照远杂9102增产9.71%	开农176×冀花11号
111	琼花2号	海南热带海洋大学,海南大学	GPD花生（2020）460132	76.5	14.5	荚果第1生长周期每666.67 m² 291.0 kg,比对照狮头企增产16.4%;第2生长周期每666.67 m² 267.0 kg,比对照狮头企增产16.1%。子仁第1生长周期每666.67 m² 212.5 kg,比对照狮头企增产19.4%;第2生长周期每666.67 m² 194.9 kg,比对照狮头企增产21.1%	Z59-3-2×琼花1号

（续表）

序号	品种名称	申请者	登记/鉴定/备案号	油酸含量(%)	油亚比	产量表现	来源
112	琼花3号	海南热带海洋学院，海南大学	GPD花生(2020)460133	78.4	20.4	荚果第1生长周期每666.67 m² 346.0 kg,比对照琼花1号增产10.9%;第2生长周期每666.67 m² 324.5 kg,比对照琼花1号增产10.4%。子仁第1生长周期每666.67 m² 254.5 kg,比对照琼花1号增产5.6%;第2生长周期每666.67 m² 231.2 kg,比对照琼花1号增产9.9%	Z42-3-2×琼花1号
113	琼花4号	海南热带海洋学院，海南大学	GPD花生(2020)460131	78.2	21.4	荚果第1生长周期每666.67 m² 320.5 kg,比对照琼花1号增产2.7%;第2生长周期每666.67 m² 299.2 kg,比对照琼花1号增产1.8%。子仁第1生长周期每666.67 m² 247.3 kg,比对照琼花1号增产2.6%;第2生长周期每666.67 m² 216.6 kg,比对照琼花1号增产3.0%	Z42-3-2×琼花1号
114	商花43号	商丘市农林科学院	GPD花生(2020)410128	77.7	17.3	荚果第1生长周期每666.67 m² 325.25 kg,比对照远杂9102增产8.22%;第2生长周期每666.67 m² 350.72 kg,比对照远杂9102增产9.50%。子仁第1生长周期每666.67 m² 221.36 kg,比对照远杂9102减产1.24%;第2生长周期每666.67 m² 240.85 kg,比对照远杂9102增产3.78%	远杂9847×商0923-1
115	宇花18号	青岛农业大学	GPD花生(2020)370080	82.4	35.7	荚果第1生长周期每666.67 m² 325.2 kg,比对照花育33号增产4.2%;第2生长周期每666.67 m² 333.9 kg,比对照花育33号增产5.0%。子仁第1生长周期每666.67 m² 237.1 kg,比对照花育33号增产7.0%;第2生长周期每666.67 m² 243.4 kg,比对照花育33号增产7.8%	宇花1号×AT215
116	汴花8号	开封市祥符区农业科学研究所,河南菊城农业科技有限公司	GPD花生(2020)410066	77.1	12.0	荚果第1生长周期每666.67 m² 356.4 kg,比对照豫花15号增产10.6%;第2生长周期每666.67 m² 361.2 kg,比对照豫花15号增产9.5%。子仁第1生长周期每666.67 m² 264.8 kg,比对照豫花15号增产11.2%;第2生长周期每666.67 m² 271.6 kg,比对照豫花15号增产10.3%	汴选16×汴花4号
117	济花10号	山东省农业科学院生物技术研究中心	GPD花生(2021)370104	78.6	22.6	荚果第1生长周期每666.67 m² 348.1 kg,比对照远杂9102增产19.2%;第2生长周期每666.67 m² 327.4 kg,比对照远杂9102增产6.51%。子仁第1生长周期每666.67 m² 245.37 kg,比对照花育20号增产12.4%;第2生长周期每666.67 m² 227.6 kg,比对照远杂9102减产0.09%	花育23号×DF12
118	济花3号	山东省农业科学院生物技术研究中心,开封市农林科学研究院	GPD花生(2021)370105	77.8	14.5	荚果第1生长周期每666.67 m² 305.00 kg,比对照远杂9102增产2.52%;第2生长周期每666.67 m² 376.67 kg,比对照远杂9102增产19.58%。子仁第1生长周期每666.67 m² 217.62 kg,比对照远杂9102减产5.86%;第2生长周期每666.67 m² 280.24 kg,比对照远杂9102增产14.65%	开农30×开选016

（续表）

序号	品种名称	申请者	登记/鉴定/备案号	油酸含量（%）	油亚比	产量表现	来源
119	济花8号	山东省农业科学院生物技术研究中心	GPD花生(2021)370102	79.9	20.0	荚果第1生长周期每666.67 m² 346.7 kg,比对照花育20号增产18.8%;第2生长周期每666.67 m² 319.25 kg,比对照远杂9102增产2.86%;子仁第1生长周期每666.67 m² 254.15 kg,比对照花育20号增产16.4%;第2生长周期每666.67 m² 238.41 kg,比对照远杂9102增产3.33%	花育23号×开农176
120	济花9号	山东省农业科学院生物技术研究中心	GPD花生(2021)370103	81.6	29.9	荚果第1生长周期每666.67 m² 372.8 kg,比对照花育25号增产11.9%;第2生长周期每666.67 m² 360.5 kg,比对照豫花9326增产10.01%;子仁第1生长周期每666.67 m² 242.61 kg,比对照花育25号增产2.4%;第2生长周期每666.67 m² 240.6 kg,比对照豫花9326增产7.46%	花育31号×开农176
121	琼花5号	海南热带海洋学院,海南大学	GPD花生(2021)460004	76.0	16.1	荚果第1生长周期每666.67 m² 316.2 kg,比对照琼花1号增产1.3%;第2生长周期每666.67 m² 294.5 kg,比对照琼花1号增产0.2%。子仁第1生长周期每666.67 m² 243.5 kg,比对照琼花1号增产1.0%;第2生长周期每666.67 m² 211.8 kg,比对照琼花1号增产0.7%	Z59-3-2×琼花1号
122	天府33	南充市农业科学院,中国农业科学院油料作物研究所	GPD花生(2021)510061	75.3	13.4	荚果第1生长周期每666.67 m² 311.27 kg,比对照天府14号增产5.08%;第2生长周期每666.67 m² 316.21 kg,比对照天府14号增产9.08%;子仁第1生长周期每666.67 m² 209.10 kg,比对照天府14号增产7.11%;第2生长周期每666.67 m² 205.15 kg,比对照天府14号减产4.55%	中花16/K01-6
123	天府36	南充市农业科学院	GPD花生(2021)510057	78.6	32.8	荚果第1生长周期每666.67 m² 367.76 kg,比对照天府22增产2.39%;第2生长周期每666.67 m² 332.46 kg,比对照天府22增产11.90%。子仁第1生长周期每666.67 m² 247.36 kg,比对照天府22增产7.80%;第2生长周期每666.67 m² 224.94 kg,比对照天府22减产0.48%	天府25/天府33
124	郑农花25号	郑州市农林科学研究所,河南大方种业科技有限公司,河南怀川种业有限责任公司	GPD花生(2021)410017	79.1	16.9	荚果第1生长周期每666.67 m² 296.05 kg,比对照豫花9327减产5.08%;第2生长周期每666.67 m² 305.45 kg,比对照豫花9327减产1.53%;子仁第1生长周期每666.67 m² 207.36 kg,比对照豫花9327减产3.88%;第2生长周期每666.67 m² 217.26 kg,比对照豫花9327增产1.25%	冀0608-31-3×豫花15号
125	富花1号	青岛福德隆种业有限公司	GPD花生(2018)370198	75.0	8.6	荚果第1生长周期每666.67 m² 418 kg,比对照花育22增产5.56%;第2生长周期每666.67 m² 487 kg,比对照花育22增产10.18%。子仁第1生长周期每666.67 m² 264 kg,比对照花育22增产3.94%;第2生长周期每666.67 m² 328 kg,比对照花育22增产13.1%	花育22号×Sunoleic95R

（续表）

序号	品种名称	申请者	登记/鉴定/备案号	油酸含量（%）	油亚比	产量表现	来源
126	即花9号	青岛春阳种业有限公司	GPD花生（2018）370166	81.9	17.8	荚果第1生长周期每666.67 m² 248.37 kg，比对照白沙1016增产5.8%；第2生长周期每666.67 m² 261.22 kg，比对照白沙1016增产6.9%。子仁第1生长周期每666.67 m² 180.04 kg，比对照白沙1016增产6.2%；第2生长周期每666.67 m² 193.56 kg，比对照白沙1016增产9.7%	白沙1016×P76
127	鲁花19	山东鲁花农业科技推广有限公司	GPD花生（2018）370081	79.3	13.4	荚果第1生长周期每666.67 m² 248.82 kg，比对照白沙17增产10.7%；第2生长周期每666.67 m² 316.54 kg，比对照白沙17增产11.95%。子仁第1生长周期每666.67 m² 169.20 kg，比对照白沙17增产5.9%；第2生长周期每666.67 m² 233.90 kg，比对照白沙17增产19.4%	9616诱变植株×8014
128	鲁花22	山东鲁花农业科技推广有限公司	GPD花生（2018）370337	78.1	20.0	荚果第1生长周期每666.67 m² 354.1 kg，比对照花育33号增产2.2%；第2生长周期每666.67 m² 375.2 kg，比对照花育33号增产3.0%。子仁第1生长周期每666.67 m² 259.3 kg，比对照花育33号增产3.9%；第2生长周期每666.67 m² 278.4 kg，比对照花育33号增产4.7%	冀花4号×8012
129	齐花5号	山东省青丰种子有限公司	GPD花生（2018）370217	80.2	22.1	荚果第1生长周期每666.67 m² 462.8 kg，比对照花育25号增产10.0%；第2生长周期每666.67 m² 447.5 kg，比对照花育25号增产8.3%。子仁第1生长周期每666.67 m² 328.0 kg，比对照花育25号增产3.7%；第2生长周期每666.67 m² 317.4 kg，比对照花育25号增产5.2%	花育22优系×高油酸材料F18
130	润花17	山东省润柏农业科技股份有限公司	GPD花生（2018）370028	80.1	26.7	荚果第1生长周期每666.67 m² 342.6 kg，比对照鲁花11号增产12.1%；第2生长周期每666.67 m² 358.7 kg，比对照鲁花11号增产15.6%。子仁第1生长周期每666.67 m² 246.7 kg，比对照鲁花11号增产12.3%；第2生长周期每666.67 m² 258.3 kg，比对照鲁花11号增产15.1%	CTWE×K1208
131	三花6号	河南省三九种业有限公司	GPD花生（2018）410194	80.4	29.5	荚果第1生长周期每666.67 m² 367.3 kg，比对照花育23号增产7.68%；第2生长周期每666.67 m² 357.9 kg，比对照花育23号增产6.04%。子仁第1生长周期每666.67 m² 269.9 kg，比对照花育23号增产10.52%；第2生长周期每666.67 m² 260.9 kg，比对照花育23号增产5.33%	花育23×开农176
132	三花7号	河南省三九种业有限公司	GPD花生（2018）410284	78.9	20.4	荚果第1生长周期每666.67 m² 406.2 kg，比对照花育19号增产9.99%；第2生长周期每666.67 m² 389.6 kg，比对照花育19号增产8.37%。子仁第1生长周期每666.67 m² 285.4 kg，比对照花育19号增产8.85%；第2生长周期每666.67 m² 276.5 kg，比对照花育19号增产8.18%	花育19×开农176

（续表）

序号	品种名称	申请者	登记/鉴定/备案号	油酸含量(%)	油亚比	产量表现	来源
133	新花15号	新乐市种子有限公司,河北农业大学	GPD花生(2018)130257	81.6	28.1	荚果第1生长周期每666.67 m² 328.9 kg,比对照冀花4号增产7.0%;第2生长周期每666.67 m² 316.5 kg,比对照冀花4号增产7.2%。子仁第1生长周期每666.67 m² 242.2 kg,比对照冀花4号增产7.9%;第2生长周期每666.67 m² 227.9 kg,比对照冀花4号增产7.5%	XL56×GXL02-3
134	新花17号	新乐市种子有限公司,河北农业大学	GPD花生(2018)130256	78.2	11.7	荚果第1生长周期每666.67 m² 325.2 kg,比对照冀花4号增产5.8%;第2生长周期每666.67 m² 311.5 kg,比对照冀花4号增产5.5%。子仁第1生长周期每666.67 m² 237.4 kg,比对照冀花4号增产5.8%;第2生长周期每666.67 m² 223.4 kg,比对照冀花4号增产5.4%	XL1×GXL09-5
135	易花1212	保定市易园生态农业科技开发有限公司	GPD花生(2018)130150	79.6	21.3	荚果第1生长周期每666.67 m² 367.63 kg,比对照花育20号增产9.23%;第2生长周期每666.67 m² 326.79 kg,比对照花育20号增产8.66%。子仁第1生长周期每666.67 m² 279.77 kg,比对照花育20号增产12.85%;第2生长周期每666.67 m² 242.80 kg,比对照花育20号增产10.77%	冀花4号×花育32号
136	易花1314	保定市易园生态农业科技开发有限公司	GPD花生(2018)130151	79.2	26.2	荚果第1生长周期每666.67 m² 389.37 kg,比对照花育20号增产15.68%;第2生长周期每666.67 m² 338.95 kg,比对照花育20号增产17.05%。子仁第1生长周期每666.67 m² 288.52 kg,比对照花育20号增产12.06%;第2生长周期每666.67 m² 245.74 kg,比对照花育20号增产12.11%	花育23号×冀花11号
137	百花3号	河南百富泽农业科技有限公司	GPD花生(2019)410254	77.2	8.3	荚果第1生长周期每666.67 m² 324.6 kg,比对照远杂9102增产5.91%;第2生长周期每666.67 m² 335.6 kg,比对照远杂9102增产7.43%。子仁第1生长周期每666.67 m² 234.7 kg,比对照远杂9102增产4.18%;第2生长周期每666.67 m² 242.6 kg,比对照远杂9102增产5.67%	开农H03-3×白沙1016
138	邦农2号	河南邦农种业有限公司	GPD花生(2019)410167	77.8	18.4	荚果第1生长周期每666.67 m² 310.8 kg,比对照远杂9102增产3.19%;第2生长周期每666.67 m² 330.8 kg,比对照远杂9102增产6.61%。子仁第1生长周期每666.67 m² 233.7 kg,比对照远杂9102增产2.1%;第2生长周期每666.67 m² 248.8 kg,比对照远杂9102增产5.51%	开农H03-3×冀油5号
139	德利昌花6号	河南省德利昌种子科技有限公司	GPD花生(2019)410255	81.9	19.0	荚果第1生长周期每666.67 m² 376.77 kg,比对照远杂9102增产10.10%;第2生长周期每666.67 m² 364.16 kg,比对照远杂9102增产10.39%。子仁第1生长周期每666.67 m² 269.39 kg,比对照远杂9102增产4.54%;第2生长周期每666.67 m² 261.83 kg,比对照远杂9102增产3.76%	冀花16号系选变异单株

（续表）

序号	品种名称	申请者	登记/鉴定/备案号	油酸含量(%)	油亚比	产量表现	来源
140	冠花8	山东金诺种业有限公司	GPD花生(2019)370236	78.6	12.0	荚果第1生长周期每666.67 m² 380.5 kg,比对照花育25号增产10.8%;第2生长周期每666.67 m² 366.5 kg,比对照花育25号增产11.2%。子仁第1生长周期每666.67 m² 268.6 kg,比对照花育25号增产10.5%;第2生长周期每666.67 m² 269.1 kg,比对照花育25号增产11.0%	农大226×8y07
141	冠花9	山东金诺种业有限公司	GPD花生(2019)370301	76.5	11.9	荚果第1生长周期每666.67 m² 376 kg,比对照花育25号增产10.2%;第2生长周期每666.67 m² 366.2 kg,比对照花育25号增产10.8%。子仁第1生长周期每666.67 m² 264.5 kg,比对照花育25号增产10.1%;第2生长周期每666.67 m² 255.2 kg,比对照花育25号增产10.8%	从开农61中系统选育出单株
142	黑珍珠2号	保定市易园生态农业科技开发有限公司	GPD花生(2019)130252	79.2	21.5	荚果第1生长周期每666.67 m² 353.83 kg,比对照花育20号增产9.33%;第2生长周期每666.67 m² 362.75 kg,比对照花育20号增产8.09%。子仁第1生长周期每666.67 m² 260.42 kg,比对照花育20号增产9.78%;第2生长周期每666.67 m² 272.79 kg,比对照花育20号增产10.89%	(黑珍珠×开农176)×黑珍珠
143	红甜	易县源盛鑫农作物种植农民专业合作社	GPD花生(2019)130216	77.1	13.8	荚果第1生长周期每666.67 m² 231.79 kg,比对照四粒红增产1.56%;第2生长周期每666.67 m² 218.86 kg,比对照四粒红增产8.36%。子仁第1生长周期每666.67 m² 168.51 kg,比对照四粒红增产2.41%;第2生长周期每666.67 m² 157.36 kg,比对照四粒红增产9.27%	冀花甜1号×开农1715
144	华育6号	易县易园农业科学研究所	GPD花生(2019)130268	80.5	24.4	荚果第1生长周期每666.67 m² 379.33 kg,比对照冀花5号增产9.07%;第2生长周期每666.67 m² 339.96 kg,比对照冀花5号增产7.29%。子仁第1生长周期每666.67 m² 276.15 kg,比对照冀花5号增产10.13%;第2生长周期每666.67 m² 242.73 kg,比对照冀花5号增产8.66%	濮花28号×冀0607-17
145	华育308	易县易园农业科学研究所	GPD花生(2019)130239	79.6	29.3	荚果第1生长周期每666.67 m² 368.63 kg,比对照花育20号增产13.90%;第2生长周期每666.67 m² 377.98 kg,比对照花育20号增产12.63%。子仁第1生长周期每666.67 m² 267.26 kg,比对照花育20号增产12.66%;第2生长周期每666.67 m² 271.77 kg,比对照花育20号增产10.48%	冀0607-17×开农176
146	京红	保定市易园生态农业科技开发有限公司	GPD花生(2019)130223	80.1	31.4	荚果第1生长周期每666.67 m² 349.55 kg,比对照花育20号增产8.01%;第2生长周期每666.67 m² 358.67 kg,比对照花育20号增产6.88%。子仁第1生长周期每666.67 m² 255.52 kg,比对照花育20号增产7.71%;第2生长周期每666.67 m² 258.60 kg,比对照花育20号增产5.13%	酥珍珠×冀0607-17

序号	品种名称	申请者	登记/鉴定/备案号	油酸含量(%)	油亚比	产量表现	来源
147	粮丰花二号	郑州粮丰种业有限公司	GPD花生(2019)410207	79.4	37.8	荚果第1生长周期每666.67 m² 316.40 kg,比对照豫花14号增产13.35%;第2生长周期每666.67 m² 291.7 kg,比对照豫花14号增产10.06%。子仁第1生长周期每666.67 m² 245.79 kg,比对照豫花14号增产16.42%;第2生长周期每666.67 m² 225.81 kg,比对照豫花14号增产10.14%	TF22×TF33
148	粮丰花一号	郑州粮丰种业有限公司	GPD花生(2019)410208	77.8	25.3	荚果第1生长周期每666.67 m² 318.40 kg,比对照豫花14号增产13.66%;第2生长周期每666.67 m² 290.7 kg,比对照豫花14号增产10.94%。子仁第1生长周期每666.67 m² 240.79 kg,比对照豫花14号增产14.59%;第2生长周期每666.67 m² 220.81 kg,比对照豫花14号增产10.39%	TF25×TF33
149	龙花10号	山东卧龙种业有限责任公司	GPD花生(2019)370072	82.9	24.4	荚果第1生长周期每666.67 m² 333.17 kg,比对照花育25号增产7.65%;第2生长周期每666.67 m² 357.32 kg,比对照花育25号增产9.26%。子仁第1生长周期每666.67 m² 239.82 kg,比对照花育25号增产8.73%;第2生长周期每666.67 m² 256.97 kg,比对照花育25号增产10.85%	花育22号×176
150	龙花11号	山东卧龙种业有限责任公司	GPD花生(2019)370069	80.4	22.1	荚果第1生长周期每666.67 m² 342.25 kg,比对照花育22号增产10.48%;第2生长周期每666.67 m² 351.81 kg,比对照花育22号增产9.26%。子仁第1生长周期每666.67 m² 249.91 kg,比对照花育22号增产9.73%;第2生长周期每666.67 m² 256.89 kg,比对照花育22增产8.54%	花育22号×176
151	龙花12号	山东卧龙种业有限责任公司	GPD花生(2019)370069	80.1	20.4	荚果第1生长周期每666.67 m² 332.71 kg,比对照花育25号增产7.28%;第2生长周期每666.67 m² 318.95 kg,比对照花育25号增产8.76%。子仁第1生长周期每666.67 m² 243.38 kg,比对照花育25号增产8.06%;第2生长周期每666.67 m² 232.83 kg,比对照花育25号增产9.89%	鲁花11号×开农1715
152	龙花13号	山东卧龙种业有限责任公司	GPD花生(2019)370068	81.0	20.8	荚果第1生长周期每666.67 m² 326.24 kg,比对照花育25号增产5.25%;第2生长周期每666.67 m² 330.75 kg,比对照花育25号增产4.32%。子仁第1生长周期每666.67 m² 235.90 kg,比对照花育25号增产7.14%;第2生长周期每666.67 m² 239.17 kg,比对照花育25号增产6.23%	鲁花11号×开农1715
153	龙花1号	山东卧龙种业有限责任公司	GPD花生(2019)370075	80.9	28.9	荚果第1生长周期每666.67 m² 261.08 kg,比对照鲁花20号增产10.50%;第2生长周期每666.67 m² 310.12 kg,比对照鲁花20号增产10.04%。子仁第1生长周期每666.67 m² 185.83 kg,比对照鲁花20号增产10.30%;第2生长周期每666.67 m² 220.72 kg,比对照鲁花20号增产9.86%	鲁花11号×开选016

（续表）

序号	品种名称	申请者	登记/鉴定/备案号	油酸含量（%）	油亚比	产量表现	来源
154	农花66	河南三农种业有限公司	GPD花生（2019）410021	78.6	18.6	荚果第1生长周期每666.67 m² 247.0 kg,比对照豫花9327增产10.1%;第2生长周期每666.67 m² 262.2 kg,比对照豫花9327增产12.5%。子仁第1生长周期每666.67 m² 193.6 kg,比对照豫花9327增产3.7%;第2生长周期每666.67 m² 223.7 kg,比对照豫花9327增产9.6%	豫花9327×花育19
155	万花019	河南万相粮农业科技有限公司	GPD花生（2019）410256	79.8	19.8	荚果第1生长周期每666.67 m² 490.6 kg,比对照豫花34增产6.3%;第2生长周期每666.67 m² 496.9 kg,比对照豫花34增产6.6%。子仁第1生长周期每666.67 m² 354.7 kg,比对照豫花34增产6.3%;第2生长周期每666.67 m² 359.2 kg,比对照豫花34增产6.6%	淮选08-17×万选06-14
156	为农花1号	沈阳为利丰科技有限公司	GPD花生（2019）210159	80.7	22.2	荚果第1生长周期平均每666.67 m² 270.50 kg,比对照白沙1016增产15.3%;子仁第1生长周期平均每666.67 m² 197.10 kg,比对照白沙1016增产23.5%	青兰2号×FW-17
157	新育7号	韩鹏	GPD花生（2019）130228	75.6	10.6	荚果第1生长周期每666.67 m² 337.1 kg,比对照冀花4号增产9.7%;第2生长周期每666.67 m² 326.0 kg,比对照冀花4号增产10.4%。子仁第1生长周期每666.67 m² 246.1 kg,比对照冀花4号增产9.7%;第2生长周期每666.67 m² 237.9 kg,比对照冀花4号增产12.2%	A94-5×GXL02-3
158	鑫花1号	易县源成鑫农作物种植农民专业合作社	GPD花生（2019）130240	80.2	28.5	荚果第1生长周期每666.67 m² 362.86 kg,比对照花育20号增产12.12%;第2生长周期每666.67 m² 381.76 kg,比对照花育20号增产13.76%。子仁第1生长周期每666.67 m² 264.89 kg,比对照花育20号增产11.66%;第2生长周期每666.67 m² 275.63 kg,比对照花育20号增产12.05%	冀0607-17×濮花28号
159	鑫花5号	易县源成鑫农作物种植农民专业合作社	GPD花生（2019）130152	77.6	14.1	荚果第1生长周期每666.67 m² 351.78 kg,比对照远杂9102增产6.82%;第2生长周期每666.67 m² 330.98 kg,比对照远杂9102增产9.17%。子仁第1生长周期苗产666.67 m² 259.97 kg,比对照远杂9102增产6.10%;第2生长周期每666.67 m² 245.92 kg,比对照远杂9102增产7.01%	开农61系选
160	鑫花6号	易县源成鑫农作物种植农民专业合作社	GPD花生（2019）130153	79.9	28.5	荚果第1生长周期每666.67 m² 356.86 kg,比对照花育20号增产6.03%;第2生长周期每666.67 m² 313.89 kg,比对照花育20号增产8.40%	冀花11号×yx61-8

（续表）

序号	品种名称	申请者	登记/鉴定/备案号	油酸含量(%)	油亚比	产量表现	来源
161	鑫优17	大绿河北种业科技有限公司	GPD花生(2019)130121	80.9	16.1	荚果第1生长周期每666.67 m² 385 kg,比对照冀花4号增产5.77%;第2生长周期每666.67 m² 353 kg,比对照冀花4号增产5.69%。子仁第1生长周期每666.67 m² 263 kg,比对照冀花4号增产3.14%;第2生长周期每666.67 m² 241 kg,比对照冀花4号增产2.99%	HM78-68×HF895
162	易花0910	保定市易园生态农业科技开发有限公司	GPD花生(2019)130007	77.2	16.7	荚果第1生长周期每666.67 m² 366.35 kg,比对照花育20号增产8.84%;第2生长周期每666.67 m² 345.37 kg,比对照花育20号增产19.27%。子仁第1生长周期每666.67 m² 284.65 kg,比对照花育20号增产10.55%;第2生长周期每666.67 m² 263.52 kg,比对照花育20号增产20.22%	锦引花1号×开农61
163	易花10号	保定市易园生态农业科技开发有限公司	GPD花生(2019)130054	78.6	23.7	荚果第1生长周期每666.67 m² 363.35 kg,比对照冀花5号增产4.48%;第2生长周期每666.67 m² 328.57 kg,比对照冀花5号增产3.70%。子仁第1生长周期每666.67 m² 288.14 kg,比对照冀花5号增产14.92%;第2生长周期每666.67 m² 255.96 kg,比对照冀花5号增产14.59%	易花2号×开农176
164	易花11号	保定市易园生态农业科技开发有限公司	GPD花生(2019)130004	78.9	29.0	荚果第1生长周期每666.67 m² 377.69 kg,比对照冀花5号增产8.60%;第2生长周期每666.67 m² 348.73 kg,比对照冀花5号增产10.06%。子仁第1生长周期每666.67 m² 271.18 kg,比对照冀花5号增产8.15%;第2生长周期每666.67 m² 246.20 kg,比对照冀花5号增产10.22%	海花1号优系×开农176
165	易花12号	保定市易园生态农业科技开发有限公司	GPD花生(2019)130055	78.0	23.4	荚果第1生长周期每666.67 m² 341.78 kg,比对照花育20号增产1.54%;第2生长周期每666.67 m² 309.98 kg,比对照花育20号增产7.05%。子仁第1生长周期每666.67 m² 268.64 kg,比对照花育20号增产4.33%;第2生长周期每666.67 m² 238.06 kg,比对照花育20号增产8.60%	花育32号×濮科花5号
166	易花15号	保定市易园生态农业科技开发有限公司	GPD花生(2019)130120	80.6	33.0	荚果第1生长周期每666.67 m² 363.88 kg,比对照花育20号增产8.11%;第2生长周期每666.67 m² 312.56 kg,比对照花育20号增产7.94%。子仁第1生长周期每666.67 m² 271.45 kg,比对照花育20号增产5.43%;第2生长周期每666.67 m² 231.92 kg,比对照花育20号增产5.80%	开农176×花育32号
167	驿花668	驻马店市博士农种业有限公司	GPD花生(2019)410269	80.3	29.5	荚果第1生长周期每666.67 m² 341.36 kg,比对照远杂9102增产3.65%;第2生长周期每666.67 m² 318.58 kg,比对照远杂9102增产5.08%。子仁第1生长周期每666.67 m² 258.07 kg,比对照远杂9102增产5.33%;第2生长周期每666.67 m² 236.39 kg,比对照远杂9102增产2.86%	远杂9307×开农176

（续表）

序号	品种名称	申请者	登记/鉴定/备案号	油酸含量(%)	油亚比	产量表现	来源
168	郑花166	郑州市郑农种业有限公司,河南省元禾种业有限公司	GPD花生(2019)410241	75.6	11.9	荚果第1生长周期每666.67 m² 348.2 kg,比对照花育20号增产4.79%;第2生长周期每666.67 m² 336.5 kg,比对照花育20号增产6.52%。子仁第1生长周期每666.67 m² 253.1 kg,比对照花育20号增产8.35%;第2生长周期每666.67 m² 244.6 kg,比对照花育20号增产9.05%	开农61×远杂9102
169	豫研花188	河南豫研种子科技有限公司	GPD花生(2020)410012	75.6	10.9	荚果第1生长周期每666.67 m² 246.22 kg,比对照白沙1016增产9.74%;第2生长周期每666.67 m² 236.87 kg,比对照白沙1016增产10.14%。子仁第1生长周期每666.67 m² 176.56 kg,比对照白沙1016增产9.94%;第2生长周期每666.67 m² 169.98 kg,比对照白沙1016增产10.63%	豫花22号×开选016
170	海花85号	河北浩海嘉农业有限公司	GPD花生(2020)130001	77.3	11.1	荚果第1生长周期每666.67 m² 352 kg,比对照冀花4号增产7.3%;第2生长周期每666.67 m² 361 kg,比对照冀花4号增产7.1%。子仁第1生长周期每666.67 m² 254 kg,比对照冀花4号增产7.6%;第2生长周期每666.67 m² 259 kg,比对照冀花4号增产7.5%	AS4238×AS4415
171	宏瑞花6号	河北宏瑞种业有限公司,石家庄市统帅农业科技有限公司	GPD花生(2020)130002	78.6	16.9	荚果第1生长周期每666.67 m² 332.5 kg,比对照冀花2号增产10.3%;第2生长周期每666.67 m² 325.8 kg,比对照冀花2号增产9.6%。子仁第1生长周期每666.67 m² 224.4 kg,比对照冀花2号增产7.3%;第2生长周期每666.67 m² 222.5 kg,比对照冀花2号增产7.5%	冀0212-2×CTWE
172	联科花1号	河南美邦农业科技有限公司	GPD花生(2020)410108	77.9	25.4	荚果第1生长周期每666.67 m² 318 kg,比对照豫花14号增产13.6%;第2生长周期每666.67 m² 290 kg,比对照豫花14号增产10.7%。子仁第1生长周期每666.67 m² 240 kg,比对照豫花14号增产14.3%;第2生长周期每666.67 m² 226 kg,比对照豫花14号增产12.4%	TF26×TF34
173	美花6236	河南佳美农业有限公司	GPD花生(2020)410027	80.3	19.1	荚果第1生长周期每666.67 m² 368.5 kg,比对照豫花15号增产9.8%;第2生长周期每666.67 m² 382.1 kg,比对照豫花15号增产9.1%。子仁第1生长周期每666.67 m² 265.1 kg,比对照豫花15号增产10.2%;第2生长周期每666.67 m² 267.9 kg,比对照豫花15号增产9.6%	JM102×汴花4号
174	润花12	山东润柏农业科技股份有限公司	GPD花生(2020)370139	78.8	15.1	荚果第1生长周期每666.67 m² 335.4 kg,比对照冀花11号增产16.3%;第2生长周期每666.67 m² 344.3 kg,比对照冀花11号增产18.1%。子仁第1生长周期每666.67 m² 241.5 kg,比对照冀花11号增产18.2%;第2生长周期每666.67 m² 251.3 kg,比对照冀花11号增产14.2%	K0801×CT-WE

（续表）

序号	品种名称	申请者	登记/鉴定/备案号	油酸含量（%）	油亚比	产量表现	来源
175	润花 19	山东润柏农业科技股份有限公司	GPD 花生（2020）370140	78.8	15.1	荚果第 1 生长周期每 666.67 m² 373.5 kg，比对照冀花 16 号增产 14.7%；第 2 生长周期每 666.67 m² 387.8 kg，比对照冀花 16 号增产 14.6%；子仁第 1 生长周期每 666.67 m² 261.5 kg，比对照冀花 16 号增产 12.3%；第 2 生长周期每 666.67 m² 269.5 kg，比对照冀花 16 号增产 11.5%	K0879×CT-WE
176	润花 21	山东润柏农业科技股份有限公司	GPD 花生（2020）370141	81.4	27.1	荚果第 1 生长周期每 666.67 m² 367.9 kg，比对照冀花 16 号增产 12.9%；第 2 生长周期每 666.67 m² 383.2 kg，比对照冀花 16 号增产 13.2%；子仁第 1 生长周期每 666.67 m² 275.9 kg，比对照冀花 16 号增产 17.2%；第 2 生长周期每 666.67 m² 283.6 kg，比对照冀花 16 号增产 16.5%	K0881×CT-WE
177	润花 22	山东润柏农业科技股份有限公司	GPD 花生（2020）370142	81.0	26.8	荚果第 1 生长周期每 666.67 m² 366.4 kg，比对照潍花 16 增产 12.5%；第 2 生长周期每 666.67 m² 385.8 kg，比对照潍花 16 增产 14.1%；子仁第 1 生长周期每 666.67 m² 256.5 kg，比对照潍花 16 增产 12.5%；第 2 生长周期每 666.67 m² 277.8 kg，比对照潍花 16 增产 10.5%	K0801×CT-WE
178	深花 1 号	深圳源物种生物科技有限公司	GPD 花生（2020）440111	75.2	10.9	荚果第 1 生长周期每 666.67 m² 322.2 kg，比对照粤油 13 增产 3.80%；第 2 生长周期每 666.67 m² 338.1 kg，比对照粤油 13 增产 5.62%；子仁第 1 生长周期每 666.67 m² 228.7 kg，比对照粤油 13 增产 5.44%；第 2 生长周期每 666.67 m² 241.1 kg，比对照粤油 13 增产 9.10%	汕油 188 × 冀花 16 号
179	深花 2 号	深圳源物种生物科技有限公司	GPD 花生（2020）440110	78.8	21.6	荚果第 1 生长周期每 666.67 m² 318.5 kg，比对照粤油 13 增产 2.61%；第 2 生长周期每 666.67 m² 319.1 kg，比对照粤油 13 减产 0.3%；子仁第 1 生长周期每 666.67 m² 229.1 kg，比对照粤油 13 增产 5.62%；第 2 生长周期每 666.67 m² 228.5 kg，比对照粤油 13 增产 3.4%	开农 71 × 油油 188
180	顺花 1 号	河南顺丰种业有限公司	GPD 花生（2020）410121	79.6	27.6	荚果第 1 生长周期每 666.67 m² 358.0 kg，比对照开农 61 增产 12.7%；第 2 生长周期每 666.67 m² 335.2 kg，比对照开农 61 增产 10.1%；子仁第 1 生长周期每 666.67 m² 256.8 kg，比对照开农 61 增产 14.1%；第 2 生长周期每 666.67 m² 239.0 kg，比对照开农 61 增产 10.9%	开农 61 变异株
181	统率花 8 号	石家庄市统帅农业科技有限公司，石家庄普天苑种业有限公司	GPD 花生（2020）130015	77.8	16.3	荚果第 1 生长周期每 666.67 m² 330.9 kg，比对照冀花 2 号增产 9.8%；第 2 生长周期每 666.67 m² 327.2 kg，比对照冀花 2 号增产 9.9%；子仁第 1 生长周期每 666.67 m² 220.5 kg，比对照冀花 2 号增产 8.0%；第 2 生长周期每 666.67 m² 228.5 kg，比对照冀花 2 号增产 8.1%	冀 0212 - 2× TS09 - 8

（续表）

序号	品种名称	申请者	登记/鉴定/备案号	油酸含量（%）	油亚比	产量表现	来源
182	植花2号	驻马店市植物种业有限公司	GPD花生（2020）410024	77.6	8.3	荚果第1生长周期每666.67 m² 264.3 kg,比对照白沙1016增产8.2%;第2生长周期每666.67 m² 255.8 kg,比对照白沙1016增产10.6%。子仁第1生长周期每666.67 m² 193.5 kg,比对照白沙1016增产5.9%;第2生长周期每666.67 m² 187.2 kg,比对照白沙1016增产8.3%	锦引花1号×豫花15
183	驻科花2号	河南省驻科生物科技有限公司	GPD花生（2020）410008	77.9	12.6	荚果第1生长周期每666.67 m² 278.3 kg,比对照白沙1016增产1.1%;第2生长周期每666.67 m² 280.9 kg,比对照白沙1016减产1.5%。子仁第1生长周期每666.67 m² 206.2 kg,比对照白沙1016增产1.2%;第2生长周期每666.67 m² 208.1 kg,比对照白沙1016减产0.8%	锦引花1号×伏花生
184	漠阳花1号	广东漠阳花粮油有限公司	GPD花生（2021）440048	80.2	31.7	荚果第1生长周期每666.67 m² 297.6 kg,比对照粤油13增产5.1%;第2生长周期每666.67 m² 306.6 kg,比对照粤油13增产7.5%	开农61×湛油30
185	商垦1号	河南省商垦农业科技有限公司	GPD花生（2021）410020	80.9	27.1	荚果第1生长周期每666.67 m² 344.2 kg,比对照豫花9326增产10.9%;第2生长周期每666.67 m² 338.6 kg,比对照豫花9326增产10.6%。子仁第1生长周期每666.67 m² 236.7 kg,比对照豫花9326增产11.3%;第2生长周期每666.67 m² 230.6 kg,比对照豫花9326增产9.9%	冀花16号×开农61
186	商垦2号	河南省商垦农业科技有限公司	GPD花生（2021）410021	81.4	41.2	荚果第1生长周期每666.67 m² 338.1 kg,比对照豫花9326增产8.9%;第2生长周期每666.67 m² 332.1 kg,比对照豫花9326增产8.5%。子仁第1生长周期每666.67 m² 231.9 kg,比对照豫花9326增产9.0%;第2生长周期每666.67 m² 230.7 kg,比对照豫花9326增产10.0%	开农61×冀花5号
187	万青花99	开封万青种业科技有限公司,开封市祥符区农业科学研究所	GPD花生（2021）410101	75.4	2.2	荚果第1生长周期每666.67 m² 358.36 kg,比对照花育16增产11.11%;第2生长周期每666.67 m² 372.52 kg,比对照花育16增产12.6%。子仁第1生长周期每666.67 m² 249.06 kg,比对照花育16增产11.12%;第2生长周期每666.67 m² 258.9 kg,比对照花育16增产12.60%	7605-2×开选016
188	DF05	河南省农业科学院经济作物研究所,新疆农业科学院经济作物研究所	新登花生2015年11号	77.6	11.9	2013～2014年在新疆3个点区域试验,以远杂9102和四粒红为对照,平均单产荚果226.55 kg/666.67 m²,比对照远杂9102减产0.52%,较对照四粒红增产30.90%	开选016×海花1号

第七章　中国高油酸花生新品系

除通过国家登记的高油酸花生品种外,中国花生育种工作者还选育出一些高油酸花生新品系,有的已通过多点试验和 DUS[特异性(distinctness)、一致性(uniformity)和稳定性(stability)]测试,正在申请或准备申请品种登记。本章介绍 38 个高油酸花生品系。

第一节　小粒品系

一、花育 665

申请者:山东省花生研究所

品种来源:冀花 4 号×CTWE

特征特性:兰娜型高油酸早熟花生品种。生育期 120 d。株型直立,连续开花。主茎高 34.5 cm,侧枝长 39.8 cm。单株分枝数 8 条,单株饱果数 20 个。出米率为 75.1%~80.3%。百果重 143.2~161.7 g,百仁重 59.7~70.0 g。莱西试验点 2018 年收获的子仁样品经农业农村部油料及制品质量监督测试中心(武汉)化验分析:油酸含量达 79.0%,亚油酸含量为 3.2%,油亚比 24.7,含油量 52.40%,粗蛋白含量 25.3%。2020 年花育 665 大田花生样品,经青岛捷安信检验技术服务有限公司测定:油酸含量 80.60%,亚油酸含量 4.12%,油亚比 19.56,含油量 57.43%,蛋白质含量 9.10%。

产量表现:子仁产量较对照花育 20 号,2015 年增产 8.44%、2016 年增产 17.05%、2017 年增产 26.53%。2018 年莱西农户大田试验,花育 665 荚果单产达 7 125.0 kg/hm² 以上。2018 年辽宁锦州试验,比当地对照锦花 16 增产子仁 16.82%。2020 年专家测产,辽宁绥中种植的花育 665,每 666.67 m² 子仁产量 487.82 kg,比花育 23 号(每 666.67 m² 子仁产量 440.48 kg)增产 10.7%。

适宜种植区域:适合东北早熟花生区、黄淮流域等产区种植。

二、花育 668

申请者:山东省花生研究所

品种来源:06I8B4×CTWE

特征特性:该品种适应性广,荚果和子仁均符合"旭日型"出口要求,是代替花育 20 号的理想品种。株型直立,连续开花。主茎高 24 cm,侧枝长 26 cm。分枝数 9 条,结果枝数 9 条。百果重 170 g,百仁重 70 g。莱西试验点产品,2016 年经农业部油料及制品质量监督检验测试中心(武汉)检测:油酸含量 80.7%,亚油酸含量 2.8%,油亚比 28.8,含油量

53.6%;2017年经青岛捷安信检验技术服务有限公司检测:油酸含量81.14%,亚油酸含量3.37%,油亚比24.15,含油量51.8%,粗蛋白含量21.3%;2021年经农业农村部油料及制品质量监督检测中心(武汉)测定:花育668油酸含量79.40%,亚油酸含量3.88%,油亚比20.46,含油量51.13%,粗蛋白24.40%。2020年花育668大田花生产品,经青岛捷安信检验技术服务有限公司检测:油酸含量80.20%,亚油酸含量3.87%,油亚比20.72,含油量56.23%,蛋白质含量23.00%。

产量表现: 山东省花生研究所品比试验,2014年比花育33号增产子仁12.07%,比花育25号增产子仁22.03%;2015年比花育20号增产子仁3.57%;2016年后期耐旱试验,比花育20号增产子仁1.60%,比高油酸对照花育32号增产子仁62.95%。2016年全国多点试验[白城、四平、阜新、锦州、烟台、潍坊、临沂、汾阳、徐州、驻马店(夏播)、濮阳、唐山、保定、合肥(夏播)、黄冈、襄阳、贵州、泉州(秋植)、贺州(秋植)、赣州(秋植)],平均单产子仁190.74 kg/666.67 m²,比对照花育20号增产5.26%。2017年全国多点试验(阜新、锦州、烟台、潍坊、汾阳、徐州、濮阳、唐山、保定、合肥、南京、黄冈、襄阳、泉州、贺州、赣州、南充),平均单产子仁219.89 kg/666.67 m²,比对照花育20号增产3.71%。

适宜种植区域: 适合东北早熟花生区、北方大花生产区、长江流域和南方非青枯病区种植。

三、花 育 669

申请者: 山东省花生研究所

品种来源: 冀花4号×CTWE

特征特性: 株型直立,连续开花。主茎高36 cm,侧枝长36 cm。分枝数7条,结果枝数7条。百果重170 g,百仁重75 g。多点田间条件下播种,出苗期耐低温鉴定结果为中耐。山东莱西提早分期播种,出苗期耐低温高湿鉴定结果为低耐。吉林种植鉴定,对苏打盐碱中耐。2021年经农业农村部油料及制品质量监督检验测试中心(武汉)检测:油酸含量79.40%,亚油酸含量4.64%,油亚比17.11,含油量46.78%,粗蛋白含量20.0%。

产量表现: 2015年莱西春播试验,单产荚果、子仁分别为371.11 kg/666.67 m²、285.76 kg/666.67 m²,比对照花育20号分别增产9.96%、15.15%。2016年全国多点试验[白城、四平、阜新、锦州、烟台、潍坊、临沂、汾阳、徐州、合肥(夏播)、赣州(秋播)],平均单产子仁234.69 kg/666.67 m²,比对照花育20号增产29.52%。2017年全国多点试验,平均单产子仁比对照花育20号增产1.02%。

适宜种植区域: 适合东北早熟花生区、北方大花生产区、长江流域和南方非青枯病区种植。

四、开 农 111

申请者: 开封市农林科学研究院

品种来源: 郑农花9号×0317-26

特征特性: 株型直立,疏枝,连续开花。生育期121 d。主茎高39.7 cm,侧枝长

44.0 cm。总分枝 8 条,结果枝 7 条,单株结果数 17 个。叶片深绿色、长椭圆形。荚果普通形,缩缢程度弱,果嘴明显程度无或极弱,荚果表面质地中。子仁柱形,种皮粉红色,内种皮深黄色,种皮无油斑、无裂纹。百果重 195.53 g,百仁重 76.42 g。出仁率 70.1%。经山东省花生研究所鉴定,感叶斑病。经农业农村部油料及制品质量监督检验测试中心(武汉)检测:粗脂肪含量 51.57%,粗蛋白含量 27.6%,油酸含量 80.4%,亚油酸含量 2.56%,油亚比 31.41。

产量表现:2019 年国家北方片花生新品种多点试验中,平均单产荚果 330.38 kg/666.67 m²、子仁 231.69 kg/666.67 m²,分别比对照花育 20 号增产 14.85%和 8.59%。

适宜种植区域:适宜在河南、山东、河北、安徽、辽宁和山西花生产区春播和夏播种植。

五、豫花 177 号

申请者:河南省作物分子育种研究院

品种来源:远杂 9102×DF12

选育过程:2013 年春季利用大面积推广的珍珠豆型花生品种远杂 9102 与高油酸品系 DF12 组配杂交组合,2013 年冬季南繁获得 F₂。2014~2016 年采用系谱法进行单株选择获得 F₅,选择标准为油酸含量近红外检测高于 60%,系谱为(远杂 9102×DF12)-0(N)-1-6-2。2017 年选择油酸含量高于 75%的单株种植株行,集团收获(编号 Z172719)。2020 年参加多点试验。

特征特性:株型直立,疏枝,连续开花。生育期 113 d。叶片绿色程度浅,小叶形状为椭圆形,小叶大小为中。主茎高 37.7 cm,侧枝长 42.8 cm。总分枝 6.8 个,结果枝 5.7 个,单株饱果数 12.5 个。荚果茧形,荚果缩缢程度弱,果嘴明显程度无或极弱,荚果表面质地中。百果重 184.8 g,饱果率 86.7%。子仁球形,种皮浅红色,内种皮白色。百仁重 72.1 g,出仁率 73.4%。蛋白质含量 26.5%,含油量 49.49%,油酸含量 79.8%,亚油酸含量 4.26%。该品种平均出苗率 96%,长势中等。感叶斑病、感网斑病、感锈病、中抗青枯病。

产量表现:2020 年参加黄淮海中南片联合测试小粒(二)组,13 点平均每 666.67 m² 产荚果 293.7 kg,比对照远杂 9102 增产 3.07%,比对照远杂 9102 增产不显著,居 15 个参试品种第 13 位。平均每 666.67 m² 产子仁 215.79 kg,比对照远杂 9102 增产 0.02%,居第 12 位。

适宜种植区域:黄淮海中南部春播、麦套或夏播。

六、豫花 179 号

申请者:河南省作物分子育种研究院

品种来源:豫花 15×开农 176

选育过程:2013 年利用大面积推广的大果花生品种豫花 15 与高油酸品种开农 176 组配杂交组合。2013 年和 2014 年分别于冬季和春季在海南和郑州以豫花 15 为轮回亲本连续与 FAD2A/FAD2B 双杂合基因型 F₁ 回交,2015 年春季获得 BC₄F₁。2015~2017 年采用系谱法进行单株选择获得 BC₄F₄,选择标准为油酸含量近红外检测高于 60%,系谱为

((((豫花 15×开农 176)×豫花 15)×豫花 15)×豫花 15)-105(N)-12-5。2017 年秋季选择油酸含量高于 75%的单株于海南种植株行,集团收获(编号 N171017)。2019 年参加多点实验。

特征特性: 该品种属连续开花、疏枝型直立。生育期 113 d。叶片绿色程度中、小叶形状为椭圆形、小叶大小为中。主茎高 40.8 cm,侧枝长 45.5 cm。总分枝 6.9 个,结果枝 5.7 个,单株饱果数 8.8 个。荚果普通形,荚果缩缢程度中,果嘴明显程度中,荚果表面质地中。百果重 177.1 g,饱果率 79.7%。子仁柱形,种皮浅红色,内种皮深黄色。百仁重 72.4 g,出仁率 70.7%。蛋白质含量 24.3%,含油量 47.47%,油酸含量 78.8%,亚油酸含量 3.7%。该品种平均出苗率 97.8%,长势强,感叶斑病、中抗网斑病、中抗锈病、中抗青枯病。

产量表现: 2019 年参加河南省花生联合体多点测试高油酸夏播组,5 点平均每 666.67 m² 产荚果 321.0 kg,比对照远杂 9102 增产极显著,位列 8 个参试品种第 2 位。2020 年参加河南省花生联合体多点测试高油酸组,5 点平均每 666.67 m² 产荚果 287.13 kg,比对照远杂 9102 增产 26.4%,比对照豫花 9326 减产 0.34%,比对照远杂 9102 增产极显著,比对照豫花 9326 减产不显著,居第 5 位。平均每 666.67 m² 产子仁 204.11 kg,比对照远杂 9102 增产 14.85%,比对照豫花 9326 增产 3.73%,居 15 个品种第 3 位。

适宜种植区域: 黄淮海中南部春播或麦套。

七、豫 花 182 号

申请者: 河南省作物分子育种研究院

品种来源: 豫花 15×开农 176

选育过程: 2013 年利用大面积推广的大果花生品种豫花 9326 与高油酸品种开选 016 组配杂交组合。2013 年和 2014 年分别于冬季和春季在海南和郑州以豫花 9326 为轮回亲本连续与 *FAD2A/FAD2B* 双杂合基因型 F_1 回交,2015 年春季获得 BC_4F_1。2015~2017 年采用系谱法进行单株选择获得 BC_4F_4,选择标准为油酸含量近红外检测高于 60%,系谱为((((豫花 9326×开选 016)×豫花 9326)×豫花 9326)×豫花 9326)-185(N)-3-4-8。2018 年春季选择油酸含量高于 75%的单株种植株行,集团收获(编号 Z18582)。2019 年参加多点试验。

特征特性: 该品种属连续开花、疏枝型直立。生育期 113 d。叶片绿色程度中,小叶形状为椭圆形、小叶大小为中。主茎高 44.9 cm,侧枝长 43.1 cm。总分枝 7.1 个,结果枝 6.2 个,单株饱果数 6.5 个。荚果普通形,荚果缩缢程度中,果嘴明显程度中,荚果表面质地中。百果重 190.9 g,饱果率 78.9%。子仁柱形,种皮浅红色,内种皮深黄色。百仁重 77.4 g,出仁率 67.6%。蛋白质含量 22.4%,含油量 52.3%,油酸含量 79.3%,亚油酸含量 3.02%。该品种平均出苗率 98.8%,长势强,感叶斑病、中抗网斑病、中抗锈病、中抗青枯病。

产量表现: 2019 年参加河南省花生联合体多点测试高油酸夏播组,5 点平均每 666.67 m² 产荚果 332.72 kg,比对照远杂 9102 增产极显著,位列 8 个参试品种第 1 名。2020 年参加河南省花生联合体多点测试高油酸组,5 点平均每 666.67 m² 产荚果 271.75 kg,比对照远杂 9102 增产 19.63%,比对照豫花 9326 减产 5.68%,比对照远杂 9102 增产极显著,比对照豫花 9326 减产不显著,居第 9 位。平均每 666.67 m² 产子仁 184.72 kg,比对照远杂 9102 增产 3.94%,比对照豫花 9326 减产 6.12%,居第 9 位。

适宜种植区域:黄淮海中南部春播或麦套。

八、豫 花 183 号

申请者:河南省作物分子育种研究院

品种来源:豫花 15×开农 176

选育过程:2013 年利用大面积推广的珍珠豆型花生品种远杂 9102 与高油酸品系 DF12 组配杂交组合。2013 年和 2014 年分别于冬季和春季在海南和郑州以远杂 9102 为轮回亲本连续与 FAD2A/FAD2B 双杂合基因型 F_1 回交,2015 年春季获得 BC_4F_1。2015~2017 年采用系谱法进行单株选择获得 BC_4F_1,选择标准为油酸含量近红外检测高于 60%,系谱为((((远杂 9102×DF12)×远杂 9102)×远杂 9102)×远杂 9102)-140(N)-11-2-3。2018 年春季选择油酸含量高于 75% 的单株种植株行,集团收获(编号 Z18576)。2019 年起参加多点试验。

特征特性:该品种属连续开花、疏枝型直立。生育期 112 d。叶片绿色程度浅,小叶形状为椭圆形,小叶大小为中。主茎高 28.3 cm,侧枝长 33.2 cm。总分枝 6.4 个,结果枝 5.1 个,单株饱果数 8.9 个。荚果茧形,缩缢程度中,果嘴明显程度无或极弱,荚果表面质地中。百果重 177.4 g,饱果率 86.6%。子仁球形,种皮浅红色,内种皮浅黄色。百仁重 73.6 g,出仁率 75.4%。蛋白质含量 23.9%,含油量 51.52%,油酸含量 77%,亚油酸含量 4.08%。该品种平均出苗率 98.5%,长势中等,中抗叶斑病、中抗网斑病、感锈病、感青枯病。

产量表现:2019 年参加河南省花生联合体多点测试高油酸夏播组,5 点平均每 666.67 m² 产荚果 267.31 kg,比对照远杂 9102 减产显著,位列 8 个参试品种第 6 位。2020 年参加河南省花生联合体多点测试高油酸组,5 点平均每 666.67 m² 产荚果 227.21 kg,比对照远杂 9102 增产 0.02%,比对照豫花 9326 减产 21.14%,比对照远杂 9102 增产不显著,比对照豫花 9326 减产极显著,居第 13 位。平均每 666.67 m² 产子仁 172.65 kg,比对照远杂 9102 减产 2.85%,比对照豫花 9326 减产 12.25%,居第 14 位。

适宜种植区域:黄淮海中南部春播、麦套或夏播。

九、豫 阜 花 0824

申请者:河南省农业科学院经济作物研究所、辽宁省沙地治理与利用研究所

品种来源:W0609-83-2×豫花 15 号

特征特性:生育期 125 d。连续开花,叶片椭圆,株型直立,叶色为中绿,花黄色。荚果缩缢程度中,果嘴明显程度中,表面质地粗糙。种皮颜色数量单色、粉红,种皮内表皮颜色浅黄,种仁柱形,种皮无裂纹。种子休眠性强,抗旱性强。主茎高 30.3 cm,侧枝长 32.5 cm。分枝数 6.4 个,单株荚果数 11.9 个,单株生产力 15.8 g。百果重 169.0 g,百仁重 75.5 g,出仁率 71.1%。2019 年经农业部油料及制品质量监督检验测试中心(武汉)检测:含油量 50.81%,粗蛋白含量 26.6%,油酸含量 79.2%,亚油酸含量 3.46%,油亚比 22.89。

产量表现：2019 年参加辽宁省花生区域试验,在辽宁 5 个试点,平均每 666.67 m² 产荚果 241.31 kg,平均每 666.67 m² 产子仁 172.70 kg,分别比对照阜花 12 增产 13.97% 和 18.17%;2020 年平均每 666.67 m² 产荚果 258.11 kg,平均每 666.67 m² 产子仁 176.12 kg,分别比对照阜花 12 增产 4.12% 和 3.39%。

适宜种植区域：适宜在辽宁春播种植。

十、中 花 29

申请者：中国农业科学院油料作物研究所

品种来源：中花 21×冀 0607－17,以中花 21 为轮回亲本回交选育

特征特性：该品种属珍珠豆型小果品种。生育期 118 d。株型直立,紧凑。叶片长椭圆形,叶色中绿。荚果普通形,网纹较深。子仁柱形,种皮浅红色。主茎高 44.3 cm,侧枝长 44.73 cm,总分枝数 10.13 个。百果重 145.3 g,百仁重 62.4 g,出仁率 76.0%。子仁含油量 49.09%、油酸含量 78.90%、亚油酸含量 3.60%、油亚比 21.92、蛋白质含量 26.0%。高抗青枯病,感叶斑病,中抗锈病,休眠性强、抗旱性强、抗倒性中。

适宜种植区域：适宜在长江流域及黄淮花生产区春播种植,尤其适合在青枯病区应用。

十一、中 花 30

申请者：中国农业科学院油料作物研究所

品种来源：中花 21×冀 0607－17,以中花 21 为轮回亲本回交选育

特征特性：该品种属珍珠豆型中果品种。生育期 118 d。株型直立,紧凑。叶片长椭圆形,叶色较绿。荚果普通形,网纹较深。子仁柱形,种皮浅红色。主茎高 43.6 cm,侧枝长 41.6 cm,总分枝数 10.4 个。百果重 181.8 g,百仁重 71.6 g,出仁率 71.0%。子仁含油量 49.50%、油酸含量 78.20%、亚油酸含量 4.18%、油亚比 18.71、蛋白质含量 24.90%。高抗青枯病,中抗锈病,感叶斑病。休眠性强,抗旱性强,抗倒性中。

适宜种植区域：适宜在长江流域及黄淮花生产区春播种植,尤其适合青枯病区应用。

十二、阜 花 25

申请者：辽宁省沙地治理与利用研究所

品种来源：阜 03－6×CTWE

品系名称：阜 L8

特征特性：珍珠豆型小粒花生。生育期 128 d。株型直立,连续开花,叶片长椭圆形,叶色为中,花色黄色。荚果缩缢程度弱,果嘴明显程度弱,表面质地为中。种仁椭圆,种皮颜色数量单色、浅褐色,种皮内表皮颜色浅黄,种皮无裂纹。种子休眠性强,抗旱性强。主茎高 29.6 cm,侧枝长 32.0 cm,分枝数 7.3 个。单株荚果数 15.3 个,单株生产力 18.2 g。百果重 159.5 g,百仁重 65.8 g,出仁率 69.6%。经农业部油料及制品质量监督检验测试中心(武汉)检测:含油量 49.25%,粗蛋白含量 25.2%,油酸含量 75.3%,亚油酸含量 7.8%,油亚

比 9.65。

产量表现：2018 年参加东北花生区域试验,在 15 个试点,平均每 666.67 m² 产荚果 278.7 kg,比对照锦花 15 增产 9.4%；2019 年在 11 个试点,平均每 666.67 m² 产荚果 246.1 kg,比对照锦花 15 增产 7.1%。

适宜种植区域：适宜在东北花生产区辽宁、吉林、黑龙江第一积温带、内蒙古东北部 (≥10℃积温大于 2 800℃)春季种植。

<h2 style="text-align:center">十三、阜 花 26</h2>

申请者：辽宁省沙地治理与利用研究所

品种来源：阜 14E6 - 1×FB4

特征特性：珍珠豆型。食用、鲜食。生育期 126 d。株型直立。主茎高 28.2 cm,侧枝长 30.2 cm。总分枝 8.1 个,结果枝 7 个,单株饱果数 15.4 个。叶片颜色深,倒卵形,叶片中。荚果茧形,果嘴明显程度弱,荚果表面质地中,缩缢程度中。百果重 178.3 g,饱果率 85%。子仁柱形,种皮浅红色,内种皮浅黄色。百仁重 70.6 g,出仁率 70.6%。子仁含油量 49.41%、蛋白质含量 26.3%、油酸含量 76.8%、亚油酸含量 5.19%。抗叶斑病。2020 年经国家花生良种重大科研联合攻关中养分高效利用鉴定平台鉴定,属于耐低磷能力强品种。

产量表现：荚果第 1 生长周期每 666.67 m² 249.70 kg,比对照白沙 1016 增产 7.1%；第 2 生长周期每 666.67 m² 222.77 kg,比对照阜花 12 增产 3.77%。子仁第 1 生长周期每 666.67 m² 176.90 kg,比对照白沙 1016 增产 12%；第 2 生长周期每 666.67 m² 157.16 kg,比对照阜花 12 增产 4.93%。

适宜种植区域：适宜在辽宁春播种植。

<h2 style="text-align:center">十四、阜 花 33</h2>

申请者：辽宁省沙地治理与利用研究所

品种来源：阜 47 - 1×CTWE

特征特性：珍珠豆型。生育期 126.1 d。株型直立。主茎高 31.4 cm,侧枝长 34.4 cm。总分枝 8.3 个,结果枝 7.5 个,单株饱果数 21 个。叶片颜色深,椭圆形,叶片小。荚果普通形,果嘴明显程度弱,荚果表面质地中,缩缢程度中。百果重 151.0 g,饱果率 85%。子仁柱形,种皮浅褐色,内种皮浅黄色。百仁重 59.6 g,出仁率 67.5%。子仁含油量 47.54%、蛋白质含量 26.6%、油酸含量 76.2%、亚油酸含量 6.5%。抗叶斑病。

产量表现：荚果第 1 生长周期每 666.67 m² 236.21 kg,比对照锦花 15 增产 3.73%；第 2 生长周期每 666.67 m² 230.95 kg,比对照锦花 15 增产 3.8%。子仁第 1 生长周期每 666.67 m² 160.34 kg,比对照锦花 15 减产 0.31%；第 2 生长周期每 666.67 m² 154.92 kg,比对照锦花 15 增产 1.35%。

适宜种植区域：适宜在东北花生产区辽宁、吉林、黑龙江第一积温带、内蒙古东北部 (≥10℃积温大于 2 800℃)春季种植。

十五、阜 花 35

申请者： 辽宁省沙地治理与利用研究所

品种来源： ASP 选栽×CTWE

品系名称： 阜野 1-1-1

特征特性： 生育期 124 d。株型直立，叶片椭圆，叶色深绿，连续开花，花色黄色。荚果缩缢程度弱，果嘴明显程度弱，表面质地为中。种仁柱形，种皮颜色数量单色、浅粉，种皮内表皮颜色浅黄色，种皮无裂纹。种子休眠性强，抗旱性强。主茎高 25.5 cm，侧枝长 29.1 cm，分枝数 6.6 个。单株荚果数 16.6 个，单株生产力 17.8 g。百果重 153.9 g，百仁重 63.2 g，出仁率 69.4%。2019 年经农业部油料及制品质量监督检验测试中心（武汉）检测：粗脂肪含量 49.55%，粗蛋白含量 25.5%，油酸含量 77.9%，亚油酸含量 5.62%，油亚比 13.86。

产量表现： 2020 年参加辽宁省区域试验，平均每 666.67 m² 产荚果 268.67 kg、产子仁 187.68 kg，分别居参试品种的第 2 位和第 3 位，分别比对照阜花 12 增产 10.86% 和 10.11%。

适宜种植区域： 适宜在辽宁春播种植。

十六、阜 花 36

申请者： 辽宁省沙地治理与利用研究所

品种来源： ASP 直立×CTWE

特征特性： 珍珠豆型。生育期 126 d。株型直立。主茎高 25.4 cm，侧枝长 34.2 cm。总分枝数 9.1 条，结果枝数 8 条，单株饱果数 13.8 个。叶片颜色中，椭圆形，叶片小。荚果普通形，果嘴明显程度弱，荚果表面质地中，缩缢程度弱。百果重 162.6 g，饱果率 76%。子仁柱形，种皮浅红色，内种皮浅黄色。百仁重 66.6 g，出仁率 70%。子仁含油量 48.84%、蛋白质含量 23.8%、油酸含量 78.9%、亚油酸含量 5.11%。抗叶斑病。

产量表现： 荚果第 1 生长周期每 666.67 m² 242.5 kg，比对照阜花 12 增产 13.57%；第 2 生长周期每 666.67 m² 269.06 kg，比对照阜花 12 增产 11.04%。子仁第 1 生长周期每 666.67 m² 169.37 kg，比对照阜花 12 增产 13.63%；第 2 生长周期每 666.67 m² 190.96 kg，比对照阜花 12 增产 12.18%。该品种参加辽宁省区域试验，2018 年平均每 666.67 m² 产荚果 242.5 kg，比对照阜花 12 增产 13.6%，位居参试品种第 3 位；2019 年平均每 666.67 m² 产荚果 269.1 kg，比对照阜花 12 增产 11.0%，位居参试品种第 1 位。

适宜种植区域： 适宜在辽宁春季种植。

十七、阜 花 38

申请者： 辽宁省沙地治理与利用研究所

品种来源： 阜花 12 诱变获得

品系名称： 阜 WC103-8-3

特征特性： 生育期 126 d。株型直立。叶片椭圆,叶色为中。连续开花,花色黄色。荚果特性为：荚果缩缢程度弱,果嘴明显程度弱,表面质地为中。种仁桃圆,种皮颜色数量单色、浅粉,种皮内表皮颜色浅黄,种皮无裂纹。种子休眠性强,抗旱性强。主茎高 26.3 cm,侧枝长 30.0 cm。分枝数 8.1 个,单株荚果数 18.7 个,单株生产力 22.5 g。百果重 178.6 g,百仁重 71.9 g,出仁率 61.8%。2020 年经农业农村部油料及制品质量监督检验测试中心(武汉)检测：粗脂肪含量 51.76%,粗蛋白含量 25.2%,油酸含量 78.8%,亚油酸含量 5.39%,油亚比 14.62。2020 年参加辽宁省区域试验,5 个试点平均每 666.67 m² 产荚果 257.59 kg、产子仁 190.41 kg,分别居参试品种的第 5 位和第 2 位,分别比对照阜花 12 增产 5.48% 和 13.19%。

适宜种植区域： 适宜在辽宁春播种植。

十八、阜 花 39

申请者： 辽宁省沙地治理与利用研究所

品种来源： 阜花 12×HnFxP-4

品系名称： SL175

特征特性： 珍珠豆型。生育期 126 d。株型直立。叶片椭圆,叶色为中。连续开花,花色黄色。荚果缩缢程度弱,果嘴明显程度弱,表面质地为中。种仁桃圆,种皮颜色数量单色、浅粉,种皮内表皮颜色浅黄,种皮无裂纹。种子休眠性强,抗旱性强。主茎高 23.8 cm,侧枝长 27.0 cm,分枝数 7.3 个。单株荚果数 15.0 个,单株生产力 16.0 g。百果重 166.4 g,百仁重 69.9 g,出仁率 60.1%。2020 年经农业农村部油料及制品质量监督检验测试中心(武汉)检测：含油量 49.11%,粗蛋白含量 27.6%,油酸含量 79.2%,亚油酸含量 5.38%,油亚比 14.72。属于高蛋白、高油酸花生品系。

适宜种植区域： 适宜在辽宁春播种植。

十九、桂 花 63

申请者： 广西壮族自治区农业科学院经济作物研究所

品种来源： 桂花 37×桂花 36

特征特性： 珍珠豆型。全生育期 126 d。连续开花,疏枝,植株紧凑、直立,生长势强。主茎高 65.0 cm,侧枝长 69.6 cm。总分枝数 7.7 条,结果枝数 7 条。单株结果数 17.7 个,饱果率 87.7%。主茎茸毛密度疏,叶片中等、绿色,长椭圆形。果形美观,大小均匀。荚果普通形,果嘴明显程度中,荚果表面质地中,缩缢程度弱。千克果数 731 个,双仁果率 81.5%,百果重 170.8 g。种子圆柱形,外种皮浅红色,内种皮浅黄色,百仁重 63.6 g,出仁率 63.1%。子仁含油量 53.75%、粗蛋白含量 27.3%、油酸含量 81.2%、亚油酸含量 3.28%。

产量表现： 2019~2020 年以参试名"桂花 63"参加广西花生新品种联合试验,荚果平均产量为 241.66 kg/666.67 m²,比对照桂花 21(220.67 kg/666.67 m²)增产 9.51%;子仁平均产量为 154.23 kg/666.67 m²,比对照桂花 21(141.79/666.67 m²)增产 8.8%。

适宜种植区域： 适合在广西各花生产区栽培种植。

第二节 大粒品系

一、花育 967

申请者：山东省花生研究所

品种来源：冀花 4 号×CTWE

品种特性：高耐苏打盐碱的高油酸品种。株型直立,叶色绿,连续开花,结果集中。山东春播生育期约 122 d。荚果普通形,果嘴弱到中,缩缢程度弱到中,网纹中到粗浅。子仁柱形,种皮浅红色,内种皮深黄色。主茎高 34.0 cm,侧枝长 37.1 cm,分枝数 7.0 条左右,单株结果数 13.5 个。百果重 175.8 g,百仁重 86.3 g。出米率 78.1%。2016 年经农业部食品监督检验测试中心(武汉)检测:子仁含油酸 82.5%、亚油酸 3.6,油亚比为 22.9,含油量 49.88%。2021 年经农业农村部食品监督检验测试中心(武汉)检测:子仁中含油酸 80.40%、亚油酸 3.76,油亚比为 21.38,含油量 50.74%,粗蛋白含量 20.40%。

产量表现：山东省花生研究所品比试验,2015 年每 666.67 m² 产子仁 250.04 kg,比对照品种花育 33 号增产 2.79%。2016 年多点试验,平均每 666.67 m² 产荚果 241.35 kg、子仁 163.55 kg,分别比对照花育 33 号增产 62.90%、64.65%;2017 年多点试验,平均每 666.67 m² 产荚果 226.72 kg、子仁 169.99 kg,分别比对照品种花育 33 号增产 17.00%、50.26%。2019 年多点试验,平均每 666.67 m² 产荚果 295.20 kg、子仁 225.03 kg,分别比对照花育 33 号增产 24.02%、35.19%;2020 年多点试验,平均每 666.67 m² 产荚果 322.50 kg、子仁 245.85 kg,分别比对照花育 33 号增产 37.35%、59.35%。

适宜种植区域：适宜在山东、辽宁、江西等地春播(秋植)种植,以及吉林白城和河北唐山等地盐碱地种植。

二、花育 968

申请者：山东省花生研究所

品种来源：06－I8B4×CTWE

特征特性：株型直立,连续开花。主茎高 30 cm,侧枝长 31 cm。分枝数 8 条,结果枝数 8 条。百果重 215 g,百仁重 105 g。2016 年经农业部油料及制品质量监督检验测试中心(武汉)检测:油酸含量 80.6%,亚油酸含量 3.5%,油亚比 23.0,含油量 49.9%。2021 年经农业农村部油料及制品质量监督检验测试中心(武汉)检测:油酸含量 79.60%,亚油酸含量 3.78%,油亚比 21.06,含油量 48.37%,粗蛋白含量 22.50%。

产量表现：莱西春播试验,2014 年分别比花育 33 号和花育 25 号增产子仁 14.01%、23.77%;2015 年比花育 33 号增产子仁 7.06%;2015 年后期耐旱试验,比花育 33 号增产子仁 3.99%。2015 年全国多点试验,平均单产子仁 238.08 kg/666.67 m²,比对照花育 33 号增产 0.97%;2016 年全国多点试验,平均单产子仁 217.93 kg/666.67 m²,比对照花育 33 号增产 9.58%。

适宜种植区域：适合东北早熟花生区、北方大花生产区、长江流域和南方非青枯病区种植。

三、花 育 969

申请者：山东省花生研究所

品种来源：06-I8B4×CTWE

特征特性：株型直立，连续开花。主茎高 29 cm，侧枝长 30 cm。分枝数 8 条，结果枝数 7 条。百果重 225 g，百仁重 95 g。该品系富含矿质营养，经测定，其子仁 Ca、K、Mg、B 和 Fe 含量分别达 800.7 mg/kg、10 112.7 mg/kg、2 309.6 mg/kg、32.2 mg/kg、21.9 mg/kg。2017 年经青岛捷安信检验技术服务有限公司检测：油酸含量 79.44%，亚油酸含量 4.31%，油亚比 18.43，含油量 46.8%，粗蛋白含量 22.6%。

产量表现：2015 年莱西试验，单产荚果 361.39 kg/666.67 m²；单产子仁 258.36 kg/666.67 m²，比花育 33 号增产子仁 3.72%。2016 年莱西后期干旱试验，比花育 33 号增产子仁 25.38%。同年莱西农户种植 320 m²，折单产荚果 332.85 kg/666.67 m²。

适宜种植区域：适合山东胶东半岛种植。

四、花 育 9115

申请者：山东省花生研究所

品种来源：开农 176×河北高油

特征特性：株型直立。叶片长椭圆形，深绿。连续开花，花色黄色。荚果普通形，网纹中。子仁椭圆形，浅红色，无油斑、无裂纹。种子休眠性强。抗旱性、抗涝性强，抗倒伏性弱。易感叶斑病。主茎高 37.53 cm，侧枝长 44.01 cm。总分枝数 9 条，结果枝数 7 条。单株结果数 19 个。百果重 233.3 g，百仁重 86.24 g。千克果数 551 个，千克仁数 1 332 个。出米率 66.7%。含油量 52.52%，粗蛋白含量 25.4%，油酸含量 81%，亚油酸含量 2.41%，油亚比 33.61。

产量表现：2019 年国家北方片花生新品种多点试验，18 个试点，平均每 666.67 m² 产荚果 380.98 kg，产子仁 254.17 kg，分别居参试品种的第 4 位和第 6 位，分别比对照花育 33 号增产 8.248% 和 4.113%。

适宜种植区域：适于我国北方大花生产区，包括山东、河北、河南、山西、辽宁、北京、新疆等地春播种植。

五、花 育 9116

申请者：山东省花生研究所

品种来源：开农 176×特大 A1

特征特性：株型直立。叶片长椭圆形，深绿。连续开花，花色黄色。荚果普通形，网纹中。子仁椭圆形，浅红色，无油斑、无裂纹。种子休眠性强。抗旱性、抗涝性强，抗倒伏性弱。高感叶斑病。主茎高 37.38 cm，侧枝长 45.01 cm。总分枝数 9 条，结果枝数 8 条。单株结果数 20 个。百果重 245.93 g，百仁重 89.2 g。千克果数 526 个，千克仁数 1 285 个。出米率 66.0％。含油量 52.19％,粗蛋白含量 26.6％,油酸含量 78.4％,亚油酸含量 4.53％,油亚比 17.31。

产量表现:2019 年国家北方片花生新品种多点试验,18 个试点,平均每 666.67 m² 产荚果 364.35 kg、产子仁 240.58 kg,分别居参试品种的第 5 位和第 12 位,分别比对照花育 33 号增产 3.523％和减产 1.45％。

适宜种植区域:适于我国北方大花生产区,包括山东、河北、河南、山西、辽宁、北京、新疆等地春播种植。

六、花 育 9117

申请者:山东省花生研究所

品种来源:开农 176×日本香香

特征特性:株型直立。叶片长椭圆形,叶色绿色。开花连续,花色黄色。荚果形状普通形,网纹中。种仁椭圆形,种皮粉红色,无油斑,无裂纹。主茎高 34.49 cm,侧枝长 42.84 cm。总分枝数 9.4 条,结果枝数 8 条,单株结果数 28 个。百果重 202.55 g,百仁重 74.69 g。千克果数 642 个,千克仁数 1 585 个。出米率 64.43％。种子休眠性中。抗旱性、耐涝性强,抗倒伏性中,易感叶斑病。含油量 55.34％,蛋白含量 22.6％,油酸含量 82.0％,亚油酸含量 2.36％,油亚比 34.7。

产量表现:2018 年多点试验,12 个试验点,平均每 666.67 m² 产荚果 338.5 kg、产子仁 220.8 kg,分别比对照花育 33 号增产 12.83％和 4.52％。2019 年多点试验,12 个试验点,平均每 666.67 m² 产荚果 324.0 9 kg、产子仁 208.8 kg,分别比对照花育 33 号增产 13.3％和 7.71％。

适宜种植区域:适于我国北方大花生产区,包括山东、河北、河南、山西、辽宁、北京、新疆等地春播种植。

七、花 育 9118

申请者:山东省花生研究所

品种来源:开农 176×日本香香

特征特性:株型直立。叶片长椭圆形,叶色绿色。开花连续,花色橙黄。荚果形状普通形,网纹中。种仁椭圆形,种皮粉红色,无油斑,无裂纹。主茎高 37.65 cm,侧枝长 45.44 cm。总分枝数 10 条,结果枝数 8 条。单株结果数 28 个。百果重 201.25 g,百仁重 74.15 g。千克果数 624 个,千克仁数 1 530 个。出米率 65.36％。种子休眠性中。抗旱性、耐涝性强,抗倒伏,易感叶斑病。含油量 54.02％,蛋白含量 22.1％,油酸含量 81.6％,亚油酸含量 2.63％,油亚比 31.0。

产量表现:2018 年多点试验,12 个试验点,平均每 666.67 m² 产荚果 330.9 kg、产子仁 214.0 kg,分别比对照花育 33 号增产 10.3％和 1.31％。2019 年多点试验,12 个试验点,平均每 666.67 m² 产荚果 312.34 kg、产子仁 204.1 kg,分别比对照花育 33 号增产 9.19％和 5.31％。

适宜种植区域：适于我国北方大花生产区,包括山东、河北、河南、山西、辽宁、北京、新疆等地春播种植。

八、花 育 9119

申请者：山东省花生研究所

品种来源：开农 176×特大 A1

特征特性：株型直立。叶片长椭圆形,叶色绿色。开花连续,花色黄色。荚果形状普通形,网纹中。种仁椭圆形,种皮粉红色,无油斑,无裂纹。主茎高 38.52 cm,侧枝长 45.47 cm。总分枝数 10 条,结果枝数 8 条。单株结果数 23 个。百果重 244.03 g,百仁重 87.4 g。千克果数 480 个,千克仁数 758 个。出米率 66.03%。种子休眠性中。抗旱性、耐涝性强,抗倒伏性中,易感叶斑病。含油量 53.66%,蛋白含量 22.1%,油酸含量 80.2%,亚油酸含量 3.76%,油亚比 21.3。

产量表现：2018 年多点试验,12 个试验点,平均每 666.67 m² 产荚果 349.8 kg、产子仁 231.0 kg,分别比对照花育 33 号增产 16.6% 和 9.33%。2019 年多点试验,12 个试验点,平均每 666.67 m² 产荚果 300.8 kg、产子仁 193.4 kg,分别比对照花育 33 号增产 5.16% 和 −0.21%。

适宜种植区域：适于我国北方大花生产区,包括山东、河北、河南、山西、辽宁、北京、新疆等地春播种植。

九、花 育 9121

申请者：山东省花生研究所

品种来源：开农 176×日本香香

特征特性：株型直立。叶片长椭圆形,叶色绿色。开花连续,花色橘黄。荚果形状普通形,网纹中。种仁椭圆形,种皮粉红色,无油斑,无裂纹。主茎高 39.37 cm,侧枝长 48.19 cm。总分枝数 10 条,结果枝数 8 条。单株结果数 27 个。百果重 224.93 g,百仁重 78.34 g。千克果数 519 个,千克仁数 789 个。出米率 65.47%。种子休眠性中。抗旱性、耐涝性强,抗倒伏性中,易感叶斑病。含油量 51.03%,蛋白含量 21.6%,油酸含量 80.6%,亚油酸含量 3.81%,油亚比 21.2。

产量表现：2018 年多点试验,12 个试验点,平均每 666.67 m² 产荚果 354.8 kg、产子仁 232.3 kg,分别比对照花育 33 号增产 18.27% 和 9.93%。2019 年多点试验,12 个试验点,平均每 666.67 m² 产荚果 307.19 kg、产子仁 199.9 kg,分别比对照花育 33 号增产 7.39% 和 3.13%。

适宜种植区域：适于我国北方大花生产区,包括山东、河北、河南、山西、辽宁、北京、新疆等地春播种植。

十、花 育 9124

申请者：山东省花生研究所

品种来源：开农 176×河北高油

特征特性：株型直立。叶片长椭圆形,叶色绿色。开花连续,花色黄色。荚果形状普通形,网纹中。种仁椭圆形,种皮粉红色,无油斑,无裂纹。主茎高 36.64 cm,侧枝长 43.57 cm。总分枝数 9 条,结果枝数 7 条。单株结果数 26.3 个。百果重 202.05 g,百仁重 75.07 g。千克果数 615 个,千克仁数 1 565 个。出米率 64.55%。种子休眠性中。抗旱性、耐涝性强,抗倒伏性中,易感叶斑病。含油量 56.19%,蛋白含量 24.0%,油酸含量 82.0%,亚油酸含量 1.96%,油亚比 41.8。

产量表现：2018 年多点试验,12 个试验点,平均每 666.67 m² 产荚果 351.1 kg、产子仁 233.8 kg,分别比对照花育 33 号增产 17.03% 和 10.68%。2019 年多点试验,12 个试验点,平均每 666.67 m² 产荚果 308.56 kg、产子仁 199.2 kg,分别比对照花育 33 号增产 7.87% 和 2.74%。

适宜种植区域：适于我国北方大花生产区,包括山东、河北、河南、山西、辽宁、北京、新疆等地春播种植。

十一、花 育 9125

申请者：山东省花生研究所

品种来源：开农 176×冀花 9814

特征特性：株型直立。叶片长椭圆形,叶色绿色。开花连续,花色黄色。荚果形状普通形,网纹中。种仁椭圆形,种皮粉红色,无油斑,无裂纹。主茎高 34.25 cm,侧枝长 40.63 cm。总分枝数 9 条,结果枝数 8 条。单株结果数 27 个。百果重 209.44 g,百仁重 77.55 g。千克果数 616 个,千克仁数 1 590 个。出米率 64.81%。种子休眠性中。抗旱性、耐涝性强,抗倒伏性中,易感叶斑病。含油量 53.47%,蛋白含量 21.98%,油酸含量 78.6%,亚油酸含量 6.3%,油亚比 12.5。

产量表现：2018 年多点试验,12 个试验点,平均每 666.67 m² 产荚果 332.4 kg、产子仁 223.6 kg,分别比对照花育 33 号增产 10.8% 和 5.84%。2019 年多点试验,12 个试验点,平均每 666.67 m² 产荚果 304.77 kg、产子仁 197.5 kg,分别比对照花育 33 号增产 6.54% 和 1.89%。

适宜种植区域：适于我国北方大花生产区,包括山东、河北、河南、山西、辽宁、北京、新疆等地春播种植。

十二、开 农 313

申请者：开封市农林科学研究院

品种来源：0317－10×开农 1715

特征特性：株型直立。疏枝,连续开花。生育期 123 d 左右。主茎高 37.3 cm,侧枝长 42.7 cm,总分枝 7 条,结果枝 6 条,单株饱果数 13 个。叶片深绿色、椭圆形、大。荚果普通形,缩缢程度弱,果嘴明显程度无或极弱,荚果表面质地中。百果重 236.6 g、饱果率 79.1%。子仁柱形,种皮粉红色,内种皮深黄色,无油斑、无裂纹。百仁重 93.5 g,出仁率

66.8%。经河南省农业科学院植保研究所鉴定,中抗叶斑病、网斑病,感锈病,感青枯病。经农业部农产品质量监督检验测试中心(郑州)测定:含油量 52.8%,蛋白质含量 26%,油酸含量 78.5%,亚油酸含量 4.28%,油亚比 18.34。

产量表现: 2019 年黄淮海中南片大粒花生品种多点联合测试中,平均单产荚果 342.01 kg/ 666.67 m²、子仁 228.7 kg/666.67 m²,分别比对照豫花 9326 增产 4.37%、2.16%。

适宜种植区域: 适宜在花生生态区河南、河北、山东、山西、江苏、安徽等省花生主产地区春播和夏播种植。

十三、豫 花 157 号

申请者: 河南省作物分子育种研究院

品种来源: 豫花 15×开农 176

选育过程: 2013 年利用大面积推广的大果花生品种豫花 15 与高油酸品种开农 176 组配杂交组合。2013 年冬季在海南以豫花 15 为轮回亲本组配回交组合,2014 年获得 BC_1F_2。2015~2016 年采用系谱法进行单株选择获得 BC_1F_4,选择标准为油酸含量近红外检测高于 60%,系谱为((豫花 15×开农 176)×豫花 15)-1-1-2-2。2017 年选择油酸含量高于 75% 的单株种植株行,集团收获(编号 Z172732)。2018 年起参加多点试验。

特征特性: 该品种连续开花、疏枝型、直立。生育期 118 d。叶片绿色程度为深,小叶形状为椭圆形,小叶大小为小。主茎高 35 cm,侧枝长 40.9 cm,总分枝 6.3 个,结果枝 5.8 个,单株饱果数 13.6 个。荚果普通形,荚果缩缢程度中,果嘴明显程度弱,荚果表面质地光滑,百果重 230 g,饱果率 86.5%。子仁柱形,种皮浅红色,内种皮深黄色,百仁重 87 g,出仁率 69.4%。蛋白质含量 24%,含油量 52.31%,油酸含量 79%,亚油酸含量 3.99%。该品种平均出苗率 95.6%,长势中等,感叶斑病、青枯病,中抗网斑病、锈病。

产量表现: 2018 年参加多点麦套(3)试验,5 点平均每 666.67 m² 产荚果 331.91 kg,比对照豫花 9326 增产 0.58%;平均每 666.67 m² 产子仁 218.56 kg,比对照豫花 9326 增产 0.91%。2020 年参加黄淮海中南片联合测试大粒(二)组,11 点平均每 666.67 m² 产荚果 368.9 kg,比对照豫花 9326 增产 11.4%,比对照豫花 9326 增产极显著,居 11 个参试品种第 1 位;平均每 666.67 m² 产子仁 256.18 kg,比对照豫花 9326 增产 10.42%,居第 3 位。

适宜种植区域: 黄淮海中南部春播或麦套。

十四、豫 花 178 号

申请者: 河南省作物分子育种研究院

品种来源: 豫花 9327×开农 176

选育过程: 2013 年利用大面积推广的大果花生品种豫花 9327 与高油酸品种开农 176 组配杂交组合。2013 年和 2014 年分别于冬季和春季在海南和郑州以豫花 9327 为轮回亲本连续与 $FAD2A/FAD2B$ 双杂合基因型 F_1 回交,2015 年春季获得 BC_3F_2。2015~2017 年采用系谱法进行单株选择获得 BC_3F_5,选择标准为油酸含量近红外检测高于 60%,系谱为(((豫花 9327×开农 176)×豫花 9327)×豫花 9327)-051(N)-10-1-8。2017 年秋季选择油酸含量高于 75％的单株于海南种植株行,集团收获(编号 N17793)。2020 年参加多点试验。

特征特性:该品种属连续开花、疏枝型、直立。生育期 113 d。叶片绿色程度浅到中,小叶形状为长椭圆形,小叶大小为中到大。主茎高 39.2 cm,侧枝长 46.5 cm。总分枝 7.5 个,结果枝 6.2 个,单株饱果数 8.4 个。荚果斧头形,荚果缩缢程度弱,果嘴明显程度中,荚果表面质地中,百果重 191.4 g,饱果率 78.9％。子仁锥形,种皮浅红色,内种皮深黄色,百仁重 80.3 g,出仁率 70％。蛋白质含量 23.4％,含油量 50.42％,油酸含量 79％,亚油酸含量 3.54％。该品种平均出苗率 97.7％,长势中等,感叶斑病,中抗网斑病、锈病、青枯病。

产量表现:2020 年参加河南省花生联合体多点测试高油酸组,5 点平均 666.67 m² 产荚果 279.2 kg,比对照远杂 9102 增产 22.91％,比对照豫花 9326 减产 3.09％,比对照远杂 9102 增产极显著,比对照豫花 9326 减产不显著,居第 7 位。平均 666.67 m² 产子仁 196.62 kg,比对照远杂 9102 增产 10.64％,比对照豫花 9326 减产 0.07％,居第 7 位。

适宜种植区域:黄淮海中南部春播或麦套。

十五、中 花 31

申请者:中国农业科学院油料作物研究所

品种来源:徐花 9 号×冀 0607－17,以徐花 9 号为轮回亲本回交选育

特征特性:该品种属普通型大粒品种,株型直立、紧凑。生育期 123 d。叶片长椭圆形,叶色较绿。荚果普通形,网纹较深。子仁柱形,种皮浅红色。主茎高 46.7 cm,侧枝长 49.2 cm,总分枝数 7.6 个。百果重 209.3 g,百仁重 90.7 g,出仁率 71.4％。含油量 53.87％,油酸含量 80.40％,亚油酸含量 2.27％,油亚比 35.71,蛋白质含量 23.65％。高感青枯病,感叶斑病、锈病,休眠性中强,抗旱性强,抗倒性中。

适宜种植区域:适宜在长江流域及黄淮花生产区春、夏播种植。

十六、中 花 32

申请者:中国农业科学院油料作物研究所

品种来源:08－2154×KF52,杂交系谱法选育

特征特性:该品种属普通型大粒品种,株型直立、紧凑。生育期 123.2 d。叶片长椭圆形,叶色较绿。荚果普通形,网纹较浅。子仁柱形,种皮浅红色。主茎高 41.2 cm,侧枝长 45.72 cm,总分枝数 7.4 个。百果重 204.1 g,百仁重 87.4 g,出仁率 71.1％。含油量 54.30％,油酸含量 79.30％,亚油酸含量 1.90％,油亚比 42.10,蛋白质含量 25.55％。高感青枯病,感叶斑病、锈病,休眠性强,抗旱性强,抗倒性中。

适宜种植区域:适宜在长江流域及黄淮花生产区春播种植。

十七、中 花 33

申请者:中国农业科学院油料作物研究所

品种来源:漯花 4087×NF64,杂交系谱法选育

特征特性： 该品种属普通型大粒品种,株型直立、紧凑。生育期 123 d。叶片长椭圆形,叶色较绿。荚果普通形,网纹较浅。子仁柱形,种皮浅红色。主茎高 39.1 cm,侧枝长 43.6 cm,总分枝数 7.6 个。百果重 206.8 g,百仁重 86.58 g,出仁率 68.5%。含油量 53.50%,油酸含量 79.35%,亚油酸含量 1.70%,油亚比 47.02,蛋白质含量 25.20%。高感青枯病,感叶斑病、锈病,休眠性强,抗旱性强,抗倒性中。

适宜种植区域： 适宜在长江流域及黄淮花生产区春、夏播种植。

十八、中 花 34

申请者： 中国农业科学院油料作物研究所

品种来源： 中花 16×冀 0607-17,以中花 16 为轮回亲本回交选育

特征特性： 该品种属珍珠豆型大粒品种,株型直立、紧凑。生育期 118 d。叶片椭圆形,叶色较绿。荚果斧头形,网纹较深。子仁锥形,种皮浅红色。主茎高 39.4 cm,侧枝长 44.3 cm,总分枝数 9.3 个。百果重 213.02 g,百仁重 88.9 g,出仁率 73.7%。子仁含油量 49.58%,油酸含量 79.90%,亚油酸含量 2.21%,油亚比 36.15,蛋白质含量 25.0%。感叶斑病、中抗锈病,休眠性强,抗旱性、抗倒性中。

适宜种植区域： 适宜在长江流域及黄淮花生产区春、夏播种植。

第八章　中国高油酸花生种子生产

种子是重要的生产资料,种子质量的优劣直接关系到农作物收成,影响农户收益。花生种仁既是大田生产的产品,也是来年进行再生产的生产物资。在种子生产全过程的种植、干燥、加工和贮运等各个环节确保花生种子质量安全,对于高油酸花生品种产业化推广乃至整个高油酸花生产业的健康发展都具有极其重要的意义。

第一节　高油酸花生种子生产注意事项

种子的纯度及真实性是种子质量的重要标志。优良的种子能够充分利用自然条件中的有利因素,抑制和克服不利因素,发挥其种子原有特性。高油酸花生是油酸含量占脂肪酸总量75%及以上的花生。相较于普通花生,高油酸花生具有很多优势,但高油酸花生与普通花生从外观上难以区分,因而确保高油酸花生种子纯度尤为重要。

(一)确保高油酸花生种子来源可靠

要确保高油酸花生原原种具有可靠的来源,建议咨询育种家或有自主繁育能力、有资质的种子企业。

(二)做好清理,预防机械混杂

在花生播种、收获、摘果、晾晒、贮藏、运输、销售等一系列过程中,对机具、晒场、仓库、包装袋清理不净,或晒种、贮藏时与其他品种间隔距离不够,或补种时用了其他品种的种子,或用了连作地块导致前作品种自然落果(粒)等,均可造成品种机械混杂。对混杂的植株若不及时剔除,会使混杂种子逐年增加,因而要预防机械混杂,保证产量、品质、抗性及种性的一致。

(三)做好隔离,避免生物学混杂

花生虽为自花授粉作物,但也有一定的异交率。媒虫活动频繁的地块异交率高,必要时对媒虫加以防治或使用遮虫网。生产上若将不同品种相邻种植而不进行适当隔离,就可能发生品种间天然杂交,杂交后代分离出不同类型植株,使品种整齐度下降,导致品种纯度、典型性以及产量和品质降低。机械混杂也会增加生物学混杂的机会,机械混杂与生物学混杂双重影响将会加重品种混杂退化的程度。

(四)新育成品种群体内可能存在剩余变异

如新育成品种群体内尚存在明显的剩余变异,则可成为影响品种整齐度不可忽视的重要因素。剩余变异是指杂交后代群体中残留的杂合基因所引起的变异。在育种过程中因生态条件的限制,这些杂合基因型个体未能充分表现出来。但在新品种推广后,由于种植范围扩大,生态条件各异,基因杂合状态就可能从表型上识别出来,形成了品种(系)内新的杂合体异型株(禹山林,2011)。

(五) 及时拔除杂株

在花生生长期间,要对田间进行巡视,剔除异形株。

(六) 避免遗传漂变

在选留种子太少的情况下,易于发生遗传漂变(genetic drift,或称基因漂移)。如不按照品种的典型性加以选择,或只注意某些个别性状而忽视综合性状的选择,也会导致选择的群体与原品种的特征特性产生差异。

(七) 不良自然条件影响种子生产

花生品种各个优良性状都是基因型与环境互作的结果。在良好的自然条件或栽培条件下,优良性状能够得到充分展现。反之,在不良环境下,由于自然选择的压力,优良性状会逐渐减弱,而一些不良性状(但可以是花生本身生存所必需的)可能保留下来且不断增强,良种的丰产性就会退化变劣。在小面积留种地上,这种趋势尤其明显。

(八) 其他应注意事项

选择高油酸品种,要求生育期要适宜(积温、降水因地而异,在不同年份、不同地点间生育期可能有一定差异)、脱水要快,还要适合机械化操作(包括脱壳、拌种、播种及收获)。

高油酸花生常对播种出苗期低温高湿敏感,要注意选择合适的种衣剂。含杀虫剂的种衣剂能防治地上、地下害虫,十分方便,但如选择不当,遇低温或低温高湿会导致花生缺苗断垄。花生收获期遭遇低温("风稍米"或"冻米"),不仅不能做种,而且因为会产生大量胶状物,口感差,加工企业不愿收购。

缺钙对种子活力影响大,花生种子生产要保证钙素的充足供应。

不使用残留重、降低种子发芽率的农药,避免药害发生。

应选用种子生产专用的收获机械与脱壳机械,尽量减少摘果和脱壳过程中对种子的伤害。

第二节　主育省(区)高油酸花生种子生产技术

迄今中国育成的高油酸花生品种主要来自 10 个省(区)(参见本书第五章第一节)。本节在分述各主育省(区)自然生态条件与花生种植区划、品种类型及花生利用情况的基础上,介绍种子生产技术,以指导这些省(区)高油酸花生种子生产。高油酸花生种子质量标准等相关内容,参见本书第二章第一节。

一、吉　林

(一) 自然生态条件与花生种植区划

吉林省花生产区处于北纬 43°18′~46°18′、东经 121°38′~131°19′的高纬度区域,土壤类型以风沙土为主。全省大部分地区年平均气温为 2~6℃,年降水量 480~640 mm,夏季降水量占全年的 60%以上,4~5 月降水量仅占全年的 13%,降水量 70%集中在夏、秋两季;

无霜期 120～150 d,初霜期一般在 9 月下旬,终霜在 4 月下旬至 5 月中旬;年平均积温 2 700～3 200℃,5～9 月日照 2 500～2 800 h。

吉林省独特的地理环境为花生生产提供了良好的自然条件,降水相对集中,非常适合中早熟花生品种的生长。尤其是在花生生长后期及收获期,昼夜温差大,花生不易感染黄曲霉从而产生毒素,这是花生出口的一个硬性指标,伴随“一带一路”倡议的进一步推行,为国家出口创汇提供了保障。吉林省现已成为中国“四粒红”及“小白沙”优良原料生产基地,深受国内外市场青睐。地处东北农牧交错核心区域的吉林省与辽宁省、内蒙古自治区及黑龙江省为邻,花生相关产品辐射面积大。随着近些年花生产业的不断发展和完善,“吉林花生”品牌逐渐形成,推动了吉林省乡村产业振兴,促进了区域性优势产业发展。

随着农业供给侧结构性改革及吉林省种植业结构调整等相关政策的逐步实施,尤其是种植效益比的逐年增加,吉林省花生产业进入了一个快速的良性发展阶段。国家统计局数据显示,吉林省的花生种植面积由 2000 年的不足 5.3 万 hm² 发展到目前年均 30 万 hm² 左右,是 2000 年的 5.6 倍,成为中国春花生种植面积增长最快的产区。尤其是 2017 年,吉林省花生种植面积达到了 33.2 万 hm²,位居全国第三位,仅次于河南省和山东省。吉林省花生已步入全省主要农作物行列,位于玉米、水稻之后,种植面积与大豆相当。

吉林省花生主产区主要集中在松原地区、白城地区和四平的双辽地区等西部及中西部接壤区域,约占全省花生种植总面积的 85% 左右。据吉林省花生创新团队 2019 年 11 月实地调研统计,吉林省花生种植面积接近 33.3 万 hm²,较 2018 年增加 20%。伴随种植效益的不断增加及新品种、新技术的更新换代,可以预测未来几年吉林省的花生种植面积还会进一步扩大。

（二）品种类型、代表性品种及花生利用概况

吉林省露地栽培宜选择生育期在 125 d 以内的花生品种,地膜覆盖栽培宜选择生育期为 130 d 左右的花生品种。

吉林省种植花生品种类型主要包括多粒型、珍珠豆型和普通型三大类型。高油酸花生种植面积较少,以花育 961、花育 51 号、花育 52 号、花育 951、冀花 11 号、吉花 25、吉花 26 等为主,面积为 146.7 hm² 左右。

目前,吉林省规模较大的花生合作社和经营企业主要集中在中西部地区。扶余市三井子镇作为东北规模最大的花生集散地,拥有与花生相关的企业 430 多家,在花生产品收购、仓储、初加工、包装、销售以及配套农机具方面都有一定的规模。其他花生合作社和经营企业主要分布在花生种植区的乡镇和村屯,但经营规模普遍不大,主要以荚果初加工为主,年收购量普遍在 3 000 t 以下。吉林省花生产品以初加工剥壳为主,荚果及产品主要销往内蒙古、山东、山西、湖南、湖北、安徽等地,主要用途是榨油和食品加工,直接食用和炒果所占比例不足 10%。

（三）种子生产技术

1. 地块选择与隔离　花生对土壤的要求不太严格,除特别黏重的土壤和盐碱地外,均可种植。土壤 pH 6.0～7.5 为宜。要想获得高产、优质的花生,最好选择耕作层深厚疏松、地势平坦、肥力均匀、排灌方便的砂壤土、油沙土或砂粒土地块,且避免连作。如果地块倒茬确实困难,那就需要将秋季深翻、增施腐熟有机肥、覆膜播种、选用耐重茬品种、土壤综合调理等多种技术措施相结合,对连作花生田进行综合整治:连作花生田在秋收后入冬前深耕30 cm以上;结合秋耕,增施腐熟有机肥料;第二年春季,在花生播种前,结合起垄、播种,增施氮、磷、钾大量元素,适当补充硼、钼、锰、铁、锌等微量元素;采用覆膜栽培、土壤消毒、增施抗重茬菌剂、菌肥等措施。

同时,花生轮作的前茬最好选择禾本科作物如谷子、玉米、小麦等,切忌选择油料作物作前茬,高度注意前茬作物农药残留危害。

2. 整地、备播

(1) 整地:花生是地上开花地下结果的作物,根系较为发达,整地要求土层深厚、上松下实,要在冬前或早春适当深耕深翻。对于黏质土壤,可以加适量细沙,以改善结果土层的通透性。对沙层过厚的地块,改土深翻,在犁底下压10~15 cm厚的黏土,创造蓄水保肥的土层。

秋季整地有利于土壤熟化,消灭病虫害,要求耕层达到25~30 cm;春季整地一般在春分后、清明前进行,春季整地必须浅耕,深度10~15 cm,做到随耕随耙保墒。翻地时应做到深度一致,不漏耕,不重耕。若地面坷垃较多,播种前最好进行旋耕。要求耕匀耙细保墒,达到深、厚、细、平,还应清除残余根茬、石块等杂物。

(2) 备播:在吉林省应选用中早熟、产量潜力大、综合抗性好的品种。露地栽培以选择高产、稳产、抗病的中小果型(百仁重低于80 g)的中早熟花生品种为主,生育期110~125 d。选用的良种要达到发芽势85%、发芽率90%以上,并于播种前15 d左右选择晴朗天气将种果在干燥泥场地晾晒2~3 d,其间要经常翻动。剥壳前进行果选,剔除虫、烂、霉果,去除病果、秕果。剥壳时间以播种前7 d左右为宜。剥壳后选种仁大而整齐、成熟度好、子仁饱满、色泽好、无机械损伤的一级和二级大粒作种,淘汰三级小粒、霉变粒、破损粒、杂粒,播种时做到同样大小种米同期播。

3. 拌种与播种 在播前进行浸种或拌种处理,可选50%多菌灵可湿性粉剂按种子量的0.5%,加水25~30 kg配成溶液,搅拌均匀后,将种米浸24 h,中间翻动2~3次,待种子将水吸干即可播种。也可在播种前1~2 d对种子进行包衣处理。注意种子拌药或浸种后,避免太阳照射,阴干后播种。利用花生专用种衣剂,能有效防治地下害虫为害,保证花生苗期出苗整齐、幼苗健壮,增产效果显著。目前吉林省花生产区普遍采用效果较好的包衣剂为卫福、迈舒平和高巧,用其包衣能起到增产、抗病、防虫、壮苗的作用。

吉林省花生最佳播种期一般为5月中旬。在播种前5 d,当5 cm土温稳定通过16℃、土壤湿度为田间最大持水量的60%(即手握成团、落地即散)时就可播种。覆膜花生播种适期一般为5月5~10日。

小垄单行露地种植,垄宽60~65 cm,单行苗,穴距14 cm左右,每穴2粒,每1 hm²保苗10万~12万穴;小垄双行交错露地种植,垄宽60~65 cm,垄上双行距15 cm,穴距12 cm左右,单粒拐子苗,每1 hm²保苗26万穴左右。双垄覆膜种植,结合单垄宽度60~65 cm,选用幅宽120~130 cm、厚度0.01 mm的农用地膜,穴距16 cm左右,每穴2粒,每1 hm²保苗12万~13万穴。

4. 水肥管理　由于吉林省花生三大产区的土壤条件差异较大,因此合理密植要因地制宜,原则是肥地宜稀、瘦地宜密。

由于花生生长前期根瘤数量少,固氮能力弱,中后期果针已入土,如无滴灌,不便土壤追肥。因此,花生施足基肥很重要。一般在播种前结合耕翻整地,一次性施足基肥(又称底肥),以满足全生育期对肥料的需求。有条件的地区应尽量多施腐熟的农家肥。

根据土壤肥力确定施肥量,以农家肥为主、化肥为辅作底肥一次性施入。施肥量:优质腐熟农家肥 30 t/hm^2、磷酸二铵 200 kg/hm^2、尿素 100 kg/hm^2、硫酸钾 100 kg/hm^2,或施花生专用肥 600 kg/hm^2 左右。

另外,在施用种肥时,要做到种、肥隔离,避免烧种。花生幼苗期植株较小,对水、肥需求量也较少,一般不需要追肥和浇水。在开花下针期和结荚期,如果久旱不雨,应及时沟灌润垄,也可进行喷灌或滴灌。

花生开花下针和结荚期管理应围绕促棵、促花、防过旺、保幼果进行,水肥促花齐。开花下针期已进入营养生长与生殖生长并行阶段,植株生长逐渐旺盛,对水肥需求量急剧增加,如果基肥不足或遇干旱,应及时结合灌水进行根际追施过硫酸钙 2 500～3 000 kg/hm^2。缺硼地块应叶面喷施 0.2%～0.3%硼砂水溶液,以提高受精率和结实率。缺锌地块应叶面喷施 0.2%硫酸锌水溶液;缺铁地块灌水后易出现心叶变黄白色——缺铁性失绿症,每 666.67 m^2 用硫酸亚铁 200 g、食醋 0.5 kg、尿素 1 kg 兑水喷施进行矫治;缺钙地块应在根际追施钙肥;对酸性土和沙地的花生,应增施钼肥,每 666.67 m^2 用钼酸铵 10～15 g＋碳铵 10～15 g(作助溶剂)加水 2 kg 稀释后拌种,在中期用量可增到钼酸铵 20～30 g＋碳铵 20～30 g,兑水 40 kg 搅拌均匀后喷洒叶片,能有效提高根系、根瘤发育及产量。

花生荚果膨大、子仁充实期是花生营养生长向生殖生长的转化期,如管理不当,易使营养生长和生殖生长失衡,造成早衰或贪青晚熟而产量降低。本期管理的重点是促果、控棵、保稳长。该期花生耗水量少,但遇到严重干旱,当耕作层土壤含水量低于田间最大持水量的40%、群体植株叶片泛白而傍晚不能恢复时,也应及时轻浇润灌饱果水,以养根保叶,维持功能叶片的活力,提高饱果率,确保花生高产。为增强顶部叶片活力、延长功能叶片期和控制植株早衰,从结荚后期开始每隔 10～15 d 叶面喷施一次 2%～3%的过磷酸钙和 1%～2%的尿素混合水溶液,共喷 2～3 次,可提高叶片制造光合产物的同化功能,促进荚果饱满、增加果重。增产效果十分显著。

5. 病虫草鼠鸟兽害控制　危害花生的病害有叶斑病、根腐病、茎腐病、黑霉病、纹枯病等多种病害。在吉林省,花生易发的病害主要是叶斑病和根腐病。叶斑病一般在 7 月 10～30 日发病,用80%代森锰锌可湿性粉剂 400 倍液或用 50%多菌灵可湿性粉剂 800 倍液防治,每 10～15 d 喷 1 次,连续 2～3 次。根腐病用 70%甲基托布津可湿性粉剂 600 倍液灌根进行防治。

危害花生的虫害有 560 多种,吉林省主要有蛴螬、金针虫和蚜虫。播种前,可用 25%多·福·毒死蜱悬浮种衣剂 1:50～1:60(药种比)进行种子包衣,或用 25%噻虫·咯·精甲悬浮种衣剂 600～800 g 对 100 g 种子进行包衣,用来防治蛴螬。播种时可用 15%毒死蜱颗粒剂拌细土撒施,用量为 1 000～1 500 g/666.67 m^2,每季使用 1 次;或用 3%辛硫磷颗粒剂 6 000～8 000 g/666.67 m² 撒施,用来防治金针虫和蛴螬。在发病初期可用 25 g/L 溴氰菊酯乳油 20～25 ml/666.67 m² 喷雾防治蚜虫。

化学除草:在播后苗前,用 69%扑·乙乳油 100～150 ml/666.67 m² 土壤喷雾,防治一年生杂草。在花生 1.5～2 复叶期、禾本科杂草 2.5～5 叶期、阔叶杂草 5～8 cm 高时,用 240 g/L 甲咪唑烟酸水剂 20～30 ml/666.67 m² 喷雾,防治一年生杂草,每季使用 1 次;在禾本科杂草 3～5 叶期,用 5%精喹禾灵乳油 50～80 ml/666.67 m² 喷雾,防治一年生禾本科杂草。

6. 收获、干燥与贮藏　在花生植株下部叶片呈现枯黄叶或掉叶时,地下结成的荚果 70%果壳坚硬、纹理明显,剥开后子仁呈品种本身正常颜色即可收获。吉林省一般为 9 月 20 日左右收获,过晚易掉果。起收后将花生植株放在垄上晾晒 5～7 d,每 3 d 翻动茎棵 1 次,晒至七八成干,即摇动时能发出响声即可田间脱果。荚果运回晒场继续晾晒至子仁含水量达 10%以下,即可贮藏或销售。作种用的花生要晒至脱衣散瓣、咬食成脆响,再将秕果、黑头果、不完善果剔除,放在通风、干燥的地方贮藏。贮藏时不要与农药、肥料同室同仓。

二、辽　　宁

(一)自然生态条件与花生种植区划

辽宁,简称"辽",寓意"辽河流域,永远安宁"。辽宁位于中国东北地区的南部,是东北地区通往关内的交通要道和连接亚欧大陆桥的重要门户。作为国家重要农产品生产基地,省委省政府要把辽宁建成国家重要现代农业生产基地;作为东北重要交通要塞,辽宁已成为中国最适宜发展花生的区域之一。

地处东北农牧交错地带的辽宁省花生产区,种植区域集中,花生黄曲霉毒素污染风险低,为花生绿色生产提供了得天独厚的条件。辽宁省可划分为 4 个花生种植区,即辽西和辽西北丘陵种植区、中部辽河平原种植区、辽南丘陵种植区、东部丘陵山地零星种植,其中辽西和辽西北丘陵种植区占全省播种面积的 95%以上。花生一直是辽宁省第三大作物。

1. 辽西和辽西北丘陵种植区　本区包括阜新、锦州、葫芦岛、朝阳,以及沈阳市康平县、法库县全境。本区西北部与内蒙古自治区科尔沁地区南沿接壤,风沙较大,地势由西北向东南呈阶梯式降低。本区基本属于温带半湿润、半干旱季风气候,春季干旱多风。年降水量 400～600 mm,多集中于 6～8 月。光照条件好,年日照在 2 800 h 以上,其中 5～9 月在 1 200 h 以上,是全省光照条件最好的地区。年平均气温 6.0～9.0℃。本区土壤为棕壤、褐土和草甸土,土壤肥力较低,土壤有机质含量为 0.7%～1.0%。但多年来由于山林破坏严重,植被稀疏,加上降雨年际变化大、风沙大、蒸发量大,造成本区水土流失和以干旱为主的自然灾害严重,影响了花生产量的提高。

2. 中部辽河平原种植区　本区包括铁岭、辽阳、鞍山、沈阳市郊区、新民市、盘锦市全境。本区位于辽宁中部,辽河中下游平原地区,地势平坦。本区属于温带半湿润季风气候,年平均气温 6.5～8.7℃,年降水量 570.0～760.0 mm。土壤为黑土和河淤土,土质肥沃,土壤有机质含量为 1.0%～2.0%。本区内河流纵横,水资源比较丰富,有利于灌溉。

3. 辽南丘陵种植区　本区包括大连、营口市全境。本区位于辽宁省最南端,以千山余脉为骨干,伸入黄海、渤海区内,以丘陵为主,海岸线较长,岛屿较多,滩涂面积宽广。本区自然条件优势明显,光、热资源丰富,基本上属暖温带。年降水量 550.0~800.0 mm。本区土壤属棕壤区,土壤有机质含量 1.0%~1.5%,全氮含量 0.075%~0.1%,有效磷含量 3.0~10.0 mg/kg,有效钾含量 50.0~70.0 mg/kg。

4. 东部丘陵山地零星种植区　本区包括丹东、抚顺、本溪全境。本区地势较高,境内山峦重叠、林木茂盛、水源丰富,是辽宁省山清水秀、覆盖率高的最佳生态环境地区。本区属温带湿润季风气候,年平均气温 6.0~8.0℃,无霜期差异较大。全区雨量充沛,年降水量在 800.0~1 000.0 mm,是全省降水最多的地区。本区土壤为棕壤、草甸土和水稻土,土壤肥力较高,土壤有机质含量 1.0%~2.5%。

(二)品种类型、代表性品种及花生利用概况

品种种植格局相对稳定,以珍珠豆型、早熟、中粒型花生为主,以普通油酸品种居多。主要有青花 6 号(俗称:308)、花育 23 号(俗称:小日本)、白沙 1016(新品种与老品种的混合体),以及以阜花 17 号为代表的阜花系列、花育系列、冀花系列等品种。新品种面积占总面积的 92.4%,老品种面积占总面积的 7.6%。

据不完全统计,2020 年辽宁省种植的高油酸花生面积接近 0.6 万 hm²,品种主要有花育 963、花育 961、花育 965、花育 668、阜花 22、阜花 27、花育 51 号、花育 52 号、花育 662、花育 665、冀花 11 号、冀花 16 号等。种植区域分布在以阜新市的阜蒙县和彰武县、锦州的义县、葫芦岛的兴城市等为主。生产主体以合作社、种植大户为主,以高油酸花生良种繁育及花生果和花生仁销售为主,少数省外食品企业订单回收进行销售。

目前辽宁省有花生初加工企业 3 000 多家,年加工 105 万 t;深加工企业 70 余家,年加工能力 20 万 t 左右。以合作社和加工企业为主,以花生果、花生仁销售为主。辽宁玉宝农业科技有限公司为专门从事常规花生种子经销的公司,近五年每年能向社会供应 1 000 t 花生荚果种子,可满足 2.67 万 hm² 花生用种。阜新安禾种业有限公司(阜花花生合作社)是专门从事高油酸花生种植的公司,经过近五年的努力,目前能供应种子 500 万 kg,可满足 6 666.67 hm² 高油酸花生用种需求。辽宁正业种业有限公司成立于 2012 年,注册资金 5 000 万元,从事花生种子繁育和经销工作。在阜新市花生产业联盟的带动下,2021 年阜新市农业科学院、辽宁中佳源物种种业科技有限公司、三一智农(辽宁省)农业科技有限公司和辽宁天阜生态农业发展集团有限公司在辽宁阜新推广高油酸花生面积 666.67 hm²,在花生绿色防控、种子加工、销售等方面打造阜新花生全产业链融合。辽宁久盛农业科技有限公司成立于 2019 年,主要从事高油酸花生种植、试验示范、高油酸花生制品加工及销售。辽宁间凌种业有限公司成立于 2020 年,公司以高油酸花生种子繁育、加工、销售为主,2021 年在义县繁育高油酸花生种子 566.7 hm²,商品种植面积达 800 hm²。辽宁生产高油酸花生种子主要销往辽宁、吉林、黑龙江、内蒙古及其他花生种植区。

(三)种子生产技术

1. 地块选择与隔离　选择质地疏松、排水良好的中等以上肥力地块,避开重茬地、涝洼地、漏肥漏水地、盐碱地及黏重土质地块。同时,种植高油酸花生地块的四周要远离普通花生品种,避免混杂。

2. 整地、备播

(1) 整地:秋季耕翻,早春进行顶凌耙耢;不耕翻的地块在春季除净残茬,起、合垄平整好地表,每隔 3~4 年深耕 1 次,深度 25 cm。

(2) 施肥:高油酸花生施肥应重视有机肥,施足基肥,配合微肥。为确保氮磷钾肥料的科学施加,播种前需结合整地,每 1 hm² 土地追施完全腐熟的有机肥或土杂肥 7.5 万 kg,并配合施用尿素 375 kg、钙镁磷肥 900 kg 及硫酸钾 225 kg、生石灰 15~20 kg。将肥料混合均匀后,撒施到地表再翻耕到耕层内。

(3) 品种选择与种子质量:选用油酸含量稳定在 75% 的早熟花生品种,且产量潜力大、综合抗性好,并通过国家品种登记的品种。高油酸花生品种要确保纯度达到 100%,净度不低于 98%,荚果水分不高于 10%,种子发芽率在 95% 以上。

3. 拌种与播种

(1) 种子处理:剥壳前选择整齐一致的荚果,剔除病残果和大小果;剥壳后选大小整齐一致、无损伤、色泽鲜艳、无裂痕、无油斑的种仁作种子。在剥壳前应进行适当的晒种处理,晒种处理后能够确保种子干燥,增加种子的通透性,提高种子的渗透压,确保播种后能够快速吸水、快速膨胀及萌发。一般在播种前 10~15 d 带壳晒种,选择晴朗天气,于 9 时至 15 时,将花生荚果平铺在干燥的场地上,厚 10 cm 左右,每隔 2~3 h 翻动一次,连续晒 2~3 d。晒过的种子一般会提前出苗 1~2 d,且种子的抗病性显著增强。

(2) 拌种:根据病虫害和"倒春寒"发生情况,本地区应适当选择具有耐低温、预防地下害虫等特性的种衣剂拌种。一般采用杀虫、杀菌性悬浮种衣剂或其复配剂、混合液进行拌种处理。每 666.67 m² 地常用拌种杀虫剂用量:600 g/L 吡虫啉悬浮种衣剂 30~40 ml、30% 噻虫嗪悬浮种衣剂 40~50 ml、40% 辛硫磷或毒死蜱微胶囊等。每 666.67 m² 地常用拌种杀菌剂用量:400 g/L 卫福(200 g/L 萎莠灵、200 g/L 福美双)50~75 g、亮盾种衣剂(37.50 g/L 精甲霜灵、25 0 g/L 咯菌腈)30 ml、11% 精甲·咯·嘧菌种衣剂(3.3% 精甲霜灵、1.1% 咯菌腈、6.6% 嘧菌酯)30~40 g。拌种时不应伤害花生种皮,充分拌匀后于阴凉处晾干。机械拌种过程中应注意清理机具。

(3) 播种期及密度:在未采用耐低温种衣剂包衣的情况下,普通小粒花生品种要求 5 cm 耕层平均地温连续 5 d 稳定在 12℃ 以上,普通大粒花生品种要求 5 cm 耕层平均地温连续 5 d 稳定在 15℃ 以上,高油酸花生品种要求 5 cm 耕层平均地温连续 5 d 稳定在 16℃ 以上,且保证播种后连续 5 d 是晴朗天气,一般辽宁地区在 5 月中上旬开始播种。在采用耐低温种衣剂包衣的情况下,裸地花生播种时间可适当提前 2~3 d,覆膜花生播种时间可适当提前 3~4 d。

单粒播种,垄距 85~90 cm,垄面宽 60~65 cm,垄高 10~12 cm,垄上播种 2 行,小行距 35~40 cm,株距 8~10 cm,播种深度 3~4 cm,每 666.67 m² 保苗 1.3 万~1.5 万株;双粒播种,株距 14~15 cm,每 666.67 m² 保苗 1.5 万~1.7 万株。

4. 田间管理

(1) 病虫害防治:高油酸花生病虫害防治原则以种植抗性品种为基础。辽宁省花生的叶部病害主要为叶斑病。若有叶斑病发生,当病叶率达到 10% 时,每 666.67 m² 用 60% 唑醚·代森联水分散粒剂 60 g,或 325 g/L 苯甲·嘧菌酯悬浮剂 35 ml,或 300 g/L 苯甲·丙环唑乳油 20 ml,间隔 7～10 d 喷 1 次,共喷 2～3 次。预防白绢病,一般在 7 月上旬白绢病发病初期,每 666.67 m² 用 25% 戊唑醇可湿性粉剂 40 ml,或 240 g/L 噻呋酰胺悬浮剂 60 ml,每 666.67 m² 用药液 150 kg,喷淋浇灌花生根部。间隔 7～10 d 施用 1 次,共施用 2 次。播种时每 100 kg 种子采用 35% 噻虫·福·萎锈悬浮剂 500 ml 种子包衣,或 30% 吡虫·毒死蜱微囊悬浮剂 1 500 ml 拌种,以防控蚜虫发生和危害,前者可兼防地下害虫及苗期病害。

(2) 叶面喷肥:花生生育中后期,开花下针期每 666.67 m² 叶面喷施 2% 的尿素水溶液＋0.2% 的磷酸二氢钾水溶液 50～60 kg,连喷 2～3 次,间隔 5 d。也可选用符合 NY/T 496 要求的叶面肥料喷施。

5. 收获与贮藏　在 9 月中旬,当地下 70% 以上荚果果壳硬化,网壳清晰,果壳内壁出现黑褐色斑块时便可收获。收获后 3 d 内气温不得低于 5℃,以预防低温产生冻粒。不论是机械收获还是人工收获,起拔、抖土后 2 垄合并成 1 垄,根部向阳,晒 3 d 后即可摘果。地里晾晒时,最好不被雨淋着,防止果壳霉变。荚果含水量降到 10% 以下时入库贮藏。高油酸花生在收获、摘果、晾晒和贮藏等过程中要单独操作,剔除杂果、杂仁,避免混杂。仓库要做好防虫、防鼠处理,荚果不能接触地面,与仓库墙面保持 20～22 cm 的间隔,室内保持干燥。

三、河　北

(一) 自然生态条件与花生种植区划

1. 自然生态条件

(1) 地理位置与地形地貌:河北省位于东经 113°27′～119°50′,北纬 36°05′～42°40′,地处华北平原的北部,兼跨内蒙古高原,全省中环北京市,东与天津市毗连并紧傍渤海,东南部、南部衔山东、河南两省,西倚太行山与山西省为邻,西北部、北部与内蒙古自治区交界,东北部与辽宁省接壤。

河北省地势西北高、东南低,由西北向东南倾斜。地貌复杂多样,是中国唯一兼有高原、山地、丘陵、平原、湖泊和海滨的省份,有坝上高原、燕山和太行山山地、河北平原三大地貌单元。西部和北部为太行山和燕山山地,包括中山山地区、低山山地区、丘陵地区和山间盆地 4 种地貌类型,海拔 2 000 m 以下,山地面积 90 280 km²,占全省总面积的 48.1%。燕山以北为坝上高原,原属蒙古高原一部分,地形南高北低,平均海拔 1 200～1 500 m,面积 15 954 km²,占全省总面积的 8.5%。其余为河北平原,属华北大平原的一部分,分为山前冲洪积平原、中部冲湖积平原区和滨海平原区 3 种地貌类型,全区面积 81 459 km²,占全省总面积的 43.4%。从地域分布来看,河北省花生种植区域呈现分布广泛、相对集中的特点,除张家口、承德高原区外,北自长城内外、南到漳河流域均有花生种植,其中主要分布在燕山、太行山低山丘陵盆地和河北平原区,而漳卫河、滦河、永定河、滹沱河、漳河、北运河、子牙河、潮白河、蓟运河等河流泛区是全省花生集中产区。

(2) 光照资源:光、热、水、土等自然条件的地理差异是农业生产地域分工的自然基础,成为影响花生生产和发展的重要资源条件。河北省地处中纬度欧亚大陆东岸,位于中国东部沿海,属于温带湿润半干旱大陆性季风气候。本省大部分地区四季分明,寒暑悬殊,雨量集中,干湿期明显,具有:冬季寒冷干旱,雨雪稀少;春季冷暖多变,干旱多风;夏季炎热潮湿,雨量集中;秋季风和日丽,凉爽少雨的特点。全省总体气候条件较好,温度适宜,日照充沛,热量丰富,雨热同季,适合花生等多种农作物生长。

河北省位于中纬度地区,可获得较多的太阳辐射能,热源较为充足,年平均日照时数2 503.1 h,相当于可照时数的50%~70%。多数年份7~8月日照时数在400 h以上,日平均6~8 h。全省范围均属日照条件较好地区,但全省日照时数空间分布不均,存在明显的地域特征,且与地形直接相关。北部高原山地和渤海沿岸日照时数较多,是稳定的多日照区,年日照时数为2 800~3 070 h;燕山南麓和太行山中北部地区次之,年日照时数为2 700~2 900 h;山麓平原、低平原及太行山南部最少,为2 400~2 700 h。高值中心和低值中心极差达400 h。另外,日照时数的季节分配特征明显,春季平均日照时数最多,夏季次之,冬季略多于秋季,这对作物生长十分有利。总体来看,平原、丘陵和山地区域日照时数较为充足,能较好地满足花生生长发育过程中对光照的要求。

河北省光能资源丰富,全省年总辐射量为4 854~5 981 kJ/m²,其分布趋势北高南低、东西高中间低。长城以北及西部山区年总辐射量在5 200 kJ/m²以上,其中冀西北及冀北坝上高原为5 600~5 981 kJ/m²,属全省总辐射量最多地区;平原地区年总辐射量一般为5 000~5 400 kJ/m²;中间地带仅有5 000 kJ/m²左右;平原东部南皮、沧州、泊头一带在5 300 kJ/m²以上,系平原地区的高值区;沿海地区除乐亭少于5 000 kJ/m²外,其余在5 100~5 300 kJ/m²。长城以南平原地区5~6月日总辐射量20.9 kJ/m²以上,多于全国大部地区,有利于花生播种和幼苗生长。

(3)热量资源:河北省属温带大陆性季风气候,大部分地区四季分明,气温时空差异明显。全年1月平均气温在3℃以下,7月平均气温18~27℃。全省年极端最高气温多出现在6月,长城以南都在40℃以上;南部平原气温超过35℃的酷热天数达18~25 d;中部平原及南太行山区为10~18 d;唐山地区沿海及北部山区只有1~4 d;冀北高原不见酷热天气。全省年平均气温由东南到西北逐渐降低,以长城为界,长城以北地区年平均气温在10℃以下,坝上则低于4℃;长城以南地区在10~14℃。全省气温年较差(最热月与最冷月平均气温之差)和年平均气温日较差(一日最高气温与最低气温之差)均较大,分别达到30℃以上和10℃以上。

冀北高原为河北省热量最低地区,≥0℃积温为2 100~2 800℃,无霜冻期80~110 d;长城以北的山地和盆地,≥0℃积温为2 800~4 200℃,无霜冻期110~170 d;长城以南至滹沱河以北地区,≥0℃积温为4 200~4 800℃,无霜冻期170~190 d;滹沱河以南及太行山南部低山丘陵地区为河北省热量条件最好地区,≥0℃积温为4 800~5 200℃,无霜冻期190~205 d。全省年无霜期81~204 d。河北省热量按地带划分,大致是:冀北高原为一年一熟低温作物区,冀北高原以南至长城以北为一年一熟中温作物区,长城以南至滹沱河以北为两年三熟作物区,南部为一年二熟作物区。

(4)降水分布:河北省年平均降水量350~770 mm。年降水量时空分布极不均匀,总的趋势是东南部多于西北部。全省有两个少雨区:一为冀北高原,是河北省最干旱地区,年降水量不足 400 mm;二为新乐、藁城、宁晋一带,年降水量不足 500 mm。全省的两个多雨中心:一为燕山南麓,年降水量达 700～770 mm;二为紫荆关、涞水一带,年降水量在600 mm 以上。全省年内降水时段分配也极不均匀,降水变率大,强度也大,以夏季降水量最多,占全省年降水总量的 65%～75%;冬季降水量最少,仅占全年的 2%左右;秋季稍多于春季,秋、春两季分别占全年的 15%和 10%左右。河北省是全国降水变率最大的地区之一,多雨年和少雨年降水量有时相差 15～20 倍,一般也有 4～5 倍,经常出现旱涝灾害。

(5)土壤资源:按照土壤的发生类型,河北省分布广、面积大的主要有 7 个类型:褐土、潮土、棕壤土、栗钙土、风沙土、草甸土和灰色森林土。棕壤土主要分布于燕山和太行山山地及冀东滨海低山丘陵区,面积 230.9 万 hm²,占全省土壤总面积的 14.02%。该种土壤类型水热条件好,自然肥力高,适合作为林果生产基地,但是利用不当会造成水土流失。褐土主要分布在太行山、燕山的低丘陵、山麓平原,总面积 50.8 万 hm²,占全省土壤总面积的30.83%。该种土壤类型属热性土,矿质养分较易分解释放,速效养分高,中性至微碱性环境,适于多种作物生长,种植粮棉油果和经济林均较为适宜。但有机质和磷素缺乏,易干旱,利用不当易发生水土流失。潮土主要分布于京广线以东、京山线以南的冲积平原和滨海平原,山区低谷低阶地也有零星分布。潮土分布面积 425 万 hm²,占全省土壤总面积的25.8%。该种土壤有机质含量较低,富含碳酸钙,土壤普遍偏碱,质地多变,多轻壤质。盐渍土主要分布在滨海平原区、冲积平原及坝上地区,即黑龙港流域 47 个县(市)、白洋淀周边及坝上内陆湖淖。栗钙土主要分布在西北部的坝上高原地区,面积 127.74 万 hm²,占全省土壤总面积的 7.75%。

按土壤质地划分,全省土壤质地以壤质土为主,占土壤总面积的 60.2%;砂壤质土次之,占 20.5%;其余为黏壤质土占 9.8%、沙质土占 5.75%、黏质土占 3.76%。依据花生地上开花地下结果的特点和花生对土壤质地的要求,河北省除 13.56%的黏质土和黏壤质土外均适宜花生种植。

河北省的土壤各养分有效含量状况和变异均存在明显的不同。全省土壤有效锌含量普遍偏低,硝态氮、速效钾、有效铁含量水平大多在临界值上下。全省大部分地区有效镁含量处于中等水平,有效锰的含量在冀中南平原区普遍缺乏,其他部分地区含量适中,有效钙、有效铜含量水平集中处在中等以上。大量元素中,全省农田土壤有效磷含量平均值为29.3 mg/kg,速效磷的变异系数最大,为 87.42%;硝态氮和速效钾的变异系数较小,分别为41.80%和 44.07%。中量元素钙、镁的变异系数相对较小。微量元素中除有效铜的变异系数较小外,其他微量元素的变异系数均较大。全省土壤 pH 平均为 7.9,范围为 4.5～9.1,主要分布在 7.0～8.5。

2. 花生种植区划   河北省除张家口、承德高原区外,北自长城内外、南到漳河流域均有花生种植。主要分布在燕山、太行山低山丘陵盆地和河北平原区,其中滦河、永定河、沙河、滹沱河、漳河等河流泛区是河北省花生集中产区。按行政区分布来看,花生种植主要集中在邯郸、唐山、石家庄、秦皇岛、廊坊、保定、沧州、衡水、邢台各市,以及张家口、承德地区坝下沿长城各县。花生产区的年平均气温 11～14℃,无霜期 200 d 左右,年降水量 400～800 mm。

降水量东部沿海较多,西北部较少;雨量多集中在7~8月,占全年降水量的50%左右。种植花生的土壤以河流冲积沙土和砂壤土为主,少量为丘陵沙砾土。栽培制度多为两年三熟制,部分为一年二熟制,少量为一年一熟制。全省花生以春播为主,麦后夏直播,即小麦收获后直接播种花生的种植模式发展较快,而麦套花生面积减少。根据河北省自然生态条件和种植制度等可将花生种植区划为冀中冀南花生区、冀东花生区和冀北丘陵花生区(万书波,2012)。

(1)冀中冀南花生区:包括石家庄、沧州、衡水、邢台、保定等市(地)及邯郸黄河古道部分地区。种植花生的土壤多为较肥沃的砂壤土和壤土,少量为黄河泛滥冲积形成的沙土。年平均气温12℃以上。栽培制度以一年一熟制连作花生以及麦后夏直播花生一年二熟制为主,还有部分麦套花生种植区域。种植的花生多为中间型和普通型中、早熟大粒品种,少量为珍珠豆型品种。

(2)冀东花生区:包括唐山、廊坊、秦皇岛市的全部,以滦河沿岸的迁安、滦州、滦南等地区为主。该区花生种植历史悠久,面积较大。种植花生的土壤主要为平原沙土,土壤瘠薄,肥力较低。年平均气温11℃左右,热量达不到一年二熟制的要求,栽培制度多为一年一熟或二年三熟制。以春花生为主,近年来麦田套作花生及带状轮作方式发展较快。种植的花生多为中间型或普通型中、早熟大粒品种,少量为珍珠豆型中粒品种。

(3)冀北丘陵花生区:包括承德地区南部,以及卢龙、抚宁、青龙等县(市)。该区种植花生的土壤多为山坡丘陵盆地土壤,土层浅而瘠薄,水土流失严重。年平均气温在10℃左右。栽培制度多为一年一熟制。种植的花生多为早熟、抗逆的珍珠豆型和多粒型品种。该区地膜种植花生发展较快。

(二)品种类型、代表性品种及花生利用概况

1. 品种类型　河北省花生品种最初由外地引入,一开始由南方引入种植的品种主要是珍珠豆型小花生品种,后来普通型大花生传入河北,逐渐形成品种类型多样的格局。全省各花生产区根据区域自然生态条件、种植习惯、消费偏好、市场需求等大力发展地方品种,这些品种在促进产区花生生产、增加品种多样性方面发挥了较大作用。但是,由于盲目引种,缺乏品种保纯技术和提纯复壮技术,加上农民自留、自繁等用种习惯普遍存在,花生品种混杂、退化严重,农家地方品种为主导的品种发展模式对花生产量和品质的提高起到了较大的制约作用。

近年来,经过花生育种工作者的不懈努力,培育出不同类型的优良新品种,在生产上逐步扩大应用规模,取代了已混杂退化的老旧地方品种和农家种。河北省花生品种的发展沿革,经历了高产品种替代低产品种、中早熟品种更替晚熟品种、直立疏枝型品种取代匍匐密枝型品种、优质专用型品种替换非专用型品种等发展阶段。目前普通花生品种已经逐渐被高油酸花生品种所取代,花生推广品种的高油酸化步伐加快,为花生产业的快速发展创造了坚实的基础条件。

2. 花生利用概况　目前,河北省花生的利用途径主要有油用、加工食品、直接食用、出口和种用。其中,油用的比例占省内花生利用总量的一半以上,是全国花生压榨主产区之一,全省花生油脂压榨企业规模较大,但大型企业的数量偏少,在现有的500家左右花生压榨企业中,日处理量达到 1 000 t 以上的企业仅有 4 家,一半的企业日处理能力在 100 t 以下。河北深州鲁花浓香花生油有限公司、河北益海粮油有限公司、邯郸市名福植物油有限责任公司等生产规模较大的花生油脂生产企业,在国内市场占有一定的份额。

近年来,随着花生消费需求多样化以及加工产业的发展,食品加工和直接食用花生的比例稳中有升。然而,主要加工产品还是技术含量不高的初级加工产品,如经过烘烤、油炸等简单处理后的食品,包括多味花生豆、花生糖、花生酥、麻辣花生等,而直接食用或煮熟食用的鲜食花生的利用也占有一定的比例。冀中南花生区内的新乐、高碑店、涿州、定州等是省内鲜食花生的主要产地,鲜食花生原料主要供应京、津消费市场。河北省花生食品加工企业数量多、规模小且较为分散,大部分加工厂仅以原料的粗加工或以加工日常休闲花生食品为主,生产产品的种类单一、档次不高,花生分级加工方式仍主要靠人工手拣分级,先进的加工技术和设备应用率低,与自动化、标准化、规模化的花生工业化生产还相距较远。粗放的原料加工使花生产品的附加值一直处于较低水平。加工企业主要集中在省内花生集中产区,如大名、深州、武强、昌黎等。

目前,一批生产规模较大、标准化程度较高的花生深加工企业已陆续开始投产运营。河北京馨泉食品有限公司是以花生酱为主导产品的花生深加工企业,花生酱年生产能力 1.8 万 t,利用传统石磨工艺与现代加工技术相结合,最大限度地保留了花生酱的独特风味,产品口感细腻,深受消费者喜爱。滦县天申粮油有限公司采用先进的低温物理压榨技术,通过独特工艺从花生饼粕中提取花生蛋白,大大提高了产品附加值。此外,一些企业已经开始高油酸高端食用油、蛋白粉、白藜芦醇等深加工产品的研发和生产。

由于高油酸花生品种生产与产业化起步较晚,目前河北省高油酸花生生产主要以种子扩繁为主,仅一部分用于加工食用油或外调加工食品,省内加工消费高油酸花生原料的比例不高,以外运或外调输出为主。

河北省花生出口数量一直稳居全国前列,花生是河北省重要的出口创汇产品。冀中南花生区的大名、深州、新乐等是中国北方花生产区较大的花生集散地。在国际贸易中,省内花生出口产品仍以加工原料为主,另外还包括花生油、花生粕、花生酱等花生加工产品,但出口数量所占比例不高。冀东花生区的滦州、迁安、滦南等是省内传统出口花生生产基地,该区域花生出口竞争力强的重要原因之一就是花生质量好,产区昼夜温差大,收获期气候干旱少雨,自然晾晒法干燥,农民种植实行轮作,整个种植、收获、加工环节黄曲霉毒素污染风险低,生产的花生品质优良,既保存原始风味,也防止了黄曲霉毒素的产生,能满足出口产品质量标准的要求。

(三)种子生产技术

在高油酸花生种子生产过程中,由于机械混杂和天然杂交等因素的影响,随着繁殖代数的增加,很容易使生产用的品种失去应有的纯度和典型性,导致种性变劣等混杂退化的现象。花生结荚成熟期的高温多雨、病虫害侵染,以及落后的收获脱粒和储藏措施,使得花生种子霉烂、破损,活力下降;再加上花生种子含油量高,比其他作物种子更容易在贮存过程中降低发芽率和活力。所以,现阶段高油酸花生种子的生产过程就是严格防止混杂退化同时最大程度提高种子生产质量的过程。高油酸花生种子生产技术是以遗传学、育种学和栽培学的理论为基础,采用各种技术措施提高繁殖系数,加快高油酸花生种子生产速度,保持品种优良特性,防止品种混杂退化,生产出符合国家质量标准要求的高油酸花生合格种子。

目前,河北省乃至全国花生推广品种正在经历由普通品种向高油酸品种过渡的时期,在种子生产过程中很容易造成人为混杂,导致高油酸花生种子的纯度和典型性丧失。因此,应该强调高油酸花生种子的质量,严格要求种子的生产和管理,严格执行"四化一供",即品种布局区域化、种子生产专业化、质量标准化、加工机械化及有计划组织供种。

1. 地块选择与隔离

(1) 地块选择和要求:为了保证高油酸花生种子生产的质量,要建立专门的原原种、原种和大田用种生产、繁殖田或生产基地,应该选择地势平坦、土壤肥力均匀、排灌方便、旱涝保收,以及病、虫、鼠、雀等危害较轻、无检疫性病虫害、便于隔离、交通便利、生产水平和生产条件较高、劳动力技术条件较好的地方。

在相对固定的花生原种场、良种场的种子生产田,采用轮作倒茬,以消除前茬"漏生苗"(又称"自生苗",volunteer)等造成的机械混杂,提倡首选不重茬的地块作为高油酸花生种子繁殖田。重茬(连作)花生难以高产,是提高种子生产繁殖系数的一大障碍。据试验,花生连续重茬 2 年将减产 20% 以上,即使短期(1 年)轮作也难以获得高产,所以高油酸花生种子生产基地应选择土层深厚、土质肥沃、多年未种花生(经 3～5 年轮作)的地块。这样不仅能防混杂,还能起到提高产量、扩大种子繁育数量的双重效果。

(2) 隔离方式和要求:虽然花生是典型的自花授粉作物,但是由于受多种因素影响,总会有一定程度的天然异花授粉情况发生,引起基因重组而产生自然变异。花生的天然异交率一般在 1% 以下,也有报道大田花生天然异交率可高达 6%。在生产上,若将普通油酸含量品种与高油酸品种相邻种植或机械混杂有普通品种,又没有采取足够的适当隔离措施,就有可能由昆虫等媒介或者环境等外力因素的影响,发生品种间天然杂交("串粉"),而使后代分离出不同油酸含量类型的植株,使原品种的整齐度、纯度下降,失去典型性和种性,产生退化。

在条件允许的情况下,在高油酸花生种子繁殖田周围一定范围内不允许种植普通油酸品种或其他高油酸品种,以防止生物学混杂。对于隔离的距离,一般比玉米、棉花等异交或常异交作物的隔离距离要求低得多,只要留出较小的隔离距离即可。

2. 整地、备播

(1) 整地要求:在河北省花生产区,年降水量空间分布很不均匀,燕山和太行山一带降水量较大,东部降水量明显大于西部。年降水量高值区主要位于冀东花生区的唐山、秦皇岛等地,年降水量达 600～800 mm;冀中南花生区的石家庄、保定、沧州、邯郸、邢台等地,年降水量不足 500 mm;在冀北丘陵花生区,年降水量则在 600～700 mm。全省降水集中在夏季的 7～8 月,而 3～5 月降水稀少,易发生春旱。因此,播前整地主要是保持土壤水分,以满足种子萌发和幼苗出土的要求,保证一次全苗。

根据各地经验,目前农田耕深均为 15～20 cm,结果形成了坚硬的犁底层,上面的水渗不下去,下面的水上不来,易旱易涝。深耕可打破犁底层,形成上松下实的土体结构。花生田深耕越早越好,争取时间及早进行,最好在秋末冬初进行,以利土壤物理性状的改善,以利翻入深层的垡块风化和自然沉实,以利消灭越冬害虫。另外,还能积蓄冬、春雨雪,缓解春旱。

如在秋末冬初未及时进行深耕,为获得较好的效果,应在春分之前,最迟不晚于清明春耕。春耕必须掌握随耕随耙,耙平耱细,使土壤下部沉实,表土疏松。春耕结合施肥时,肥料要细且撒施均匀,然后适当浅耕,并耙耱整平。播种前若遇大雨,土壤含水量大时,不能立即耙耱,待表层土壤水分稍微散失,地面呈现干皮时再耙,然后耱平。

已经冬耕施肥的地块,不必再进行春耕,但在开春解冻之后,应及时耙耱整平,以免水分散失,不利花生播种。

春播露地栽培花生70%的根群集中在30 cm以内的土层中,因此一般深耕以25～30 cm为宜。要掌握冬耕要深,春耕要浅,特殊情况下可适当加深的深耕深翻原则。

为提高高油酸花生的繁殖效率,增加单位面积产出花生种子的数量和提高质量,提倡采用地膜覆盖生产种子。覆膜栽培花生田必须做到精细整地、深耕细耙、地面平整。覆膜花生以起垄种植为宜,起垄时底墒要足,做到有墒抢墒、无墒迁墒;垄高适宜,一般垄的高度以12 cm左右为宜;垄面要宽,一般垄距为85～90 cm,垄沟宽30 cm,垄面宽55～60 cm,花生小行距控制在30 cm左右,即要保持花生种植行与垄边有10 cm以上的距离;垄坡要陡,要改梯形坡为矩形坡,垄面要平,起垄后要将垄面耙平、压实,确保无垡块、石块等杂物,以利于薄膜展铺,使膜面与垄面贴实压紧。

(2)备播技术:对高油酸花生种子生产而言,做好播前种子处理是花生苗齐、苗全、苗壮的基础。首先,播种以前要全面掌握种子的真实活力。影响种子活力的因素较多,一是上一年秋花生收获和晾晒期,如果遭遇连阴雨,造成花生晾晒和收获不及时,花生荚果有不同程度的霉捂,会导致发芽势降低,出苗后叶色发黄、抗病力降低,花生根茎腐病发病概率增加。二是花生种子在贮藏期间长期处于变化的自然环境下,直接受温、湿度等条件的影响。如若遇到不利条件,种子活力会成批下降。所以,播种前进行发芽试验,检测种子的发芽势和发芽率十分必要。作为种用的花生子仁,发芽势要达到80%以上,发芽率要求在95%以上。如果发芽率为80%～90%,要采取晒种、精选等方法,尽量进一步提高种子的发芽率;如果发芽率低于80%,则不宜再作种用。

另外,剥壳前应根据种子含水量情况进行晒种,可使种子干燥,增加种皮透性,促进种子萌发时的吸水能力,同时可有效减少种子的带菌率。根据试验结果,经晒种处理后,花生提早出苗1～2 d,荚果增产6%以上。晒种要选在晴天上午10点左右,把种子摊放在土场上晒,摊开厚度约6 cm,连续晒2～3 d。其间,要经常翻动,要求晾晒均匀一致,要避免因温度过高而损伤种子的发芽能力。

花生剥壳后要对种子进行再次精选分级。试验表明,分级播种比不分级混播可增产荚果10%以上。首先,剔除杂果、烂果、虫果,选择饱满的双仁果作种。其次,按照子仁的大小分等级。一般把饱满的大粒种子作为一级,子仁大小居中的作为二级,余下的作为三级。一级和二级种子分别播种,但三级种子一般不作为种用。

3. 拌种与播种

(1)拌种技术:花生种子拌种是指将种子与农药或微肥等在一起拌和,使种子表面均匀地沾上一层农药或微肥的方法。拌种剂包括杀虫剂、杀菌剂、微肥、植物生长调节剂、保水剂、抗旱剂等材料。用农药拌种可以消灭种子表面及内部携带的害虫、病原物,保护种苗不受土壤中病虫的危害,并通过种菌吸收药剂输导到地上部分使其免受病虫的危害。用微肥拌种可以克服土壤不能满足作物对微量元素需求的缺陷,促进壮苗的培育。用保水剂、抗旱剂拌种可以提高种子的吸水能力,防止出苗期干旱。该技术在花生种子生产上大面积推广应用,对花生立枯病、根腐病、茎腐病、线虫病、地下害虫、蚜虫、红蜘蛛等防治效果显著。

在药剂选择上,可以根据需要采用 70%甲基托布津可湿性粉剂,或 50%多菌灵可湿性粉剂,或 40%拌种双可湿性粉剂,按种子量的 0.3%~0.5%拌种,可有效防治根茎腐病;用50%辛硫磷乳剂按种子量的 0.2%拌种,或用 50%氯丹乳剂按种子量的 0.1%~0.3%拌种,可防治苗期地下害虫。此外,每 666.67 m^2 用高巧 20 ml、益威 20 g 和卫福 10 ml 可以同时防治苗期根(茎)腐病、蚜虫和蛴螬。

(2)播种技术:首先,要掌握适宜的播种时间。多个试验研究表明,相较于普通花生品种,高油酸花生出苗对温度相对敏感,最低发芽温度 17℃,比普通花生高 2~3℃,适宜的发芽温度在 19℃以上。因此,播种时掌握在 5 cm 土层平均地温稳定在 19℃以上。在河北省花生产区,春播种子田适宜播期一般为 5 月上旬;夏播花生应在麦收后抢时播种,争取在 6月 15 日之前播种结束;地膜覆盖花生播期一般在 4 月 20~25 日为宜。

其次,根据土质、气候、土壤墒情等,掌握适宜的播种深度。一般花生的播种深度以5 cm 左右为宜,要掌握"干不种深、湿不种浅",土质黏的要浅,沙土或沙性大的要深的原则。露地栽培最深不能超过 7 cm,最浅不能低于 3 cm。覆膜栽培因有地膜保护,播层温、湿度适宜,应当浅播,一般以 3 cm 左右为宜。

最后,根据种子生产基地所在区域气候特点、田间土壤肥力、生产品种特性、栽培条件及种植方式等选择合理的播种密度。此外,花生种子田的播种密度宜略微偏稀,做到精量、点播。行距宜便于田间作业和拔杂去劣。在冀中南花生区,在中等肥力土壤种植中间型和普通型直立品种,一般每 666.67 m^2 8 000~9 000 穴;珍珠豆型品种每 666.67 m^2 9 000~10 000 穴,每穴播种 1 粒或 2 粒种子。

4. 水肥管理

(1)水分管理:花生苗期和花期干旱缺水,会影响植株正常生长,减少花数;下针期缺水,果针入土困难,即使下了针,子房也不能膨大;结荚期缺水,则严重影响荚果发育,明显减少结荚数;成熟期缺水,则荚果饱满度、出仁率降低。根据花生生育期间降水量多少、分布情况、土壤含水量以及花生各生育阶段对土壤水分的需要来确定花生种子田的灌溉时间和灌溉次数。河北省花生产区分布广泛,不同产区上述各项条件差别较大。因此,灌溉时间和次数应视具体情况而定。

花生种子田灌溉方式包括地面灌溉(畦灌、沟灌、间歇灌、膜上灌等)、喷灌和微灌(滴灌、微滴灌、地下渗灌),可以根据具体的种植方式采用相应的灌溉方式。但要注意,在荚果成熟期,若遇雨水过大,尤其是在地势低洼的田块,应及时排水降湿,覆膜花生还要及时破膜散墒,以减轻烂果的发生。

(2)施肥管理:高油酸花生种子田尤其应着重施足基肥。一般每 666.67 m^2 施用农家肥 1 000～1 200 kg、硫酸铵 5～10 kg、钙镁磷肥 15～25 kg、氯化钾 5～10 kg。基肥宜将化肥和农家肥混合堆闷 20 d 左右后分层施肥,三分之二深施于 30 cm 深的土层,三分之一施入 10～15 cm 深的土层。

选用腐熟好的优质有机肥 1 000 kg 左右与磷酸二铵 5～10 kg 或钙镁磷肥 15～20 kg 混匀沟施或穴施。另在花生播种前,每 666.67 m² 用 0.2 kg 花生根瘤菌剂,结合 10～25 g 钼酸铵拌种,可取得较好的效果。

在瘠薄的地块,或基肥、种肥不足的夏花生上应重视追肥。每 666.67 m² 施腐熟有机肥 500～1 000 kg、尿素 4～5 kg、过磷酸钙 10 kg,在花生始花前施用。也可以用 0.3% 磷酸二氢钾和 2% 的尿素溶液,在花生中后期结合防治叶斑病与杀菌剂一起混合叶面喷施 2～3 次。

在石灰性较强的偏碱性土壤上要考虑施用铁、硼、锰等微肥;在多雨地区的酸性土壤上应注意施钼、硼等微肥。微肥可作基肥、种肥、浸种、拌种和根外喷施,一般以拌种加花期喷施增产效果最好,喷施时以 0.1%～0.2% 浓度为好。在冀中南石家庄花生产区的微肥施用效果对比试验中,在花生生长中后期采用康朴液硼水溶液(浓度 0.2%～0.3%)进行叶面喷施;磷酸二氢钾采用叶面喷施,浓度 0.2%～0.3%,每隔 7 d 喷 1 次,连喷 3 次;康朴钼肥(钼酸铵)按种子重量 0.2%～0.3% 拌种,以及花生生长中后期采用 0.1%～0.2% 浓度叶面喷施;铁肥采用康朴铁肥于下针至结荚期喷施,浓度 0.2%～0.3%,每隔 6 d 喷 1 次,连喷 3 次;锌肥采用康朴悬浮锌 1 000～2 000 g/666.67 m² 作基肥。试验结果均达到了明显的增产目的,荚果增产 2.22%～17.66%,子仁增产 0.92%～17.70%(表 8-1)。

表 8-1　不同微肥处理对花生的增产效果

微 肥 处 理	荚　果		子　仁	
	产量(kg/666.67 m²)	比对照增产(%)	产量(kg/666.67 m²)	比对照增产(%)
康朴悬浮锌	267.57	2.22	203.89	0.92
康朴液硼	283.33	8.24	220.49	9.14
康朴钼肥	285.00	8.87	220.16	8.97
康朴铁肥	280.10	7.00	217.81	7.81
磷酸二氢钾	308.00	17.66	237.78	17.70

5. 控株高、防倒伏　花生下针后期至结荚初期或株高 35～40 cm 时,尤其是在肥水充足、长势较旺、有徒长趋势、有倒伏危险的地块,应及时施用生长调节剂进行化控,防止植株徒长,增强抗倒伏能力。一般可采用壮饱胺 20～25 g 粉剂/666.67 m²,喷施 2 次。旱薄地用量减少到 10～15 g/666.67 m²。先将粉剂溶于少量水中,搅动 1 min,再兑水 30～40 L/666.67 m²,均匀喷洒植株叶面上。或者采用多效唑 15% 可湿性粉剂 40～50 g/666.67 m²,先将药剂溶于少量水中,再兑水 40～50 L/666.67 m²,叶面喷施,做到不重喷、不漏喷。还可以采用甲哌鎓(缩节胺)在下针期和结荚初期 2 次施用,第一次用量为甲哌鎓粉剂 5 g/666.67 m²、第二次总量为粉剂 6～8 g/666.67 m²。先将粉剂溶于少量水中,再兑水 40 L/666.67 m²,均匀喷洒于叶面。

　　无论以上哪种生长调节剂,使用时都要严格按照说明指定用量喷施,且喷雾要均匀,避免重喷、漏喷和喷后遇雨,严禁过量喷施。如用量过大,一方面影响荚果发育,果型变小,果壳变厚,叶片早衰,枯死,叶面病害加重;另一方面多效唑性质稳定,在土壤残留时间长,过量使用对花生及其他双子叶植物种子萌发出苗及以后生育有不良影响。最好生长调控与病害防治、叶面施肥统筹施用,实现防倒、防病、防早衰"三防"并举。

　　6. 病虫草鼠鸟兽害控制　河北省花生产区主要的病虫害分布不尽相同,但总体来看病害主要有茎腐病、根腐病、叶斑病、根结线虫病和烂果病等,虫害主要有蛴螬、蝼蛄、金针虫、地老虎、蚜虫、蓟马、红蜘蛛、棉铃虫等。草害主要有禾本科马唐、狗尾草、稗草、牛筋草,阔叶类为马齿苋、刺儿菜、铁苋菜等。

　　(1) 茎腐病的防治:播种前用50%多菌灵可湿性粉剂拌种;或用50%多菌灵可湿性粉剂0.5 kg加水50～60 kg浸种100 kg,浸种24 h后播种。在发病初期,选用50%多菌灵可湿性粉剂或65%代森锌可湿性粉剂500～600倍液喷雾防治,间隔7 d喷1次,连喷2～3次。

　　(2) 根腐病的防治:播前用种子重量0.3%的15%三唑酮或用种子重量0.5%的50%多菌灵可湿性粉剂拌种,密闭24 h后播种。或者在花生齐苗后加强检查,发现病株随即采用喷雾或淋灌办法,封锁中心病株,可用50%的多菌灵可湿性粉剂500倍液或高锰酸钾600～1 000倍液喷花生的茎基部,隔7～15 d喷1次,共喷2～3次或更多,每次用药液75 kg/666.67 m^2,交替施用,喷足淋透。

　　(3) 叶斑病的防治:花生收获后,清除田间病残体,并及时进行耕翻,重病地块应实行与禾本科作物轮作2～3年。在始花期开始调查,当病叶率达到10%～15%时开始施药,每隔7～10 d喷1次,连续防治3次。可用药剂有多菌灵、农抗120、甲基托布津等。

　　(4) 根结线虫病的防治:花生收获时深挖细收,不使病根、病果遗留土壤中,病残体晒干后集中处理。或者在播种前10～15 d,用3%克百威颗粒剂5～6 kg/666.67 m^2,5%克线磷颗粒剂2～12 kg/666.67 m^2;或用3%克百威颗粒剂于播种同时穴施,每666.67 m^{2}用3 kg左右,施用时注意人畜安全。播前可用阿维菌素3 000倍喷沟,开沟深15～20 cm。另外,可用阿维菌素、杜邦万灵拌种,晾干后播种,也能起到良好的防治效果。

　　(5) 地下害虫的防治:花生播种后常受地下害虫的危害,造成种子不能正常出苗或幼苗出土后枯死。主要害虫有大黑鳃金龟、暗黑鳃金龟、铜绿鳃金龟等的幼虫(蛴螬)、金针虫、地老虎、蝼蛄等。结合花生播种可选用有效成分为毒死蜱、辛硫磷、米乐尔等杀虫剂制成的种衣剂或毒土,可以有效防治上述害虫;同时,对苗期发生的蚜虫、蓟马等地上害虫也有较好的兼治作用。

　　花生生长期可选用50%辛硫磷或90%敌百虫1 000倍液灌根,也可用40%的乐斯本乳油250～300 ml兑水300～500 kg灌根,还可兼治多种地下害虫。

　　(6) 食叶害虫的防治:食叶害虫主要是棉铃虫、甜菜夜蛾、斜纹夜蛾、银纹夜蛾等夜蛾科害虫。在防治时,应合理施用昆虫生长调节剂等高效低毒的化学药剂。

　　棉铃虫以二代、三代危害花生,以第三代危害最重。当百墩花生有低龄幼虫30头或卵30粒时,喷高效氯氰菊酯等菊酯类杀虫剂或灭幼脲、抑太保、Bt制剂等防生或生物农药进行防治,同时可兼治其他害虫。

(7) 刺吸式口器害虫的防治:刺吸式口器害虫主要有蚜虫、叶螨等,其危害一般发生在花生出苗后至开花前。当有蚜墩率达 20%～30%、百墩蚜量 1 000 头时,应及时喷药防治,应选用高效、低毒、持效期较长的农药品种,如用吡虫啉、啶虫脒等防治蚜虫,用阿维菌素、哒螨灵等防治叶螨,还可喷施联苯菊酯乳油、氰戊菊酯乳油等菊酯类农药防治。

(8) 杂草的防治:应分阶段进行。

播前土壤处理:每 666.67 m² 用 70%灭草猛乳油 180～200 ml 或 88.5%灭草猛 150 ml 兑水 50～60 L,均匀喷施地面,并及时浅耙,将除草剂混入 3～5 cm 的土层内,过 5～7 d 即可播种。也可采用 50%扑草净可湿性粉剂 100 ml 兑水 50～60 L/666.67 m²,均匀喷于地表,随后播花生。

播后苗前处理:花生播后苗前土壤处理,推荐使用金都尔、都尔等酰胺类除草剂和拉索等。金都尔是目前世界上使用量最大的土壤封闭型除草剂,使用安全、高效、无污染。在花生播后出苗前,每 666.67 m² 用金都尔 50～60 ml 兑水 30～40 kg 均匀喷雾,可防除多种一年生杂草。金都尔在田间持效期为 50～60 d,基本能够控制花生封垄前的杂草。盐碱地、风沙干旱地、有机质含量低于 2%的砂壤土、土壤特别干旱的地块或水涝地,最好不使用土壤处理剂。

苗后茎叶处理:以禾本科杂草为主的花生田,可选用高效盖草能,防除一年生和多年生禾本科杂草,从禾本科杂草 3 叶期到成熟都能杀死。在花生 2～4 叶期、禾本科杂草 2～5 叶期,每 666.67 m² 用 10.8%高效盖草能乳油 20～30 ml 兑水 40 kg 喷洒植株茎叶,对狗尾草、牛筋草、马唐等有较好的防除效果,不会产生药害,安全性好。每 666.67 m² 用 10.8%高效盖草能乳油 30～35 ml 兑水 40 kg 喷洒,可防除狼牙根和白茅等多年生禾本科杂草。

以阔叶杂草为主的花生田,可选用虎威(氟磺胺草醚)、克阔乐(乳氟禾草灵)等二苯醚类除草剂和苯达松等。每 666.67 m² 用 24%克阔乐乳油 25～40 ml 兑水 40 kg,于阔叶杂草株高 5 cm 之前进行茎叶喷雾,对多种阔叶杂草有很好的防除效果。每 666.67 m² 用 48%苯达松液剂 130～200 ml 兑水 40 kg,于杂草 3～5 叶期喷雾,对多种阔叶杂草和莎草科杂草有特效,但对禾本科杂草无效。

对于禾本科杂草和阔叶杂草混发的花生田,可选择上述两类除草剂混用,对单子叶和双子叶杂草均有很好的防治效果。每 666.67 m² 用 10.8%高效盖草能乳油 20～25 ml 加 45%苯达松液剂 100～150 ml 或加 24%克阔乐乳油 10～20 ml,兑水 40 kg,于杂草 2～4 叶期喷雾,可有效防除多种一年生单、双子叶杂草。

茎叶处理主要采用喷雾法,施药时期应控制在对花生安全而对杂草敏感的时期,即应掌握在杂草基本出齐——禾本科杂草在 2～4 叶期、阔叶杂草在株高 5～10 cm 时进行。

7. 收获、干燥与贮藏

(1) 高油酸花生适时收获技术:生产上一般以植株由绿变黄,主茎保留 3～4 片绿叶,大部分荚果成熟,即珍珠豆型品种饱果率达到 75%以上、中间型中熟品种饱果率达到 65%以上、普通型晚熟品种饱果率达到 55%以上时,作为田间花生成熟的标志。目前生产上推广种植的绝大部分高油酸花生品种生育期偏长,因此判断成熟并适时收获的指标应根据当地气候、田间长相灵活掌握。当花生植株每个侧枝上的叶片数少于 3 片、日平均气温低于 15.6℃时,即应安排收获。无论采用人工收获还是机械收获,都应该注意防止不同花生品种或者高油酸花生品种与普通花生品种的机械混杂,杜绝"今年种子杂一粒,后年植株杂一片"情况的发生。

(2) 种子干燥技术:河北省大部分花生产区采用两段式收获方式,花生挖掘抖土后在田间晾晒,即收获后将 3~4 行的花生合并排成一条,顺垄堆放,根果向阳,并尽量将荚果翻在铺上。田间晾晒有利于植株中的养分继续向种子中转移,而且花生在植株上通风好,干得快。田间晾晒程度根据具体情况而定。

新收获的花生,成熟荚果含水量 50%左右,未成熟的荚果含水量 60%左右,必须及时使之干燥,才能安全贮藏。经过田间晾晒的花生,还有比较高的含水量,摘果后仍需继续摊晒干燥。经过 5~6 d 可基本晒干,然后堆放 3~4 d 使种子内的水分散发到果壳,再摊晒 2~3 d。需要时可如此反复两次,待含水量降到 10%以下时,即可贮藏。

(3) 高油酸花生种子贮藏技术:花生的安全贮藏与含水量、温度关系密切,当荚果含水量降到 10%、种子含水量降到 7%才能安全贮藏。种子含水量 10%便容易发霉。据研究表明,对于普通油酸含量的花生种子,当贮藏温度 20℃以上时,油分容易分解,油的品质降低。贮藏温度低于 20℃,空气相对湿度低于 75%,贮藏 105 d 的花生荚果含水量低于或接近于 9%,种子含水量接近或低于 7%。如果种子含水量不超过 6%,2~5℃可密闭贮藏 10 年,普通型花生种子的发芽率只降低 3%,珍珠豆型及多粒型花生种子的发芽率也仅降低 6%和 10%。由于高油酸花生种子化学稳定性好,不易变质,在相同贮藏条件下,其品质、贮藏时间等均大大优于普通花生品种。

另外,还应注意贮藏期间保持通风良好,以促进种子堆内气体交换,起到降温散湿的作用。贮藏期间要及时检查、加强管理,一旦发现异常现象,要采取有效措施妥善处理。

四、山　　东

(一) 自然生态条件与花生种植区划

1. 自然生态条件　山东省位于北纬 34°25′~38°23′,东经 114°36′~112°43′,东西长约 700 km,南北宽约 420 km,地势中部为隆起的山地,东部和南部为和缓起伏的丘陵区,北部和西北部为平坦的黄河冲积平原。山东省花生种植遍及全省各地,主要分布于胶东丘陵、鲁中南山区及鲁西和鲁北平原区。山东省土壤类型主要有潮土、棕壤、褐土、砂姜黑土和盐土,分别约占耕地面积的 39.5%、29.2%、21.2%、4.5%和 3.9%。其中,除盐土外,其余土壤类型均有花生栽培,适于种植花生的耕地约有 240 万 hm²。

山东省年平均气温 12~14℃,年平均气温≥15℃的日数为 150 d 左右,无霜期 180~220 d,≥0℃的平均积温 4 200~5 100℃。全省最热月份一般在 7 月,日平均温度多在 24~26℃;胶东半岛东部最热月份出现在 8 月。山东省平均降水量在 550~950 mm,相对变率为 15%~ 20%,绝对变率全省各地均在 100 mm 以上。主要花生产区县(市)花生生长季节的年平均降水量多在 500~700 mm,但分布很不均匀,季、月相对变率很大,旱涝现象时有发生。一般春季降水量(3~5 月)偏少,多在 50~120 mm;夏季(6~8 月)偏多,多在 300~

600 mm；9 月时多时少，平均 80 mm 以上。

山东省光照充足，年日照时数 2 300～2 900 h，年日照百分率 50％～65％，年太阳辐射总量 481～544 kJ/（cm²·年）。花生生长季节的太阳总辐射量以 5～6 月最高，为 54～67 kJ/（cm²·年）；7～8 月为 42～58.6 kJ/（cm²·年），9 月为 42kJ/（cm²·年）。年平均气温≥15℃期间的生理辐射为 117～150kJ/cm²。

栽培制度多为两年三作和一年两作，也有少部分面积连作。轮作作物主要有小麦、玉米、甘薯等。

2. 花生种植区划　根据全省自然条件和花生分布的集中情况，可划分为以下 3 个产区（范永强，2014）。

（1）胶东丘陵区：该区主要包括青岛、烟台、威海等市的全部及潍坊市的部分县（市），为山东省的主要花生产区。以春花生为主，部分麦田套作花生。

（2）鲁中南山区：该区包括临沂、日照等市的全部，以及泰安、济宁、淄博、莱芜等市的部分地区。种植花生的土壤类型比较复杂，既有山岭梯田、河床沙地，也有风沙地。以春花生为主，部分麦田套作和夏直播花生。

（3）鲁西北黄河沙土区：该区包括聊城、菏泽、德州、济南、滨州等市的全部，以及淄博、济宁、枣庄等市的部分地区。以麦田套作和夏直播花生为主。

（二）品种类型、代表性品种及加工企业

山东传统出口大花生和"旭日型"小花生是国际市场上的畅销产品。山东省是中国花生加工中心，同时，胶东是中国花生重要的种业基地，因为产量高、品质优，山东花生种子在外地有很好的口碑。自高油酸小花生品种花育 32 号于 2009 年通过山东省审定以来，得益于育种专家和推广专家的科普宣传、加工企业和种植者的认可，高油酸花生的保健特性开始进入大众视野。随着高油酸花生新品种的陆续试验示范和推广，发展高油酸花生逐步成为花生业界的热点。

目前，国家登记高油酸花生新品种有 180 余个，品种类型日渐丰富，品质、产量、抗逆性水平均有较大提高。在山东区域，经试验示范表现较好的品种主要有花育 963、宇花 31 号、冀花 13 号、花育 917、宇花 208、宇花 61 号等大花生品种，花育 52 号、山花 21 号、冀花 18号、花育 961 等果型较小的品种（王志伟等，2019）。但生产上应用的品种多，上规模的品种少。据不完全统计，2020 年全省种植高油酸花生 1.3 万 km²，主要处于新品种试验示范与良种繁育阶段，少量进入加工环节。目前省内有高油酸花生产品的企业主要有中粮山萃花生制品（威海）有限公司、山东鲁花集团有限公司、山东金胜粮油食品有限公司、山东金胜花生食品有限公司、烟台市大成食品有限责任公司、山东润柏农业科技股份有限公司、昌乐好友油脂有限责任公司、青岛天祥食品集团有限公司、烟台市牟平区昆嵛春晶粮油有限公司、招远市金城花生有限公司、青岛千松食品有限公司、青岛福德隆食品有限公司、青岛吉兴食品有限公司等。

（三）种子生产技术

1. 地块选择与轮作　花生适宜的土壤条件是耕作层疏松、活土层深厚、中性偏酸、排水和肥力特性良好的壤土或砂壤土。选择全土层 50 cm 以上、耕作层 30 cm 左右、结果层

10 cm 左右,且土质疏松、通透性好、肥力高、pH 6～7 的土壤,最好是 2 年以上未种过花生或豆科作物的非重茬地块。与禾本科作物、薯类及蔬菜等进行轮作。

2. 整地、备播　冬前对土壤深耕或深松,早春顶凌耙耱;或早春化冻后耕地,随耕随耙耱。若冬前深耕,早春化冻后要及时进行旋耕整地。旋耕时,要随耕随耙耱,并彻底清除残留在土壤中的农作物根茎、地膜等杂物。夏直播花生要在小麦收获后,立即用秸秆还田机将麦茬打碎,耕翻 20～25 cm,尽量减少表层 10 cm 土层内的麦茬,然后耙平地面,做到土松、地平、土细、肥匀、墒足,切实提高整地质量。

3. 拌种与播种

(1) 拌种:要搞好种子精选,做到种子饱满、均匀、活力强,发芽率≥90%。要实施药剂拌(盖)种,可选用 25%噻虫·咯·霜灵悬浮种衣剂 700 ml 加适量水(药浆为 1～2 L)拌花生种子 100 kg。拌种后,要晾干种皮后再播种,且最好在 24 h 内播完。

(2) 播种:高油酸大花生宜在 5 cm 土层日平均地温稳定在 18℃以上、高油酸小花生稳定在 15℃以上时播种。采用适宜拌种剂,如噻虫·咯·霜灵,可在较常规低 3～5℃的地温条件下,即 5 cm 土层日平均地温稳定在 12℃左右播种。

春花生适宜在 4 月下旬至 5 月上旬播种,麦套花生在麦收前 10～15 d 套种,夏直播花生抢时早播。播种时土壤相对含水量以 60%～70%为宜。垄距 82～85 cm,垄面宽 50～55 cm,垄高 8～10 cm,每垄 2 行,垄上行距 28～30 cm。根据选用品种的种子活力、品种单株生产力及地力、目标产量等综合因素,以肥地宜稀、瘠地宜密、适当增加密度的原则,确定种植密度。一般中高产田单粒播穴距 11～13 cm,每 666.67 m² 12 000～14 000 穴;双粒播穴距 16～18 cm,每 666.67 m² 8 000～10 000 穴。

地膜要选用诱导期适宜、展铺性好、降解物无公害的降解地膜,或厚度 0.01 mm、透明度≥80%、展铺性好的常规聚乙烯地膜。覆膜前应喷施除草剂。

4. 水肥管理

(1) 施肥:肥料施用可适当增施有机肥。每 666.67 m² 施腐熟鸡粪 1 000～1 500 kg 或养分总量相当的其他有机肥;化肥施用量:氮(N)8～10 kg、磷(P_2O_5)4～6 kg、钾(K_2O)6～8 kg、钙(CaO)6～8 kg。

全部有机肥和 40%的化肥结合耕地施入,60%的化肥结合播种集中施用。适当施用硼、钼、铁、锌等微量元素肥料。

(2) 水分管理:浇好关键水。防范旱涝急转,遇旱要及时浇水。要重点浇好结荚水和饱果水,促进荚果膨大和饱满,养根、保叶、防止植株早衰,增加饱果数、提高果重,同时防控黄曲霉毒素污染。

(3) 水肥一体化:根际追肥采用水肥一体化,可以节水节肥。根际追肥应在花生生长中前期进行。在施足基底肥后,根据花生需水、需肥规律,在浇水时,根据苗情、植株长势补充相应水溶肥。苗期以氮肥为主,磷、钾肥配合,一般每 666.67 m² 施氮肥 3 kg,或三元复合肥 9～12 kg;花针期以追施磷、钾、钙为主,一般每 666.67 m² 施过磷酸钙 12 kg。

(4) 叶面肥及植物生长调节剂应用:叶面追肥宜根据田间长势及追肥种类确定。一般结荚中后期,每 666.67 m² 用磷酸二氢钾 200 g,兑水 60 kg 叶面喷施,每隔 7 d 喷 1 次,连喷

2～3 次。如果出现缺素症状,应及时追喷微肥。一般易缺硼、钼、铁、锰等微量元素,追施硼、钼肥宜在开花前喷施。

根据品种特点及长势,适当施用生长调节剂,可以有效提升高油酸花生抗逆性、产量及内外品质。可用不同浓度的芸苔素内酯:0.01～0.1 mg/L 浸种 24 h,或 0.5～1 mg/L 苗期喷施,或 0.02～0.04 mg/L 开花下针期喷施。与烯效唑复配喷施,可以在控制徒长的同时,提高根系活力及叶片光合作用速率;在花生受旱、涝、病虫害等损伤时喷施,有缓解、修复、急救的作用。

5. **控株高、防倒伏**　在盛花后期至结荚前期的生长最旺盛时期,当主茎高达到 30～35 cm,每 666.67 m² 用烯效唑 40～50 g(有效成分 2.0～2.5 g)或壮饱安 20～25 g,加水 35～40 kg,进行叶面喷施。如第一次化控后 15 d 左右株高达到 45 cm 可再喷 1 次,确保收获期株高控制在 50 cm 以内。要均匀喷雾,避免重喷、漏喷和雨前喷雾。高产田可结合防治病虫害进行 2～3 次化控,并注意适当减少单次化控药剂的用量。

6. **病虫草害控制**

(1)绿色防控虫害:要综合防治,将虫害造成的损失降到最低。一要及时防治花生蓟马和叶螨。防治蓟马选用 60 g/L 乙基多杀菌素悬浮剂,加水稀释 1 500 倍后叶面喷雾防治。防治叶螨选用 1.8%阿维菌素乳油,20～30 ml/666.67 m²,稀释 1 000～1 500 倍后喷雾,或 15%哒螨灵乳油+25%吡蚜酮可湿性粉剂(1:1 混用)40～50 ml(或 g)/666.67 m²,可兼治花生蚜虫。二要加强草地贪叶蛾的监测预警,一旦发现,尽早防治。可选用 35%氯虫苯甲酰胺水分散粒剂 6 g/666.67 m²+2.5%溴氰菊酯乳油 40 ml/666.67 m²,隔 10～15 d 喷 1次,共喷 2 次。三要及时防治以蛴螬为主的地下害虫和棉铃虫、造桥虫、斜纹夜蛾等地上害虫。对播期早的春花生,根据虫情,选用 30%辛硫磷微囊悬浮剂;或按上述药剂有效成分100 g/666.67 m²拌毒土,趁雨前或雨后土壤湿润时,将药剂集中而均匀地施于植株主茎处的土表上,可以防治取食花生叶片或到花生根围产卵的成虫,并兼防治其他地下害虫。防治棉铃虫可使用 15%茚虫威悬浮剂 10～18 ml/666.67 m²,加水稀释 1 000～1 500 倍喷雾,以上药剂均可兼防治甜菜夜蛾。四要加强物理和生物防治。根据虫害发生种类选用黄色或蓝色粘虫板,可有效防治蚜虫、蓟马、叶蝉等害虫,减少施用农药次数,有效降低农药残留量。示范应用以虫治虫、以菌治螨、以螨治螨等生物防治措施,田间释放赤眼蜂、异色瓢虫、龟纹瓢虫、捕食螨、小花蝽等害虫天敌,以有效控制蚜虫、蓟马等害虫虫口数量。示范推广绿僵菌、白僵菌、木霉菌等生物药剂防控技术。积极推广应用杀虫灯、性诱剂诱杀等技术。

(2)绿色防控病害:要采用低毒、低残留、高效的化学农药,规范使用方法,有效防治花生病害。重点防治花生叶斑病、疮痂病等叶部病害。当病叶率达到 10%时,每 666.67 m² 用17%吡唑醚菌酯·氟环唑悬浮剂 45 ml,或 30%苯醚甲环唑·丙环唑乳油 20 ml,或 60%吡唑醚菌酯·代森联水分散粒剂 60 g,或 20%苯醚甲环唑·氟唑菌酰羟胺悬浮剂 40 ml,隔10～15 d 喷 1 次,共喷 2 次。上述药剂要交替施用,喷足喷透。为防止花生白绢病、茎腐病、果腐病发生,于花生结荚初期采用 25%氟酰胺可湿性粉剂 112.5 g/666.67 m² 或 430 g/L戊唑醇悬浮剂 30 ml/666.67 m²,每 666.67 m² 用药液 150 kg,喷淋或浇灌花生根部。

(3)绿色防除杂草:除草可结合中耕培土进行,也可采用化学药剂除草。中耕除草要尽量深耕培大垄,不仅除草效果好,而且排涝快,可有效减轻大雨对花生生长发育产生的不利影响。化学除草可在杂草 2～5 叶期,选用 11.8% 精喹·乳氟禾乳油 30～40 ml/666.67 m² 或 15% 精喹·氟磺胺乳油 100～140 ml/666.67 m²,茎叶均匀喷雾,可有效防除禾本科杂草及阔叶杂草。

7. 收获、干燥与贮藏 当 65% 以上荚果果壳硬化、网纹清晰、果壳内壁呈青褐色斑时,及时收获、晾晒,尽快将荚果含水量降到 10% 以下。晾晒时采取隔离措施,防止不同品种间混杂。

花生的安全贮藏与其含水量关系密切,种子含水量高时,细胞内会出现游离水,并使脂肪酶和其他酶的活性增强,呼吸作用加强,呼吸热也提高,种子霉变。通常作物种子在 25℃ 以下,含水量不超过其亲水部分的 14%～15% 时,种子的呼吸作用即可稳定,便能安全贮藏。花生荚果含油量约为 30%,其安全贮藏的临界水分含量约为 10%;而花生种子的含油量平均约为 46%,其临界水分含量约为 8%,故贮藏的荚果其含水量要求在 10% 以内,而种子仁含水量在 8% 以内方可安全贮藏。小粒花生种子成熟较整齐,平均含油率较高,其安全贮藏的含水量应在 7% 以内(张明红,2019)。

五、河　南

(一) 自然生态条件与花生种植区划

河南位于北纬 31°23′～36°22′,东经 110°21′～116°39′,东接安徽、山东,北界河北、山西,西连陕西,南临湖北,呈望北向南、承东启西之势。全省总面积 16.7 万 km²,占全国总面积的 1.73%。地势西高东低,北、西、南三面的太行山、伏牛山、桐柏山、大别山沿省界呈半环形分布,中东部为黄淮海冲积平原,西南部为南阳盆地。平原盆地、山地丘陵分别占总面积的 55.7%、44.3%。

河南大部分地处暖温带,南部跨亚热带,属北亚热带向暖温带过渡的大陆性季风气候,同时还具有自东向西由平原向丘陵山地气候过渡的特征,具有四季分明、雨热同期、复杂多样和气候灾害频繁的特点。近 10 年来,全省年平均气温为 12.9～16.5℃,年平均降水量为 464.2～1 193.2 mm,年平均日照时数为 1 505.9～2 230.7 h,年平均无霜期为 208.7～290.2 d,适宜多种农作物生长。

自 1999 年开始,河南省已成为中国花生种植面积最大的省份。2019 年,河南省花生种植面积达 122.31 万 hm²,总产量 576.72 万 t,面积和总产量分别占全国的 26.40% 和 32.92%。河南省花生主要分布于黄河冲积平原区、豫南浅山丘陵盆地区、淮北豫中平原区、豫西北山地丘陵区(万书波,2003)。

1. 黄河冲积平原区 位于黄、淮海大平原西部,豫北沿黄河及其故道平原,黄河以南、京广铁路以东,沙颍河以北的广大平原。包括安阳、新乡、开封、商丘、周口、许昌等 6 个市(地)的 30 多个县(市)全部和部分。土质多为黄河泛滥冲积形成的沙土及砂壤土,土层深厚,但肥力较低,pH 为 6～7,地下水位较高,易受旱涝灾害。主要种植的花生品种为中间型。

2. 豫南浅山丘陵盆地区 包括淮南和南阳盆地。属北亚热带的最北部,气候温和,雨量充沛。年平均气温 15℃ 左右,平均气温 ≥10℃ 的积温 4 900~5 000℃。降水量 800~1 200 mm。土质主要为河流冲积土、浅山丘陵沙砾土及部分砂姜黑土和少量水稻土。种植的花生品种主要为中间型和珍珠豆型。

3. 淮北豫中平原区 位于淮河以北、长葛、许昌至西华清流河以南,经郸城、鹿邑东至安徽省界,西接伏牛山。地处温暖带的南部,亚热带的北缘。水热资源丰富,年平均气温 14~15℃,≥10℃ 的积温 4 700~4 800℃,年降水量 800~1 000 mm。土质多为砂姜黑土。种植的花生品种以中间型和珍珠豆型中粒品种为主。

4. 豫西北山地丘陵区 位于河南西北部,包括伏牛山南、北麓浅山丘陵地带,太行山及山前京广铁路附近地带。年平均气温 12.1~15℃,年降水量 500~700 mm。种植花生的土壤多为丘陵沙砾土,部分为平原沙土或砂壤土。种植的花生品种多为中间型。

(二)品种类型、代表性品种及花生利用概况

目前,河南省主导的高油酸花生品种为豫花 37 号、开农 71、开农 1715、开农 1760 等,豫花 65 号、豫花 76 号、开农 308、开农 176、豫花 138 号、豫花 93 号等是具有推广潜力的高油酸花生品种。

2018~2020 年累计推广豫花 37 号、开农 61、开农 1715 分别为 41.26 万 hm²、19.14 万 hm²、15.19 万 hm²。高油酸花生已成为河南优质花生发展的主要方向。

(三)种子生产技术

1. 地块选择与隔离 选择地势平坦、土层深厚、质地疏松、富含有机质、排灌方便、远离污染源的地块,且尽量选择上年未种过花生的地块,若只能在连作花生田繁种,该地块上年所种花生必须为高油酸品种。育种家种子繁殖田周围 50 m 之内不得种其他花生品种;原原种繁殖田周围 30 m 之内不得种其他花生品种;原种繁殖田周围 30 m 之内不得种其他花生品种。

2. 整地与备播 及时耕翻,精细整体,做到上虚下实、平整无坷垃;耕地前施足底肥。剥壳前晾晒花生荚果,一般在晴天上午 10 时把花生果摊放在土场上,厚度不大于 6 cm,下午 4 时结束晾晒。根据气温和花生荚果的干燥程度,确定晒种时间长短,一般晒 1~3 d。荚果剥壳时间距离播种时间越近越好,一般在播种前 7~10 d 为宜。花生荚果优先采用人工剥壳,机械剥壳易损坏种子而降低种子发芽率。剥壳后,将有病的、发霉的、破损的、不饱满的种子淘汰。将饱满的种子按照大、中、小三级进行分级,子仁大而饱满的为一级,不足一级子仁重量 1/3 的为三级,重量介于一级和三级之间的为二级。用一级、二级种子播种,有利于苗齐、苗匀和播后管理。剥壳后的花生种子应放在阴凉处保存,避免太阳光线直射。播种前应进行发芽试验,种子发芽率应 ≥80%(单粒精播的种子发芽率应 ≥95%)。

3. 拌种与播种

(1)药剂拌种:要根据土质、主要病虫种类等,选用适宜的花生专用拌种剂。拌种一般在播种前 1 d 进行,拌种时应注意用药安全,不要擅自加大用药浓度。人工拌种应注意用药均匀;机械拌种应避免因种子过度滚动而损伤种皮。拌种后的种子放在房间里缓慢阴干,避免阳光照射或大风吹干。

(2)营养物质拌种:一般结合药剂拌种添加相应的营养物质或中、微量营养元素,以提高花生的根瘤固氮能力,增加花生生长势。可选用钼酸铵或锌肥拌种,每 1 kg 花生种子拌 2 g 钼酸铵和 2 g 七水硫酸锌。

(3) 播种:播种期应以连续 5 d 土壤 5 cm 地温稳定在 18℃以上为宜。可采用机械化起垄播种或平作种植,播种深度 3～5 cm。平作行距 40 cm;垄作垄距 80 cm 左右,垄面宽 40～50 cm,垄上行距 20～25 cm,垄高 10～12 cm,确保花生行距垄边至少 10 cm,以保证果针下扎范围。双粒播种时,种植密度 8 000～12 000 穴/666.67 m²,每穴 2 粒;单粒播种时,种植密度 15 000～18 000 株/666.67 m²。肥力高的田块,密度宜小;肥力低的田块,密度可适当增加。春播、麦套种植,密度宜小;夏直播种植,密度宜大。高油酸花生建议连片种植,严防混杂。

4. 水肥管理　每 666.67 m² 施纯氮 6～10 kg,五氧化二磷 5～7 kg,氧化钾 6～8 kg。缺钙地块在根际追施钙肥,酸性土壤每 666.67 m² 追施 25～50 kg 石灰,碱性土壤每 666.67 m² 追施 25～50 kg 石膏。缺硼地块叶面喷施 0.2%～0.3%硼砂水溶液。缺锌地块叶面喷施 0.2%硫酸锌水溶液。缺铁地块叶面喷施 0.2%～0.3%硫酸亚铁水溶液。也可随播种随施肥,肥料用量:三元复合肥(氮、磷、钾:15 - 15 - 15)40～50 kg/666.67 m²,种肥应与种子分离,防止烧种。开花下针期至饱果期应及时旱浇涝排。

5. 控株高、防倒伏　高肥水田块或有旺长趋势的田块,当株高达到 30～35 cm 时,应及时叶面喷施植物生长延缓剂。延缓剂应符合 NY/T 1276 和 GB/T 8321 的规定。施药后 10～15 d,如果主茎仍有旺长趋势,可再喷施一次。

6. 病虫草鼠鸟兽害控制

(1) 病虫草害防控

① 杀虫杀菌一体化种子处理:采用杀虫剂与杀菌剂混合拌种或种子包衣防治花生病虫害。蛴螬发生严重地块,可用 18%氟腈·毒死蜱悬浮种衣剂 1∶50～1∶100 药种比进行种子包衣。花生根(茎)腐病、蚜虫等混合发生严重田块,可用 25%噻虫·咯·霜灵悬浮种衣剂(300～700 ml/100 kg 种子)、38%苯醚·咯·噻虫悬浮种衣剂(288～432 g/100 kg 种子)等进行种子包衣。

② 生长期病虫害防治:花生生长期注意防治褐斑病、黑斑病等叶部病害,宜于发病初期均匀喷施吡唑醚菌酯、戊唑醇单剂等复配制剂进行防控,隔 7～10 d 喷 1 次,连喷 2～3 次。防治红蜘蛛,可喷施阿维菌素＋哒螨灵、唑螨酯＋螺螨酯防治。苗期注意防控蓟马、粉虱等,可喷施乙基多杀菌素、螺虫乙酯等新烟碱类农药。防治棉铃虫、斜纹夜蛾等,宜在害虫 3 龄之前喷施氯虫苯甲酰胺或其复配制剂等。

在有条件的地区,可优先选择杀虫灯诱控金龟子和棉铃虫等鳞翅目害虫。地形复杂的地区,每 2～2.67 hm² 一盏灯;平原地区,每 3.3 hm² 一盏灯。也可悬挂棉铃虫、斜纹夜蛾等蛾类专用诱捕器,底部应与作物顶部距离 20～30 cm,诱捕器进虫口与地面的垂直距离为 0.5～1 m。每 4～6 周及时更换。

③ 科学使用除草剂:分播后苗前除草和苗后除草两种。

苗前除草技术:在通常情况下可选用精异丙甲草胺(金都尔)、氟乐灵和除草通进行封闭用药,也可用灭草丹、扑草净等防除马唐、牛筋草等单子叶杂草及藜、苋、马齿苋等部分阔叶杂草。

苗后除草技术：麦茬灭茬后或贴茬播种的花生田,在花生出苗后应进行茎叶喷雾处理。禾本科杂草发生严重的地块,可使用精喹禾灵、烯草酮、高效盖草能、威霸等;阔叶杂草发生较重的地块,使用精喹·氟磺胺、精喹禾灵＋乙羧氟草醚等。

（2）鼠害防治

① 人工、器械扑杀：在田间查找鼠洞,通过灌水、烟熏或人工挖洞等方法捕杀害鼠。也可利用鼠夹、粘鼠板、鼠笼、铁丝套等工具进行灭鼠。

② 保护和利用天敌进行灭鼠：鼠类的天敌主要有蛇、鹰、猫头鹰等动物,保护和利用天敌进行灭鼠,对控制和减轻鼠害具有重要的作用。

③ 农业生态防治：花生田实行水旱轮作,或采用深翻土地、清除杂草等措施,以破坏鼠的隐藏和生活场所,增加其死亡率,降低繁殖率;做到颗粒归仓,减少害鼠食物来源,也可降低害鼠密度。

④ 化学药剂防治：花生播种时使用辛硫磷药剂拌种,对防治害鼠既经济又有效。使用50%多菌灵可湿性粉剂或50%福美双可湿性粉剂等杀菌剂拌种,对害鼠也有驱避作用。或使用敌鼠钠盐0.05%饵料进行诱杀。

（3）鸟兽害防治：危害花生的主要鸟类有乌鸦和喜鹊等。实行覆膜栽培、在田间扎草人恫吓(草人要经常移动);或播种后整平地面,使鸟看不出播种痕迹而不下落危害;也可以用驱鸟剂、驱鸟器或驱鸟彩带,有一定的防治效果。对于刺猬、野兔等野兽的危害,在危害严重的田块,可在其经常出没的地方设套捕捉,或撒施有强刺激性气味的农药驱避。

7. 收获、干燥与贮藏

（1）收获：收获期若气温不稳定,应视成熟情况及时收获,防止落果、烂果、发芽。推荐采用分段式收获方式。当大部分(80%)荚果果壳硬化、网纹清晰、种仁颗粒饱满、皮薄光润、呈现本品种固有色泽时,应及时收获。当日平均气温低于15℃时,应立即收获。

（2）干燥：目前中国花生干燥方法主要有自然晾晒法和机械烘干法。另外,通风抑霉干燥技术也是不错的选择。

① 自然晾晒法：花生收获后,多以田间晾晒为主。将花生排成一条,顺行堆放,根与果向阳,并尽量保证荚果在上。若堆放较厚,在晾晒过程中应注意翻晒。晾晒时间依具体情况而定,一般5～7 d。晾晒期若温度较高,中午尽量不要在水泥路面或柏油路面晾晒。若干燥时地面温度高于50℃,会降低翌年种子的发芽率。

② 机械烘干法：近年来,机械烘干作为一种辅助和应急式干燥技术逐步在中国花生产业使用,但花生专用干燥设备很少,多为兼用干燥设备。目前可用于花生干燥的设备主要有翻板式花生干燥机、平床式单向通风干燥机、平床式换向通风干燥机、混流循环干燥机等。

③ 通风抑霉干燥技术：新收获的花生果可直接装入囤中,也可装入网袋后堆放于囤中。试验证明,该技术及设备的通风抑霉干燥效果良好,技术成熟,可根据环境温、湿度不同,将水分含量50%左右的花生果在4～10 d 降至10%。单机适用小农户,多机并用可用于大农户等,具有较强的实用性和经济性。

（3）贮藏：荚果含水量降至10%、子仁含水量降至7%为安全贮藏水分。子仁含水量高于10%,易感染黄曲霉、青霉等霉菌。贮藏温度不得高于20℃,若高于此温度,子仁油分易分解,降低品质。贮藏期间需保持通风良好,以促进种子堆内气体交换,起到降温散湿的作用。要及时检查、加强管理,防治虫害、鼠害。

六、湖　北

(一)自然生态条件与花生种植区划

1. 自然生态条件　湖北地处中国中部、长江中游,介于东经108°21′~116°07′,北纬29°05′~33°20′之间。全省除高山地区外,大部分属于北亚热带季风性湿润气候,具有从亚热带到温带过渡的特征,即光照充足、热量丰富、无霜期长、降水充沛、雨热同季,适合花生种植。

(1)日照时数:湖北省日照丰富,全年平均日照时数一般为1 100~2 150 h,由鄂东北向鄂西南递减,鄂北、鄂东北达2 000~2 150 h,其中孝感市大悟县是湖北日照时数最多的地区。日照时数满足花生生长要求。

(2)气温与积温:湖北省年平均气温15~17℃,大部分地区冬冷、夏热,春季气温多变,秋季气温下降迅速。一年之中,1月最冷,大部分地区平均气温2~4℃;7月最热,除高山地区外,平均气温27~29℃,极端最高气温可达40℃以上。全省无霜期230~300 d。大部分地区≥10℃积温和日数分别为4 500~5 400℃和200~250 d,满足春花生一年一熟、两年三熟和夏花生一年两熟的积温需求。

(3)降雨量:湖北省降雨丰富,年平均降雨量1 200 mm(860~2 100 mm),远高于全国平均降雨量(632 mm)。降雨量分布趋势为由西北向东南递增;东南部的黄石市、咸宁市的年降雨量最大,均达到1 700 mm以上;北部的襄阳市降雨量最少,降雨量小于950 mm。降雨量年内分布上,7月降雨最多(204 mm),12月最少(26 mm)。降雨主要集中在5~9月,平均降雨量760 mm,占全年降雨量的60%以上,其中梅雨期(6月中旬到7月中旬)雨量最多、强度最大。由于降雨集中时段基本与花生生长季节同期,湖北花生表现为雨养农业,基本不需要灌溉,农民也没有灌溉的习惯。

2. 花生种植区划　湖北是中国主要花生生产省份,常年种植面积稳定在23.3 hm² 左右。其中,2019年面积23.26 hm²,总产80.7万t,平均每666.67 m² 产量231.2 kg,种植面积和总产均居全国第七位。湖北花生集中分布的特征明显,主要分为鄂东花生区、江汉平原及沿江花生区、鄂西北花生区三大产区,3个产区各占全省花生面积的三分之一左右,均在6.67 hm² 以上。受生态条件、气候因素和种植习惯的影响,花生栽培制度以一年一熟春花生和一年两熟的麦后夏直播花生为主,品种类型以珍珠豆型和中间型品种为主。各个产区的气候、土壤特性和种植习惯、耕作模式有显著差异。

(1)鄂东花生区:主要包括孝感、黄冈市。主产县(市)有大悟县、红安县、麻城市、黄陂区、广水市、孝昌县等,常年花生种植面积8 hm²。鄂东北产区以一年一熟春花生为主,种植的品种为珍珠豆型早熟品种,主要在丘陵旱薄地种植,土壤属于丘陵沙砾土,土层浅,石砾多,坡度较大,水土侵蚀严重,土壤养分含量和肥力差,花生产量水平不高,机械化生产受到限制,青枯病危害严重。另有少部分花生种植在水田,主要采用春花生-晚稻一年两熟种植模式。

（2）江汉平原及沿江花生区：主要包括荆门市、钟祥市、天门市、沙洋县、京山市，常年花生种植面积约 6.67 hm²。江汉平原及沿江花生主要种植在沿汉江和长江两岸，土壤属于江河冲积土，土层深厚、质地疏松、漏水漏肥、土壤养分含量低。种植模式以一年两熟春花生和蔬菜轮作为主，种植的品种主要为珍珠豆型、中间型早熟大花生，主要种植在沿江沙土地，地块大、易机械化耕种，机械化率高。

（3）鄂西北花生区：主要包括襄阳市、随州市、十堰市。主产县(市)有襄州区、枣阳市、竹山县、宜城市、随县、竹山县，常年花生种植面积约 8.67 hm²。鄂西北花生主要种植在丘陵岗地，花生种植田块地势有起伏，土层深厚，中度黏重，田块连片、种植集中，易机械化耕种，机械化率高。该区域 7 月底至 8 月初易受干旱影响，种植其他夏季作物(玉米、大豆、芝麻等)的稳产性不如花生，同时由于该区域的小麦产量水平较高，因此形成了冬小麦-夏花生一年两熟种植模式。种植的品种主要为超早熟珍珠豆型小花生，要求夏播全生育期为100～110 d。

（二）品种类型、代表性高油酸品种及花生利用概况

1. **品种类型**　本省对花生品种的总体要求是兼具高产、抗病、抗逆、优质、早熟等综合优良性状，但由于三大花生产区的气候条件、土壤特性、种植模式、生物和非生物胁迫种类不同，花生生产的关键限制因素不同，对品种的具体要求也有明显差异。

（1）鄂东花生区：丘陵旱坡地花生。由于种植田块常年青枯病危害严重，土层保水能力差，加上不具有灌溉条件，为充分利用降雨、降低青枯病危害，一般采用春播，以种植中小果、早熟、高抗青枯病的珍珠豆型花生品种为宜。抗青枯病是该区域品种推广的首要条件。水田地膜花生。整个生育期水分有保障，多数年份还有渍涝害，青枯病危害不严重，以春播种植中大果高产、耐渍抗涝、中抗青枯病以上的品种为宜。

（2）江汉平原及沿江花生区：主要为春播(地膜)花生。这一地区生产条件和机械化水平较高，品种要求是产量潜力高、含油量高、中早熟(全生育期130 d 以内)、荚果整齐度高、果型漂亮、整齐，种植的品种主要为珍珠豆型或中间型的中、早熟中大粒花生。

（3）鄂西北花生区：主要为麦茬夏播，少量春播花生。由于推行冬小麦-夏花生一年两熟种植模式，夏花生要求 6 月15 日完成播种，9 月底完成收获。因此，早熟成为最重要的性状，选用品种的全生育期不超过 115 d。另外，这一地区在 7 月底容易遭受伏旱，要求品种具有较强的抗旱性。因此，鄂西北夏播花生以超早熟、抗旱的珍珠豆型小花生品种为主。春播花生以中、早熟中大粒珍珠豆型花生品种为宜。

2. **代表性高油酸品种**　目前，育种单位已培育出一批适合湖北省不同产区的代表性高油酸品种。

（1）鄂东花生区：主要有抗青枯病、高油酸品种中花 29、中花 30。这两个品种是通过抗青枯病品种中花 21 回交转育而成，主要性状与中花 21 相似，其中中花 29 适合在旱坡地种植，中花 30 适合水田种植。

（2）江汉平原及沿江花生区：代表性品种主要有中花 24、中花 215、中花 26、中花 31、中花 33、中花 34 等。

（3）鄂西北花生区：夏播代表性品种有中花 28、中花 215、中花 34，春播代表性高油酸品种有中花 30、中花 24、中花 25、中花 215、中花 34 等。

3. 花生利用概况　从用途上看,湖北省花生以榨油为主,小部分作为鲜食和食品加工原料。各个产区的原料收购、初加工和深加工利用途径有所差异。

(1) 鄂东花生区:这一地区花生原料的市场化率不高,80% 以上的花生用于榨油。由于单个农户种植花生的面积并不大,收获后的花生除了留下一部分作第二年的种子外,部分花生在小型榨坊榨油供自己家庭食用,多余部分就近销售或榨成花生油后销售给邻近农户或城镇居民。

(2) 江汉平原及沿江花生区:这一区域的花生多作为商品销售,市场化率 90% 以上。当地居民以菜油和市售大豆油、调和油为主,花生油消费不多。以中花 16 为代表的油用花生原料,采用就地剥壳、分级后销往外地(广东、广西市场),不同等级的花生仁分别作为食品加工和榨油原料,以“天府花生”为代表的食用型花生原料采用机械和手工选果后,销往食品加工厂,用于花生果的食品加工。

(3) 鄂西北花生区:这一区域的花生集中程度高、农户种植规模大,约 85% 的原料作为商品销售,15% 用于自用和留种。花生原料的 60% 用于榨油、40% 作为食用。大部分花生原料经收购集中后,就近剥壳和花生仁分级,或者直接进行荚果精选分级。精选分级后的一级和二级花生仁、精选荚果多数销往广东和广西作为食品加工原料,三级米和油料米销售给鲁花公司和外地油厂,另有一部分精选花生果作种子销售。当地居民(农民)有消费花生油的习惯,但花生油消费比例受当年花生价格影响较大,价格便宜时消费花生油就多,否则就会购买较多的市售廉价大豆油及调和油。

(三) 种子生产技术

种子生产是高油酸花生产业发展的关键环节,在当前湖北省高油酸花生尚未全面普及的情况下,种子生产过程中最需要关注的问题是如何避免混杂、提高种子繁殖系数和种子生产的安全性。

1. 地块选择与隔离　高油酸花生种子生产田块应尽量选择集中、连片、地势平坦、肥力中等以上的沙土、砂壤土种植。计划生产高油酸花生种子的田块最好上一年没有种植花生,如果需要连作花生,必须连续两年种植同一个高油酸品种。种子生产田应与周边品种通过种植其他夏季作物或设置排水沟等物理隔离 20 m 以上。针对鄂东花生区田块小、机械化作业效率低、隔离条件有限、不适合高油酸花生种子生产的要求等问题,可考虑采用异地繁种,这一区域的高油酸花生种子生产可选择在江汉平原或鄂西北花生产区进行。

2. 整地、备播

(1) 整地:冬闲的春播花生田可在播种前尽早进行深耕晒晒。播种前 3~5 d 旋地,保证田间土壤细碎、疏松,沙土地可在旋地后适当镇压,力争做到“上松下实、平整细碎”。

(2) 种子准备:播种前应对种子质量进行检验,各项指标符合良种要求,不达标的种子通过精选仍不合格,尤其是出芽率有问题的种子,建议转商用处理。建议采用机械剥壳,剥壳后进行种子分级,不同级别种子单独装袋、存放和分开播种。

3. 拌种与播种

(1) 药剂拌种:研究表明,拌种可显著提高高油酸花生田间出苗率和壮苗率,尤其是春播花生播后遇到低温天气时,可显著降低烂种率,对于夏播花生来说,拌种也有利于保持播种后土壤墒情不足时的种子活力。因此,强烈建议高油酸花生种子生产采用药剂拌种,一般利用杀菌剂拌种,地下害虫较多的田块要同时使用杀虫剂一起拌种。

(2)播期选择:高油酸花生种子对萌发期的低温较为敏感,建议珍珠豆型高油酸小花生待 5 cm 地温稳定在 15℃、普通型和中间型高油酸大花生稳定在 18℃ 以上时开始播种。在湖北春播露地高油酸花生应在 4 月 20 日以后,春播地膜花生应在 4 月 1 日以后;麦茬夏播花生要根据墒情和天气适时抢种,6 月 15 日前完成夏花生播种。

(3)播种密度:常规高油酸花生种子生产田,春播建议每 2 万株/666.67 m²,夏播每 2.2 万株/666.67 m²,双粒穴播。优良品种高倍繁育时,建议每 1.5 万株/666.67 m²,采用单粒精播。

(4)播种方式:建议采用机器起垄播种,一般垄宽 80～85 cm,垄面宽 50～55 cm,垄高 8～10 cm,垄上行距 30～35 cm,穴距根据要求调整:春播 16～18 cm、夏播 14～16 cm、单粒精播 10.5～12 cm。面积大、地势平坦的地块,播种后在地势较低处增开腰沟,增加排水防涝能力。

4. 水肥管理

(1)苗期:播种前应施足基肥,肥力缺乏的酸性土应多施钙肥。在此基础上,苗期一般不用另施肥。苗期尽量做到及时排出田间积水,促进根系发育。

(2)花针期:花针期的花生需肥量较大,缺肥花生田可通过叶面喷施尿素和磷酸二氢钾补充肥料。此期花生对干旱敏感,应尽量避免花期受旱。

(3)饱果成熟期:饱果成熟期以控制水分为主。在此期间,湖北省多是高温天气,个别年份会出现连续的干旱或降雨天气,对成熟的花生造成影响。因此,对于高油酸花生种子生产田,应尽量做到遇旱灌溉、连阴雨天气及时排涝,避免干旱造成生理性早衰和涝害导致病害加重,严重影响种子产量和质量。

5. 控株高、防倒伏   采用化学药剂控制株高,不仅有防倒伏的作用,还有加速花生从营养生长到生殖生长转化的效果。一般春播花生株高在 40 cm、夏播花生在 35 cm 时可进行第一次化控。如果不能有效控制株高,可重复使用一次。推荐使用烯效唑,按照要求进行化控。

6. 病虫草鼠鸟兽害控制   湖北花生产区主要的病害有青枯病、白绢病、锈病、叶斑病。杂草控制的关键时期是播种后和苗期。播种后局部地区有鸟类危害,鼠虫兽危害较少。

(1)病害:青枯病主要发生在湖北省的大别山区和襄阳宜城市,在上述地区进行高油酸花生种子生产一定要繁殖抗青枯病品种,其他区域不存在青枯病危害问题。白绢病在所有产区均可能发生,尤其是在水田种植、后期雨水较多时更容易发生,可在盛花期封行前用氟酰胺、噻呋酰胺按照剂量进行飞防。锈病和叶斑病在正常年份均有不同程度发生,可采用普通的杀菌剂如联苯三唑醇、氟环唑、苯醚·丙环唑、苯甲·嘧菌酯、吡唑嘧菌酯、腈苯唑、烯唑醇、三唑酮、戊唑醇等,任选一种进行叶面喷洒。一般可配合微肥、控旺剂同时施用。

(2)草害:由于种植面积大、劳动力成本高,高油酸花生种子生产田块应主要依赖化学除草。花生田常用的除草剂可分为芽前除草剂和芽后除草剂,两种除草剂配合施用,可基本做到高油酸花生种子生产田无杂草。花生芽前除草剂一般推荐使用精异丙甲草胺(金都尔),春播花生一般在播种后4~5 d喷药,夏播花生建议播种当天或2 d内喷药。芽后除草剂可根据当地主要杂草类型,采用复配的除草剂进行喷施,芽后除草应尽量做到"打早、打小"。

(3) 鸟害:花生播种后和子叶出土时,局部地区鸟害危害严重,容易造成花生缺苗断垄和种子混杂。主要的防鸟措施包括草人、塑料袋、防鸟网、语音驱鸟器、驱鸟药剂等。

7. 收获、干燥与贮藏

(1) 收获:生产上一般以植株由绿变黄、主茎保留3~4片绿叶、大部分荚果成熟,珍珠豆型品种饱果率达到75%以上、中间型达到65%以上、普通型达到55%以上,作为田间收获的标志。春花生一般在8月底至9月初开始收获,夏播花生9月15日以后收获。建议采用分段式收获和田间自然干燥。收获前要查看中长期天气预报,一般铲挖后要有5~7 d的晴天,利于花生的田间晾晒脱水。当花生果水分达到20%~30%时,进行机械捡拾摘果或堆垛。收获时要特别注意高油酸花生的单独收获,更换品种时要清理铲挖机、捡拾摘果机等机器上其他品种的植株或荚果。

(2) 干燥:经过田间晾晒的花生含水量还较高,摘果后仍需继续摊晒干燥。刚摘果的花生可堆放2~3 d,使种子内的水分散发到果壳,再于货场上摊晒2~3 d,必要时可如此反复2~3次,或一直在货场晾晒到含水量降至10%以下时,方可贮藏。高油酸花生应严格做到单一品种单独干燥,收、晒时要制作标签,标识清楚品种名称、种植地点、收获时间等关键信息。

(3) 贮藏:花生的荚果含水量降至10%才能安全贮藏。贮藏期间应保持通风良好,以促进种子堆内气体交换,起到降温、散湿的作用。贮藏是花生种子生产到加工、销售的关键环节。贮藏期间要及时检查、加强管理,一旦发现异常,要采取有效措施,妥善处理。必须做到在种子包装袋上标识清楚关键信息。

七、四 川

(一)自然生态条件与花生种植区划

四川盆地位于长江上游、邛崃山以东、巫山以西、大巴山以南、大娄山以北,辖区面积156 000 km²,是中国四大盆地之一。属长江水系,东部为嘉陵江流域、中部为沱江流域、西部为岷江流域。属中亚热带湿润季风气候。年平均气温16~18℃,>10℃积温5 100~5 800℃,无霜期300~360 d,日平均气温稳定通过12℃的时段在3月中旬,稳定通过15℃的时段在3旬下旬,10月下旬日平均气温15.5~17.0℃。年日照时数1 180~1 470 h、日照率25%~35%,4~9月日照时数780~990 h。

在中国花生产区划分中,四川属长江流域花生产区四川盆地花生亚区。四川盆地花生产区主要分布于盆中丘陵区,以中丘、低丘为主,有少部分低山深丘、河谷平坝。种植地块以侏罗系紫色土最多,其次是白垩系紫色土,三叠系紫色土、三叠系灰岩黄壤、第四系新冲积土、第四系老冲积黄壤很少,且为零星分布。土层厚度多为30~50 cm,部分高坡地土层厚度<30 cm、少量漕坝地土层厚度>100 cm。土壤pH为4.5~9.0,以6.5~8.5的中性到微碱性土为主,pH<5.5 的酸性土和 pH>8.5 的碱性土很少。

主要生态缺陷是伏旱秋涝频繁、日照严重不足、土壤条件较差。四川盆地花生产区伏旱频率为 50%～85%,7 月中旬到 8 月中旬常出现高温干旱,耕作层土壤相对含水量低于50%,对花生下针结果和子仁充实影响很大;秋涝频率为 55%～80%,9 月常出现连绵阴雨,日照极少,土壤相对含水量达 70% 以上,对花生荚果饱满和收获晾晒极为不利。四川盆地丘陵区的日照时数为全国最少的地区,在花生生长期的 4～9 月,总日照时数一般不足900 h,在丰歉临界值(1 000 h)以下。花生主要种在丘陵坡台地上,土层浅薄,一般不到50 cm,土壤养分中除有效钾含量较高外,有机质、碱解氮、有效磷含量都较低或很低。

(二)品种类型、代表性品种及花生利用概况

四川盆地花生品种以中间型中粒品种为主,种植面积占川渝地区花生面积的 70% 左右,当前主栽品种为天府 18、天府 24、天府 26 和天府 30,高油酸品种天府 33 和天府 36 正在示范推广中;珍珠豆型品种面积约占 30%,以天府 22、天府 32、天府 35 和天府 11 为主。

川渝地区花生年产量 70 万 t 以上,除留种量约 8 万 t 外,可消费量约为 62 万 t。主要消费形式为直接食用,大部分以粗加工品或家庭制品消费,深加工制品很少,几乎不用于榨油。花生果制品主要是以"天府花生"为代表的各种炒花生果、咸干花生、盐脆花生、电烤花生果、水煮花生果等,年加工原料花生果 30 万 t 以上,其中炒花生果消费量最大、最普遍。花生仁制品包括花生酥、油酥花生、香酥花生、鱼皮花生、花生黏、花生糖,以及花生饮品等,年消耗原料花生果约 30 万 t。

(三)种子生产技术

1. 地块选择与隔离   选择土层深厚、土质松暄肥沃、质地层次性排列合理、中性偏酸、排水和肥力良好的壤土或砂壤土,不重茬。

2. 整地与备播   花生高产田块的总体要求是土壤疏松、细碎、不板结,含水量(沙土16%～20%,壤土 25%～30%)占田间最大持水量的 50%～60%。根据不同的土壤质地,采取深、浅、免耕相结合,加深耕作层厚度,有利于蓄水保肥和供水供肥。沙土不必耕翻或耕翻过深,黏土或壤土应当进行深耕或深浅轮耕。深耕深翻须及早进行(冬耕或早春耕),以25～30 cm 为宜,保持熟土在上,不乱土层。播种前耙地糖地,使土块细碎、疏松绵软、平整。

3. 拌种与播种   剥壳前晒种 1～3 d,可降低种子含水量、增加种皮的透性、提高种子的渗透压、增强种子的吸水能力,有利于种子的萌发。剥壳后剔除损伤、霉变或秕小的种子,按种子大小分级,尽可能选用一级种子,确保田间出苗整齐一致。剥壳后及时播种,以免种子吸湿回潮。播种时可用药剂拌种(杀菌剂和杀虫剂)、保水剂拌种、抗旱剂拌种和微量元素拌种,或用种衣剂包衣。适宜播种期为连续 5 d 平均气温稳定在 16℃ 以上。

4. 水肥管理   在四川盆地花生产区每生产 100 kg 花生果,需要吸收氮素(N)5.73 kg、磷素(P_2O_5)1.38 kg、钾素(K_2O)2.86 kg。施肥原则是有机肥和无机肥配合施用,施足基肥,适当追肥。基肥一般应占总施肥量的 80%～90%,并以腐熟的有机肥为主。在蓄水保肥力差的粗砂地块或瘦薄坡地,为避免肥料流失,可留一部分用作追肥。追肥要根据地力、基肥施用量和花生生长发育情况施用,并掌握"壮苗轻施、弱苗重施,肥地少施、瘦地多施"的原则,采用苗期追肥、花针期追肥或根外追肥。四川盆地花生地的养分特点是缺氮少磷相对富钾,不同土类的供肥能力有明显差异。在四川大田生产条件下,每生产 100 kg 花生果,植株吸收 N 5.73 kg、P_2O_5 1.38 kg、K_2O 2.86 kg,N 肥当季利用率为 37.0%、P 肥为 9.4%、K 肥为 24.0%。在四川盆地丘陵区几类主要土壤上,中等紫色土(漕坝地、一台地)每 666.67 m² 施 N 5 kg、P_2O_5 6 kg、K_2O 7 kg,瘦薄紫色土(二台地以上)每 666.67 m² 施 N 6 kg、P_2O_5 5 kg、K_2O 4 kg,酸性黄沙土(沙溪庙组、自流井组、须家河组等黄色砂岩形成的土壤)每 666.67 m² 施 N 6 kg、P_2O_5 5 kg、K_2O 5 kg,老冲积黄泥土(江河沿岸坡台地的卵石黄泥土、黄沙泥土)每 666.67 m² 施 N 7 kg、P_2O_5 5 kg、K_2O 6 kg。酸性土增施钼肥,碱性土增施铁肥。垄作或畦作,方便排灌。生育期间注意防涝渍和干旱。

5. **控株高、防倒伏**　由于品种特性、水肥管理不当或生理失调常引起植株生长过高、过旺,易倒伏而引起产量下降。选用抗倒品种、合理密植、科学合理施肥和灌溉、及时防渍涝和抗旱,盛花后期或株高达 40 cm 时,可喷施植物生长调节剂壮饱胺、多效唑或烯效唑等进行化学调控。

6. **病虫草鼠鸟兽害控制**　提倡绿色防控。花生田边间隔种植蓖麻、荞麦等以优化生态环境,增加天敌数量,增强自然控害能力;播种前采用药剂拌种;安装太阳能杀虫灯,利用金龟子等害虫的趋光性进行诱杀;放置黄板或蓝板 20 张/666.67 m²,利用有翅蚜虫等对黄/蓝板的趋性诱杀。若采用以上措施仍有病虫害发生时,及时施用氯虫苯甲酰胺、代森锰锌、哈茨木霉菌等药剂进行防治。

7. **收获、干燥与贮藏**　四川盆地花生收获期间阴雨天气多,花生成熟后应及时收获,及时晾晒或风干、烘干,确保种子含水量降至 10% 以下,清除杂质和幼嫩秕果后及时入仓。贮藏温度宜低,并注意通风、防潮、防虫、防霉变。

八、广　　　西

(一)自然生态条件与花生种植区划

广西属亚热带季风气候区,年平均气温 17.5～23.5℃。气候温暖,雨水丰沛,光照充足。夏季日照时间长、气温高、降水多,冬季日照时间短、天气干暖。广西适宜种植花生,属于中国南方春秋两熟、油食兼用的花生产区。广西总体上是山地丘陵性盆地地貌,山地约占土地总面积的 39.7%,丘陵占 10.3%,谷地、河谷平原、山前平原、三角洲及低平台地占 26.9%。土壤大部分是红黄泥土、砂壤土。花生在广西的分布较广,这与广西各地植物油消费习惯密切相关。南起北海市北至桂林市,全区各地均有花生种植,主要分布在南宁市、贵港市、桂林市、玉林市、来宾市、北海市、梧州市、贺州市、钦州市等,百色市、河池市较少。根据广西花生种植集中区域的地理位置,主要分为五大产区:桂南花生产区(南宁、崇左)、桂中花生产区(来宾、贵港)、桂北产区(桂林)、桂东花生产区(贺州、梧州)和南部沿海花生产区(北海、钦州、防城港)(蒋菁,2021)。

(二)品种类型、代表性品种及花生利用概况

当前,广西生产上推广应用的花生以珍珠豆型为主,其中珍珠豆型高油酸花生品种桂花 37 为广西代表性高油酸品种。生育期约 125 d,油酸含量 82.90%、亚油酸含量 2.60%、油亚比 32.34,高抗青枯病,抗叶斑病、锈病。该品种自 2016 年通过广西农作物品种审定委员

会审定后,在广西五大花生产区均有推广应用。由于油酸含量高、抗性好,被南方育种单位广泛作为高油亲本用于高油酸花生品种选育中。近年来,广西育成了桂花 63、桂花 65、桂花 376、桂花 69 等产量高、综合性状好、抗性好的高油酸花生新品种(系)。

(三) 种子生产技术

1. 地块选择与隔离　春季繁种选择无青枯病、冠腐病、根腐病等引起花生苗缺株病害,前作不能是花生、番茄、辣椒、马铃薯、茄子、烟草、桑树、香蕉等作物,土壤以轻壤或砂壤土田地为宜,且排灌方便;秋季繁种选择上半年为水田的田地,灌溉方便,保证生育期间有水供应。目前,广西高油酸花生生产尚处于起步阶段,生产上以普通油酸花生品种为主,选择地块时一定不能选择前作是花生的田地,最好选择成片地块进行高油酸花生种子繁殖,以免有普通油酸花生品种自生苗或种子造成混杂。

2. 整地与备播

(1) 整地:宜以机耕为主,耕作深度 20～30 cm。旋耕前,每 666.67 m² 施腐熟有机肥 1 000 kg 和熟石灰 50～100 kg。种植前 1～2 d 旋耕,做到深、松、细、碎、平、无杂草。包沟垄宽 80 cm,其中垄面宽 50 cm,沟宽 30 cm,垄面高 15～20 cm。

(2) 备播:脱壳前晒果,脱壳后选种,以提高用种质量。播种前 10～15 d 脱壳,脱壳前要带壳晒 2～3 d,以提高种子的生活力。机械脱壳要使用破损率低的专用花生种子脱壳机,以减少破粒和减轻种仁内伤。脱壳后分级选种,剔除虫、芽、烂、破粒,按照种子大小和饱满度将种子分成一、二、三级,选用一、二级种子分别播种,先播一级种,再播二级种。有条件的尽量使用一级种。

3. 拌种与播种

(1) 拌种:播种前,用适合在广西等华南地区使用的花生种子包衣剂,按照使用说明对精选的种子进行拌种或包衣,防治蛴螬、蝼蛄等地下害虫及苗期蚜虫、根(茎)腐病等病虫危害,以减少花生生长期用药和中后期用药残留。建议每 15 kg 花生子仁用全程(25％噻虫·咯·霜灵悬浮种衣剂)80 ml＋贝键(10％嘧菌酯悬浮种衣剂)30 ml,或高巧、奥德威(600 g/L 吡虫啉)30 ml＋适乐时(10％洛菌腈)20 ml 或 40％卫福 40 ml,兑水 120～150 ml 包衣。在播种的前一天进行拌种或包衣,或上午进行包衣下午播种,在阴凉通风处阴干。

(2) 播种:春播时,当气温稳定在 15℃以上时适时抢墒早播,桂南、桂中和桂东等地区一般在 2 月下旬至 3 月上旬播种,桂北地区一般 3 月下旬至 4 月初播种。春季播种过早,温度过低不利于花生发芽(薄膜覆盖栽培的除外);播种过迟,前期积温不够影响产量。秋播时,花生尽量在 7 月下旬至立秋前(8 月 7 日)播种,秋季花生播种过早容易徒长,不利于开花结荚;播种过迟,生育后期低温干旱影响荚果充实,造成子仁不饱满,影响花生产量和品质。

种植高油酸花生要尽量做到一播全苗,提高生长一致性、荚果整齐度和饱果率。减少混杂环节,一播全苗和防止混杂很关键。机械播种高油酸品种前,除了要做好必要的播种机调配和试播,保证播种下种均匀、深浅一致、覆土严密、不漏播等技术环节,还要特别注意检查播种机内是否有残留种子,更换品种前要做到彻底清机,减少机械混杂。

4. 水肥管理　重施基肥。广西高温多雨、营养元素易流失,且土壤偏酸造成钙、硼等营养元素缺乏或不平衡,桂花37等高油酸高产品种对钙、磷、钾等肥料需求大,为有效提高荚果的饱满度、出仁率和产量,根据土壤肥力等情况,每1 hm² 需施用适合花生的硫酸钾复合肥 300～450 kg、钙镁磷肥 750～1 050 kg,作为基肥于播种沟一次性集中、均匀条施。

播种后如遇干旱,应及时进行淋足水,保证出苗、齐苗;春播花生生育后期雨水较多,应及时排水防涝,以免烂果、发芽;秋播花生在开花下针期和结荚期遇旱应及时适量浇水,饱果期遇旱应小水润浇,以保证花生顺利结荚和子仁充实。

5. 控株高、防倒伏　广西等南方花生产区,春播花生生长期间高温多雨,在结荚初期,对长势正常的花生施用多效唑、烯效唑等药剂,按药剂的使用说明进行操作,有效控制后期花生植株旺长,控制株高;对植株矮小、长势不良的花生,则用磷酸二氢钾、硝酸钾等肥料进行叶面施肥,具体按相关使用说明进行操作。

6. 病虫草鼠鸟兽害控制　为了有效控制杂草生长,播种覆土后3 d内应及时用乙草胺、甲草胺、异丙甲草胺等芽前除草剂均匀喷洒畦面畦沟进行芽前封闭除草;花生生育期间,宜人工拔除杂草,也可选用适合花生的选择性除草剂除草,具体按使用说明操作。保持田间无杂草。

遵循"预防为主、综合防治"的工作方针,通过合理轮作、水肥管理和化学防治等措施控制茎腐病、根腐病、锈病、叶斑病、蚜虫、斜纹夜蛾等病虫害的发生。化学防治须使用已登记能在花生上使用的农药新品种进行对症防治。

7. 收获、干燥与贮藏　当50%以上荚果果壳硬化、网纹清晰、果壳内壁呈铁褐色斑块时即可选晴天收获。花生收获后应及时进行晾晒,晾晒过程中应避免淋雨、堆沤。摘果、晾晒等环节要清理相关用具,严防人为或机械混杂。

晒干后(水分<9%)在通风干燥阴凉处保存。种用花生贮藏时间达2～12个月时,应在环境温度低于10℃、干燥条件下安全贮藏。

九、广　　东

(一)自然生态条件与花生种植区划

广东省地处中国大陆东南部。全境位于北纬 20°13′～25°31′、东经 109°39′～117°19′。

广东省属于东亚季风区,气候类型为亚热带季风气候和热带季风气候,是中国光、热和水资源最丰富的地区之一。从北向南,年平均日照时数由不足1 500 h增加到2 300 h以上,年太阳总辐射量 4 200～5 400 kJ/m²,年平均气温为 19～24℃。全省平均日照时数为1 745.8 h、年平均气温 22.3℃。1月平均气温为 16～19℃,7月平均气温为 28～29℃。

广东降水充沛,年平均降水量 1 300～2 500 mm,全省平均为 1 777 mm。降水的年内分配不均,4～9月的汛期降水占全年的80%以上;年际变化也较大,多雨年的降水量为少雨年的2倍以上。

广东的气候特点是冬季较温暖、夏季高温多雨。一年只有三季,缺少冬季。广东的水热充足、地势平坦、土地肥沃。广东省面积为 17.977万 km²,其中宜农地 434万 hm²。2018年广东省实有耕地面积 259.3万 hm²,其中水田 164.5万 hm²、水浇地 11.3万 hm²、旱地 83.5万 hm²。

广东省独特的气候、土壤环境为花生生产提供了良好的自然生态条件,非常适合一年两熟花生生长。因此,广东特别是粤西地区是北方花生种子南繁的重要基地和异地加代杂交育种基地。

广东省花生常年种植面积 33.3 万 hm^2(其中湛江 5.87 万 hm^2、茂名 4.3 万 hm^2、阳江 1.3 万 hm^2、云浮 1.87 万 hm^2、肇庆 1.67 万 hm^2)。从花生生育和产量形成与气候条件相比较,粤西南是最适宜种植花生区,包括阳江市南部至云开大山以南的所有地区,是广东省花生的最重要产区。因此,花生种植区可划分为粤西南、粤中、粤北三大区。广东花生可春、夏、秋种植,雷州半岛还可冬季种植。花生多为春花生,部分为秋花生,少量为冬花生。种植制度比较复杂,以一年二熟为主。种植品种主要为珍珠豆型中粒品种。

广东花生良种普及率在 80% 以上。1980 年代以推广汕油 27 花生品种为主,该品种特点是产量高,抗病性较强;1990 年代以推广汕油 523 花生品种为主,该品种特点是产量高,抗锈病、叶斑病性较强;2000 年代之后以推广湛油 75、粤油 7 号、粤油 41、航花 2 号、汕油 52、湛油 62 等花生品种为主,其中湛油 75 高产稳定性较好,抗病性、适应性较强,至今仍是广东的主要推广种;粤油 7 号产量高,抗倒性、抗病性强,特别适宜水田种植。

(二)品种类型、代表性品种及花生利用概况

广东省种植花生品种类型以珍珠豆型为主。代表性品种有湛油 75、粤油 7、粤油 18、粤油 41、航花 2 号、仲恺花 1 号、汕油 188、汕油 52、湛油 62、粤油 390、汕油 523、汕油 27 等。除粤油 7 属大荚品种外,其余品种一般是中粒荚果。这些品种种植面积占全省花生种植总面积的 80% 左右。

广东高油酸花生育种研究起步较晚,但相关科研育种单位奋起直追,目前广东省已经培育出两个高油酸品种:一个是湛油 103,另一个是粤油 271。其中,湛油 103 由湛江市农业科学研究院育成,2020 年参加南方片品种联合试验。在 8 个试点中,荚果产量比对照湛油 75 增产 8.8%,产量居第一位。经中国农业科学院油料作物研究所分析,其油酸含量 71.81%、亚油酸含量 9.42%。粤油 271 由广东省农业科学院作物研究所育成,2019 年参加江西省多点试验,干荚果平均产量 384.08 kg/ 666.67 m^2,比对照增产 13.13%,增产极显著。经测定,油酸含量 75.1%、亚油酸含量 7.91%。此外,湛江市农业科学研究院还育成高油酸苗头品种湛油 104;广东省农业科学院作物研究所也育成多个高油酸苗头品种。这些新品种的育成与应用,有望解决南方花生产区缺乏适推的高油酸高产品种这一问题。

广东花生主要用途是榨油、鲜食和食品加工,加工成干果制品占 5%,作种子用的占 6%、直接鲜食的占 5% 以上。鲜食花生主要供应北京、上海等大城市,市场前景十分广阔。

(三)种子生产技术

1. 地块选择与隔离　宜选择排灌方便的田块种植,以免因旱害或涝害而减产失收。

实行轮作栽培。广东花生为一年两熟,因此用于花生种子生产的田块的前作不能为花生,否则上季花生遗留在地里的种子会造成种子混杂。

生产花生种子的田块最好与禾本科作物、薯类、蔬菜实行轮作。这样既有利于保证生产花生种子的纯度,也有利于参与轮作的作物增产。

花生播种、收获过程要单独进行,不能与其他品种混杂。

2. 整地与备播

(1) 整地:前作收获后,应及时犁田晒白,以使土壤充分风化和去除有害物质。播种前再用大型拖拉机翻打一次,然后用人工或机械起垄(畦)播种。

(2) 备播:播种前最好能够带壳晒种1 d,以增强种子的活性与吸水力,提高出苗率。如遇上大雾天、连绵雨天,播种前更应该晒种。因为这种潮湿的天气,种子极易回潮、发霉。种子最好能够预先保存在具有防湿能力的大油缸、防潮储存室或冷库里。剥壳时进行种子挑选,选择粒大、饱满、种皮色泽鲜明、无损伤、无霉斑的种子,特别要去除已发芽的种子。去除杂异种子,以保证种子纯度。机械化种植,可先对种子分级。剥壳后将种仁按体积大小和饱满度分为1级、2级和3级。1级花生种为正常大小、成熟饱满的花生种仁;2级花生种成熟度稍差、种子不够饱满、种子大小为1级种仁1/2以上的花生种仁;3级花生种仁指种子大小不及正常种仁1/2,具备出苗能力的花生种仁。

3. 拌种与播种　花生播种前进行药剂拌种处理,可用以下两种处理方法拌种。

(1) 用30%辛硫磷微囊悬浮剂拌种:按照1∶50药种比,混合混匀后在阴凉(避光)通风处晾。

(2) 用60%高巧+40%卫福拌种:先将20 ml高巧和25 ml卫福混合均匀后,加适量水(种子重量的3%~5%)稀释后,倒在10 kg花生种子上,搅拌均匀后阴干,播种。

早春低温阴雨是造成春花生缺苗的主要因素。因此,春花生播种时要尽量避开可能会遇上低温阴雨的天气。各地要根据当地的气候规律,安排好播种期。一般年份,广东粤西地区以2月中下旬播种为宜,雷州半岛可提前在2月上旬播种,粤西地区在3月播种为宜。

广东秋花生宜在8月上旬播种。如果在8月下旬之后播种,花生生长的后期因温度较低而影响荚果的饱满程度。

广东花生种植模式有以下两种方法。① 人工畦作种植模式:采用"等行双粒植"种植。畦宽1.4 m,每畦种5直行,行距20 cm,株距25 cm,每穴种植2粒种子,每666.67 m² 播种约1.9万粒种子。② 机械起垄种植模式:采用起垄播种一体机起垄播种,垄宽0.9 m,每垄种2直行,行距35 cm,株距15 cm,每穴种植2粒种子,每666.67 m² 播种约1.9万粒种子。

4. 水肥管理　花生宜采用"一次性"全层施足基肥方法,这样不但可以培育矮壮苗,而且还能够提高肥料的利用率。此法以施用有机肥为主,每666.67 m² 可以施用优质有机肥300~400 kg,同时要配施一定量的化肥。

花生喜钾肥、钙肥。施化肥要以钾、钙、磷为主。化肥施用建议如下。

(1) 推荐配方肥:基肥13-15-17或相近配方复合肥;追肥用25-0-5或相近配方氮钾复混合肥或单质氮钾肥。

(2) 基肥用量:目标产量150~200 kg/666.67 m²,基施配方肥推荐用量25~35 kg/666.67 m²;目标产量200~300 kg/666.67 m²,基施配方肥推荐用量35~40 kg/666.67 m²;目标产量300~400 kg/666.67 m²,基施配方肥推荐用量40~45 kg/666.67 m²。

如土壤缺乏微量元素,在施基肥时,每666.67 m² 可以施用硼酸或硼砂0.5~1 kg、钼肥100 g、硫酸锌1 kg。对于酸性强的土壤,可在开花期追施草木灰或石灰25 kg/666.67 m²。

各种化肥在播种前一次性施下,然后用拖拉机翻打田块,再用牛耙碎耙平后播种,或用花生播种机播种。这样,既省时省工,又能提高肥料的利用率,以后也不用再追肥。如果需要追肥,提倡水肥一体化追肥。

5. 控株高、防倒伏　春花生在肥水充足、高温多雨的情况下容易徒长而倒伏。控制徒长的方法是喷施多效唑等植物生长调节剂。始花后 25～30 d(即将近封畦间沟的时候),每 666.67 m² 用 15％的多效唑粉剂 40 g 兑水 60 kg 喷施叶面,以抑制植株徒长,促进饱果。开花期,每 666.67 m² 可撒施草木灰或石灰 25 kg;结荚期,每 666.67 m² 可用尿素 250 g＋磷酸二氢钾 150 g＋硼酸(硼砂)60 g 兑水 60 kg 喷施叶面,可促饱果。

6. 病虫草鼠鸟兽害控制

(1) 杂草防治:目前,芽前除草剂可选用金都尔、二甲戊灵、噁草酮。芽后除草剂可选用精喹禾灵＋乙羧氟草醚。

播种后 2 d 内,要及时施用芽前除草剂。每 666.67 m² 可用 960 g/L 精异丙甲草胺 EC 80 g,或 25％的农思它(噁草酮)100 ml,兑水 60 kg 喷施于畦面。除草剂的施用期和施用量一定要准确掌握,不能随意加大。

花生苗期至开花期,应根据杂草生长情况进行一次中耕松土,以促进根瘤、根系的发育。

(2) 虫害防治

① 斜纹夜蛾、甜菜夜蛾、花生须峭麦蛾(俗称花生卷叶虫)等害虫:可用甲维盐(甲氨基阿维菌素苯甲酸盐)、高氯·甲维盐、高氯·毒死蜱、氯虫·噻虫嗪(福戈)、高效氯氰菊酯等药剂喷杀。

② 蚜虫、蓟马、小绿叶蝉:可选用吡虫啉、啶虫脒、噻虫嗪、丁硫克百威等农药喷雾防治,防治过程中,需交替使用。

③ 叶螨:叶螨聚集于叶背吸食汁液,受害叶片先出现黄白色斑点,最后成白色斑点。叶片边缘向叶背卷缩。可用哒螨灵、螺螨酯、阿维菌素等药剂轮换喷杀。

(3) 病害防治

① 叶斑病:包括褐斑病、黑斑病,可用 25％的吡唑醚菌酯 15～20 ml/666.67 m² 喷施叶面,或用先正达生产的麦田(氟唑菌酰羟胺)、美甜(氟唑菌酰羟胺与苯醚甲环唑复配而成)等药剂喷施叶面。

② 锈病:可用百菌清、爱苗、阿米妙收、咪鲜胺水乳剂等药剂喷施叶面。

③ 白绢病:可用氯溴异氰尿酸、噻呋酰胺等药剂交替喷施。

④ 细菌性病害:青枯病可通过水旱轮作,或选用高抗青枯病品种来减少病害发生。药剂防治,可用青枯灵、农用链霉素、新植霉素、络氨铜等药剂淋洒土壤。

(4) 鼠害防治:可用敌鼠钠盐等药剂配制成毒饵灭鼠。灭鼠要掌握在播种后至开花期进行。到了结荚期后,毒鼠效果就不理想了。

7. 收获、干燥与贮藏　花生一般在始花后 80～90 d 收获。适当延迟收获是夺取高产的简单而有效的方法,因为在后期每迟收 1 d,能增加荚果 3～5 kg/666.67 m²。荚果成熟的标志:多数荚果变硬,外壳由黄褐色变为青褐色;内果皮由白色变为如铁一样的黑褐色,而且网纹清晰;子仁饱满,种皮粉红色或呈品种的固有色泽。如果收获过早,荚果不饱满,产量和含油量便低;如果收获过晚,容易造成芽果和落果,反而减产。

莢果收获后,要及时晒干,防止沤死种子。花生种子的含水量 8%～10%时才可安全贮藏。

十、海　　南

(一)自然生态条件与花生种植区划

海南是地处中国最南端的省份,年平均气温 23～25℃,降水丰富,干旱、半干旱的土地面积占 58%,以沙土、砂壤土为主。海南省以其独特的地理位置成为天然的绿色温室,气候条件优越,是良好的花生育种和繁种基地。海南省种植花生历史悠久,据海南省年鉴统计,海南省 1952 年花生种植面积已达 1.18 万 hm²,最高时达到 5.01 万 hm²,无论面积还是产量均占油料作物的 85%以上。

考虑光、温、水等 8 大因子及其对橡胶、水稻等的适宜程度,早期对海南岛的农业气候区划划分为 6 个区。① 东北部资源充足气候适宜区,农业气候资源充足,增产潜力大;② 西北部资源充足气候较适宜区,气候资源与前区相当,而实际效能稍逊于前区,谷物产量偏低;③ 中部山地光热资源不足气候欠适宜区,作物指数及实际效能为全岛的低值区,理论产量也为全岛最低;④ 西南部丘陵资源较丰富气候适宜区,农业气候资源得以充分利用,为全岛作物高产区;⑤ 东南部资源丰富气候最适宜区,效能指数、效能利用率为全岛最高,光、热、水等气候条件配合较好,有利农作物生长发育;⑥ 西南部水资源不足气候欠适宜区,本区为西、南部沿海地区,可供挖掘的生产潜力很大,只要解决了灌溉问题,可大幅度增加农业产量,改变因水资源不足引起的不适宜状态。

海南省各个地区都有花生种植,大致分为春、秋两季。春季播种时间为 1 月 20 日至 2 月 20 日之间,秋季播种时间为 8 月底至 10 月初。三亚地区可一年三季种植,但夏季温度高,加上受台风影响,产量较低。三亚地区、陵水和乐东南部为南繁育种区域,一般在 10 月底至 11 月播种,避免受台风影响。花生单产最高的 5 个县(市)分别为昌江、东方、陵水、万宁和定安,与上述农业区划的划分基本一致,但有待进一步细分。

(二)品种类型、代表性品种及花生利用概况

海南花生种质资源较为丰富,目前各地种植的品种主要是农家品种、20 世纪 80 年代引进品种,以及近几年科研院所、企事业单位从岛外引进的品种。代表性品种以多粒型和珍珠豆型的中小粒花生为主,地方品种红皮小粒花生在全岛各地广泛栽培,市场接受度高。海南省农业科学院粮食作物研究所利用 100 份收集自岛外和海南的种质资源,筛选了 20 份适合海南种植的鲜食花生资源,中国热带农业科学研究院椰子研究所对收集自海南省的 35 份花生种质资源进行了评价,筛选到两份适合林下种植的资源。近几年,各科研院所引进并有一定种植面积的品种主要是"桂花"系列、"汕油"系列、"粤油"系列、"豫花"系列、"吉花"系列及"花育"系列,高油酸花生品种引进极少。海南热带海洋学院和海南大学合作组成的花生种质资源和创新育种团队,收集了种植在海南各地的花生种质 100 余份,并对这些种质资源的形态特征、生物学特性及品质性状进行了考察和测定,组配出大量杂交组合,杂交后代运用分子标记辅助选择进行筛选,已获得大量稳定和纯合的后代。该团队引进的花生品种在海

南各地布点试验和筛选,已完成登记高油酸花生琼花1号,并推广种植0.15万hm²左右,自主选育的高油酸花生琼花2号、琼花3号、琼花4号和琼花5号等系列高油酸花生,已推广种植0.33万hm²左右。

(三) 种子生产技术

1. 地块选择与隔离　地块应选择地势平坦、排灌方便、土壤有机质含量较高(1%左右)、pH6.5～7.0、松软肥沃的沙质土壤。注意的问题:一是前茬作物不能是花生,防止因自生苗造成混杂,最好是玉米、地瓜等作物;二是要注意隔离,和其他花生地块或其他高油酸品种保持20 m的隔离距离,或不同品种之间有5 m左右的玉米田隔离。高油酸花生种植和收获过程中都要注意防止混杂,以免降低纯度或油酸含量而达不到种用标准。

2. 整地与备播　地块选择好后,要进行整地,整地前每666.67 m²撒施3%辛硫磷颗粒剂7 kg、有机肥500～1 000 kg、高浓度复合肥20 kg。如果土壤pH在6.5以下,或是繁育中大粒花生种子,还要施钙肥(熟石灰)10～15 kg/666.67 m²。然后,耕翻、细耙,使地面平整。为了便于田间管理,砂壤地可采用大垄双行(沙地可不起垄),一般垄距为85～90 cm,垄沟宽30 cm,垄面宽55～60 cm,垄高12 cm左右。如需铺设地膜,可采用黑色地膜,覆膜前喷施24%甲咪唑烟酸等花生用芽前除草剂,覆膜后播种。

3. 拌种与播种　在剥壳前先带壳晒种,选晴天9:00～15:00把花生果摊在通风向阳处晾晒1～2 d,其间翻动2～3次。播种前3～5 d脱壳。选种仁大而整齐、子仁饱满、色泽好、没有损伤的双仁果作种子田用种。100 kg种子用25%的多菌灵500 g拌种,鼠害严重的地块用种子重0.1%～0.2%的煤油拌种。

绝大多数高油酸花生品种萌发期对温度较敏感,为保证出苗安全,土温10 d内保持稳定在18℃以上时播种,播种前3～4 d沿垄灌水,洇湿垄面为好。播种时每垄两行单粒成行,行距20 cm,株距12 cm左右,播种深度3～5 cm,每穴1粒,花生种植行与垄边距离15 cm以上。覆膜地块采用人工打孔播种时,播种孔口直径应控制在5～6 cm,不宜太小,否则不利出苗。

4. 水肥管理　花生出苗以后根据墒情每隔10～15 d灌1次水,具体间隔时间可根据土壤保水情况适当增减,但每次都应达到饱和状态。遵循的原则是"两头少,中间多"。"两头少"即苗期、成熟期少,土壤水分占土壤最大持水量的50%～60%;"中间多"即开花下针期多,土壤水分可占土壤最大持水量的60%～70%。

施肥上掌握"施足基肥、看苗早施追肥、后期根外喷肥"的原则。基肥以有机肥为主,每666.67 m²施用有机肥500～1 000 kg、高浓度复合肥20 kg、钙肥(熟石灰)10～15 kg。为了提高荚果产量、增加花生饱满度,可在花生初花期追施20 kg/666.67 m²的尿素和钾肥,用0.2%硼砂水溶液50 kg/666.67 m²叶面喷施;在花生下针期用0.1%～0.2%钼酸铵水溶液50 kg/666.67 m²叶面喷施1次。采用趟地培土迎针,促使花生正常生长发育,多下针、多坐果。荚果成熟期根外喷肥,用磷酸二氢钾0.2 kg/666.67 m²、尿素0.5 kg/666.67 m²兑水50 kg/666.67 m²喷施。

5. 控株高、防倒伏　生长期处于雨季的花生,要防止旺长,始花后40～50 d或植株高度在35 cm左右时及时叶面喷施多效唑,每666.67 m²用药液30～40 kg(15%多效唑25～

50 g),每次间隔 7 d 左右。

6. 病虫草鼠鸟兽害控制　海南的杂草种类较多,生长旺盛,在封行、下针前创造"疏松、湿润、基本无杂草"的土壤条件。从幼苗出土至大部分果针入土之前是中耕除草的关键时期,如果不能及时除草,造成花生田出现板结和草害,妨碍下针和结荚,收获困难,最终导致减产 50% 以上。

苗期要注意及时灭蚜。遇蚜虫要及时防治,以防病毒病的发生,可用 5% 吡虫啉乳油 2 000~3 000 倍液喷雾防治。如有蛴螬危害,可每 666.67 m² 种植 20~30 棵蓖麻进行生物防治。花期注意防治锈病,发病率在 15%~20% 时,喷施 75% 百菌清可湿性粉剂 500 倍液进行防治;叶斑病防治,始花后采用 70% 甲基托布津可湿性粉剂 800 倍液或 60% 多菌灵可湿性粉剂 1 000 倍液叶面喷雾,每 666.67 m² 用药量 20 kg,一般每隔 10 d 左右喷 1 次,共喷 2~3 次。

鼠害严重的地块,播种后,在地的周围每隔 5 m 左右投放一堆鼠药(常用敌鼠钠盐 1 g 加开水配 2 kg 麦粒制成毒饵),并定期检查,随减随补,或用塑料布作屏障将地块圈起,将老鼠隔离。

7. 收获、干燥与贮藏　高油酸花生种子成熟后,应及时收获、干燥、妥善贮藏,并做好标签,注意防止机械混杂。

当高油酸花生植株中下部叶片转黄脱落,70% 荚果果壳变硬、内膜转褐色,种子颗粒饱满时,即可收获。收获过早或过晚都会影响产量和品质。收获前 1~2 d 浇一次轻水,以便于花生起收。收获后及时晾晒,薄摊 7~10 cm 厚为宜。晒果温度不宜超过 35℃,否则会伤害种胚。晒时要勤翻动,傍晚收堆,使失水均匀。当花生种子水分降到 10% 以下时,即可入库贮藏。

第三节　其他省(区、市)高油酸花生种子生产技术

目前国内除高油酸花生品种的主育省(区)以外,其他省(区、市)也有高油酸花生品种种植,本节分述这 12 个省(区、市)的自然生态条件及高油酸花生种子生产技术。

一、黑　龙　江

(一)自然生态条件与花生种植区划

黑龙江省地处中国东北部,为高纬度地区,属温带大陆性季风气候。全省气候特点:春季干旱,夏季多雨,秋季早霜,冬季寒冷。黑龙江省年降水量 400~600 mm(田宝星,2017)。

花生是黑龙江省的重要经济作物,熟制为一年一熟。2018 年黑龙江省花生种植面积 1.74 万 hm²、产量 5.1 万 t;2019 年黑龙江省花生种植面积 2.0 万 hm²、产量 6.7 万 t。花生总体种植面积及产量呈现逐年上升趋势。

黑龙江省地跨 6 个积温带,其花生产区集中在位于第一积温带的大庆市(肇源县、杜尔伯特蒙古族自治县)、哈尔滨市(双城区)、齐齐哈尔市(泰来县)等地区,其他地区仅有零星种植。

（二）种子生产技术

黑龙江花生主产区已形成一定的规模化、机械化种植。黑龙江花生的种植模式为起垄种植,多为露地种植,一部分为覆膜种植。

1. 地块选择　选择地势平坦、土质疏松、土层深厚、排灌条件好的耕地,土壤 pH 6.5～7.5。前茬作物以禾本科作物为宜,避免与豆科作物换茬,轮作周期 3 年以上。

2. 整地、备播　采用秋整地或春整地。耕深 25～30 cm,精细整地,土壤平整、细碎、深浅一致。随整地随起垄,垄距 65 cm。在整地时一次性施入底肥,可选用腐熟有机肥。根据当地土壤肥力,可采用测土配方施肥。

3. 拌种与播种　选用适合当地栽培的、抗性好的花生品种。带壳花生剥壳前将荚果置于通风向阳处晾晒 2～3 d,播种前 10～15 d 进行荚果剥壳。不带壳种子应进行人工或机械清选,剔除霉变、破损、发芽的种子,选用大小一致、饱满度好、色泽鲜艳的种子。可选用药剂拌种或种衣剂包衣,防治土传和种传病害。

高油酸花生品种在土壤 5 cm 地温稳定通过 16℃时可进行播种。可人工或机械播种。播种深度为 3～5 cm,播种后覆土应深浅一致,并及时镇压。

可采用双粒穴播或单粒精播。双粒穴播:穴距 12～13 cm,播种密度 117 000～127 500 穴/hm^2。单粒精播:株距 6～7 cm,播种密度 210 000～255 000 粒/hm^2。花生出苗后应及时查田,在缺苗处进行补种。

4. 水肥管理　花生结荚期植株有脱肥倾向的地块可进行叶面追肥。可以叶面喷施 0.2％～0.4％的磷酸二氢钾溶液或喷 1 000 倍的硼酸溶液等,防止后期脱肥早衰。花生生长期遇干旱应及时灌溉,灌溉宜在早晚时段进行。雨水较多、地块渍水时,应及时排水防涝。

5. 病虫草鼠鸟兽害控制　在农业防治上,可以采用科学轮作、选用抗性品种、适时进行田间机械作业除草。可根据花生病虫草害发生规律,科学安全地使用化学防治。化学药剂每季用药不超过 1 次。在花生播种后,可用金都尔、扑草净等封闭型除草剂进行封闭处理。在杂草 2～4 叶时,可采用精喹禾灵等喷雾防除禾本科杂草,可采用苯达松防除阔叶杂草。

6. 收获、干燥与贮藏　当 70％以上荚果成熟,即果壳硬化、网纹清晰、果壳内壁乳白色并带有褐色斑点时,可进行收获。可采用人工收获或机械收获,机械收获可采用分段收获或一次性收获方法。

收获后的花生荚果应及时晾晒、干燥与清选。采用自然晾晒方法,将荚果铺晒。清选时,将荚果与茎叶、石块等杂物分开,剔除破碎果和秕果。清选后的花生荚果形状匀整、洁净。

花生荚果含水量降到 10％以下时,将花生荚果装袋入库贮藏。贮藏仓库要保持较好的通风,周围环境清洁卫生,远离污染源。

二、内　蒙　古

（一）自然生态条件与花生种植区划

内蒙古自治区地处欧亚大陆内部,地域广袤,所处纬度较高,东西直线距离 2 400 km。

花生种植区域主要集中在内蒙古东北部,紧邻辽宁及吉林的赤峰、通辽地区,每年种植面积平均为 2 万 hm²。年平均日照时数 3 000 h 左右,≥10℃积温 3 000～3 200℃,无霜期 125～140 d,年平均降水量 350～400 mm。该地区种植品种以珍珠豆型和多粒型为主。

(二) 高油酸花生种子生产技术

1. 地块选择　　选择有效积温在 3 000℃以上、砂壤土质、中等以上肥力的地块种植,同时具备良好的灌溉条件且前茬作物不是油料作物。

2. 播前种子处理

(1) 脱壳前晒果,脱壳后选种,以提高用种质量:播种前 10～15 d 脱壳,脱壳前要带壳晒种 2～3 d,以提高种子的生活力。为降低破损率,机械脱壳要使用破损率低的专用花生种子脱壳机,以减少破粒和减轻种仁内伤。脱壳后人工选种,剔除异色、异形、虫蚀、烂、破粒,选择饱满度高、大小一致的种子备用。

(2) 播前拌种或包衣,做好病虫害预防:播种前,对精选的种子使用杀虫剂、杀菌剂进行包衣或拌种,可防治蛴螬、蝼蛄等地下害虫及苗期蚜虫、根(茎)腐病等病虫危害,同时可减少花生生长期用药、节约防控成本,以及减少中后期用药残留。建议每 15 kg 花生子仁全程用 25%噻咯·霜灵悬浮种衣剂 80 ml+贝键(10%嘧菌酯悬浮种衣剂)30 ml,或高巧、奥德威(600 g/L 吡虫啉 30 ml)+适乐时(10%咯菌腈)20 ml 或 40%卫福 40 ml,兑水 120～150 ml 包衣。在播种的前一天进行拌种或包衣,在阴凉通风处阴干后播种,或者上午包衣下午播种。

(3) 整地及施加有机肥:高产地块每 666.67 m² 需要施用农家肥 3 000～4 000 kg。未经腐熟的粪便不可以直接施用。为了提高土壤的透气性与保墒能力,需深翻整地。在施肥时,可以多选用一些钙肥、钾肥,并且可以尝试将这些肥料在冬前或者早耕阶段施于土地当中,以确保更好的效果。

3. 原种生产技术

(1) 原种生产:采用三圃制生产原种,即按株行圃、株系圃、原种圃程序生产原种。总原则是提供适宜的环境,让繁材性状充分平等显现。首先,做好原种生产建圃总体规划;分别制定田间种植方案和田间种植图。其次,三圃田选址要求地势平坦,肥水条件高并且肥力均匀一致;田间管理措施一致,排灌方便,不重茬;还要有利于生长期间田间选择鉴定。

(2) 选择时期、要点及数量:选择圃种植管理把握“稳、准、狠”。“稳”即使用的繁材遗传性状稳定。“准”即适时准确进行关键性状的选择,依据长势长相,留“大”同,剔“少”异。“狠”是要全面考虑花生地上部分植株性状和地下部分荚果性状分布特点,即在室内考种阶段对生产能力、荚果性状等严格选择,不符合所繁品种特征特性的要坚决淘汰。

4. 播种技术

(1) 播种时间:高油酸花生对低温反应敏感,多数品种比普通非高油酸品种要求较高的出苗温度。高油酸花生春播适宜播期应比同类型普通品种晚 4～5 d。露地春播种植应掌握在连续 5 d、表层 5 cm 左右的地温稳定在 18℃以上的晴热天,通辽、赤峰大部分地区在 5 月中旬以后播种。

(2) 播种密度:高油酸大果花生适当密播,以减少单株花生结果数、提高饱果数,有利于提高花生商品品质和产量。高油酸小果花生按照品种特性合理安排播种密度。一般情况下,大果花生直立型播种密度为 10 000～11 000 穴／666.67 m^2,小果花生为 9 000～10 000 穴／666.67 m^2。

（3）浅埋滴灌技术:用直播的方法种植选择圃,供选择单株材料。播种采用大小垄种植模式,大垄 70 cm、小垄 50 cm 或大垄 75 cm、小垄 45 cm。使用专用铺带播种机进行播种,深松、开沟、铺带、施肥、播种、覆土、镇压 7 道程序一次完成。在小垄中间开沟,将滴灌带埋入沟中 3～5 cm 处。播种深度控制在 4～5 cm 为宜。播深与土壤墒情密切相关,土壤墒情好时浅一些,墒情不好时适当深一些。高油酸花生种子发芽需要的温度较高,浅播有利于抓全苗。

5. 田间管理

（1）及时适量滴灌:播种后立即浇透第一遍水,总灌溉量根据降雨量、降雨次数和土壤特性而定。在正常气候条件下,保水保肥良好的地块,整个生育期滴灌 5～7 次,每次 20～25 m^3／666.67 m^2,总灌溉量 100～175 m^3／666.67 m^2(根据降雨调整);保水保肥差的地块,整个生育期滴灌 6～8 次,每次 22～28 m^3／666.67 m^2,总灌溉量 132～224 m^3／666.67 m^2。

（2）查苗补苗:补苗用人工播种器催芽补种。

（3）结合浇水追肥:在花生的生长过程中,有两个时间段对水的要求相当敏感,也就是开花期和结荚期。在这两个时期要及时进行水分补充。在平常的苗期当中,花生很少需要浇水,只有在极为恶劣的天气出现时才需要进行水分补充。但是开花期不同,只要有一点点干旱,花生的叶片边缘就会泛出白色,并出现萎蔫症状。这个时候就应该及时浇水,以确保花生的正常生长。同时,结合补水进行追肥,分 4 次通过施肥器随水滴入(表 8 - 2)。

表 8 - 2 花生水肥一体化不同时期施肥量 （单位: kg／666.67 m^2）

施 肥 种 类	播 种 期	始 花 期	结 荚 期	饱果成熟期
尿素	1.5	5.0	4.5	1.0
磷酸二铵	1.0	3.0	5.0	1.0
硫酸钾	3.0	9.0	6.0	0
硝酸钙	2.0	4.0	4.0	2.0

（4）及时除草、防治病虫害:花生出苗期至下针期要及时除草,并查看田间病虫草害的危害程度,根据严重程度进行防治。

（5）控株高与生长后期低温冷害防治:高油酸花生适宜株高 35～40 cm,当株高高于40 cm 时,必须进行化控,最好叶面喷施壮宝安 1～2 次,也可以利用多效唑处理,但严禁过量使用多效唑。通辽部分地区一般年份在 8 月中旬气温明显下降,提高高油酸花生耐受低温能力非常关键,可在 8 月初利用 1‰硝酸钙和磷酸二氢钾叶面喷施 2 次,间隔 10 d 左右,也可以与叶面病害防治药物共同喷施。

（6）生育期间注意排杂,发现杂株立即拔除:开展种子质量田间、室内检验,并做好记录,建立种子生产质量档案;检验结果要达到国标规定的原种最低标准,即纯度≥99.0％、净度≥99.0％、发芽率≥80.0％、水分≤10.0％。

(7)品质检测:为保持高油酸品质特征,对株系圃、原种圃及大田用种各个环节生产的种子取样,采用近红外无损检测技术进行品质检测。主要检测油酸含量是否大于75%,并将检测结果与标准品种进行指标比对,做出综合评价。

6. 收获、干燥与贮藏 高油酸花生成熟标准是底部叶片脱落、上部叶片变黄、荚果大部成熟,此时可以收获。收获须注意选择连续5~7 d最低温度在8℃以上的晴天进行,有助于脱水。新收获的花生,成熟荚果含水量在50%~60%,一般经过5~6 d日晒,然后堆放3~4 d,使种子内的水分散发到果壳,然后再摊晒2~3 d,待含水量降至10%以下时,即可贮藏。收获及贮藏过程中,应特别注意防止混杂,以确保品种纯度。

三、新 疆

(一)自然生态条件与花生种植区划

1. 地理位置与地形地貌 新疆位于亚欧大陆中部,地处中国西北边陲,总面积166.49万 km^2,占全国陆地总面积的1/6。新疆地区远离海洋,四周高山环抱,境内冰峰耸立、沙漠浩瀚、草原辽阔、绿洲点布。地形地貌可以概括为"三山"夹"两盆":北面是阿尔泰山,南面是昆仑山,天山横亘中部,把新疆分为南北两部分,南部是塔里木盆地,北部是准噶尔盆地。习惯上称天山以南为南疆,天山以北为北疆。塔里木盆地面积53万 km^2,是中国最大的盆地。新疆与俄罗斯、哈萨克斯坦、吉尔吉斯斯坦、塔吉克斯坦、巴基斯坦、蒙古国、印度、阿富汗等8个国家接壤;陆地边境线长达5 600 km,占全国陆地边境的1/4,是中国面积最大、陆地边境线最长、毗邻国家最多的地区。

2. 光能资源丰富 新疆太阳辐射量达119.45~152.90 kJ/ cm^2,居全国前列,总的趋势是由东南向西北递减,东南部在152.90 kJ/ cm^2 以上,西北部在138.56 kJ/ cm^2 以下。南疆太阳辐射量基本上都在138.56 kJ/ cm^2 以上,哈密地区近152.90 kJ/ cm^2,是全疆辐射量最多的地区;北疆地区太阳辐射量为124.23~133.78 kJ/ cm^2。

3. 降水少,蒸发量大 新疆年降水量稀少、分布不均,但蒸发量大,年均蒸发量1 200~3 000 mm。全疆一半多地区的降水量小于100 mm,大于300 mm的地区仅为全疆的1/6。降水的分布也不均匀,北疆多于南疆,西部多于东部,由西北向东南减少;山区多于平原,迎风坡多于背风坡。多年平均降水量,阿勒泰为212.60 mm,乌鲁木齐为298.60 mm。降水量变率,昭苏、乌鲁木齐较低,在20%以下;塔城、奇台、伊宁和阿勒泰等地为20%~30%;哈密、吐鲁番为39.16%和18.18%;南疆的莎车则达到63.91%。

4. 花生种植区划 新疆属典型的温带大陆性干旱气候,光照充足,昼夜温差大。南、北疆各有独特的自然条件,南疆地区日平均气温≥10℃积温为4 000~4 500℃,无霜期180~220 d;北疆≥10℃积温为2 500~3 500℃,无霜期140~170 d。新疆"三山"夹"两盆"的独特地貌以及水、热资源的时空分布差异,造就了得天独厚的优势特色农业资源,具有创造优质高产的理想环境。而且新疆完善的滴灌设施,可以做到水肥一体化,为花生高产、高效、高质创建配备了独特的地缘优势。根据地域特点建立新疆花生优势区5个。

(1)东疆花生栽培区:本区域属于传统栽培区,光热资源丰富,日照时间长、积温高,可满足生育期140 d以上的大果型花生的发展。花生种植具有单产高、品质优、比较效益突出、病虫害发生较少的特点。土壤多属于砂壤土,收获荚果果壳亮白、饱满度好,适宜做炒货、加工及出口。物流便利。

(2) 伊犁河谷花生栽培区:伊宁地区≥10℃积温为 2 500～3 500℃,无霜期 140～170 d,适宜发展出口型(油亚比 1.6 以上,含糖量高于 6%)花生栽培生产与示范基地。栽培历史悠久,农民已具有较高的栽培技术,具有完善的滴灌设施,可以做到水肥一体化,为花生高产、高效、高质创建配备了独特的地缘优势。

(3) 巴州花生栽培区:巴州地区日平均气温≥10℃积温为 4 000～4 500℃,无霜期 180～220 d,可满足生育期 140 d 以上的大果型花生的发展,收获季节干燥少雨、无黄曲霉毒素污染风险、子仁品质好,适宜建设油用型(脂肪含量达 55%以上)花生栽培基地。具有农田连片面积大、适合大型机械化作业的优势。

(4) 南疆花生栽培区:阿克苏、喀什、和田等地的林果下作物单一、产量低、品质差,采用林果间花生带状轮作制度,可以有效落实"藏粮于地、藏粮于技"战略,解决南疆粮油争地矛盾、增加油料自给。通过近十年的研究,该区可满足生育期 140 d 以上的大果型花生的发展,麦后夏播可满足生育期 100 d 以内的小果型花生,收获季节干燥少雨、无黄曲霉毒素污染风险、子仁品质好。花生浑身都是宝,花生仁可以榨油,也可以制作成花生酥、花生馕、蛋白粉等营养食品。花生壳、花生叶和花生饼粕既能加工成优良饲料,也能变成上等肥料,对农牧业的发展有很大的推动作用,能有效增加农民收入。

(5) 北疆花生栽培区:近邻乌鲁木齐,壤土或砂壤土,花生适宜做鲜食、炒货、加工。适宜建立食用加工型(蛋白质含量达 30%以上,含糖量 6%以上)花生栽培基地。另外,乌鲁木齐到哈萨克斯坦、土耳其、格鲁吉亚的货运班列到欧洲仅需 13～15 d,方便出口运输。目前,新疆已与周边国家开通国际道路运输线路 107 条,占全国的 43%。

(二)种子生产技术

1. 地块选择与隔离　选择地势平坦,土质为轻壤或砂壤土、无盐碱或轻盐碱,适于机械田间作业的地块。

2. 整地、备播　年份间宜深浅轮耕,每隔 2 年进行 1 次深耕或深松,深耕年份耕深 30～33 cm,一般年份耕深 25 cm 左右,以打破犁地层、增加活土层、提高土壤的蓄水保肥能力。整地需达到土地平整、质地疏松。田间土壤持水量为 65%～70%。

3. 播种　花生在不同种植区适宜的播期为 4 月中下旬至 5 月上旬,当 5 cm 深地温稳定在最低发芽温度 15℃,高油酸花生比普通花生高 2～3℃,即适宜的发芽温度在 17℃以上时或铺膜后达到此指标时,即可铺膜播种。每穴 1～2 粒,播深 3～5 cm。

(1) 种子处理

① 晒种与剥壳:剥壳前晒种 2～3 d,每 50 kg 荚果喷洒 1～1.5 kg 清水,再用塑料薄膜覆盖 6～8 h,当荚果含水率达 25%～30%时,选用性能优良的种用剥壳机进行剥壳。

② 拌种:为防治花生苗期病害和地下害虫危害,可进行药剂拌种。播种前用种子重量 0.5%的 50%多菌灵可湿性粉剂和 0.2%的 50%辛硫磷乳油兑水后拌种,搅拌均匀后晾干待播。一般拌种后闷种 12～24 h 即可播种。

(2) 播量:根据花生不同果型,其播种量也不同。大果型一般为 15～20 kg/666.67 m²,

中、小果型一般为 10~15 kg/666.67 m²。

(3) 播种质量:要求播行端直,膜间行距一致,下种均匀,播深一致,膜上覆土厚薄一致。播深 3~5 cm,覆土厚度 2 cm。定期检查,防风、盖土压膜。

(4) 播种方式:花生种植采用膜下滴灌模式或起垄覆膜沟灌,即覆膜后,膜上点播。地膜使用宽度 70~125 cm,厚度≥0.01 mm。一膜双行或一膜四行播种,膜上行距 30~45 cm(匍匐型行距 40~50 cm),膜间行距 40~45 cm,株距 12~22 cm(匍匐型行距 17~22 cm),密度为 10 000~12 000 穴/666.67 m²(匍匐型 9 000 穴/666.67 m² 左右)。

4. 水肥管理 肥料施用应符合 NY/T 496 中规定的要求。可适当增施有机肥,每666.67 m² 施腐熟鸡粪或牛羊粪 1 000~1 500 kg 或养分总量相当的其他有机肥。化肥施用量:氮(N)8~10 kg,磷(P₂O₅)4~6 kg,钾(K₂O)6~8 kg,钙(CaO)6~8 kg。适当施用硼、钼、铁、锌等微量元素肥料。结合耕地将化肥总量的 70% 施入耕作层内,结合播种将化肥总量的 30% 施在垄内,做到全层施肥。

5. 控株高、防倒伏 花生植株营养生长过旺时,需施用植物生长调节剂控制徒长。当主茎高度≥40 cm 时,每 666.67 m² 用 15% 烯效唑或多效唑 35 g,兑水 50 kg;或用缩节胺原粉 5~7 g,先溶于少量水中,再兑水 50 kg,进行茎叶喷施。

6. 病虫草害控制

(1) 农业防治:主要采取以下措施。

① 轮作倒茬:实行轮作,与禾本科作物、甘薯、蔬菜等进行 2~3 年轮作,以优化土壤微生态,避免土壤养分比例失衡,减少缺素症的发生。

② 土壤深翻:在花生收获后进行深翻,深度 30 cm 以上,利用冬季低温杀死虫卵和病原菌,同时优化土壤结构,提高土壤的透气性和土壤微生物的活性。

③ 选用抗病品种:选择抗叶斑病和根腐病的花生品种。

④ 种子处理:药剂应按照 GB/T 8321.9 中规定的要求执行。

杀虫剂拌种:地老虎、金针虫等地下害虫发生区,用 70% 吡虫啉拌种剂 30 g,兑水250 ml,与 10~15 kg 种子充分拌匀;或按种子重量 0.2% 的 50% 辛硫磷乳油与种子充分拌匀,置于避光处晾干。

杀菌剂拌种:根腐病、茎腐病发生区选用咯菌腈悬浮种衣剂、精甲霜灵种子处理乳剂、噻虫·咯·霜灵悬浮种衣剂、甲拌·多菌灵悬浮种衣剂等进行种子包衣。

⑤ 物理防治:采用杀虫灯诱杀棉铃虫、地老虎等鳞翅目害虫。杀虫灯防虫应按照 GB/T 24689.2 中规定的要求执行。

(2) 生物防治:主要有以下措施。

① 微生物菌剂防病促生技术:微生物菌剂应符合 GB 20287 中规定的要求。选择以蜡质芽孢杆菌为主的复合微生物菌剂。微生物菌剂施用方法:花生播种后,分别在前 3 次滴水时,将以蜡质芽孢杆菌为主的复合微生物菌剂随水滴灌,单次用量为 0.5 L/666.67 m²。为预防花生叶部病害,分别在花生幼苗期、开花下针期、结荚期和成熟期喷施以蜡质芽孢杆菌为主的复合微生物菌剂,施用量分别为 0.3 L/666.67 m²、0.3 L/666.67 m²、0.5 L/666.67 m²、0.5 L/666.67 m²。

② 棉铃虫核型多角体病毒防治棉铃虫技术：在棉铃虫卵期采用 6×10^8 PIB/g 棉铃虫核型多角体病毒水分散粒剂 3～4 g/666.67 m^2、2×10^9 PIB/g 可湿性粉剂 80～150 g/666.67 m^2，或 2×10^9 PIB/g 悬浮剂 50～60 ml/666.67 m^2，田间均匀喷雾。

③ 金龟子绿僵菌防治地老虎技术：花生播种前，将金龟子绿僵菌均匀撒施在地表面后立即耙地，金龟子绿僵菌用量为 6 kg/666.67 m^2。

（3）化学防治：播种前选用 48％的氟乐灵乳油，每 666.67 m^2 用量 120～130 ml；或者用 72％金都尔乳油，每 666.67 m^2 用量 14.0 ml。在整地后均匀喷施，及时耙地处理。苗后茎叶处理除草剂主要采用喷雾法，施药时期应控制在对花生安全而对杂草敏感的时期，即应掌握在杂草基本出齐、禾本科杂草在 2～4 叶期、阔叶杂草在株高 5～10 cm 进行。

① 以禾本科杂草为主的花生田：可选用高效盖草能，该除草剂在芽后除草剂中效果最好，用于防除一年生和多年生禾本科杂草，从禾本科杂草 3 叶期到成熟都能杀死。在花生 2～4 叶期、禾本科杂草 2～5 叶期，每 666.67 m^2 用 10.8％高效盖草能乳油 20～30 mm，兑水 40 kg 喷洒植株茎叶，对狗尾草、牛筋草、马唐等有较好的防除效果，不会产生药害，安全性好。

② 以阔叶杂草为主的花生田：可选用虎威（氟磺胺草醚）、克阔乐（乳氟禾草灵）等二苯醚类除草剂和苯达松等。每 666.67 m^2 用 24％克阔乐乳油 25～40 ml，兑水 40 kg，于阔叶杂草株高 5 cm 以前进行茎叶喷雾，对多种阔叶杂草有很好的防除效果。每 666.67 m^2 用 48％苯达松液剂 130～200 ml，兑水 40 kg，于杂草 3～5 叶期喷雾，对多种阔叶杂草和莎草科杂草有特效，但对禾本科杂草无效。

③ 禾本科杂草和阔叶杂草混发的花生田：可选择上述两类除草剂混用，对单子叶和双子叶杂草均有很好的防治效果。每 666.67 m^2 用 10.8％高效盖草能乳油 20～25 ml＋45％苯达松液剂 100～150 ml，或加 24％克阔乐乳油 10～20 ml，或使用 40％氟醚灭草松水剂＋10％精喹禾灵乳油 150 ml，于杂草 2～4 叶期喷雾，可有效防除多种一年生单、双子叶杂草。

7. 收获、干燥与贮藏

（1）收获及晾晒：选用作业性能优良并获得农机推广许可证的花生收获机进行挖掘、抖土和铺放，随后在地头或晒场上用摘果机摘果，摘果后及时去杂和晾晒；或在田间整株晾晒，待荚果水分含量降至 15％后再用摘果机进行摘果，摘果后晾晒至荚果含水量 10％以下。

（2）收获机作业质量要求：总损失率 5％以下，埋果率 2％以下，挖掘深度合格率 98％以上，破碎果率 1％以下，含土率 2％以下。

（3）联合式收获：采用联合收获机一次性完成花生挖掘、输送、清土、摘果、清选、集果作业。联合收获机作业质量要求：总损失率小于 5.5％，破碎率小于 2％，未摘净率 2％以下，裂荚率小于 2.5％，含杂率小于 5％。

（4）贮藏：当果仁含水量降至 10％以下时，可入库仓储。放置通风处。

四、北　京

（一）自然生态条件与花生种植区划

1. 自然生态条件　北京市地处华北大平原北端，北纬 39°26′～41°03′、东经 115°25′～

117°30′。西、北和东北群山环绕,东南是缓缓向渤海倾斜的大平原。典型的暖温带半湿润大陆性季风气候,夏季炎热多雨,冬季寒冷干燥,春、秋短促。年平均气温 10～12℃。1 月气温最低,为-7～-4℃;7 月气温最高,为 25～26℃。极端最低气温-27.8℃,极端最高气温42℃。全年无霜期 180～200 d,西部山区较短。年平均降雨量 600 mm 以上,为华北地区降雨最多的地区之一,山前迎风坡可达 700 mm 以上。降雨季节分配很不均匀,全年降雨量的80%集中在 6～8 月,7～8 月常有暴雨。

北京气候的主要特点是四季分明,春季干旱、夏季炎热多雨、秋季天高气爽、冬季寒冷干燥。风向有明显的季节变化,冬季盛行西北风,夏季盛行东南风。

2. 花生生产概况与种植区划　"十三五"期间,北京市花生种植面积 866.7～1 493.3 hm²,单产 188.7～198.8 kg/666.67 m²,总产 2 460～4 442.9 t。花生种植区域主要集中在密云、大兴、平谷等地,分别占全市种植面积的 60%、21%、7%左右。密云地理位置属于山区、半山区,以春播大粒花生为主;大兴属于永定河冲积平原,以夏播花生为主;平谷属于半山区,以果林间套作为主。

(二) 种子生产技术

1. 地块选择与隔离　宜选用地势平坦、土层深厚、土壤肥力中等以上、排灌方便的地块。产地环境应符合 NY/T 855 的要求。花生与其他作物(禾本科作物或其他经济类作物、蔬菜类等)2～3 年轮作倒茬一次。种子繁殖田周围不得种植其他品种花生。

2. 整地、备播

(1) 整地:早春化冻后耕地,随耕随耙耢。耕地深度一般年份为 25 cm,深耕年份为30～33 cm,每隔 2 年进行 1 次深耕。结合耕地施足基肥,精细整地,做到耙平、土细、肥匀、不板结。

(2) 备播:选用通过省或国家审(鉴、认)定或登记的品种。原种生产选用由育种家或者育种单位提供的种子,纯度不低于 99%。良种生产选用种子质量符合 GB/T 4407.2 的要求:纯度不低于 96%,净度不低于 99%,发芽率不低于 80%,含水量不高于 10%。

3. 拌种与播种

(1) 种子处理:播种前 10 d 内剥壳,剥壳前先晒种 2～3 d。根据土传病害和地下害虫发生情况选择符合 GB 4285 及 GB/T 8321 要求的药剂拌种或进行种子包衣。

(2) 播种与覆膜

① 播期:北京地区露地春播花生播期以 4 月底至 5 月 15 日为宜。地膜春花生比露地春花生提早 7～10 d。

② 覆膜:地膜选择宽度 90 cm 左右、厚度 0.014～0.016 mm、透明度≥80%、展铺性好的常规聚乙烯地膜,符合 GB 13735—2017 标准。

③ 播种技术:单粒精播种植规格:垄距 85～90 cm,垄面宽 50～55 cm,垄高 8～10 cm,垄上行距 30～35 cm,每垄 2 行。大花生穴距 11～12 cm,每穴播 1 粒种子,每 666.67 m²13 000～14 000 穴;小花生穴距 10～11 cm,每穴播 1 粒,每 666.67 m² 14 000～15 000 穴。播种深度,土质黏的以 2～3 cm 为宜,沙土和砂壤土以 3～4 cm 为宜。质量标准参照 NY/T2404—2013。

4. 水肥管理

(1) 科学灌溉：播种时土壤相对含水量以 60%～70% 为宜。花针期，耕层 5 cm 土壤最大持水量低于 50% 时应及时浇水，促早开花、早下针。结荚期，耕层 0～30 cm 土壤持水量低于 40% 时浇水 1～2 次。

(2) 施肥数量：肥料施用应符合 NY/T 496 的要求。每 666.67 m² 施腐熟鸡粪 800～1 000 kg 或养分总量相当的其他有机肥；化肥施用量：氮(N)10～20 kg、磷(P_2O_5)6～8 kg、钾(K_2O)10～12 kg、钙(CaO)10～12 kg(合理施用钙肥能提高花生子仁油亚比)。

(3) 株行和单株选择：通过鉴评，应淘汰不具备原品种典型性的、有杂株的、丰产性差的、病虫害重的株行，对入选株行中的个别病劣株应及时拔除。

5. 防徒长   花生植株营养生长过旺时，需施用植物生长调节剂或采用人工去顶方法控制徒长。一般选用化控药剂，以烯效唑为例：下针后期至结荚初期或主茎高度≥40 cm 时，每 666.67 m² 施 5% 烯效唑可湿性粉剂 40～50 g，兑水 30～40 kg，叶面喷施。

6. 病虫害控制

(1) 花生病害：主要应加强以下几种病害的防控。

花生根结线虫病：① 农业防治：2～4 年轮作、增肥改土、清除根结病残体。② 药剂防治：益舒宝 3 750～4 500 g/hm² 加土 600～750 kg/hm² 拌匀，或用种衣剂 4 号 37.5 kg/hm² 拌种。播种时，开沟施入，沟深 12 cm 左右。

花生青枯病：① 选用高产抗病品种。② 轮作换茬：可选用青枯病免疫作物轮作，如小麦、玉米、西瓜、大豆等。③ 加强栽培管理：多施腐熟的不带菌的有机肥，提高土壤肥力，改善土壤性质，及时防治地下害虫。对零星发病的田块，为防止蔓延，要及早拔除病株，集中烧毁或深埋。④ 化学防治：发病初期用硫酸铜∶生石灰∶硫酸铵＝1∶2∶7 的复配剂稀释 1 000～1 500 倍，每穴花生浇药液 200～250 ml。

花生叶斑病：① 选高产病轻、高产耐病的良种。② 化学防治：治病与叶面喷施相结合，每 1 hm² 用 40% 甲基托布津胶悬剂或 40% 多菌灵胶悬剂 750 ml 或 75% 百菌清可湿性粉剂或 50% 代森猛锌可湿性粉剂 1 500 g 加磷酸二氢钾 2 250 g、尿素 3 750 g。

(2) 花生虫害：主要防控以下几种。

蛴螬：选用 10% 吡虫啉可湿性粉剂 1 500 倍液，喷洒或灌杀。

地老虎：用糖醋液和黑光灯诱杀成虫或用 2.5% 溴氰菊酯配成 1∶2 000 的毒土，每 20～25 kg/666.67 m² 撒在地面上，可杀死幼虫。

花生蚜：30% 蚜克灵可湿性粉剂或 5% 高效大功臣可湿性粉剂或 2.5% 扑虱蚜可湿性粉剂等 2 000～2 500 倍液，叶面喷雾防治，齐苗期用药。

7. 收获、干燥与贮藏

(1) 收获时期：植株中大部分茎叶落黄脱落，中熟大果型品种单株饱果指数达 50%～70%，早熟中果型品种单株饱果指数达 70%～90% 时收获。春花生早熟品种在 9 月上旬，中熟品种 9 月中旬。

(2) 收后管理：收获后要及时晒果防霉腐。大面积种植花生，连棵晒果后摘果。花生荚果采取袋装贮存方式，水分控制在 10% 以下，贮存温度不宜超过 25℃。

五、山 西

(一) 自然生态条件与花生种植区划

山西省是中国北方内陆省份,因居太行山之西面得名,简称"晋"。山西省东依太行山,西、南依吕梁山、黄河,北依长城,与河南、河北、陕西和内蒙古为界。地处北纬 34°34′～40°44′,东经 110°14′～114°33′,总面积 15.67 km²。有山地、丘陵、台地、平原等,但以山地、丘陵为主,其占全省总面积的 80.1%。属典型的被黄土广泛覆盖的山地高原,地势东北高、西南低,境内大部分地区海拔 1 500 m 以上。属温带大陆季风气候,冬季漫长、寒冷干燥,夏季南长北短、雨水集中,春季气候多变、风沙较多,秋季短暂、气候温和。年降水量由东南向西北递减,山地多于盆地。云量少,日照充足,光热资源比较丰富,大部分地区水资源不足。水资源来源主要是自然降水,年平均降雨量 200～600 mm,其中 40%～50% 转化为水资源和被作物、林草利用,尚有 50%～60% 的雨水被蒸发、渗漏或径流损失了。

山西省花生生产主要有 3 种植区域:一是以晋中、晋南、长治、忻州等平川地区为主的一年一季春播区。该区域的地势较平坦、气候温和,生态条件很适宜花生生长。特别是晋中平川区是 20 世纪 80 年代前山西省的特早熟棉花生产区,80 年代后,由于该区域棉花生产逐渐萎缩,而被花生生产逐步取代。近年来,该区域花生生产基本全部采用机械化播种、半机械化收获。有近 50% 的农户采用改进的摘果机,效果很好。二是以吕梁、临汾、长治黄土高原丘陵区幼龄果树间套花生种植模式。近年来发展较快,当地政府提出了以发展"林果业、林下经济高效益"为主的种植模式。花生作为农民幼龄果树间套的首选经济作物,既不影响幼龄果树的正常发育,同时又增加了土壤的有机质含量,减少水土流失,抑制幼树行间杂草生长,达到"以短养长的效果"。三是临汾以南麦后夏播花生两年三季夏播区。针对不同的耕作制度,各主产区已研究建立包括地膜覆盖、果林间套、麦茬夏播栽培等花生高产栽培技术,为生产发展提供了技术保障。

(二) 种子生产技术

1. **地块选择** 地块选择要求地势平坦、耕层厚、排水良好、保水保肥能力较强的砂质壤土,平川区要秋、冬耕,翻压杂草,熟化土壤;丘陵幼树间作区要注意整地、修田,形成有效的拦蓄雨水,避免水土流失。

2. **整地与备播** 冬季深松翻 20～30 cm,打破犁底层,加厚耕层,不乱土层。一般要求土壤含水量为田间最大持水量的 60%～70%,如果土壤墒情不足要浇地造墒。尽早耕翻土地,重施底肥,培肥地力。施肥以有机肥为主,实施氮、磷、钾平衡施肥。一般每 666.67 m² 施腐熟的优质农家肥 3 000～4 500 kg、尿素 10 kg、过磷酸钙 45 kg、硫酸钾 10 kg。在施足底肥的基础上要深耕细耙,达到上虚下实、土碎地平。

3. **拌种与播种**

(1) 种子处理:播种前 7～10 d 剥壳,剥壳前先晒种 2～3 d。采用人工或机械剥壳,剥壳时剔除虫、芽、烂果。播种前用花生专用种衣剂包衣后播种。建议选用 60% 吡虫啉悬浮剂拌种,防治地下害虫和苗期病害。

(2) 适期播种:珍珠豆型小花生,在 5 cm 深地温稳定在 15℃ 以上播种。从时间上应掌握在5月1日前后播种;麦茬套种应在5月20日前后播种,最晚不迟于5月25日。

(3)合理密植:一般珍珠豆型小花生行距30 cm,穴距12～15 cm,每666.67 m² 播10 000～12 000穴;一般中熟大花生每666.67 m² 播8 000～9 000穴,中熟中粒花生密度为10 000～12 000穴为宜,每穴播种2粒,播种深度为3～5 cm。高产栽培单粒精播,可节约种子,每666.67 m² 播14 000～15 000穴,选用单株生产力强的大花生品种,精选种子,选用1、2级种子,保证播种质量。

4. 水肥管理　要做到测土配方施肥和依据花生需要配方施肥。地膜覆盖花生,要一次性施入底肥,全生育期不再追肥。施肥数量应根据土壤肥力和产量水平等情况来确定。多施有机肥、有机无机复合肥、包膜缓控释肥等,并配合施用微量元素肥料,可防止后期脱肥早衰。

为了延长叶片功能期,从结果后期开始喷施叶面肥,每隔7 d喷1次,共喷2～3次。可喷施0.3%磷酸二氢钾、1%～2%的尿素溶液等叶面肥。

5. 控株高、防倒伏　花针期若肥水过量,易引起植株徒长,造成田间郁闭,果针高吊而针多不实和果多不饱。所以,要在始花后30 d、主茎达35～40 cm、第1对侧枝的第8～10节平均长度大于10 cm时,及时喷施化学调控剂。

6. 病虫草鼠鸟兽害控制　花生刚出苗时会有鸟类啄食花生子叶,需要及时驱赶,以免影响花生的苗期生长。花生中后期主要有叶斑病、蚜虫、红蜘蛛等病虫害,应及时防治。对叶斑病,当田间病叶率达10%～15%时,可用80%的代森锰锌400倍液防治,每隔15 d喷1次,连喷3次。对蚜虫,当蚜害率达30%～40%时,可用50%马拉硫磷或50%杀螟松1 000倍液防治。对红蜘蛛,当田间发现发病中心或被害虫率达20%以上时,可用73%克螨特乳油1 000倍液防治。

7. 收获、干燥与贮藏　掌握好花生的收获期对提高花生的产量和品质非常重要。一般可以从以下3个方面来判断。一看生育期,普通花生品种的生育期为125 d左右;二看温度,当昼夜平均温度在12℃以下时,植株基本停止生长,此时即可收获;三看植株,植株顶端停止生长,上部叶片变黄,茎部和中部叶片脱落,此时大多数荚果子仁饱满,即可收获。收获后要及时晒干,达安全水分(10%以下),确保不发霉。干后去杂及时入库,妥善保管。

六、宁　夏

(一)自然生态条件与花生种植区划

宁夏引黄灌区位于黄河上游下河沿——石嘴山两水文站之间,涉及10多个县(市)和20多个国营农、林、牧场,是主要粮食生产基地。该区≥10℃积温3 000～3 400℃,年日照3 000 h,热量、光照资源丰富,昼夜温差大;病虫害少,基本不感染黄曲霉毒素,花生品质好。土壤多为黄河灌淤土和砂壤土,土层深厚,可为生产优质花生提供良好的土壤条件,非常适合花生种植。花生种植区主要是宁夏引黄灌区,包括中卫市(中卫、中宁)、银川市和石嘴山市。

(二)品种类型、代表性品种及花生利用概况

宁夏历史上种植花生较少,据国家统计局统计年鉴记载,除2002年、2004年和2008年

花生种植面积分别为 100 hm^2、70 hm^2 和 230 hm^2 外,其余年份由于种植面积少而无数据统计。主要在灵武、盐池、永宁等县种植,规模小。目前栽培的花生品种少且单一。宁夏花生的主要用途为食用,大部分用作煮花生、炸花生和各种花生小食品。花生油在宁夏食用少,现有花生加工企业不多,未形成规模。

2013～2017 年宁夏农作物研究所和山东省花生研究所联合开展相关试验研究,于 2018 年 10 月 10 日,在宁夏银川市永宁县王太堡和吴忠市利通区马莲渠乡杨渠村成功举办"国家花生工程技术研究中心宁夏 2018 年花生田间测产和生产观摩会"。每 666.67 m^2 荚果产量超过 620.0 kg,实现了宁夏花生产量的突破。多年试验鉴定筛选,主要以大粒品种为主,代表性品种如花育 22 号、花育 25 号。

(三) 种子生产技术

1. **地块选择与隔离**　为了保证其充分生长发育,必须选择至少两年内未种过花生或其他豆科作物的生茬地,选择土层深厚、肥力均匀、排灌方便的灌淤土或砂壤土。为了避免种子混杂,高油酸花生种植要远离其他类型花生品种。

2. **整地与备播**　播前增施有机肥,旋地、耙糖地。同时为了减少地下蛴螬、金针虫和地老虎及蚜虫等害虫危害花生种子。每 666.67 m^2 喷施 50% 的乙草胺除草剂 100 ml 加水 50 kg 配成的药液,以防杂草。

品种选择:选用高油酸花生品种(选择油酸含量 75% 以上)繁殖系数高的原种。

3. **拌种与播种**　当 10 cm 地温稳定在 10℃ 以上时为较适宜播期,一般在 4 月 25 日～5 月 15 日。播种前种子进行筛选,除去破粒、虫粒等,然后拌种。播深以平均 4～5 cm 为宜,土壤以砂性土或灌淤土为主,墒情较差的田地应增加深度,但不可超过 7 cm。

播量:适宜引黄灌区,花生双粒播量 8 000～8 500 穴/666.67 m^2。

播种方法:机械播种,覆膜、播种、覆土一次性完成,选用幅宽 1.2～1.3 m 地膜或微膜。播种时应将播种机械清理干净,严防机械混杂。垄面宽 85～90 cm,垄上播种 2 行,平均行距 30 cm,每穴下种 2 粒,穴距 18 cm,垄间距 55 cm 左右。

4. **水肥管理**

(1) 施肥:播种前结合整地增施有机肥 80 kg/666.67 m^2、磷酸二胺 20 kg/666.67 m^2、过磷酸钙或硝酸铵钙 25 kg/666.67 m^2,整个生育期内不再增施任何肥料。

(2) 灌水:全生育期灌水 4～5 次,每次灌水保持垄沟灌满为止,不能超过垄面。分别于播种后、开花下针期、结荚期、收获期灌水 1～2 次。

5. **控株高、防倒伏**　多年试验结果表明,宁夏引黄灌区花生株高保持在 40～50 cm,倒伏现象比较少。为了防止倒伏,可用多效唑或烯效唑等生长调节剂进行防控。

6. **病虫草鼠鸟兽害控制**　病害主要为根腐病和黑斑病。根腐病在花生幼苗期发生,叶片自下而上依次变黄,干枯脱落;黑斑病在花生生长后期发生。成熟期鸟害现象比较严重,以喜鹊为主。

在发病初期,当田间病叶率在 10% 左右时,用多菌灵或 75% 的百菌消灵可湿性粉剂配成药液喷药 1 次,可防治根腐病和黑斑病;花生开花后期用防鸟网全部覆盖,以防鸟害。

7. **田间鉴定**　花生收获期观察记载初选株行的丰产性、典型性和一致性,以及荚果形状、大小及其整齐度等性状。通过鉴评,淘汰不具备原品种典型性的、有杂株的、丰产性差的、病虫害重的株行,对入选株行中的个别病劣株及时拔除。

8. 收获、干燥与贮藏 当花生植株下部叶片脱落、顶叶变黄、荚果发青、网纹突出时收获。具体收获期应根据天气情况适时进行,宁夏引黄灌区适宜收获期为 9 月 25 日～10 月 5日。收获后及时进行晾晒,由于花生颗粒上有土,晾晒不及时容易发霉。干燥后的花生品种分类集中贮藏,贮藏间保持通风干燥。

七、江 苏

(一)自然生态条件与花生种植区划

江苏位于东经 116°18′～121°57′、北纬 30°45′～35°20′。地处亚热带向暖温带过渡区,气候温和,雨量适中,以淮河、苏北灌溉总渠一线为界,界南属亚热带湿润季风气候,界北属暖温带湿润、半湿润季风气候。全省年平均气温 13.6～16.1℃,降水量 704～1 250 mm,年太阳辐射总量 4 245～5 017 MJ/ m^2,年日照时数 1 816～2 503 h,无霜期 214～256 d。自然条件能够满足花生生长发育对温度、水分和光照的需求,适宜花生生长。

江苏在中国花生产区的划分上属北方花生区和长江流域春、夏花生区的过渡区域。根据江苏的自然生态条件、种植制度和品种类型分为 4 大产区,即马陵山丘陵岗地花生区、黄泛冲积平原花生区、沿江高沙土花生区和江淮丘陵岗地花生区。

1. 马陵山丘陵岗地花生区 本区包括江苏东北部的赣榆、东海、新沂 3 县(市),铜山、邳州两地的北部区域,是江苏的重点花生产区,种植面积较大,相对集中连片,产量高。本区历史上以春花生为主,随着种植业结构调整和技术进步,麦茬夏花生面积不断增加。目前,本区种植模式有花生与小麦轮作、花生与玉米轮作等,品种以油用的中、大果类型为主。

2. 黄泛冲积平原花生区 本区为西北倾向东南的大沙河、旧黄河流域花生区,包括丰县、沛县、铜山东南部、睢宁、宿豫、泗阳、楚州、涟水、阜宁、响水、滨海、射阳等地区,主要集中在睢宁、淮安、涟水一线,种植面积年度间变幅较大,产量中等。本区种植模式有花生与小麦、玉米、甘薯等作物轮作,以花生与小麦轮作为主,油用的大果类型和食用的中、小果类型均有种植。

3. 沿江高沙土花生区 本区是江苏重要的食用花生产区,包括邗江、江都、泰兴、如皋、海安、海门、启东等地,主要集中在泰兴、如皋、启东、海门等县(市)。本区花生种植面积较大,相对集中连片,产量较高。本区以麦茬夏直播花生为主,油菜茬、马铃薯茬夏直播花生也有种植,春花生较少,品种以食用的中、小果类型为主。

4. 江淮丘陵岗地花生区 本区花生面积较小,春、夏花生均有种植,以夏花生为主,主要分布在泗洪、泗阳、盱眙、六合、句容等地。与其他花生区比较,本区花生种植区域分散,集中连片程度低,产量较低,但近年来种植面积小幅增加,潜力较大。本区种植模式多样,以麦茬和油菜茬夏直播花生为主,品种大多为食用的中、小果类型。

(二)种子生产技术

1. 地块选择与隔离 宜选择地势较平坦、沟渠配套、灌排方便、肥力中等以上的砂壤土、壤土,忌 3 年及以上连作,忌与豆类作物连作。种子繁殖田要及时清除自生苗,并与大田生产分开或地理隔离。

2. 整地、备播　适时耕、整地块,做到地平、土碎。垄作栽培一般垄宽 80 cm,垄高
15 cm。播前 7～10 d 带壳晒种,播前 5～7 d 剥壳,剔除病果、破损果、秕果,选择饱满的种
子,建议按子仁大小进行分级。

3. 拌种与播种　杀菌剂拌种,防治烂种及根(茎)腐病。将种子用清水浸润后与多菌灵
可湿性粉剂拌匀,阴凉通风处自然风干后待播。

种衣剂防治蛴螬等地下害虫。选用 30% 辛硫磷微囊悬浮剂,或 60% 吡虫啉＋40% 萎
锈·福美双,或 25% 噻虫·咯·霜灵,均匀包衣后在阴凉通风处自然风干后待播。

高油酸种子萌发对温度要求较高,本地区春花生 4 月下旬播种;夏花生应尽量早播,不
晚于 6 月 25 日。

垄作春播每垄 2 行,穴距 18～20 cm,每穴播 2 粒,每 666.67 m² 0.9 万～1.0 万穴;垄作
夏播每垄 2 行,穴距 16～18 cm,每穴播 2 粒,每 666.67 m² 1.0 万～1.1 万穴。

春花生宜先播种后覆膜,出苗后及时破膜放苗;夏花生先覆膜后播种或露地种植。

4. 水肥管理　播后关注田间湿度,遇旱及时浇水,力争一播全苗。苗期一般不需浇水。
开花下针期和结荚期应确保水分充足,以满足果针下扎和植株生长的需求。

种子田要开好排灌沟,遇雨能及时排水降渍,遇旱能及时补水,确保荚果正常发育和
充实。

结合耕翻整地一次施足基肥,一般每 666.67 m² 施商品有机肥 1 000～1 500 kg、高效复
合肥或花生专用肥 30 kg。缺钙田块每 666.67 m² 施过磷酸钙 50 kg。缺硼土壤要注意硼肥
基施或叶面喷施,基施每 666.67 m² 施硼肥 200～400 g,拌细土或复合肥施用;叶面喷施硼
肥,浓度为 0.1%～0.15%。

5. 控株高、防倒伏　结荚期如出现生长过旺势头,要及时化学调控。开花盛期,当主茎
高度超过 35 cm,且长势较旺时,应及时喷施烯效唑等生长调节剂。中、低产田一般不需
控旺。

6. 病虫草鼠鸟兽害控制　本地区花生叶部病害主要有叶斑病、锈病、网斑病等,当病叶
率达 5%～10% 时开始喷药,用嘧菌酯和苯醚甲环唑混配而成的悬浮剂或三环唑类药剂,间
隔 10～15 d 喷药 1 次,连续喷 2～3 次。

根(茎)腐病、烂果病、白绢病等土传真菌性病害可选百菌清或嘧菌酯等杀菌剂,间隔
7～10 d 喷药 1 次,连续喷药 2～3 次。

棉铃虫、斜纹夜蛾、甜菜夜蛾等食叶害虫,幼虫 3 龄前用高效氯氰菊酯乳油、辛硫磷乳油
兑水喷雾防治。蚜虫、粉虱、盲蝽等害虫可用吡虫啉、噻虫嗪等防治。

露地花生在播后芽前喷施除草剂防控杂草,封行前中耕除草 2～3 次,封行后视情况人
工拔除杂草。地膜栽培花生宜在覆膜前喷施除草剂,此后及时除草。

种子田还要做好鼠、鸟、野兔等兽类的防控。

7. 收获、干燥与贮藏　当花生 70% 左右的荚果饱满成熟时即可收获,具体收获期应根
据天气情况灵活掌握。收获后应及时晾晒或烘干,使荚果含水量尽早降到 10% 以下入库安
全储藏。

种子生产过程中要注意防杂保纯,生产期间及时清除杂株、劣株和病株。收获时清理收获工具,单收、单晒、单运、单贮,严防混杂。

八、安　徽

(一)自然生态条件与花生种植区划

安徽省地貌复杂多样,有山地、平原、丘陵和岗地,形成了淮北平原、江淮丘陵、沿江圩区、皖南山区和皖西大别山区五大农业生态区域。各生态区的温度、水分、日照、土壤类型、地形地貌等生态条件显著不同。淮河以北地区属暖温带半湿润季风气候,江淮丘陵地区属暖温带半湿润季风气候向亚热带湿润季风气候过渡地带,长江以南地区为亚热带湿润季风气候。安徽省年平均气温 15～18℃,热量资源满足花生生长的需求,能够保证花生正常成熟,适宜种植春花生、夏花生;全年无霜期 200～240 d;全年日照时数 1 800～2 500 h,光、温、热资源能够满足花生生长发育和产量形成的需要。安徽土壤种类繁多,全省花生产区种植面积较大的土壤类型为潮土、砂姜黑土和黄褐土。

依据地理环境条件、生态区域特点和栽培种植情况,安徽省花生可划分为 3 个种植区:淮北花生区、江淮丘陵花生区和沿江江南花生区。其中,沿江江南花生区占比较小,下面主要介绍前两个种植区。

安徽淮北地区属于中国花生种植区划中的黄河流域花生区。据《安徽省统计年鉴》数据统计,2019 年淮北地区花生种植面积 8.73 万 hm²,产量 51.2 万 t,占安徽省花生种植总面积的61%,占全省花生总产量的 72%。淮北地区属暖温带半湿润季风气候,年平均气温 15～17℃,≥10℃积温 5 000～5 400℃,花生生育期间积温 4 500～4 800℃,全年无霜期 210～240 d,全年日照时数 2 000～2 500 h。土壤类型以砂姜黑土为主,淮北地区的北部,属黄泛冲积平原,土壤为潮土;淮北地区的中部和南部,属河间平原,大多为砂姜黑土。淮北地区花生多为垄作栽培,以一年两熟或两年三熟为主,主要种植制度有春花生-冬小麦-夏玉米(或夏大豆)、夏花生-冬小麦-夏玉米(或夏大豆)。该区春花生 4 月中下旬播种,8 月下旬至 9 月上旬收获,栽培方式以机械起垄加地膜覆盖为主;夏花生多为前茬小麦收获后,采用机械起垄露地栽培方式。

江淮丘陵地区属中国花生种植区划中的长江流域花生区,位于安徽省中部。据《安徽省统计年鉴》数据统计,2019 年江淮丘陵区花生种植面积 4.55 万 hm²,占安徽省花生种植总面积的 32.0%;产量 16.63 万 t,占全省花生总产量的 23.6%。江淮丘陵地区属于亚热带湿润季风气候向暖温带半湿润季风气候过渡地带。年平均气温 15～18℃,≥10℃积温5 700℃左右,花生生育期间的积温在 5 000℃左右,全年无霜期 210～220 d,全年日照时数为 1 500～2 500 h。年平均降水量 600～1 700 mm,年际、年内降水量不均。土壤类型以黄棕壤和黄褐土为主。该区域花生总体产量低于淮北地区。江淮丘陵地区花生种植有春播和夏直播两种方式,春播在冬闲地块播种,夏直播为油菜茬或麦茬地块播种,为油菜(或小麦)-花生一年两熟制。该地区春花生于 4 月上旬至 5 月上旬播种,8 月下旬至 9 月上旬收获。夏花生在前茬作物收获后,即 6 月下旬之前完成播种,10 月上旬收获。

(二)种子生产技术

1. 地块选择与隔离　宜选择地势平坦、中等以上肥力的砂壤土种植。高油酸花生种子生产基地应避免重茬和连作地块,可选择与小麦、油菜等作物进行合理轮作,防止花生自生苗出现。为防止混杂,高油酸种子生产地块四周应避开普通花生种植地块。

2. 整地、备播　安徽省花生种植模式多样,与小麦、油菜等作物实行一年两熟或两年三熟制,多为春花生-冬小麦(或油菜)-夏玉米(或夏大豆),或夏花生-冬小麦-夏玉米(或夏大豆)的种植方式。春花生地于夏玉米(或夏大豆)收获后进行深耕,冬耕冻垡,第二年春季播种前再旋耕两次;夏花生于小麦或油菜等前茬作物收获后,及时除茬、整地。整地时应深耕细耙,耕地深度25～30 cm,一般实行垄作。

播种前10～15 d剥壳,以保持较好的种子活力。剥壳前应选晴天带壳连续晒2～3 d。大面积种植的种子可使用破损率较低的花生专用种子脱壳机进行机械脱壳。脱壳前一定要清理干净脱壳机,不能残留其他品种。少量精播用种或小面积生产示范,可采用人工剥壳。脱壳后的种子要分级精选,剔除虫、霉、烂、破损粒。根据种子质量等级,将种子分成一级、二级和三级。分级播种,先播一级种子,再播二级种子,尽量全部使用一级。分级后种子均匀整齐,播后苗势整齐,故一级种子作种可显著增产。

3. 拌种与播种　播种前,对精选的一级种子使用药剂拌种,可防治茎腐病、根腐病等土传病害及蛴螬、蝼蛄等地下害虫,减少花生生长期用药。目前安徽省花生生产上常采用高巧(或30%辛硫磷微胶囊悬浮剂)+多菌灵(或适乐时)进行拌种,可有效减少病虫害损失。

淮北和江淮地区花生栽培方式以垄作为主,一般采用双行种植。春播花生地膜覆盖栽培,夏播花生露地栽培。高油酸花生对低温反应敏感,播种时间应严格把握。耕层5 cm地温稳定在15℃(珍珠豆型小花生12℃)以上可播种,稳定在16～18℃时出苗快而整齐。安徽花生产区普通花生春播适期4月中下旬至5月上旬,高油酸花生春播可适当晚播,地膜覆盖栽培可比露地栽培早播7～10 d。夏花生要力争早播,一般在前茬作物收获后及时抢播,应在6月下旬之前完成播种,以降低花生后期生长和收获晾晒阶段的低温危害。

安徽淮北地区大花生品种每666.67 m^2 播8 000～10 000穴,江淮地区小花生品种每666.67 m^2 播10 000～11 000穴,一般双粒播。提倡精选种子,实现单粒精播,每666.67 m^2 播14 000～15 000粒(穴)。播种深度5 cm左右。

安徽淮北地区和江淮地区基本实现机械起垄播种,机播高油酸花生种子前要做好机械调配和试播,保证播种时均匀下种、深浅一致且没有漏播,尽量做到一播全苗。此外,还要检查播种机里是否有其他种子残留,更换新品种前要彻底清理干净播种机,减少机械混杂。

4. 水肥管理　为提高高油酸花生的产量、确保高油酸花生质量和商品性,一定要加强田间水肥管理。高油酸花生应坚持"重视前茬施肥、重施有机肥和磷肥、重施基肥、有机肥与氮磷钾肥配合施用,重视施用钙肥、微肥、叶面肥的施用"的施肥原则。若播前一次性施肥量过大,会造成中前期旺长倒伏,而后期又容易脱肥早衰。

花生施肥应以有机肥为主,有机肥能改善土壤理化性质,有益于根瘤菌活动。施用有机无机复合肥、生物有机肥、包膜缓释肥等缓释肥料,可防止后期脱肥早衰。施肥以基肥为主,应占总施肥量的70%～80%,中后期视花生生长情况适当追肥。花期及结荚饱果期追施钙肥、硼肥及叶面肥,可促进荚果的形成和饱满,减少空壳,提高饱果率。

安徽省各花生产区的降水量总体能够满足花生生长的需求,但存在降水不均衡的现象,特别是近年常遇久旱或久涝的极端天气。4~5月正值春花生播种出苗期,如遇连续阴雨低温天气,易引起烂种死苗;6月正值夏花生播种出苗期,如遇久旱天气,会严重影响夏花生的出苗和生长;7~8月正值春花生结荚下针、夏花生开花期,如遇梅雨季节的连续强降水,会造成烂果、徒长的不良影响。因此,遇干旱时及时浇水,遇涝渍时及时清沟排水,对保证高油酸花生的高产、稳产十分必要。

春花生和夏花生播种时均要保证足墒(田间最大持水量的60%~70%)。足墒播种的花生幼苗期一般不需要浇水。苗期适度干旱有利于根系发育,提高植株抗旱、耐涝能力,也有利于缩短第一、二节间距,便于果针下针,增加饱果率。生育中期,即花针和结荚期,是花生对水分最敏感的时期,也是需水量最多的时期,此时干旱对产量影响大,当植株叶片中午前后出现萎蔫时,应及时浇水。生育后期(饱果期)应保持水分适宜,防旱、防涝。遇旱应及时小水轻浇,防止植株早衰及黄曲霉污染。浇水不宜在高温时段进行,否则容易引起烂果。

5. 控株高、防倒伏　花生生长调节手段主要是采用肥水调节措施,对于肥水充足、长势较旺或有徒长趋势的地块要结合采用化控手段。化控药剂可以选择烯效唑、壮饱安等。喷药时间宜在花生盛花期至结荚期。当植株主茎达到35~40 cm,且有徒长趋势时即可喷施。施用生长调节剂要注意严格掌握施药时间、施药浓度和施药量,用量过大影响荚果发育,造成果型小、果壳变厚、叶片早衰枯死等不良影响,同时要避免重喷、漏喷和喷后遇雨等情况发生。

6. 病虫草鼠鸟兽害控制　安徽省花生产区病虫害种类多样,造成产量损失较大的病害种类主要有茎腐病、冠腐病、白绢病和叶斑病,害虫种类主要有蛴螬、钩金针虫、棉铃虫等。病虫防控坚持"预防为主,综合防控"的原则,防控技术有农业防治、化学防治、物理防治、生物防治等。农业防治主要是采用合理轮作;化学防治主要是药剂拌种,播前采用高巧(或30%辛硫磷微胶囊悬浮剂)+多菌灵(或适乐时)拌种是防控土传病害和地下害虫的有效方法,在安徽省花生区被广泛使用。叶斑病多发生在初花期,发病初期可用阿米妙收(有效成分为苯醚甲环唑和嘧菌酯)2 000倍液喷施花生叶面进行防治,每隔10~15 d喷施1次,连续喷施3次。

安徽省春播花生多采用地膜覆盖播种,地膜覆盖的花生受鸟害影响较小,对杂草的防治效果也较好。露地栽培的高油酸花生品种,可在垄上表面喷洒驱鸟剂。花生田播种后出苗前可选择喷施异丙甲草胺、精-异丙甲草胺等芽前除草剂,以控制苗期花生田的杂草。地膜覆盖的花生则在播种喷除草剂后再覆膜。花生苗后除草剂可选用盖草能等除草剂。

7. 收获、干燥与贮藏　花生要适时收获,收获过早或过迟均会影响花生产量。当花生植株表现衰老、顶端停止生长、上部叶和茎秆变黄、大部分荚果果壳硬化、网纹清晰、种皮变薄、种仁呈现品种特征时即可收获,收获期要避开雨季。

刚收获的花生荚果含水量为50%~60%,收获后应及时晾晒以防霉变。安徽省淮北花生区采用分段式收获,即花生植株被拔起后,植株顺垄堆放,荚果尽量向南摊开,当晒到果柄干脆、易断时,用摘果机集中脱果。

摘果后的荚果干燥采用自然干燥法,于晾场摊晒,荚果要摊成6~10 cm厚的薄层。摊晒时,应及时清理出部分地膜、叶子、果柄等杂物,有利于加速其干燥进程。晾晒过程中要勤翻动,傍晚堆积成长条状,并遮盖草席或雨布以利于防潮。等花生果晒干后堆成堆,过3～4 d后再摊晒2～3 d,如此反复2次,含水量可下降至10%以下的干燥标准水分。

高油酸花生营养价值高且不易变质,当水分含量下降至10%以下时,在20℃以下可长期贮存。温度升高会产生异味,导致变质。花生入库以后,为防止发生霉变及虫害,应将荚果装入网袋,下层靠近地面处要用枕木或其他材料隔离。花生垛堆放要留出通风道,避免接触墙壁,并配备适当功率的风机进行通风。花生荚果量比较大时,应采用室内装袋垛存方式贮藏,但垛不应太大、太高,并保持良好的通风环境,条件允许的情况下可采用低温冷库贮藏。

九、江　　西

(一) 自然生态条件与花生种植区划

1. 自然生态条件　江西自然生态条件优越,光照、积温、降雨、土壤等均适合花生种植。江西南北长约620 km,东西宽约490 km,南北气候差异较大。可沿上犹、南康、赣县、于都、瑞金等县境北界(北纬26°)从西向东画一横线,以南为春、秋花生两熟区,以北为春、夏花生栽培区。春花生播种期在3月下旬至4月底前;夏花生在油菜收获后到6月中旬前播种;秋花生播种期在7月中下旬。

2. 花生种植区划　江西花生产区主要分为赣南、赣中和赣北3个产区,其中赣南为春、秋花生两熟,赣中、赣北为春花生或夏初花生。目前江西花生种植面积60%左右集中于赣中红壤旱地,而水旱轮作花生主要集中于赣南。

(二) 种子生产技术

江西花生种子生产可以分为春植花生留种和秋植花生翻秋繁种两种方式。

1. 春植花生种子生产技术

(1) 地块选择与隔离:选择适合培创花生高产的砂质土壤或壤土,前作为水稻、甘薯、大豆或蔬菜等未种植过花生的田块,并通过冬翻冻土等措施创造一个土层深厚、耕层疏松、保肥通气的土壤条件。

(2) 整地、备播

① 翻耕犁耙,加厚耕层:土壤细、无杂草,田块在冬季犁耙的基础上再耙一次,耙平、耙细。

② 施石灰:每666.67 m² 撒施50～75 kg,于犁地前撒施。土壤深翻后,石灰与土壤充分接触,既可消毒土壤,又可中和土壤的酸性。

③ 开沟起垄(作畦):为利排灌,应开好围沟、畦沟和腰沟(稍大田块)。一般垄栽垄宽为70～73 cm(含沟),畦栽畦宽为133～150 cm(含沟)。畦大小据土质、灌溉条件、降雨量和密植规格等而定。整畦要求畦宽一致,畦面平坦,土块细碎,畦沟笔直,畦沟两头深、中间稍浅,四周开深沟。

④ 施基肥:根据土壤肥力情况施足基肥,每666.67 m² 可施腐熟农家肥20～30担或麸饼50 kg左右,或花生专用肥50 kg左右;钙镁磷肥50～75 kg,硼砂1 kg。同时,结合测土配方施肥,特别是花生必需的微量元素,要坚持"缺什么、补什么"的原则补充微量元素肥料。

⑤ 晒种、剥壳、精选种子：在播前选择晴天连晒 2～3 d 花生果,可促进提早出苗和苗齐、苗壮。晒种后即可剥壳,剥壳后种子应储藏在干燥的地方。然后对种子进行分级,选择饱满、大粒、无病虫害、无破损的种子备播。

(3) 拌种与播种

① 拌种：每 666.67 m² 种子用 0.2%～0.3% 钼酸铵溶液 2 kg 左右(即 5 克钼酸铵兑水 2 kg 左右)均匀喷于种子表面(晾干备用)。为有效防治枯萎病、茎腐病、根腐病,也可采用药剂拌种,按每 1 kg 种子用 2.5% 适乐时 10 ml 量进行包衣或每 1 kg 种子用 2 g 多菌灵可湿性粉剂拌种。

② 适期播种：在土壤 5～10 cm 处的日平均土温稳定在 12℃ 以上即可安全播种。同时还要视降雨量、土壤水分等情况而定。一般秋种种子可早播,春收种子应迟播。赣州地区在春分至清明、赣中和赣北在清明至谷雨之间播种为宜。要分级播种,要采取全苗壮苗综合措施,保证一播全苗、苗壮苗齐。播种量：每 666.67 m² 用荚果 12.5 kg 左右。密度：每 666.67 m² 双仁或单仁播 1.8 万～2.0 万株,即株行距垄栽(11.7～13.3) cm×16.7 cm,畦栽(11.7～13.3) cm×20 cm。播种深度：据土质和土壤湿度,以 3 cm 为宜,黏土、湿度大宜浅,沙质地、湿度小稍深。

③ 防虫、防草：播后盖土前喷施 48% 毒死蜱悬浮液 500 倍液或者辛硫磷悬浮液 1 000 倍液防治蛴螬和地老虎的危害。盖土后喷施芽前除草剂,如每 666.67 m² 用 50% 乙草胺乳油 80～100 ml 或 90% 金都尔 50 ml,兑水 50 kg 均匀喷洒地表。

为减少低温阴雨天气的影响,提高种子产量和质量,建议采用和推广地膜覆盖栽培技术。

(4) 加强田间管理

① 清棵蹲苗：花生基本齐苗后,抓紧破垄退土清棵,保证清棵质量,使两片子叶露出土面,促进花生蹲苗壮棵。

② 中耕培土：结合清棵进行第一次中耕,隔 15～20 d 进行第二次中耕,在花生盛花期进行培土迎针、拔除杂草。

③ 科学管水：苗期要保持土壤干爽,一般播种后至盛花前中午如大部分植株不出现因旱反叶就不需要灌水,即采取不旱不灌的原则,通过控制水来促苗矮、生节密;盛花期要保持土壤湿润,有利于开花结荚;后期要注意清沟排水,防止雨后渍水。

④ 科学控苗：花生始花后 40～50 d,即花生结荚前期,当植株长至 30 cm 时或者花生果针期(花生落针后花生果黄豆大),对封行花生喷施植物生长调节剂,每 666.67 m² 用 50 g 多效唑或 30 g 壮饱安,兑水 50 kg 均匀喷施,可使花生植株矮化,防止徒长倒伏。喷后若生长仍过于旺盛,可隔 10 d 左右再喷施 1 次,确保植株高度控制在 30～40 cm。对没有出现旺长的花生可以不进行化学调控。

(5) 防治病虫害：病虫防治以预防为主,对发生病虫害应采取针对性化学防治。

① 虫害防治：花生全生育期都有虫害,苗期一般以小地老虎、蛴螬、蓟马、蚜虫为多,中后期以斜纹夜蛾、棉铃虫为主。防治小地老虎、蛴螬等地下害虫,可选用 48% 毒死蜱或者 40% 辛硫磷 800 倍液于播种后覆土前喷杀;防治蓟马、蚜虫可分别用 10% 吡虫啉 1 500 倍液

喷杀;防治棉铃虫、斜纹夜蛾可用 2.5%氯氰菊酯 2 500 倍液或 40%乙酰甲胺磷 1 000 倍液等农药傍晚时喷杀。

②病害防治:病害主要有叶斑病、锈病、青枯病、茎腐病、根腐病、冠腐病、立枯病、白绢病、病毒病、黄叶病等。叶斑病、锈病等叶部病害选用 50%多菌灵、75%百菌清、70%代森锰锌、50%甲基硫菌灵、1:2:200(硫酸铜:石灰:水)波尔多液、50%胶体硫、联苯三唑醇等,在达到防治指标时叶面喷雾。一般间隔 10~15 d 喷药 1 次,连续 2~3 次,喷药时适当加入黏着剂。防治青枯病、白绢病、茎腐病、冠腐病、根腐病等根茎病害,在病株发现初期尽早拔除,并在病穴撒施石灰消毒。同时,在发病初期,选用 72%农用链霉素、10%世高、20%青枯灵、20%三唑酮、50%腐霉利(速克灵)、70%甲基托布津、96%恶霉灵等药剂粗水喷淋植株茎基部,隔 10 d 使用 1 次,共喷施 2~3 次。

(6)收获、干燥与贮藏:花生成熟时适时收获。种用花生一般以荚果进行贮藏,一般要求手工摘果。荚果收获后应充分晒干,确保花生种子水分含量达 10%以下。由于收获时正值盛夏酷暑高温,应避免种子直接在水泥地暴晒。将收获后的花生荚果清除杂质及秕果、病果、虫蚀果、破伤果,以提高净度。储藏场地应消毒灭菌,清理仓具。仓库具有防潮隔热性能,保持库内干燥通风。储藏器具以编织袋或麻袋为好,在使用之前做消毒、杀虫卵、清洁准备。最好制作种子标签,标明种子来源、种子名称、重量、入库时间等信息。贮藏室内不宜有农药、化肥等物质,因为农药、化肥的挥发物的腐蚀性是非常强的,会对种子的细胞及种胚造成非常大的影响。在贮藏期间,要经常检查种子的具体情况,查看是否有受潮、受到虫鼠威胁等,如果有异常情况发生的话,要及时处理,提高贮藏的安全性。

2. 秋植翻秋留种技术　秋植留种是加速良种的繁殖和获得新鲜、生活力强种子的重要技术。江西省南部花生可作春秋两季栽培,但由于春花生收获后正值高温、高湿季节,留种、保种困难,致使春播种子生活力和发芽率都不理想。在多年生产实践的基础上,农民创造了春种秋繁技术。

春植:一级留种田,占生产面积 3%~5%;

秋植:二级留种田,春播种子的增殖;

次春:大田生产,继续建立一级留种田。

秋花生种子是在干燥、温度较低、昼夜温差较大的条件下成熟,贮藏期间低温、干燥,贮藏期短,种子生活力强,带菌率低。同时,由于种子含油量较低,播种后吸水快得多,出苗快而整齐,长势均匀,植株健壮,出苗率可达 98%以上,增产效果显著,从而解决了南方花生产区春播严重缺苗的问题。

秋植翻秋留种生产技术要点如下。

(1)田块选择和起垄:要选择地势平坦、肥力均匀、土质良好、排灌方便、不重茬、不迎茬、不易受周围不良环境影响和损害的田块。实行机械起垄,垄距 85~90 cm,垄高 30 cm,垄面宽 55~60 cm,垄沟宽 30 cm。

(2)播种:将原种适度稀植于原种田中,播种时要将播种工具清理干净,严防机械混杂。秋花生播种期安排在 7 月中下旬,最迟不超过立秋,以夺取高产,所以前季春花生可以通过地膜覆盖栽培等措施比正常成熟花生提早 10~15 d 收获;秋花生种子采用当年春花生收获晒干后作种,可大大提高出苗率;播种密度一般为穴距 20 cm、行距 30 cm,每穴播 2 粒,播深 3～5 cm;秋花生每 666.67 m² 播种量掌握在 10～12.5 kg,即每 666.67 m² 播 1.1 万～1.2 万穴。播种后覆盖一层薄土。播后 2 d 内全田喷施乙草胺或金都尔等芽前除草剂防除杂草。

（3）及时查苗补苗,加强田间管理:幼苗顶土后及时查苗,缺苗穴及时催芽补种,以保全苗。

齐苗后封行前一般中耕 3 次。中耕掌握"一刮、二挖、三绣花"的程度,把植株周围的实土锄松。第一次中耕在花生全苗时进行,第二次中耕在清棵后 5～20 d 进行,第三次中耕结合培土,须防锄伤根瘤。

秋花生灌水原则要做到沟底不见白,保持土壤湿润,不渍水。秋花生幼苗期处于高温阶段,应及时补足水分。开花期对水分十分敏感,保证花生不受旱,也应及时补足水分,促进花多花齐,湿针润果,遇雨天要及时清沟排水,防止渍水而出现烂果。

秋花生虫害主要有地老虎、蚜虫、叶蝉等,可以选用吡虫啉、啶虫脒、阿维菌素等喷雾防治;病害主要有青枯病、叶斑病和锈病等,可以选用木霉菌、多菌灵、甲基硫菌灵、苯醚甲环唑、戊唑醇、腈菌唑等进行防治;鼠害可在开花下针后选用安全、高效、无二次中毒的杀鼠剂敌鼠钠盐进行防治。

（4）去杂去劣:种子生产田应由固定的技术人员负责,在苗期、花期、成熟期要根据品种典型性状严格拔除杂株、病株、劣株。

（5）收获:成熟时及时收获。收获过早,荚果不饱满,影响产量。收获过迟,容易在田间发霉,表面荚果变色,影响花生的产量及品质。收获时间一般为 11 月上中旬,花生成熟期收获。要单收、单脱粒、专场晾晒,严防混杂。

（6）晒储:花生收获后及时日晒,晒到种子安全含水量(含水量降到 10% 以下)时,扬净后入库储藏。清理秕果、杂质,以备销售、加工或作种。贮藏方式和管理同前。

十、湖　　南

（一）自然生态条件与花生种植区划

湖南省花生主要分布在湘中、湘南丘陵地带及洞庭湖周围和河流冲积沙土地带。全省气候暖和,年平均气温 15～18℃,无霜期 240～300 d。年降水量 1 300～1 700 mm,多集中在 4～6 月。不少地区常出现伏旱和秋旱现象。种植花生的土壤多为红壤和黄壤,部分为砂壤土和稻田土。栽培制度多为一年二熟制,以麦田套作花生为主,部分油茶幼林间作和水旱轮作。种植品种多为珍珠豆型品种。

（二）种子生产技术

1. 地块选择与隔离　花生种子扩繁生产基地应选择在气候与海拔适宜、地势平坦的地区,选用土层深厚、耕作层生物活性强、结实层疏松、肥力中等以上、排灌方便的生茬地。一般为砂壤土或壤土。忌用连作地、前作为茄科和葫芦科等易感病的作物种植地。连作地不仅病害重,而且土中残留荚果来年发芽成苗、结果,造成种子混杂。

2. 整地、备播　旱地在早春化冻后耕地,水稻地冬前耕地晒垡,开好"丰产沟",保证排水通畅。湖南省花生播种季节多雨,提倡采取分厢起垄栽培,播种前分厢,耙细整平,一般厢宽 150～200 cm(包沟宽 30 cm),要求"三沟"配套。厢或垄高 10～15 cm,垄上行距 30 cm,穴距 16～20 cm。

3. 拌种与播种

(1) 精选种子,适期播种:花生剥壳后,剔除虫、芽、烂、秕的子仁,以及与所用品种不符的杂色种子和异形种子。当 5 cm 耕层日平均地温稳定在 12℃ 以上可播种小花生品种,中、大粒花生则要求地温稳定在 13～15℃ 及以上播种。一般在清明节前后播种为宜,适期早播有利于避开后期干旱。

(2) 药剂拌种:在白绢病、茎腐病发生较重的地区,每 666.67 m² 用 50% 多菌灵、70% 甲基托布津可湿性粉剂 50 g 拌种,晾干种皮后播种;在地下害虫发生较重的地区,用种子量 0.2% 的 50% 辛硫磷乳剂加适量水配成乳液均匀喷洒种子,晾干种皮后播种;或用 35% 丁硫克百威、70% 吡虫啉拌种。

(3) 微量元素拌种:每 666.67 m² 用钼酸铵或钼酸钠 10 g 拌种,兑成溶液后用喷雾器直接喷到种子上,边喷边拌匀,晾干种皮后播种,可提高种子发芽率和出苗率,增强植株固氮能力。采用浓度为 0.02%～0.05% 硼酸或硼砂水溶液浸泡种子 3～5 h,捞出晾干种皮后播种,有利于促进花生幼苗生长和根瘤形成。硼肥也可以与有机肥拌施,还能在始花至扎针期叶面喷施。

(4) 单粒稀播,提高繁种倍数:根据土壤肥力、施肥水平和品种特性等基本情况,确定适宜密度。通常早熟或中、小粒品种,行距 33 cm,株距 15～18 cm,每 666.67 m² 播种 1.1 万～1.3 万粒;中熟或大、中粒品种,行距 33～36 cm、株距 20 cm,每 666.67 m² 播种 0.9 万～1.0 万粒。播后及时覆土厚度 3 cm 左右,采取综合措施,保证一播全苗。

4. 水肥管理

(1) 水分管理:花生生育前、中、后期需水量分别为少、多、少,南方花生生长前期、中期多雨易涝,后期多数年份干旱,有些年份秋涝则造成芽果、烂果。因此,在地势高、降水少的易旱地区要适期早播,使结果期避开干旱,或者深耕培土使之保水保肥;在地势低的地区预防渍涝,尤其平原地在花生播种前挖好排水沟,或播种时留出排水沟的位置,雨季到来之前挖好。

(2) 合理施肥:根据花生品种的需肥特点、产量潜力、养分需求、土地供肥能力和各种肥料的特性,实行适量、平衡、高效、安全施肥,严格限制重金属超标肥料,充分发挥根瘤的生物固氮作用。花生喜地力肥,对当茬所施肥料养分的利用率低,且氮肥过多会显著影响根瘤菌的固氮能力。南方花生产区土壤地力差,"瘦、酸、旱",磷肥易被土壤固定。因此,该区域花生施肥应该强化有机肥,适施氮钾、增施磷钙硫,补施硼钼镁锌。增施石灰能补钙肥、降酸度、解铝毒。小、中、大粒花生分别要求减氮、适氮、增氮。具体施肥量根据测土配方一次性施肥。施肥方法:若采用单一肥料,在播种前 7～10 d 结合分厢整地,每 666.67 m² 撒施尿素 7.5～15 kg,氯化钾 7.5 kg,土肥融合,肥效长;在播种沟每 666.67 m² 条施腐熟农家肥 1 000 kg 或饼肥 30～50 kg、磷肥 40～50 kg、硫酸镁和硫酸锌各 1 kg。花生一般不宜多施、追施氮肥,否则往往造成"喜死人的苗子、气死人的子粒、诱发了病虫、徒增了成本",且压抑根瘤菌的固氮积极性。特别提倡将磷肥与有机肥一起堆制,可提高双方的肥效。若全部采用复合肥料,播种后在株距之间每 666.67 m^2 点施 45～48％氮磷钾等比例复合肥 30～35 kg 即可。

此外,酸性土壤在冬前或耕地前每 666.67 m^2 增施石灰 50～75 kg;在开花前、初花期、结荚期可喷施 0.1％～0.3％"速乐硼"硼肥 3 次,还可与基肥混合施 200 g"持力硼";结荚期喷 0.3％磷酸二氢钾 1～3 次。

地膜覆盖栽培的则要采取全部肥料做基肥一次性使用,并适当加大有机肥用量。

5. 控株高、防倒伏　结荚初期当主茎高度达到 40 cm 时,每 666.67 m^2 用壮饱安可湿性粉剂 15～20 g,或 15％的多效唑,或 5％的烯效唑 40～50 g,加水 40～50 kg 进行叶面喷施。防止植株徒长或倒伏。

6. 病虫草鼠鸟兽害控制　在选用抗性品种、搞好肥水管理、合理轮作的基础上,开展病虫草害综合防治,一般病虫害轻、杂草少。化学农药必须选用低毒、低残留类型,忌用剧毒农药,提倡选用生物农药。最好采用拌种法施药,既预防病虫,又保护害虫的天敌。花生生育前期重在保种、护苗,主要防治地老虎、蚂蚁、蚜虫、蓟马等虫害,以及白绢病、茎腐病、冠腐病等病害。

(1) 地老虎防治:整地时人工扑杀,或者播种至出苗期间于晴天傍晚时采用速灭杀丁、除虫菊酯喷雾。

(2) 蚂蚁防治:丁硫克百威拌种预防,或者播种前后选用专药诱杀。

(3) 蚜虫、蓟马防治:播种时可以用丁硫克百威、吡虫啉等拌种预防,苗期发生危害时,用大功臣、辛硫磷、毒死蜱防治,每 666.67 m^2 药液用量 40 kg,防止病毒病传播蔓延。

(4) 白绢病、茎腐病、冠腐病防治:在白绢病、茎腐病发生较重的地区,将种子用清水湿润后,用种子量 0.3％～0.5％的 50％多菌灵可湿性粉剂拌种,晾干种皮后播种;全苗后用多菌灵、甲基硫菌灵喷雾,每 666.67 m^2 药液用量 40～50 kg。开花前再喷 1 次。

播种盖籽后、出苗前喷施金都尔除草,出苗后喷施盖草能除草。开花后、扎针前中耕松土 1 次。

7. 收获、干燥与贮藏

(1) 适时收获,科学晒贮:当上、中部叶片开始变黄脱落,70％荚果的内壳海绵组织变成黑褐色时,抢晴天收获。需特别注意的是:久旱后到了成熟期应按时收获,切忌等雨收获,以免大量发芽。尽快摘果、摊晒。晒足 4～5 d 后,在干燥、阴凉、无鼠害的高处存放。

(2) 保证品种纯度,防止混杂:每户只种植一个品种,若烂种缺苗,也不能用其他品种补种。先年落下的花生果在土里长出苗子时,必须及早拔除,以免品种混杂。收获、摊晒、存放过程中也要预防混杂。

十一、贵　州

(一) 自然生态条件与花生种植区划

1. 自然生态条件　贵州属于低纬度、高海拔亚热带季风湿润气候区。气候温暖湿润,气温变化小,冬暖夏凉,气候宜人。通常最冷月份 1 月的平均气温为 3～6℃,比同纬度其他地区高;最热月份 7 月的平均气温一般为 22～25℃,为典型夏凉地区。降水较多,雨季明显,阴天多,日照少。受季风影响,降水多集中于夏季。境内各地阴天日数一般超过 150 d,

常年相对湿度在70%以上。受大气环流及地形等影响,贵州气候呈多样性,"一山分四季,十里不同天"。另外,气候不稳定,灾害性天气种类较多,干旱、秋风、凝冻、冰雹等频度大,对农业生产危害严重。

中部地区年均气温14～16℃,≥10℃积温4 000～5 000℃,无霜期280 d以上,属于北亚热带气候;西部地势高,海拔多在1 500～2 200 m,最高达2 900 m,年均气温10.6～14℃,≥10℃积温2 500～4 000℃,无霜期230 d左右,属于暖温带气候;东部丘陵地区地势较低,海拔一般在600 m以下,年均气温16～17℃,≥10℃积温5 000～5 500℃,无霜期290 d左右,属于中亚热带气候;黔北河谷地区年均气温17～18℃,≥10℃积温5 500～6 000℃,也属于中亚热带气候;南部河谷地区是全省最热地区,年均气温18～19℃,≥10℃积温6 000～6 500℃,无霜期335～345 d,接近南亚热带气候。

贵州年降水量丰富,80%以上县(市)年降水量在1 100 mm以上,但季节分布明显,总的趋势是夏、秋季多于冬、春季。雨季平均开始期由东向西逐渐推迟。东部地区4月上旬、中部偏北地区4月底5月初、西北部和西南部地区5月中下旬开始进入雨季。因此,贵州东部春雨较多,而西南、西北部常常发生春旱。贵州为全国太阳辐射低值区之一,年太阳辐射量为90 kJ/cm²,年降雨日大都在200 d左右。

2. 贵州花生生产区域划分　贵州花生的种植区域水平分布为东自天柱县,西至威宁县的玉龙,南起独山县、从江县,北达道真县。地势垂直分布为低起黎平县,高至威宁县的玉龙、普安县的罐子窑。影响贵州花生自然分布的主要因子是气温,而影响贵州气温的主要因子是海拔,因此,凡海拔1 700 m以下(西南部地区上限到1 800 m)地区,属于贵州花生生长发育的自然生态适宜区。

贵州花生几乎遍及全省各县(市),自然分布海拔下限为137 m、上限为1 800 m。根据贵州生态特点和自然资源、经济利用现状、社会资源利用的充分合理性,及其发展趋势分析结合花生的特性以及花生产业化开发的可持续性,可将贵州花生经济种植及其综合利用划分为4个一级区和4个二级区:Ⅰ黔东南花生最适宜区;Ⅱ黔东北、黔西南花生适宜区;Ⅲ黔中花生次适宜区;Ⅳ黔西花生不适宜区。在最适宜区和适宜区各分别划分成两个二级区:Ⅰ1铜仁—岑巩、Ⅰ2天柱—三都最适宜亚区;Ⅱ1赤水—印江、Ⅱ2兴义—罗甸适宜亚区。

(二) 种子生产技术

1. 地块选择与隔离　土壤选择以全土层深厚、耕作层肥沃、疏松的壤土或砂壤土为宜。花生忌连作,连作不仅会减产,而且还会存在自生苗问题,使花生品种混杂。地块选择最好前茬作物为禾本科,可实现种地与养地相结合。

2. 整地、备播　整地的总体要求是土壤疏松、细碎、不板结、含水量适中、排灌方便。适时深松,深耕最好在前茬作物收获后进行,深度一般以(30～35 cm)打破犁底层为宜。深耕后的地块在播种前要及时旋耕平整,并挖好排水沟,在遇到洪涝灾害时能保证及时排水。整地时结合耕地施足基肥,每666.67 m²施入1 500～2 000 kg腐熟有机肥,配施50～65 kg化肥(包括氮肥10～15 kg、磷钾肥30～35 kg、钙肥10～15 kg)。

3. 拌种与播种　花生种子常携带青霉菌属、曲霉属、根霉属以及镰刀菌的病菌。药剂拌种十分必要,选择籽粒饱满、活力高、发芽率≥98%的一级花生仁作为种子,用50%氯丹乳剂按种子量的0.1%～0.3%拌种,或用50%辛硫磷乳剂按种子量的0.2%拌种,可防治苗期地下害虫;用40%拌种灵可湿性粉剂按种子重量的0.3%～0.5%或50%多菌灵可湿性粉剂拌种,可有效防止烂根、死苗,减轻病害;用20%～25%聚乙二醇在10～15℃浸种12～18 h,可提高种子活力,增强花生的抗旱性。

适时播种是花生全苗的重要保证。在贵州,当5 cm处土壤温度稳定在14℃以上,土壤含水量为最大田间持水量的50%～70%时,便可进行播种。一般情况下在4月中下旬进行播种,而在兴义等温度较高、热量充足的地区可在2月底播种。另外,如果采用覆膜栽培,播种期应该比露地栽培提前10 d左右。

合理密植是花生获得高产的关键。种植的适宜密度范围一般以植株在结果期封行为宜。种植密度要根据当地土壤肥力状况和品种习性来定:对于疏枝大果紧凑型品种,在高产田采用行距38～40 cm、株距17～20 cm,每穴播两粒,每666.67 m² 种植8 000～9 800穴;对密枝紧凑小果型品种,在高产田采用行距35～38 cm、株距15～18 cm,每穴播两粒,每666.67 m² 种植9 700～12 700穴。播种深度为4～5 cm,覆膜栽培的播种深度为3～4 cm。

4. 水肥管理

(1)合理灌溉与排水:由于贵州花生是典型的靠天吃饭,花生田间需水量只能靠降雨,但是如在花生需水最关键的盛花期、结荚期遇到干旱,应及时浇水。6～7月降雨量较多,应排除地面积水,降低地下水位和减少耕作层多余的水分,使土壤保持在最佳状态。

(2)酌情施肥:花生生长中后期应酌施氮肥,以磷、钾、钙、硼肥为主(每666.67 m² 追施15～20 kg),以改善花生营养,促进花生保果。

5. 控株高、防倒伏　在花生封垄前后,若植株株高超过35 cm时,每666.67 m² 用壮宝安15～20 g粉剂或5%烯效唑(多效唑)粉剂40～50 g兑水40～45 L进行叶面喷施,以防止倒伏。若仍有徒长趋势时,可以连喷2～3次,以收获时主茎高40～45 cm为宜。

6. 病虫草鼠鸟兽害控制

(1)病害防治:叶斑病、锈病、炭疽病等防治措施:① 选用抗病品种;② 采用25%多菌灵可湿粉剂500倍液、80%代森锌可湿性粉剂400倍液、45%百菌清600～800倍液进行防治,在发病初期喷1次,以后每隔10～15 d喷1次,连续喷2～3次,每666.67 m² 每次喷60 kg左右。常见枯萎病是青枯病,在贵州发病率较轻,一般为15%～20%。对于花生青枯病主要以防为主,防治措施主要有:① 种植抗病品种;② 改良土壤,增施有机肥,改善田间排灌条件;③ 实行轮作,尤其提倡水旱轮作;④ 及时清除病株残体。

(2)虫害防治:危害花生的害虫种类较多,一般常见地下害虫有蛴螬、地老虎、金针虫、蝼蛄、大蟋蟀等。防治方法:在播种期采用辛硫磷乳剂拌种进行防治;若后期危害严重,则可在花生封垄前,用40%辛硫磷乳油1 000倍液把喷雾器卸去喷头进行灌墩防治。地上害虫主要有斜纹夜蛾、蓟马、蚜虫、花生卷叶虫等。防治方法:可用5%锐劲特(氟虫腈)悬浮剂、5%吡虫啉(大功臣)乳油、40%乐果乳油等1 000～1 500倍液进行喷杀。

(3)杂草:要做到及早防治,可喷施5%精喹禾灵乳油,每666.67 m² 用70～100 ml兑水15 kg,对杂草茎叶进行喷施;或者结合施肥进行中耕除草,消除杂草危害,提高土壤通透性。

7. 收获、干燥与贮藏

(1) 适时收获:一般以地上部植株停止生长,中下部叶片由绿变黄,开始脱落,顶端叶片昼开夜合的感夜运动不灵敏或消失,便是花生成熟的标志。另外,可通过荚果饱满度进行判断,当外壳表皮由黄褐色变青褐色、大部分荚果网纹清晰明显且内果皮海绵组织变薄、子仁充实饱满、种皮显示该品种固有的颜色时,说明已经成熟,可进行收获。

(2) 及时晒干:新鲜花生熟荚果含水量50%左右。一般经过4~5 d晾晒后,堆放3~4 d使种子内的水分散发到果壳,再摊晒2~3 d,待含水量降到10%以下,即种皮用手搓容易掉、种子用牙咬有脆声时可安全存放。

(3) 安全贮藏:种子贮藏与含水量、温度、湿度等密切相关。种子安全贮藏的关键是保持荚果干燥,以含水量8%~9%为宜。贮藏期间应注意保持通风良好,以促进种子堆内气体交换,起到降温散湿的作用。在花生贮藏过程中,还要及时检查,加强管理,以防虫蛀、霉变、鼠害等的发生。

十二、福　　建

(一) 自然生态条件与花生种植区划

福建位于北纬23°33′~28°19′、东经115°50′~126°43′。东隔台湾海峡与台湾地区相望,东北与浙江省毗邻,西北横贯武夷山脉与江西省交界,西南与广东省相连,全省陆域面积12.4万 km²。福建地势受闽西、闽中两大山脉影响,整个地势呈东南低西北高的特点,因此地貌类型多样,气候差异明显。福建地处中国东南沿海,海岸线曲折,境内峰岭耸峙,丘陵连绵,河谷、盆地穿插其间,山地、丘陵占全省总面积的80%以上,素有“八山一水一分田”和“东南山国”之称。受海岸线和两大山带的影响,福建气候区域差异较大,全省可分为地域差异最明显的闽东南的南亚热带和闽西北的中亚热带。各气候带内水热条件的垂直分异也较明显。南亚热带不仅是福建省的主要农业区之一,也是福建花生主要种植地带,花生种植面积占福建花生播种面积的80%左右。

福建属亚热带海洋性季风气候,热量资源丰富,年平均气温14.6~21.3℃,属于全国年平均气温较高的省份之一。东南平均气温高于西北,沿海平均气温高于内陆;10℃以上的积温基本上在5 180~7 610℃之间。无霜期极短,南部基本无霜,中北部地区无霜期250~300 d,均适于花生发育需求,因此全省各地均可种植花生;温热充足的地区一年可种植两季。

福建是全国多雨的省份之一。大部分地区年平均降水量为1 000~2 000 mm,雨量充沛,但地区间差异明显,北多南少。由于受季风气候的影响,全年80%左右的降水量集中在3~9月,此时正是春花生生长和秋花生幼苗期和开花期,雨热同季,利于花生生长发育。虽然福建雨量充沛,但降雨量年内分配不匀,存在明显的干湿季,对花生生长造成影响。

福建省年日照时数较少,仅为1 670~2 405 h,居全国中下水平,日照百分率仅38%~54%,年太阳总辐射量为404.6~540.2 kJ/cm²,光合有效辐射(即生理辐射)量为201.2~265.1 kJ/cm²。年日照时数空间分布总的特点:沿海多于内陆,南部多于北部,低海拔高于高海拔;一年中有70%~75%的日照时数集中在3~10月,同花生生育季节相适应,其中3~6月日照时数占全年的26%~28%、7~9月占43%~47%、11~2月占全年的25%~

30%。春季日照少,往往对春花生生长发育造成影响。

福建花生栽培制度主要以一年两熟、两年五熟、一年三熟和二年六熟为主。没灌溉条件的旱地主要一年两熟或两年四熟,比如春花生→秋甘薯、春花生→秋大豆→冬闲、春花生→秋甘薯—春大豆→秋甘薯等。有灌溉条件的土壤肥力较好的旱地或水田,主要是两年五熟、一年三熟和二年六熟为主,旱地主要春花生→秋甘薯→蔬菜(冬闲)—春大豆→秋甘薯→蔬菜(冬闲),由于种植大豆效益较低,因此不少地区也采用春花生→秋甘薯→蔬菜(冬闲)—春花生→秋甘薯→蔬菜(冬闲)轮作模式。水田主要春花生→晚稻→蔬菜(冬闲)—早稻→秋花生→蔬菜(冬闲)。轮作间隔时间长短主要取决于轮作作物和土质。

根据花生产区的地理条件、气候因素、耕作制度、栽培方式、品种类型,福建大部分花生区属东南沿海花生区,福建西北部属长江流域花生区长江中下游丘陵花生亚区。

(二) 种子生产技术

1. 地块选择与隔离　花生为地上开花地下结荚作物,花生根系生长需要一个既通气透水又可蓄水保肥的土壤条件。同时,花生果针发育也需要土壤提供适宜水分、空气、养分和温度条件。因此,种子生产要获取高产,应选择土质疏松、土壤肥沃、土层深厚、保水保肥能力强的田块种植。为了减少连作障碍和自生苗的发生,种植田间要求 3 年内未种植花生,最好选用水旱轮作地种植。福建春花生生长期间雨水较多且分布不均匀,秋季干旱,因此种植地块还要求排灌方便,做到旱时能灌、涝时能排。

2. 整地、备播

(1) 整地:福建春花生前作多为蔬菜或多闲地。冬闲地要及时深耕晒白,以利消灭越冬虫卵和病菌,改善土壤物理性状。秋花生前作为水稻、大豆等作物,前后作间隔时间短,因此要及时进行整地,同时做好排水沟,防止强降雨造成田间积水,影响秋花生的按时播种。花生种子较大,脂肪含量高,萌发需要较多的水分和氧气,因此,整地后要求土壤疏松、土粒细、不板结,而且要无上季作物根茬。同时,水分要适宜,确保一播全苗。

(2) 备播:结合整地时的犁耙地施足基肥,每 666.67 m² 可施 2 000～2 500 kg 土杂肥＋1 000～1 500 kg 人粪尿＋5 kg 硫酸钾＋15～20 kg 过磷酸钙＋5 kg 尿素(碳铵),或氯化钾复合肥 25 kg,在整地时一次性施用。本省土壤多偏酸性,土壤钙含量偏低,因此还要补充钙肥。福建雨水较多,而且分布不均匀,因此当地大部分采用起畦种植。整地施肥后,在天气好的时期,按种植规格抓紧起畦备播。

3. 拌种与播种

(1) 种子准备

① 带壳晒种:在播种前带壳晒种 1～2 d。通过晒种,使种子含水量一致,加快种子出苗速度和整齐度。同时,利用晒种时太阳光紫外线杀死种子上的病菌。

② 剥壳、选种:剥壳时间不宜过早,太早剥壳,种子容易吸湿,造成种子活力下降。最好剥后当天或第二天播种。剥壳前最好进行荚选,选饱满、健康果剥壳,剥后对花生仁按三级进行分级播种。

③ 药剂拌种:用相当种子重量 0.1% 的百菌清、甲基托布津或种衣剂进行拌种,拌后即播。药剂拌种可防虫杀菌,提高出苗率。

(2) 播种

① 播期确定：普通珍珠豆型花生一般在 5 cm 土壤温度稳定在 12℃时播种，采用地膜覆盖可适当提早播种。高油酸花生多数品种苗期较不耐低温，因此，播期应适当推迟。本省南部地区升温较快，一般在可 3 月中下旬播种，南早北迟，各地应根据当地气候条件确定合适播期。播种不宜过早，过早会因低温阴雨而造成高油酸花生烂种。但也不宜过迟，播种太晚，温度较高、开花较早，也会造成减产。

② 播种密度：花生产量是由单株产量和株数构成的，只有充分利用地力和阳光，在保证株数基础上提高单株产量才能获得高产。一般每 666.67 m² 播 2.1 万～2.2 万粒；同时要掌握"肥地稀植，瘦地密植"的原则。

4. 水肥管理

(1) 水分管理：花生虽然是较耐旱作物，但整个生育期的各个阶段仍需要有足够水分满足生长发育需要。花生在不同生育时期对水分的要求有较大差异，整体上是"两头少，中间多"的需水规律。水分管理上要做到"干花、湿针、润果"的原则。① 苗期：出苗后要适当控制水分供给，促使根系向下生长。② 开花下针期：此期是花生需水的临界期，也是花生一生中对水最敏感的时期。开花期要适当控制水分，有利花生开花授粉；下针期灌迎针水，有利于花生的花针下扎结荚。③ 结荚期：是花生需水量最多的时期，要求土壤湿润，既要满足花生荚果生长发育的需要，又要在雨水较多时能及时排水防渍，防止水分过多造成荚果腐烂。④ 饱果成熟期：此期花生以生殖生长为主，根系吸收能力下降，叶片开始变黄脱落，此时要小水轻浇，防止后期贪青徒长。

(2) 施肥：在施足基肥的基础上，苗期根据长势可进行追肥。追肥一般在花生 3～4 叶时进行，每 666.67 m² 追施尿素 5～7.5 kg。后期根据长势，可适当进行根外追肥，保叶防早衰。根外追肥在下针、饱果期进行，可用 1%～2% 尿素水溶液或 2%～3% 过磷酸钙澄清液或 0.5% 磷酸二氢钾喷施，连喷 2～3 次，每次间隔 7～10 d。花期可用 0.05%～0.1% 硼砂溶液进行根外追肥，促结实饱满。本省土壤普遍偏酸性，土壤钙含量偏低，因此要追施钙肥。可在播种前每 666.67 m² 用过磷酸钙 15～20 kg 或钙镁磷肥 50 kg 作基肥，也可在开花下针期在根系周围撒施石灰 50 kg 或石膏 50 kg。

5. 控株高、防倒伏　在肥水条件较好的田块，容易出现花生徒长，可采用化控措施，控制植株高度，防治倒伏。结荚初期，当主茎高度达到 35 cm 时，每 666.67 m² 用壮饱安可湿性粉剂 20～25 g，或 5% 的烯效唑 40～50 g，加水 40～50 kg 进行叶面喷施。施药后 10～15 d 如果主茎高度超过 40 cm 可再喷施 1 次。化控药物要多次少量使用，一般分 2～3 次进行。化控时间不宜过早或过晚，化控后加强田间管理，防止花生叶斑病和叶片早衰。

6. 病虫草鼠鸟兽害控制　福建花生主要病害有叶斑病、锈病、青枯病和疮痂病等，主要虫害有夜蛾类害虫、叶蝉和蛴螬等。另外，个别田块还有鼠、鸟和野猪等危害。

(1) 病害：病害防治主要措施如下。① 种植抗病品种。② 收获后及时清除田间病株残体集中烧毁，及时翻耕加速病残体分解，有条件水旱轮作也可减少病源。③ 施足基肥，控制氮肥用量，增施磷钾肥，适时喷施叶面肥，增强植株抵抗力。④ 药物防治要及时，根据发生的病害种类选用相应的药剂。叶斑病叶面喷施杀菌剂如 50% 托布津或 25% 戊唑醇可湿性粉剂 1 000 倍液,每 666.67 m² 喷施 40～50 kg,每隔 10～15 d 喷 1 次,连喷 2～3 次;锈病可用 75％百菌清 600 倍液,25％粉锈宁 500 倍液,50％克菌丹 500 倍液,95％敌锈钠 500 倍液,80％代森锌 600 倍液,联苯三唑醇 1 000 倍液,每隔 7～10 d 喷药 1 次,连续 3～4 次。青枯病没有特效药,可在开始发生时用农用硫酸链霉素 3 000 倍液或青枯灵 600 倍液淋病苗及近病苗的健株,每株淋药液 100 g,一星期后再淋一次,连淋 2～3 次;疮痂病在发病初期开始喷甲基托布津或世高 1 次,每隔 10～15 d 喷 1 次,连喷 2～3 次。

(2) 虫害:主要是做好虫害预测预报工作,以防为主,采用物理防治、生物防治和化学防治等相结合方法,做到综合防治。① 农业防治:深翻改土、水旱轮作、摘除卵块等措施减少虫源。② 物理防治:用杀虫灯等进行诱杀。③ 化学防治:根据预报预测结果,及时进行虫害化学防治。红蜘蛛可用 15％扫螨净乳油 2 500～3 000 倍液;73％克螨特乳油 1 000 倍液等均匀喷雾防治。金龟子可采在播种时用高巧等专用种衣剂拌种;发生后可用 48％毒死蜱乳油兑水 50 kg 喷淋灌根,施药后立即浇水,或每 666.67 m² 用 40％辛硫磷 1～1.5 kg,傍晚前后随水浇灌。夜蛾类害虫可用 1.8％阿维菌素乳油 2 000～3 000 倍液喷雾防治。

(3) 鼠鸟兽害:鼠害主要采用毒杀方法,鸟和野猪危害主要是驱赶方法。

(4) 草害:本省花生杂草主要有禾本科马唐、莎草科香附子、菊科蒲公英和鬼针草、苋科反枝苋、藜科小灰藜等。各地应根据杂草发生种类选用合适的除草剂。

7. 收获、干燥与贮藏　叶片变黄,地下 70％以上荚果果壳硬化、网纹清晰,便可收获(一般生育期 125 d 左右)。收获后及时晾晒,1 周内将荚果含水量降到 8％以下。花生收获后水分较高,若不及时干燥,会导致花生霉变,甚至丧失食用价值。本省春花生收获季节在 7～8 月,此时正值本省高温天气,而且日照较充足,因此本省传统的花生干燥为自然条件下晾晒干燥。但近年来因劳动力、场地、天气(此时常有雷阵雨和台风雨)等影响,花生晾晒发霉现象时有发生,因此机械干燥技术需求明显增加。晒干后花生吸水性强,花生收获后的高温高湿容易使花生吸水而酶活性增强。花生热导性差,呼吸产生的热量与水气不易散发而引起局部霉变。因此,要做到高油酸花生的安全贮藏,除严格控制入库时原料的净度、含水量等外,还要想办法降低贮藏环境的温度和湿度,比如通风降温或利用冷库低温贮藏等。同时还应经常不定时检查。

参 考 文 献

[1]　范永强. 现代中国花生栽培. 济南:山东科学技术出版社,2014.
[2]　蒋菁,贺梁琼,韩柱强,等. 广西花生产业发展现状分析及其发展建议. 南方农业学报,2021,52(6):1460～1467.
[3]　全国农业技术推广服务中心. 高油酸花生产业纵论. 北京:中国农业科学技术出版社,2019.
[4]　田宝星,宫丽娟,杨帆,等. 黑龙江省春季低温指数小波分析. 水土保持研究,2017,24(1):342～345,350.
[5]　汤丰收. 花生高产与防灾减灾技术. 郑州:中原农民出版社.2014.
[6]　万书波,郭洪海,等. 中国花生品质区划. 北京:科学出版社,2012.
[7]　万书波,主编. 中国花生栽培学. 上海:上海科学技术出版社,2003.
[8]　王志伟,王传堂,张建成,等. 高油酸花生质量. 山东省地方标准,DB37/T 3806—2019.
[9]　禹山林. 中国花生遗传育种学. 上海:上海科学技术出版社.2011.
[10]　张明红. 山东高油酸花生高产高效栽培技术. 农业科技通讯,2019,(7):329～330,333.

第九章　中国高油酸花生鉴定评价及配套农艺措施研究

中国高油酸花生科技工作者针对高油酸花生育种材料和育成品种开展了多方面鉴定评价,涉及配合力(combining ability)分析、遗传多样性(genetic diversity)分析、抗性(resistance)、适收性和感官评价(sensory quality evaluation)等,并开展了配套栽培技术研究,对深化高油酸花生遗传育种研究、促进高油酸花生产业化发挥了积极作用。

第一节　高油酸花生配合力和遗传多样性分析

一、配 合 力 分 析

众所周知,四倍体栽培种花生的高油酸性状受控于两对主效基因 $FAD2A$ 和 $FAD2B$,但也有研究报告提示,遗传背景的重要性和环境因素的影响仍不可忽视。López 等(2001)指出,在 Starr ×F435 - 2 - 2 的杂交组合中,有 F_2 家系分离比不符合单基因或双基因遗传规律,表明其他因子也可能与油亚比有关。Dean 等(2020)发现,成熟度对弗吉尼亚型大花生(Virginia market type)油亚比的影响比对小粒市场型更大。Davis 等(2017)得出结论,油酸含量在兰娜市场型(Runner market type)品种中按 Jumbo＞Medium＞No. 1 的顺序递减,加热结果区(podding zone)土壤(比环境温度高 3.8～5.0℃)及终止后期花会导致西班牙型(Spanish market type)和兰娜市场型花生油酸含量升高。Otyama 等(2021)开展的一项全基因组关联分析研究(GWAS)确定了与油酸、亚油酸和棕榈酸含量相关的几个候选基因,朝着阐明花生脂肪酸表型分子基础的方向迈进了一大步。

迄今,杂交仍是花生最主要的育种方法。为培育花生品种,常建议根据配合力选择亲本。然而,鲜见高油酸花生配合力测定的研究报道。Singkham 等(2011)报告了 2 个美国高油酸花生品种 SunOleic 97R 和 Georgia - 02C 的配合力。这两个品种均被视为培育高油酸和高油亚比花生品种的最佳亲本,因为其高油酸性状的一般配合力(general combining ability, GCA)效应高。油酸和油亚比的 GCA 效应均达显著;特殊配合力(specific combining ability, SCA)效应虽也显著,但其对组合间变异的相对贡献比 GCA 效应贡献要少得多。结果提示,加性基因作用对油酸含量遗传有重要意义,针对高油酸性状选择应该是有效的。Amoah 等(2020)利用美国的一份高油酸供体(Numex 01)进行研究,发现 GCA 和 SCA 对油酸、亚油酸、棕榈酸和硬脂酸的影响非常显著,SCA 效应对油酸和亚油酸的贡献远低于 GCA,表明加性基因效应在油酸和亚油酸遗传中的重要性更大。齐飞艳等(2020)采用高油酸花生品种 DF15 和 4 个普通油酸亲本进行 Griffing's 完全双列杂交分析,发现脂肪酸和油分 GCA 效应高于 SCA 效应,且 DF15 是其中唯一油酸 GCA 为正值的亲本。

为选择理想的高油酸亲本,山东省花生研究所分子育种团队采用 NCⅡ设计对 5 份自创、鉴定的高油酸材料进行了基于单粒 F_1 种子化学品质的配合力分析(Wang 等,2021)。结果表明,油酸、亚油酸、硬脂酸、棕榈酸、油分和蛋白质含量 GCA 极显著;油酸、亚油酸、硬脂酸和蛋白质含量 SCA 极显著,棕榈酸 SCA 显著。GCA/SCA 比率从 6.25 到 24.00 不等。在所有品质性状中,GCA 均方都远高于 SCA,表明 GCA 对这些品质性状变异的贡献比 SCA 大。

如表 9-1 所示,5 个高油酸父本中,CTWE 和 19L87 具有高的、正的油酸 GCA 效应(分别为 0.042 2 和 0.013 0),低的、负的亚油酸和棕榈酸 GCA 效应(亚油酸 GCA 效应分别为 −0.031 1 和 −0.022 4,棕榈酸 GCA 效应分别为 −0.004 7 和 −0.000 4)。4 个母本中,小京生和 308 具有高的、正的油酸 GCA 效应(分别为 0.054 5 和 0.014 9),低的、负的亚油酸 GCA 效应(分别为 −0.064 5 和 −0.007 0)。小京生棕榈酸 GCA 效应为负值、低,而油分 GCA 效应为正值、高;308 蛋白质 GCA 效应为正值、高。

表 9-1　主要品质性状的 GCA 效应

父母本		油　酸		亚油酸		硬脂酸		棕榈酸		油　分		蛋白质	
父本	FB4	−0.021 8	C	0.037 5	A	0.009 1	A	0.000 6	A	0.014 6	A	−0.009 1	B
	CTWE	0.042 2	A	−0.031 1	D	−0.000 3	B	−0.004 7	B	−0.012 1	C	0.009 7	A
	花育 665	−0.014 9	BC	0.017 4	AB	−0.002 7	B	0.002 1	A	−0.001 9	BC	0.007 5	A
	19L87	0.013 0	AB	−0.022 4	CD	−0.003 5	B	−0.000 4	AB	−0.003 8	BC	0.005 8	A
	19L81	−0.018 4	BC	−0.001 4	BC	−0.002 7	B	0.002 3	A	0.003 2	AB	−0.013 9	B
母本	小京生	0.054 5	A	−0.064 5	C	0.006 9	A	−0.011 8	B	0.011 5	A	−0.008 0	B
	308	0.014 9	B	−0.007 0	B	−0.002 4	B	0.001 9	A	−0.000 5	AB	0.005 6	A
	19L173	−0.051 2	D	0.041 6	A	−0.000 9	B	0.004 5	A	0.001 0	AB	0.006 6	A
	19L85	−0.018 2	C	0.030 0	A	−0.003 6	B	0.005 3	A	−0.012 0	B	−0.004 2	AB

注:同一列带有相同大写字母的数字,无极显著差异。

CTWE、19L87、花育 665、19L81 和 FB4 等 5 份高油酸材料作父本与 19L173 杂交,油酸 SCA 效应均为正值、高(分别为 1.098 2、1.007 4、1.001 7、0.966 6 和 0.943 3)(表 9-2)。与此相仿,5 份高油酸材料作父本与 19L173 杂交,各组合蛋白质 SCA 效应依次为 0.506 9、0.486 4、0.458 3、0.498 8 和 0.511 7(表 9-2)。5 份高油酸材料作父本与小京生杂交,亚油酸、棕榈酸 SCA 效应均为负值、低(表 9-2)。

表 9-2　主要品质性状的 SCA 效应

父　母　本		油　酸	亚油酸	硬脂酸	棕榈酸	油　分	蛋白质
父　本	母　本						
FB4	小京生	−1.046 8	−0.620 4	−0.063 5	−0.220 3	−1.012 6	−0.497 9
	308	0.013 6	0.117 7	0.010 5	0.003 8	0.007 3	−0.002 3
	19L173	0.943 3	0.691 2	0.073 1	0.230 5	1.015 0	0.511 7
	19L85	−0.069 8	−0.101 3	−0.008 0	−0.002 0	0.014 0	−0.020 4
CTWE	小京生	−1.101 4	−0.575 1	−0.056 0	−0.216 7	−1.003 9	−0.488 1
	308	0.047 8	−0.037 7	−0.004 3	−0.005 5	−0.009 9	0.004 8

（续表）

父　母　本		油　酸	亚油酸	硬脂酸	棕榈酸	油　分	蛋白质
父　本	母　本						
CTWE	19L173	1.098 2	0.618 0	0.043 1	0.226 0	0.971 3	0.506 9
	19L85	0.008 3	−0.013 4	0.008 2	−0.002 1	−0.005 5	0.006 8
花育 665	小京生	−1.035 1	−0.630 3	−0.068 1	−0.215 4	−1.019 6	−0.482 2
	308	−0.018 3	−0.009 9	−0.000 5	0.003 5	0.004 8	0.012 8
	19L173	1.001 7	0.743 4	0.055 7	0.225 8	1.003 9	0.498 8
	19L85	−0.067 2	0.061 3	0.005 4	−0.002 2	−0.005 5	−0.019 5
19L87	小京生	−1.069 4	−0.559 6	−0.067 9	−0.211 9	−1.022 8	−0.473 6
	308	−0.024 5	−0.048 8	−0.001 3	−0.001 3	−0.002 4	0.001 2
	19L173	1.007 4	0.603 3	0.055 0	0.226 8	1.008 0	0.486 4
	19L85	0.092 3	0.018 4	0.004 6	−0.008 0	0.005 5	−0.006 3
19L81	小京生	−1.037 0	−0.611 7	−0.063 3	−0.217 1	−1.013 2	−0.480 2
	308	−0.018 6	−0.021 3	−0.004 4	−0.000 5	0.000 2	−0.016 5
	19L173	0.966 6	0.663 7	0.057 2	0.231 2	1.016 4	0.458 3
	19L85	−0.038 0	0.070 2	0.001 8	0.004 6	−0.006 2	0.011 4

　　油酸、亚油酸、硬脂酸、棕榈酸、油分和蛋白质含量狭义遗传力（narrow-sense heritability）估值分别为 51.33%、60.14%、70.00%、88.16%、41.12% 和 40.00%。其中，除蛋白质含量狭义遗传力为中外，其余品质指标均为高。关于花生油酸含量狭义遗传力，Singkham 等（2010）报道用亲子回归法估值为 63%～72%，Amoah 等（2020）和齐飞艳等（2021）报道分别为 53%、84.60%，尽管数值有所不同，但均为高，说明通过遗传改良手段提高花生油酸含量潜力较大。

　　从配合力分析结果看，CTWE 和小京生是花生高油酸育种最好的亲本。花生含油量遗传仅受加性基因控制，其他品质性状则同时受加性和非加性基因控制，但加性效应更重要。

二、遗传多样性分析

　　迄今仅有 4 篇中文文献报道了高油酸花生遗传多样性的研究结果，且均利用 F435 型高油酸花生材料。山东省花生研究所胡晓辉等（2013）利用 12 对 SSR 引物研究了 5 份高油酸花生和 1 份普通油酸花生（花育 22 号）的遗传多样性，相似系数为 0.325～0.750，平均为 0.655。辽宁省花生研究所于树涛等（2017）用 31 对 SSR 引物对 41 份高油酸花生材料进行遗传多样性分析，相似系数为 0.333～0.889，平均为 0.626。河北省农林科学院王瑾等（2020）用 140 对 SSR 引物分析 25 份高油酸花生材料，其遗传距离为 0.057～0.624，平均为 0.451。郭敏杰等（2020）用 217 对 SSR 引物分析了开封市农林科学研究院育成的 8 个高油酸花生品种的遗传多样性，相似系数为 0.343 8～0.968 8，平均为 0.614 9。

　　经过育种工作者的不懈努力，近几年育成的高油酸花生品种、品系和突变体越来越多。尽管如此，业界仍存在对当前高油酸品种遗传多样性的担忧，因为这些高油酸品种严重依赖于 F435 型高油酸供体。为此，山东省花生研究所分子育种团队对中国代表性育种团队培育的 104 个高油酸品种(系)和突变体(表 9 - 3)的遗传多样性进行了研究,以弄清是否由于近期的努力使高油酸花生的遗传基础得到拓宽。

表 9 - 3 研究所采用的高油酸花生品种(系)和突变体及其来源

高油酸花生名称	来　源	高油酸花生名称	来　源
花育 961	CV - CTW	花育 9622	L - CTW
花育 962	CV - CTW	花育 9623	L - CTW
花育 963	CV - CTW	花育 9624	L - CTW
花育 964	CV - CTW	花育 9625	L - CTW
花育 965	CV - CTW	花育 6620	L - CTW
花育 966	CV - CTW	20L2	L - CTW
花育 661	CV - CTW	20L4	L - CTW
花育 662	CV - CTW	20L3	L - CTW
花育 663	CV - CTW	20L5	L - CTW
花育 664	CV - CTW	20L12	L - CTW
花育 666	CV - CTW	20L10	L - CTW
花育 667	CV - CTW	20L19	L - CTW
花育 917	CV - C&Y	20L17	L - CTW
花育 32 号	CV - C&Y	20L15	L - CTW
花育 910	CV - C&Y	20L16	L - CTW
开农 301	CV - JZG	20L18	L - CTW
开农 61	CV - JZG	20L24	L - CTW
开农 71	CV - JZG	20L23	L - CTW
开农 176	CV - JZG	20L86	L - CTW
开农 1715	CV - JZG	20L104	L - CTW
开农 1768	CV - JZG	20L87	L - CTW
冀花 11 号	CV - YRL	20L114	L - CTW
冀花 16 号	CV - YRL	20L125	L - CTW
冀花 18 号	CV - YRL	20L123	L - CTW
中花 24	CV - Other - BSL	20L129	L - CTW
日花 OL1 号	CV - Other - DWZ	20L127	L - CTW
日花 OL2 号	CV - Other - DWZ	20L124	L - CTW
花育 51 号	CV - Other - JC	20L111	L - CTW
花育 52 号	CV - Other - JC	20L163	L - CTW
DF05	CV - Other - XYZ	20L162	L - CTW
豫花 37 号	CV - Other - XYZ	20L168	L - CTW
花育 960	L - CTW	20L192	L - CTW
花育 967	L - CTW	20S18	L - CTW
花育 968	L - CTW	20S80	L - CTW
花育 969	L - CTW	20S85	L - CTW
花育 660	L - CTW	20S77	L - CTW
花育 665	L - CTW	20S78	L - CTW
花育 668	L - CTW	花育 618	L - C&Y
花育 669	L - CTW	花育 9118	L - C&Y
花育 9620	L - CTW	花育 9121	L - C&Y
花育 9621	L - CTW	花育 9128	L - C&Y

（续表）

高油酸花生名称	来　　源	高油酸花生名称	来　　源
花育 9130	L – C&Y	花育 9125	L – C&Y
花育 9131	L – C&Y	CTWE	Mu – CTW
花育 617	L – C&Y	FB4	Mu – CTW
花育 9115	L – C&Y	20L74	Mu – CTW
花育 9116	L – C&Y	20L174	Mu – CTW
花育 9117	L – C&Y	ADHO	Mu – CTW
花育 9118	L – C&Y	20HES – 18	Mu – CTW
花育 9119	L – C&Y	15L46HOA	Mu – CTW
花育 9121	L – C&Y	20L185	Mu – CTW
花育 9123	L – C&Y	15L46HOB	Mu – CTW
花育 9124	L – C&Y	20A18M5N2②	Mu – CTW

注：CV=品种，L=品系，Mu=突变体。CTW=山东省花生研究所分子育种团队，C&Y=山东省花生研究所杂交育种团队，JZG=开封市农林科学研究院花生育种团队，YRL=河北省农林科学院粮油作物研究所花生育种团队，BSL=中国农业科学院油料作物研究所花生育种团队，DWZ=山东日照张佃文花生团队，JC=山东省花生研究所辐射育种团队，XYZ=河南省农业科学院花生育种团队。除山东省花生研究所分子育种和杂交育种团队、开封市农林科学研究院、河北省农林科学院粮油作物研究所育成的品种外，其他团队育成的品种包括中花 24、日花 OL1 号、日花 OL2 号、花育 51 号、花育 52 号、DF05 和豫花 37 号统称为其他团队高油酸品种（CV – Other）。

采用 38 对 AhMITE 引物共扩增出 75 条多态性条带。8 个群体的平均多态性位点百分率（percentage of polymorphic loci, pp）、Nei's（1973）基因多样性（h）、香农信息指数（Shannon's information index, i）分别为 100％、0.291 0 和 0.451 8。山东省花生研究所分子育种团队选育的品系（L – CTW）遗传变异性最丰富（pp、h 和 i 分别为 94.67％、0.273 0 和 0.421 1）；山东省花生研究所杂交育种团队选育的品系（L – C&Y）次之（pp、h 和 i 分别为 78.67％、0.246 8 和 0.372 4）；山东省花生研究所分子育种团队选育的品种位列第三（上述 3 项指标分别为 68.00％、0.246 1 和 0.366 3）；山东省花生研究所、开封市农林科学研究院和河北省农林科学院粮油作物研究所以外其他团队育成的高油酸品种（CV – Other）和山东省花生研究所分子育种团队育成的突变体（Mu – CTW）分列第四、第五位。3 个组当中，第 3 组（L – CTW＋L – C&Y＋Mu – CTW）和第 1 组（CV – CTW＋CV – C&Y）遗传变异程度较高，第 2 组（CV – JZG＋CV – YRL＋CV – Other）列第三位（表 9 – 4）。

表 9 – 4　中国不同育种团队高油酸花生基因型的遗传多样性分析

组/群体	材料数	na	ne	h	i	np	pp	G_{st}
CV – CTW＋CV – C&Y	**15**	**1.893 3**	**1.476 0**	**0.288 4**	**0.439 2**	**67**	**89.33**	**0.264 0**
CV – CTW	12	1.680 0	1.422 1	0.246 1	0.366 3	51	68.00	
CV – C&Y	3	1.520 0	1.348 6	0.201 0	0.296 9	39	52.00	
CV – JZG＋CV – YRL＋CV – Other	**16**	**1.826 7**	**1.422 7**	**0.261 5**	**0.401 7**	**62**	**82.67**	**0.182 6**
CV – JZG	6	1.626 7	1.350 8	0.209 6	0.317 8	47	62.67	
CV – YRL	3	1.520 0	1.341 6	0.198 5	0.294 2	39	52.00	
CV – Other	7	1.666 7	1.385 5	0.228 5	0.344 2	50	66.67	

（续表）

组/群体	材料数	na	ne	h	i	np	pp	G_{st}
L - CTW + L - C&Y + Mu - CTW	**73**	**2.000 0**	**1.456 7**	**0.283 9**	**0.441 0**	**75**	**100.00**	**0.112 7**
L - CTW	47	1.946 7	1.443 2	0.273 0	0.421 1	71	94.67	
L - C&Y	16	1.786 7	1.425 6	0.246 8	0.372 4	59	78.67	
Mu - CTW	10	1.666 7	1.370 6	0.221 5	0.335 7	50	66.67	
总计	**104**	**2.000 0**	**1.466 5**	**0.291 0**	**0.451 8**	**75**	**100.00**	**0.054 0**

注：na=观察到的等位基因数（observed number of alleles），ne=有效等位基因数（effective number of alleles），h=Nei's(1973)基因多样性[Nei's (1973) gene diversity]，i=香农信息指数（Shannon's information index），np=多态性位点数（number of polymorphic loci），pp=多态性位点百分率（percentage of polymorphic loci），G_{st}=遗传分化系数（coefficient of genetic differentiation）。

　　山东省花生研究所分子育种团队和杂交育种团队育成品种间的遗传分化系数 G_{st} 为0.264 0（两个群体间的变异占总变异的26.40%，两个群体内的变异占73.60%）。开封市农林科学研究院团队和河北省农林科学院粮油作物研究所团队及其他团队育成品种等3个群体间 G_{st} 为0.182 6，山东省花生研究所分子育种团队和杂交育种团队育成品系和山东省花生研究所分子育种团队育成的突变体3个群体间 G_{st} 为0.112 7。上述3个组间 G_{st} 为0.054 0，表明组间遗传变异只占5.40%（表9-4）。类似地，8个群体的分子方差分析（AMOVA）结果表明，总遗传变异中9.2%为群体间的，其余90.8%为群体内的。

　　根据 *ah*MITE 多态性分析结果，104个高油酸花生材料可分为两大类（Ⅰ和Ⅱ）。这两大类可再分别细分为两个亚类（Ⅰ-a、Ⅰ-b和Ⅱ-a、Ⅱ-b）（图9-1）。山东省花生研究所杂交育种团队育成的多数品系在第Ⅰ类，而山东省花生研究所分子育种团队育成的所有品种和多数品系在第Ⅱ类。山东省花生研究所分子育种团队育成的所有品种在Ⅱ-b亚类，开封市农林科学研究院团队6个品种中有5个在Ⅰ-b亚类。山东省花生研究所分子育种团队育成的突变体出现于4个亚类里边的3个（3个在Ⅰ-b、5个在Ⅱ-a、2个在Ⅱ-b）。河北省农林科学院粮油作物研究所团队育成的品种和山东省花生研究所分子育种团队育成的品系出现于3个亚类。山东省花生研究所杂交育种团队和分子育种团队育成的品系遗传多样性程度高于这两个团队育成的品种。

　　用NTSYSpc 2.10e计算出104个高油酸材料的遗传相似系数为0.440 0～0.933 3，平均值为0.695 3，与之前王辉等（2013）采用 *ah*MITE 分析115份材料的结果相仿（平均值为0.690 2）。先前高油酸花生SSR研究中，相似系数最小值为0.325 0～0.343 8，平均值为0.614 9～0.655 0。不过不同类型分子标记估算出来的相似系数很难直接比较。

　　本研究表明，在所列高油酸品种中，山东省花生研究所分子育种团队育成的品种遗传多样性最丰富；在所列高油酸品系中，山东省花生研究所分子育种团队育成品系遗传多样性程度最高。山东省花生研究所分子育种团队和杂交育种团队育成的高油酸花生品系，其遗传多样性都分别高于各自团队育成的品种，说明经过育种工作者的不懈努力，高油酸花生的遗传基础已明显得到拓宽。

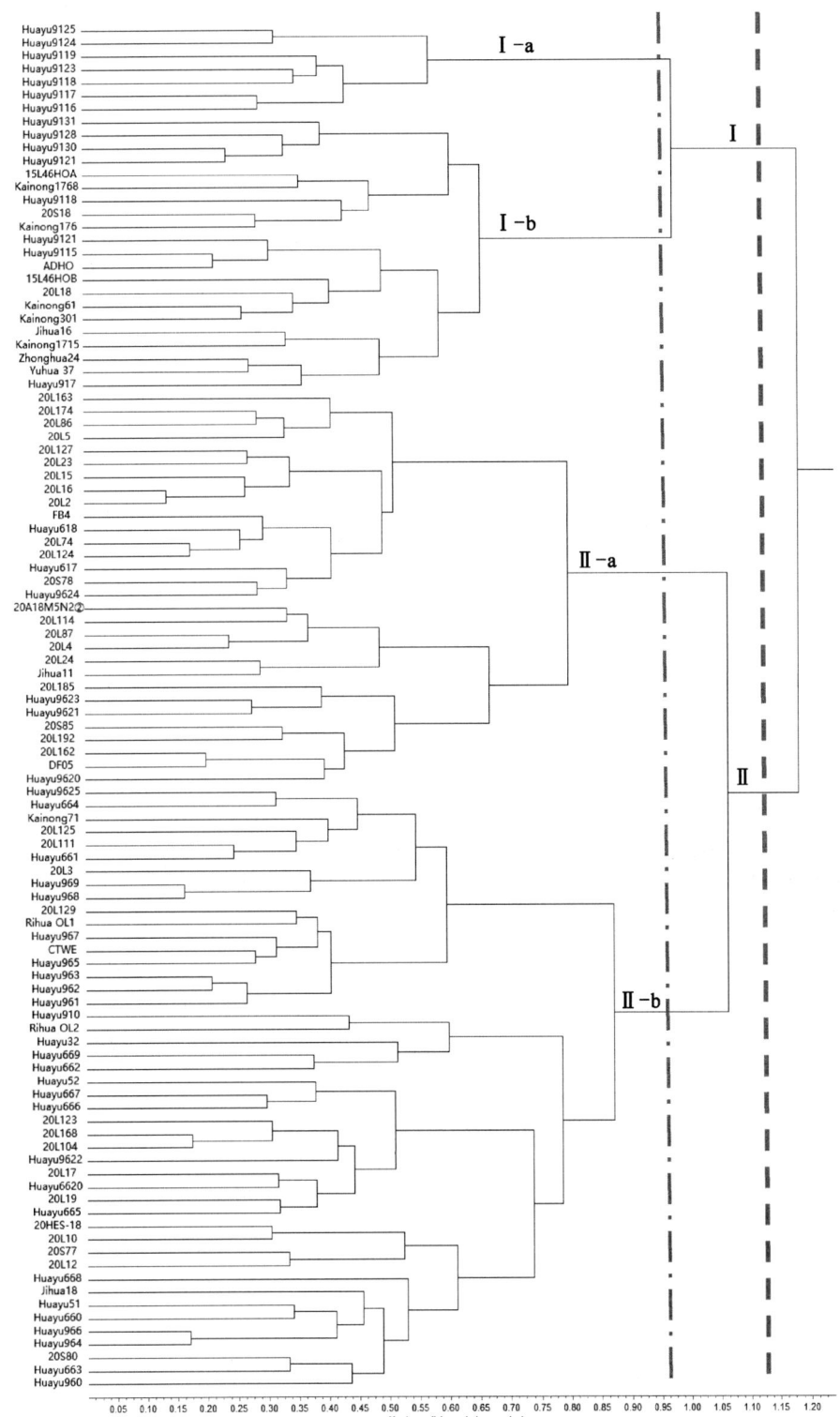

图 9 - 1 中国高油酸花生聚类分析图

Huayu=花育,Kainong=开农,Jihua=冀花,Yuhua=豫花,Zhonghua=中花,Rihua=日花

第二节　应对播种出苗期低温高湿

冷害是指0℃以上低温所致伤害。文献中常采用室内冷处理种子而后进行常温发芽试验评价花生萌芽期的耐冷性。

中国农业科学院油料作物研究所薛晓梦等(2021)为探究花生种子油酸含量与其萌发期耐冷性的相关性,调查6组不同遗传背景的花生品种及其高油酸回交后代品系(BC_4F_8)在低温条件下的发芽率和发芽指数,发现低温胁迫下花生萌发期耐冷性与其油酸含量无显著相关性。分析了 $ahFAD2-1A/B$ 和 $ahFAD2-4A/B$ 在 Quanhua 551-NO 和 Quanhua 551-HO 中的表达模式,认为花生种子油酸含量并不是决定其萌发期耐冷性的关键因素。

山东省花生研究所分子育种团队 Wang 等(2013)报道,室内2℃ 72 h 低温处理后常温发芽(25℃ 72 h),高油酸品种花育661(12L29)露白率高达100%、花育963(12L48)为88.33%、花育961(12L15)为75.00%、花育962(12L30)为55.00%,普通油酸对照品种花育33号为88.33%、丰花1号为88.33%。辽宁种植户反馈,花育661耐田间播种出苗期低温(安宁,私人交流)。但在辽宁省海洋水产科学研究院张高华等(2019)的低温冷浸发芽研究(2℃ 72 h,22℃ 3 d)中,花育661表现远不及S51、S53,据观察其田间也表现相对不耐寒。不同报道间的差异或与胁迫水平不同有关,也不排除种子生产环境因素或保存条件对花生抗逆性产生了一定影响。

江苏徐淮地区徐州农业科学研究所孙东雷等(2021)进行室内2℃ 48 h 低温处理后常温发芽试验,通过对多项耐冷指标进行筛选,认为发芽指数及萌发耐冷指数可以作为高油酸花生萌发期耐冷性的最优鉴定指标。根据综合评价结果,鉴定出耐冷性强的材料1份(15L17[*])、中等耐冷的材料20份[15L16、16L64、15S2、徐花23、15S9、徐1208、花育668(15S1)、冀040-11、冀农G94、15L1、花育967(15L2)、徐1009、徐1008、花育669(15S25)、豫花80、15L15、15L10、15L11、徐1204、15S24],耐冷较差的材料29份(花育917、冀花11号、徐花18号、徐花28、开农308、花育32号、07-4103、徐1210、冀农G32、冀花16号、豫花87、花育961、徐1211、徐1107、冀124、花育51号、开农1715、花育962、徐花24、锦引花1号、中花224、冀101、冀花13号、15L8、冀0717、济花3号、16S18、郑农花23号、徐花26)、耐冷差材料5份(开农176、F18、徐花25、冀5020、w22)和冷敏感材料1份(15S11)。

然而室内萌芽期耐冷试验结果对生产应用参考价值的高低取决于其能在多大程度上预测低温或者低温高湿条件下的田间出苗率,因此田间试验是必不可少的。

一、高油酸花生对播种出苗期低温的反应及包衣效果鉴定

花生是世界上主要的经济作物,其子仁富含油分和蛋白,茎蔓适口性好、营养价值仅

---

　　*　该品系来自山东省花生研究所分子育种团队。

次于苜蓿,属油、食、饲兼用作物。春花生播种出苗期遭遇低温,易造成花生烂种缺苗,带来严重的经济损失。开展花生播种出苗期耐低温评价研究,对于花生安全生产具有重要意义。

黑龙江省农业科学院常博文等(2019)以不同生态区的 30 个花生品种为试验材料,研究了倒春寒天气诱导的低温胁迫对花生出苗的影响。以出苗率为指标筛选出 4 个耐低温花生品种(阜花 17、阜花 12、冀花 16 号、冀花 18 号)和 4 个不耐低温品种(鲁花 11 号、白沙 1016、正农黑花生 1 号、白玉)。其中,冀花 16 号、冀花 18 号为高油酸品种,出苗率为 95.27% 和 94.56%。

(一)多点早播和室内低温预处理发芽试验

田间播种出苗期耐低温鉴定试验结果通常具有较强说服力,但费事费力,且受气象条件影响,难以全年开展试验。室内发芽试验不受时间所限,可进行大规模筛选,但如前所述,其鉴定结果要与田间试验基本一致才有利用价值。山东省花生研究所分子育种团队较早地开展了有关研究,曾与吉林省农业科学院花生团队联合鉴定出室内和田间均表现优异的耐低温多粒型花生种质 A4(唐月异等,2011)。该团队育成耐低温普通油酸品种花育 44 号(王传堂等,2013;白冬梅,私人交流)和高油酸品种花育 661。但遗憾的是,与许多其他研究者一样,未能建立起室内与田间播种出苗期耐低温鉴定结果具体指标间显著的相关关系。

山东省花生研究所分子育种团队开展的这项研究旨在探讨室内低温浸泡、常温发芽试验结果与田间早播出苗率间的关联,为花生播种出苗期耐低温筛选鉴定提供方便、可靠的技术手段(王传堂等,2021b)。

早播试验于 2016 年春季进行,比正常播种约提早 10 d。设 5 个试验点,参试花生材料包括 7 份 S 系列小花生材料、11 份 L 系列大花生材料,以及大花生对照花育 33 号、小花生对照花育 20 号,共计 20 个花生品种(系)(表 9-5)。

表 9-5 花生春季早播出苗率和室内发芽结果(王传堂等,2021b)

品种(系)	田间出苗率(%)							室内发芽		
	白城	公主岭	阜新	潍坊	汾阳	平均	最低	芽长/种长	露白率(%)	发芽率(%)
花育 668	90.00	100.00	95.00	67.63	96.39	89.80	67.63	1.20	96.55	80.00
15S3	42.50	85.83	46.67	68.60	89.29	66.58	42.50	1.13	93.33	76.67
15S8	71.25	90.83	69.17	77.29	88.07	79.32	69.17	1.45	100.00	86.67
15S9	71.25	95.83	60.00	75.85	93.85	79.36	60.00	1.30	100.00	96.67
15S11	90.00	100.00	52.50	70.05	90.24	80.56	52.50	1.24	96.67	80.00
花育 669	92.50	100.00	72.50	83.57	95.51	88.82	72.50	1.61	100.00	96.67
15S28	85.00	100.00	63.33	78.26	92.22	83.76	63.33	1.43	100.00	90.00
15L1	86.25	100.00	71.67	76.11	86.67	84.14	71.67	1.31	100.00	83.33
花育 967	86.25	88.33	80.00	85.56	93.89	86.81	80.00	1.46	100.00	100.00
15L3	67.50	99.17	64.17	66.11	91.18	77.63	64.17	1.53	100.00	96.67
15L4	72.50	100.00	79.17	85.56	88.14	85.07	72.50	1.04	90.00	76.67
花育 968	85.00	95.83	80.83	82.78	83.80	85.65	80.83	1.47	100.00	100.00

（续表）

品种（系）	田间出苗率（%）							室内发芽		
	白城	公主岭	阜新	潍坊	汾阳	平均	最低	芽长/种长	露白率（%）	发芽率（%）
15L9	77.50	95.83	60.00	74.44	87.01	78.96	60.00	1.51	100.00	86.67
15L10	80.00	100.00	55.83	87.78	86.36	81.99	55.83	1.09	100.00	70.00
15L11	67.50	93.33	72.50	75.00	93.64	80.39	67.50	1.91	100.00	100.00
15L15	86.25	100.00	72.50	82.22	89.14	86.02	72.50	1.81	100.00	100.00
15L16	82.50	97.50	56.67	72.22	93.06	80.39	56.67	1.10	100.00	76.67
15L18	60.00	95.00	61.67	77.78	88.56	76.60	60.00	1.29	100.00	93.33
花育33号	83.75	100	83.33	81.67	91.38	88.03	81.67			
花育20号	88.75	100	64.17	68.12	86.36	81.48	64.17			

花生田间耐低温分级按全部试验点未包衣种子早播最低出苗率确定。最低出苗率≥80%为高耐，70%≤最低出苗率＜80%为中耐，60%≤最低出苗率＜70%为低耐，最低出苗率＜60%为不耐。

室内低温浸种发芽试验于山东省花生研究所分子育种团队实验室内进行，2℃浸水处理3 d，然后于25℃卷筒发芽7 d，统计各参试品种（系）芽长/总长、露白率和发芽率。

在4个省份5个试验点共计进行了20个花生材料的春季早播试验，其中18个材料做了室内低温浸种发芽试验。各点田间出苗率和全部试验点平均出苗率、最低出苗率以及室内发芽试验结果如表9-5所示。最低田间出苗率均在40%以上，室内发芽率均在70%以上。田间条件下播种出苗期耐低温鉴定结果，花育967（15L2）、花育968（15L8）、花育33号等3份参试材料为高耐，花育669（15S25）、15L1、15L4、15L15等4份材料为中耐，花育668（15S1）、15S8、15S9、15S28、15L3、15L9、15L11、15L18、花育20号等9份材料为低耐，15S3、15S11、15L10、15L16等4份材料为不耐（王传堂等，2021b）。

方差分析结果表明，参试花生品种（系）在吉林白城的出苗率存在极显著差异（处理间F值＝4.133，p＝0＜0.01）。以小区为单位的广义遗传力 $h_{B_1}^2$ 和以品种均值为单位的广义遗传力 $h_{B_2}^2$ 分别为43.92%、75.80%。按遗传力大于40%为高遗传力、20%～40%为中等遗传力、低于20%为低遗传力，以小区或品种均值为单位的花生播种出苗期低温条件下出苗率广义遗传力均为高（王传堂等，2021b）。

方差分析结果表明，参试花生品种（系）在山东潍坊的缺穴数存在极显著差异（处理间F值＝2.526，P＝0.005 2＜0.01）。以小区为单位的广义遗传力 $h_{B_1}^2$ 和以品种均值为单位的广义遗传力 $h_{B_2}^2$ 分别为33.72%、60.42%。以小区或品种均值为单位的花生播种出苗期低温条件下缺穴数广义遗传力分别为中和高（王传堂等，2021b）。

室内发芽的3项指标与田间最低出苗率间的简单相关分析结果表明，只有发芽率这项室内发芽指标与田间最低出苗率相关显著，r＝0.576 3（表9-6）。回归分析表明，回归关系成立，回归系数显著，最低出苗率（%）＝15.277 6＋0.562 4×发芽率（%）（王传堂等，2021b）。

表 9 - 6　室内发芽指标与田间最低出苗率间的简单相关分析(王传堂等,2021b)

性　　状	芽长/种长	露白率(%)	发芽率(%)	最低出苗率(%)
芽长/种长		0.022 9	0.000 0	0.060 0
露白率(%)	0.532 6		0.026 6	0.365 0
发芽率(%)	0.816 3	0.521 0		0.012 3
最低出苗率(%)	0.451 4	0.227 0	0.576 3	

注:上三角为 p 值。下三角为 Pearson 相关系数值。

近年来,北方花生产区经常遭受倒春寒的影响,严重危害花生生产。从生产实际出发,开展田间自然条件下的耐低温鉴定是十分必要的。考虑到播种出苗期低温冷害可发生于播种后至出苗前各个阶段,而且地温是随时变化着的,进行多环境田间试验不可或缺。指望通过室内一次低温预处理发芽试验完全模拟自然条件来鉴定耐低温性并不现实。本研究发现室内发芽率与田间早播最低出苗率之间存在显著相关关系,决定系数为 33.21%,说明室内发芽试验可以作为花生耐低温性种质鉴定的初步筛选手段。通过优化室内试验条件,或仍有一定提升空间(王传堂等,2021b)。

本研究中的 8 份材料同时参加了耐苏打盐碱试验(苏江顺等,2018),但耐低温试验中室内外各项指标与耐盐碱试验相对产量低值相关皆不显著,说明耐低温与耐苏打盐碱受不同的遗传控制。本研究估算了花生播种出苗期耐低温性广义遗传力,为中或高的水平,与本团队之前估算的相同时期耐低温高湿广义遗传力相当(王传堂等,2021c),说明具有一定遗传改良潜力(王传堂等,2021b)。

通过本研究鉴定出 3 份高耐、4 份中耐、9 份低耐、4 份不耐低温花生材料,其中花育 967(15L2)、花育 968(15L8)2 份高耐播种出苗期低温的高油酸花生品种(系),室内低温浸种常温发芽率均为 100%。值得关注的是,花育 967 经田间鉴定也高耐苏打盐碱,在吉林白城种植,可达 300 kg/666.67 m^2 以上的产量水平(宋奥,私人交流)(王传堂等,2021b)。

(二) 辽宁阜新分期播种及种子包衣试验

辽宁省沙地治理与利用研究所花生育种团队利用现已育成的高油酸花生品种及该团队选育的高油酸花生品系为材料,开展耐低温筛选研究,同时对苗苗亲种衣剂应用效果进行评价,以期为东北花生产区春季萌发期烂种提供解决方案(于树涛等,2021a;Sun 等,2020)。

试验于 2019 年春季在辽宁省沙地治理与利用研究所花生育种基地进行,每份材料每期单粒播种 2 行(60 粒)。分 5 期播种,分别为 4 月 19 日(第一期)、4 月 26 日(第二期)、5 月 3 日(第三期)、5 月 10 日(第四期)和 5 月 17 日(第五期,正常播种期)。以 5 月 3 日(第三期)播种出苗率与 5 月 17 日(第五期)播期出苗率的比值(相对出苗率)作为分级标准:相对出苗率(%)=(早播试验调查的出苗率/正常播种调查的出苗率)×100%。按相对出苗率对花生萌发期耐低温性进行分级:相对出苗率>50%为高耐,40%<相对出苗率≤50%为中耐,30%<相对出苗率≤40%为低耐,相对出苗率≤30%为不耐。

试验地块地温低于 10℃ 的日期分别出现在 4 月 18 日、4 月 19 日,4 月 20 日、4 月 21 日、4 月 24 日、4 月 25 日、4 月 26 日、4 月 27 日、4 月 28 日、4 月 29 日、5 月 1 日、5 月 2 日、5

月3日、5月5日、5月6日、5月7日、5月9日和5月20日。其中4月21日4:00～5:00温度最低,为3.3℃,对花生正常萌发影响较大。

15个未包衣的参试品种(系)5期播种出苗率与相对出苗率调查结果见表9-7。按花生萌发期耐低温性分级标准,筛选出1个高耐材料(xc43)、3个中耐材料(花育662、xc42、豫花65)、2个低耐材料(阜L13、花育51号),其余9个材料均为不耐。

表9-7　15个花生品种(系)不同播期出苗率及耐低温评价(于树涛等,2021a)

| 品种(系) | 包衣 | 出苗率(%) | | | | | 相对出苗率(%) | 耐低温性 |
		第一期(4/19)	第二期(4/26)	第三期(5/3)	第四期(5/10)	第五期(5/17)		
阜L13	否	0.00	3.33	28.33	80.00	81.67	34.69 bcd	低耐
阜花36	否	0.00	16.67	28.33	80.00	95.00	29.82 abcd	不耐
阜花26	否	0.00	13.33	11.67	86.67	78.33	14.89 cd	不耐
阜花37	否	0.00	8.33	5.00	70.00	81.67	6.12 cd	不耐
花育965	否	0.00	1.67	21.67	78.33	81.67	26.53 cd	不耐
花育662	否	23.33	30.00	38.33	76.67	83.33	46.00 ab	中耐
阜L11	否	0.00	0.00	3.33	51.67	83.33	4.00 d	不耐
开农1768	否	3.33	5.00	11.67	81.67	93.33	12.50 cd	不耐
阜L71	否	0.00	3.33	10.00	68.33	81.67	12.24 cd	不耐
xc42	否	0.00	30.00	41.67	78.33	90.00	46.30 abc	中耐
xc43	否	20.00	35.00	46.67	71.67	88.33	52.83 a	高耐
豫花65	否	6.67	11.67	36.67	80.00	80.00	45.83 abcd	中耐
花育51号	否	5.00	5.00	28.33	78.33	87.50	32.38 abcd	低耐
花育51号	是	87.50	91.67	89.17	81.67	84.17	105.94	
阜花33	否	0.00	6.67	1.67	83.33	68.33	2.44 cd	不耐
阜花33	是	70.83	69.17	60.00	90.83	81.67	73.47	
阜L14	否	0.00	0.00	11.67	45.00	86.67	13.46 cd	不耐
阜L14	是	83.33	74.17	72.50	85.00	85.33	84.96	
花育33号	是	89.17	80.83	73.33	81.67	82.50	88.88	
阜花12	是	76.67	77.50	75.83	83.33	77.50	97.85	

注:同列不同小写字母表示差异达显著水平。

按厂家推荐方法对花育51号、阜花33和阜L14[前3个均为高油酸花生品种(系)]及阜花12(小粒型)和花育33号(大粒型)进行苗苗亲种衣剂包衣处理(表9-7),其中后两个为普通油酸品种对照,未进行不包衣试验。从调查结果可以看出,花育51号、阜花33和阜L14经苗苗亲种衣剂包衣,出苗率在60.00%～91.67%之间,明显高于未包衣的出苗率。第一期出苗率,未包衣阜花33和阜L14均为0%,包衣后分别为70.83%、83.33%;第二期出苗率,未包衣阜L14、花育51号分别为0%、5%,包衣后分别为74.17%、91.67%,均明显高于未包衣。总之,前三个播期,花育51号、阜花33和阜L14这三个高油酸花生品种(系)用苗苗亲包衣比不包衣至少提高了58.33个百分点。第三播期出苗率方差分析表明,苗苗亲包衣与不包衣出苗率差异极显著(于树涛等,2021a)。研究结果认为,针对辽宁地区花生种子萌发期易受低温侵害的问题,除筛选耐低温品种外,选择可靠的种子包衣剂能很好地抵御低温风险,建议在辽宁乃至东北花生产区推广应用苗苗亲种衣剂(于树涛等,2021a)。

二、高油酸花生对播种出苗期低温高湿的反应及包衣效果鉴定

作为中国重要的优质出口花生生产基地,北方冷凉地区出产的花生黄曲霉毒素污染风险低于温暖的南方地区。但近年来,中国东北农牧交错区和北方大花生产区春花生播种出苗期低温高湿灾害频发,导致花生大面积烂种缺苗,尤以有机质含量高的地块和低洼地块为甚,造成严重经济损失,危及我国优质花生生产。种子包衣是一项简便、有效防治病虫害的技术措施,在花生生产中发挥了重要作用,但在科研和生产中屡屡发现有的种衣剂包衣后易烂种,有时甚至比不包衣还严重。筛选鉴定能抵御播种出苗期低温高湿的花生品种和种衣剂十分必要。

农谚道,"春冷秋热,必是雨节"。春季降温与降雨常先后发生,造成冷害与高湿并存。过去对花生耐播种出苗期低温已有一些研究报道,但对高湿缺乏应有关注。

本研究目的在于,利用山东省花生研究所分子育种团队育成的高油酸花生品种和部分新品系进行耐低温高湿鉴定,估算花生耐低温高湿特性的广义遗传力,并在前期工作基础上对种衣剂苗苗亲应用效果进行评价,为克服北方地区花生春季烂种提供解决方案(王传堂等,2021c)。

参试花生品种(系)共39个,包括山东省花生研究所分子育种团队育成登记的全部12个高油酸品种(表9-8、表9-9)。其中30个参加三期播种试验。全部39个参加第三期播种试验。苗苗亲种衣剂由广州苗博士生物技术有限公司提供,按厂家推荐方案包衣。

表9-8　30个花生品种(系)三期播种不包衣出苗率及播种出苗期耐低温高湿性评价

品种(系)	第一期出苗率(%)	第二期出苗率(%)	第三期出苗率(%)	三期平均出苗率(%)	三期最低出苗率(%)	耐低温高湿性
花育960	46.15	42.31	51.28	46.58	42.31	中耐
花育9623	46.15	84.62	41.03	57.26	41.03	中耐
花育660	50.00	38.46	38.46	42.31	38.46	低耐
花育9621	53.85	38.46	48.72	47.01	38.46	低耐
花育968	42.31	65.38	38.46	48.72	38.46	低耐
花育661	42.31	61.54	33.33	45.73	33.33	低耐
花育6620	69.23	76.92	33.33	59.83	33.33	低耐
花育665	42.31	50.00	33.33	41.88	33.33	低耐
花育668	57.69	46.15	30.77	44.87	30.77	低耐
花育669	76.92	30.77	41.03	49.57	30.77	低耐
花育9624	46.15	30.77	41.03	39.32	30.77	低耐
花育964	38.46	50.00	30.77	39.74	30.77	低耐
花育966	65.38	34.62	30.77	43.59	30.77	低耐
花育9622	34.62	46.15	28.21	36.32	28.21	不耐
花育664	30.77	26.92	58.97	38.89	26.92	不耐
花育9625	26.92	88.46	35.90	50.43	26.92	不耐
花育963	26.92	50.00	66.67	47.86	26.92	不耐
花育9620	42.31	53.85	25.64	40.60	25.64	不耐

（续表）

品种（系）	第一期 出苗率（%）	第二期 出苗率（%）	第三期 出苗率（%）	三期平均 出苗率（%）	三期最低 出苗率（%）	耐低温 高湿性
19L30	46.15	23.08	28.21	32.48	23.08	不耐
花育662	23.08	57.69	35.90	38.89	23.08	不耐
花育666	76.92	57.69	23.08	52.56	23.08	不耐
花育667	46.15	53.85	23.08	41.03	23.08	不耐
花育962	65.38	57.69	23.08	48.72	23.08	不耐
花育965	46.15	57.69	23.08	42.31	23.08	不耐
花育967	30.77	30.77	23.08	28.21	23.08	不耐
花育663	34.62	30.77	20.51	28.63	20.51	不耐
花育961	26.92	50.00	20.51	32.48	20.51	不耐
18S16	19.23	26.92	20.51	22.22	19.23	不耐
19S1	30.77	38.46	17.95	29.06	17.95	不耐
花育969	11.54	34.62	2.56	16.24	2.56	不耐

表9-9　第三期播种试验苗苗亲包衣提高花生出苗率的效果（王传堂等，2021c）

品种（系）	出苗株数					包衣 出苗率 均值（%）	包衣比不包衣 出苗率均值 提高（百分点）
	不包衣 均值	不包衣品种 （系）间差异显 著性（5%水平）	不包衣品种 （系）间差异显 著性（1%水平）	包 衣均值	相同品种（系） 包衣与不包衣 差异显著性		
花育33号	9.33	a	A	11.67	*	89.74	17.95
花育963	8.67	ab	AB	11.33	*	87.18	20.51
花育664	7.67	abc	ABC	11.67	* *	89.74	30.77
花育960	6.67	abcd	ABCD	12.67	* *	97.44	46.16
花育9621	6.33	abcd	ABCD	11.67	* *	89.74	41.02
19L58	5.67	abcde	ABCDE	12.00	* *	92.31	48.72
花育20号	5.67	abcde	ABCDE	12.33	* *	94.87	51.28
花育9624	5.33	abcde	ABCDE	11.33	* *	87.18	46.15
花育669	5.33	abcde	ABCDE	10.00	* *	76.92	35.89
花育9623	5.33	abcde	ABCDE	10.67	* *	82.05	41.02
花育660	5.00	bcde	ABCDE	11.33	* *	87.18	48.72
花育968	5.00	bcde	ABCDE	12.00	* *	92.31	53.85
花育662	4.67	bcde	ABCDE	12.00	* *	92.31	56.41
花育9625	4.67	bcde	ABCDE	11.33	* *	87.18	51.28
19L57	4.67	bcde	ABCDE	12.67	* *	97.44	61.54
花育665	4.33	cdef	ABCDE	13.00	* *	100.00	66.67
19L17	4.33	cdef	ABCDE	10.67	* *	82.05	48.72
花育661	4.33	cdef	ABCDE	11.33	* *	87.18	53.85
花育6620	4.33	cdef	ABCDE	11.67	* *	89.74	56.41
花育668	4.00	cdefg	ABCDE	12.33	* *	94.87	64.10
花育964	4.00	cdefg	ABCDE	10.33	* *	79.49	48.72
花育966	4.00	cdefg	ABCDE	10.67	* *	82.05	51.28
花育9622	3.67	cdefg	BCDE	11.33	* *	87.18	58.97
19L30	3.67	cdefg	BCDE	12.67	* *	97.44	69.23

（续表）

品种（系）	出 苗 株 数					包衣出苗率均值（%）	包衣比不包衣出苗率均值提高（百分点）
	不包衣均值	不包衣品种（系）间差异显著性（5%水平）	不包衣品种（系）间差异显著性（1%水平）	包衣均值	相同品种（系）包衣与不包衣差异显著性		
花育 9620	3.33	defg	BCDE	12.67	＊＊	97.44	71.80
花育 965	3.00	defg	CDE	12.33	＊＊	94.87	71.79
19L23	3.00	defg	CDE	12.67	＊＊	97.44	74.36
花育 667	3.00	defg	CDE	11.67	＊＊	89.74	66.66
花育 666	3.00	defg	CDE	12.33	＊＊	94.87	71.79
花育 962	3.00	defg	CDE	12.33	＊＊	94.87	71.79
花育 967	3.00	defg	CDE	9.67	＊＊	74.36	51.28
18S16	2.67	defg	CDE	12.00	＊＊	92.31	71.80
花育 663	2.67	defg	CDE	13.00	＊＊	100.00	79.49
花育 961	2.67	defg	CDE	11.67	＊＊	89.74	69.23
19S1	2.33	defg	CDE	11.67	＊＊	89.74	71.79
19S5	2.33	defg	CDE	12.00	＊＊	92.31	74.36
19L41	1.33	efg	DE	10.00	＊＊	76.92	66.66
花育 969	0.33	fg	E	9.33	＊＊	71.79	69.23
19S3	0.00	g	E	12.00	＊＊	92.31	92.31

注：＊＊表示极显著差异（1%水平），＊表示显著差异（5%水平）。

试验于 2020 年 4 月中旬在山东省花生研究所莱西试验农场院内试验区分三期进行，均为起垄裸栽。其中第一期、第二期安排在同一块地，起小垄单行种植，垄宽 53 cm，穴距 16.67 cm，每品种各播 26 粒，分别于 2020 年 4 月 14 日、17 日播种，苗情调查至不再出苗为止（分别为 5 月 13 日、15 日）。第三期安排在另外一块地，大垄双行单粒播种，垄宽 80 cm，穴距 16.67 cm，为裂区设计，以品种为主区，苗苗亲种衣剂包衣或不包衣为副区，3 次重复，每重复每品种每处理播种 13 粒。2020 年 4 月 18 日播种，5 月 16 日不再出苗，至此苗情调查结束。用浙江微松冷链科技有限公司生产的 PRO 温度记录仪（型号：WS-T11PRO）每小时自动记录两个地块地表 5 cm 深处地温（王传堂等，2021c）。

花生耐低温高湿分级按田间条件下未包衣种子三期播种最低出苗率确定。最低出苗率＞50%为高耐，40%＜最低出苗率≤50%为中耐，30%＜最低出苗率≤40%为低耐，最低出苗率≤30%为不耐。

4 月 14 日至 5 月 16 日试验期间，有 5 天出现降雨（4 月 16 日、4 月 18 日、4 月 19 日、5 月 8 日、5 月 12 日），第一期、第二期播种的地块最低地温跌破了 10.5℃，第三期播种的地块最低地温跌破了 7.2℃，形成了低温高湿的土壤环境（王传堂等，2021c）。

30 个参试品种（系）未包衣种子三期播种最低出苗率为 2.56%～42.31%。其中，2 个（花育 960、花育 9623）（占 6.67%）对播种出苗期低温高湿中耐，11 个（花育 660、花育 9621、花育 968、花育 661、花育 6620、花育 665、花育 668、花育 669、花育 9624、花育 964 和花育 966）（占 36.67%）低耐，其余 17 个品种（系）（占 56.67%）不耐（表 9-8）。三期播种出苗率之间相关不显著（王传堂等，2021c）。

第三期播种未包衣种子出苗株数方差分析结果表明,39 个参试花生品种(系)出苗株数存在极显著差异(处理间 F 值＝2.507,p＝0＜0.01)。以小区为单位的广义遗传力 $h_{B_1}^2$ 和以品种均值为单位的广义遗传力 $h_{B_2}^2$ 分别为 33.44%、60.11%。按遗传力大于 40% 为高遗传力、20%～40% 为中等遗传力、低于 20% 为低遗传力,以小区或品种均值为单位的花生播种期低温高湿条件下出苗株数广义遗传力分别为中和高(王传堂等,2021c)。

第三期播种未包衣种子出苗指数方差分析结果表明,39 个参试花生品种(系)出苗指数存在极显著差异(处理间 F 值＝2.561,p＝0.000 2＜0.01)。以小区为单位的广义遗传力 $h_{B_1}^2$ 和以品种均值为单位的广义遗传力 $h_{B_2}^2$ 分别为 34.23%、60.95%。按前述遗传力高、中、低分级标准,以小区或品种均值为单位的花生播种期低温高湿条件下出苗指数广义遗传力分别为中和高(王传堂等,2021c)。

第三期试验方差分析结果说明,不同参试花生品种(系)(因素 A)出苗株数存在极显著差异,是否用苗苗亲包衣(因素 B)出苗株数也存在极显著差异,而且品种与包衣因素存在显著互作(王传堂等,2021c)。

第三期试验总体而言,苗苗亲包衣出苗株数极显著高于不包衣。参试 39 个花生品种(系)不包衣出苗率为 0(19S3)～71.79%(花育 33 号),包衣后出苗率为 71.79%(花育 969)～100%(花育 665、花育 663)不等,出苗率提高了 17.95(花育 33 号)～92.31(19S3)个百分点。所有参试花生品种(系)平均,不包衣处理出苗株数为 4.16,出苗率只有 32.02%;苗苗亲包衣出苗株数为 11.64,出苗率高达 89.55%,出苗率比不包衣提高了 57.53 个百分点(表 9-9)(王传堂等,2021c)。

如上所述,总体而言苗苗亲包衣后出苗率增幅较大,尽管如此,包衣提高出苗的效果因品种而异。仍有花育 969、花育 967、花育 669、19L41 和花育 964 等 5 个品种(系)包衣出苗率低于 80%(表 9-9)。具体来说,参试各品种(系)出苗株数包衣均高于不包衣,37 个达极显著差异,2 个达显著差异(表 9-9)(王传堂等,2021c)。

第三期试验方差分析结果说明,不同参试花生品种(系)(因素 A)出苗指数存在显著差异,是否用苗苗亲包衣(因素 B)出苗株数存在极显著差异,且品种与包衣因素间的互作达极显著水平(王传堂等,2021c)。

第三期试验总体而言,苗苗亲包衣出苗指数极显著高于不包衣,出苗指数均值由不包衣的 1.12 提高到包衣后的 3.68,提高了 2.56。就均值变幅来看,不包衣出苗指数为 0(19S3)～3.29(花育 33 号),苗苗亲包衣出苗指数为 2.45(19L41)～5.24(花育 663),出苗指数提高了 0.27(花育 33 号)～4.46(花育 663)(表 9-10)。就参试的各个花生品种(系)分别比较,苗苗亲包衣出苗指数均极显著高于不包衣(王传堂等,2021c)。

表 9-10　第三期播种试验苗苗亲包衣提高花生出苗指数的效果(王传堂等,2021c)

品种(系)	不包衣均值	5%显著水平	1%极显著水平	包衣均值	包衣比不包衣均值提高
花育 33 号	3.29	a	A	3.56	0.27
花育 963	2.33	ab	AB	3.52	1.19
花育 669	2.09	bc	ABC	3.72	1.63

（续表）

品种（系）	不包衣均值	5%显著水平	1%极显著水平	包衣均值	包衣比不包衣均值提高
19L58	1.99	bcd	ABCD	4.42	2.43
花育664	1.79	bcde	ABCDE	3.49	1.70
花育9624	1.51	bcdef	BCDEF	3.86	2.35
花育6620	1.48	bcdef	BCDEF	3.97	2.50
花育9621	1.47	bcdef	BCDEF	3.51	2.04
花育960	1.47	bcdef	BCDEF	3.33	1.86
花育660	1.41	bcdefg	BCDEF	3.52	2.11
花育20号	1.40	bcdefg	BCDEF	5.22	3.82
花育9625	1.34	bcdefgh	BCDEF	2.52	1.18
19L57	1.32	bcdefgh	BCDEF	4.50	3.18
花育968	1.20	bcdefgh	BCDEF	3.57	2.37
花育962	1.17	bcdefgh	BCDEF	4.15	2.97
花育665	1.17	bcdefgh	BCDEF	4.52	3.35
花育668	1.12	bcdefgh	BCDEF	3.62	2.50
花育662	1.12	bcdefgh	BCDEF	3.16	2.04
花育9620	1.07	bcdefgh	BCDEF	4.22	3.15
花育9623	1.05	bcdefgh	BCDEF	3.80	2.75
19L17	1.01	bcdefgh	BCDEF	2.73	1.72
花育964	0.99	bcdefgh	BCDEF	3.66	2.67
花育965	0.98	cdefgh	BCDEF	3.96	2.98
花育966	0.98	cdefgh	BCDEF	3.41	2.43
花育661	0.97	cdefgh	BCDEF	3.06	2.09
花育666	0.86	cdefgh	BCDEF	4.05	3.19
19L23	0.82	cdefgh	BCDEF	4.21	3.38
花育663	0.78	cdefgh	BCDEF	5.24	4.46
花育961	0.75	cdefgh	BCDEF	3.25	2.50
18S16	0.69	defgh	BCDEF	3.81	3.12
花育967	0.68	defgh	BCDEF	2.57	1.89
花育667	0.66	defgh	BCDEF	2.92	2.27
19S5	0.62	efgh	BCDEF	3.94	3.32
花育9622	0.56	efgh	BCDEF	3.05	2.49
19L30	0.54	efgh	CDEF	4.02	3.48
19S1	0.53	efgh	CDEF	3.85	3.32
19L41	0.27	fgh	DEF	2.45	2.18
花育969	0.06	gh	EF	2.78	2.71
19S3	0.00	h	F	4.40	4.40

　　考虑到生产中花生播种后有可能在不同时期遭遇低温高湿侵害，选育在种子萌发至出苗前各个时期均具有一定抵御能力的花生品种是必要的。因此，通过春季提早分期播种，对山东省花生研究所分子育种团队育成的花生品种（系）连同对照品种进行了播种出苗期耐低温高湿鉴定，根据三期播种最低出苗率，最终筛选出中耐品系2个（花育960和花育9623）、

低耐品种(系)11个。按照本研究提出的耐低温高湿分级标准,之前鉴定出的18S14和18L64达高耐水平,18L46和18S5达中耐水平(王传堂等,2019b),其中18S14和18L64表现似优于本研究的2个中耐品种,尚待在相同试验中加以比较(王传堂等,2021c)。

本研究所筛选出的2个中耐材料均为高油酸品系,花育961等高油酸品种则为不耐,说明高油酸品种(系)对播种出苗期低温高湿的反应不同,笼统地说,高油酸花生不耐低温高湿是不严谨的(王传堂等,2021c)。

本研究首次估算了花生播种期低温高湿条件下以出苗株数或出苗指数衡量的广义遗传力,两者估值相仿,即以小区或品种均值为单位的广义遗传力均分别为中或高,说明遗传改良潜力较大(王传堂等,2021c)。

从本研究结果看,苗苗亲包衣极显著地提高了参试花生品种(系)在低温高湿条件下的出苗株数和出苗指数。平均而言,出苗率由不包衣的32.02%提高到包衣的89.55%,提高了57.53个百分点。出苗指数均值由不包衣的1.12提高到包衣后的3.68,提高了2.56。出苗指数反映了出苗快慢,即出苗指数越大出苗越快。以上说明苗苗亲包衣有明显的抗低温高湿效果,能促进出苗、大幅提升出苗率。尽管本研究苗苗亲包衣只进行了第三期试验(第一期、第二期均未采用苗苗亲包衣),但考虑到之前在东北多个地区进行的早播试验反馈结果良好,已经能说明问题。因此认为,苗苗亲是一款值得在倒春寒易发的东北早熟花生产区和北方大花生产区推广应用的优良种衣剂(王传堂等,2021c)。

第三节　高油酸花生耐盐碱、抗旱鉴定

一、耐 盐 碱

(一) 吉林白城苏打盐碱地试验

花生富含易于消化的蛋白质和脂肪,是优质蛋白和食用油的重要来源。我国盐碱地面积大,有近1亿 hm² 之巨,开发利用盐碱地利国利民。在盐碱地种植高油酸花生对于满足人民群众的美好生活需要具有重要意义,有利于提高经济效益。花生耐盐碱研究国内外多采用普通油酸品种于芽期或苗期利用 NaCl 进行鉴定,据报道花生在这两个时期对 NaCl 盐害最敏感。由于芽期与后期耐盐性无明显关联,有必要进行全生育期鉴定,但相关报道鲜见;高油酸相关研究仅有近期几例报道;在盐碱胁迫和非胁迫条件下进行盆栽试验比较单株荚果和子仁重的报道甚少,在同一地区两种地块进行产量比较试验的报道更是寥寥无几(苏江顺等,2018)。

以往研究多集中于花生耐盐性鉴定,对耐碱性关注不足。不同于滨海盐碱地,东北苏打盐碱土对作物的伤害除了像 NaCl 具有离子毒害、渗透胁迫外,还有因苏打盐碱 pH 高引起的土壤营养元素胁迫和土壤物理性质恶化等因素,这些因素的综合作用影响作物生长发育。选用单盐或复盐混合作为鉴定基质不够科学,而通过苏打盐碱土种植试验鉴定作物品种的农业耐盐碱能力是可取的。山东省花生研究所分子育种团队与吉林省白城市农业科学院花生团队合作,曾报道了21个高油酸花生品种(系)在吉林镇南苏打盐碱地的产量表现(苏江顺等,2017)。本研究在以往研究工作的基础上,评价其中10个新选育的高油酸花生品种

(系)在吉林白城市盐碱地和非盐碱地种植的丰产性与稳产性及其抗性,以期为当地提供适合内陆苏打盐碱地种植的高油酸花生新品种(苏江顺等,2018)。

　　参试品种(系)共计 15 个,包括高油酸小花生品系 5 个[花育 668(15S1)、15S3、15S11、15S24、花育 669(15S25)]、高油酸大花生品种(系)5 个[花育 963、花育 967(15L2)、15L3、15L4、15L16]、普通油酸含量小花生品系 1 个(15S13)、普通油酸含量对照大花生品种 1 个(花育 33 号)、普通油酸含量对照小花生品种 3 个[花育 20 号、白院花 1 号(BYH1)、白院花2 号(BYH2)](苏江顺等,2018)。

　　试验于 2016 年和 2017 年在白城市农业科学院(以下简称白城点)和该院镇南种羊场盐碱试验基地(以下简称镇南点)进行。土壤类型为淡黑钙土(白城点)或盐碱土(镇南点)。镇南点两年试验地块均为未开垦的盐碱地,植被主要有芦苇和碱草等。2016 年镇南点土样播前取土经白城市农业科学院测定,全盐量为 0.054%,pH 为 7.90。2017 年镇南点播前取土经白城市农业科学院测定,全盐量为 0.14%,pH 为 7.69;取盐斑经辽宁省风沙地改良利用研究所测定,全盐量为 0.056%,pH 高达 8.95,呈强碱性。

　　2016 年试验分大粒组和小粒组,单粒播种,试验设计前已报道(苏江顺等,2017)。2017 年两点试验,不分大小粒,均为随机区组设计,3 次重复。区长 6.0 m,垄宽 0.60 m。单行区,90 穴,每穴 2 粒。白城点 5 月 8 日起垄施肥,施硫酸钾型复合肥(45%)(N15 - P15 - K15)400 kg/hm^2。5 月 23 日播种。播种前自然降雨,生长期间共浇水 3 次,均为漫灌(6 月 20 日、7 月 25 日、8 月 24 日)。9 月 29 日收获。镇南点 5 月 10 日起垄施肥,施硫酸钾型复合肥(45%)(N15 - P15 - K15)400 kg/hm^2。5 月 24 日播种。播种前自然降雨,生长期间共浇盐碱水(盐碱程度不同)4 次,其中 6 月 18 日和 7 月 19 日为漫灌,7 月 4 日和 8 月 5 日为滴灌。10 月 5 日收获(苏江顺等,2018)。

　　按下式分年度计算参试花生的相对产量,镇南单产=胁迫下的单产,白城点单产=非胁迫下的单产;相对产量=胁迫下的单产/非胁迫下的单产×100%。花生耐盐碱鉴定分级标准按同一年度子仁相对产量确定:相对产量>85%为高耐,60%<相对产量≤85%为中耐,45%<相对产量≤60%为低耐,相对产量≤45%为不耐。

　　经误差均方同质性测验,2017 年度荚果单产样本 $x^2 = 0.073 < x^2_{0.05(1)} = 3.841$,2017 年度子仁单产样本 $x^2 = 0.000 < x^2_{0.05(1)} = 3.841$,说明可将两个试验点荚果和子仁数据合并进行方差分析。方差分析表明,地点间以及品种(系)×地点的互作均达极显著水平,品种(系)间和地点内区组间差异达显著水平(苏江顺等,2018)。

　　参试品种(系)2017 年荚果和子仁丰产性及稳定性分析结果如下。

　　由表 9-11 可见,两个试验点统算,花育 963 荚果单产均值最高,达 258.45 kg/666.67 m^2。花育 963、15S24、花育 668、15S13、花育 669 等 5 个品种(系)荚果单产均值均在 228 kg/666.67 m^{2}以上,列前 5 位;4 个对照中荚果单产最高的花育 33 号为 227.78 kg/666.67 m^2。这 5 个品种(系)主效应较大,品种×地点互作效应相对变异和互作方差较低,具有较好的稳产性。以上品种(系)综合评价为好或较好,对照则为较好(花育 33 号)、一般(白院花 1 号)、较差(白院花 2 号)或不好(花育 20 号)(苏江顺等,2018)。

表 9-11　2017 年试验品种(系)荚果丰产性及稳定性分析(苏江顺等,2018)

品种(系)	丰产性参数			稳定性参数		回归系数	适应地区	综合评价
	荚果单产 (kg/666.67 m²)	差异 显著性	效应	方差	变异度			
花育 963	258.45	a	49.84	1 121.75	12.96	0.65	镇南	好
15S24	242.00	ab	33.40	998.85	13.06	0.67	镇南	较好
花育 668	233.11	abc	24.51	532.72	9.90	1.24	白城、镇南	好
15S13	231.78	abc	23.18	503.96	9.69	1.23	白城、镇南	好
花育 669	228.56	abcd	19.95	1 285.19	15.69	0.63	镇南	较好
花育 33 号	227.78	abcd	19.18	12 059.74	48.21	2.14	白城	较好
花育 967	222.78	abcd	14.18	5 227.76	32.46	0.25	镇南	一般
15S11	202.67	abcd	−5.93	10 468.40	50.48	−0.06	镇南	一般
15S3	196.78	abcd	−11.82	746.44	13.88	1.28	白城	一般
15L16	196.56	abcd	−12.04	4 055.04	44.17	1.90	白城	一般
15L3	192.44	abcd	−9.54	705.90	18.63	0.62	镇南	一般
BYH1	192.22	abcd	−10.04	1.59	0.89	1.02	白城、镇南	一般
BYH2	176.89	bcd	−25.14	1 171.09	26.95	1.49	白城	较差
花育 20 号	166.34	cd	−35.33	297.18	14.76	1.24	白城	不好
15L4	160.67	d	−39.48	2 302.67	42.60	1.68	白城	不好

注:后带有相同小写字母示无显著性差异。

　　由表 9-12 可见,两个试验点统算,花育 963 子仁单产均值最高,达 187.64 kg/666.67 m²。花育 963 等 9 个品种(系)子仁单产均值均高于 145 kg/666.67 m²,而 4 个对照中单产最高的花育 33 号低于此值。花育 963、15S24、花育 668、花育 669、15S13、花育 967 等 6 个品种(系)子仁单产均值均在 160 kg/666.67 m² 以上,主效应较大;这 6 个品种(系)中以花育 967 品种(系)×地点互作效应相对变异和互作方差最大,但在所有参试品种(系)中居中等水平,显示具有较好的稳定性;其余 5 个品种(系)品种×地点互作效应的相对变异和互作方差较低(表 9-12)。上述 6 个品种(系)综合评价为好或较好,对照则为一般(花育 33 号、白院花 1 号)、较差(白院花 2 号)或不好(花育 20 号)(表 9-12)(苏江顺等,2018)。

表 9-12　2017 试验品种(系)子仁丰产性及稳定性分析

品种(系)	丰产性参数			稳定性参数		回归系数	适应地区	综合评价
	子仁单产 (kg/666.67 m²)	差异 显著性	效应	方差	变异度			
花育 963	187.64	a	35.52	526.85	12.23	0.67	镇南	好
15S24	177.93	ab	25.81	645.75	14.28	0.64	镇南	较好
花育 668	175.98	ab	23.85	565.69	13.52	1.34	白城	较好
花育 669	172.34	ab	20.22	508.61	13.09	0.68	镇南	较好
15S13	171.99	ab	19.87	212.30	8.47	1.21	白城、镇南	好
花育 967	165.98	abc	13.86	2 787.11	31.81	0.25	镇南	较好
15S11	153.25	abc	1.13	5 681.14	49.18	−0.07	镇南	一般

（续表）

品种（系）	丰 产 性 参 数			稳 定 性 参 数		回归系数	适应地区	综合评价
	子仁单产（kg/666.67 m²）	差异显著性	效 应	方 差	变异度			
15L16	146.12	abc	−6.00	4.00	1.37	1.03	白城、镇南	较好
15S3	145.35	abc	−6.77	437.27	14.39	1.30	白城	一般
花育33号	144.18	abc	−7.94	4 055.04	44.17	1.90	白城	一般
BYH1	142.58	abc	−9.54	705.90	18.63	0.62	镇南	一般
15L3	142.09	abc	−10.04	1.59	0.89	1.02	白城、镇南	一般
BYH2	126.98	bc	−25.14	1 171.09	26.95	1.49	白城	较差
15L4	116.79	c	−35.33	297.18	14.76	1.24	白城	不好
花育20号	112.65	c	−39.48	2 302.67	42.60	1.68	白城	不好

注：后带有相同小写字母示无显著性差异。

参试品种（系）2017年在盐碱胁迫和非胁迫下的荚果和子仁单产分别如表9-13所示。2017年试验中，除15S11外，其余14个品种（系）盐碱胁迫均造成严重减产，荚果、子仁减产率分别为14.35%（花育967）～82.31%（花育20号）、14.06%（花育967）～79.36%（花育33号）。总起来看，参试品种（系）2017年试验参试全部花生品种（系）平均荚果和子仁产量在白城点（荚果单产276.95 kg/666.67 m²、子仁单产201.97 kg/666.67 m²）极显著高于镇南点（荚果单产140.25 kg/666.67 m²、子仁单产102.27 kg/666.67 m²）；换言之，该年度盐碱胁迫导致参试花生平均减产荚果49.36%，减产子仁49.37%。根据2017年参试品种（系）在2016年的数据可以计算出，盐碱胁迫导致参试两个组别花生在2016年分别平均减产荚果45.92%、53.03%，减产子仁41.34%、49.66%（苏江顺等，2018）。

根据荚果和子仁的相对产量得出的参试花生品种（系）耐盐碱性鉴定结果如表9-14所示。根据子仁相对产量确定的抗性级别等于或低于根据荚果相对产量确定的抗性级别。在两年试验中，花育967（15L2）均被鉴定为高耐，15S24、花育669（15S25）均被鉴定为中耐，花育33号、白院花2号、15L4均被鉴定为不耐；15S11被鉴定为高耐或低耐，花育963、花育668（15S1）、白院花1号被鉴定为中耐或低耐，15S3被鉴定为中耐或不耐，15S13、15L16、花育20号被鉴定为低耐或不耐，15L3被鉴定为低耐或不耐。根据两年试验结果，按就低不就高的原则，确定的抗性级别如表9-14最后一列所示（苏江顺等，2018）。

盐碱胁迫下的产量相对于非胁迫条件下的产量（相对产量）是反映作物农业耐盐碱能力及与实际应用密切相关的重要指标。白院花1号荚果和子仁相对产量超过50%，在4个对照中最耐盐碱（表9-13）；2017年试验，参试高油酸品种（系）荚果和子仁相对产量分别为33.40%～104.03%、30.59%～104.61%（表9-13）。2017年镇南点，花育963、15S24、花育669、花育967、15S11等5个品种（系）荚果单产、子仁单产分别在185 kg/666.67 m²、130 kg/666.67 m²以上，高于白院花1号（荚果单产151.55 kg/666.67 m²、子仁单产111.51 kg/666.67 m²）；花育668略低于白院花1号（表9-13）。2017年参试品种（系）在2016年镇南试验中只有15S24、花育669、花育668等3个高油酸小花生品系及花育967、花育963、15L16等3个高油酸大花生品种（系）比白院花1号增产。在非盐碱胁迫条件下，2017年花

表 9 - 13　参试品种(系)在盐碱胁迫和非盐碱胁迫下的荚果和子仁产量表现

品种(系)	2017 年镇南单产 (kg/666.67 m²)		2017 年白城单产 (kg/666.67 m²)		2016 年镇南单产 (kg/666.67 m²)		2016 年白城单产 (kg/666.67 m²)		荚果相对产量 (%)		子仁相对产量 (%)	
	荚果	子仁	荚果	子仁	荚果	子仁	荚果	子仁	2017 年	2016 年	2017 年	2016 年
花育 963	213.78 A	154.01 AB	303.11 ab	219.77	130.27	82.59	238.33	171.12	70.53	54.66	70.08	48.26
15S24	196.00 AB	146.05 AB	288.00 abc	210.82	179.20	118.09	264.47	193.33	68.06	67.76	69.28	61.08
花育 668	148.44 ABC	109.30 ABC	317.78 ab	242.48	145.27	94.71	230.27	173.62	46.71	63.09	45.08	54.55
花育 669	185.56 AB	138.43 AB	271.55 bc	206.09	196.67	135.50	287.73	212.35	68.33	68.35	67.17	63.81
15S13	147.56 ABC	111.83 ABC	316.00 ab	229.42	91.93	68.77	280.00	208.04	46.70	32.83	48.74	33.06
花育 967	205.56 AB	153.46 AB	240.00 bc	178.56	347.20	216.65	285.87	208.40	85.65	121.45	85.94	103.96
15S11	206.67 AB	156.69 A	198.67 c	149.79	88.87	57.85	177.53	128.53	104.03	50.06	104.61	45.01
15L16	129.56 ABC	94.85 ABC	263.56 bc	197.65	116.13	84.20	254.47	191.87	49.16	45.64	47.99	43.88
15S3	109.11 ABC	80.71 ABC	284.44 abc	209.94	86.93	61.72	137.80	99.77	38.36	63.08	38.44	61.86
花育 33 号	81.78 ABC	49.30 BC	373.78 a	238.86	94.20	59.82	331.67	227.19	21.88	28.40	20.64	26.33
BYH1	151.55 ABC	111.51 ABC	232.89 bc	174.47	108.60, 100.87, (104.73)	78.41, 73.33, (75.87)	212.53, 161.67, (187.10)	149.20, 118.83, (134.02)	65.07	51.10, 62.39	63.91	52.55, 61.71
15L3	122.22 ABC	91.34 ABC	262.66 bc	192.80	66.67	47.33	182.53	136.72	46.53	36.53	47.38	34.62
BYH2	75.56 BC	52.93 ABC	278.22 bc	200.86	74.20, 97.20, (85.70)	51.27, 68.82, (60.04)	258.33, 248.60, (253.47)	187.55, 178.99, (183.27)	27.16	28.72, 39.10	26.35	27.34, 38.45
15L4	80.45 ABC	54.74 ABC	240.89 bc	178.96	79.73	54.62	214.20	155.30	33.40	37.22	30.59	35.17
花育 20 号	50.00 C	28.35 AB	282.67 abc	196.17	97.80	64.74	189.47	131.49	17.69	51.62	14.45	49.24

注：荚果单产或子仁单产后带有相同大写字母示极显著差异,带有相同小写字母示无显著差异。2016 年度试验大粒组和小粒组均安排了 BYH1 和 BYH2 作对照,因此有两组数据,括号内的数据为两组数据的均值。

表 9 - 14　参试品种(系)耐盐碱性两年鉴定结果

品种(系)	根据荚果相对产量		根据子仁相对产量		根据就低原则
	2017 年	2016 年	2017 年	2016 年	
花育 963	中耐	低耐	中耐	低耐	低耐
15S24	中耐	中耐	中耐	中耐	中耐
花育 668	低耐	中耐	低耐	低耐	低耐
花育 669	中耐	中耐	中耐	中耐	中耐
15S13	低耐	不耐	低耐	不耐	不耐
花育 967	高耐	高耐	高耐	高耐	高耐
15S11	高耐	低耐	高耐	低耐	低耐
15L16	低耐	低耐	低耐	不耐	不耐
15S3	不耐	中耐	不耐	不耐	不耐
花育 33 号	不耐	不耐	不耐	不耐	不耐
BYH1	中耐	低耐、中耐	中耐	低耐、中耐	低耐
15L3	低耐	不耐	低耐	不耐	不耐
BYH2	不耐	不耐	不耐	不耐	不耐
15L4	不耐	不耐	不耐	不耐	不耐
花育 20 号	不耐	低耐	不耐	低耐	不耐

育 963、15S24、花育 668、花育 669、15S13、15S3 荚果单产均值、子仁单产均值均分别在 280 kg/666.67 m² 、200 kg/666.67 m² 以上(白院花 2 号荚果单产均值、子仁单产均值分别为 278.22 kg/666.67 m² 、200.86 kg/666.67 m²)(表 9 - 13);2016 年大花生组花育 967 荚果单产均值在 260 kg/666.67 m² 以上,花育 967、15L16 子仁单产均值在 190 kg/666.67 m² 以上,花育 963 子仁单产为 171.12 kg/666.67 m²(大花生组白院花 2 号荚果单产均值、子仁单产均值分别为 258.33 kg/666.67 m² 、187.55 kg/666.67 m²),小花生组 15S24、花育 669、15S13 荚果、子仁单产均值分别在 260 kg/666.67 m² 以上、190 kg/666.67 m² 以上,花育 668 子仁单产为 173.62 kg/666.67 m²(小花生组白院花 2 号荚果单产均值、子仁单产均值分别为 248.60 kg/666.67 m² 、178.99 kg/666.67 m²)。

通盘考虑两年胁迫条件和非盐碱胁迫条件下的试验结果以及经济阈值,在盐碱胁迫下两年应分别取得至少与对照白院花 1 号相当的产量,在非胁迫条件下应取得至少与高产对照白院花 2 号差不多的产量,认为 15S24、花育 669、花育 963、花育 668 符合上述要求,具有较高的实际应用价值(表 9 - 13)。值得注意的是,15L2(花育 967)这份高油酸品系,在试验中具有 85% 以上的荚果和子仁相对产量,在两年胁迫试验中表现均较好,适宜在镇南盐碱地种植(表 9 - 13)。

Singh 等(2016)进行花生耐盐碱田间筛选试验,提出植株存活率高于 54% 且子仁单产在 150 g/cm² 以上为耐,植株存活率≥42% 且子仁单产在 100 g/cm² 以上为中耐,植株存活率低且子仁单产不足 30 g/cm² 为敏感。植株存活率或存活株数与产量密切相关;以盐碱地上的产量衡量其实际应用价值是有意义的,但用于评价耐盐碱性并不科学。石运庆等(2015)曾利用青岛基地(非胁迫)和东营盐碱地(胁迫)花生主要农艺性状数据,通过计算主茎高、侧枝长、分枝数、饱果数、秕果数、总果数、饱果率、百果重、百仁重的相对值,进行主成分分析,提取主成分,进而进行聚类分析并计算基于因子载荷及各主成分权重的总得分,将参试材料分成高耐、耐、中耐、敏感和高度敏感 5 种类型,但没有提出具体的分类指标。

本研究根据在同一地区盐碱地和正常地产量试验结果,提出了基于相对产量的花生耐盐碱鉴定标准。与石运庆等(2015)的研究相比,本研究提出的花生耐盐碱鉴定方法更易掌握。因为盐碱地花生出仁率常不及正常地花生,这会影响其作为荚果出售的商品性,因此宜按子仁相对产量衡量花生农业耐盐碱性。按子仁相对产量和就低不就高原则,可将 15 个参试品种(系)鉴定为,高耐 1 个[花育 967(15L2)]、中耐 2 个(15S24、花育 669)、低耐 4 个(花育 963、花育 668、15S11、白院花 1 号)、不耐 8 个(15S13、15L16、15S3、花育 33 号、15L3、白院花 2 号、15L4、花育 20 号)。在本研究中,花育 33 号被鉴定为不耐盐碱,在李瀚等(2015)的芽期耐盐碱研究中,该品种也对盐害高度敏感。

对抗性的衡量,总是在一定的胁迫压力下进行的。随着胁迫压力提高,部分参试材料的抗感反应可能会发生变化。考虑到抗性的相对稳定性,本研究鉴定出的高耐品系花育 967、中耐品系 15S24 和花育 669、低耐品系花育 668、不耐品种白院花 2 号和花育 33 号,可作为耐盐碱评价的参考品种。在胁迫压力本身不易量化的情形下,参考品种的表现可以反映出胁迫压力的相对强弱。

所谓农业耐盐碱能力是度量产量等经济性状在盐碱胁迫下受影响程度轻重的指标。所谓生物耐盐碱能力,则多涉及营养体或生物产量在盐碱胁迫下受影响的程度。以往研究多针对"生物耐盐碱能力",对农业耐盐碱能力关注不足。当然在兼顾地上部饲用价值的情形下生物耐盐碱能力也非常值得研究。

耐盐碱花生能否在生产上应用,一是取决于品种本身耐盐碱能力是否足够强,受盐碱影响少,而且在非盐碱地最好也能取得可观的产量,在吉林省白城市,考虑到当地的生产水平和经济阈值,666.67 m² 子仁产量非盐碱地至少 170 kg、盐碱地 90 kg 不能算过高的要求;二是盐碱程度有多重,太重的盐碱地,超出了花生品种所能耐受的能力,是不适合种植花生的。因此,在应用前需对土壤状况有充分了解,并做好试种工作。

总之,本研究通过在吉林省白城地区苏打盐碱地和非盐碱地种植同一组花生材料,评价了 10 个参试高油酸品种(系)的丰产性和稳定性,提出了基于相对产量的花生耐盐碱鉴定标准;基于子仁相对产量和就低不就高的原则,通过两年试验筛选出 2 个中耐盐碱的高油酸高产花生品系 15S24 和花育 669,2 个低耐盐碱的高油酸高产花生品种(系)花育 963 和花育 668,经大面积示范后有望提供生产应用。鉴定出的部分抗感反应稳定的品种、品系,可作为耐盐碱评价的参考品种。选出的 1 份高耐材料(花育 967)可用于探讨耐盐碱机制和遗传规律、挖掘相关抗性基因以及用作亲本培育高耐盐碱的高油酸高产花生新品种。

(二) 花育 967 在唐山盐碱地种植的产量表现

花育 967 在唐山盐碱地种植两年,均取得了较好的产量(表 9 - 15、表 9 - 16)。其中,2018 年种植的花育 967 出苗率 88%,而对照品种潍花 8 号出苗率不足 50%(图 9 - 2)。

表 9 - 15 2018 年花育 967 产量结果

示 范 地 点	土壤类别	盐碱度(氯化钠)	面 积	实 产	折 666.67 m² 产量
唐山市丰南区南孙庄乡杨新庄村	盐碱	2.5‰	260 m²	112 kg	287.25 kg

数据来源:河北省唐山市农业科学研究院刘晓光。花育 967 栽培管理与该地区普通品种管理方式一致。

表 9 - 16 2019 年花育 967 产量结果

品 种	播种面积	实 产	折 666.67 m² 产量	比 CK 增产
花育 967	1 000 m²	489.0 kg	326.0 kg	18.55%
潍花 8 号(CK)	666.67 m²	275.0 kg	275.0 kg	—

数据来源:河北省唐山市农业科学研究院刘晓光。示范地点:昌黎县团林乡冯庄子。临近海边,幼龄经济林下田块,前茬作物玉米;示范田块土壤盐碱度 2.5‰。

图 9 - 2 花育 967 与潍花 8 号苗情对比(刘晓光 摄)

(三)耐苏打盐碱盆栽试验与耐盐碱基因挖掘

王虹(2021)取盐斑进行盆栽试验,进一步确认了花育 967 和花育 669 的耐盐碱性。通过对各参试品种(系)生理、生化指标的测定,发现耐盐碱品系花育 967 和花育 669、不耐盐碱品种 16S5 和阜花 12 的净光合速率相对值、气孔导度相对值、蒸腾速率相对值、成熟期叶绿素含量相对值、电导率相对值、过氧化物酶含量相对值表现出规律性,即耐盐碱的品系其相对值较高,不耐盐碱品系其相对值较小。结合各指标相关分析结果,可将净光合速率、气孔导度、蒸腾速率、成熟期叶绿素含量、电导率、过氧化物酶含量各相对值作为高油酸花生生理耐盐碱评价指标。

通过转录组分析,挖掘到高耐苏打盐的高油酸花生花育 967 的 10 个耐盐碱相关基因。与普通花生耐盐碱基因相一致的有脱水家族蛋白基因、酶活性相关基因(磷酸酯酶超家族蛋白、蛋白磷酸酶、双加氧酶)和植物激素相关基因(生长素应答因子)。不同的是,该研究挖掘到了富含脯氨酸家族蛋白、疾病抵抗应答蛋白和参与碳水化合物代谢及次级代谢相关基因(王虹,2021)。

二、抗 旱

2016 年莱西遭遇严重干旱,某农户在旱坡地种植的花育 963 表现出较强的耐旱性,在一水未浇的情况下,取得了 420 kg/666.67 m² 的产量。

新疆伊犁州农业科学研究所崔宏亮等(2017)采用 5%～20%PEG(polyethylene glycol,聚乙二醇) 6000 溶液模拟干旱胁迫,对 9 个花生品种萌芽期耐旱性进行综合评价。结果表明,9 个花生品种不同测定指标均存在一定差异,平均隶属函数值为花育 25 号 (0.814 4)＞花育 51 号 (0.644 4)＞花育 52 号(0.469 4)＞花育 951(0.461 6) ＞ 山花 7 号(0.459 7)＞中花 16 号(0.403 6)＞山花 9 号(0.292 8)＞ 花育 22 号(0.229 6)＞花育 33 号(0.122 7)。高油酸品种花育 51 号、花育 52 号和花育 951 均表现出较强的萌芽期耐旱性。

为鉴定高油酸花生抗旱指标,综合评价高油酸花生抗旱性,辽宁省花生研究所于树涛等(2021b)开展了 20%PEG 6000 浸种处理和盆栽试验。室内 PEG 处理下花生萌发期利用发芽势、发芽率、发芽指数、芽长/种长的相对值等指标,盆栽 3 个水分处理下利用主茎高、侧枝长、分枝数、地上部分鲜重、叶片鲜重及荚果重量等指标,对 30 份高油酸花生品种(系)进行耐旱鉴定,采用隶属函数法就各项指标进行评价。结果表明,综合评价指标与花生萌发期相对芽长/种长、相对发芽势、相对发芽指数、相对发芽率呈极显著正相关,与花生从苗期胁迫的全生育期相对主茎高、相对地上生物量、相对叶片鲜重及在土壤含水量为田间持水量的 45%～50%(中度干旱)的相对侧枝长(以正常供水为对照)呈显著正相关。通过隶属函数法折算各项指标的相对隶属函数值,综合评价筛选出抗旱高油酸花生品系 S51 和干旱敏感高油酸花生品系 L42。

开封市农林科学研究院苗建利等(2021)选用 9 个高油酸花生品种为试验材料,采用防雨旱棚池栽的方式,研究了花生植株生长期间土壤干旱对不同品种生长及其产量的影响。结果表明,花生结荚期主茎高胁迫指数降低较多的是开农 71,降幅达 24%;侧枝长胁迫指数降低较多的是开农 1760,降幅达 28%。开农 71、开农 176、开农 1760、开农 312 等 4 个品种结实枝数有所增加;水分胁迫使大多数品种植株生物产量胁迫指数表现不同程度降低趋势;苗期土壤水分胁迫降低大多数品种植株根/冠比值,结荚期开农 1760、开农 176、开农 308、开农 312、开农 61、开农 71 等 6 个品种的根/冠比值胁迫指数大于 1。综合分析,花生生育期间,中度土壤水分胁迫不仅明显抑制花生植株地上部生长,同时还影响不同花生品种单株产量。采用抗旱系数法初步评价花生品种的抗旱性,开农 61、开农 176 和开农 1760 品种单株产量抗旱系数均大于 1,抗旱性强;其余 7 个品种产量抗旱系数均小于 1,其中开农 1715 单株产量抗旱系数降幅较大,达 27%,抗旱性较弱。

第四节　高油酸花生适收性评价

一、果柄强度、果壳强度

(一) 夏花生

为选育适宜机械收获的花生品种,同时也为研发花生收获机械提供参考,山东省花生研究所分子育种团队研究了 6 个高油酸夏花生新品种(系)的机械收获特性。结果表明,其结实范围为 5.25～8.50 cm;果柄强度均值、最小值均为花育 965＞花育 668(16S1)＞17S4＞17S3＞花育 669(16S10)＞UKN,果柄强度极差为 3.99N(17S3)～11.01N(花育 965)不等;

3 个方向的果壳强度最小值、最大值、均值和极差,均以侧向强度为最大。最大值、均值和极差,卧向均仅次于侧向,居第二位。发现结实范围、果柄强度均与果壳强度有一定关系,3 个方向的果壳强度间也有一定相关关系。选出花育 965、花育 668、17S4、17S3 等 4 个适合联合收获的高油酸花生品种(系)(王传堂等,2019a)。

(二)春花生

山东省花生研究所分子育种团队对 27 个高油酸花生品种(系)进行了鲜花生果柄强度(表 9-17)、鲜荚果和干荚果三向果壳强度测定。结果表明,花育 962、花育 964、花育 965、花育 666、花育 662、花育 665、花育 963、花育 663、花育 9623、花育 668、花育 966、花育 9622、花育 661、花育 961 等 14 个品种(系)适合鲜果机械收获;花育 664、花育 964 以外的 25 个品种(系)适合干荚果机械收获。果柄强度和果壳强度广义遗传力为中或高,说明遗传手段可对花生适收性改良发挥作用(王传堂等,2021d)。

表 9-17 参试高油酸花生品种(系)鲜花生果柄强度(N)及差异显著性(王传堂等,2021d)

品 种(系)	最大值	最小值	极 差	等 级	均 值	标准差	5%显著水平	1%显著水平
花育 962	21.23	8.46	12.77	高	15.34	5.52	a	A
花育 965	20.40	10.37	10.03	高	14.40	3.68	ab	AB
花育 964	19.20	7.53	11.67	中	13.56	3.87	abc	ABC
花育 966	23.19	10.02	13.17	中	13.39	4.67	abcd	ABC
花育 9624	16.49	8.47	8.02	中	12.17	2.62	abcde	ABCD
花育 963	18.27	3.45	14.82	中	10.99	5.49	bcdef	ABCDE
花育 661	17.23	6.69	10.54	中	10.90	3.56	bcdefg	ABCDEF
花育 961	15.37	7.56	7.81	中	10.44	2.42	cdefgh	ABCDEFG
花育 663	15.76	4.31	11.45	中	10.07	3.57	cdefghi	BCDEFG
花育 9623	14.75	7.00	7.75	中	9.59	3.20	defghij	BCDEFG
花育 960	12.24	3.85	8.39	中	8.65	3.07	efghijk	CDEFG
花育 969	11.92	6.02	5.90	中	8.62	2.33	efghijk	CDEFG
花育 9622	14.03	3.96	10.07	中	8.61	3.01	efghijk	CDEFG
花育 662	11.23	5.06	6.17	低	7.86	2.47	fghijk	DEFG
花育 660	17.34	2.02	15.32	低	7.84	5.60	fghijk	DEFG
花育 9620	10.65	3.94	6.71	低	7.59	2.34	fghijk	DEFG
花育 6620	13.12	3.71	9.41	低	7.36	3.23	fghijk	DEFG
花育 668	15.01	2.95	12.06	低	7.14	4.05	fghijk	DEFG
花育 9621	12.99	3.21	9.78	低	7.11	3.40	fghijk	DEFG
花育 665	12.24	1.26	10.98	低	7.09	3.24	fghijk	DEFG
花育 968	10.12	4.12	6.00	低	7.05	2.02	fghijk	DEFG
花育 669	10.20	2.18	8.02	低	6.91	2.82	ghijk	EFG
花育 667	9.98	2.27	7.71	低	6.85	2.31	ghijk	EFG
花育 664	9.67	4.03	5.64	低	6.68	1.61	hijk	EFG
花育 666	8.82	3.28	5.54	低	6.24	1.85	ijk	EFG
花育 967	9.50	3.56	5.94	极低	5.65	1.80	jk	FG
花育 9625	7.58	3.63	3.95	极低	5.39	1.44	k	G

注:品种排序按果柄强度均值由高到低。果柄强度等级按均值划分。

　　王传堂等(2017)研究表明,地块因素不仅会影响花生果柄强度,还会影响花生果柄自荚果处脱落的百分率,提示选择合适的地块种植适宜的花生品种对于实现花生收获与加工机械化是必要的。选出了果柄强度较高且荚果自花生植株上脱离时不带果柄的高油酸花生新品系。

二、脱　水　速　率

　　花生荚果速干特性对于避免后期霜冻、减少干燥环节黄曲霉毒素污染风险具有重要意义。山东省花生研究所分子育种团队对花育 665(兰娜型)、花育 668(珍珠豆型)、19L87(传统出口型大花生)和 18S22(珍珠豆型)等 4 个高油酸花生品种(系)进行了荚果脱水与回潮特性鉴定。结果表明,其脱水速率分别为快、快、极快和慢,回潮速率分别为慢、慢、快、快;基于单株数据估算的花生荚果干燥 0 d 和 1 d 含水量广义遗传力均高于 65%,说明就该性状进行遗传改良会有显著效果(王传堂等,2021a)。

第五节　农艺措施对高油酸花生产量、品质和效益的影响

一、施用抗重茬肥对高油酸花生产量、品质和效益的影响

　　花生耐旱、耐土壤贫瘠,常种植于旱薄地,且连作十分普遍。提高花生单产尤其是连作地块花生单产对提升花生总产和种植效益具有重要意义(王志伟等,2021)。

　　连作地块微生物群落失衡、病虫害加重、土壤酶活性下降、营养衰竭以及自毒作用被认为是花生连作障碍的主要成因。为此,提出了在轮作不可行的情况下,选用耐重茬品种、模拟轮作、施用抗重茬肥、加强病虫害防治等应对措施,但泛泛而谈的多,提及具体抗重茬肥的少。连作地块种植高油酸花生品种施用抗重茬肥的效果未见报道(王志伟等,2021)。

　　土地乐有机肥是吉林省卓越抗丛茬肥业有限公司生产的一种兼肥、药特点、环境友好的功能肥、抗重茬肥。本研究旨在对土地乐在花生上的增产增收效果进行评价(王志伟等,2021)。

　　试验于 2020 年在全国 5 个试验点进行。其中,辽宁阜新、山东潍坊和河南濮阳为花生重茬地,辽宁锦州、贵州贵阳为非重茬地。各品种均经苗苗亲种衣剂包衣,并设常规施肥和施土地乐肥处理(王志伟等,2021)。

　　辽宁阜新试验点供试品种为 2 个高油酸品种(花育 965、花育 668),安排在辽宁省沙地治理与利用研究所花生育种试验区多年重茬地,上茬种植花生平均每 666.67 m² 产 171 kg (2019 年春播)。土壤类型为沙质黏土,肥力较低。2020 年 5 月 17 日播种,一垄双行,垄宽 90 cm,穴距 14 cm,垄上小行距 30 cm,行长 5 m,裸地双粒播种,对照每 666.67 m² 施三元复合肥 30 kg(山东农得利),试验区每 666.67 m² 施土地乐肥 30 kg,9 月 22 日收获(王志伟等,2021)。

　　山东潍坊试验点试验品种为潍花 8 号,安排在潍坊市农科院昌邑试验场(昌邑市石埠镇西金台村)重茬地,大区试验,不设重复,试验面积 1 333.34 m²。处理区每 666.67 m² 施金正大三元复合肥 37.5 kg、土地乐 10 kg;对照区每 666.67 m² 施正大三元复合肥 50 kg。

2020 年 5 月 15 日春播种植,一垄双行,垄宽 90 cm,穴距 16 cm,行距 45 cm。9 月 24 日收获(王志伟等,2021)。

河南濮阳试验点试验品种为濮花 66 号,安排在濮阳市农业科学院王助试验基地夏播试验田。处理区和常规对照验面积各 666.67 m²。试验地地势平坦,砂壤土质,排灌方便,中上等肥力,上茬种植花生每 666.67 m² 产 400 kg 以上(2019 年春播花生),6 月 9 日犁地耙地,结合犁地每 666.67 m² 撒施金正大牌硫酸钾复合肥(15-15-15)80 kg,处理区增施土地乐 1 袋,2020 年 6 月 10 日播种。16 日出苗,7 月 3 日进入开花期,9 月 25 日收获,田间晾晒。9 月 30 日,田间用小型摘果机摘果,晒果,10 月 5 日称产(王志伟等,2021)。

辽宁锦州试验点采用 3 个高油酸品种(花育 963、花育 965、花育 668)试验。试验田位于锦州市科学技术研究院试验园区,沙质土壤,肥力中等,地势平坦,前茬作物玉米。结合起垄每 666.67 m² 施花生专用复合肥(N12P15K18)50 kg。行长 5 m,行距 0.5 m,穴距 10 cm。每品种处理区和常规对照试验面积各 24 m²。于 2020 年 5 月 11 日单粒播种,出苗率均达 92% 以上。5 月 12 日打除草剂(禾耐施+施田补)防田间杂草。随底肥施用农药防地下害虫。花生虫害严重,生育期间打 4 次药(6 月 21 日防棉铃虫和蚜虫,7 月 7 日防治蚜虫,8 月 7 日和 8 月 17 日防治红蜘蛛和蓟马),生育期间铲草 2 次,7 月 5 日中耕封垄,后期拔 3 次大草。9 月 26 日收获(王志伟等,2021)。

贵州贵阳试验点采用 4 个高油酸品种(花育 963、花育 965、花育 668、花育 665)进行试验。试验田安排在贵州省农业科学院内试验区(海拔 1 140 m,经度 106.65°,纬度 26.60°),土壤为黄壤土,前茬作物为油菜,油菜收获后用旋耕机整地,基肥在整地时施用,土地乐使用严格按照推荐方法和用量施用。4 个品种分别设施用、未施(CK)两个处理,每品种每处理各 100 m²。2020 年 6 月 2 日播种(夏播),播种密度 8 337 穴/666.67 m²,每穴 2 粒,起垄覆膜栽培,其他管理措施与常规栽培一致,9 月 20 日收获(王志伟等,2021)。

对贵阳试验点收获的花生进行多粒近红外扫描,测定各项品质指标(王志伟等,2021)。

经济效益分析按当地花生荚果市场价,土地乐肥按每袋(20 kg)零售价 110 元计算(王志伟等,2021)。

5 个试验点产量数据如表 9-18 所示。

重茬地试验:在阜新试验点,施用土地乐肥,花育 965 每 666.67 m² 较常规对照增产荚果 19.7 kg、子仁 15.7 kg,分别增产 9.3%、10.1%;花育 668 每 666.67 m² 较常规对照增产荚果 51.9 kg、子仁 29.5 kg,分别增产 39.3%、32.7%。在潍坊试验点,潍花 8 号施用土地乐肥,每 666.67 m² 较常规对照增产荚果 43.7 kg、子仁 19.5 kg,分别增产 9.5%、6.8%。在濮阳试验点,濮花 66 号施用土地乐与常规对照相比增产明显,每 666.67 m² 增产荚果 69.5 kg、子仁 56.6 kg,分别增产 21.6%、25.1%(王志伟等,2021)。

非重茬地试验:锦州试验点施用土地乐,与常规对照相比,3 个高油酸花生品种均有不同程度增产。以花育 963 增产幅度最高(8.7%),每 666.67 m² 增荚果 32.8 kg、子仁 22.8 kg;花育 965 每 666.67 m² 增荚果 6.7 kg、子仁 3.7 kg,增幅 2.2%、1.6%;花育 668 每 666.67 m² 增荚果 15.5 kg、子仁 14.6 kg,增幅 4.3%、5.3%。贵阳试验点 4 个参试品种花育 963、花育 965、花育 665、花育 668 施用土地乐肥分别比对照每 666.67 m² 增荚果

表 9-18　施用土地乐肥主要果、米特性及增产增收情况（王志伟等，2021）

试验点	品种	处理	百果重 (g)	百仁重 (g)	出米率 (%)	荚果单产 (kg/666.67 m²)	荚果比对照±%	子仁亩产 (kg)	子仁比对照±%	投入增加 (元/666.67 m²)	产出增加 (元/666.67 m²)	净收入增加 (元/666.67 m²)
辽宁阜新，重茬地	花育965	土地乐	171.5	68.1	73.7	232.1	9.3	171.0	10.1	10.0	118.2	108.2
		对照	173.7	69.6	73.1	212.4		155.3				
	花育668	土地乐	126.1	56.2	65.1	184.0	39.3	119.7	32.7	10.0	311.4	301.4
		对照	131.4	56.8	68.3	132.1		90.2				
山东潍坊，重茬地	潍花8号	土地乐	125.6	115.1	74.2	410.2	9.5	304.4	6.8	45.0	195.0	150.0
		对照	130.9	105.8	76.1	374.5		284.9				
河南濮阳，重茬地	濮花66号	土地乐	143.0	60.0	72.3	386.0	21.6	278.9	25.1	110.0	260.3	150.3
		对照	138.0	58.0	70.1	317.5		222.3				
	花育963	土地乐	201.6	75.2	69.5	411.1	8.7	285.6	8.7	55.0	229.6	174.6
		对照	214.8	81.2	69.5	378.3		262.8				
辽宁锦州，非重茬地	花育965	土地乐	173.8	66.2	75.3	308.6	2.2	232.4	1.6	55.0	46.9	−8.1
		对照	170.7	66.3	75.7	301.9		228.7				
	花育668	土地乐	164.4	66.2	78.1	373.3	4.3	291.5	5.3	55.0	108.5	53.5
		常规	167.7	68.8	77.4	357.8		276.9				
	花育963	土地乐	130.2	53.8		263.5	19.7			55.0	173.6	118.6
		对照	135.9	55.9		220.1						
贵州贵阳，非重茬地	花育965	土地乐	191.6	75.2		190.1	5.0			55.0	36.0	−19.0
		对照	194.3	73.2		181.1						
	花育665	土地乐	171.8	64.5		181.4	42.6			55.0	216.8	161.8
		对照	145.9	62.9		127.2						
	花育668	土地乐	134.3	54.0		129.7	4.3			55.0	21.6	−33.4
		对照	133.4	58.5		124.3						

43.4 kg、9.0 kg、54.2 kg、5.4 kg，增幅 19.7％、5.0％、42.6％、4.3％(王志伟等,2021)。

仅对贵州试验点收获花生进行了品质分析。与常规措施相比,土地乐肥对花生品质影响不大,特别是对油酸和亚油酸含量无明显不良影响,各土地乐施肥处理油酸含量均在79％以上,符合我国农业农村部行业标准(王志伟等,2021)。

在重茬地试验,每 666.67 m^2 投入增加 10.1～110.0 元不等,每 666.67 m^2 产出增加 118.2～311.4 元,每 666.67 m^2 净收入增加 108.2～301.4 元;在非连作地试验,每 666.67 m^2 投入增加 55.0 元,每 666.67 m^2 产出增加 21.6～229.6 元,每 666.67 m^2 净收入增加－33.4～174.6 元不等,其中花育 965 净收入增加在锦州和贵阳均为负,花育 668 在锦州每 666.67 m^2 净收入增加 53.5 元,而在贵阳每 666.67 m^2 净收入增加－33.4 元(表9-18)(王志伟等,2021)。

从试验结果可以看出,在重茬地和非重茬地种植,与常规对照相比,施用土地乐肥的参试花生品种均表现增产,增幅 2.2％～39.3％,但净收入增加情况则存在较大差异,为－33.4～301.4 元,因品种和地块而异。在重茬地块,施用土地乐肥增产增收效果良好,增产 9.3％～39.3％,每 666.67 m^2 净收入增加 108.2～301.4 元;在非重茬地块,在辽宁锦州,花育 963、花育 668 每 666.67 m^2 净增收 174.6 元、53.5 元,在贵州贵阳,花育 963、花育 665 每 666.67 m^2 净增收 118.6 元、161.8 元,花育 965 在两地净增收入均为负,不建议种植(王志伟等,2021)。

总之,本研究结果表明,高油酸花生品种施用土地乐肥,对品质无不良影响;参试品种施用土地乐肥,无论在重茬地和非重茬地种植,均有一定增产作用,但经济效益高低需要具体情况具体分析。各品种施用土地乐肥,在重茬地种植净收入均增加;在非重茬地种植,花育665、花育 963 反应较好,花育 965 反应较差,花育 668 反应因试点而异。初步说明,在重茬地施用土地乐肥有较好的增产增收效果,而在非重茬地块需要根据各地情况和品种施肥才能取得理想效果(王志伟等,2021)。

二、松土促根剂增产效果

据李静、董国靖(2020)报道,2019 年 6～10 月在河南省柘城县惠济乡仿宋村试验。供试土壤为潮土类两合土种,质地中壤,肥力中等。供试品种为商花 30 号。在习惯施肥[每 1 hm^2 施复合肥(N：P_2O_5：K_2O＝16：18：6)750 kg＋有机肥 1 500 kg]基础上应用 Agristar 松土促根剂(河南省土壤调理与修复工程技术研究中心提供)22.5 kg/hm^2。与习惯施肥相比,结果枝增加 0.2 条,单株结果数增加 2.4 个,百果重增加 3.3 g;产量达 366.7 kg/666.67 m^2,比习惯施肥增加 60.5 kg/666.67 m^2,增产 19.8％,投入产出比增加 0.5。

三、喷施叶面肥对高油酸花生产量和品质的影响

(一) 叶面喷施红绿橙悬浮功能肥的增产效果

红绿橙悬浮功能肥是山东巅峰农业科技有限公司利用多胺糖合成悬浮技术将有机螯合微量元素和作物光合产物——生化酶溶于其中的一款功能营养型产品。山东省花生研究所分子育种团队进行的这项研究的目的是,对红绿橙悬浮功能肥叶面肥在高油酸大花生上的应用效果进行评价。

试验在山东省花生研究所莱西试验基地进行。2020 年 5～7 月按每 666.67 m² 150 g、200 g、150 g 用量共喷施 3 次,并以另外一份常用叶面肥和空白处理为对照。裂区试验设计,品种为主区,叶面肥为副区。覆膜栽培,田间管理同常规。

方差分析表明,施肥处理间荚果和子仁单产存在极显著差异。基因型×施肥互作不显著。多重比较表明,与空白对照相比,喷施红绿橙悬浮功能肥后能显著增加高油酸大花生荚果产量和子仁产量,分别比空白对照增产荚果 15.52%、增产子仁 18.96%,比叶面肥对照增产荚果 9.23%、增产子仁 13.29%(表 9-19)。

表 9-19　不同施肥处理对高油酸大花生产量的影响

施肥处理	荚果单产(kg/666.67 m²)	子仁单产(kg/666.67 m²)
红绿橙悬浮功能肥	258.53 A	189.97 A
叶面肥对照	236.68 AB	167.69 AB
空白对照	223.79 B	159.69 B

注:同一列带有相同大写字母的数字无极显著差异。

2020 年在新疆农业科学院安宁渠试验点低肥力地块(碱性土壤,pH 9.88)采用花育 666 品种开展肥效试验。每处理试验面积 784 m²,采用一膜四行宽窄行模式种植。底肥每 666.67 m² 施尿素 9.9 kg,重过磷酸钙 22.5 kg、硫酸钾 22.5 kg(底肥比常规施肥减施 10%,且不再滴灌追肥),6 月 2 日、14 日、30 日分别喷施红绿橙悬浮功能肥叶面肥各 1 次,每次 150 g/每 666.67 m²,该方案 666.67 m² 花生产量 406.27 kg,比当地常规施肥方案增产 65.95%,比山东某公司施肥方案增产 20.00%。

(二)叶面喷施普罗蒂欧磷镁和芙丽佳改善花生化学品质和感官品质的效果

研究目的在于弄清是否有可能通过喷施叶面肥改善高油酸花生的化学品质和感官品质。普罗蒂欧磷镁(Fosforil)和芙丽佳(Foliplus)均由意大利普罗蒂欧国际有限公司提供。试验在辽宁阜新蒙古族自治县夥兴种植专业合作社和山东临沂莒南金胜花生产业园进行(表 9-20)。阜新夥兴种植专业合作社供试花生为 2020 年 5 月 15 日单粒种植(不覆膜),9 月 7 日喷施叶面肥,9 月 25 日收获。金胜花生产业园供试花生为 2020 年 5 月 19 日双粒种植(覆膜),8 月 31 日喷施叶面肥,9 月 20 日收获(Wang 等,2021)。

表 9-20　不同施肥处理对高油酸花生化学品质和感官品质的影响(Wang 等,2021)

地点	品种	叶面肥名称	叶面肥用量(ml/hm²)	蛋白质(g/100 g)	油分(%)	可溶性总糖(g/100 g)	蔗糖(g/100 g)	维生素E(mg/100 g)	油酸(%)	亚油酸(%)	烤仁甜味打分
夥兴种植专业合作社(辽宁阜新)	09C2	—		22.26A	50.04B	7.08	4.68a	15.09a	80.18	4.60	3.00a
	09C2	普罗蒂欧磷镁	2 250	20.09B	52.58A	6.97	5.01a	14.84a	79.89	4.59	2.00b
	花育 9621	—		22.29	50.47	6.93	5.95a	13.12	80.50A	4.01B	3.00a
	花育 9621	普罗蒂欧磷镁	2 250	21.85	50.46	7.07	5.28b	13.45	79.79B	4.58A	2.00b

（续表）

地　点	品种	叶面肥名称	叶面肥用量(ml/hm²)	蛋白质(g/100 g)	油分(%)	可溶性总糖(g/100 g)	蔗糖(g/100 g)	维生素E(mg/100 g)	油酸(%)	亚油酸(%)	烤仁甜味打分
山东金胜粮油食品有限公司(山东临沂)	花育 962	—	—	23.84	52.69b	5.16a	3.64B	11.44a	81.83A	2.76C	2.75ab
	花育 962	芙丽佳	1 500	22.93	52.87b	5.40a	5.00A	11.46a	81.50C	2.90B	3.00a
	花育 962	芙丽佳	3 000	22.38	53.36a	4.45b	3.57B	10.63b	81.61B	2.95A	2.00b

注：蛋白质、油分、蔗糖、油酸、亚油酸含量采用湿化学法测定，维生素E含量采用近红外法测定。同一品种同一列中，带有不同大写或小写字母的数值，分别表示达极显著或显著差异。

研究证实，通过农艺调控可改善高油酸花生感官品质。就油酸、亚油酸含量和食用品质而言，在阜新 09C2 和花育 9621 叶面喷施普罗蒂欧磷镁 2 250 ml/hm² 效果令人满意，与不喷施相比，喷施后烤花生口感更甜，其中花育 9621 作食用效果更理想，因为喷施普罗蒂欧磷镁后其含油量未提高。本研究中，油酸含量不论是否受影响，均在 79% 以上，符合中华人民共和国农业行业标准 NY/T 3250—2018 要求。在临沂莒南花育 962 叶面喷施 1 500 ml/hm² 芙丽佳，对含油量和烤花生甜味影响不显著，但提升了花生蔗糖含量，也是可以接受的(表 9-20)。

四、土壤施氮量对高油酸花生产量和品质的影响

湖南农业大学杨正等(2021)在耘园基地研究了 0 kg/hm²(N0,CK)、120 kg/hm²(N1)、240 kg/hm²(N2)3 个不同施氮量水平对冀花 16 号产量和品质的影响。结果表明，N1、N2 处理荚果产量分别较 N0 处理提高 13.58%、50.89%，N2 荚果产量显著高于 N1、N0；粗蛋白含量、油分含量、油酸含量三者差异均不显著；N1、N2 处理亚油酸含量显著高于 N0；N1、N2 处理油亚比显著低于 N0，但均高于 21。

五、植保措施对高油酸花生产量、品质和效益的影响

叶部病害影响花生光合作用和荚果充实，会对花生产量和品质造成不良影响。山东省花生研究所分子育种团队联合先正达(中国)投资有限公司、山东金胜粮油食品有限公司，选用高油酸花生品种花育 963 于 2018～2019 年在山东莒南进行了两年配套绿色植保技术试验。2018 年结果表明，先正达美甜保叶方案产量 423.2 kg/666.67 m²，较常规措施增产 32.8%，油酸含量提高 8.90 个百分点，亚油酸含量降低 7.14 个百分点，油亚比提高 12.81；在此基础上改进的 2019 年"花生三宝"方案(表 9-21)对花生叶斑病防效高达 96.2%，明显优于常规措施(防效 3.8%)；产量 617.53 kg/666.67 m²，较常规措施增产 58.85%；油酸含量提高 3.30 个百分点，亚油酸含量降低 3.0 个百分点，油亚比值提高 10.03；666.67 m² 增收 1 500 余元，同时能显著减少农药用量(王志伟等，2020)。

花生品种油酸含量主要由遗传决定，并受环境影响。在高油酸花生种子生产和商品生产中，能否保证油酸含量的高水平至关重要。采用先正达"花生三宝"植保方案生产出来的花生，油亚比显著提高，有利于高油酸花生产业化推广，意味着采用这一方案可以实现高油酸花生产量与品质的同步提升(王志伟等，2020)。

表 9-21　2019 年"花生三宝"方案处理面积、用药量及时间(王志伟等,2020)

面　积	种子包衣	除　草　剂	保叶杀菌剂喷雾
2×666.67 m²	迈舒平® 50 ml/666.67 m²	金都尔® 100 ml/666.67 m²	花期(6 月 16 日):美甜®40 ml/666.67 m² 下针期(7 月 18 日):美甜®40 ml/666.67 m² 饱果成熟期(8 月 15 日):美甜®40 ml/666.67 m²

第六节　高油酸花生感官评价

一、鲜 食 花 生

王传堂等(2021d)对 27 个高油酸花生品种(系)进行机械收获适宜性及鲜食感官品质评价,发现花育 961、花育 663、花育 9622 等 3 个品种(系)最适合鲜食,同时也适合鲜果机械收获。各项鲜食感官品质指标以品种均值为单位的广义遗传力估值均为高,说明遗传手段可对花生鲜食感官品质改良发挥作用。

王秀贞等(2019)依据甜味、香味、细腻度、脆性、苦味、异味和总体喜欢度等 7 项指标按 5 级标准(1~5),评价了 4 个高油酸花生基因型 3 个不同成熟度花生样品的鲜食感官品质。结果表明,基因型间总体喜欢度有显著差异、细腻度有极显著差异;成熟度间总体喜欢度和甜味均有极显著差异,脆性有显著差异。总体来看,成熟度较好的花生其鲜食口感较好。基因型和成熟度的互作对各指标均无显著影响;主导分析表明,甜味是影响鲜食花生总体喜欢度的主要因素,其他因素的重要性依次为异味>细腻度>脆性>苦味>香味。

二、烤 花 生 仁

(一) 31 个花生品种(系)生花生仁和烤花生仁感官评价

王志伟等(2018)选取 31 个花生品种(系),分别对其生花生仁和烘烤后的熟花生仁进行感官评价研究。用脆性、甜味、苦味、异味和总体喜欢度共 6 项指标对生花生进行感官评价(表 9-22)。结果表明,不同品种(系)生花生在脆性和甜味方面达极显著差异,而细腻度、苦味、异味和总体喜欢度之间差异不显著(表 9-23)。按颜色、脆性、细腻度、甜味、苦味、烤花生味、异味和总体喜欢度共 8 项指标对烤花生进行感官评价(表 9-22),结果显示,不同品种(系)熟花生在颜色、脆性、甜味、烤花生味和总体喜欢度均达极显著差异,而细腻度、苦味、异味之间差异不显著(表 9-24)。

表 9-22　生花生、烤花生感官评价指标及计分标准

指　标	分　值				
	1	2	3	4	5
颜色	最黑	较黑	中等	较轻	最轻
脆性	酥脆	较脆	中等	较不脆	最不脆
细腻度	最细腻	较细腻	中等	较粗糙	粗糙
甜味	最强	较强	中等	较弱	最弱

（续表）

指　标	分　　值				
	1	2	3	4	5
苦味	最强	较强	中等	较弱	最弱
烤花生味	最强	较强	中等	较弱	最弱
异味	最强	较强	中等	较弱	最弱
总体喜欢度	最喜欢	较喜欢	中等	较不喜欢	最不喜欢

表 9 - 23　不同品种(系)生花生仁脆性和甜味的差异显著性分析

品种(系)	脆　性	甜　味	品种(系)	脆　性	甜　味
花育 20 号	2.14C	3.71A	花育 961	2.71ABC	2.57ABC
花育 25 号	3.57ABC	3.57AB	花育 9611	3.00ABC	3.43AB
花育 31 号	3.29ABC	2.86ABC	花育 9612	3.43ABC	1.71C
花育 32 号	2.86ABC	3.29AB	花育 9613	3.43ABC	2.57ABC
花育 33 号	4.29A	2.71ABC	花育 9614	3.14ABC	2.71ABC
花育 41 号	2.43BC	3.14ABC	花育 9615	3.57ABC	2.57ABC
花育 44 号	2.71ABC	3.14ABC	花育 9616	2.43BC	2.86ABC
花育 56 号	2.14C	3.57AB	花育 9617	3.71ABC	2.43ABC
花育 61 号	3.00ABC	3.57AB	花育 9618	4.14AB	2.14BC
花育 661	2.00C	2.86ABC	花育 962	2.57ABC	2.43ABC
花育 662	2.29C	3.00ABC	花育 963	3.14ABC	3.00ABC
花育 663	2.71ABC	3.14ABC	花育 964	2.00C	2.71ABC
花育 664	2.86ABC	2.71ABC	花育 965	2.29C	2.29ABC
花育 666	2.14C	2.71ABC	花育 966	2.43BC	2.29ABC
花育 667	3.00ABC	2.71ABC	花育 967	2.71ABC	3.57AB
花育 951	3.71ABC	2.43ABC			

注：表中同列数值后标注不同大写字母的表示 0.01 显著水平差异。

表 9 - 24　不同品种烤花生感官性状指标的差异显著性分析

品种(系)	总体喜欢度	种皮颜色	脆　性	甜　味	烤花生味	细腻度	苦　味
花育 20 号	3.143ABC	3.714AB	2.143ABC	3.571AB	3.429AB	2.571abcde	3.714abcd
花育 25 号	3.714A	2.571CDEF	2.571ABC	3.571AB	3.429AB	3.143abc	4.000abcd
花育 31 号	2.571ABC	3.000ABCDEF	2.429ABC	3.000AB	3.286ABC	3.000abcd	4.143abc
花育 32 号	3.714A	3.571ABC	2.714ABC	4.000A	3.286ABC	2.714abcde	3.571abcd
花育 33 号	3.143ABC	3.000ABCDEF	2.714ABC	2.857AB	3.714A	3.000abcd	4.143abc
花育 41 号	2.714ABC	3.143ABCDEF	2.286ABC	3.000AB	2.857ABC	2.714abcde	4.286ab
花育 44 号	3.000ABC	3.286ABCDE	2.571ABC	3.143AB	2.857ABC	2.571abcde	4.000abcd
花育 56 号	3.000ABC	3.143ABCDEF	2.143ABC	3.286AB	3.000ABC	2.571abcde	4.143abc
花育 61 号	2.429ABC	3.571ABC	1.857BC	3.143AB	2.286ABC	2.571abcde	4.429a
花育 661	2.429ABC	2.429DEF	2.143ABC	3.000AB	2.571ABC	2.000e	4.000abcd
花育 662	2.571ABC	3.000ABCDEF	2.143ABC	3.429AB	2.714ABC	2.571abcde	4.000abcd
花育 663	2.714ABC	3.000ABCDEF	2.286ABC	3.000AB	3.000ABC	2.571abcde	3.714abcd
花育 664	3.571AB	3.143ABCDEF	3.000ABC	3.571AB	3.143ABC	3.286ab	3.286cd
花育 666	3.571AB	3.429ABCD	2.286ABC	3.143AB	3.571AB	2.857abcde	3.143 d

（续表）

品种(系)	总体喜欢度	种皮颜色	脆　性	甜　味	烤花生味	细腻度	苦　味
花育667	2.286ABC	3.000ABCDEF	1.714BC	3.000AB	2.143BC	2.429bcde	4.286ab
花育951	2.571ABC	3.143ABCDEF	2.429ABC	2.714AB	2.429ABC	2.429bcde	4.429a
花育961	2.429ABC	4.000A	1.714BC	2.714AB	3.429AB	2.143de	4.143abc
花育9611	3.143ABC	2.714BCDEF	2.429ABC	3.143AB	2.571ABC	2.857abcde	4.000abcd
花育9612	2.857ABC	2.714BCDEF	3.429A	2.286B	2.714ABC	3.143abc	4.286ab
花育9613	3.714A	2.286EF	3.429A	3.143AB	3.429AB	3.143abc	4.143abc
花育9614	3.286ABC	2.143F	2.286ABC	2.857AB	2.429ABC	3.429a	4.000abcd
花育9615	3.286ABC	2.571CDEF	2.286ABC	3.571AB	2.571ABC	2.857abcde	3.429bcd
花育9616	2.857ABC	2.571CDEF	2.000ABC	3.286AB	3.286ABC	2.571abcde	4.000abcd
花育9617	2.571ABC	2.429DEF	2.714ABC	2.714AB	2.857ABC	2.143de	3.857abcd
花育9618	3.571AB	1.143G	3.143AB	3.000AB	3.000ABC	3.286ab	4.000abcd
花育962	2.000C	4.000A	1.571C	2.429B	2.857ABC	2.571abcde	4.429a
花育963	2.143BC	2.571CDEF	2.286ABC	2.857AB	2.286ABC	2.429bcde	4.000abcd
花育964	2.143BC	2.714BCDEF	1.571C	2.714AB	2.143BC	2.286cde	4.143abc
花育965	2.857ABC	2.429DEF	1.857BC	3.429AB	2.429ABC	2.571abcde	3.857abcd
花育966	2.429ABC	3.143ABCDEF	1.857BC	2.286B	1.857C	2.286cde	4.429a
花育967	2.714ABC	3.000ABCDEF	2.143ABC	3.143AB	2.857ABC	3.000abcd	4.429a

注：表中同列数值后标注不同大写字母的表示0.01显著水平差异，标注小写字母的表示0.05显著水平差异。

根据烤花生8个感官品质指标数据进行系统聚类分析，在遗传距离为1.5时可将参试花生分为4类，大致分别对应感官品质指标最好、较好、居中和较差的类群，其中花育962、花育961等10个总体感官品质好的品种聚为一类。

就烤花生总体喜欢度而言，高油酸品种花育962最好，花育963和花育964次之，而高油酸品种花育32号、普通油酸品种花育9613和花育25号最差。纵观供试的31个花生品种(系)，高油酸品种总体喜欢度相对较好，但其中花育32号、花育664和花育666总体喜欢度较差。

（二）生花生仁生化成分、感官品质和烤花生仁感官品质间的关联

采用典型相关分析方法研究发现，生仁生化成分与生仁或烤仁感官品质之间存在明显关联。生仁和烤仁感官品质显著相关。油酸含量高的生仁口感更脆，油分高的生仁口感更细腻；油酸含量高的烤花生总体更受欢迎、更脆、烤花生味更浓、烤花生异味更淡，油分高的烤花生仁甜味较淡。生仁越甜，烤仁口感也越甜，且烤花生味越浓郁；生仁与烤仁总体喜欢度存在正相关关系。以上说明，采用高油酸花生原料有助于提高烤花生食品口感，烤花生加工型品种选育或烤花生原料收购，宜选择高油酸、生仁口感甜且总体喜欢度好的花生(王传堂等，2020b)。

（三）大、小花生生仁和烤仁感官品质特性的广义遗传力估算

利用7份高油酸小花生材料、4份高油酸大花生材料，以及普通油酸高产品种大小花生各1份，在3个地点种植，研究了生仁和烤仁感官品质性状的广义遗传力。结果表明，大花生生仁脆性、细腻度、甜度、苦味、异味、总体喜欢度6项指标以小区为单位估算的广义遗传力为9.00%～15.98%，以品种(系)重复平均数为单位的广义遗传力为43.08%～75.94%；

小花生生仁脆性、细腻度、甜度 3 项指标以小区为单位估算的广义遗传力为 18.13%～24.16%，以品种(系)重复平均数为单位的广义遗传力为 60.42%～86.59%；大花生烤仁脆性、甜度、总体喜欢度 3 项指标以小区为单位估算的广义遗传力为 7.63%～20.99%，以品种(系)重复平均数为单位的广义遗传力为 33.83%～69.99%；小花生烤烤花生味和异味以小区为单位估算的广义遗传力分别为 15.96%、21.06%，以品种(系)重复平均数为单位的广义遗传力分别为 51.97%、75.73%。说明烤花生口味品质育种，欲提高选择的准确性和可靠性，应进行设重复的试验，以重复平均数作为取舍的参考。对于像大花生烤仁甜味这样的指标，鉴于遗传因素的作用明显低于环境因素，从生产角度看，现阶段须格外重视种植地点的选择，适宜农艺措施配套也是必要的(王传堂等，2020c)。

三、油炸花生仁

在欧美国家，以及日本和韩国，花生主要作为食品消费。中国花生年均总产 1 600 万 t 以上，目前食用占比约 40%，预计随着社会发展，食用比例将逐年增长。

用长粒形的大花生原料加工成的油炸花生仁，是国际市场上销量较大的花生食品，常用品种有传统出口大花生鲁花 10 号、花育 22 号、花育 9610 等。国外高油酸花生品种以兰娜型居多，国内外长粒形高油酸大花生品种比较缺乏。花育 963 虽然不是传统出口大果，但子仁长椭圆形，符合传统花生仁出口标准。花育 963 是黄淮流域乃至东北部分地区表现优异的高油酸花生品种，山东、河南农户种植，单产轻松超过 500 kg/666.67 m²，东北适宜产区超过 400 kg/666.67 m²，均比当地主栽品种显著增产，现已形成一定生产规模。

关于油炸花生仁，前人采用普通油酸花生进行了工艺优化、产品感官评价、贮藏条件对品质的影响等研究，采用高油酸花生为原料的研究鲜见。

为探明高油酸花生原料替代普通油酸传统出口型大花生生产油炸花生的可行性，山东省花生研究所分子育种团队与烟台市大成食品有限责任公司合作，对采用传统加工工艺生产的花育 963 和普通油酸传统大花生花育 22 号油炸花生进行了感官评价(表 9 - 25)。结果表明，两者 7 项感官品质指标中，花育 963 甜度更优，油炸后色泽略浅，包括总体喜欢度在内的其他 5 项指标无显著差异。说明花育 963 可替代传统大花生用于油炸花生生产。研究还发现，甜度和酥脆度是影响油炸花生仁总体喜欢度的主要因子。这对于油炸花生仁感官品质的遗传改良、农艺调控和工艺优化具有一定参考价值(王传堂等，2020)。

表 9 - 25 油炸花生仁感官评价计分标准

指　标	分　　　　值				
色泽	1 最深	2 较深	3 中等	4 较轻	5 最轻
酥脆度	1 酥脆	2 较脆	3 中等	4 较不脆	5 最不脆
甜度	1 最强	2 较强	3 中等	4 较弱	5 最弱
苦味	1 最强	2 较强	3 中等	4 较弱	5 最弱
深炸花生香味	1 最强	2 较强	3 中等	4 较弱	5 最弱
异味	1 最强	2 较强	3 中等	4 较弱	5 最弱
总体喜欢度	1 最喜欢	2 较喜欢	3 中等	4 较不喜欢	5 最不喜欢

四、咸 酥 花 生

南方水煮花生品种多为珍珠豆型小粒品种。近年主要采用泉花327、泉花7号、泉花10号、粤油7号、闽花5号、闽花6号、龙花163、龙花243、抗黄1号、连城红衣花生等品种为原料。不像炒花生,水煮花生吃了不上火,市场需求旺盛。除当地消费外,主要销往国内大中城市以及澳大利亚、新加坡、马来西亚、泰国等地。目前加工水煮花生普遍采用普通油酸花生,尚无以高油酸花生为原料的报道。

花育668是山东省花生研究所分子育种团队育成的珍珠豆型高油酸早熟出口小花生新品系,在东北地区种植表现出很好的适应性。前期其荚果、子仁外观性状已获得南方厂商认可。本研究旨在以两份水煮花生为对照,对用花育668生产的咸酥花生的加工适宜性进行评价(韩宏伟等,2021)。

根据形态、色泽、烘烤香味、生花生味、异味、酥脆度、甜咸味和细腻度等8项指标对3份水煮花生进行感官评价(表9-26)。结果表明,高油酸花生品系花育668加工的咸酥花生烘烤香味、甜咸味极显著优于其他两份普通油酸花生产品,形态、色泽、生花生味、异味、酥脆度、细腻度及总得分无显著差异,但就总得分而言,该高油酸品种仍排第一。以上结果说明花育668感官品质不逊于其他两个产品,可替代普通油酸品种用于咸酥花生加工。研究发现,水煮花生酥脆度和甜咸味与烘烤香味间、细腻度与甜咸味间呈极显著强正相关;甜咸味与生花生味间、细腻度与酥脆度间呈极显著中等强度相关;异味和细腻度与生花生味间、甜咸味与异味和酥脆度间呈显著中等程度相关。鉴于本研究花育668咸酥花生仍采用了与普通油酸花生相同的工艺,通过优化加工工艺,进一步改善高油酸咸酥花生的口感是可能的(韩宏伟等,2021)。

表9-26　水煮花生感官评价计分标准(陈团伟等,2010;唐兆秀等,2011;韩宏伟等,2021)

等级	形态(20分)	色泽(20分)	风味(30分)			口感(30分)		
			烘烤香味(10分)	生花生味(10分)	异味(10分)	酥脆度(10分)	甜咸味(10分)	细腻度(10分)
1	形态完整,颗粒饱满,果形均匀(16~20分)	色泽均匀一致,果壳呈乳白色或黄白色,子仁呈黄白色(16~20分)	浓郁(8~10分)	无(8~10分)	无(8~10分)	酥脆适当(8~10分)	甜咸适中,咸中略带甘甜(8~10分)	细腻(8~10分)
2	形态较完整,颗粒较饱满,少量子仁收缩(11~15分)	色泽一般,果壳呈黄色或白色(11~15分)	一般(5~7分)	轻微(5~7分)	轻微(5~7分)	一般(5~7分)	甜咸不均(5~7分)	一般(5~7分)
3	形态不饱满,大量子仁收缩(<11分)	色泽不均,果壳颜色黄色或褐色(<11分)	不足(<5分)	明显(<5分)	明显(<5分)	不酥脆(<5分)	甜咸不均,且咸度不均(<5分)	粗糙(<5分)

参 考 文 献

[1]　常博文,钟鹏,刘杰,等.低温胁迫和赤霉素对花生种子萌发和幼苗生理响应的影响.作物学报,

2019,45(1):118~130.

[2] 陈团伟,康彬彬,刘龙燕,等.咸酥花生加工中的浸渍工艺研究.包装与食品机械,2010,28(4):1~5.

[3] 崔宏亮,姚庆,李利民.PEG 模拟干旱胁迫下花生品种萌发特性与抗旱性评价.核农学报,2017,
31(7):1412~1418.

[4] 郭敏杰,殷君华,邓丽,等.开农系列高油酸花生遗传多样性分析.花生学报,2020,49(4):14~22.

[5] 韩宏伟,王志伟,王秀贞,等.花育 668 水煮花生加工适宜性评价.农业与技术,2021,41(17):
17~19.

[6] 胡晓辉,苗华荣,石运庆,等.高油酸含量花生品种的多样性分析.花生学报,2013,42(1):35~40.

[7] 李瀚,杨吉顺,张冠初,等.花生品种萌发期耐盐性比较鉴定.花生学报,2015,44(4):48~52.

[8] 李静,董国靖.高油酸花生应用土壤调理剂增产效果研究.安徽农学通报,2020,26(6):38~39.

[9] 苗建利,李绍伟,郭敏杰,等.开农系列高油酸花生植株生长对干旱的响应.东北农业科学.https://
kns.cnki.net/kcms/detail/22.1376.S.20210517.1429.012.html

[10] 齐飞艳,孙子淇,黄冰艳,等.基于双列杂交的花生主要品质性状遗传效应分析[J].中国油料作物学
报,2021,43(4):600~607.

[11] 石运庆,苗华荣,胡晓辉,等.花生耐盐碱性鉴定指标的研究及应用.核农学报,2015,29(3):442~
447.

[12] 苏江顺,王传堂,程学良,等.10 个高油酸花生品种(系)在吉林苏打盐碱地种植的产量与抗性表现.
种子,2018,37(1):121~125.

[13] 苏江顺,王传堂,程学良,等.耐盐碱高油酸花生田间鉴定筛选研究.山东农业科学,2017,49(6):
17~20.

[14] 唐月异,王传堂,高华援,等.花生种子吸胀期间耐低温性及其与品质性状的相关研究.核农学报,
2011,25(3):436~442.

[15] 唐兆秀,石小琼,徐日荣,等.龙岩咸酥花生加工工艺与专用型品种标准的商榷.江西农业学报,
2011,23(1):127~128+131.

[16] 王传堂,韩宏伟,王志伟,等.高油酸花生干燥过程中荚果脱水与回潮特性的研究.山东农业科学,
2021a,53(4):19~22.

[17] 王传堂,祁雪,刘婷,等.花生果柄脱落特性的研究.花生学报,2017,46(1):64~68.

[18] 王传堂,唐月异,焦坤,等.春花生耐播种出苗期低温评价.山东农业科学,2021b,53(2):20~23.

[19] 王传堂,王秀贞,唐月异,等.高产、耐低温花生新品种花育 44 号选育报告[J].种子世界,2013,
(7):57.

[20] 王传堂,王志伟,穆树旗,等.高油酸长粒大花生新品种花育 963 油炸花生仁感官评价.山东农业科
学,2020a,52(12):21~23.

[21] 王传堂,王志伟,宋国生,等.品种和包衣处理对播种出苗期低温高湿条件下花生出苗的影响.山东
农业科学,2021c,53(1):46~51.

[22] 王传堂,王志伟,唐月异,等.27 个高油酸花生品种适收性及鲜食感官品质评价.山东农业科学,
2021d,53(3):22~28.

[23] 王传堂,王志伟,王秀贞,等.6 个高油酸夏花生品种(系)机械化收获特性的研究.山东农业科学,
2019a,51(1):28~31.

[24] 王传堂,唐月异,王秀贞,等.高油酸花生新品系丰产性与播种出苗期耐低温高湿田间评价.山东农
业科学,2019b,51(9):110~114.

[25] 王传堂,张建成,唐月异,等.花生生仁生化成分、生仁和烤仁感官品质的典型相关分析.山东农业科
学,2020b,52(8):12~16.

[26] 王传堂,张建成,唐月异,等.大、小花生生仁和烤仁感官品质特性的广义遗传力估算.山东农业科
学,2020c,52(9):87~90.

[27] 王虹.高油酸花生对盐碱胁迫的响应及其耐盐碱机制探究.沈阳农业大学博士论文,2021.

[28] 王瑾,李玉荣,程增书,等.高油酸花生品种(系)ahFAD 基因变异鉴定及遗传多样性分析.植物遗传
资源学报,2020,21(1):208~214.

[29] 王秀贞,吴琪,成波,等.基因型和成熟度对鲜食花生感官品质的影响.花生学报,2019,48(3):
51~54.

[30] 王志伟,王秀贞,唐月异,等.31 个花生品种(系)的生、熟花生感官品质评价研究.山东农业科学,

2018,50(6)：52～56.

[31]　王志伟,康树立,孟祥波,等.花生施用土地乐肥增产增收效果研究.农业科技通讯,2021,(7)：158～161.

[32]　王志伟,颜廷涛,窦守众,等.高油酸花生高效绿色配套植保技术研究.花生学报,2020,49（4）：79～82.

[33]　薛晓梦,吴洁,王欣,等.低温胁迫对普通和高油酸花生种子萌发的影响研究.作物学报,2021,47(9)：1768～1778.

[34]　杨正,肖思远,陈思宇,等.施氮量对不同油酸含量大花生产量及品质的影响.河南农业科学,网络首发日期：2021-08-16. https://kns.cnki.net/kcms/detail/41.1092.S.20210813.1859.013.html

[35]　于树涛,于国庆,孙泓希,等.高油酸花生品种(品系)的遗传多态性分析.分子植物育种,2017,15(10)：4033～4039.

[36]　于树涛,孙泓希,任亮,等.早播条件下不同高油酸花生品种与种衣剂处理对花生出苗的影响.辽宁农业科学,2021a,(5)：84～86.

[37]　于树涛,于国庆,孙泓希,等.高油酸花生品种(系)抗旱性综合评价.分子植物育种,2021b,19(8)：2747～2757.

[38]　张高华,于树涛,王鹤,王旭达.高油酸花生发芽期低温胁迫转录组及差异表达基因分析.遗传,2019,41(11)：1050～1059.

[39]　Davis JP, Leek JM, Sweigart DS et al. Measurements of oleic acid among individual kernels harvested from test plots of purified Runner and Spanish high oleic seed. Peanut Science, 2017, 44 (2)：134～142.

[40]　Dean LL, Eickholt CM, LaFountain LJ, et al. Effects of maturity on the development of oleic acid and linoleic acid in the four peanut market types. Journal of Food Research, 2020, 9(4). DOI：10.5539/jfr.v9n4p1

[41]　López, Y., Smith, O.D., Senseman, S.A., Rooney, W.L. 2001. Genetic factor influencing high oleic acid content in Spanish market-type peanut cultivars. Crop Science, 41：51-56.

[42]　Nei M. Analysis of gene diversity in subdivided populations. Proc Natl Acad Sci USA, 1973, 70(12)：3321～3323. https://doi.org/10.1073/pnas.70.12.3321

[43]　Otyama PI, Chamberlin K, Ozias-Akins P, et al. Genome-wide approaches delineate the additive, epistatic, and pleiotropic nature of variants controlling fatty acid composition in peanut (*Arachis hypogaea* L.). BioRvix, 2021. doi：https://doi.org/10.1101/2021.06.03.446924

[44]　Singh AL, Hariprasanna K, Chaudhari V. Differential nutrients absorption an important tool for screening and identification of soil salinity tolerant peanut genotypes. Indian Journal of Plant Physiology, 2016, 21(1)：83～92.

[45]　Singkham N, Jogloy S, Kesmala T, et al. Estimation of heritability by parent-offspring regression for high-oleic acid in peanut. Asian Journal of Plant Sciences, 2010, 9：358～363.

[46]　Singkham N, Jogloy S, Kesmala T, et al. Combining ability for oleic acid in peanut (*Arachis hypogaea* L.). Sabrao Journal of Breeding & Genetics, 2011, 43(1)：59～72.

[47]　Sun H, Yu S, Ren L, et al. Field identification of cold tolerance of high oleic acid peanut at germination stage and verification of physiological indices. BIBE2020：The Fourth International Conference on Biological Information and Biomedical Engineering. 2020.

[48]　Wang CT, Tang YY, Wang XZ, et al. Development and characterization of four new high oleate peanut lines. Research on Crops, 2013,14 (3)：845～849.

[49]　Wang CT, Wang FF, Wang ZW, et al. Improving chemical and sensory quality of high-oleic peanut by application of foliar fertilizer. Oil Crop Science, 2021, 6(1)：50～52.

[50]　Wang CT, Wang ZW, Han HW, Li JK, Li HJ, Sun XS, Song GS. Combining ability for main quality traits in peanut(*Arachis hypogaea* L.). Oil Crop Science, 2021, 6：175～179.

第十章 展 望

高油酸花生是我国花生产业体系继科技扶贫后,乡村振兴的重要抓手。高油酸花生产业的健康发展,离不开强有力的政策支持和科技支撑。多措并举,方能推动高油酸花生产业又快又好发展。

第一节 加大高油酸花生产业政策支持力度

一、重视和加强高油酸花生基地建设

通过国家级和省(区)级项目,规范、扶持公立和民营高油酸花生品种繁育基地建设,在山东、河南、河北等花生主产省建立健全高油酸花生种子和商品生产基地,以创建高油酸花生重点镇、县为基础,由点到面,从品种选择与繁育、栽培技术优化集成、基地组织方式、质量控制着手,形成高油酸花生集中连片种植,专种、专管、专收、专储、专运、专用(刘芳等,2020),确保高油酸花生纯度,实现优质优价。

油酸速测是高油酸花生质量控制的重要技术手段。本书前面章节已介绍了多种不同的判定花生油酸含量的设备,其中几款近红外设备使用方便、快速,但其价格不菲。无锡迅杰光远科技有限公司推出的一款适用于多粒花生种子检测的近红外仪——IAS-5100便携式花生分析仪(图 10-1),性价比较高。该设备可携带至现场、粮仓和原料进料区,能无损测定花生等各类油料作物种子含水量、含油量和油酸含量等品质指标,约 2 min 即可得到结果,而且价格相对较低。最近该公司根据市场需要又推出了针对单粒花生检测的IAS-3300 便携式花生分析仪(图 10-2)以及 IAS-8120 手持式便携花生分析仪。这两款设备均可在 1 min 内同时分析花生种子含水量、含油量、油酸含量等多项指标。国外动辄几十万元的近红外设备令人望而却步。可以预期,质量稳定、价格适中的国产近红外设备,将受到育种者、种子公司、合作社和加工企业的欢迎。

图 10-1 IAS-5100 便携式花生分析仪

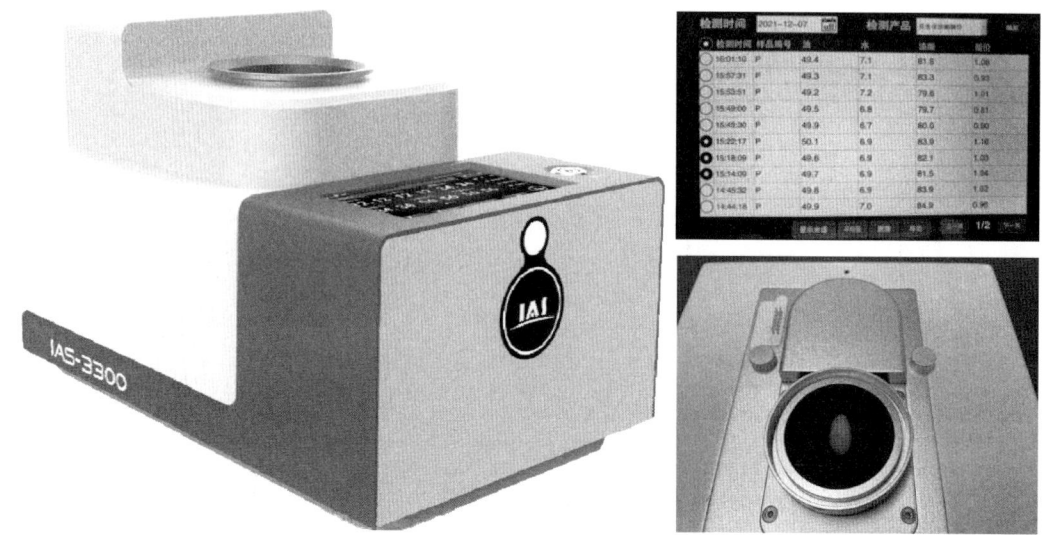

图 10 - 2　针对单粒花生检测的 IAS - 3300 便携式花生分析仪

二、扶持大型花生流通企业，强化产销对接

中国花生产销脱节的关键问题在于缺少大型花生流通企业，流通不畅制约了花生产业的进一步发展。美国就有专门的收购点（buying point）来收购主产区花生，并进行称重、清理、烘干、检查、分级贮藏。脱壳多由专门的企业（sheller）负责。我国可借鉴美国经验，建立类似的规范、高效的大型花生流通企业。在花生收获季节，大型花生流通企业大量收购农民种植的花生，统收统储，规模化干燥、脱壳，可有效防止花生霉变，保证花生质量；对接第二产业和第三产业，成为大型花生加工企业的供货商。花生流通企业将会引导花生的规模化生产，通过契约将花生生产合作社等新型主体和花生经纪人联合起来，按照加工企业需求实现订单生产，形成产销对接，最终实现企业增效、农民增收、产业竞争力提升。

三、在油料产业进行政策性保险试点

中国花生大都种植在中低产田，田间基础设施薄弱、抵御旱涝灾害能力不强，须积极采取有效的防灾减灾措施。财政部和几大银行已对粮食生产进行政策性保险试点，但还没有开展油料产业试点。建议抓几个重点，在几个绿色高效创建基地的合作社搞政策性保险试点。

四、研发花生种用和商品生产机械，在花生主产区
大力推广机械化生产技术

由于农村劳动力短缺和劳动力价格上涨，花生生产机械化成为必然趋势。建议设立花生机械专项，进行稳定支持，引进、研发考种设备、小区播种和收获设备等科研用小型设备，科研用和生产用高油酸花生自动分拣设备，以及易清理的种用收获和脱壳设备等种用机械

设备,探讨"一机多用"(一种机械简单更换部分组件后可在其他作物上使用,以减少成本)的可行性,在提高作业效率和稳定性的同时,最大限度地减少对种子的损伤。

建议农业主管部门按照先平原、后丘陵山区,先花生主产省、后非花生主产省的原则,因地制宜地推进花生播种与收获机械化,并将花生播种和收获机械纳入农机购置补贴范围。支持农机合作社建设,推进花生农机社会化服务。

五、建立农业创新链与产业链融合机制

长期以来,科研育种机构、繁育机构与加工企业需求相脱节,存在育种目标与加工企业的需求目标不尽一致的现象。育种目标多从种植角度考虑问题,追求高产、抗逆、生育期适宜等,而加工企业认可的品种应具备一些独特的品质,如荚果和子仁的大小与形状、化学品质及感官品质等。申请者如不了解加工企业对品种的具体要求,很难培育出满足加工企业需求的品种。加工企业由于对育种机构育成的新品种往往缺乏了解,其采购加工的多是一些很老的品种。繁育企业往往遵循成本最小化、利润最大化的原则,自己有什么品种就推广什么品种,而不是加工企业需要什么品种就去繁育什么品种。

农业创新链指在农业科技活动中,以链环—回路模型为指导,以科技创新为纽带,以科研院所为主体,以农业企业为载体的创新主体集聚、联结起来的一种结构形态。产业链的创新能力反映农业中存在的多个创新活动主体围绕产业链的需求所投入的各种创新人力、资金、知识、技术等情况;产业链的提升能力反映农业科技创新链中配置创新资源、深化产学研合作、加大研发投入力度等手段推动农业产业链升级,提高农业核心竞争力。

中国需要建立花生新品种研发、育种、加工企业收购的创新链与产业链的融合机制。农业产业链与创新链的融合主要有两种模式:一是沿着农业产业链,对其链条中的薄弱环节凭借农业科技创新技术进行创新改进和完善,形成农业产业链的提档升级,促进创新系统和产业系统的协同发展;另一种是以农业科技创新机构为主体,通过整合创新资源,对农业产业链的各个环节进行知识创新、技术创新、管理创新、产品创新、机制创新等活动,重新设计再造出一条新的创新链。中国需要建立通过有效的品种权转让、长期合作协议、投资入股等形式,激励农产品加工企业、育种机构与良种繁育企业形成稳定协作关系的机制,构建新型创新链＋产业链模式。

第二节　聚焦高油酸花生关键技术研究

一、重视高油酸花生种子学研究

开展高油酸种子活力、种子寿命、种子包装、种子处理等研究,明确品种、气象、土壤、微生物、农艺措施、植物营养、种子加工贮藏与处理(含干燥、脱壳、包装、贮藏、包衣等)对花生种子质量指标的影响,探讨高活力种子自动分拣技术,为建立完善高质量花生种子生产与加工技术、选择适宜的种子繁育区提供依据,着力培育在不同条件下种子产量高、质量好且稳定的品种。

二、强化优异遗传资源创制、鉴定和利用

利用现有花生野生种和栽培种资源,通过远缘杂交、品种间杂交、理化诱变、分子标记技术和基因组编辑等技术创制聚合商品性好、高油酸且高油或高蛋白、口感佳、食品安全性好、理想株型、抗冷耐热、抗旱耐涝、抗叶部病害、抗土传和种传病害等特性的多优、多抗、高产、适宜机械化生产和加工的专用新型育种中间材料,拓宽高油酸花生育种的遗传基础。通过多环境筛选鉴定,培育高产稳产、优质稳质和多抗性稳定的广适品种和特色区域性专用品种。

三、深化高油酸花生遗传和农艺技术研究

(一)诱发重要目标性状突变体、定位目的基因并开发相关的分子标记

突变体是遗传学研究的重要资源。要大力开展不同市场型(market type)花生突变体尤其是化学突变体的创制与鉴定工作,重点关注株型、株高、熟性、脱水速率和抗性等。在此基础上将突变体与野生型杂交,F_1代植株稀植(大垄双行可改成大垄单行),以获得较多 F_2 种子;根据 F_2 代分离情况,分析遗传规律,选择寡基因控制的目标性状的组合,通过混池高通量测序定位目的基因,并转化为分子标记用于育种。

(二)紧紧围绕花生安全、优质、高产,建立与高油酸花生品种配套的栽培、土肥技术

后期低温不仅影响花生商品性,而且影响花生种子质量(陈娜等,2020)。高温干燥的花生或未充分成熟的花生感官品质低劣。黄曲霉毒素、农残、重金属和塑化剂是花生重要的食品安全问题。亟待研究栽培与土肥措施对高油酸花生产量、成熟期、安全品质、化学品质和感官品质的影响,建立健全食用安全、抗重茬、促早熟、抗后期低温、增产降耗、提质增效的栽培与土肥技术。

(三)建立和完善高油酸花生植保技术

近年花生田病虫害发生呈日益加重之势。土传、种传病害,以及蛴螬、地老虎、金针虫等地下害虫,包括蚜虫、蓟马、叶蝉等刺吸害虫和斜纹夜蛾、甜菜夜蛾、棉铃虫等食叶害虫在内的地上害虫,常造成花生严重减产。仓库害虫也不可忽视。病虫害绿色综合防控是花生高质量发展的保障,是实现花生优质、高产稳产和质量安全的重要技术措施。

在高油酸花生生产中,能否保证油酸含量的高水平至关重要。叶斑病是花生生育期后期常发病害,会导致叶片过早脱落从而影响光合作用,最终影响荚果充实,导致油酸和油分含量下降,甚至影响种用品质。山东省花生研究所分子育种团队与先正达(中国)有限公司合作提出的"花生三宝"配套绿色植保技术方案可以有效防控叶斑病,保叶效果明显,生产出来的花生油酸含量显著上升、亚油酸含量显著下降。该高效绿色配套植保技术在提高高油酸花生品质和产量的同时能显著减少农药使用量,有利于高油酸花生品种推广(王志伟等,2020)。从花生虫害方面看,斜纹夜蛾、甜菜夜蛾、棉铃虫等食叶害虫大发生时,会暴食花生叶片;蚜虫、蓟马直接取食叶片的同时还传播植物病毒病,发生严重时会造成花生叶片卷曲、萎缩,蚜虫还可以排泄蜜露滋生霉菌降低光合作用,危及花生产量和品质。生产上亟须建立健全高油酸花生配套高效病虫害防控技术,为高油酸花生生产

业化保驾护航。

山东省花生研究所虫害防控团队在中国南方产区曾观察到，相比普通花生，高油酸花生植株上蚂蚁为害加重。这一现象与高油酸花生油酸含量与油亚比升高的关系如何？是否具有普遍性？鉴于植物产生的次生代谢产物与防御信号物质在植物—昆虫互作中起重要作用，与普通花生相比，高油酸花生在这些物质的合成释放方面是否有所不同？如果这种不同确实存在，是否又会影响害虫的寄主选择和取食行为？这种影响是否会进一步导致高油酸花生的虫害发生情况较普通花生有所变化？相信相关的探索研究会对高油酸花生虫害精准防控方案制定有所裨益。

种植抗虫品种是一种经济、有效地防治花生害虫的手段。然而，我国花生以提高产量、改善品质为主要育种目标，国内不同育种单位登记的高油酸花生品种多为高产、抗病、早熟品种，目前种植的花生品种的抗虫性鉴定研究几乎为空白（王传堂等，2020；王传堂、张建成，2017）。与育种团队合作，筛选抗性品种（系）并阐明其抗性机制对实际生产和花生抗虫性应用基础研究均有重要意义。研究蛴螬、蓟马、蚜虫等主要花生害虫对不同花生品种（系）的寄主偏好性，以及不同花生品种（系）对这些害虫的抗生性和耐害性，筛选培育环境友好的抗虫高油酸花生品种，有利于充分发挥高油酸花生品种产量潜力，加速推进其产业化进程。

四、做好高油酸花生精深加工利用研究与新产品开发

可以预期，随着社会发展、技术进步，我国育成的高油酸花生品种会越来越多，消费者对高油酸花生认可度将进一步提高，将会有更多选择，高油酸花生将率先实现对货架期敏感产品普通油酸花生原料的替代。如与坚果相比，花生蛋白质含量高而售价低，但普通油酸烤花生货架期短，不能与坚果一起出售，如采用高油酸花生原料这一问题就迎刃而解。类似地，糖果类、裹衣类花生对高油酸花生原料需求亦非常迫切。这种以完整子仁或切碎形式消费的高油酸花生食品，对纯度要求极高，应配备高油酸花生自动分选设备。

围绕高油酸花生蛋白质凝胶性、溶解性等适加工特性开展深入研究，探讨在部分产品上替代大豆蛋白的可行性。利用高产稳产、口感好的加工专用型高油酸花生品种，研发花生粉冲饮品、香味浓郁的低温冷榨花生油、风味花生蛋白粉、植物基肉制品、蛋白奶油等产品，并实现产业化应用。

第三节　多措并举，走出一条高效务实的高油酸花生产业化之路

2017年11月15日，由国家花生产业技术体系遗传改良研究室牵头，在山东省青岛市召开了"花生遗传改良与加工对接研讨会"，与会育种家介绍了中国高油酸花生品种研发现状和美国高油酸花生品种产业应用情况，合作社代表提出适宜当地种植的花生品种应具备的特征特性，加工企业代表详述了不同种类花生食品对品种的要求，并在会上对高油酸新品

种(系)荚果、子仁外观性状进行了评价。这是一个良好的开端。2019 年 12 月 5 日,由国内多家知名花生科研、加工单位发起,在山东潍坊召开了中国绿色食品协会花生专业委员会成立大会。该协会花生专委会是我国层级最高的花生全国性组织,它的成立对于我国优质花生产业化具有十分重要的意义。

　　一个好的花生品种,一定是获得消费者、加工企业和种植者认可的品种。培育高产稳产、优质稳质、有竞争力的高油酸花生品种,需要政府科研专项经费的鼎力支持,呼唤种质资源、遗传育种、栽培生理、植物保护、机械工程、加工与营养等多学科大协作,以及种植者和企业家深度参与。要在生产中真正发挥其应有作用,须尊重和保护知识产权,构建良好的产业生态,让产业链各环节都受益,方能促进高油酸花生产业在新时代健康发展。

　　高油酸商品花生生产,要积极做好自然灾害和市场风险防范,不仅要做到种子来路正,管理措施也必须到位。宜选择"旱能浇、涝能排"的轻质砂壤地块种植,且茬口安排也很重要。山东潍坊一家企业收获青贮小麦后种植高油酸春花生,既倒了半茬,又取得了比收获成熟小麦更高的效益,在土地资源有限的情况下这一做法值得借鉴(表 10 - 1、表 10 - 2)。高油酸花生生产务必做好隔离,防止混杂。重视在土壤施钙肥,注意保护好叶片。优先选用早熟品种,使全株花生均能充分发育成熟,避免中晚熟品种后期因天数不足发育而成的荚果不能成熟,从而影响高油酸性状表达。东北产区留种花生,提倡用抗低温种衣剂包衣后适时早播,以避免生育后期遭遇低温而降低种子发芽率(陈娜等,2020)。建议适宜产区的合作社和其他经营实体,在筛选鉴定出适宜当地种植的品种基础上,自行建立高标准种子繁育田,重视剔除异型株,把好种、肥、药质量关,力求做到"三统一",即统一供种、统一供肥、统一供药。建立高油酸商品花生可追溯体系,做好全程质量监控,确保农残、重金属、黄曲霉毒素、塑化剂不超标。避免品种多、乱、杂,做到单一品种迅速上量。建设高油酸花生标准化体系,依托优良自然资源,通过绿色栽培、有机栽培和精深加工,打造高油酸花生中国乃至国际知名品牌,实现种业、种植者、加工业、经销商和消费者多赢。

表 10 - 1　青贮小麦费用明细

项　　目	费用(元/666.67 m²)	备　　注
旋地	35	
播种	30	
种子	44	济麦 22
复合肥	114.9	
农药	16.5	苗后灭草剂和杀虫杀菌各 1 次
打药机械费	8	
人工	8.5	
保险	3.6	
其他	10	
直接投入	100	管理人员工资等
合计	370.5	

数据来源:山东润柏农业科技有限公司。

表 10 - 2　青贮小麦收入明细

项　　目	产量(t/666.67 m²)	收入(元/666.67 m²)	备　　注
青贮小麦 补贴	2.95	1 180.00 134.75	单价 400 元/t
合计		1 314.75	

数据来源：山东润柏农业科技有限公司。

参 考 文 献

[1]　陈娜,程果,潘丽娟,等.东北地区收获期低温对花生品质影响及耐低温品种筛选.植物生理学报,
　　　　2020,56 (11):2417~2427.
[2]　董文召,韩锁义,张忠信,等.河南省花生产业现状与发展趋势.农业科技管理,2021,(3):78~81.
[3]　刘芳,张哲,王积军.我国高油酸花生种植及应用技术研究进展.中国油料作物学报,2020,42(6):
　　　　956~959.
[4]　王传堂,吴小丽,陈傲,等.花生品种(系)对叶蝉和斜纹夜蛾的田间抗性鉴定与广义遗传力分析.山
　　　　东农业科学,2020,52(7):113~117.
[5]　王传堂,张建成.花生遗传改良.上海:上海科学技术出版社.2017.
[6]　王志伟,颜廷涛,窦守众,等.高油酸花生高效绿色配套植保技术研究.花生学报,2020,49 (4):
　　　　79~82.

品种（系）名称索引

B

百花 3 号　157,231,273
邦农 2 号　157,232,273
汴花 8 号　155,222,270

D

DF05　160,165,253,280,372,373
德利昌花 6 号　157,232,273

F

阜花 22　151,200,263,286,304
阜花 25　286
阜花 26　287,380
阜花 27　95,151,201,263,304
阜花 33　287,380
阜花 35　288
阜花 36　288,380
阜花 38　288
阜花 39　289
富花 1 号　156,226,271

G

冠花 8　157,233,274
冠花 9　157,233,274
桂花 37　151,201,263,289,331－333
桂花 63　289,332

H

海花 85 号　159,245,278
菏花 11 号　151,202,263
菏花 15 号　154,216,268
菏花 16 号　154,217,268
菏花 18 号　154,217,268
黑珍珠 2 号　157,233,274
红甜　157,234,274
宏瑞花 6 号　159,246,278
花育 32 号　96,101,111,147,161,165,168,169,
　173,206,210,211,230,243,244,254,255,265,
　266,273,277,282,318,372,376,403,404
花育 51 号　99,101,148,173,255,300,304,372,

373,376,380,394
花育 52 号　99,148,174,256,300,304,318,372,
　373,394
花育 661　10,11,147,165,166,254,372,376,
　377,381－383,385,395,403
花育 662　10,11,96,122,128,141,147,166,167,
　254,304,372,380－382,385,395,403
花育 663　96,147,167,254,372,382－385,395,
　402,403
花育 664　96,147,167,254,372,381,382,385,
　395,403,404
花育 665　281,304,370－372,381－385,395－
　399
花育 666　147,168,254,372,382,383,385,395,
　400,403,404
花育 667　147,168,254,372,382,383,385,395,
　403,404
花育 668　281,282,304,372,376－378,381－
　383,385,387－392,394－399,406,407
花育 669　282,372,376－378,381－384,387－
　395
花育 910　148,176,256,372
花育 9111　148,177,256
花育 9115　291,373
花育 9116　291,373
花育 9117　292,373
花育 9118　292,372,373
花育 9119　293,373
花育 9121　293,372,373
花育 9124　293,373
花育 9125　294,373
花育 917　148,161,176,256,318,372,376
花育 951　99,148,171－176,255,256,300,394,
　403,404
花育 957　148,175,256
花育 958　148,175,256
花育 961　10,11,95,96,99,101,127,147,169,
　254,300,304,318,372,376,382,383,385,386,
　395,402－404
花育 962　147,170,255,372,376,382,383,385,

395,401,403,404

花育 963　20,32,96,123,147,170,171,255,304,
318,372,376,381,382,384,387－393,395,397－
399,401,403－405,407

花育 964　147,171,255,372,381－385,395,403,
404

花育 965　147,172,255,304,372,380,382,383,
385,394－399,403,404

花育 966　147,172,173,255,372,381－383,385,
395,403,404

花育 967　290,372,376－379,382－385,387－
393,395,403,404

花育 968　290,372,377－379,381－383,385,395

花育 969　291,372,382－385,395

华育 308　157,235,274

华育 6 号　157,234,274

J

吉农花 2 号　154,218,269

即花 9 号　156,226,272

济花 101　154,218,269

济花 102　154,218,269

济花 10 号　155,223,270

济花 3 号　155,161,223,270,376

济花 603　152,204,264

济花 605　152,205,264

济花 8 号　155,223,271

济花 9 号　155,224,271

冀花 11 号　43,99,127,149,188,189,192,220,
231,241,247,259,260,269,273,276,278,300,
304,372,376

冀花 13 号　43,99,101,136,149,185,205－208,
219,259,264,265,269,318,376

冀花 16 号　43,99,149,161,186,191,192,208,
232,248,249,252,259,260,265,273,279,280,
304,372,376,377,401

冀花 18 号　43,149,187,259,318,372,377

冀花 19 号　43,149,189,259

冀花 21 号　43,150,161,190,259

冀花 25 号　150,191,260

冀花 29 号　150,191,260

冀花 572　150,192,260

冀花 915　150,192,260

冀农花 10 号　151,199,262

冀农花 12 号　152,204,264

冀农花 6 号　151,199,262

冀农花 8 号　151,200,263

金罗汉　152,205,264

锦引花 1 号　100,151,165,198,242,251,262,
277,280,376

京红　157,235,274

K

开农 111　282

开农 1715　99,148,161,177,178,192,202,204,
206,208,210,214,216,218,219,234,237,238,
256,257,260,263－269,274,275,294,322,372,
376,394

开农 176　99,116,135,137,148,161,176,178,
183,203,209,215,220,223,224,229,233,235－
237,242－244,256－258,263,264,266,268,269,
271,272,274,275,277,283－285,291－295,322,
372,376,394

开农 1760　148,179,257,322,394

开农 1768　148,179,257,372,380

开农 306　149,182,258

开农 308　149,182,258,322,376,394

开农 310　149,183,258

开农 311　149,185,259

开农 313　294

开农 58　99,148,180,198,257,262

开农 601　149,183,258

开农 602　149,184,258

开农 603　149,184,258

开农 61　99,115,149,161,180,181,194,196,
207,208,212,219,233,241,242,245,250－252,
257,261,265,267,269,274,276－280,322,372,
394

开农 71　149,181,182,218,249,258,269,279,
322,372,394

开农 H03 - 3　111,148,165,177,231,232,257,
273

L

联科花 1 号　159,246,278

粮丰花二号　157,236,275

粮丰花一号　157,236,275

龙花 10 号　158,236,275

龙花 11 号　158,237,275

龙花 12 号　158,237,275

龙花 13 号　158,238,275

龙花 1 号　158,238,275

鲁花 19　156,227,272

鲁花 22　156,227,272

M

美花 6236　159,247,278

漠阳花 1 号　160,251,280

N

农花 66　　158,239,276

P

濮花 168　　155,219,269
濮花 308　　155,219,269
濮花 309　　152,206,264
濮花 58 号　　152,206,265
濮花 666　　155,220,269
濮花 68　　152,206,265
濮科花 10 号　　152,207,265
濮科花 11 号　　152,207,265
濮科花 12 号　　152,208,265
濮科花 13 号　　153,208,265
濮科花 22 号　　153,208,265
濮科花 24 号　　153,209,266
濮科花 25 号　　153,209,266

Q

齐花 5 号　　156,228,272
琼花 1 号　　153,210,220,221,224,266,269 — 271,338
琼花 2 号　　155,220,269,338
琼花 3 号　　155,220,270,338
琼花 4 号　　155,221,270,338
琼花 5 号　　155,224,271,338

R

日花 OL1 号　　153,210,266,372,373
润花 12　　159,161,247,278
润花 17　　156,228,272
润花 19　　159,247,279
润花 21　　160,248,279
润花 22　　160,248,279

S

三花 6 号　　156,229,272
三花 7 号　　156,229,272
山花 21 号　　153,210,266,318
山花 22 号　　153,211,266
山花 37 号　　153,161,211,266
商花 26 号　　153,212,267
商花 30 号　　39,153,212,267,399
商花 43 号　　155,221,270
商垦 1 号　　160,252,280
商垦 2 号　　160,252,280
深花 1 号　　160,249,279
深花 2 号　　160,249,279
顺花 1 号　　160,250,279

T

天府 33　　156,225,271,330
天府 36　　156,225,271,330
统率花 8 号　　160,250,279

W

万花 019　　158,239,276
万青花 99　　160,253,280
为农花 1 号　　158,239,276
潍花 22 号　　153,212,267
潍花 23 号　　153,213,267
潍花 25 号　　121,154,213,267

X

新花 15 号　　156,230,273
新花 17 号　　156,230,273
新育 7 号　　158,240,276
鑫花 1 号　　158,240,276
鑫花 5 号　　158,241,276
鑫花 6 号　　158,241,276
鑫优 17　　158,241,277

Y

易花 0910　　158,242,277
易花 10 号　　159,161,242,277
易花 11 号　　159,243,277
易花 1212　　157,230,273
易花 12 号　　159,243,277
易花 1314　　157,231,273
易花 15 号　　159,244,277
驿花 668　　159,244,277
宇花 117 号　　154,214,267
宇花 169 号　　154,214,267
宇花 171 号　　154,215,268
宇花 18 号　　155,222,270
宇花 31 号　　152,202,263,318
宇花 32 号　　152,203,263
宇花 33 号　　152,203,264
宇花 61 号　　154,215,268,318
宇花 90 号　　154,215,268
宇花 91 号　　152,203,264
豫阜花 0824　　285
豫花 100 号　　150,195,261
豫花 138 号　　150,195,261,322
豫花 157　　295
豫花 177　　283
豫花 178　　295
豫花 179　　283
豫花 182　　284
豫花 183　　285

豫花 37 号   150,192,260,322,372,373

豫花 65 号   150,193,260,322

豫花 76 号   150,193,260,322

豫花 85 号   150,194,261

豫花 93 号   150,194,261,322

豫花 99 号   150,195,261

豫研花 188   159,245,278

Z

郑花 166   159,244,278

郑农花 23 号   154,216,268,376

郑农花 25 号   156,226,271

植花 2 号   160,250,280

中花 215   151,198,262,326,327

中花 24   151,196,197,261,326,327,372,373

中花 26   151,196,261,326

中花 27   151,197,262

中花 28   151,198,262,326

中花 29   286,326

中花 30   286,326,327

中花 31   296,326

中花 32   296

中花 33   296,326

中花 34   297,326,327

驻科花 2 号   160,251,280